智能手机维修技能速培教程

阳鸿钧　等编著

机械工业出版社

本书着重介绍了智能手机维修的方法、技巧，手机检修的步骤和流程，手机故障的特点及分类，常用维修工具的使用和仪器的使用技巧，从而使读者能够快速从事智能手机的维修。

本书尽量用通俗的语言讲解智能手机的有关维修知识，同时，力求适应新时期智能手机的维修特点与要求。

本书适合维修技术培训、就业培训、电器培训、转业就业岗前培训，以及自学学员、实习学员等阅读，也适合作为大、中专及中等职业学校相关专业师生的教材或参考读物。

图书在版编目（CIP）数据

智能手机维修技能速培教程/阳鸿钧等编著. —北京：机械工业出版社，2016. 11

ISBN 978-7-111-55378-6

Ⅰ. ①智… Ⅱ. ①阳… Ⅲ. ①移动电话机-维修-教材 Ⅳ. ①TN929. 53

中国版本图书馆 CIP 数据核字（2016）第 276439 号

机械工业出版社（北京市百万庄大街 22 号 邮政编码 100037）
策划编辑：付承桂 责任编辑：张沪光 责任校对：刘怡丹
封面设计：陈 沛 责任印制：常天培
北京圣夫亚美印刷有限公司印刷
2017 年 1 月第 1 版第 1 次印刷
210mm × 285mm · 17 印张 · 523 千字
0001—3000 册
标准书号：ISBN 978-7-111-55378-6
定价：59.00元

凡购本书，如有缺页、倒页、脱页，由本社发行部调换

电话服务
服务咨询热线：010-88361066
读者购书热线：010-68326294
010-88379203

网络服务
机 工 官 网：www.cmpbook.com
机 工 官 博：weibo.com/cmp1952
金 书 网：www.golden-book.com
教育服务网：www.cmpedu.com

前言

随着智能手机技术的飞速发展，新型智能手机层出不穷。为了使广大读者快速掌握新型智能手机维修的需求，编写了本书。希望本书能够给广大师生、维修人员带来一定的收获。

本书主要内容如下：

第1章主要介绍有关通信基础与智能手机概述方面的知识，具体包括通信的概述、无线电波的传播特性、数字通信的信号处理流程、智能手机的操作系统、4G频率段、智能手机相关词汇等内容。

第2章主要介绍有关手机电路基础的知识，具体包括电阻、电压与电位、串联与并联、功率、模拟电路、数字电路等内容。

第3章主要介绍有关检修常用工具与技法的知识，具体包括检修常用的工具、维修技法等内容。

第4章主要介绍有关智能手机元器件的知识，具体包括智能手机维修开店常见备货参考单、元器件的概述、滤波器、应用处理器、功率放大器等内容。

第5章主要介绍有关智能手机零配件的知识，具体包括手机晶振与VCO组件、时钟电路的特点、陀螺仪、摄像头、屏幕等内容。

第6章主要介绍有关智能手机电路的知识，具体包括手机整机电路、电源电路与地线、时钟电路、音频信号处理部分、显示电路与背光驱动电路等内容。

第7章主要介绍手机故障维修的知识，具体包括手机故障类型与步骤、手机死机故障维修、不开机的故障检修、智能手机自动关机、软故障等内容。

附录提供了芯片级维修所需的备查资料——iPhone 6s维修参考电路图。

本书的出版过程中参阅了一些珍贵的资料或文章，特别是附录参考了厂家相关资料，在此深表谢意。由于一些原因，暂未一一列举参考文献。

为更好地服务于维修工作，书中的图与附录中有关元器件的符号等未按国家标准完全统一，请读者查阅时注意。

本书适合维修技术培训、就业培训、电器培训、转业就业岗前培训，以及自学学员、实习学员等阅读，也适合作为大、中专及相关职业学校学院专业师生的教材或参考读物。

本书由阳鸿钧主持编写，许小菊、阳红艳、阳红珍、许四一、任亚俊、阳许倩、阳苟妹、侯平英、阳梅开、任杰、欧凤祥、许满菊、阳育杰、许秋菊、许应菊、唐忠良、唐许静、周小华、毛采云、罗小伍、欧小宝、张晓红、单冬梅等也参加了部分编写工作。

由于作者水平有限，书中可能存在一些不足、错漏之处，恳请读者不吝赐教，以待再版时修正。

编　者

目录

第 1 章 通信基础与智能手机

1.1 通信基础

1.1.1 概述

通信的任务是传送信息。信息包括语言、文字、图像、音乐、数据等。通信系统一般由发送设备、信道、接收设备等组成。其中，信道是传送信息的通道。无线通信的信道是大气空间。有线通信的信道是传输线。

通信的种类很多，常见的电话、电视、广播、卫星通信、移动通信、计算机通信等。

移动通信就是指通信双方至少有一方处于运动状态中进行的信息交换。移动体与固定点间、移动体相互间信息的交换都可以称为移动通信。其中移动体既可以是人，也可以是车、船和飞机等处在移动状态中的物体。

移动通信系统的组成如图 1-1 所示。从图中可知，移动通信系统不只是简单的手机，而是需要一张网、一个组合。手机由用户持有使用，其他事情由运营商等单位或者组织完成。

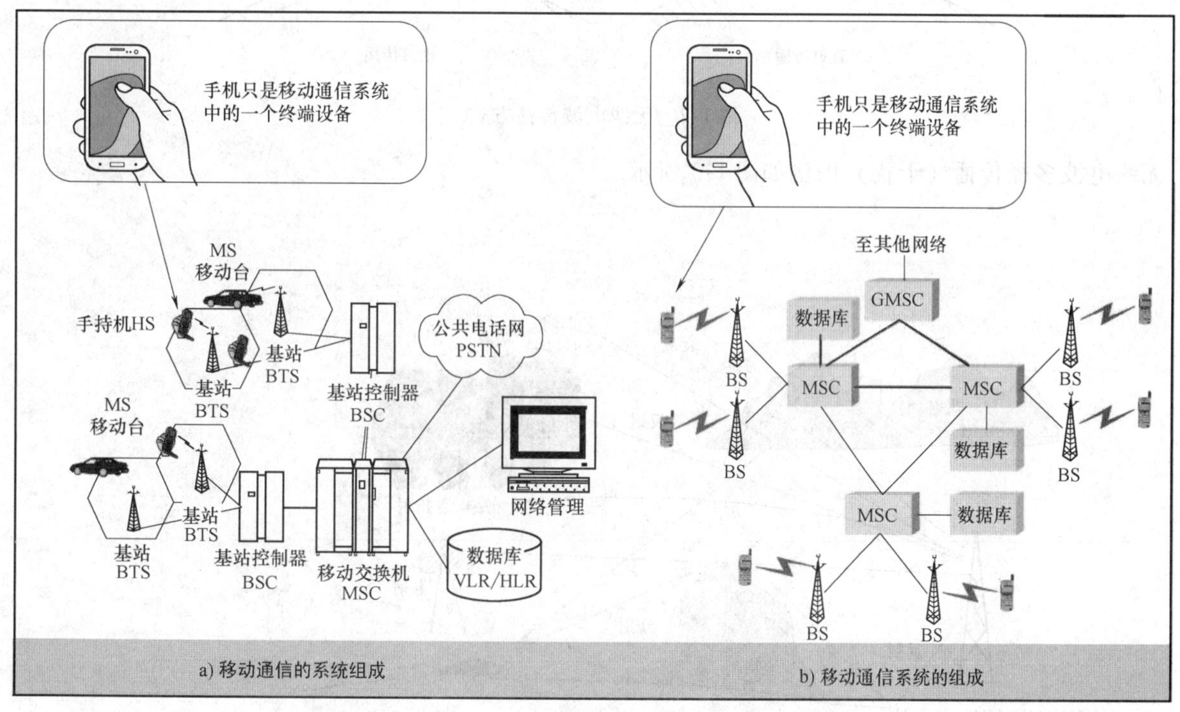

图 1-1 移动通信系统的组成

移动通信终端就是手机。手机通信功能需要利用空中接口协议和基站建立通信，然后完成语音和数据的传输。因此，移动终端与基站间的接口是手机比较重要的输入输出设备。手机通信是用电磁波传递声音和图像等，其特点是，先把信号载在电磁波上，然后把载有信号的电磁波发射出去，然后到达接收处设法从电磁波中把信号检波出来。

1.1.2　无线电波的传播特性

无线电波传播方式主要有直射传播、绕射传播、折射、反射传播、散射传播等。决定无线电波传播方式、传播特点的关键因素是无线电信号的频率。

无线电波是一种波长比较长的电磁波，占据的频率范围广。在自由空间中，波长与频率存在以下关系：

$$v = f\lambda$$

式中，v 为波速；f 为频率；λ 为波长。

电磁波从发射天线辐射出去后，不仅电波的能量会扩散，而且在传播过程中，电波的能量也会被地面、建筑物、高空的电离层吸收或反射、大气层中产生折射或散射等现象，辐射中存在衰减，接收机只能够收到其中极少的一部分。

无线电波传播方式如图 1-2 所示。

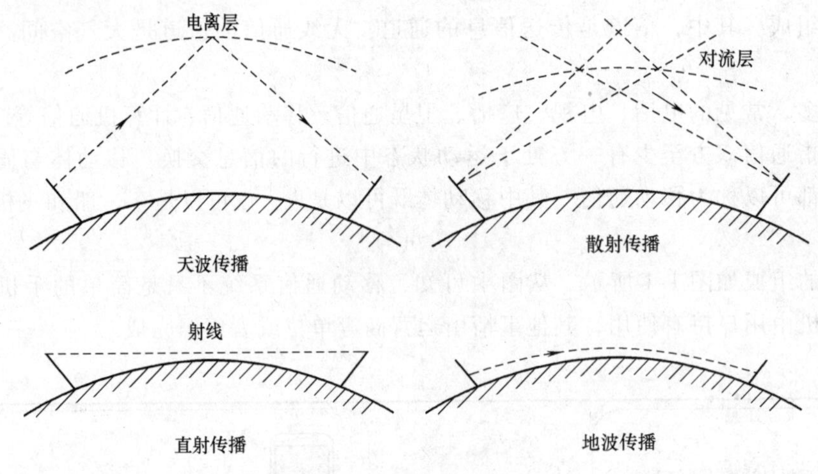

图 1-2　无线电波传播方式

无线电波多径传播（干扰）图例如图 1-3 所示。

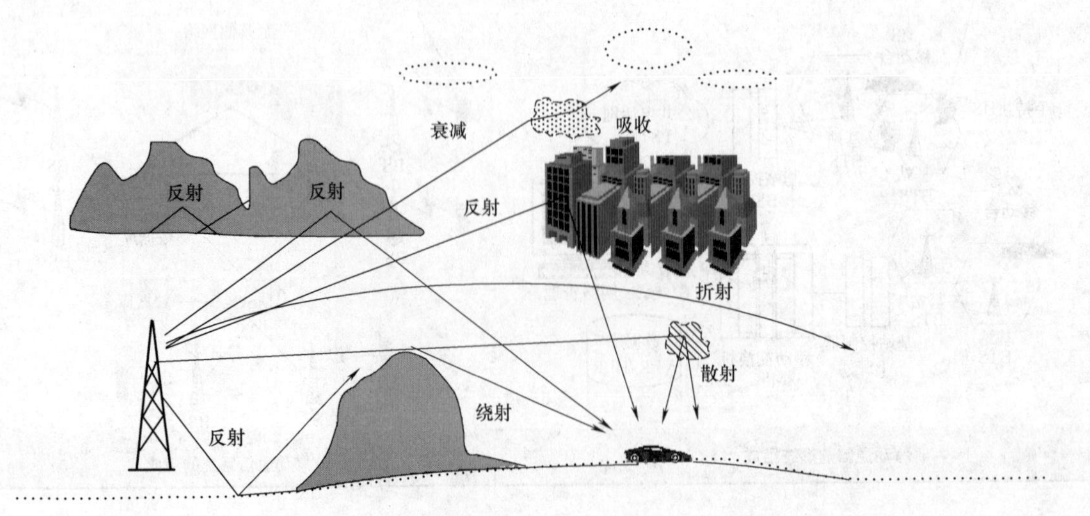

图 1-3　无线电波多径传播（干扰）图例

典型无线电通信系统中的发射设备如图 1-4 所示。

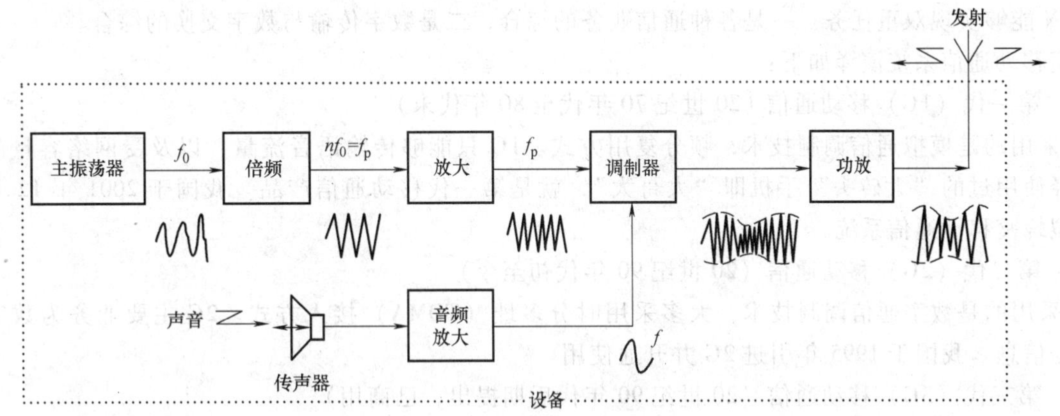

图 1-4 发射设备

典型无线电通信系统中的接收设备如图 1-5 所示。

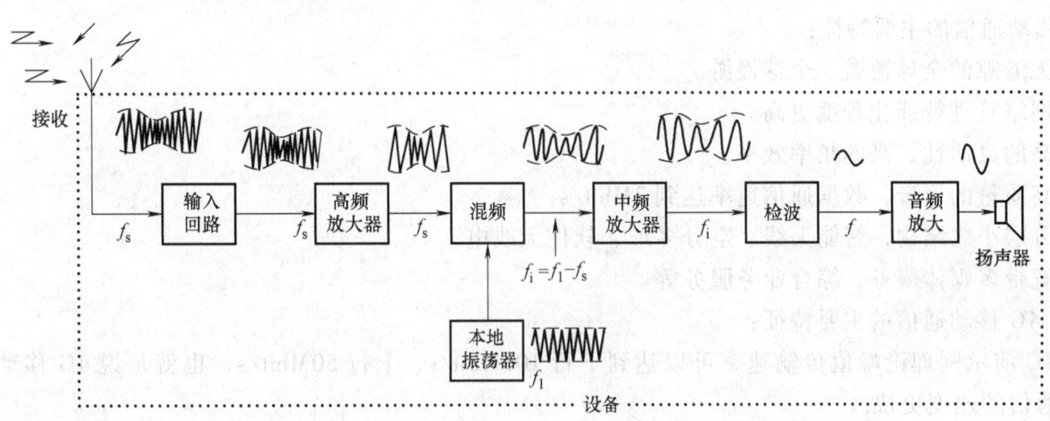

图 1-5 典型无线电通信系统中的接收设备

1.1.3 蜂窝移动通信系统演绎

蜂窝移动通信系统可以分为模拟通信系统和数字通信系统。由于数字信号是将模拟信号变成 0 和 1 码，再经不同组合后才进行传输的，因此无法直接识别，具有固有的保密性。另外，数字通信可以很容易地将复杂密码进行编码和解码。所以，数字通信可以实现模拟通信无法达到的高质量保密性。

模拟与数字通信系统的比较图例如图 1-6 所示。

模拟通信系统中，一路电话所占带宽为 4kHz。数字电话用 PCM（脉冲编码调制）传输时，传输速率为 64kbit/s，频带为 64kHz。也就是说，数字电话是模拟通信的 16 倍。

各种信息都可以变换成统一的

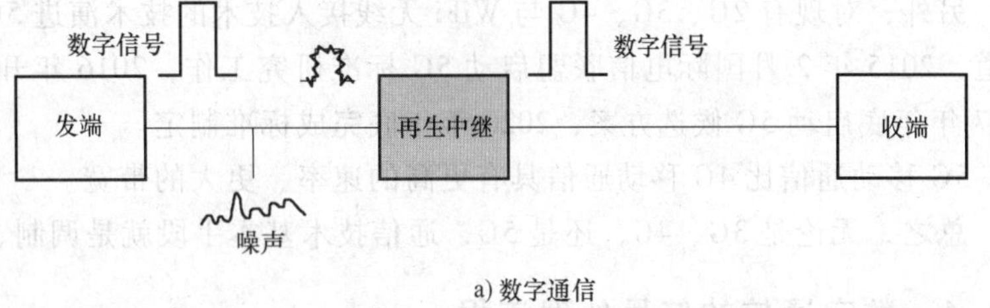

a) 数字通信

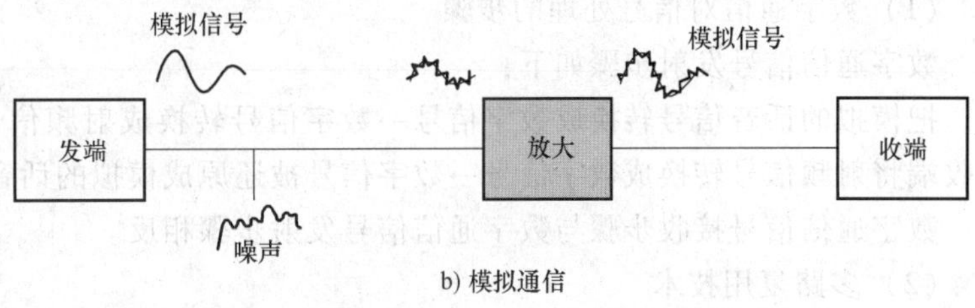

b) 模拟通信

图 1-6 模拟与数字通信系统的比较图例

二进制数字信号，通过多路复用组合在一起，经同一信道传输而不互相干扰，故数字通信可以将各种业务、不同的终端用户组合在一个系统，形成综合业务数字网（ISDN）。

ISDN 能够实现双重任务：一是各种通信业务的综合，二是数字传输与数字交换的综合。

蜂窝移动通信系统演绎如下：

（1）第一代（1G）移动通信（20 世纪 70 年代至 80 年代末）

1G 采用的是模拟通信调制技术，频分复用方式。1G 只能够传输语音流量，以及受网络容量的限制。人们曾经使用过的“大砖头”手机即“大哥大”，就是第一代移动通信产品。我国于 2001 年 12 月 31 日关闭模拟蜂窝移动通信系统。

（2）第二代（2G）移动通信（20 世纪 90 年代初至今）

2G 采用的是数字通信调制技术，大多采用时分多址（TDMA）接入方式。2G 主要业务为数字话音、少量数据信息。我国于 1995 年引进 2G 并开通使用。

（3）第三代（3G）移动通信（20 世纪 90 年代后期提出，已商用）

3G 是将无线通信与国际互联网等多媒体通信结合的新一代移动通信系统。采用宽带码分多址（CDMA）技术。3G 能够处理图像、音乐、视频流等多种媒体形式，提供包括网页浏览、电话会议、电子商务等多种信息服务。

3G 移动通信的主要特征：

1）无缝隙的全球覆盖、全球漫游。

2）网络管理智能化程度更高。

3）高的灵活性、高的频率效率。

4）高质量的语音，数据通信速率达到 2Mbit/s。

5）分层小区结构，智能天线、空分多址、软件无线电。

6）宽带多媒体服务、综合业务服务等。

（4）4G 移动通信的主要特征：

1）4G 演示网理论峰值传输速率可以达到下行 100Mbit/s、上行 50Mbit/s，也就是说 4G 移动通信比 3G 移动通信的速度更快。

2）4G 能够实现商业无线网络、局域网、蓝牙、广播、电视卫星通信的无缝衔接，以及相互兼容。

3）4G 移动通信比 3G 移动通信通信网络频谱更宽，频率使用效率更高。

4）4G 移动通信更加灵活，智能性能更高。

5）4G 移动通信兼容性能更平滑，增值服务更多。

6）4G 移动通信可以多类型用户并存，多种业务相融。

另外，对现有 2G、3G、4G 与 WiFi 无线接入技术的技术演进 5G，已经处于研究阶段。根据有关资讯报道，2015 年 2 月国际电信联盟启动 5G 标准研究工作，2016 年开展 5G 技术性能需求与评估方法研究，2017 年年底启动 5G 候选方案，2020 年年底完成标准制定。

5G 移动通信比 4G 移动通信具有更高的速率、更大的带宽。

总之，无论是 3G、4G，还是 5G，通信技术基本手段就是调制、解调、编码、解码。

1.1.4 数字通信的信号处理流程

（1）数字通信对信号处理的步骤

数字通信信号发射步骤如下：

把模拟的话音信号转换成数字信号→数字信号转换成射频信号→射频信号通过电磁波进行传输→在接收端将射频信号转换成数字信号→数字信号被还原成模拟的话音信号。

数字通信信号接收步骤与数字通信信号发射步骤相反。

（2）多路复用技术

多路复用技术就是多个信息源共享一个公共信道的方式。多路复用技术图例如图 1-7 所示。

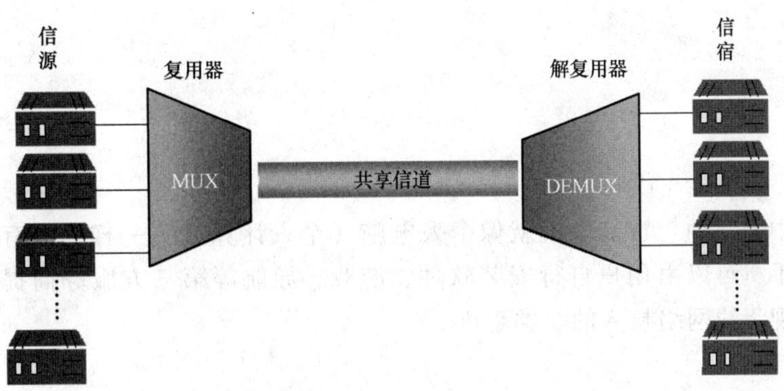

图 1-7　多路复用技术图例

实现多路通信的方法有，频分多址复用、时分多址复用和码分多址复用。它们的特点见表 1-1。

表 1-1　多路通信的方法

名称	解　说
频分多址（FDMA）	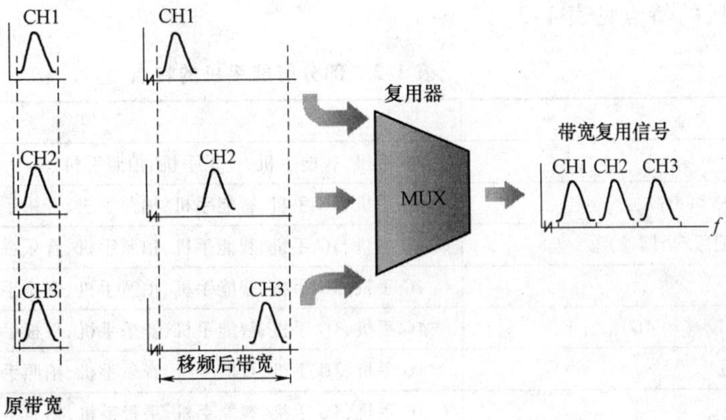 FDMA 整个传输频带被划分为若干个频率通道，每路信号占用一个频率通道进行传输。频率通道间留有防护频带以防相互干扰
时分多址（TDMA）	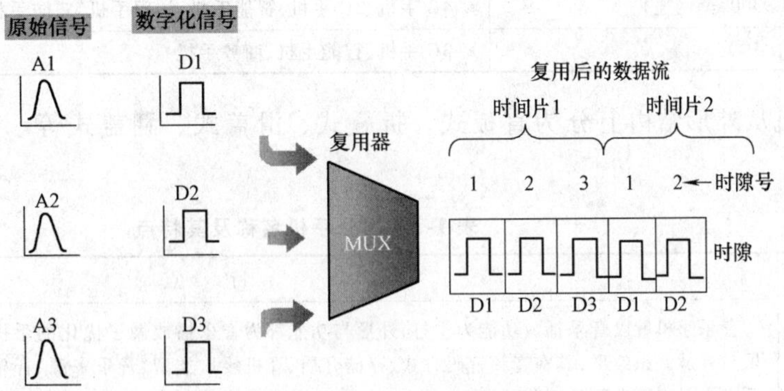 TDMA 把时间分割成小的时间片，每个时间片分为若干个时隙，每路数据占用一个时隙进行传输
码分多址（CDMA）	其是靠不同的编码来区分各路原始信号的一种复用方式。CDMA 系统为每个用户分配了各自特定的地址码，利用公共信道来传输信息。CDMA 系统的地址码相互具有准正交性，以区别地址，在频率、时间、空间上都可能重叠。也就是说，CDMA 使每一个用户有自己的地址码，该地址码用于区别每一个用户，地址码彼此间是互相独立的、互不影响的

1.2 智能手机

1.2.1 概述

智能手机是手机中的一种。智能手机就像个人电脑（个人计算机）一样，具有独立的操作系统，独立的运行空间。智能手机可以由用户自行安装软件、游戏、导航等第三方服务商提供的程序，也可以通过移动通信网络来实现无线网络接入的一类手机。

智能手机的一般特点：

1）具备无线接入互联网的能力。

2）具有 PDA 的功能。

3）功能强大。

4）运行速度快。

5）具有开放的操作系统。

6）人性化。

部分智能手机的特点见表 1-2。

表 1-2 部分智能手机的特点

类型	特 点
iPhone 6s	4G 手机、智能手机、音乐手机、拍照手机
OPPO R3(R7007/移动 4G)	4G 手机、3G 手机、智能手机、拍照手机、音乐手机
OPPO R9 Plus(高配版/全网通)	4G 手机、3G 手机、智能手机、拍照手机、音乐手机、平板手机、快充手机
vivo X6S(全网通)	4G 手机、3G 手机、智能手机、拍照手机、音乐手机、快充手机
vivo Xplay3S(X520L/移动 4G)	4G 手机、3G 手机、智能手机、音乐手机、平板手机、拍照手机
vivo Xplay5(全网通)	4G 手机、3G 手机、智能手机、音乐手机、拍照手机、快充手机、曲屏手机
vivo Y37(移动 4G)	4G 手机、3G 手机、智能手机、平板手机、拍照手机
华为 G9(青春版/全网通)	4G 手机、3G 手机、智能手机、平板手机、拍照手机
华为 P9(标准版/全网通)	4G 手机、3G 手机、智能手机、拍照手机、平板手机、快充手机
三星 Galaxy Note 4(N9100/公开版/双 4G)	4G 手机、3G 手机、智能手机、平板手机
三星 Galaxy S7(G9300/全网通)	4G 手机、3G 手机、智能手机、拍照手机、三防手机、曲屏手机、快充手机
三星 W2013(电信 3G)	3G 手机、智能手机、商务手机

常见的手机从外形结构上分为直板式、折叠式、滑盖式、翻盖式等。部分手机名称及其特点见表 1-3。

表 1-3 部分手机名称及其特点

手机名称	特 点
音乐手机	音乐手机就以音乐播放功能为主打，外形与功能都为音乐播放做了优化的手机。音乐手机一般需要良好的内放音乐与外放音乐效果，其在音频解码方式、存储介质、耳机接口类型、音乐来源、音乐管理方面均具有一定的应用。音乐手机也是不断发展的变化的 音乐手机一般功耗大，需要配备大容量电池。音乐手机具有数字音乐播放器，具有软件音乐解码或者硬件音乐解码、耳机接口、一定容量的内部与外部存储介质以及独立的音乐芯片 在 2G、3G、4G 手机中都有音乐手机
商务手机	商务手机除了具备通用普通手机的功能外，还具备一些处理商务活动的功能，即需要拥有大容量的电话簿、短信存储、时尚或非凡气度的外壳、备忘录、录音功能等 在 2G、3G、4G 手机中都有商务手机。有的 3G 商务手机采用了两块显示屏（一内一外），键盘手写笔共用，具有增强的软件与硬件

（续）

手机名称	特 点
时尚手机	时尚手机一般重视手机的外观，突出新颖的外形唯美。在2G、3G、4G手机中都有时尚手机
GPS手机	GPS是全球定位系统（Global Positioning System）的缩写形式。GPS是一种基于卫星的定位系统，用于获得地理位置信息以及准确的通用协调时间。GPS手机就是具有一般手机的通信功能，并且内置GPS芯片，以支持导航、监控、位置查询等功能的一类手机 GPS手机不一定是智能手机。GPS手机不一定需要具有操作系统才能安装导航软件，有的可以配有GPS蓝牙模块下实现导航功能。当3G、4G手机具有GPS功能时，才为3G、4G GPS手机
歪货手机	歪货手机是水改行手机、翻新手机等统称。歪货手机其实是一种俗称
普通手机	普通手机就是以语音为主的一类手机。其电路主要是围绕单一基带处理器进行电路搭建，硬件平台主要由射频（RF）模块与基带处理器模块两大部分组成。所采用的单一基带处理器处理通信、人机界面、简单应用任务等。射频模块主要负责高频信号的滤波、放大、调制等。基带处理器模块一般由模拟基带与数字基带组成，其中模拟基带主要实现模拟信号与数字信号间转换，数字基带主要由微处理器、数字信号处理器、存储器、硬件逻辑电路等组成
多功能手机	多功能手机即增值手机，其具有的特点如下：没有很复杂的操作系统（通常采用封闭实时嵌入操作系统）、可下载简单Java程序等。多功能手机电路与普通手机电路平台特点差不多。因此，普通手机与多功能手机属于通用型
滑盖式手机	滑盖式手机由机身、机盖组成，只需滑开，即可方便地打开键盘，具有保护键盘的作用
翻盖式手机	翻盖式手机也叫作折叠式手机。翻盖式手机由机身、机盖组成，其中打开机盖可以接听来电或编写文字短信，轻轻合上机盖则挂机。翻盖式手机有单屏翻盖手机与双屏翻盖手机
蓝牙手机	蓝牙手机具有蓝牙功能的手机。其中，蓝牙耳机可以在开车或其他场所不用手握手机也可通话。另外，蓝牙还可以实现无线连接收听音乐、上网、传送等功能
直板式手机	该类手机以其直板式外形而命名的。其具有按钮使用方便，屏幕显示突出等特点
旋转手机	旋转手机就是手机的屏幕能够旋转的一类手机
三网三待手机	例如可以适用3G网、G网、C网的一类手机
三卡三待手机	一部手机可以插入3张SIM卡，并且3张SIM卡均可以处于待机状态。三卡三待手机主要为方便一些3G网、G网、C网均需要使用的用户
多频手机	多频手机是指在同一移动通信网络标准中能采用不同频段进行传输的一种手机
定制手机	定制手机是指移动通信运营商为自己的手机客户量身定做的手机。定制手机一般不仅机身与外包装都加上通信运营商的标志，而且手机里的菜单与内置服务也经过一定的定制

1.2.2 智能手机的操作系统

智能手机的一些操作系统如下：

1. 谷歌Android

谷歌Android中文名为安卓。谷歌已经开放安卓的源代码，所以部分手机生产商研发推出了基于安卓智能操作系统的第三方智能操作系统。世界所有手机生产商都可任意采用，并且世界上80%以上的手机生产商都采用安卓。

2. 苹果iOS

苹果公司研发推出的智能操作系统，苹果iOS采用封闭源代码（闭源）的形式推出。因此，苹果iOS仅能苹果公司独家采用。苹果手机采用的都是iOS系统。

3. 微软Windows Phone

微软公司研发推出的智能操作系统。支持微软Windows Phone的一些厂商有HTC等。

4. 塞班Symbian

塞班公司研发推出的塞班操作系统，并且也有智能操作系统、非智能操作系统。支持塞班Symbian的一些厂商：诺基亚、LG、索尼等。

5. 三星bada

bada是三星集团研发推出的新型智能手机操作系统，与当前被广泛关注的Android、iOS形成竞争关系。三星 bada 智能操作系统结合热度较高的体验操作方式，承接三星 TouchWIZ 的经验，支持 Flash 界面，对互联网应用、重力感应应用、SNS 应用有着很好的支撑。

6. 其他系统

基于 HTML5 的 firefox 操作系统、jolla 的 Sailfish、Tizen、基于 Ubuntu 的手机系统等。这些也是智能手机常见的操作系统。

部分手机应用的操作系统见表 1-4。

表 1-4 部分手机应用的操作系统

系统	代表机型	上市年份
Android 2.0	里程碑	2009.12
Android 2.1	华为 C8500/C8600	2010.10
Android 2.1	索尼爱立信 X8/G6/V880	2010.3
Android 2.1	Droid X	2010.6
Android 2.1	Galaxy S/Nexus S/M9	2010.4
Android 2.1	Infuse 4G	2011.5
Android 2.1	Desire Z/U8800/N-04C/宏碁 S120	2010.9
Android 2.2	ME502	2010
Android 2.2	ME511	2010.6
Android 2.2	XT720/XT806/多普达 T8388	2010
Android 2.2	Defy	2010.10
Android 2.2	Defy +	2011
Android 2.2	EVO 4G/联想 C101	2010.6
Android 2.2	G10/G11/华为 X6/SH8158U/LT15i/OPPO X903	2010.9
Android 2.2	HTC 霹雳/Incredible 2/索尼爱立信 Z1i	2011.3
Android 2.2	Evo 3D/I929/myTouch 4G Slide	2011
Android 2.2	Amaze/Raider 4G/Rezound/LU6200/A820L/LT28i	2011.9
Android 2.2	S2 LTE/S2 LTE HD/SU640/A800s/A810s/	2011
Android 2.2	2X/Atrix/XT882/MB855/天语 W806/EeePad/Xoom	2011.3
Android 2.2	里程碑 3/Atrix2/P920/P940/Kindle Fire/PlayBook	2011.7
Android 2.3	G13/华为 C8650/酷派 D5800/中兴 N760	2011.3
Android 2.3	S5830/LG E510/V960/乐 Phone S760	2011.1
Android 2.3	C8650/XT681	2011.6
Android 2.3	三星 S5830i	2011.3
Android 2.3	联想 A500/TCL A919	2011
Android 2.3	联想 P70/ThL V7/V8/佳域 G1/百度云手机/现代 H6	2012
Android 2.3	WOHTC A10	2012
Android 2.3	飞利浦 W930/XT390/vivo S3/联想 A520/金立 GN205	2012
Android 2.3	臻爱 A600/臻爱 A300	2012
Android 2.3	酷派 8710	2012
Android 2.3	MT680/中兴 U880E/联想 A668t/酷派 8180/华为 G305T	2012.3
Android 2.3	天语 W619/V788D/XT553/青橙 Mars1	2012
Android 2.3	XT615/610/T328w	2011.11
Android 2.3	联想 A780/中兴 V889D/华为 U8818/XT685	2012.3
Android 2.3	HTC 纵横	2011.6
Android 2.3	中兴 U960	2011.8
Android 2.3	Flyer/Sensation XL/Titan/Titan Ⅱ	2011.6
Android 2.3	Sensation/乐 Pad S2005a	2011.5
Android 2.3	小米/Sensation XE/LT26i	2011.10
Android 2.3	ST25i/LT22i/I9070/盛大手机	2012
Android 2.3	i9100G/i9108/Droid Razr/里程碑 4/XOOM2	2011.11
Android 2.3	Galaxy S2/Galaxy Tab 7.0	2011.7
Android 2.3	Note/MX/Galaxy Tab 7.7	2011.9
Android 2.3	Xolo X900/K800	2012
Android 2.3/web OS	里程碑 2/I9003/P970/N9/Pre2	2010.9
Android 2.3/web OS	i919/Honor 电信版/800 电信版/Pre3	2011

（续）

系统	代表机型	上市年份
Android 4.0	C8812/N880E/A790e/5860 +	2012.4
Android 4.0	小辣椒/U8825D/HTC T329W	2012.8
Android 4.0	联想 A700e/华为 C8825D	2012
Android 4.0	LT18i/i9001/U8860/800/710	2011.8
Android 4.0	小米 1S/One S/LT26ii	2012.8
Android 4.0	联想 A750/S880/佳域 G2/ThL W2	2012.5
Android 4.0	联想 A360	2012
Android 4.0	金立 GN700W/夏新大 V/纽曼 N1/ThL W3 双核/koobee i60	2012.8
Android 4.0	中兴 U970/U930	2012.4
Android 4.0	Galaxy Nexus/AK47	2011.11
Android 4.0	MX 新双核	2012
Android 4.0	P1/D1/TCL S900/104SH/Eluga V	2012
Android 4.0	智器 T30/Kindle Fire HD 8.9	2012
Android 4.0	华为 D1 四核/MediaPad 10 FHD	2012
Android 4.0	4X HD/One X/Nexus 7/天语 V8	2012.2
Android 4.0	Galaxy S3/K860/Note 10.1	2012.5
Android 4.0	RAZR i	2012.10
Android 4.0/Windows phone 8	One XL/Lte2/LT29i/RAZR HD/ATIV S/920/8X	2012.4
Android 4.1	Note2	2012.10
Android 4.1	小米 2/LG G/泛泰 A850	2012.9
BlackBerry OS	黑莓 8300/8310/8320	2007.5
BlackBerry OS	黑莓 8700g/8700v/8700c/8707v	2004
BlackBerry OS	黑莓 9900/9930/P9981	2011.6
BlackBerry OS 4.5	黑莓 8830/8130/8330	2007
BlackBerry OS 4.6	黑莓 9520/9550/9800	2009.10
BlackBerry OS 5.0	华硕 P565/黑莓 9700	2008.11
BlackBerry OS 7	黑莓 9850/黑莓 9860	2011.8
BlackBerry OS v4.7	黑莓 9500/9530	2008.12
Flyme OS	MX 四核	2012
iOS 3	iPhone3GS	2009.7
iOS 4	iPhone4/iPad	2010.6
iOS 5	iPhone4s/iPad2	2011.10
iOS 6	iPad3	2012.5
iOS 6	iPhone 5	2012.9
Mac OS X	iPhone/iPhone3G	2007.6
Mobilinux/Maemo5/web OS	i6410/N900/T8388/Pre	2010.7
my mobile	魅族 M8	2009.2
OPhone 2.5	MT620/中兴 U880/酷派 8150	2011.4
Pocket PC 2003	神达 Mio 336/联想 ET280	2003
Series80 2nd Edition	诺基亚 9300/9500/9300i	2005.12
Symbian EPOC R6 32 位	诺基亚 9210/9210c/9210i/9290	2002.2
Symbian OS	诺基亚 6620/7710	2004.8
Symbian OS 6.1	诺基亚 3600/3620/3650/3660/6600/7650/N-Gage/N-Gage QD	2003.2
Symbian OS 7.0s	诺基亚 3230/6260/6670/7610	2004.7
Symbian S60 v3	6630/E50/E60/E70/N70/N72/N73/N80/N90/N91/N92	2004.12
Symbian S60 v3	5700/N76/N78/N79/N81/N85	2006.7
Symbian S60 v3	E90/N93/N95/N82	2007.5
Symbian S60 v3	三星 i8510	2008
Symbian S60 v5	5800/5530/5230/N86/N97/C6-00/X6	2008.10
Symbian S60 v5	三星 i8910	2009.7
Symbian^3	N8/C7/E7/X7/C6-01/E6	2010.8
Symbian^3	诺基亚 808	2012
WebOS 3.0	惠普 TouchPad	2011
Windows Mobile 2002	多普达 515/535/摩托罗拉 MPX200	2003
Windows Mobile 2002	多普达 696/696i/700	2003.12
Windows Mobile 2003	多普达 565/575/585	2004.9
Windows Mobile 2003	摩托罗拉 MPX	2004.7
Windows Mobile 2003	多普达 566/586	2005.11
Windows Mobile 2003	摩托罗拉 MPX220	2004.4
Windows Mobile 2003	神达 Mio 8390	2004
Windows Mobile 2003	Treo650/A1200/E2/E680/联想 ET960/ET980/夏新 E850	2004.12

（续）

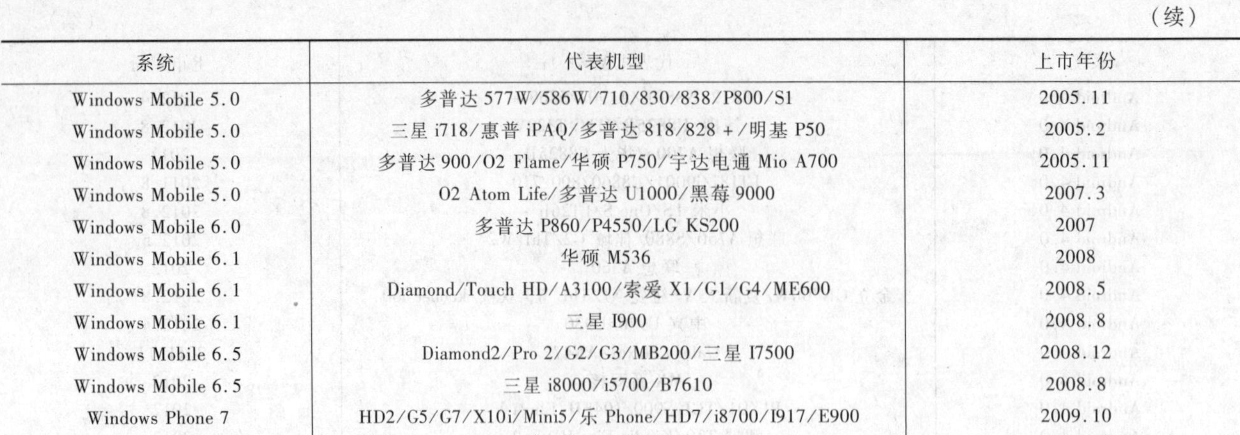

系统	代表机型	上市年份
Windows Mobile 5.0	多普达 577W/586W/710/830/838/P800/S1	2005.11
Windows Mobile 5.0	三星 i718/惠普 iPAQ/多普达 818/828 +/明基 P50	2005.2
Windows Mobile 5.0	多普达 900/O2 Flame/华硕 P750/宇达电通 Mio A700	2005.11
Windows Mobile 5.0	O2 Atom Life/多普达 U1000/黑莓 9000	2007.3
Windows Mobile 6.0	多普达 P860/P4550/LG KS200	2007
Windows Mobile 6.1	华硕 M536	2008
Windows Mobile 6.1	Diamond/Touch HD/A3100/索爱 X1/G1/G4/ME600	2008.5
Windows Mobile 6.1	三星 I900	2008.8
Windows Mobile 6.5	Diamond2/Pro 2/G2/G3/MB200/三星 I7500	2008.12
Windows Mobile 6.5	三星 i8000/i5700/B7610	2008.8
Windows Phone 7	HD2/G5/G7/X10i/Mini5/乐 Phone/HD7/i8700/I917/E900	2009.10
Windows Phone 7.5	LG E906	2011.10
Windows Phone 7.5	诺基亚 900	2012.3
Windows Mobile 6.1	技嘉 315/T4242/Touch/Touch2/G4/G8	2007.6

主要手机品牌支持的一些操作系统见表 1-5。

表 1-5　主要手机品牌支持的一些操作系统

主要支持操作系统	品牌	国家或地区	主要支持操作系统	品牌	国家或地区
Android	HTC Windows Mobile	我国台湾地区	BlackBerry OS	黑莓	加拿大
Android	Samsung Bada	韩国	iOS	苹果	美国
Android, Linux + java	摩托罗拉	美国	Symbian S60	诺基亚	芬兰

1.2.3　智能手机的网络

目前智能手机的网络见表 1-6。

表 1-6　智能手机的网络

名称	解　说
网络类型	双卡、全网通等
4G 网络	移动 TD-LTE、联通 TD-LTE、联通 FDD-LTE、电信 TD-LTE、电信 FDD-LTE 等
3G 网络	移动 3G（TD-SCDMA）、电信 3G（CDMA2000）、联通 3G（WCDMA）、联通 2G/移动 2G（GSM）等
WLAN 功能	双频 WiFi、IEEE 802.11 a/n/b/g/ac 等
导航	导航 GPS 导航、A-GPS 技术、GLONASS 导航、北斗导航等
连接与共享	WLAN 热点、蓝牙、ANT +、NFC 等

一般智能手机的网络特点见表 1-7。

表 1-7　一般智能手机的网络特点

名称	特　点
vivo Xplay5（全网通）	★双卡（支持 4G）、全网通 ★4G 网络移动——TD-LTE、联通 TD-LTE、联通 FDD-LTE、电信 TD-LTE、电信 FDD-LTE ★3G 网络——移动 3G（TD-SCDMA）、联通 3G（WCDMA）、电信 3G（CDMA2000）、联通 2G/移动 2G（GSM） ★支持频段 2G——GSM 850/900/1800/1900 3G——CDMA EVDO 800 3G——WCDMA 850/900/1900/2100 3G——TD-SCDMA 1880/2010 4G——TD-LTE B38/39/40/41 4G——FDD-LTE B1/3/2/4/5/7/8 ★WLAN 功能—— WiFi、IEEE 802.11 a/b/g/n/ac ★导航—— GPS 导航 ★连接与共享 ——WLAN 热点、蓝牙 4.1，OTG ★其他网络参数——WIFI +、全网通 +、4G +

（续）

名称	特　点
vivo Y35L（移动 4G）参数	★4G 网络——移动 TD-LTE ★3G 网络——移动 3G（TD-SCDMA）、联通 2G/移动 2G（GSM） ★支持频段 2G——GSM 850/900/1800/1900 3G——TD-SCDMA 1880/2010 4G——TD-LTE B38/39/40 ★WLAN 功能——双频 WiFi、IEEE 802.11 a/b/g/n/ac ★导航——GPS 导航 ★连接与共享——WLAN 热点，蓝牙
vivo Y37（移动 4G）	★网络类型——双卡（均可支持 4G） ★4G 网络——移动 TD-LTE ★3G 网络——移动 3G（TD-SCDMA）、联通 2G/移动 2G（GSM） ★支持频段 2G——GSM 850/900/1800/1900 3G——TD-SCDMA 1880-1920/2010-2025 4G——TD-LTE 1880-1920/2300-2400/2575-2635 ★WLAN 功能——单频/双频 WiFi、IEEE 802.11 a/b/g/n/ac ★导航—— GPS 导航、GLONASS 导航、北斗导航 ★连接与共享——WLAN 热点、蓝牙 4.1
华为 G9（青春版/全网通）	★网络类型——双卡（均可支持 4G）、全网通 ★4G 网络——移动 TD-LTE、联通 TD-LTE、联通 FDD-LTE、电信 TD-LTE、电信 FDD-LTE ★3G 网络——移动 3G（TD-SCDMA）、联通 3G（WCDMA）、电信 3G（CDMA2000）、联通 2G/移动 2G（GSM） ★支持频段 2G——GSM 850/900/1800/1900 3G——CDMA EVDO 800 3G——WCDMA 850/900/1900/2100 3G——TD-SCDMA B34/39 4G——TD-LTE B38/39/40/41 4G——FDD-LTE 1/3/7 ★WLAN 功能—— WiFi、IEEE 802.11 b/g/n ★导航—— GPS 导航、A-GPS 技术、GLONASS 导航、北斗导航 ★连接与共享—— WLAN 热点、蓝牙
三星 W2013（电信 3G）	★网络类型——双卡、双通 ★3G 网络 ——电信 3G（CDMA2000）、联通 2G/移动 2G（GSM） ★支持频段 2G——GSM 900/1800/1900 2G——CDMA 800/1900 3G——CDMA EVDO 800/1900 ★WLAN 功能——WiFi、IEEE 802.11 a/n/b/g ★导航 ——GPS 导航 ★连接与共享—— 蓝牙 4.0
iPhone 6s 全网通	★4G + 网络——LTE-A ★4G 网络移动——TD-LTE、联通 TD-LTE、联通 FDD-LTE、电信 TD-LTE、电信 FDD-LTE ★3G 网络移动——3G（TD-SCDMA）、联通 3G（WCDMA）、电信 3G（CDMA2000）、联通 2G/移动 2G（GSM） ★支持频段 2G——GSM 850/900/1800/1900 3G——TD-SCDMA 1900/2000 3G——WCDMA 900/1700/1900/2100 3G——CDMA EVDO 850/900/1700/1900/2100 4G——TD-LTE B38/39/40/41 4G——FDD-LTE B1/2/3/4/5/7/8/12/13/17/18/19/20/25/26/27/28/29 ★WLAN 功能——单频/双频 WiFi、IEEE 802.11 a/b/g/n/ac，具备 MIMO 技术 ★导航——GPS 导航、A-GPS 技术、GLONASS 导航、iBeacon 微定位 ★连接与共享——NFC、蓝牙 4.2

（续）

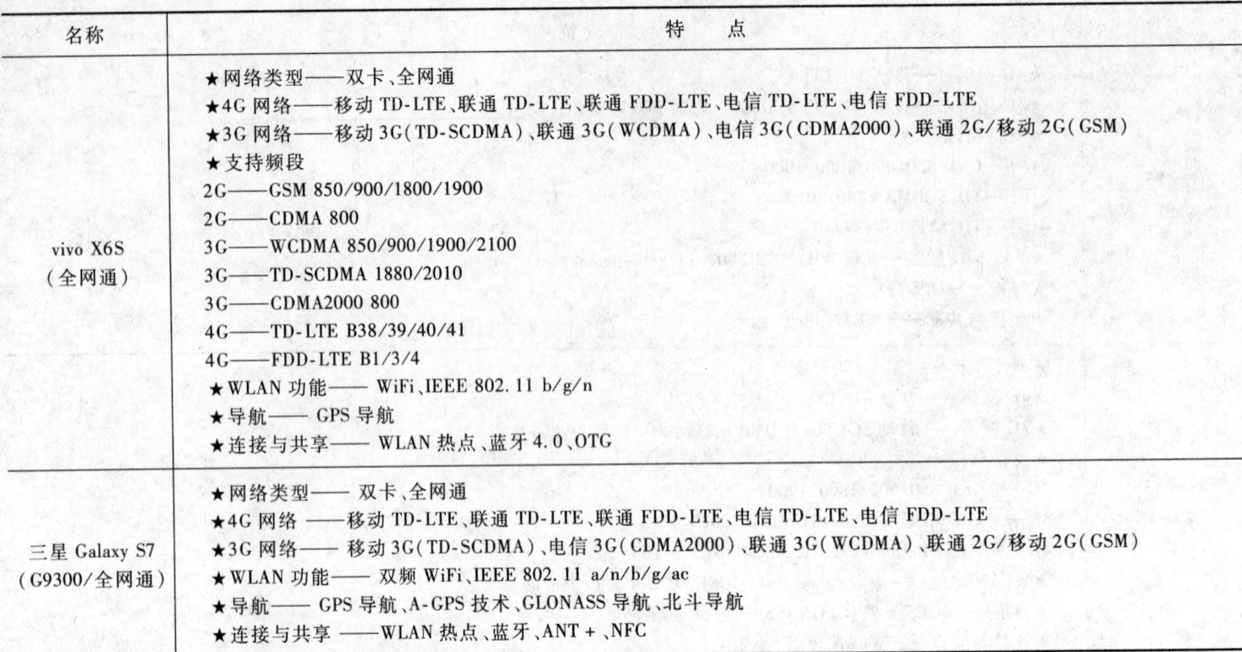

名称	特　点
vivo X6S （全网通）	★网络类型——双卡、全网通 ★4G 网络——移动 TD-LTE、联通 TD-LTE、联通 FDD-LTE、电信 TD-LTE、电信 FDD-LTE ★3G 网络——移动 3G(TD-SCDMA)、联通 3G(WCDMA)、电信 3G(CDMA2000)、联通 2G/移动 2G(GSM) ★支持频段 2G——GSM 850/900/1800/1900 2G——CDMA 800 3G——WCDMA 850/900/1900/2100 3G——TD-SCDMA 1880/2010 3G——CDMA2000 800 4G——TD-LTE B38/39/40/41 4G——FDD-LTE B1/3/4 ★WLAN 功能—— WiFi、IEEE 802.11 b/g/n ★导航—— GPS 导航 ★连接与共享—— WLAN 热点、蓝牙 4.0、OTG
三星 Galaxy S7 （G9300/全网通）	★网络类型—— 双卡、全网通 ★4G 网络 ——移动 TD-LTE、联通 TD-LTE、联通 FDD-LTE、电信 TD-LTE、电信 FDD-LTE ★3G 网络—— 移动 3G(TD-SCDMA)、电信 3G(CDMA2000)、联通 3G(WCDMA)、联通 2G/移动 2G(GSM) ★WLAN 功能—— 双频 WiFi、IEEE 802.11 a/n/b/g/ac ★导航—— GPS 导航、A-GPS 技术、GLONASS 导航、北斗导航 ★连接与共享 ——WLAN 热点、蓝牙、ANT +、NFC

iPhone 系列蜂窝网络和无线连接的特点见表 1-8。

表 1-8　iPhone 系列蜂窝网络和无线连接的特点

iPhone 6s Plus	iPhone 6s	iPhone 6 Plus	iPhone 6	iPhone SE
GSM/EDGE	GSM/EDGE	GSM/EDGE	GSM/EDGE	GSM/EDGE
UMTS（WCDMA）/HSPA +	UMTS（WCDMA）/HSPA +	UMTS（WCDMA）/HSPA +	UMTS（WCDMA）/HSPA +	UMTS（WCDMA）/HSPA +
DC-HSDPA	DC-HSDPA	DC-HSDPA	DC-HSDPA	DC-HSDPA
TD-SCDMA3	TD-SCDMA3	TD-SCDMA3	TD-SCDMA3	TD-SCDMA3
CDMA EV-DO Rev. A	CDMA EV-DO Rev. A	CDMA EV-DO Rev. A（仅限 CDMA 机型）	CDMA EV-DO Rev. A（仅限 CDMA 机型）	CDMA EV-DO Rev. A
4G LTE Advanced3	4G LTE Advanced3	4G LTE3	4G LTE3	4G LTE3
IEEE 802.11a/b/g/n/ac 无线网络，具备 MIMO 技术	IEEE 802.11a/b/g/n/ac 无线网络，具备 MIMO 技术	IEEE 802.11a/b/g/n/ac 无线网络	IEEE 802.11a/b/g/n/ac 无线网络	IEEE 802.11a/b/g/n/ac 无线网络
蓝牙 4.2	蓝牙 4.2	蓝牙 4.2	蓝牙 4.2	蓝牙 4.2
GPS 和 GLONASS 定位系统	GPS 和 GLONASS 定位系统	GPS 和 GLONASS 定位系统	GPS 和 GLONASS 定位系统	GPS 和 GLONASS 定位系统
VoLTE3	VoLTE3	VoLTE3	VoLTE3	VoLTE3
NFC	NFC	NFC	NFC	NFC

1.2.4　4G 频率段

4G 频率段的划分，是因为理论上频率是无限，可在使用起来还是有限。加上中国移动、中国电信、中国联通三家运营商间需要分配频谱（频率、频段），才能够实现为 4G 手机提供必要的后台支持。其实，2G/3G 手机通信信号传输也是通过一定频率传输的。我国三大运营商所拥有的频率、网络制式不尽一样。因此，同一部手机在三大运营商间可能不通用，也就是在联通或者移动版的手机，插上电信的卡可能无法使用，而不是手机的故障。

如果不分开频率段，则比如中国联通，就不能使用中国移动的频段。因为在同一个地方如果有两个

基站使用相同的频段，它们之间会给对方造成相当大的干扰，这就像两个人在用同样的声音说话，但是这两个人说的内容完全不一样，接收的人（用户）根本就分不出来。

目前，我国的通信业逐渐形成了2G/3G/4G并存的局面，因此，全面了解三大运营商所拥有的频段、网络制式很有必要。

4G频率段见表1-9。

表1-9　4G频率段

我国的通信运营公司	上行(UL)频率	下行(DL)频率	频宽	合计频宽	制式	
中国移动	885～909MHz	930～954MHz	24MHz	184MHz	GSM800	2G
	1710～1725MHz	1805～1820MHz	15MHz		GSM1800	2G
	2010～2025MHz	2010～2025MHz	15MHz		TD-SCDMA	3G
	1880～1890MHz	1880～1890MHz	130MHz		TD-LTE	4G
	2320～2370MHz	2320～2370MHz				
	2575～2635MHz	2575～2635MHz				
中国联通	909～915MHz	954～960MHz	6MHz	81MHz	GSM800	2G
	1745～1755MHz	1840～1850MHz	10MHz		GSM1800	2G
	1940～1955MHz	2130～2145MHz	15MHz		WCDMA	3G
	2300～2320MHz	2300～2320MHz	40MHz		TD-LTE	4G
	2555～2575MHz	2555～2575MHz				
	1755～1765MHz	1850～1860MHz	10MHz		FDD-LTE	4G
中国电信	825～840MHz	870～885MHz	15MHz	85MHz	CDMA	2G
	1920～1935MHz	2110～2125MHz	15MHz		CDMA2000	3G
	2370～2390MHz	2370～2390MHz	40MHz		TD-LTE	4G
	2635～2655MHz	2635～2655MHz				
	1765～1780MHz	1860～1875MHz	15MHz		FDD-LTE	4G

2G/3G/4G并存的局面

分配的频带越宽，对运营商来说就越有利。具体FDD-LTE频段见表1-10。

表1-10　具体FDD-LTE频段

LTE频段序号	上行(UL)频率 MHz	下行(DL)频率 MHz	频带宽度/MHz	双工间隔/MHz	带隙/MHz
1	1920～1980	2110～2170	60	190	130
2	1850～1910	1900～1990	60	80	20
3	1710～1785	1805～1880	75	95	20
4	1710～1755	2110～2155	15	400	355
5	824～849	869～894	25	45	20
6	830～840	875～885	10	35	25
7	2600～2670	2620～2690	70	120	60
8	880～915	925～960	35	45	10
9	1749.9～1784.9	1844.9～1879.9	35	95	60
10	1710～1770	2110～2170	60	400	340
11	1427.9～1452.9	1475.9～1500.9	20	48	28
12	698～716	728～746	18	30	12
13	777～787	746～766	10	-31	41
14	788～798	758～768	10	-30	40
15	1900～1920	2600～2620	20	700	680
16	2010～2025	2585～2600	15	576	560
17	704～716	734～746	12	30	18
18	815～880	860～875	15	45	80
19	830～845	875～890	15	45	30
20	832～862	791～821	30	-41	71
21	1447.9～1462.9	1495.5～1510.9	15	48	83
22	3410～3500	3510～3600	90	100	10
23	2000～2020	2180～2200	20	180	160
24	1625.5～1660.5	1526～1559	34	-101.5	135.3
25	1850～1915	1930～1995	65	80	15

具体 TDD-LTE 频段见表 1-11。

表 1-11 具体 TDD-LTE 频段

频段序号	上行(UL)频率	下行(DL)频率	制式
33	1900~1920MHz	1900~1920MHz	TDD
34	2010~2025MHz	2010~2025MHz	TDD
35	1850~1910MHz	1850~1910MHz	TDD
36	1930~1990MHz	1930~1990MHz	TDD
37	1910~1930MHz	1910~1930MHz	TDD
38	2570~2620MHz	2570~2620MHz	TDD
39	1880~1920MHz	1880~1920MHz	TDD
40	2300~2400MHz	2300~2400MHz	TDD
41	2496~2690MHz	2496~2690MHz	TDD
42	3400~3600MHz	3400~3600MHz	TDD
43	3600~3800MHz	3600~3800MHz	TDD

中国移动 TD-LTE：支持频段 38、39、40。

中国联通 TD-LTE：支持频段 40、41。

中国电信 TD-LTE：支持频段 40、41。

中国联通 FDD-LTE：支持频段 3。

中国电信 FDD-LTE：支持频段 3。

2G、3G 的时代，由于部分国家通信制式和频段等存在差异，无法实现真正的国际漫游。五模十频的 4G 手机，实现了对 2G（GSM）、3G（TD-S、WCDMA）、4G（TD-LTE、LTE-FDD）网络的支持，能够实现在国内外多网络自由漫游。

说明：要认准支持哪家 4G 的手机型号，并不是所有的 4G 手机都支持所有运营商的 4G 网络。

1.2.5 智能手机相关词汇（见表 1-12）

表 1-12 智能手机部分相关词汇

名称	解　说
A-GPS	A-GPS 是一种结合了网络基站信息和 GPS 信息对移动台进行定位的技术
AMOLED	AMOLED 较 TFT LCD 有优势，AMOLED 具有抗光性强、不容易反光、反应速度较快、对比度更高、视角较广等特点
GPS	GPS 是英文 Global Positioning System（全球定位系统）的简称，在手机上分划为 GPS、A-GPS
Java	Java 是由 Sun Microsystems 公司于 1995 年 5 月推出的，是 Java 程序设计语言与 Java 平台的总称
TFT	TFT（ Thin film Transistor，薄膜晶体管）屏幕是彩屏手机中采用的一种屏幕。TFT 分 65536 色、26 万色、1600 万色三种
WLAN（WiFi/WAPI）	WLAN（WiFi/WAPI）：是一种可以将个人电脑、手持设备（如 PDA、手机）等终端以无线方式互相连接的技术
蓝牙	蓝牙是一种支持设备短距离通信（一般 10m 内）的无线电技术。蓝牙能在包括移动电话、PDA、无线耳机、笔记本电脑、相关外设等众多设备间进行无线信息交换
陀螺仪	陀螺仪一般由高速旋转的三轴测量物体任意方向旋转时的角速度，经手机中的处理器对角速度积分后就得到了手机在某一段时间内旋转的角度。陀螺仪能够在失衡的状态下感测到整个立体空间的方向

第 2 章

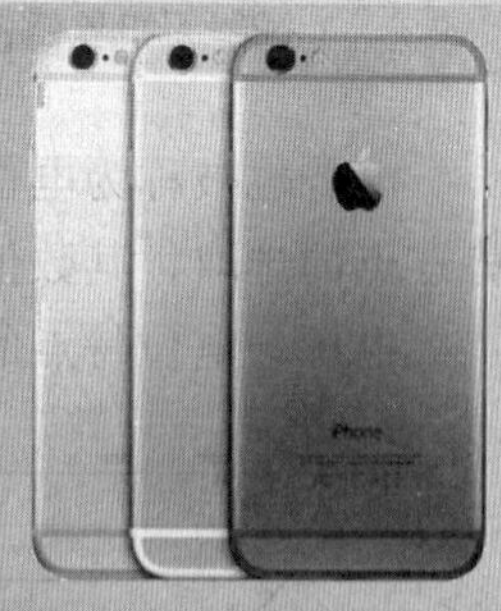

手机电路基础

2.1 电阻

电阻（Resistance，一般用 R 表示）表示导体对电流阻碍作用的大小。导体的电阻越大，表示导体对电流的阻碍作用越大。不同的导体，电阻一般是不同的。

电阻是导体本身的一种特性。

电阻的单位为欧姆（ohm），简称欧，符号为 Ω，1Ω = 1V/A。比较大的电阻单位还有千欧（kΩ）、兆欧（MΩ）。它们的换算关系如下：

1TΩ = 1000GΩ；1GΩ = 1000MΩ；1MΩ = 1000kΩ；1kΩ = 1000Ω。

2.2 电流

电流是指单位时间里通过导体横截面的电量，是导体中的自由电荷在电场力的作用下做有规则的定向运动形成的。电流特点的图解如图 2-1 所示。

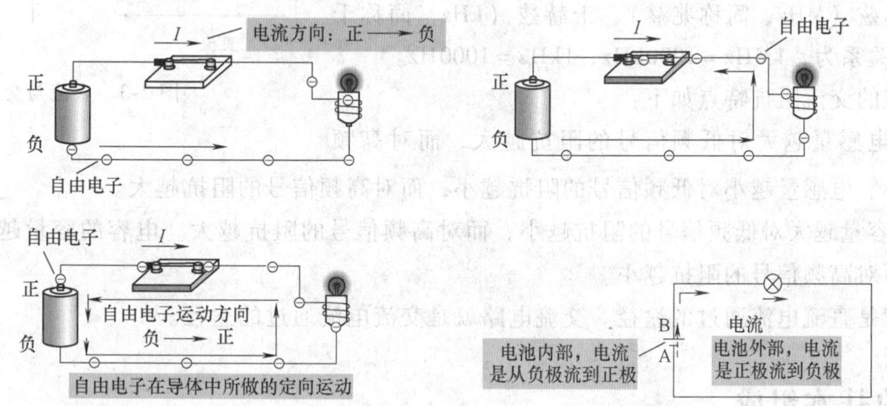

图 2-1　电流特点的图解

电流的国际单位制为 A，常见的单位还有 kA、mA、μA、pA、nA。它们的换算方法如下：

1kA = 1000A；1A = 1000mA；1mA = 1000μA；1μA = 1000nA；1nA = 1000pA。

2.3 电压与电位

电压（voltage）也叫作电势差、电位差，其是电路中自由电荷定向移动形成电流的原因。电压的国际单位制为伏特（V，简称伏），常用的单位还有毫伏（mV）、微伏（μV）、千伏（kV）等。电压根据大小，可以分为高电压、低电压、安全电压。根据功能，可以分为阻抗电压、医学电压。

电势也被称为电位。电位是指单位电荷在静电场中的在某一点所具有的电势能。电势大小取决于电势零点的选取，其数值只具有相对的意义。

电压与电位特点的图解如图 2-2 所示。

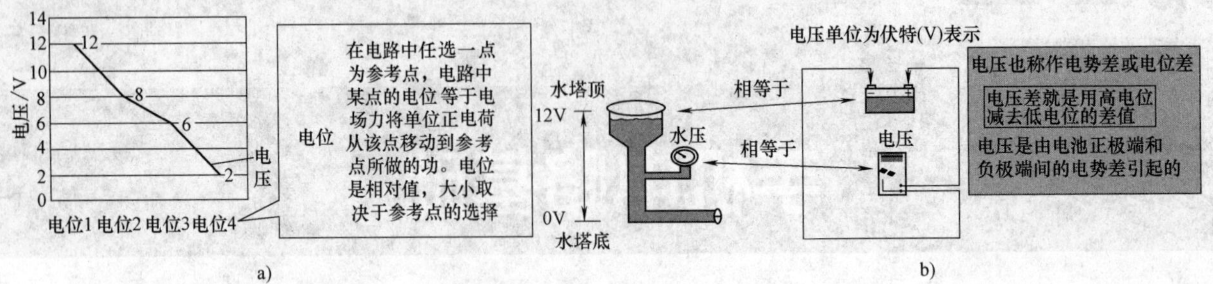

图 2-2　电压与电位特点的图解

2.4　直流与交流

电可以通过化学的或物理的方法获得的一种能，其可以使灯发光等特点。电有直流电与交流电之分，其对应的电路有直流电路与交流电路之分。

直流电压、电流就是方向、大小均恒定不变的电压、电流。交流电压、电流就是方向、大小随时变化的电压、电流。大多数电子电路工作时都需要直流电源，直流电源的作用是保证电子电路的工作状态与能源的提供者。照明电、音频信号等是交流。直流与交流图解如图 2-3 所示。

直流　　交流

图 2-3　直流与交流

交流信号根据频率可以分为高频信号（例如收音天线信号）与低频信号（例如耳机的音频信号）。交流信号的单位为频率，其定义为，单位时间内交流信号大小、方向变化的次数。频率的单位为赫兹（简称赫），一般用字母 Hz 表示。另外，常用单位还有兆赫兹（MHz，简称兆赫）、千赫兹（kHz，简称千赫）。它们间的关系为，1MHz = 1000kHz、1kHz = 1000Hz。

电感、电容的交流阻抗特点如下：

1）电感的电感量越大对低频信号的阻抗越大，而对高频信号的阻抗越小。电感量越小对低频信号的阻抗越小，而对高频信号的阻抗越大。

2）电容的容量越大对低频信号的阻抗越小，而对高频信号的阻抗越大。电容的容量越小对低频信号的阻抗越大，而对高频信号的阻抗越小。

直流电路就是直流电流通过的途径。交流电路就是交流电流通过的途径。

2.5　电路的基本组成

电路是由各种元器件或电工设备根据一定方式连接起来的一个总体，其可以为电流的流通提供了必要的路径。

复杂的电路呈网状，因此，又称为网络、电网络。

电路的基本组成包括四个部分：

1）电源——供能元件，为电路提供电能的设备与器件，例如电池、发电机等。

2）负载——耗能元件，使用（消耗）电能的设备、器件，例如灯泡等用电器。

3）控制器件——控制电路工作状态的器件、设备，例如开关等。

4）连接导线——将电器设备与元器件按一定方式连接起来导线，例如各种铜、铝电缆线等。

电路的图例如图 2-4 所示。

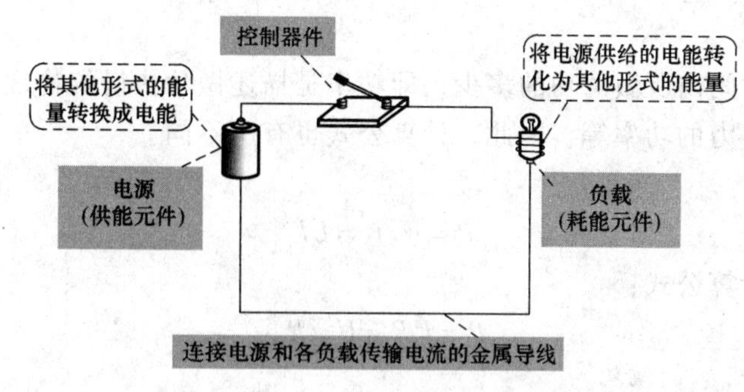

图 2-4　电路的图例

2.6　串联与并联

并联就是两个或多个元件的一端连在一起，另一端连在一起。串联就是若干个元件一个接一个地连接起来。它们的特点图例如图 2-5 所示。

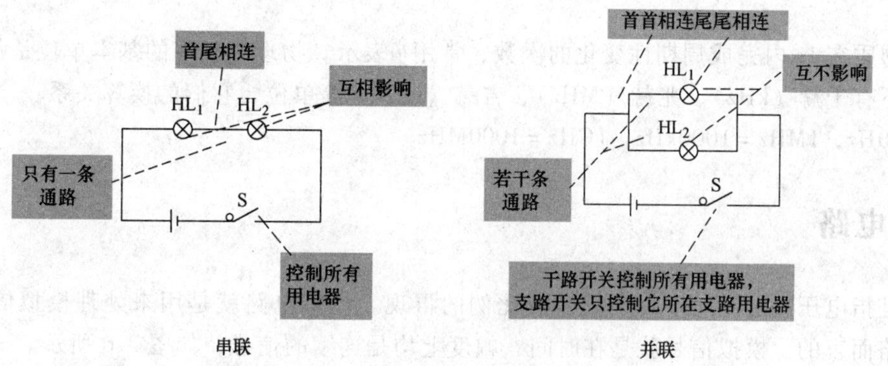

图 2-5　串联与并联的特点图例

2.7　欧姆定律

欧姆定律：在同一电路中，导体中的电流跟导体两端的电压成正比，跟导体的电阻成反比。

欧姆定律标准式：

$$I = U/R$$

欧姆定律变形公式：

$$U = IR、R = U/I$$

式中，I 为电流，单位为安培（A）；U 为电压，单位为伏特（V）；R 为电阻，单位为欧姆（Ω）。

部分电路欧姆定律公式：

$I = U/R$，$I = U/R = P/U$，$I = U:R$

式中，I 为电流，单位为安培（A）；U 为电压，单位为伏特（V）；R 为电阻，单位为欧姆（Ω）；P 为功率，单位为瓦特（W）。

全电路欧姆定律公式：

$$I = E/R + r$$

式中，E 为电源电动势，单位为伏特（V）；R 为负载电阻，单位为欧姆（Ω）；r 为电源内阻，单位为欧姆（Ω）；I 为电流，单位为安培（A）。

2.8 功率

功率是指物体在单位时间内所做的功的多少，即功率是描述做功快慢的物理量。

功率可以分为电功率、力的功率等。因此，计算公式也有所不同。

电功率计算公式：

$$P = W/t = UI$$

纯电阻电路中电功率计算公式：

$$P = I^2R = U^2/R$$

动力学中功率计算公式：

$$P = W/t(\text{平均功率}), P = Fv, P = F_{vcos}\alpha(\text{瞬时功率})$$

式中，P 为功率，单位为瓦特（W）；W 为功，单位为焦耳（J）；t 为时间，单位为秒（s）。

功率的国际单位为瓦特（W），常用的单位还有 kW、MW、马力，它们的换算关系：

$1\text{ kW} = 1\times10^3\text{ W}$，$1\text{ MW} = 1\times10^3\text{ kW} = 1\times10^6\text{ W}$，1 马力 ≈ 735W

2.9 频率

频率就是物质在 1s 内完成周期性变化的次数，常用 f 表示。物理中频率的基本单位是赫兹（Hz），简称赫。常用的还有千赫（kHz）、兆赫（MHz）、吉赫（GHz）等单位，它们的换算关系：

1kHz = 1000Hz，1MHz = 1000kHz，1GHz = 1000MHz

2.10 模拟电路

模拟也就是指电压或电流对于真实信号成比例的再现。模拟电路就是用来处理模拟信号的电路，其是相对数字电路而言的。模拟信号就是在时间、幅度上均是连续的信号，如图 2-6 所示。

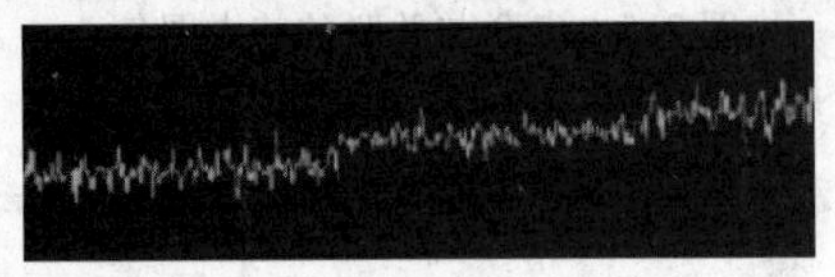

图 2-6 模拟信号

2.11 数字电路

数字信号是指幅度的取值是离散的，幅值表示被限制在有限个数值内的信号，如图 2-7 所示。

用来传输、控制、变换数字信号的电路叫作数字电路。数字电路工作时一般只有两种状态：高电位（又称为高电平、1 状态）或低电位（又称低电平、0 状态）。

图 2-7 数字信号

数字电路基本逻辑电路为与门、或门、非门（反相器），它们的特点如下：

1）与门——当输入端 A、B 同时都为逻辑 1 状态时，输出端 C 才是逻辑 1 状态。

2）或门——输入端 A、B 只要有一个状态为 1 时，输出端 C 便是逻辑 1 状态。

3）非门——只有一个输入端和一个输出端，并且其输出状态总是与输入状态相反的。以上几个逻辑电路逻辑图与真值表如图 2-8 所示。

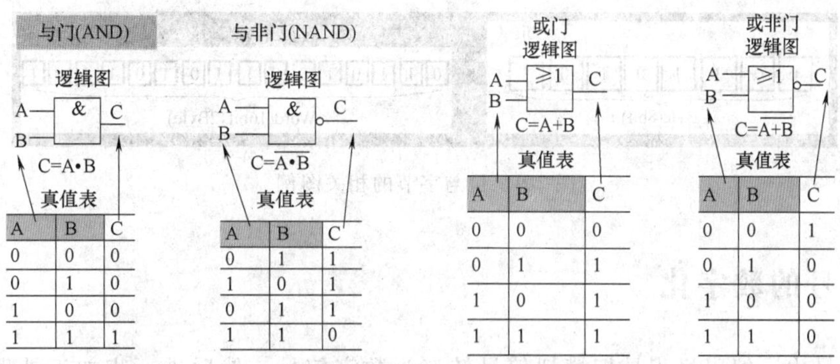

图 2-8　逻辑电路逻辑图与真值表

2.12　数制

数制就是用一组固定的数字与一套统一的规则来表示数目的一种方法。数码就是数制中表示基本数值大小的不同数字符号。例如，十进制有 10 个数码，分别为 0、1、2、3、4、5、6、7、8、9。基数就是数制所使用数码的个数。例如，二进制的基数为 2、十进制的基数为 10。位权就是数制中某一位上的 1 所表示数值的大小。例如，十进制的 123，1 的位权是 100，2 的位权是 10，3 的位权是 1。

常见的数制符号为二进制 B（binary）、八进制 O（octal）、十进制 D（decimal）、十六进制 H（hexadecimal）等。

常见数制的特点见表 2-1。

表 2-1　常见数制的特点

数制	解　说
二进制	二进制就是只有 0、1 两个数码，其计数规则是逢二进一
十六进制	十六进制的数码有 0、1、...、9 与 A、B、...、F（或 a、b、...、f）16 个符号来描述，其计数规则是逢十六进一。 二进制只有两个数字可以用，因此，常需要用很多个数位才能够表达一个数目。为了方便表达二进制数目，常会用十六进制来表示，这是因为一个十六进制数字会对应四个二进制数字
十进制	十进制是人们日常生活中最熟悉的一种进位计数制。十进制中的数码有 0、1、2、3、4、5、6、7、8、9，其计数规则是逢十进一

二进制与十进制、十六进制中的数目对照见表 2-2。

表 2-2　二进制与十进制、十六进制中的数目对照

十进制	0	1	2	3	4	5	6	7	8	9	10	11	12	13	14	15
二进制	0000	0001	0010	0011	0100	0101	0110	0111	1000	1001	1010	1011	1100	1101	1110	1111
十六进制	0	1	2	3	4	5	6	7	8	9	a	b	c	d	e	f

2.13　位与字节

位、字节在一些处理器、微机控制与技术中是常见的专业用语。它们的含义与特点如下：

1）位（bit）：一个 0 或 1 称为 1 位，常用 bit 表示。计算机、单片机中的位一般是指二进制数的位。

2）字节（Byte）：单片机中的数据存储量，处理速度一般是以字节为单位的。字节也是计算机中可单独处理的最小单位。

计算机、单片机中规定连续的几位称为一个字节，常用 Byte 表示。

千字节（KB）是表示存储器容量的单位为 KB。1 千字节实质上是 1024 个字节。

位与字节的相关图例如图 2-9 所示。

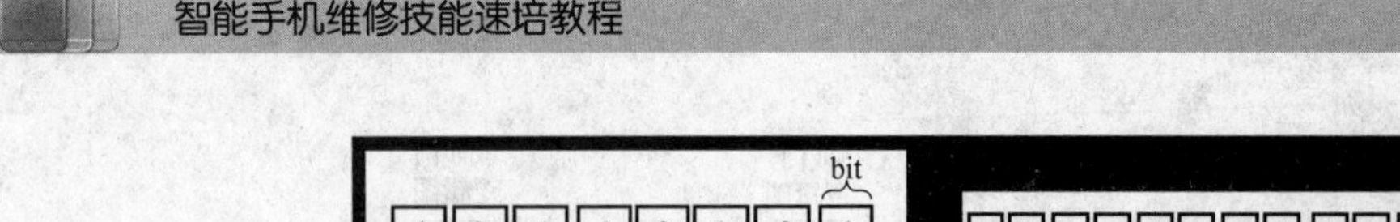

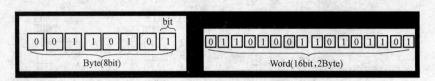

图 2-9 位与字节的相关图例

2.14 模拟信号的数字化

处理数字化信号中，编码过程是把模拟信号转变为数字信号，然后进一步加工处理。解码过程是把数字信号转变为模拟信号。解码是编码的逆过程。编码过程主要进行信号的取样、量化、数字编码等处理，相关解说见表 2-3。

表 2-3 数字化处理

名称	解 说
取样	取样是将模拟信号根据一时间间隔（也称为取样周期），取得脉冲性信号
量化	量化是将取样信号的电平（幅度）分级取整的过程
编码	经过量化处理的脉冲信号仍不是数码信号，因此，需要对各脉冲信号的电平值使用二进制数码表示，即用 0、1 或者高电平、低电平的数目来表示。这种二值化数码信号才是数字信号

模拟信号的数字化图解如图 2-10 所示。

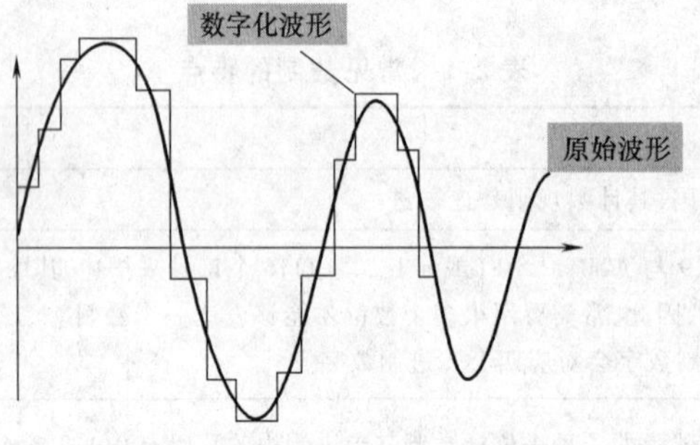

图 2-10 模拟信号的数字化图解

第 3 章

检修常用的工具与技法

3.1 检修常用的工具

3.1.1 概述

智能手机检修常用的工具有风枪、防静电烙铁、电源、镊子、螺丝刀一套、小刀、酒精、天那水、频谱计、示波器、软件维修仪、数字万用表、植锡板一套、焊宝、台灯放大镜、超声波清洗器、锡线、去屑笔、电脑、松香、维修平台等。

手机维修仪器与工具的分类有，焊接工具、拆卸工具、软件升级工具、检测工具（仪器）、供电工具。

智能手机开店维修，目前，部分工具的参考价格如下：

刀柄刀片（约 5 元）；放大工作台灯一台（约 30 元）；飞线 1 卷（约 1 元）；风枪、烙铁、电源三合一的超能维修王（约 500 元）；耐热工作台垫（约 15 元）；全套植锡板（约 30 元）；数字万用表（约 35）；松香 1 盒（约 1 元）；天那水瓶（约 5 元）；维修卡台（约 15 元）；锡浆一桶（约 15 元）；锡丝 1 卷（约 10 元）；优质捏子（约 15 元）；助焊剂（约 10 元）；组合螺丝刀工具一套（约 35 元）。

3.1.2 螺丝刀（螺钉旋具）

螺丝刀，又叫作改锥、起子、改刀、旋凿，它是用来拧转螺钉以迫使其就位的一种工具。螺丝刀通常有一个薄楔形头，可插入螺钉头的槽缝或凹口内。

维修智能手机，除了需要备用通用的螺丝刀外，还需要选择备用专用的螺丝刀。例如苹果专用螺丝刀、T6（NOKIA 用螺丝刀）、T5（MOTO 用螺丝刀）、十字（国产机、三星用螺丝刀）、弯钩。

弯钩用于拆翻盖机拆螺钉的方法：先压着稍拧松螺钉（两个方向），再像平常一样拧螺钉，这样不会打滑。

螺丝刀的一般规格如图 3-1 所示。

iPhone 4 螺钉的拆卸需要用专用拆机螺丝刀。iPhone 上的螺钉有 5 角梅花、4 角十字。例如：

iPhone 4s【英文版】白色 +5 角螺钉、黑色 +5 角螺钉。

iPhone 4s【英文版】白色 +4 角螺钉、黑色 +4 角螺钉。

iPhone 4s【中文版】黑色 +4 角螺钉、黑色 +5 角螺钉。

iPhone 4s【中文版】白色 +5 角螺钉、白色 +4 角螺钉。

iPhone 4【中文版】白色 +5 角螺钉、黑色 +5 角螺钉。

iPhone 4【英文版】白色 +5 角螺钉、黑色 +5 角螺钉。

iPhone 4【中文版】白色 +4 角螺钉、黑色 +4 角螺钉。

iPhone 4【英文版】白色 +4 角螺钉、黑色 +4 角螺钉。

iPhone 4 电信 CDMA 黑色 +5 角螺钉。

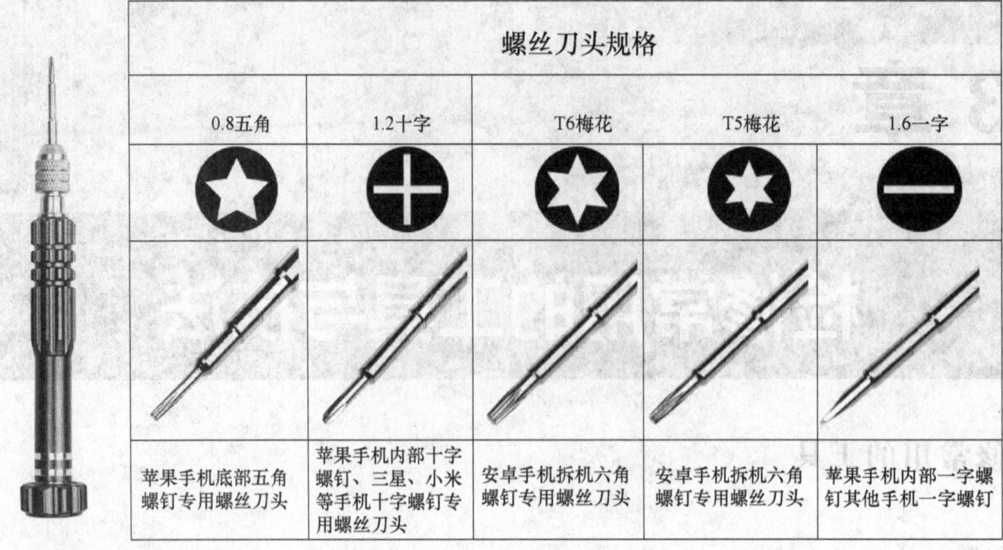

螺丝刀头规格				
0.8五角	1.2十字	T6梅花	T5梅花	1.6一字
苹果手机底部五角螺钉专用螺丝刀头	苹果手机内部十字螺钉、三星、小米等手机十字螺钉专用螺丝刀头	安卓手机拆机六角螺钉专用螺丝刀头	安卓手机拆机六角螺钉专用螺丝刀头	苹果手机内部一字螺钉其他手机一字螺钉

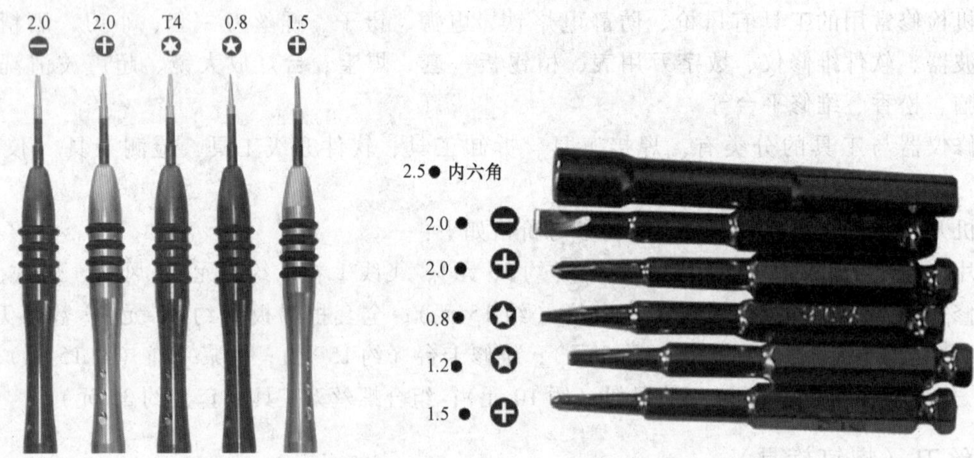

图 3-1　螺丝刀的一般规格

iPhone 4s 与 iPhone4 的保护壳是不能通用的。iPhone4s 和 iPhone4 的螺钉基本是一样的。英版 iPhone 4s 的机身螺钉为五角梅花式。

iPhone6s 和 iPhone 6s plus 的主板有一个特殊内六角 M2. 5 规格的螺钉，目前一般螺丝刀无法拆，需要使用专用主板特殊螺丝刀。

部分螺丝刀的应用如下：

五星 0. 8 螺丝刀适用于苹果系列尾部螺钉；十字 1. 5 螺丝刀适用于苹果系列内部螺钉；一字 2. 0 螺丝刀适用于苹果系列主板螺钉；PH00 适用于直径 2mm，适用于：笔记本电脑底部十字螺钉和其他数码电子玩具等螺钉；PH000 适用于拆个别苹果手机底部的十字螺钉和苹果手机内部的十字螺钉；大部分手机的十字螺钉，大部分数码产品的小十字螺钉；★0. 8/★1. 2 适用于专拆苹果手机后盖；内六角 2. 5 适用于拆模型、自行车、机械等；一字型（平口）2. 0mm 适用于家用工具及精密调作工具。

有些螺丝刀刀头没有磁性，或者磁性减弱，则可以对螺丝刀头磁性进行处理，例如使用加磁器加磁。另外，如果需要消磁，则需要采用消磁器消磁。

加磁器或者消磁器的外形与应用如图 3-2 所示。

螺丝刀使用技巧：

1）操作时，七分压力三分扭力。

2）不同的智能手机，采用的螺钉不同，则拆装使用的螺丝刀也不同。例如小米 2 机身上大大小小所

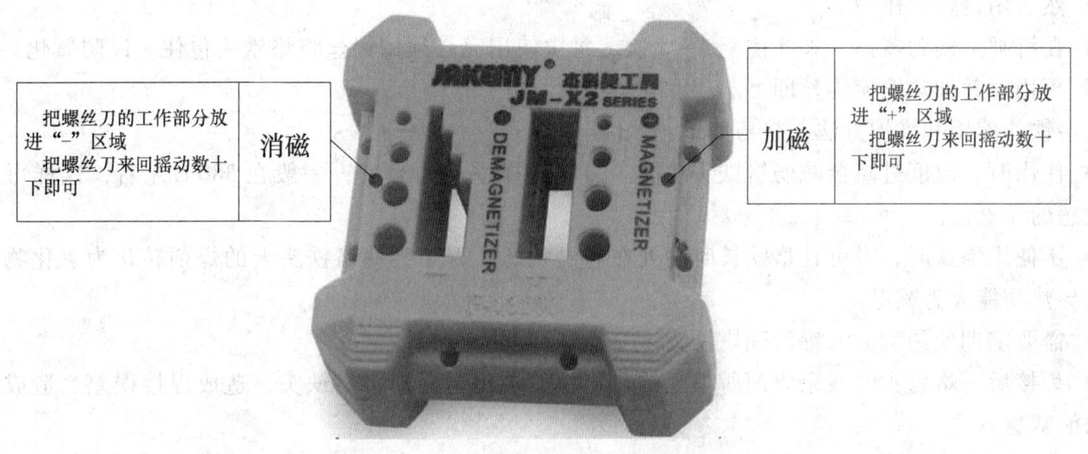

图 3-2　加磁器或者消磁器的外形与应用

有螺钉均为十字形螺钉固定，其机身四角的螺钉要稍微大于机身两边的四颗螺钉，电池仓中的螺钉则与其他螺钉均不相同。

3.1.3　电烙铁

电烙铁主要用途是焊接、拆卸元件、导线等作用。常见电烙铁的种类见表 3-1。

表 3-1　常见电烙铁的种类

名称	解　说
内热式电烙铁	内热式电烙铁一般由连接杆、烙铁芯、手柄、弹簧夹、烙铁头等组成。烙铁头具有凿式、圆形、尖锥形、圆面形和半圆沟形等不同的形状。电烙铁头材料一般采用高传热特性的金属铜或合金，主要功能是将发热芯产生热量传递出来，并且使其头部的温度达到或超过熔化焊锡的温度。手柄主要作用是提供部件给手握，一般采用高温塑料、电焦木、木头等绝缘隔热材料制成 该类型的电烙铁烙铁芯安装在烙铁头的里面。烙铁芯采用镍铬电阻丝绕在瓷管上制成，一般 35W 电烙铁其电阻为 1.6kΩ 左右，20W 电烙铁其电阻为 2.4kΩ 左右。电烙铁的功率越大，烙铁头的温度也越高。烙铁功率 20W 时，端头温度大约为 350℃；烙铁功率 25W 时，端头温度大约为 400℃；烙铁功率 45W 时，端头温度大约为 420℃；烙铁功率 75W 时，端头温度大约为 440℃ 内热式电烙铁有恒温式电烙铁、调温式电烙铁。其中，调温式电烙铁比恒温式电烙铁贵一些
外热式电烙铁	一般由烙铁头、手柄、烙铁芯、外壳、插头等所组成。烙铁头具有凿式、圆形、尖锥形、圆面形和半圆沟形等不同的形状。该类型的电烙铁烙铁头安装在烙铁芯内。外热式电烙铁功率一般都较大
气焊烙铁	该类型电烙铁是一种用液化气、甲烷等可燃气体燃烧加热烙铁头的烙铁。主要适用于无法供给交流电、供电不便等场合
恒温电烙铁	该类型电烙铁是指温度很稳定的电烙铁，其烙铁头内装有磁铁式的温度控制器，以控制通电时间，达到恒温目的
吸锡电烙铁	该类型电烙铁是将活塞式吸锡器与电烙铁熔为一体的既可拆又可焊的工具
调温电烙铁	调温电烙铁主要用手工焊接贴片元器件。调温电烙铁分为手动调温与自动调温两种。贴片元器件可以选择 200～280℃ 调温式尖头烙铁
热风枪	热风枪一般用于 SMT 电子生产工艺、精密 SMD 电路板维修，主要适合微型的贴片电子零件、BGA、FBGA 等大规模 IC 的拆焊维修需要。一些设备大量采用了 BGA 球栅阵列封装模块。BGA 是以贴片形式焊接在主板上。因此，维修人员来说选择热风枪、熟练掌握热风枪是必需的

电烙铁的种类比较多，因此，需要根据实际情况来选择电烙铁：连接焊热敏元器件可以选择 35W 电烙铁；大型焊件金属极、接地片等可选择 100W 以上电烙铁；一般小型、精密件可选择 20W 外热式；贴片元器件一般选择 20W、25W 左右的内热式电烙铁，但是，一般不得超过 40W。

电烙铁烙铁头的外形常用有三种：尖头、弯头、刀状。

新烙铁头的使用方法如下：

1）加热 10 分钟以上，等烙铁头表面的保护膜完全熔化。

2）再沾松香。

3）然后用锡丝包住。

4）在海绵上使劲擦掉，如此往复4~5次，每次使用完必须用锡丝将烙铁头包住，以防氧化。

5）再用时，加热擦掉锡丝即可。

电烙铁的使用和维护方法与技巧如下：

1）使用时，温度过高会减弱烙铁头功能。需要选择适当的温度，一般在380℃左右，这样可保护对温度敏感的元器件。

2）不使用烙铁时，不可让烙铁长时间处在高温状态，否则会使烙铁头上的焊剂转化为氧化物，致使烙铁头导热功能大为减退。

3）需要定期使用清洁海绵清理烙铁头。

4）焊接后，烙铁头的残余焊剂所衍生的氧化物、炭化物会损害烙铁头，造成焊接误差、造成烙铁头导热功能减退。

5）长时间连续使用烙铁时，需要每周一次拆开烙铁头清除氧化物，以防止烙铁头受损而降低其导热性能。

电烙铁烙铁头的清洗方法如下：

1）设定温度为250℃。

2）等温度稳定后，用清洁海绵清理烙铁头，以及检查烙铁头的状况。

3）如果烙铁头的镀锡部分含有黑色氧化物时，可以镀上新的锡层，然后用清洁海绵抹净烙铁头，直到除去氧化物为止，然后镀上新的锡层。

4）如果烙铁头变形，则需要替换新的。

5）清洁海绵的含水量不能过饱和，一般湿润不干燥即可，以免加速烙铁头的氧化。

校准烙铁温度的方法与步骤：

1）更换烙铁、更换烙铁头、更换发热器时，需要重新校准烙铁温度。

2）校准的最理想仪器是测量烙铁温度计。

3）校准时，先将温度旋钮调到400℃。

4）等温度稳定后，将烙铁头移到温度计测量位置。

5）等温度计温度稳定后，以一字或者十字螺丝刀旋转相关旋钮，直到温度计显示400℃为止。注意，有的电烙铁顺时间方向旋转是升温，逆时间方向旋转是降温。

3.1.4 热风枪

1. 概述

热风枪，简称风枪，又叫作焊风枪。其是一种适合于贴片元器件拆焊、焊接的工具。热风枪可以分为直风式热风枪、恒温式热风枪，它们的特点见表3-2。

表3-2 热风枪的特点

名称	解说
直风式热风枪	直风式热风枪的优点是加热快，缺点是易吹坏元件。直风式热风枪，一般风速2~3档，温度350~360℃，风枪口距电路板距离为1~3cm
恒温式热风枪	恒温式热风枪的优点是不易吹坏元器件，出风为面状；缺点是加热慢。恒温式热风枪，一般风速2档左右，温度370℃左右，风枪口距板的距离大约为1~2.3cm

2. 热风枪的结构

热风枪主要由气泵、线性电路板、气流稳定器、外壳、手柄组件等组成。热风枪手柄有的采用了特种耐高温高级工程塑料，耐温等级高达300℃；鼓风机部分有的采用了寿命3万小时以上的强力无噪声鼓风机，满足大功率螺旋风输出；热风筒有的采用螺旋式的拆卸结构；发热丝有的采用特制可拆卸的更换式发热芯。

3. 热风枪的工作原理

不同的热风枪工作原理不完全一样。基本工作原理是，利用微型鼓风机做风源，用电发热丝加热空气流，并且使空气流的热度达到200～480℃高温，即可以熔化焊锡的温度。然后，通过风嘴导向加热要焊接零件、作业工区进行工作。另外，为了适应不同的工作环境，目前一般电路实现测控稳定温度的目的。有的，还通过安装在热风枪手柄里面的方向传感器来确认手柄的工作位置，以确定热风枪处于不同工作状态——"工作/待机/关机"。

4. 热风枪的选择

目前，有许多智能化的风枪，具有恒温、恒风、风压温度可调、智能待机、关机、升温、电源电压的适合范围宽等特点。根据实际情况选择即可。

5. 热风枪的使用

热风枪的正确使用，直接关系到焊接效果与安全，实际应用中不正确使用热风枪有可能使故障扩大化、元器件损坏、电路板损坏，甚至人身安全也受到伤害。正确使用热风枪的一些事项如下：

1）热风枪放置、设置时，风嘴前方15cm不得放置任何物体，尤其是可燃性液体（天那水、洗板水、酒精、丙酮、三氯甲烷等）。

2）焊接普通的有铅焊锡时，一般温度设定为300～350℃。

3）根据实际焊接部位大小来安装相应的风嘴，具体见表3-3。

表3-3　根据实际焊接部位大小来安装相应的风嘴

类型	风嘴规格
贴片阻容元件、SOJ封装的IC	ϕ4mm
SOL封装、TOP封装、TO封装、TQFP封装、SOP封装、SSOP封装、小于10mm×10mm以下的FBGA封装的IC	ϕ8mm
12mm×12mm以上的FBGA封装的IC、面积较大的PLCC封装的IC	ϕ10mm
一般贴片的电解电容、钽电容、连接器、屏蔽罩等耐温均比较低，可以采用大风嘴低温度<300℃的方式来焊接、拆卸	

4）根据实际焊接环境来选择相应的风压，具体见表3-4。

表3-4　根据实际焊接环境来选择相应的风压

应用环境	风压	解　说
小元件	风压不要太高	风压太高，可能造成强风吹走元件；风压太高，可能因高温影响作业区附件的元器件
中型元件	高风压	高风压可以补偿散热面积大的热量损失
大元件	最大风压	大元件焊接需要充分，但是也需要掌握好时间，不能够太久

6. 热风枪的维护与保养、注意事项

1）使用热风枪前要检查各连接螺钉是否拧紧。

2）第一次使用时，在达到溶锡温度时要及时上锡，以防高温氧化烧死，影响热风枪寿命。

3）不要在过高的温度下长时间使用热风枪。

4）不能用锉刀、砂轮、砂纸等工具修整热风枪烙铁尖。

5）及时用高温湿水海绵去除烙铁尖表面氧化物，并及时用松香上锡保护。

6）严禁用热风枪烙铁嘴接触各种腐蚀性的液体。

7）不能对长寿烙铁嘴做太大的物理变形、磨削整形，以免对合金镀层造成破坏而缩短使用寿命或失效。

8）低温使用是热风枪烙铁，应使用完及时插回到烙铁架上。

9）在焊接的过程中尽可能地用松香助焊剂湿润焊锡及时去除焊锡表面氧化物。如果热风枪烙铁嘴没有上锡的话，热风枪烙铁嘴的氧化物是热的不良导体。熔锡的温度会因此提高50℃以上才能满足熔锡的要求。

10）如果要焊接面积较大的焊点，最好换用接触面较大的热风枪烙铁嘴，以增加温度的传导能力及恒温的特性。

11）根据故障代码，可发现热风枪存在的一些故障。

12）热风枪应具有符合参数要求的接地线的电源，否则防静电性能将会丢失。

13）热风枪电源的容量必须满足要求，最低不得少于600W。

14）环境的温度和湿度必须符合要求，不能在低于0℃以下温度下工作，以防外壳塑料件在低温下冻伤破裂损坏及造成人身伤害。热风枪显示器也会在低温下停止工作。

15）严禁在开机的状态下插拔风枪手柄和恒温烙铁手柄，以防在插拔的过程中造成输出短路。

16）热风枪手柄的进风口不能堵塞或异物插入，以防鼓风机烧毁及造成人身伤害。

17）严禁在开机的状态下用手触摸风筒及更换风嘴、烙铁嘴、发热芯或用异物捅风嘴。

18）严禁在使用的过程中摔打主机和手柄，有线缆破损的情况下禁止使用。

19）严禁用高温的部件如“风嘴、发热筒、恒温烙铁尖、发热芯”触及人体和易燃物体，以防高温烫伤和点燃可燃物体。

20）严禁用热风枪来吹烫头发或加热可燃性液体，如白酒、酒精、汽油、洗板水、天那水、丙酮、三氯甲烷等，以防点燃液体造成火灾事故。

21）严禁用水降温风筒和恒温烙铁或把水泼到机器里。

22）严禁在无人值守的状态下使用风枪和恒温烙铁。

23）严禁风枪/恒温烙铁在没降到安全温度50℃之下包装和收藏。

24）严禁不按规范更换易损部件。

25）严禁不熟识操作规程的人或小孩使用，在工作时请放置在小孩触摸不到的地方，以免造成人身伤害事故。

26）设备在异常的情况下失控或意外着火时，请及时关闭电源用干粉灭火器灭火，以防事故的进一步扩大，并及时进行相应处理。

27）在无地线的情况下使用时，要用试电笔或用万用表确保设备的金属部分不带电后，方可使用。如果有电感应时可调转电源插头。

28）不要随便丢弃报废的设备，以防机器内的某些重金属污染环境，条件许可交给回收公司处理或放进可回收的垃圾专柜。

3.1.5 台灯放大镜

放大镜分为普通放大镜、台灯放大镜。

普通放大镜的正确使用方法：右手持放大镜，使得镜头与视线平行，左手拿着需要观看的物体对着光慢慢靠近镜头，以及在移动被鉴定物体时，找到最适合的观察位置。

台式放大镜，也称为台灯放大镜。其是形状如台灯样的放大镜。台灯放大镜是一种带放大倍数的放大镜的一种台灯，也就是把放大镜盖上可以做台灯用。

台式放大镜有两种，功能较齐全的台式放大镜、不带灯但形状如台灯的也叫作台式放大镜。

台灯放大镜对维修时看元件型号、看焊接效果等，效果好。

一般台式放大镜有如下特点：

1）放置方式有两种，有放置在桌面使用的，也有夹在桌边放置使用的，可根据实际情况来选择。

2）放大与照明双重组合，可以根据不同要求选择放大倍数。

3）如果镜片面积比较大，视野比较宽，则透光率较普通放大镜高。

4）如果采用多节位，则可伸缩或可旋转的把柄，大范围自由调节放大镜方向、角度位置。

5）一般而言，使用台式放大镜时，就可以不用带夹放大镜、手持放大镜等其他类型的放大镜。

另外，手持式带灯放大镜，还有鉴宝类手持式放大镜、老人专用手持式放大镜等种类，使用时应注意它们的差异。

3.1.6　强力吸盘

强力吸盘是苹果手机换屏幕拆机开机的常见工具吸盘。苹果手机强力吸盘，可以适用 iPhone 6、iPhone6s 、iPhone5c、iPhone5s 、iPhonePlus 等。有的吸盘，只能够适用 iPhone 5、iPhone5c、iPhone5s，有的能够适用 iPhone6、iPhone6s、iPhonePlus 等。另外，有的加大型的强力吸盘还可以在平板电脑拆机时使用。强力吸盘的应用图例如图 3-3 所示。

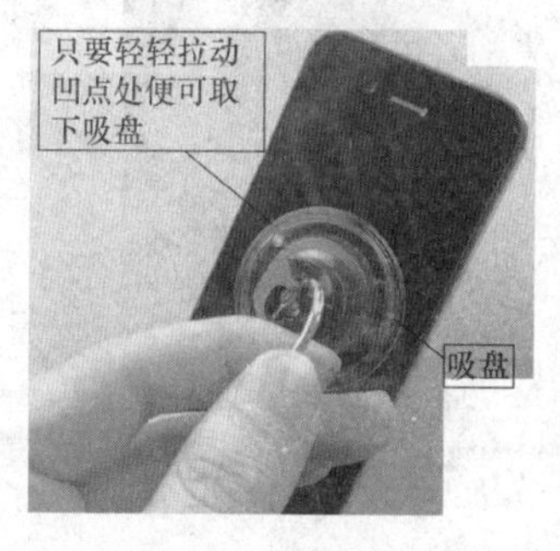

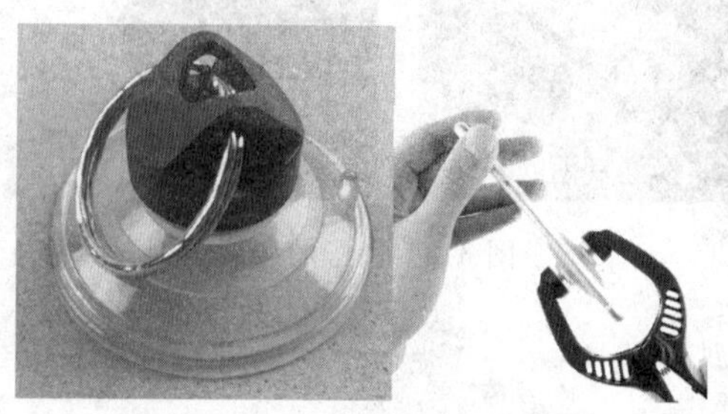

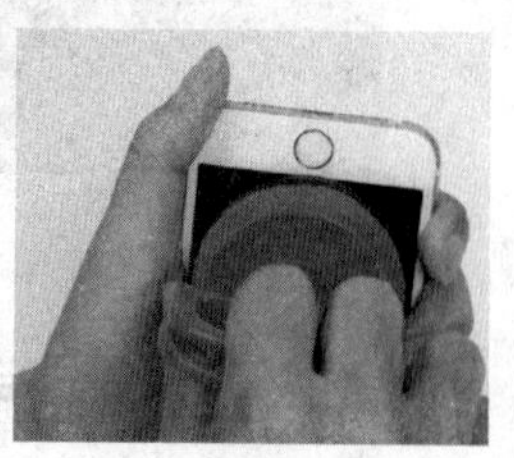

图 3-3　强力吸盘的应用图例

如果没有手机专用强力吸盘，则可以找平时瓷砖上使用的吸盘挂钩的吸盘来代替使用。

3.1.7　翘片与撬棒

翘片与撬棒主要用于拆卸盒盖、连接器等用。其中，翘片又叫作开机片，其有大小之分。翘片与撬棒有关图例如图 3-4 所示。

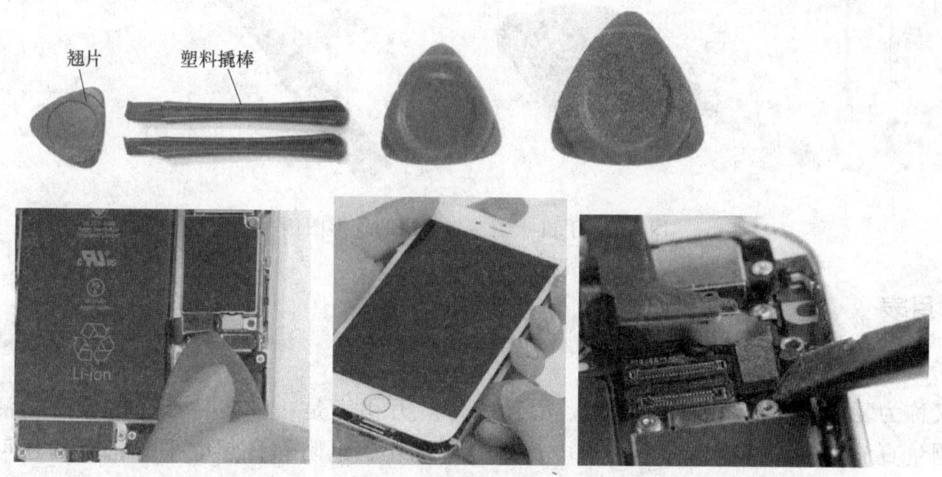

图 3-4　翘片与撬棒有关图例

3.1.8　镊子

镊子是智能手机维修中经常使用的一种工具。镊子常常用来夹持导线、元器件、集成电路引脚等。不同的场合需要不同的镊子，一般要准备直头直镊、平头、弯头镊子（弯镊）各一把。

镊子的一些种类如下：不锈钢镊子、防静电塑料镊子、竹镊子、医用镊子、净化镊子、晶片镊子 、防静电可换头镊子、不锈钢防静电镊子等。

不锈钢镊子外形如图 3-5 所示。镊子的应用图例如图 3-6 所示。

图 3-5　不锈钢镊子外形

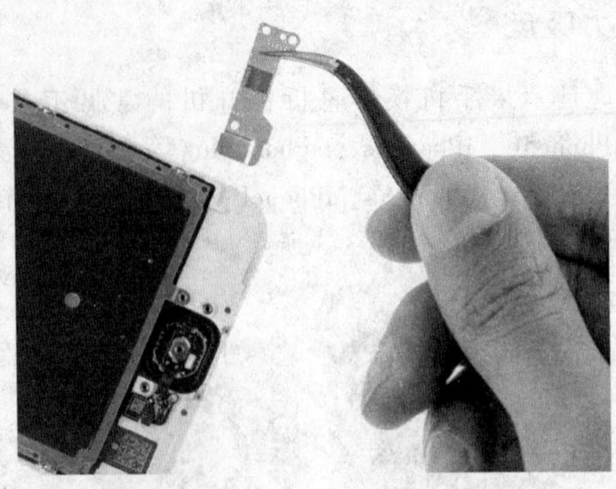

图 3-6　镊子的应用图例

3.1.9　手机吹尘器与毛刷

手机吹尘器又叫作手机吹尘球。毛刷与吹尘器，主要用于手机除尘。如果没有手机吹尘器与毛刷，应急可以采用毛笔代替。

手机吹尘器与毛刷的外形图例如图 3-7 所示。

图 3-7　手机吹尘器与毛刷的外形图例

3.1.10　万用表

1. 概述

万用表又称为复用表、多用表、三用表、繁用表等。万用表是一种多功能、多量程的测量仪表，一般万用表可测量直流电流、直流电压、交流电流、交流电压、电阻、音频电平等，有的还可以测量电容量、电感量、半导体的一些参数（如β）等。万用表的一些功能如图 3-8 所示。

万用表功能
- 测量电阻、电容、电感、二极管、晶体管等元器件的好坏
- 读取电压、电流值，判断电路的通断情况
- 维修测试人员必须戴有线静电环和手套

图 3-8　万用表的一些功能

根据显示方式，万用表分为指针万用表、数字万用表。其中：

指针式万用表（红表笔为负极、黑表笔为正极）和数字式万用表（红表笔为正极、黑表笔为负极）蜂鸣档，可以用于测量电路板线路的通与断等。

万用表的欧姆档（Ω）：可以测量电阻的阻值、电容容量、电感阻值、二极管阻值、晶体管阻值、场效应晶体管阻值、扬声器（听筒）阻值、传声器（话筒）阻值、振子阻值、振铃对地阻值等。如果测量电阻出现或者显示“1”，则说明量程不够大，或者阻值过大。

万用表的直流电压档：可以测量手机中的各路供电电压信号、控制信号、电池电压等。例如，有的手机开机电压为3.7V，电池充满电时为4.2V为正常。

1）万用表测量交流电压：选择开关旋到相应交流电压档上。测电压时，需要将万用表并联在被测电路上。如果不知被测电压的大致数值，需将选择开关旋至交流电压档最高量程上，并进行试探测量，然后根据试探情况再调整档位。

2）万用表测量直流电压：选择开关旋到相应直流电压档上。测电压时，需要将万用表并联在被测电路上，并且注意正、负极性。如果不知被测电压的极性与大致数值，需将选择开关旋至直流电压档最高量程上，并进行试探测量，然后根据试探情况再调整极性和档位。

3）万用表测量直流电流：根据电路的极性正确地把万用表串联在电路中，并且预先选择好开关量程。

2. 万用表的指示数据

交流、直流标度尺（均匀刻度）的读数：根据选择的档位，指示的数字乘以相应的倍率来读数。也可以根据选择的档位换算后来读数。当表头指针位于两个刻度间的某个位置时，应将两刻度间的距离等分后，估读一个数值。

欧姆标度尺（非均匀刻度）的读数：根据选择的档位乘以相应的倍率。也就是读取的数据×档位即可。当表头指针位于两个刻度间的某个位置时由于欧姆标度尺的刻度是非均匀刻度，则需要根据左边与右边刻度缩小或扩大的趋势，估读一个数值。

万用表的指示数据相关图例如图3-9所示。

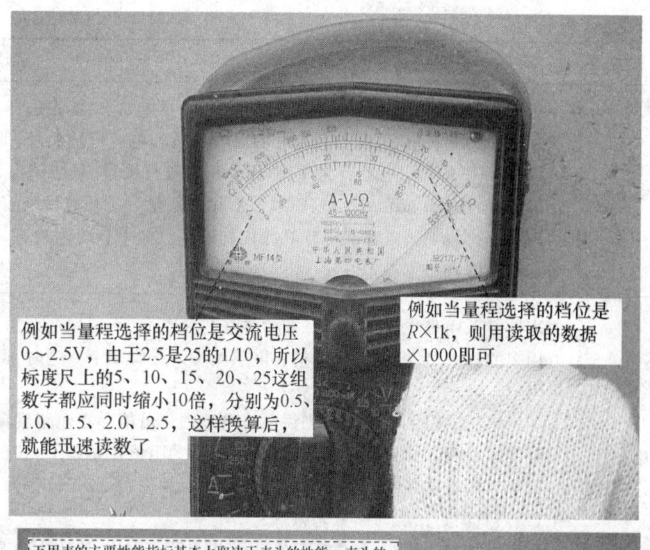

A-V-Ω
例如当量程选择的档位是交流电压0～2.5V，由于2.5是25的1/10，所以标度尺上的5、10、15、20、25这组数字都应同时缩小10倍，分别为0.5、1.0、1.5、2.0、2.5，这样换算后，就能迅速读数了
例如当量程选择的档位是R×1k，则用读取的数据×1000即可

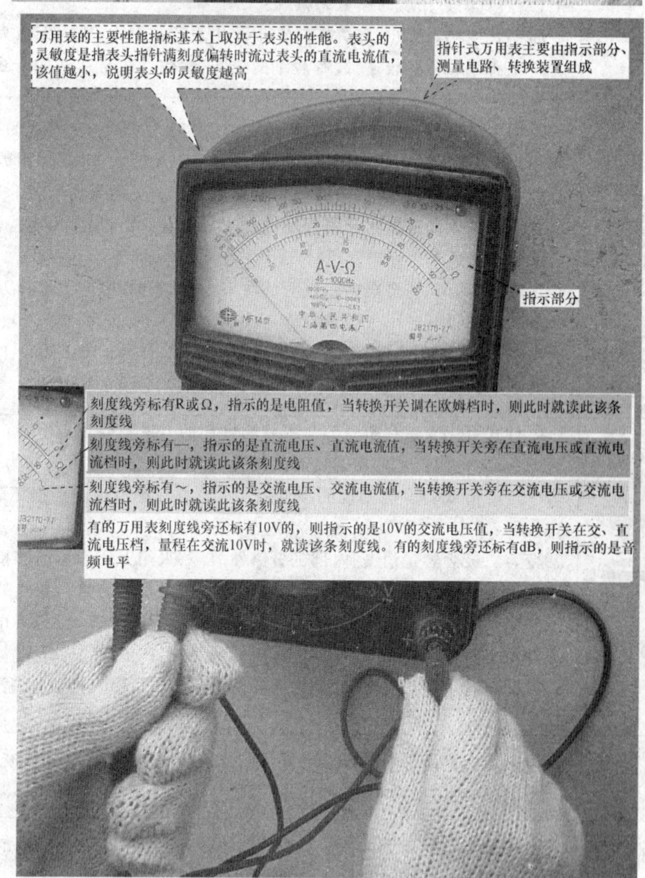

万用表的主要性能指标基本上取决于表头的性能。表头的灵敏度是指表头指针满刻度偏转时流过表头的直流电流值，该值越小，说明表头的灵敏度越高
指针式万用表主要由指示部分、测量电路、转换装置组成
A-V-Ω
指示部分
刻度线旁标有R或Ω，指示的是电阻值，当转换开关调在欧姆档时，则此时就读此该条刻度线
刻度线旁标有—，指示的是直流电压、直流电流值，当转换开关旁在直流电压或直流电流档时，则此时就读此该条刻度线
刻度线旁标有～，指示的是交流电压、交流电流值，当转换开关旁在交流电压或交流电流档时，则此时就读此该条刻度线
有的万用表刻度线旁还标有10V的，则指示的是10V的交流电压值，当转换开关在交、直流电压档，量程在交流10V时，就读该条刻度线。有的刻度线旁还标有dB，则指示的是音频电平

图3-9　万用表的指示数据相关图例

有关元器件的万用表检测与判断方法、技巧见表3-5。

表3-5　有关元器件的万用表检测与判断方法、技巧

名称	解　说
电阻	使用数字万用表判断电阻好坏的方法与主要步骤如下：首先根据被测电阻的阻值，选择适合的Ω档位，以及红表笔插入V/Ω孔，黑表笔插入COM孔，然后把万用表的两个表笔与电阻的两端接起来，并且观察数字万用表显示屏上的数字。如果显示屏上出现0，或者显示的数字不断地变化，或者显示的电阻值与电阻上的标示值相差很大，则说明所检测的电阻可能损坏了 如果被测电阻值超出所选择量程的最大值，万用表会显示1，这时需要选择更高的量程 使用指针万用表判断电阻好坏的方法与主要步骤如下：首先，把万用表的档位调到Ω档，然后根据被测电阻器的阻值，选择适合的倍率档位。再对选择的电阻档位进行校零，步骤是把万用表的红黑两表笔短接，以及观察指针是否处于0位置。如果表针不指示0位置，则需要调节万用表的调零旋钮，将指针指示电阻刻度的0位置。然后，把万用表的两个表笔分别接在电阻的两端，并且观察表针的变化。如果表针没有偏转与指示不稳定或测量值与电阻上标示值差别很大，则说明电阻已经损坏

（续）

名称	解说
电容	指针式万用表简单估计电容的容量方法与要点如下：首先选择万用表的 $R\times1k\Omega$ 档，然后把两表笔分别接触电容的两引脚，观察指针的偏转角度，再与几个好的已知容量的电容进行比较，即可估计该电容容量 10pF 以下的固定电容容量太小，用万用表进行测量，只能够定性地检查其是否有漏电、内部短路或击穿现象。检测时，选择万用表 $R\times10k\Omega$ 或者 $R\times1k\Omega$ 档，然后用两表笔分别任意接电容的两引脚，正常阻值应为无穷大。如果测的阻值（指针向右摆动）为零，则说明该电容漏电损坏或内部击穿。如果在线测量时，电容两引脚的阻值为 0Ω，则可能是因为电路板上两引脚间线路是相通的
电感	指针式万用表法判断电感好坏的方法与要点如下：首先把万用表的档位调到 $R\times10\Omega$ 档，再对万用表进行调零校正。然后把万用表的红表笔、黑表笔分别搭在电感两端的引脚端上。这时，即可检测出当前电感的阻值。一般情况下，能够测得相应的固定阻值 如果电感的阻值趋于 0Ω，则说明该电感内部可能存在短路现象。如果被测电感的阻值趋于无穷大，则需要选择最高阻值的量程继续检测。如果更换高阻量程后，检测的阻值还是趋于无穷大，则说明该被测电感可能已经损坏了 数字万用表法判断电感好坏的方法与要点如下：首先把数字万用表调到二极管档（蜂鸣档），然后把表笔放在电感两引脚端上，然后观察万用表的读数来判断： 1）贴片电感，读数一般为零。如果万用表读数偏大，或为无穷大，则说明该电感可能损坏了 2）电感线圈匝数较多、线径较细的线圈，读数一般会达到几十欧到几百欧。一般情况下，线圈的直流电阻只有几欧
普通二极管	万用表法检测二极管的导通阻值的方法与要点如下：二极管的主要特性是单向导电性，也就是在正向电压的作用下，导通电阻很小；而在反向电压作用下导通电阻极大或无穷大。因此，用数字万用表检测二极管时，红表笔接二极管的正极端，黑表笔接二极管的负极端。此时，检测的阻值是二极管的正向导通阻值。数字万用表与指针万用表的表笔接法刚好相反 万用表法判断二极管开路损坏的方法与要点如下：用万用表检测二极管，如果测得二极管的正向、反向电阻值均为无穷大，则说明该二极管已开路损坏 说明：检测时，需要根据二极管的功率大小、不同的种类，选择万用表不同倍率的欧姆档 小功率二极管——一般选择 $R\times100\Omega$ 或 $R\times1k\Omega$ 档 中功率、大功率二极管——一般选择 $R\times1\Omega$ 或 $R\times10\Omega$ 档 普通稳压管（只有两只脚的结构）——一般选择 $R\times100\Omega$ 档
变容二极管	指针式万用表法判断变容二极管的好坏的方法与要点如下：首先把指针式万用表调到 $R\times10k\Omega$ 档，然后检测变容二极管的正向、反向电阻值。正常的变容二极管，其正向、反向电阻值均为∞（无穷大）。如果被检测的变容二极管的正向、反向电阻值均为一定阻值或均为 0，则说明该变容二极管存在漏电或击穿损坏了 说明： 变容二极管容量消失、内部的开路性故障，采用万用表不能够检测判别出。这时，可采用替换法进行检测、判断 数字万用表二极管档法判断变容二极管的极性的方法与要点如下：用数字万用表的二极管档检测变容二极管的正向、反向电压降来判断变容二极管正、负极性。正常的变容二极管，检测其正向电压降时，一般为 0.58～0.65V。检测反向电压降时，一般显示溢出符号 1 说明：检测变容二极管的正向电压降时，数字万用表的红表笔需要接变容二极管的正极端，黑表笔需要接变容二极管的负极端
整流二极管	万用表法判断整流二极管的好坏的方法与要点如下：整流二极管的判断与普通二极管的判断方法基本一样，即也是根据检测正向、反向电阻来判断
特基二极管	万用表法判断二端肖特基二极管好坏的方法与要点如下：首先把万用表调到 $R\times1\Omega$ 档，然后测量，正常时的正向电阻值一般为 2.5～3.5Ω。反向电阻一般为无穷大。 如果测得正向、反向电阻值均为无穷大或均接近 0Ω，则说明所检测的二端肖特基二极管异常 万用表法判断三端肖特基二极管好坏的方法与要点如下： 1）找出公共端，判别出共阴对管，还是共阳对管 2）测量两个二极管的正、反向电阻值：正常时的正向电阻值一般为 2.5～3.5Ω。反向电阻一般为无穷大
快/超快恢复二极管	万用表法判断快/超快恢复二极管好坏的方法与要点如下：首先把万用表调到 $R\times1k\Omega$ 档，然后检测其单向导电性。正常情况下，正向电阻一般大约为 45kΩ，反向电阻一般为无穷大。然后，再检测一次，正常情况下，正向电阻一般大约为几十欧，反向电阻一般为无穷大。如果与此有较大差异，则说明该快/超快恢复二极管可能损坏了 说明：用万用表检测快恢复、超快恢复二极管的方法基本与检测塑封硅整流二极管的方法相同
单极型瞬态电压抑制二极管	万用表法判断单极型瞬态电压抑制二极管（TVS）的好坏的方法与要点如下：首先把万用表调到 $R\times1k\Omega$ 档，然后检测单极型瞬态电压抑制二极管的正向、反向电阻，一般正向电阻为 4kΩ 左右，反向电阻为无穷大

（续）

名称	解　说
贴片二极管	万用表法判断普通贴片二极管的正、负极的方法与要点如下：首先把万用表调到 $R\times100\Omega$ 或 $R\times1\text{k}\Omega$ 档，然后用万用表红表笔、黑表笔任意检测贴片二极管两引脚端间的电阻，然后对调表笔再检测一次。在两次检测中，以阻值较小的一次为依据：黑表笔所接的一端为贴片二极管的正极端，红表笔所接的一端为贴片二极管的负极端 万用表法判断普通贴片二极管的好坏的方法与要点如下：首先把万用表调到 $R\times100\Omega$ 档或 $R\times1\text{k}\Omega$ 档，然后检测普通贴片二极管的正向、反向电阻。贴片二极管正向电阻一般为几百欧到几千欧。贴片二极管的反向电阻一般为几十千欧到几百千欧 贴片二极管的正向、反向电阻相差越大，则说明该贴片二极管单向导电性越好。如果检测得正向、反向电阻相差不大，则说明该贴片二极管单向导电性能变差。如果正向、反向电阻均很小，则说明该贴片二极管已经击穿失效。如果正向、反向电阻均很大，则说明该贴片二极管已经开路失效
贴片稳压二极管	万用表电压档法判断贴片稳压二极管好坏的方法与要点如下：利用万用表电压档检测普通贴片二极管导通状态下结电压，硅管为0.7V左右，锗管为0.3V左右。稳压贴片二极管检测其实际"稳定电压"（即实际检测值）是否与其"稳定电压"（即标称值）一致来判断，一致为正常（稍有差异也是正常的）
贴片整流桥	万用表法判断贴片整流桥好坏的方法与要点如下：首先把万用表调到 $10\text{k}\Omega$ 或 100Ω 档，然后检测一下贴片整流桥堆的交流电源输入端正向、反向电阻，正常时，阻值一般都为无穷大。如果4只整流贴片二极管中有一只击穿或漏电时，均会导致其阻值变小。检测交流电源输入端电阻后，还应检测 + 与 - 间的正、反向电阻，正常情况下，正向电阻一般为 $8\sim10\text{k}\Omega$，反向电阻一般为无穷大
贴片晶体管	万用表法判断贴片晶体管的好坏的方法与要点如下：用万用表对PN结的正向、反向电阻进行检测。正常情况下，B、E极间正向电阻小，反向电阻大。E、C极间正向、反向电阻多大 贴片晶体管的内部结构（见右图）特点如下： 实际中，遇到的贴片晶体管内部结构有不同的形式。因此，检测时可以根据内部结构的特点来检测
贴片结型场效应管	万用表法判断贴片结型场效应晶体管好坏的方法与要点如下：万用表的红表笔、黑表笔对调检测G、D、S，除了黑表笔接漏极D、红表笔接源极S有阻值外，其他接法检测均没有阻值。如果检测得到某种接法的阻值为0，则使用镊子或表笔短接G、S，然后检测。正常情况下，N沟道电流流向为从漏极D到源极S（高电压有效），P沟道电流流向为从源极S到漏极D（低电压有效） 说明：一般电路中常使用贴片结型场效应晶体管（JEFT）、贴片加强型N沟道MOS管的居多。MOS管的漏极D与源极S间加了阻尼二极管，栅极G与源极S间也有保护措施

3.1.11　使用万用表的一般注意事项

1）应用万用表时（测量前），需要检查红表笔、黑表笔连接的位置是否正确，不能接反，否则测量直流电量时会因正负极的反接而使指针反转，损坏表头部件。万用表测量前的调整图例如图3-10所示。

2）如果用万用表 $R\times10\text{k}\Omega$ 电阻档测兆欧级的阻值时，不可将手指捏在电阻两端，这样人体电阻会使测量结果偏小。

3）测量大电流、大电压，需要根据所用的万用表的特点来选择红表笔所要插的档位孔。

4）测量电阻时，被测对象不能处在带电状态下。

5）测量中，不能在测量的同时换档，尤其是在测量高电压、大电流时，更要注意。

6）不能用电流档测量电压，否则会烧坏万用表。

3.1.12　稳压电源

稳压电源（stabilized voltage supply）是能够为负载提供稳定交流电源，或直流电源的电子装置或者设备。稳压电源包括交流稳压电源、直流稳压电源等种类。

尽量选择有短路保护、过电流关断、选用1A且能切换100mA、能输出稳定的直流电源（电压为3～6V就好）、多接口等特点或者功能的稳压电源。

智能手机的工作电压，一般在3.7～4.2V之间。

稳压电源外形如图3-11所示。

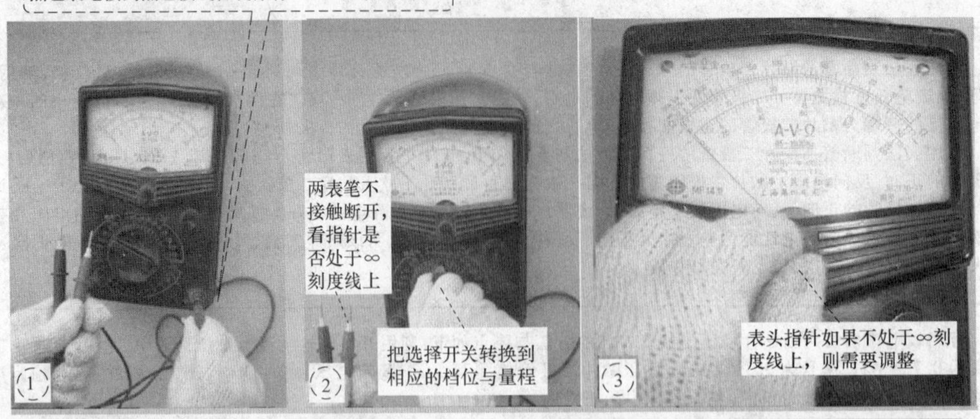

红色表笔接到红色接线柱或标有“+”号的插孔内
黑色表笔接到黑色接线柱或标有“−”号的插孔内
两表笔不接触断开，看指针是否处于∞刻度线上
把选择开关转换到相应的档位与量程
表头指针如果不处于∞刻度线上，则需要调整
1
2
3

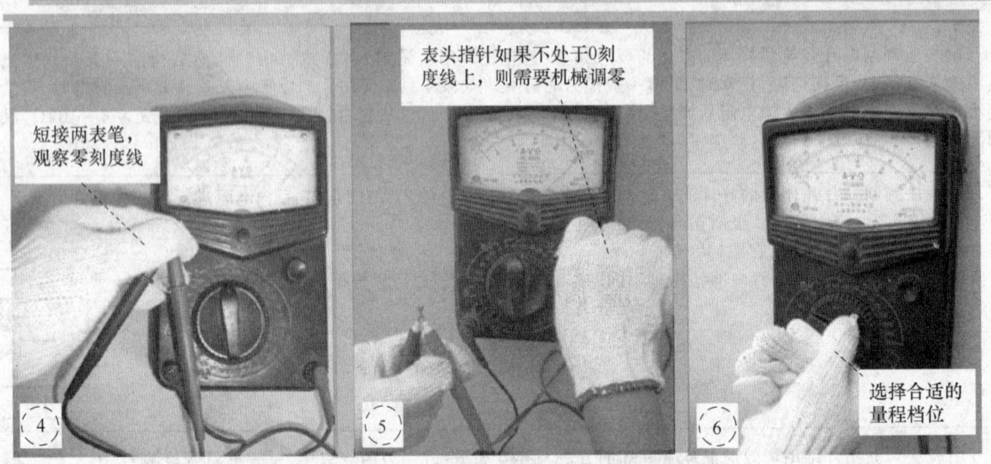

短接两表笔，观察零刻度线
表头指针如果不处于0刻度线上，则需要机械调零
选择合适的量程档位
4
5
6

图 3-10　万用表测量前的调整图例

3.1.13　频率计

频率计又称为频率计数器，频率计是一种专门对被测信号频率进行测量的电子测量仪器。手机频率计的作用是测量时钟信号，包括主时钟信号、实时时钟信号，以及测量中频信号、本振信号，也就是测量 32.768kHz、13MHz、26MHz 时钟电路频率。

智能手机维修用频率计，一般需要选择 1GHz 的。

频率计主要由四个部分，即时基（T）电路、输入电路、计数显示电路、控制电路组成。

频率，也就是信号周期的倒数，也就是说，信号每单位时间完成周期的个数。

频率计的外形如图 3-12 所示。

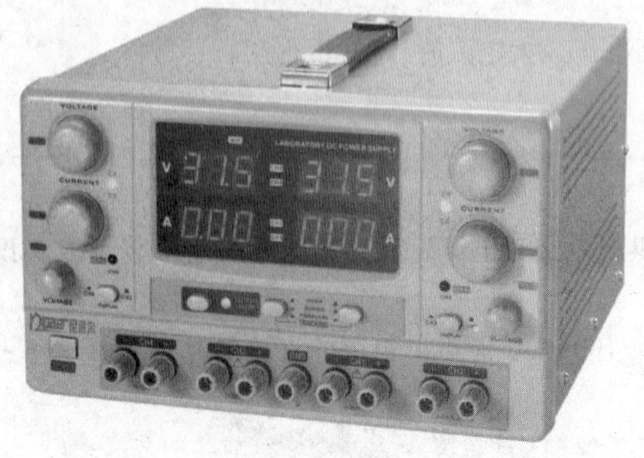

图 3-11　稳压电源外形

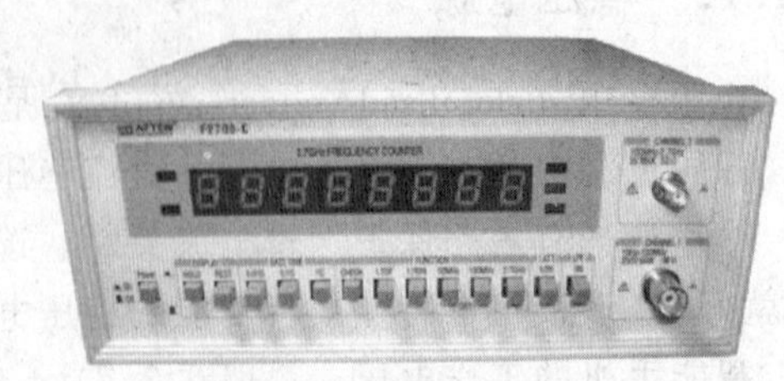

图 3-12　频率计的外形

3.1.14　示波器

1. 概述

示波器在手机维修过程中主要用于测量一些低频信号（与示波器量程有关），主要测量：供电、时钟、片选、读写、音频、数据、射频控制等信号。作为智能手机维修，最好使用100MHz的示波器，以便可以测到100MHz以下的各种波形。示波器的外形如图3-13所示。

示波器的测试功能有：手机供电、时钟、片选、读写、音频、数据、射频控制。

示波器的具体作用如下：

1）将信号的电压随时间变化的波形在屏幕上实时显示出来。

2）以图形方式显示信息，以及测出信号的频率、峰值电压。

3）捕捉信号不同时刻的波形、电平，以及其微小变化。

4）示波器可测量电压、晶体振荡器输出信号有V_{BAT}、V_{R1}、V_{R2}、13MHz、32.728kHz等。

5）示波器可测量片选、复位、数据等信号CS-flash、D（0～7）、Reset、CS-MainLcd、Motor等。

6）示波器可测量射频部分重要信号Vapc、PA-ON、BSW、I/Q、CLK、CP0等。

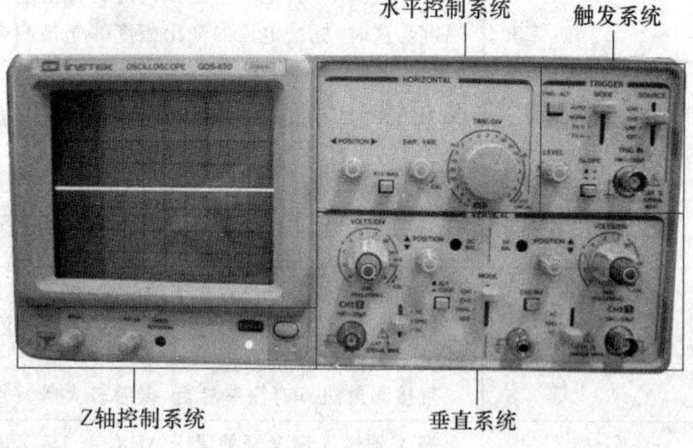

图3-13　示波器的外形

模拟示波器的一些调节功能如下：

（1）示波管控制件

辉度（INTEN）：辉度控制用来调节波形显示的亮度。

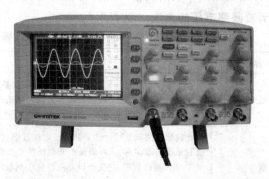

聚焦（FOCUS）：聚焦控制机构用来控制屏幕上光点的大小，以便获得清晰的波形轨迹。

标尺照明（ILLUM）：标尺亮度可以单独控制。这对于屏幕摄影或在弱光线条件下工作时非常有用。

（2）X轴控制件

扫描速度开关（Time/Div）：可以改变光点在水平方向作扫描运动的速度。这决定于待测信号的频率（使波形稳定）。

扫描速度微调（Time/Div的中间旋钮）：可以在一定范围内微小、连续地改变扫描速度，不能读数。使用时，需要把它置于校准位置，有的示波器是沿顺时针方向旋转到头。

水平移位调节旋钮（Position）：可以调整整个波形在水平方向上的位置，便于对其观察和测量（常用于校准或初始化）。

（3）同步控制件

触发源选择开关（Source，一般置于Int档）：通常使用时，应置于“内”的位置，此时触发信号来源于待测信号。

触发电平旋钮（Level）：用于选择输入信号波形的触发点，使在这一所需的电平上启动扫描，当触发电平的位置超过触发区时，扫描将不启动，屏幕上无待测信号波形显示。

（4）Y轴控制件

输入耦合开关（AC、DC、GND）：当待测信号为交流信号时，需要选择AC位置。当待测信号为直流时，需要选择DC位置。不需要待测信号输入时，或者进行水平校准时，可以置于GND位置。

（5）其他

垂直移位调节（Position）：可以调整整个波形在竖直方向上的位置。

Y 轴灵敏度选择开关（Volts/Div）：可以改变光点在竖直方向偏转的灵敏度（也就是待测信号的显示幅值）。

Y 轴灵敏度微调（Volts/Div 的中间旋钮）：可以微小、连续地改变 Y 轴灵敏度，但不能读数。因此，需要记录 Y 轴灵敏度时，需要把它置于校准位置，有的示波器是沿顺时针方向旋到头。

显示方式开关（ALT、CHOP）：可以同时测量两个信号时，当观测频率较低的信号时，需要选用断续（CHOP），而观测频率较高的信号时，需要选用交替（ALT）。

2. 示波器测电压的方法（见表 3-6）

表 3-6　示波器测电压的方法

名称	解　说
直接测量法	直接测量法又称为标尺法。直接测量法就是直接从屏幕上量出被测电压波形的高度，然后换算成电压值。定量测试电压时，一般把 Y 轴灵敏度开关的微调旋钮转到校准位置，从而，可以从 V/div 指示值、被测信号占取的纵轴坐标值直接计算被测电压值
比较测量法	比较测量法就是用一已知的标准电压波形与被测电压波形进行比较，求得被测电压值。比较法测量电压可避免垂直系统引起误差，从而提高了测量精度。也就是，把被测电压 V_x 输入示波器的 Y 轴通道，调节 Y 轴灵敏度选择开关 V/div、微调旋钮，使荧光屏显示出便于测量的高度 H_x，以及记录好，并且把 V/div 开关及微调旋钮位置保持不变 去掉被测电压，把一个已知的可调标准电压 V_s 输入 Y 轴，调节标准电压的输出幅度，使它显示与被测电压相同的幅度。这时，标准电压的输出幅度等于被测电压的幅度

直接测量法，又可以分为直流电压的测量、交流电压的测量，具体见表 3-7。

表 3-7　直接测量法的特点

名称	解　说
直流电压的测量	把 Y 轴输入耦合开关置于地位置，触发方式开关置自动位置，使屏幕显示一水平扫描线，该扫描线就是零电平线 把 Y 轴输入耦合开关置 DC 位置，加入被测电压，这时，扫描线在 Y 轴方向产生跳变位移 H，被测电压，就是 V/div 开关指示值与 H 的乘积 直接测量法具有简单易行、误差较大等特点。产生误差的因素有读数误差、视差、示波器的系统误差等
交流电压的测量	把 Y 轴输入耦合开关置于 AC 位置，显示出输入波形的交流成分。如果交流信号的频率很低，则需要把 Y 轴输入耦合开关调到 DC 位置 把被测波形移到示波管屏幕的中心位置，用 V/div 开关将被测波形控制在屏幕有效工作面积的范围内，根据坐标刻度片的分度读取整个波形所占 Y 轴方向的度数 H，则被测电压的峰-峰值 V_{P-P}，就是 V/div 开关指示值与 H 的乘积 如果使用探头测量时，需要把探头的衰减量计算在内。例如示波器的 Y 轴灵敏度开关 V/div 调到 0.2 档级，被测波形占 Y 轴的坐标幅度 H 为 5div，则该信号电压的峰-峰值就是 1V。如果经过探头测量，依旧指示上述数值，则被测信号电压的峰-峰值就应该是 10V

3. 示波器的使用注意事项

1）示波器要放置在干燥、通风环境，长期不用每月定期通电两小时。

2）使用示波器时，需要避免频繁开机、关机。

3）使用示波器时，需要先预热，一般预热 15 分钟后再调整各旋钮。

4）设备接地线需要与公共地（大地）相连。

5）如果发现波形受外界干扰，可把示波器外壳接地。

6）如果测量开关电源（开关电源初级、控制电路）、UPS（不间断电源）、电子整流器、节能灯、变频器等类型产品或其他与市电 AC220V 不能隔离的电子设备进行浮地信号测试时，需要使用高压隔离差分探头。

7）通用示波器通过调节亮度、聚焦旋钮使光点直径最小以使波形清晰，减小测试误差。不要使光点停留在一点不动，以免电子束轰击一点宜在荧光屏上形成暗斑，损坏荧光屏。

8）观察荧屏上的亮斑并进行调节时，亮斑的亮度要适中，不能过亮。

9）调节辉度旋钮使亮度适中。亮度开关不宜开得过大。如果仪器短时间不用时，可以把亮度关小，不必切断电源。

10）调节聚焦、辅助聚焦，使光点直径小于 1mm，呈圆形。如果触发方式置自动，则在荧光屏上直

接出现水平亮线，不会出现光点。

11）调节垂直位移、水平位移旋钮，使光点位于荧光屏中，以及光点不可长期停留在一个位置，以免缩短示波器的使用寿命。

12）通用示波器的外壳，信号输入端 BNC 插座金属外圈，探头接地线，AC220V 电源插座接地线端都是相通的。如果仪器使用时不接大地线，直接用探头对浮地信号测量，则仪器相对大地会产生电位差。电压值等于探头接地线接触被测设备点与大地间的电位差。这种情况会给仪器操作人员、示波器、被测电子设备带来严重安全危险。

13）有的数字示波器配合探头使用时，只能测量信号的波形，绝对不能测量市电 AC220V 或与市电 AC220V 不能隔离的电子设备的浮地信号。

14）示波器探头是把被测电路的信号耦合到示波器内部前置放大器的连接器件，根据测量电压范围、测试内容的不同，有 1:1、10:1、100:1 等规格的探头。一般测量时，选择 1:1 或 10:1 探头即可，测高压板电路波形需要选择 100:1 的探头。

15）示波器探头是一个范围很宽的电压衰减器，需要有良好的相位补偿，以免显示出来的波形会因探头的性能而畸变，产生测量误差。

16）使用前，需要对探头进行适当的补偿调节。一款示波器的补偿调节方法如下：把探头接到通道 CH1 或 CH2 的输入端，以及把探头的衰减开关调到 ×10 位置。把示波器的 Y 轴灵敏度调到 l0mV/div 挡，然后把探头针触到示波器 CAL 校准电压输出端子，然后用示波器附带的无感螺丝刀调节探头上的补偿器，从而获得理想的波形。

17）调节垂直衰减调节波形幅度，示渡器的探头带有衰减器，读数时要注意。不同型号的示波器的探头要专用。

18）调节扫描速度，可以改变完整波形的个数。

19）关机前，先将辉度调节旋钮沿逆时针方向转到底，使亮度减到最小，然后断开电源开关。

20）Y 输入的电压不可太高，以免损坏仪器。并且在最大衰减时，也不能超过 400V。Y 输入导线悬空时，受外界电磁干扰，会出现干扰波形，需要避免该种现象。

3.1.15　频谱仪

1. 概述

频谱仪又叫作频谱分析仪。其是一种较昂贵的测试测量设备，主要用于射频、微波信号的频域分析，包括测量信号的功率、频率、失真度等。根据工作原理，频谱仪可以分为实时频谱仪、扫频调谐式频谱仪。其中，实时频谱仪包括多通道滤波器（并联型）频谱仪、FFT 频谱仪。扫频调谐式频谱仪包括扫描射频调谐型频谱仪、超外差式频谱仪。

频谱仪外形如图 3-14 所示。

频谱仪在维修手机中的作用主要是测试手机射频信号、本振信号、中频信号、时钟信号的频率和幅

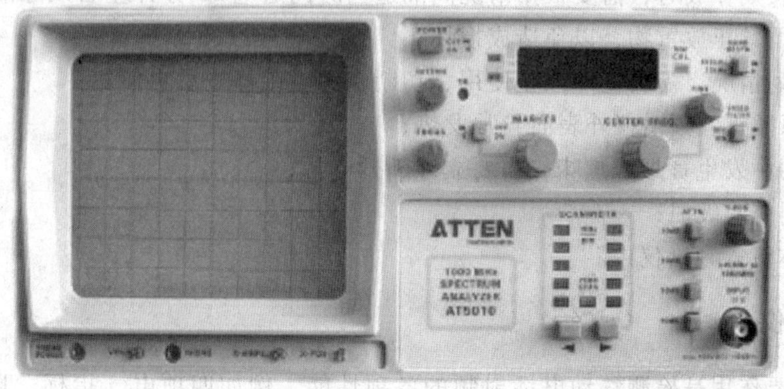

图 3-14　频谱仪外形

度。在手机维修中，结合发射接收测试软件，可以查出射频部分故障点所在部位。

一般频谱仪的调节钮功能与使用如下：

1）Ref level 参考电平（对应键为 LEVEL）：Ref level 参考电平调节钮的设置是为便于观察频谱的增益大小，使信号在显示屏能够显示的幅度下进行比较读数。

2）ATT 输入衰减值（对应键为 ATT）：ATT 输入衰减值调节钮对应的是输入衰减器的衰减值大小，一般用 dB 表示。信号功率读出时，频谱仪将会自动补偿衰减部分。

3）RBW 分辨率带宽（对应键为 RBW）：RBW 分辨率带宽从物理意义上讲是中频滤波器分析灵敏度的带宽，一般而言，RBW 越小就越灵敏。

4）VBW 视频带宽（对应键为 VBW）：VBW 视频带宽的调节主要是起平滑作用，使观测的信号清晰易于观察，但是不能够无限制地调节，以免可能将需要测试的信号“平滑”掉了。

5）Sweep time 扫描时间（对应键为 SWEEP）：Sweep time 扫描时间是指扫描点从屏幕左端到右端的时间。

6）Center Frequency 中心频率（对应键为 FREQ）：Center Frequency 中心频率调节钮主要用于某一信道中心频率的设定。

7）Span 显示宽度（对应键为 SPAN）：Span 显示宽度调节钮主要是指从屏幕左端到右端所能够显示频率的宽度。使用该调节钮是想直观地观察测试信号的波形，而不将外界其他的信号显示出来。

8）光标的使用：按 MKR 键，频谱仪屏幕曲线上，一般将出现闪动的光标。光标所在位置的电平、频率显示在屏幕左上角。光标可以任意移动，移动到什么位置，就显示什么地方的频率、电平。

9）电平的读取：电平的读取主要使用参考电平 REF。频谱仪屏幕图形上最上边的一行水平线是参考电平线。该线表示的电平为参考电平，其数值、单位，一般显示在屏幕左上角。

10）频率的读取：频谱仪图形里的中心频率、起始频率、终止频率三条竖线，各自代表的频率数显示在屏幕的下方。

2. 使用频谱仪的一般注意事项

1）频谱仪需要置于平稳桌面或支撑面上使用，以免造成跌倒、烫伤等意外。

2）严禁在潮湿场所使用频谱仪。

3）衣物、肌肤切勿与辐射体直接接触。

4）严禁手指或其他异物插入频谱仪防护网罩内，以防烫伤或电击。

5）使用位置与电源插座的距离要适宜，以免过远拉拽电源线。

6）辐射体总成，需要防止摔、碰、跌落，以免损坏。

7）禁止以拉拽电源线方式移动频谱仪位置。

8）频谱仪通电后，禁止用毛巾、衣物等物品覆盖频谱仪，以免引起温度升高发生危险 。

9）侧立使用时，必须加装侧扶手，谨防烫伤。

10）使用完毕，待频谱仪温度降到室温后，再行妥善保存。

11）在潮湿环境长期存放时，需要根据情况间隔适当时间通电 20 分钟左右以除潮，注意避免积尘。

12）频谱仪上面严禁压放重物，以免造成损坏。

13）如果发生下列情况，需要立即停止使用，切断电源，维修好后再使用：

a）电源线或电源插头、频谱仪外表面异常发热；

b）通电后或使用中发生冒烟、焦味，需要立即断开电源；

c）电源线外表割伤、破损；

d）水或其他液体流入频谱仪内。

3.1.16　综合测试仪

综合测试仪的主要作用是检测移动电话射频的各项性能，例如四项电气指标，以及利用回环测试检测传声器（话筒）与扬声器（听筒）间回路的好坏。

综合测试仪模拟基站，在手机维修中，它的“信号发生源”（相当于基站的作用）项可以协助检查出接收通路的故障点。

综测仪的使用如下：

1）自动测试：粗略得出手机射频部分的性能以及进行回环测试。

2）手动测试：包括同步测试与异步测试，一般能够准确判断各项射频指标是否符合标准。

3）信号发生源：相当于基站，结合射频测试软件，一般能够测量接收通路故障所在。

综合测试仪部分测试项目的中英文对照如下：

Burst Timing：脉冲串时控。

DC Current：DC 电流。

Frequency Error：频率误差。

Peak Tx power：发送峰值功率。

Phase Error：相位误差。

Power Ramp：功率斜坡。

RX Level：接收电平。

RX Quality：接收质量。

Sensitivity：灵敏度。

3.1.17　其他工具与仪表

手机维修的其他工具与仪器仪表见表 3-8。

表 3-8　手机维修的其他工具与仪器仪表

名称	解　说
黑橡胶片	厚黑橡胶片铺在工作台上，起绝缘作用
小抽屉元件架	放相应的配件、拆机过程中的零件
工作台	不要在强磁场高电压下进行维修操作，需在防静电的工作台上进行。工作台上的仪表、工作台要做好静电屏蔽，并且工作台要保持清洁卫生，工具摆放有序
工具箱	工具箱具有手机维修的基本设备或者工具 工具箱
牙科挑针	牙科挑针可以用于扬声器（听筒）的挑出
清洗剂	天那水、洗板水、无水酒精。注意：天那水与洗板水只能用于清洗主板、排线接口座，但不能用于清洗液晶、扬声器（听筒）、传声器、手机壳等易腐蚀的地方无水酒精与菲利普水（830）可用于清洗外壳等
手术刀	用于植锡、切割、贴膜、拆屏敝罩、飞线（刮掉机板上的绝缘漆，然后用漆包线连接）
漆包线	用与手机飞线使用，最好买 0.1 的细线，柔软性好
焊锡丝	焊锡丝又分为两种：有铅锡丝（熔点为 170℃）、无铅锡丝（熔点为 210～270℃，风枪要调到450～480℃）
海绵	海绵对烙铁头杂物清理，使用时不可太湿，处于半干状态即可
维修夹板	维修夹板主要用于固定主板
超声波清洗仪	超声波清洗仪的应用主要是针对手机入水情况，以及清洗板里有水、发霉等情况
编程器（软件维修仪）	编程器（软件维修仪）分为两种：拆机编程器、免拆机编程器

（续）

名称	解　说
射频信号发声器	射频信号发声器的主要作用产生手机接收机所需要的射频信号。射频信号发声器外形图如下图所示 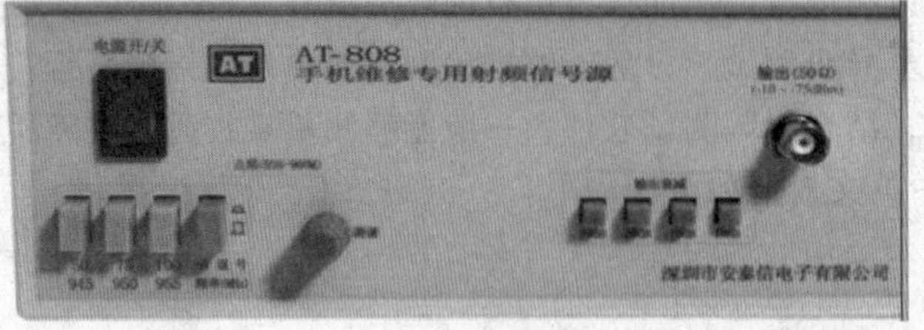

3.2　维修技法

3.2.1　询问法

询问法就是通过询问故障智能手机机主，了解对维修有指导意思的情况。询问时一定要有所针对性，询问的内容包括智能手机是否修过、以前维修的部位、是否摔过、是否进水、是否调换、元器件是否装错等，据此判断是否又产生同样的故障，可以快速找准故障范围及产生原因。

3.2.2　观察法

观察法可以分为断电观察法与通电观察法。通电观察法是在智能手机通电情况下，观察手机，以发现故障原因，进而达到排除故障的目的。

检修智能手机时，采用通电测试检查，如果发现有元件烧焦冒烟，则需要立即断电。

断电观察法就是在不给智能手机通电的情况下，拆开手机，观察手机的连接器是否松动、焊点是否存在虚焊、有关元器件是否具有损坏的迹象，如爆身、开裂、漏夜、烧焦、缺块、针孔等。

观察法的一般应用如下：

1）电阻：起泡、变色、绝缘漆脱落、烧焦、炸裂等现象，说明该电阻已损坏。

2）手机外壳：破损、机械损伤、前盖、后盖、电池之间的配合、LCD 的颜色是否正常、接插件、接触簧片、PCB 的表面有无明显的氧化与变色。

3）摔过的机器：外壳有裂痕、线路板上对应被摔处的元件、元件脱落、断线。

4）进水机：主板上有水渍、生锈，引脚间有杂物等。

5）按键不正常：按键点上有无氧化引起接触不良。

6）接触点或接口：目视检查接触点或接口的机械连接处是否清洁无氧化。

7）电池与电池弹簧触片间的接触松动、弹簧片触点脏：造成智能手机不开机、有时断电等现象。

8）手机屏幕上的信息：信号强度值不正常、电池电量不足够。

9）显示屏不完好：屏幕损坏。

10）线路板上焊料、锡珠、线料、导通物落入：清洁。

11）芯片、元器件更换错：更换。

12）质量低劣的芯片、元器件：更换。

13）手机的菜单设置不正确：重新设置。

14）天线套、胶粒、长螺钉、绝缘体等缺装：重新装上。

15）LED 状态指示：根据状态确诊故障。

16）集成电路及元器件引脚发黑、发白、起灰：往往是引发故障的地方。

17）元件脱落、断裂、虚焊等现象、进水腐蚀损坏集成电路或电路板等均可以通过观察来发现。

3.2.3 电流法

电流法就是通过检测电流这一物理量来判断元件或者电路是否正常，从而达到维修目的。电流法使用的可靠性主要是能够判断哪些电流数值是正确的，哪些电流检测数值是不正确的，或者电流范围是否正确。

智能手机几乎全部采用超小型贴片元件，如果断开某处测量电流不是很实际。因此，可采用测量电阻的端电压值再除以电阻值的方法来间接测量电流。

将智能手机接上外接稳压电源，按开机键时观察稳压源电流表情况来判断。

电流法在智能手机中的一些应用如下：

1）根据集成电路工作消耗的电流大小来判断：电源、13MHz 消耗的电流相对小，CPU、缓存、字库消耗的电流相对大。可以把它们首先拆下，然后再逐个装上，并且观察电流情况来判断故障原因。

2）根据经验电流特点来检测判断（见表 3-9）。

表 3-9 根据经验电流特点来检测判断

经验电流	解说
按开机键后电流上升一定数值，停留不动或慢慢下落	软件故障、暂存器虚焊或损坏
按开机键时电流表没有任何反应	智能手机很可能没有加电（例如电池供电不正常、供电路径有关的接触不良、线路不良、开机键接触不良、开机线路异常）
按开机键时电流有提升，但松开手电流降为 0	晶振没有起振、CPU 到电源 IC 的引线断路等
按下开机键，电流一点点（感觉不到开机电流）	电源 IC 各个电压的输出、13MHz 逻辑时钟是否起振．、中央处理器异常
大电流漏电	电源 IC、功放、后备电池、电源稳压管、驱动管、对地电容等异常
开机键无电流反应	电源 IC、线路断线 、虚焊 、32.789kHz 晶振异常
智能手机不能开机，加电后出现大电流甚至短路现象	电源 IC、功率放大器等异常
智能手机能够开机但有漏电现象	功放、后备电池、手机保护电路、手机充电电路等是否正常
小电流漏电	绝缘度不足、软件问题、虚焊等

注意，智能手机在开机瞬间、待机状态以及发射状态时的工作电流不相同，电流法只能作为宏观的判断。

漏电导致没法开机，用电源正负极反接，电流调高“烧”一定时间（数秒）有时可以解决问题。

3.2.4 电压法

电压法就是通过检测电压这一物理量来判断元器件或者电路是否正常，从而达到维修目的。电压法使用的可靠性主要是能够判断哪些电压数值是正确的，哪些电压检测数值不是正确的。

电压法需要注意不同状态下的关键电压数据，例如状态有通话状态、发射状态、守候状态等。关键点的电压数据有电源管理 IC 的各路输出电压、RFVCO 工作电压、13MHz VCO 工作电压、CPU 工作电压与复位电压、BB 集成电路工作电压等。

智能手机 4G、3G 频率段不同功率级别，直流变换器给功率放大器的供电电压有差异。

电阻法、电压法、波形法等可以作为微观检测法。部分集成电路的工作电压见表 3-10。

表 3-10 部分集成电路的工作电压

型号	工作电压
AK8973	2.5 ~ 3.6V
LM2512A	−0.3 ~ 2.2V(V_{DDA})、−0.3 ~ 2.2V(V_{DD})、−0.3 ~ 3.3V(V_{DDIO})
MAX2165	2.75 ~ 3.3V
MAX3580	3.1 ~ 3.5V
MSM7200A	VDD_C1：1.2V；V DD_C2：1.2V；VDDA：2.5 ~ 2.7V；VDD_P1：1.7 ~ 1.9V；VDD_P2：1.65 ~ 1.95V；VDD_P3：2.5 ~ 2.69；V DD_SMI：1.7 ~ 1.9V

（续）

型号	工作电压
SC8800D	输入输出:3.0V;芯片核:1.8V
SC8800H	芯片核心电压:1.8V
SC8800S	芯片核心电压:1.8V
TP3001	3.3V I/O 的运转,1.2V 的核心运转
TP3001B	VDD :1.08 ~1.32 V;VDDA :2.97 ~3.63V;VDDP :2.97 ~3.63 V;VI :0 ~3.63 V; VDDA3V3 :2.97 ~3.63 V;VDDAPLL3V3 :2.97 ~3.63 V;VDDAPLL :1.08 ~1.32 V

电压法应用比较广泛的地方就是智能手机供电系统电压的检测，是排除许多故障行之有效的方法，具体见表3-11。

表3-11 供电系统电压的检测

项目	解说
SUM 卡与 SIM 卡电路供电	一般开机瞬间会有跳动现象,正常均有相应的工作电压
VBATT 电压	一般大电容会与 VBATT 相连。可以采用万用表的蜂鸣档,一表笔与电池弹簧片正电极相连,另一表笔可以碰触相应电路点,如果发出声音,说明该处为相通位置。进而可以去检测该点电压
开机信号电压	开机信号电压需要明确是高电平,还是低电平开机信号电压。可以在一边按动开机键的同时,检测开机信号电压是否正确来判断故障
逻辑电路供电	根据逻辑电路供电网络来检测相应点电压来判断相应逻辑电路供电是否正确
射频电路供电	射频电路供电具有不同的工作模式,因此具有不同的电压
显示电路供电	显示电路如果没有供电,则不会显示。需要注意显示电路可能是负电压供电,也可能是正电压供电

智能手机中一些单元电路由于不是一直处于连续工作状态。因此，采用万用表检测不正确，这时可以采用示波器来检测电压。

检测电压时要注意接触点，不要引发接触点之间短路等现象。

3.2.5 电阻法

电阻法就是采用万用表检测元件或者零部件、电路的阻值是否正常来判断异常的原因或者部位的一种方法。

电阻法检测短路（阻值为0）、断路（阻值为∞），具有很大优势。

3.2.6 短路法

短路法就是将电路中怀疑的元件短路来判断异常的原因或者部位的一种方法。短路法一般用于应急修理、交流信号通路的检测，如天线开关、功放等元件损坏时，手边暂时没有，可直接把输入端和输出端短路，如果短路后手机恢复正常，则说明该元件损坏。

短路法的应用如下：

1）加电大电流时，功放是直接采用电源供电的，可取下供电支路电感或电阻，不再出现大电流，说明功放已击穿损坏。

2）不装 USIM 卡手机有信号，装卡后无信号，怀疑功放有问题，同样可断开功放供电或功放的输入通路，若有信号，证明功放已损坏。

3.2.7 温度法

温度法就是通过检测或者感知元件表面温度，判断元件是否异常的一种方法，从而达到排除故障的目的。如果元件表面温升异常，则肯定存在问题。

温度法检测的电路有电源部分、PA、电子开关等小电流漏电或元件击穿引起的大电流。温度法一般

可以结合吹热风或自然风、喷专用的制冷剂、手摸、酒精棉球等手段来进行操作。

另外，还可用松香烟熏电路板，使元件上涂上一层白雾，加电后观察，哪个元件雾层先消失即为发热件。

部分集成电路的工作环境温度范围见表3-12。

表3-12　部分集成电路的工作环境温度范围

型号	工作环境温度范围	型号	工作环境温度范围
AK8973	-30～85℃	SC8800S	-45～85℃
IF101	-30～70℃	SMS1180	-40～85℃
LM2512A	-30～85℃	TC58NVG3S0DTG00	0～70℃
MAX2165	-40～85℃	TH58NVG4S0DTG20	0～70℃
MAX3580	-40～85℃	TH58NVG5S0DTG20	0～70℃
SC8800D	-25～65℃	TP3001B	-20～85℃
SC8800H	-45～85℃		

3.2.8　补焊法

由于手机电路的焊点面积小，能够承受的机械应力小，容易出现虚焊故障，并且虚焊点难以用肉眼发现。因此，可以根据故障现象，以及原理分析判断故障可能在哪一单元，然后在该单元采用"大面积"补焊并清洗，以排除可疑的焊接点。补焊时，一般首先通过放大镜观察或用按压法判断出故障部位，再进行补焊排除故障。

3.2.9　开路法

开路法也就是断路法。开路法就是把怀疑的电路或元件进行断开分离，如果断开后故障消失，则说明问题系断开的电路或者元件异常所致。

3.2.10　对比法

对比法也就是比较法。对比法是对维修机的元件、位置、电压值、电流值、波形的正常是否，与同型号的正常机的相应项目进行对比，从而查找故障原因，直到解决问题。

另外，对比还可以是实物与资料的对比。

3.2.11　清洗法

智能手机如果进水、进油污或者受水汽影响，可能出现引发元件间串电、操作失灵、智能手机不工作、烧坏电路板的现象。因此，维修智能手机要注意故障是否系智能手机进水、进汤等流质物质，引起的故障。

智能手机进水不要开机，应立即卸下电池，进行烘干、清洗。

智能手机出故障时，需要注意扬声器簧片、振动电机簧片、SIM卡座、电池簧片、振铃簧片、传声器簧片等是否脏，需要清洗。

对于旧型号的智能手机可重点清洗RF和BB之间的联结器簧片、按键板上的导电橡胶。清洗可用无水酒精或超声波清洗机进行清洗。

清洗法一般应用如下：

1）主板清洗：可以采用超声波清洗仪进新清洗，也可以用干净干布清洗如图3-15所示。

2）尾插与外部设备连接的时钟、数据传输线上的元件漏电或短路引起：可先清洗尾插。

3）按键氧化引起的按键失灵：可用天拿水或酒精擦洗。

4）接触点或接口：用专用清洁剂清洁。

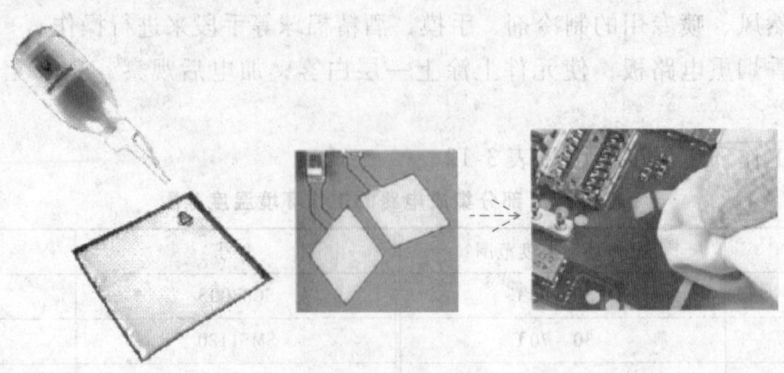
图 3-15　主板清洗

5）开/关键失灵引起自动开机等故障：用酒精泡开/关键，再清洗。

3.2.12　软件维修方法

手机的控制软件易造成数据出错、部分程序或数据丢失的现象，对智能手机加载软件是一种常用的维修方法。

软件问题如下：

1）供电电压不稳定造成软件资料丢失或错乱。

2）不开机、无网络或其他软件故障。

3）吹焊存储器时温度不当造成软件资料丢失或错乱。

4）软件程序本身问题造成软件资料丢失或错乱。

5）存储器本身性能不良易造成软件资料丢失或错乱，导致。

软件写入可以通常用免拆机维修仪重写软件资料实现。软件维修时，需要注意存储器本身是否损坏，如果存储器硬件损坏，则软件维修也不起作用。

3.2.13　频率法

频率法就是通过检测电路的信号有无、频率是否正确来判断故障所在。智能手机实时时钟信号 32.768kHz 振荡器、主时钟 13MHz 等均可以采用频率法来检测，具体见表 3-13。

表 3-13　时钟信号频率法来检测

项目	解　说
13MHz	示波器检测，主时钟 13MHz 频率要正确，波形为正弦波。频率计检测，如果没有校正，可能存在一点偏差
VCO 控制信号	VCO 控制信号的波形在启动发射电路，一般为矩形波

3.2.14　波形法

波形法就是通过检测电路的信号波形的有无、波形形状是否正确来判断故障所在。智能手机中应用示波器主要用在逻辑电路的检测。

波形法检测时需要注意手机在正常工作时，电路在不同的工作状态下的信号波形也不同。

1）无信号时：先测有无正常的接收基带信号，来判断是否是逻辑电路的问题，如果有正常的接收基带信号，说明逻辑电路存在异常。

2）不发射：先测有无正常的发射基带信号，来判断是否是逻辑电路的问题，如果有正常的发射基带信号，说明逻辑电路存在异常。

3.2.15　频谱法

频谱法就是通过频谱分析仪对射频电路的检测来判断故障所在。频谱分析仪主要是对射频幅度、频

率、杂散信号的检测与跟踪。

频谱分析仪也可以检测 13MHz 主频率是否正确。

3.2.16　按压法

按压法就是按压元件或者零部件，从而发现故障原因以及故障部位的一种方法。按压法对于元件接触不良、虚焊引起的各种故障比较有效。按压字库、CPU 时，需要用大拇指和食指对应芯片两面适当用力按压，不能过于粗暴。

3.2.17　悬空法

悬空法就是把一部分功能电路悬空不应用，从检查出故障原因。悬空法应用比较多是检测智能手机的供电电路有无断路。

悬空法检测智能手机的供电电路有无断路方法如下：维修电源的正端接到智能手机的地端，维修电源的负极与智能手机的正电端悬空不用。电源的正极加到电路中所有能通过直流的电路上，此时，用示波器（或万用表，地均与维修电源的地连接）测怀疑断路的部位，如果没有电压，则说明断路。如果有电压，则说明没有断路。

3.2.18　信号法

信号法就是通过给手机相应电路通入一定频率的信号，从而检测信号通路是否正确的一种方法。

信号源可以采用信号发生器产生，也可以采用导线在电源线上绕几圈，利用感应信号。信号法常用于接收、发射等功能电路的检修。

3.2.19　假负载法

在某元件的输入端接上假负载，智能手机可以正常工作，则说明假负载后面的电路正常，再把假负载移到该元件的输出端，如果不能正常工作，则说明该元件异常。假负载也可以接在一定功能电路的输入级与输出级，从而判断该功能电路是否正常。应用假负载法时，需要根据实际情况来选择长导线或锡丝或镊子或示波器探头或一定功率电阻等负载。

3.2.20　调整法

调整法就是恰当调整元件数值、电路指标或者调整布局，从而达到排除故障的方法。

调整法常用于以下方面的维修：

1）发射信号过强引起的发射关机。

2）发射信号过弱引起的发射复位。

3）发射信号过弱引起的重拨。

4）功放、功控电路无效或者增益不够。

3.2.21　区分法

区分法就是根据电路特点、功能、控制信号、供电电路等相关性来进行故障区域的区分，从而达到排除故障的目的。例如，可以根据供电电路的不同数值电压进行区域的区分，达到确定故障点的目的。

另外，智能手机检修常分为三线四系统区分维修。其中，三线为信号线、控制线、电源线。四系统为基带系统、射频系统、电源系统、应用系统。

3.2.22　分析法

分析法就是根据手机结构、工作原理进行分析，从而判断故障发生的部位，甚至具体元件。

由于手机基本结构、基本工作原理一样，因此，任何手机的基本结构、基本工作原理分析具有一定的通用性。但是，具体的机型具体电路具有一定的实际差异性。另外，同一平台的手机工作原理具有一定的参考性。

3.2.23 黑匣子法

黑匣子法就是针对一些手机电路、集成电路不需要具体了解其内部各元件以及电路工作原理，而是把它们看成一个整体，只把握电路的输入、输出、电源、控制信号是否正确，从而判断故障的一种方法。

3.2.24 跨接法

跨接法就是利用电容或者漆包线跨接有关元件或者某一单元电路，其中，漆包线一般用于0Ω电阻与一些单元电路的跨接，电容（例如100pF）一般用于射频滤波器的跨接。

3.2.25 听声法

听声法就是从待修手机的话音质量、音量情况、声音是否断续等现象初步判断故障。也可以根据外加的信号，判断声音是否正常来判断。

3.2.26 代换法

代换法就是用相应的好元件代换怀疑的故障元件，从而判断怀疑的正确性，即找到故障的真正原因，达到维修的目的。

维修智能手机时，对于难测件，凭测量引脚电压、电流来判断有时比较费时，如果怀疑为性能不良的晶体管、损坏的集成电路、轻微鼓包的电容等可以不用万用表检测而直接更换，以加快检修速度。

3.2.27 综合法

综合法就是综合使用多种方法、多种技巧、多种手段，甚至多种维修仪器，达到修好手机的目的。

第 4 章

智能手机元器件

4.1 概述

1. 智能手机维修开店常见备货

智能手机维修开店常见备货单（见表 4-1）与注意事项如下：

1）根据当地情况和流行机型，进一些配件。

2）进货，需要提前列好进货详单，以及做好预算。

3）进货时，需要搞懂什么配件可以调换，什么配件不可以调换，可以调换的时间是多久。

4）了解最常用的配件、元器件，必须要进的配件种类、数量。

表 4-1 常见的备货单（参考用）

名称	解　说
皮套	大概 2 元一个，具有横、竖、大、中、小、黑、棕等种类
线充	大概 3 ~ 4 元一个，具有国产、进口品牌等种类
万能充	普通大概 3.5 元、超小的大概 4.5 元一个
内存卡	大概 5 ~ 10 个、约 15 ~ 30 元
读卡器	大小大概各 5 个，约 3 ~ 7 元
屏保饰品	大概 200 元
电池	具有进口、名牌国产机型的等种类
触摸屏	大概各种规格不同的触摸屏 50 ~ 60 元
振铃	各种形状的振铃大概 30 个，每个大概 1.5 ~ 2 元
带线传声器	常用带线传声器，尽量选择体积小点的
SIM 卡座	各种 SIM 卡座
多媒体卡座	各种多媒体卡座
电源 IC	常用电源集成电路有 MT 6305、MT6318 等
音频	常用音频集成电路有 AD6521、6535、6537 等
排线	各种排线
其他	滑盖、翻盖、元器件、零配件、一些旧手机等

智能手机维修开店常见备货单，主要涉及智能手机的元器件、零配件、外配等。维修时，主要是找出故障件，然后用好的备件代换上去，达到维修的目的。

目前，智能手机的维修，主要是模块式的维修。因此，需要许多单元电路，或者一些元器件、零配件，均是连组成了总成。维修时，可以直接代换总成，也可以针对总成内的一些元器件、零配件进行维修，或者代换。

2. 元器件的概况

目前，智能手机一般有主板，有的还有相关的附件板，或者总成。主板是智能手机元器件主要部位、集中处。例如 iPhone 6s 主板上的元器件如图 4-1 所示。

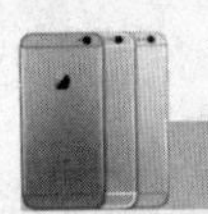

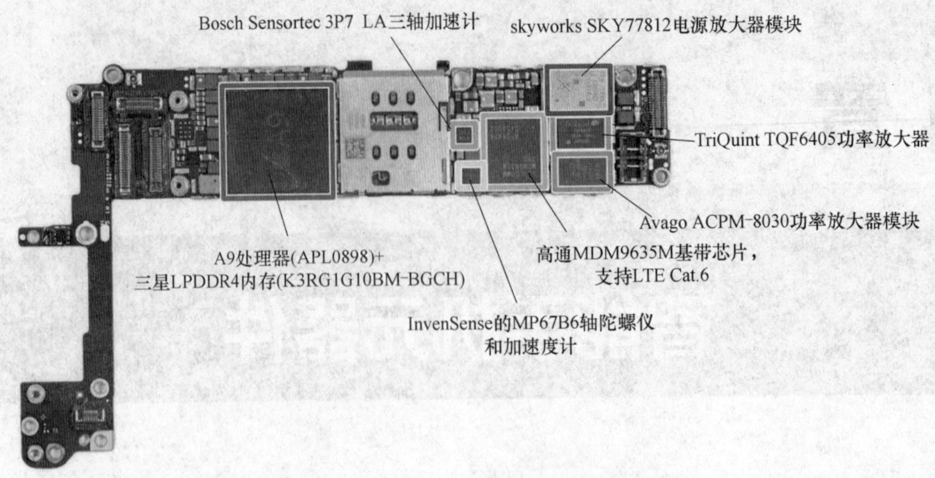

a)

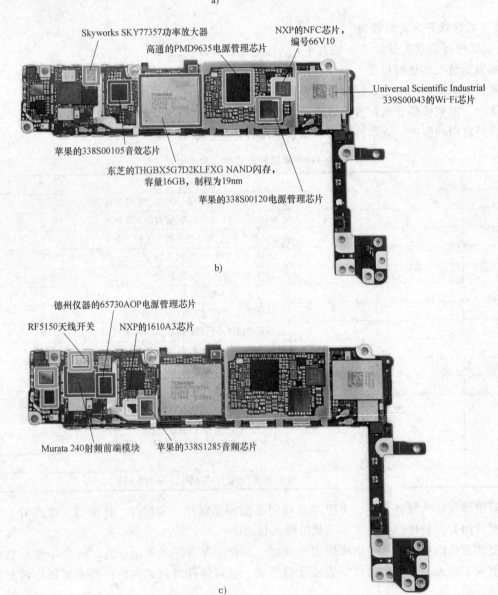

Skyworks SKY77357功率放大器

高通的PMD9635电源管理芯片

NXP的NFC芯片，
编号66V10

Universal Scientific Industrial
339S00043的Wi-Fi芯片

苹果的338S00105音效芯片

东芝的THGBX5G7D2KLFXG NAND闪存，
容量16GB，制程为19nm

苹果的338S00120电源管理芯片

b)

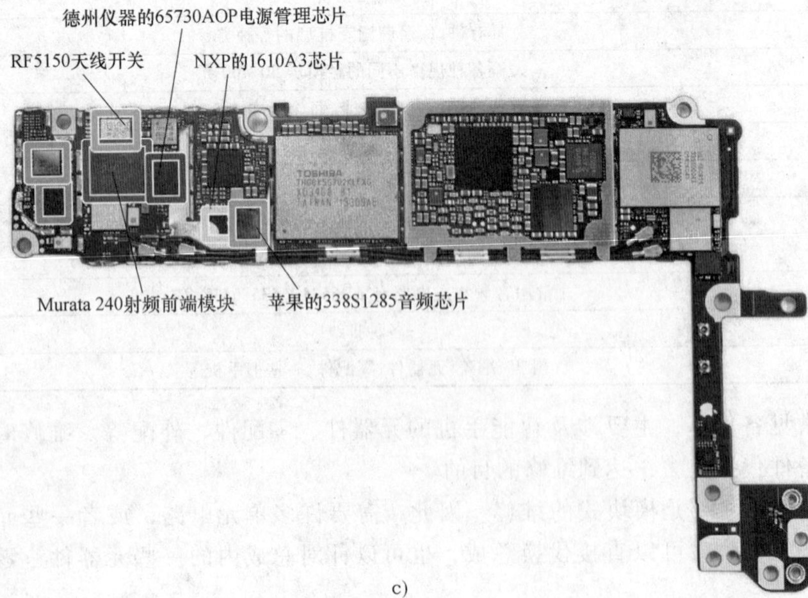

c)

图 4-1　iPhone 6s 主板上的元器件

部分元器件的特点见表 4-2。

表 4-2　部分元器件的特点

名称	特　点
变容二极管	变容二极管又称为可变电抗二极管。变容二极管是一种利用 PN 结电容或接触势垒电容，与其反向偏置电压 V_R 的依赖关系、原理制成的一种二极管。变容二极管主要参量：零偏结电容、反向击穿电压、中心反向偏压、标称电容、电容变化范围（以皮法为单位）、截止频率等。不同用途，应选用不同 C、V_R 特性的变容二极管
存储器	存储器又称为记忆装置。是微处理器中存放数据、各种程序的一种装置，是微处理器的一个重要组成部分，一般由存储单元集合体、地址寄存器、译码驱动电路、读出放大器、时序控制电路等几部分组成
多媒体加速器	多媒体加速器是专门为智能手机提供硬件视频、图形加速的芯片
声表面滤波器	声表面滤波器是在一块具有压电效应的材料基片上蒸发一层金属膜，然后经光刻，在两端各形成一对叉指形电极组成。当在发射换能器上加上信号电压后，就在输入叉指电极间形成一个电场，使压电材料发生机械振动，以超声波的形式向左右两边传播，向边缘一侧的能量由吸声材料所吸收。接收端一般由接收换能器将机械振动再转化为电信号，以及由叉指形电极输出
微处理器	微处理器是智能手机系统中能够独立执行程序，完成对数据、指令进行加工、处理的部分。一般由数据处理部件、指令处理部件、存储控制器等组成。根据执行功能不同，可以分为中央处理器、外围处理器、接口通信处理器等
无线基带芯片	无线基带芯片也称为通信处理器，其主要负责通信功能。GSM、CDMA、3G 网络、4G 网络都有相应的无线基带芯片

部分元器件的故障特点见表 4-3。

表 4-3　部分元器件的故障特点

名称	特　点
电感	失效特性：断线、脱焊等
电容	电容分为有极性电解电容、无极性电容等类型。电解电容的失效特性：击穿短路、漏电增大、容量变小或断路。无极性电容的失效特性：击穿短路或脱焊、漏电严重或电阻效应等
电阻	一般情况，电阻的失效率比较低。但是，电阻在电路中的作用很大，在一些重要电路中，电阻值的变化会使晶体管的静态工作点变化，从而引起整个单元电路工作不正常。电阻的失效特效：脱焊、阻值变大或变小、温度特性变差等
二极管（整流管、发光管、稳压管、变容管）	一般容易被击穿、开路，使正向电阻变大、反向电阻变小等
集成电路	一般是局部损坏，例如击穿、开路、短路等。功放芯片容易损坏，储存器容易出现软件故障，其他芯片有时会出现虚焊等现象
晶体管	一般是击穿、开路、严重漏电、参数变劣等

4.2　元器件

4.2.1　电阻

1. 贴片电阻的识读

目前，智能手机采用的电阻基本上是贴片电阻。根据其形状可分为矩形、圆柱形、异形等几类。智能手机中采用的贴片电阻一般是矩形的。

有的小型贴片电阻表面上没有任何标志，有的大型的贴片电阻有一些标志，其标志类型如下：

1）一些数字：在电阻体上用三位数字来标明其阻值。第一位与第二位为有效数字，第三位表示在有效数字后面所加 0 的个数，这种情况没有出现字母。如果是小数，则用 R 表示小数点，并占用一位有效数字，其余两位是有效数字。例如 R15 表示 0.15Ω。

2）有一些贴片电阻采用数字代码与字母混合标称法，其也是采用三位标明电阻阻值，即两位数字加一位字母，其中两位数字表示的是 E96 系列电阻代码，具体见表 4-4。第三位是用字母代码表示的倍率，具体见表 4-5。

表 4-4　E96 系列电阻代码表

代码	01	02	03	04	05	06	07	08	09	10
阻值	100	102	105	107	110	113	115	118	121	124
代码	11	12	13	14	15	16	17	18	19	20
阻值	127	130	133	137	140	143	147	150	165	158
代码	21	22	23	24	25	26	27	28	29	30
阻值	162	165	169	174	178	182	187	191	196	200
代码	31	32	33	34	35	36	37	38	39	40
阻值	205	210	215	221	226	232	237	243	249	255
代码	41	42	43	44	45	46	47	48	49	50
阻值	261	267	274	280	287	294	301	309	316	324
代码	51	52	53	54	55	56	57	58	59	60
阻值	332	340	348	357	365	374	383	392	402	412
代码	61	62	63	64	65	66	67	68	69	70
阻值	422	432	442	453	464	475	487	499	511	523
代码	71	72	73	74	75	76	77	78	79	80
阻值	536	549	562	576	590	604	619	634	649	665
代码	81	82	83	84	85	86	87	88	89	90
阻值	681	698	715	732	750	768	787	806	825	845
代码	91	92	93	94	95	96				
阻值	866	887	908	931	953	976				

表 4-5　倍率代码表

代码字母	A	B	C	D	E	F
代表倍率	10^0	10^1	10^2	10^3	10^4	10^5
代码字母	G	H	X	Y	X	
代表倍率	10^6	10^7	10^{-1}	10^{-2}	10^{-3}	

3）±1%的电阻多数用 4 位数来表示，前三位是表示有效数字，第四位表示有多少个零。

智能手机中采用的电阻一般是贴片电阻，如图 4-2 所示，主要功能是分压、限流、匹配等作用。电阻一般是中间黑色、两端焊锡。

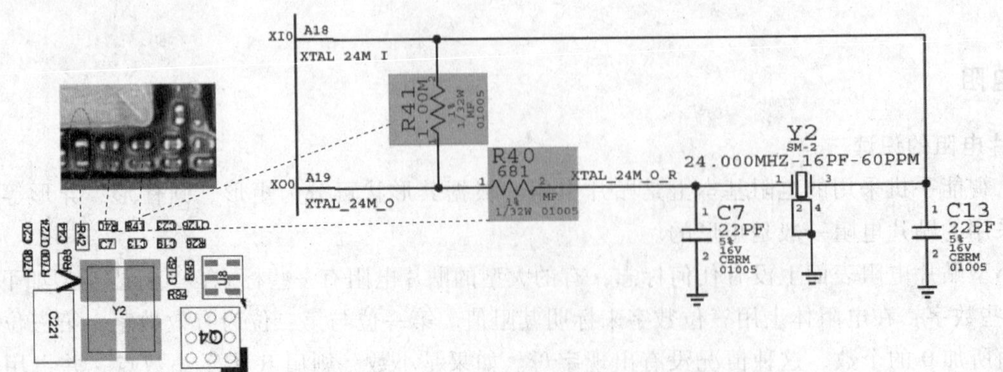

图 4-2　智能手机采用的电阻基本上是贴片电阻

2. 贴片电阻的检测

贴片电阻的检测与插孔电阻的检测方法、注意事项基本一样。贴片电阻的检测可以拆下来，再用万用表来检测，然后对照电阻的标值与检测值的情况，判断出是否异常：一致或者偏差在允许的范围内，

则认为是正确的；若相差超过允许的范围，则说明是异常的。具体的检测方法如下：

1）固定贴片电阻的检测：首先把所怀疑异常的固定贴片电阻从智能手机上拆卸下来，然后将万用表的两表笔分别与电阻的两电极端相接，即可测出实际电阻值。如果所测量电阻值为0Ω（0Ω电阻除外）或者∞，则所说明所测的贴片电阻可能损坏。

如果是小阻值贴片电阻，单独检测，不好判断。因此，可以把相同的贴片电阻串接好测量它们的总电阻，然后除以总个数，即可得到每一个贴片电阻的阻值。然后，根据每一个贴片电阻的检测阻值与实际电阻值比较，如果相差超过允许的范围，则说明所检测的贴片电阻（串联中的一个或多个）是异常的。

2）贴片压敏电阻的检测：首先把所怀疑异常的压敏贴片电阻拆卸下来，然后用万用表的 $R\times1k\Omega$ 档测量电阻两电极间的正向、反向电阻，正常状态均为无穷大。否则，说明贴片压敏电阻漏电流大。如果所测电阻很小，说明贴片压敏电阻已经损坏了。

3）贴片排电阻的检测：贴片排电阻其内部一般是由等阻值电阻构成的，其公共端一般位于两侧。贴片排电阻的检测方法，需要根据内部结构形式、阻值情况来确定。

3. 观察法检测贴片电阻

对于有的智能手机上的贴片电阻，一般不要急于拆卸下来试检。而应该采用观察法来判断是否损坏，一些可能损坏的现象如下：

1）体表面颜色烧黑。

2）外形变形。

3）表面如果出现脱落现象。

4）表面如果出现一些“凸凹”现象。

5）引出端电极如果出现裂纹。

6）引出端电极覆盖均匀的镀层如果出现脱落现象。

如果，凭眼直接观察不方便，可以采用放大镜放大观察。也可以采用数码相机或者手机拍照，然后把照片输到电脑中，采用电脑放大来查看。

另外，有的智能手机贴片电阻损坏情况比较小，有时候可能是虚焊等情况引起的。

4. 贴片电阻的选择、代换

选择、代换贴片电阻尽量选择与原规格相同的贴片电阻：电阻值、尺寸、功率、种类等均是一样的。

如果没有与原规格相同的贴片电阻，则可以考虑一些变通代换，例如大功率的贴片电阻可以代换小功率的贴片电阻。

5. 智能手机常用的贴片电阻规格（见表4-6）

表4-6 智能手机常用的贴片电阻规格

阻值/Ω	偏差	功率	材料或类型	尺寸/in（英寸）	阻值/Ω	偏差	功率	材料或类型	尺寸/in（英寸）
0	5%	1/20W	MF	0201①	10.2	1%	1/32W	MF	01005
0	5%	1/16W	MF	0603	100	1%	1/32W	MF	01005
0	5%	1/16W	MF-LF	0402	100	1%	1/16W	MF-LF	0402
0.00	0%	1/32W	MF	01005	100	5%	1/16W	MF-LF	0402
0.008	1%	1W	MF	2512	100k	5%	1/32W	MF	01005
1	1%	1/10W	FF	0805	10k	1%	1/32W	MF	01005
1.00k	5%	1/32W	MF	01005	10k	5%	1/16W	MF-LF	0402
1k	1%	1/16W	MF-LF	0402	110k	1%	1/32W	MF	01005
1.00k	5%	1/32W	MF	01005	15.00k	1%	1/32W	MF	01005
1.00M	1%	1/32W	MF	01005	121	1%	1/16W	MF	0402
1.1k	1%	1/32W	MF	01005	2.1k	1%	1/16W	MF-LF	0402
10	1%	1/16W	MF	0603	2.21k	0.5%	1/20W	MF	0201

（续）

阻值/Ω	偏差	功率	材料或类型	尺寸/in（英寸）	阻值/Ω	偏差	功率	材料或类型	尺寸/in（英寸）
2.2k	5%	1/32W	MF	01005	4.7k	5%	1/16W	MF-LF	0402
2.2k	5%	1/16W	MF-LF	0402	44.2	1%	1/20W	MF	0201
200	1%	1/16W	MF-LF	0402	499	1%	1/16W	MF-LF	0402
200k	1%	1/32W	MF	01005	49.9	1%	1/16W	MF	0402
220k	5%	1/32W	MF	01005	47.0k	5%	1/32W	MF	01005
221k	1%	1/32W	MF	01005	49.9	1%	1/32W	MF	01005
221	1%	1/16W	MF-LF	0402	510k	5%	1/16W	MF-LF	0402
240	1%	1/20W	MF	0201	51.1k	1%	1/32W	MF	01005
240	5%	1/16W	MF-LF	0402	54.9k	1%	1/32W	MF	01005
24.9	1%	1/16W	MF-LF	0402	54.9	1%	1/16W	MF-LF	0402
267k	1%	1/32W	MF	01005	6.2k	5%	1/16W	MF-LF	0402
27k	5%	1/32W	MF	01005	681	1%	1/32W	MF	01005
33	5%	1/16W	MF-LF	0402	698k	1%	1/32W	MF	01005
33k	5%	1/16W	MF-LF	0402	80.6	1%	1/16W	MF-LF	0402
3.92k	0.1%	1/16W	MF	0402	82.5k	1%	1/32W	MF	01005
39k	5%	1/32W	MF	01005	95.3	1%	1/16W	MF	0402
4.02k	1%	1/32W	MF	01005	7.5k	0.1%	1/8W	TF	0805
4.7k	1%	1/32W	MF	01005					

① 均为原生产厂家的标准。

4.2.2 电容

1. 贴片电容的种类及其特点

NPO、X7R、Z5U、Y5V 的主要区别是它们的填充介质不同，其各自特点见表 4-7。

表 4-7 贴片电容的种类及其特点

名称	解 说
NPO 电容	NPO 电容是一种最常用的具有温度补偿特性的单片陶瓷电容。它的电容量、介质损耗是最稳定的电容之一。NPO 电容的部分特点如下： 1)在温度 −55 ~ +125℃时，容量变化为 0 ± 30ppm/℃ 2)电容量随频率的变化小于 ±0.3ΔC 3)NPO 电容的漂移或滞后小于 ±0.05% 4)NPO 电容随封装型式不同，其电容量、介质损耗随频率变化的特性也不同，大封装尺寸的要比小封装尺寸的频率特性好 5)NPO 电容适合用于振荡器、谐振器的槽路电容，以及高频电路中的耦合电容
Z5U 电容	NPO 电容、X7R 电容、Z5U 电容三者中，在相同的体积下 Z5U 电容具有最大的电容量。Z5U 电容的电容量受环境、工作条件影响较大。Z5U 电容等效串联电感(ESL)、等效串联电阻(ESR)低。Z5U 电容在退耦电路中有应用
X7R 电容	X7R 电容称为温度稳定型的陶瓷电容。它的部分特点如下： 1)温度在 −55 ~ +125℃时，容量变化为 15% 2)X7R 电容的容量在不同的电压、频率条件下是不同的，它也随时间的变化而变化，表现为 10 年变化了约 5% 3)X7R 电容主要应用于要求不高的工业应用，而且当电压变化时其容量变化是可以接受的条件下 4)X7R 电容在相同的体积下电容量可以做得比较大
Y5V 电容	Y5V 电容的部分特点如下： 1)Y5V 电容是一种有一定温度限制的通用电容，在 −30 ~ 85℃范围内其容量变化可达 −82% ~ 22% 2)Y5V 的高介电常数允许在较小的物理尺寸下制造出高达 4.7μF 电容 3)工作温度范围 −30 ~ 85℃ 4)介质损耗最大为 5%

2. 电容的识别

智能手机中的电容，有多种类型。其中的电解电容，有的一端有一较窄的暗条，表示该端为正极。

电解电容极性不能够识别时，可采用万用表来判别：首先拆卸所检测的电解电容，然后用指针式万用表的 $R\times10\mathrm{k}\Omega$ 挡，分两次对调测量电容两端的电阻值，当表针稳定时，比较两次测量的读数的大小，较大的读数时万用表黑笔接的是电容的正极，红笔接的是电容的负极。

电解电容极性不能够识别时，也可采用寻找与接地铜箔连接有关系的方法来判别：电解电容的负极一般是直接与接地铜箔连接的，从而根据这一特点即可判断出电解电容的负极。

智能手机中的电容的体表一般为黄色的、黑色的、蓝色的，电解电容体积稍大，无极性电容体积很小，有的电容在其中间标出两个字符，大部分电容则没有标出其容量。

对于标出容量的电容（容量小的电容），有两种标注方法：容量值在电容上用字母 + 数字表示。

字母 + 数字表示一般其第一个字符是英文字母，代表有效数字，第二个字符是数字，代表 10 的指数，电容单位为 pF。例如，一个电容器标注为 G3，则 G 代表 1.8，3 代表 10^3，那么，该电容的标称值为 1800pF。

数字表示法一般用三位数字表示容量大小，前两位表示有效数字，第三位数字是倍率。例如，102 表示 $10\times10^2\mathrm{pF}=1000\mathrm{pF}$ 。

小体积的贴片电容，例如 0201 等其上没有印字，体积大一些的贴片电容，例如 3216，有一些印字。

贴片电容标识举例如图 4-3 所示。

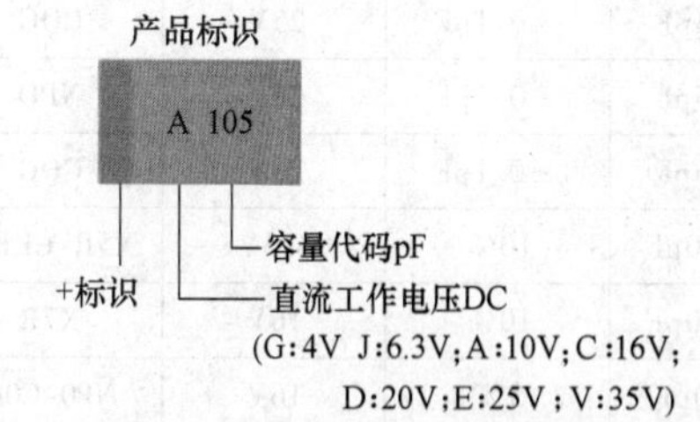

图 4-3　标识举例

智能手机中一般采用的是小体积元件，例如智能手机 iPhone 4安装了 227 个 0402 尺寸的零部件。智能手机中高频滤波电容一般采用 0201 等小体积的贴片电容，可以选择 X7R 类型的贴片电容，容量 1000pF、误差 ±10%、耐压 16V 等贴片电容。

另外，集成电路电源端一般还具有一个体积大、容量大一些的滤波电容，如图 4-4 所示。该滤波电容一般选择钽 TANT 贴片电容。

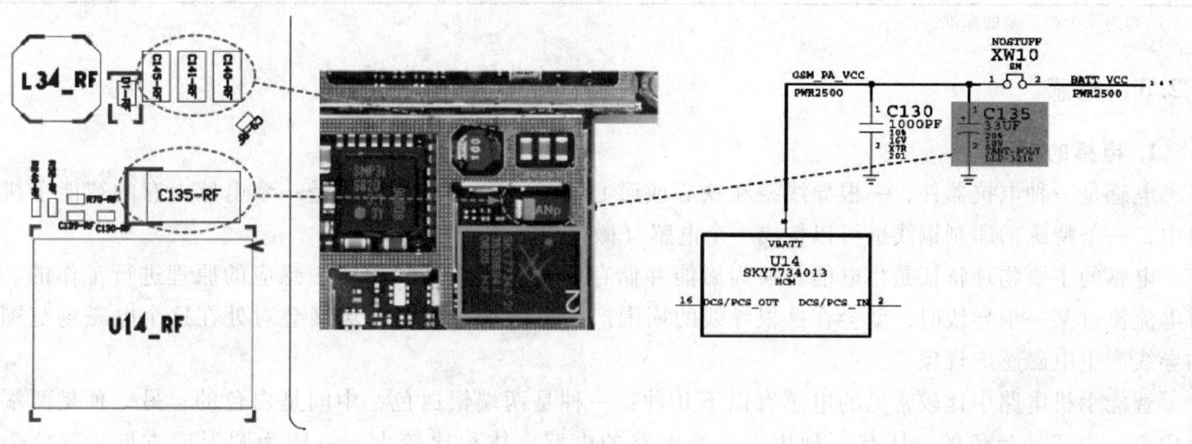

图 4-4　滤波电容

3. 贴片电容的检测

检测贴片电容可以采用数字万用表，具体操作方法是，首先把怀疑异常的贴片电容拆卸下来，然后把数字万用表调到二极管档，再用两表笔直接测量电容两端，好的电容万用表读数为无穷大；如果万用表读数为零，则表示该电容击穿短路。如果贴片电容漏电，不易采用万用表测量，最好采用替换法来判断贴片电容的好坏。

4. 智能手机一般常用规格的电容（见表 4-8）

表 4-8 智能手机一般常用规格的电容

容量	偏差	耐压	材料或类型	尺寸/in（英寸）	容量	偏差	耐压	材料或类型	尺寸/in（英寸）
0.001μF	10%	50V	CERM	0402①	18pF	5%	16V	CERM	01005
0.01μF	10%	6.3V	X5R	01005	1pF	±0.1pF	25V	CCOG	0201
0.01μF	10%	16V	CERM	0402	220pF	10%	10V	X7R-CERM	01005
0.022μF	10%	6.3V	X5R	0201	22pF	5%	16V	CERM	01005
0.047μF	20%	4V	CERM-X5R	01005	22μF	20%	4V	X5R	0402
0.1μF	20%	4V	X5R	01005	22μF	20%	6.3V	X5R-CERM-1	0603
0.1μF	20%	10V	CERM	0402	27pF	5%	16V	NP0-C0G	01005
0.1μF	10%	16V	X5R	0402	3.6pF	±0.1pF	25V	COG	0201
0.22μF	20%	6.3V	X5R	0201	33000pF	10%	6.3V	X5R	0201
0.22μF	20%	6.3V	X5R	0402	33pF	5%	16V	NP0-C0G	01005
0.47μF	10%	6.3V	CERM-X5R	0402	4.7pF	±0.1pF	16V	NP0-C0G	01005
1.0μF	20%	6.3V	X5R	0201	4.7pF	±0.1pF	25V	COG	0201
1μF	10%	6.3V	CERM	0402	4.7μF	20%	6.3V	X5R	0402
1.3pF	±0.1pF	25V	COG	0201	4.7μF	20%	6.3V	CERM	0603
1.5pF	±0.1pF	25V	NPO	0201	4700pF	10%	6.3V	X5R	01005
1.6pF	±0.1pF	25V	COG	0201	470pF	10%	50V	CERM	0402
1000pF	10%	6.3V	X5R-CERM	01005	470μF	20%	2.5V	POLYCRITICAL	
1000pF	10%	16V	X7R	0201	470μF	20%	2.5V	TANT	
100pF	5%	16V	NP0-C0G	01005	56pF	5%	16V	NPO	01005
10μF	20%	6.3V	X5R	0402	56pF	5%	6.3V	NP0-C0G	01005
12pF	5%	16V	CERM	01005	7.5pF	±0.1pF	16V	NP0-C0G	01005
15pF	5%	16V	NP0-C0G	01005	9pF	±0.5pF	16V	NP0-C0G	01005

① 均为原生产厂家的标准。

4.2.3 电感

1. 电感的识别

电感是一种电抗器件，一根导线绕在铁心或磁心上、一个空心线圈都是一个电感。有的智能手机电路中，一条特殊的印制铜线也可以构成一个电感（微带线）。

电感的主要物理特征是将电能转换为磁能并储存起来。电感是利用电磁感应的原理进行工作的。当有电流流过某一根导线时，就会在这根导线的周围产生电磁场，该电磁场又会对处在这个电磁场范围内的导线产生电磁感应现象。

智能手机电路中比较常见的电感有以下几种：一种是两端银白色，中间是白色的；另一种是两端是银白色，中间是蓝色的；还有一种用于电源电路的电感，体积比较大，一般为圆形或方形，颜色为黑色的。

微带线主要的作用：传输高频信号与其他器件构成匹配网络。微带线耦合器常用在射频电路中，特别是接收的前级和发射的末级。用万用表量微带线的始点和末点是相通的，但绝不能将始点和末点短接。

智能手机中的电感主要有普通电感、高频电感等几种。电感外形常见的有圆形的电感、紫色高频长方形电感。智能手机中的一些电感如图 4-5 所示。

贴片电感的电感量表示，有的采用数值或者数值 + 字母表示：

1）纯数字：纯数字没有字母为后缀的表示，则默认单位为 μH，其中前两位为有效数字，后一位为

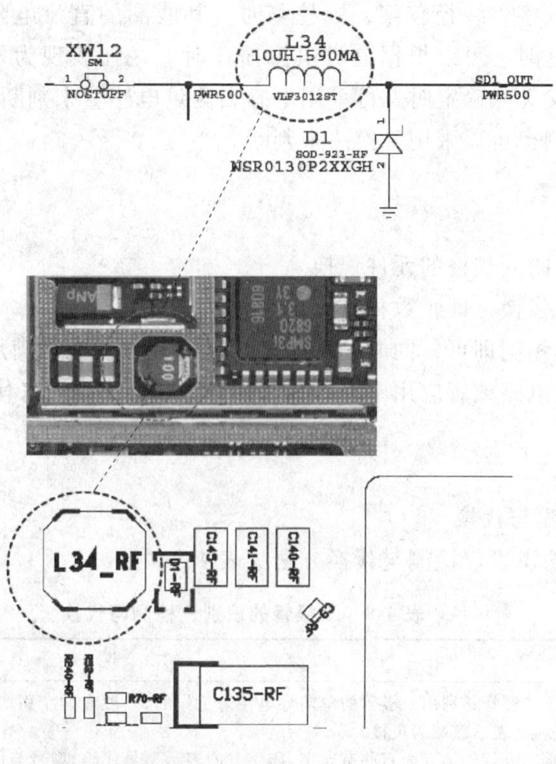

a)

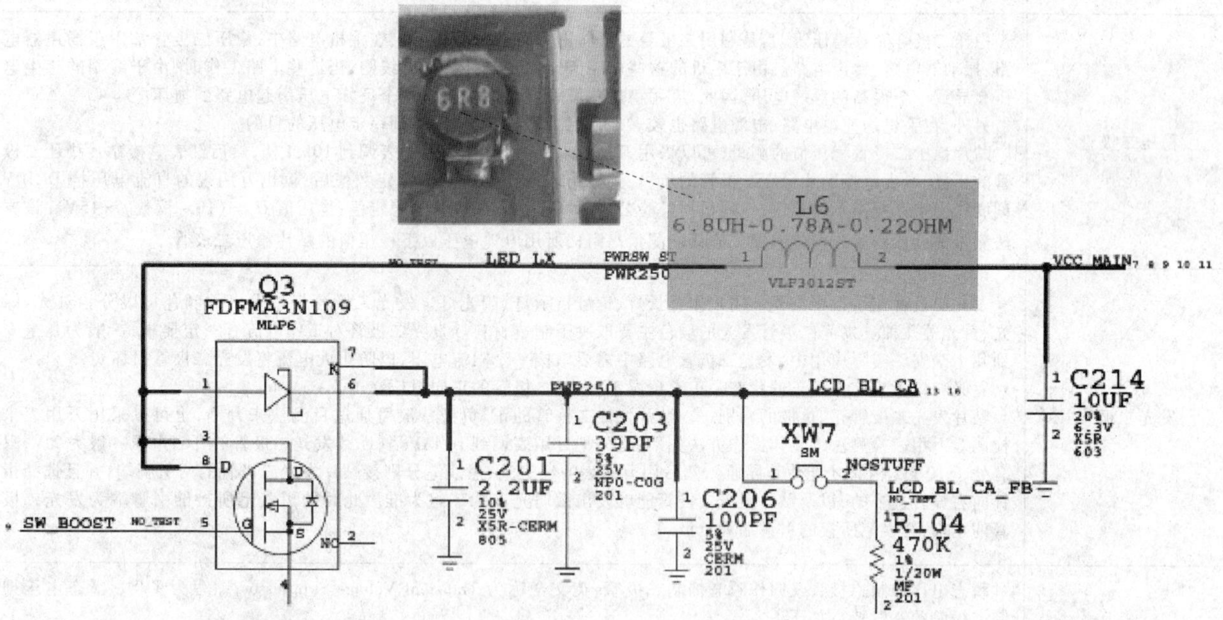

b)

图 4-5 电感

有效数字后面零的个数。例如 151，表示为 150μH。

2）有数字 + 字母表示：字母 N 代表 0.0（nH），即 N = 0.0（nH），字母 R 代表 0.0（μH），即 R = 0.0（μH）。例如 R10，表示为 0.10μH，6R8 表示为 6.8μH。

2. 电感的测检

智能手机电感的检测，可以采用万用表：首先把万用表调到蜂鸣二极管档，然后把表笔放在两引脚上，再看万用表的读数。对于贴片电感此时的读数应为零，如果万用表的读数偏大或为无穷大，则说明所检测的电感可能损坏了。

如果电感的线圈匝数较多，线径较细，则检测时，其线圈的直流电阻也只有几欧姆，采用万用表检测，读数可能难以把握。这时，可以根据该类电感损坏时，往往表现为发烫或有明显损坏迹象。如果电感线圈不是严重损坏，则又无法确定时，可采用电感表测量电感量来判断。

另外，对于电感的检测也可以采用替换法来判断。

3. 电感的代换

电感的代换原则如下：

1）尽量与原件是相同的同规格的元件代换。

2）电感线圈必须原值代换，即匝数相等、大小相同。

3）贴片电感只需大小相同即可，同时，考虑尺寸、安装方式是否满足代换的要求。

4）有时候，一些特殊电路或者应用中，可以采用0Ω 电阻或导线来代换电感。

4.2.4 二极管

1. 二极管的识别、检测与代换

智能手机常见二极管的识别、检测与代换方法见表4-9。

表4-9 二极管的识别、检测与代换

名称	解 说
普通二极管	贴片普通二极管是利用二极管的单向导电性来工作的，一般有两个引脚，管体表面一般为黑色，并且在其一端有一白色的竖条，表示该端为负极 贴片普通二极管的体表面有些有印字，印字有的表示型号代码、型号与厂地代码、型号与批号等。同一型号，生产厂家不同，可能代码也不同
稳压二极管	稳压二极管简称稳压管，其是利用二极管的反向击穿特性来工作的。在手机电路中，稳压二极管常用于扬声器电路、振动器电路、铃声电路。由于手机的这些电路所使用的器件都带有线圈，当这些电路工作时，由于线圈的感生电压会导致一个很高的反峰电压，因此，应用稳压二极管就是用来防止这个反峰电压引起电路的损坏 另外，在手机的充电电路、电源电路也较多地采用了稳压二极管，达到稳定电压的目的 贴片稳压二极管稳压值的测量，可以采用万用表来测量：首先把万用表调到10kΩ 档，然后红表笔接贴片稳压二极管的正极，黑表笔接贴片稳压二极管的负极，等万用表指针偏转到一稳定数值后，读出万用表的直流电压档 DC10V 刻度线上指针所指示的数值，然后根据经验公式计算出稳压二极管的稳定值：稳压值 U_z = (10 - 读数) ×15V。该方法测量的贴片稳压二极管的稳压值只能测量高阻档所用电池电压以下稳压值的贴片稳压二极管
发光二极管	发光二极管在手机中主要被用来作背景灯、信号指示灯、闪光灯。发光二极管根据发出的颜色可以分为红光、绿光、黄光等几种。发光二极管发光的颜色主要取决于制造材料。发光二极管对工作电流有一定要求，一般为几毫安到几十毫安。实际应用中，发光二极管电路中需要串接一个限流电阻，以防止大电流将发光二极管损坏 发光二极管只工作在正偏状态。正常情况下，发光二极管的正向电压在1.5~3V 间 贴片发光二极管正、负极的判别——贴片发光二极管的正、负极一般可通过目测法来判断，也可以采用万用表来检测。万用表检测法的具体操作方法如下：首先把万用表调到10 kΩ 档（贴片发光二极管的开启电压一般为2 V，只有处于10 kΩ 档时才能使其导通），然后用万用表的红表笔、黑表笔分别接贴片发光二极管的两引脚端，并且选择指针向右偏转过半的，以及贴片发光二极管能够发出微弱光点的一组为准。此时的黑表笔所接的引脚端为发光二极管的正极，红表笔所接的引脚端为负极
瞬态电压抑制二极管	瞬态电压抑制二极管又叫作瞬态抑制二极管，英文全称为 Transient Voltage Suppressor，缩写为 TVS。瞬态电压抑制二极管的一般特点如下： 1）响应速度特别快，一般为 ns 级 2）其击穿电压有多个系列值，具体根据电路与使用设备来选择 3）其耐浪涌冲击能力较放电管、压敏电阻差 4）其可以分为单向 TVS、双向 TVS。其中，单向 TVS 管的特性与稳压二极管相似，双向 TVS 管的特性相当于两个稳压二极管反向串联 5）TVS 主要特性参数有，反向断态电压 V_{RWM}、反向漏电流 I_R、击穿电压 V_{BR}、脉冲峰值电流 I_{PP}、最大钳位电压 V_C、稳态功率 P_0 等 6）TVS 与稳压二极管都能用作稳压，但是，TVS 的击穿电流比稳压二极管的击穿电流要大，并且稳压二极管的稳压精度可以做得比 TVS 要高一些
组合二极管	组合二极管是由几个二极管共同构成一个二极管模块电路。组合二极管有三端、四端、六端等多种类型。组合二极管的检测，一般需要根据其内部电路结构形式来判断，不同的结构形式，万用表检测的阻值情况不同，引脚端间的通断情况也不同

2. 智能手机使用的二极管

智能手机使用的二极管一般是贴片二极管。贴片二极管同一型号，可能具有不同的型号代码。另外，贴片二极管的体表面往往还有日期代码、产地代码，它们与型号代码存在不同排列，部分二极管的型号代码、厂家、封装见表4-10。

注意，型号代码、产地代码、无铅标志往往是固定的，而日期代码因生产时间不同是变化的。

表4-10　二极管的型号代码、厂家、封装

型号	代码	厂家	封装	图　例
BAV99DW	KJG	DIODES	SOT-363	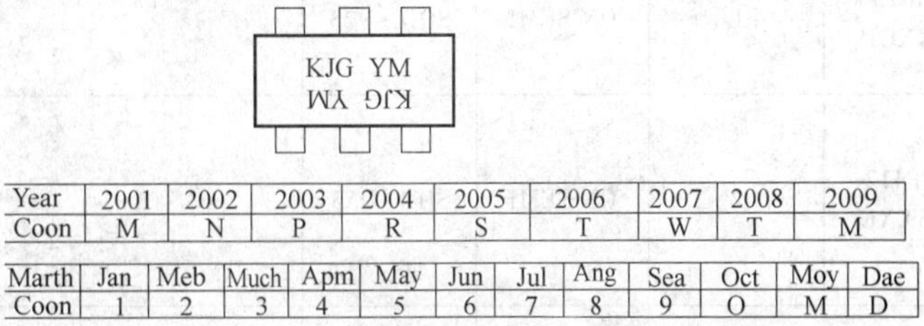 KJG YM KJG YM Year 2001 2002 2003 2004 2005 2006 2007 2008 2009 Coon M N P R S T W T M Marth Jan Meb Much Apm May Jun Jul Ang Sea Oct Moy Dae Coon 1 2 3 4 5 6 7 8 9 O M D
	KJG	MCC	SOT-363	
ESDALC6 V1-5T6	K	ST	DFN1.0 ×1.0-6L	 K
MBR0530	B3	FAIRCHILD	SOD123	
	IR530	International	SOD-123	
	B3	ON SEMI	SOD-123	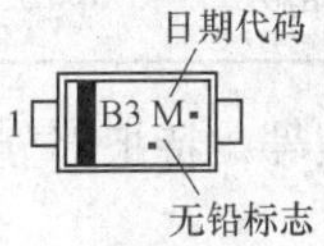 日期代码 1 B3 M• 无铅标志
	B3	UTC	SOD-123	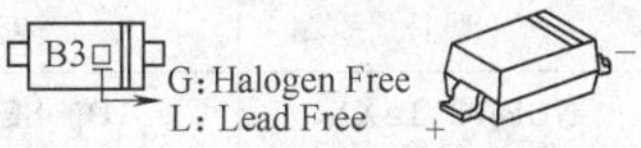 B3□ G: Halogen Free L: Lead Free + −
	B3	Vishay	SOD-123	 +
MBR0540	IR540	International	SOD-123	
	B 4	UTC	SOD-123、 SOD-323	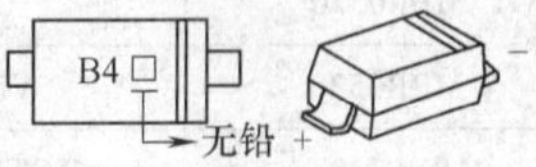 B4□ 无铅 + −
	B4	FAIRCHILD	SOD123	
MBRS130T3	B13	ON SEMI	SMB	 AYWW B13• A=装配位置 WW=工作周 Y=年 • =无铅封装

（续）

型号	代码	厂家	封装	图例
MBRS 340T3	B34	MOTOROLA	403－03	
	B34	ON SEMI	SMC	YWW B34 Y=年 W=工作周
NSR0130 P2XXGH	L	ON SEMI	SOD－923	CATHODE ANODE CATHQDE ANODE LM M=月代码 ··无铅封装
NUP412 VP5XXG	2	ON SEMI	SOT－953	2M 1 2=代码 M=日期代码
PESD3 V3L5UF	A1	NXP	SOT886	1 2 3 6 5 4
PMEG 2005AEL	F2	NXP	SOD882	1 2 1
PMEG 3005EL	AM	NXP	SOD882	1 2 1
PMEG 3010EB	KA	NXP	SOD523	K 1 2 A
RB521 ZS-30	D	DIODE	GMD2	D

为便于根据代码找型号，特把部分二极管的代码为序排列见表4-11。

表4-11　二极管的代码为序排列

代码	型号	厂家	代码	型号	厂家
2	NUP412VP5XXG	ON SEMI	B4	MBR0540	FAIRCHILD
A1	PESD3V3L5UF	NXP	D	RB521ZS-30	DIODE
AM	PMEG3005EL	NXP	F2	PMEG2005AEL	NXP
B 4	MBR0540	UTC	IR530	MBR0530	International
B13	MBRS130T3	ON SEMI	IR540	MBR0540	International
B3	MBR0530	FAIRCHILD	K	ESDALC6V1-5T6	ST
B3	MBR0530	ON SEMI	KA	PMEG3010EB	NXP
B3	MBR0530	UTC	KJG	BAV99DW	DIODES
B3	MBR0530	Vishay	KJG	BAV99DW	MCC
B34	MBRS340T3	MOTOROLA	L	NSR0130P2XXGH	ON SEMI
B34	MBRS340T3	ON SEMI			

4.2.5　晶体管

智能手机中应用的晶体管比较少，用了也是SMD器件，例如如图4-6所示。

晶体管管脚的判断方法如下：首先把万用表调到电阻 $R\times1k$ 档，然后用黑表笔接晶体管的某一端脚（假设作为基极），然后用红表笔分别接另外两个端脚。如果表针指示的两次都很大，则所检测的晶体管

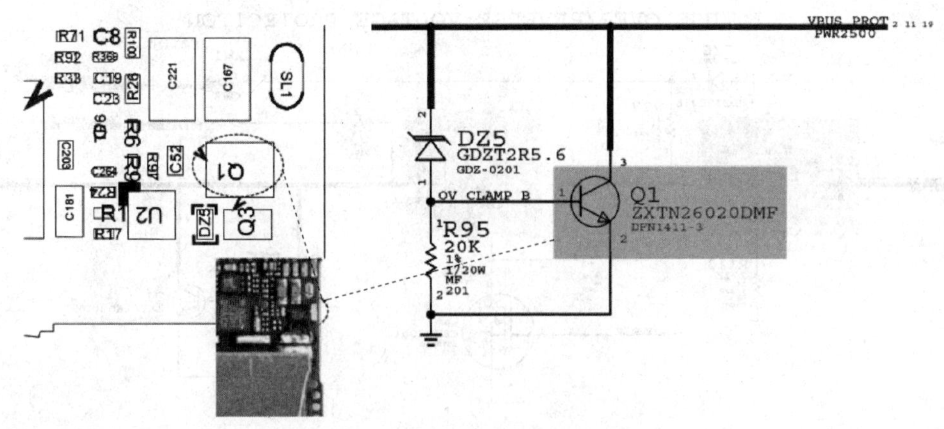

图 4-6 智能手机中应用的晶体管

为 PNP 管，其中黑表笔所接的那一端脚为基极。如果表针指示的两个阻值均很小，则说明所检测的晶体管为 NPN 管，黑表笔所接的那一端脚为基极。如果指针指示的阻值一个很大，一个很小，那么黑表笔所接的端脚就不是晶体管的基极，再需要另换一端脚进行类似测试，直至找到基极。

判断出基极后，就可以进一步判断集电极、发射极。依旧用万用表的 $R\times1\text{k}$ 档，然后将两表笔分别接除基极以外的两电极端，如果是 PNP 型管，用一个 100k 电阻接于基极与红表笔间，可测得一电阻值，然后将两表笔交换，同样在基极与红表笔间接 100k 电阻，又测得一电阻值，两次测量中阻值小的一次红表笔所对应端脚为 PNP 管集电极，黑表笔所对应的端脚为发射极。如果 NPN 型管，电阻 100k 就要接在基极与黑表笔间，同样电阻小的一次黑表笔对应的端脚为 NPN 管的集电极，红表笔所对应的端脚为发射极。

智能手机中应用的晶体管一般是 NPN 管，其集电极往往与电源端的正极相连接，发射极往往与接地相连（负极）。

4.2.6 场效应晶体管

1. 场效应晶体管的识别

场效应晶体管与晶体管相似，但两者的控制特性是不同的。晶体管是电流控制元件，通过控制基极电流达到控制集电极电流或发射极电流的目的，也就是说需要信号源能够提供一定的电流才能工作。场效应晶体管是电压控制元件，其输出电流决定于输入电压的大小，基本上不需要信号源提供电流。另外，场效应晶体管开关具有速度快、热稳定性好、功率增益大、高频特性好、噪声小等优点，因此，在智能手机电路中，场效应晶体管使用率远远大于晶体管的使用率。

场效应晶体管可以分为普通场效应晶体管、组合场效应晶体管。组合场效应晶体管是内置多只元件组合为一个模块的。组合场效应晶体管有采用 SOT-963、CSP 封装，如图 4-7 所示。

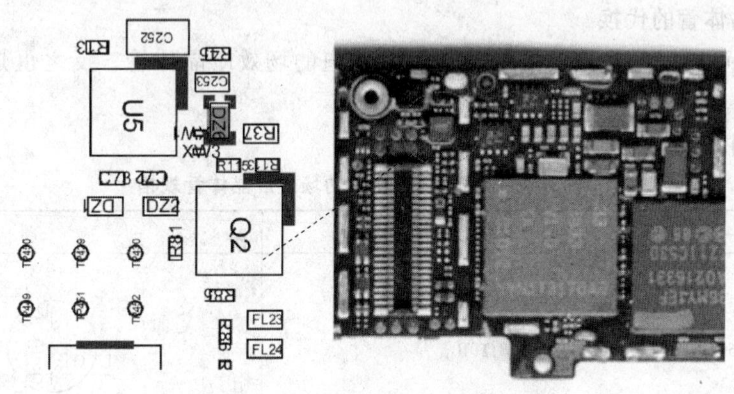

图 4-7 场效应晶体管的应用电路

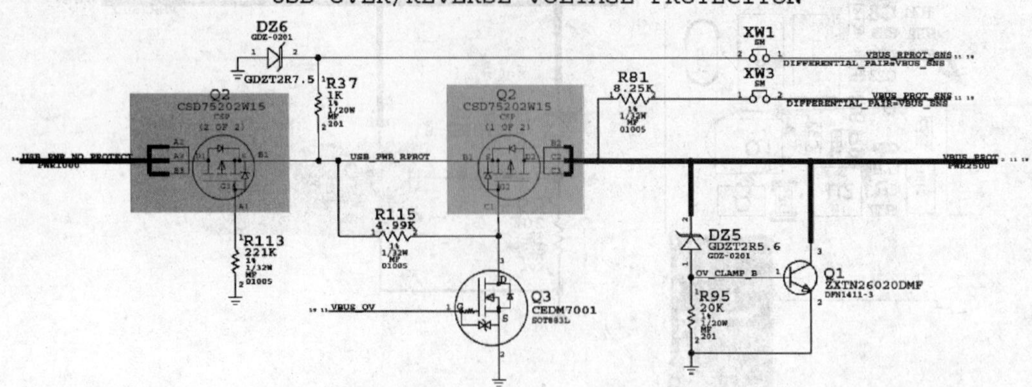

图 4-7　场效应晶体管的应用电路（续）

大体积的贴片场效应晶体管其代码标志往往取其型号中的一部分，小体积的则往往采用简单代码表示，部分贴片场效应晶体管代码速查见表 4-12。

表 4-12　部分贴片场效应晶体管代码速查

代码	型号	厂家	代码	型号	厂家
V02	2N7002	CALOGIC	3P	2N7002	UTC
K72	2N7002	DIODES	3P	2N7002	BILIN
STN2	2N7002	ST	12	2N7002	NXP
S72	2N7002	PANJIT	72	2N7002	VISHAY
WA	2N7002	TAITRON	72s	2N7002	INFINEON
WA	2N7002	KEC	109	FDFMA3N109	Fairchild
H	CEDM7001	CENTRAL	702	2N7002	PHILIPS
NF	DMN3730UFB4	DIODES	702	2N7002	SUPERTEX
F7807	IRF7807Z	INTER	702	2N7002	ZETEX
KF	NTK3134NTXXH	ONSEMI	702	2N7002	CENTRAL
KB	NTK3142PXXH	ONSEMI	702	2N7002	KEXIN
JL	NTLJF4156NXXG	ONSEMI	7002	2N7002	WEITRON
N	NTUD3128NXXG	ONSEMI	7002	2N7002	SSC
1T	FDFME3N311ZT	Fairchild	7002	2N7002	MCC
1	FDZ191P	Fairchild	7002	2N7002	NCEPOWER
02	2N7002	SECOS	8409	SI8409DB	VISHAY

2. 贴片场效应晶体管的代换

维修代换时，不可以用 N 沟道的场效管代换 P 沟道的场效应晶体管，反之也是一样的。维修中，参数相同或者接近可行。

3. 智能手机使用场效应晶体管的规格（见表 4-13）

表 4-13　智能手机使用的场效应晶体管规格

型号	参考参数	图　例
2N7002	60V(V_{DS})、300mA(I_D)、2.8Ω(R_{DSon})	3 D / 1 G / S 2; 3D, 1 G, S 2

（续）

型号	参考参数	图 例
CEDM7001	20V (V_{DS})、10V (V_{GS})、100mA (I_D)、200mA (I_{DM})、1.0μA (I_{DSS})、0.9Ω ($r_{DS(ON)}$)、4.0pF (Crss)、9.0pF (Ciss)、50ns(t_{on})、75ns(t_{off})	
CSD68803W15		
CSD75202W15	−20V(V_{D1D2})、−0.7V($V_{GS(th)}$)、−6V(V_{GS}) A1→Gate1；A2、A3、B3→Drain1；C1→Gate2；C2、C3、B2→Drain2；B1→SourceSense	
DMN3730UFB4	30V(V_{DSS})、±8V(V_{GSS})、0.73A(I_D)、3A(I_{DM})、1μA(I_{DSS})、0.7V(V_{SD})、64.3pF(C_{iss})、6.1pF(C_{oss})、3.5ns($t_{D(on)}$)、2.8ns(t_r)、38ns($t_{D(off)}$)、13ns(t_f)	
FDC602P	−20V(V_{DSS})、±12V(V_{GSS})、−5.5A(I_D)、100nA(I_{GSSF})、19S(g_{FS})、15ns($t_{d(on)}$)、11ns(t_r)、57ns($t_{d(off)}$)、37ns(t_f)	SOT-6
FDFMA3N109	30V(V_{DS})、±12V(V_{GS})、2.9A(I_D)、190pF(Ciss)、30pF(C_{oss})、20pF(C_{rss})、4.6Ω(R_G)、6ns($t_{d(on)}$)、8ns(t_r)、12ns($t_{d(off)}$)、2ns(t_f)、0.07mA(I_R)、0.49V(V_F)	MLP6
FDFME3N311ZT	30V(V_{DS})、±12V(V_{GS})、1.8A(I_D)、235mΩ($r_{DS(on)}$)、2.8S(g_{FS})、55pF(C_{iss})、15pF(C_{oss})、7pF(C_{rss})、7.5Ω(R_g)、6ns($t_{d(on)}$)、8ns(t_r)、22ns($t_{d(off)}$)、1.4ns(t_f)、0.46mA(I_R)、0.45V(V_F)	
FDZ191P	−20V(V_{DS})、±8V(V_{GS})、67mΩ($r_{DS(on)}$)、7Ω(Rg)、11ns($t_{d(on)}$)、10ns(t_r)、50ns($t_{d(off)}$)、30ns(t_f)、−0.7V(V_{SD})、21ns(t_{rr})	

（续）

型号	参考参数	图　例
IRF7807Z	30V(V_{DS})、±20V(V_{GS})、2.5Ω(R_G)、6.9ns($t_{d(on)}$)、6.2ns(t_r)、10ns($t_{d(off)}$)、3.1ns(t_f)、770pF(C_{iss})、190pF(C_{oss})、100pF(C_{rss})	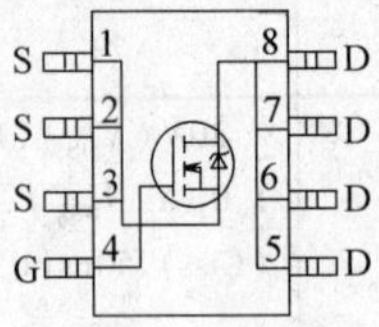 S 1、S 2、S 3、G 4、8 D、7 D、6 D、5 D SO-8
NTK3134NTXXH	20V(V_{DSS})、±6V(V_{GS})、640mA(I_D)、20V($V_{(BR)DSS}$)、1.0μA(I_{DSS})、0.20Ω($R_{DS(on)}$)、79pF(C_{ISS})、13pF(C_{OSS})、9.0pF(C_{RSS})、6.7ns($t_{d(ON)}$)、4.8ns(t_r)、17.3ns($t_{d(off)}$)、7.4ns(t_f)	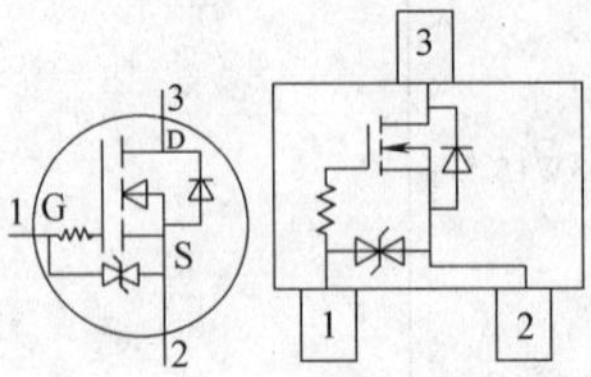 1 G、2 S、3 D SOT723
NTK3142PXXH	−20V(V_{DSS})、±8.0V(V_{GS})、−185mA(I_D)、−20V($V_{(BR)DSS}$)、2.9Ω($R_{DS(on)}$)、15.3pF(C_{ISS})、4.3pF(C_{OSS})、2.3pF(C_{RSS})、8.4ns($t_{d(ON)}$)、15.3ns(t_r)、37.5ns($t_{d(off)}$)、22.7ns(t_f)	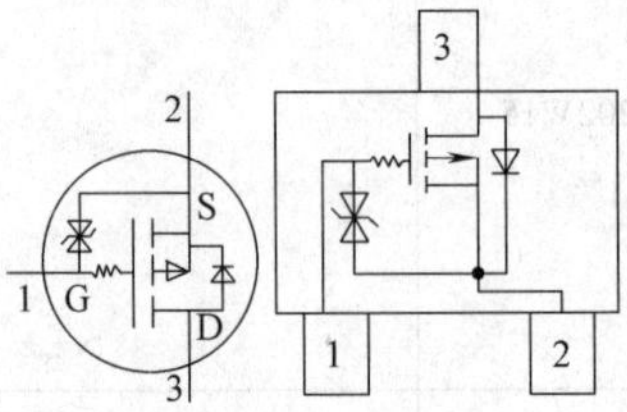 1 G、2 S、3 D SOT723-3-HF
NTLJF4156NXXG	30V(V_{DSS})、±8.0V(V_{GS})、2.7A(I_D)、30V(V_{RRM})、30V(V_R)、2.0A(I_F)、427pF(C_{ISS})、51pF(C_{OSS})、32pF(C_{RSS})、47mΩ($R_{DS(on)}$)	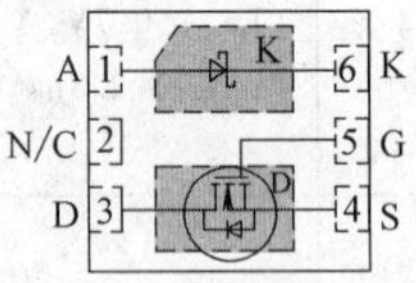 A 1、N/C 2、D 3、6 K、5 G、4 S
NTUD3128NXXG	20V(V_{DSS})、±8V(V_{GS})、115mA(I_D)、20V($V_{(BR)DSS}$)、1.5Ω($R_{DS(ON)}$)、9.0pF(C_{ISS})、3.0pF(C_{OSS})、2.2pF(C_{RSS})、15ns($t_{d(ON)}$)、24ns(t_r)、90ns($t_{d(off)}$)、60ns(t_f)	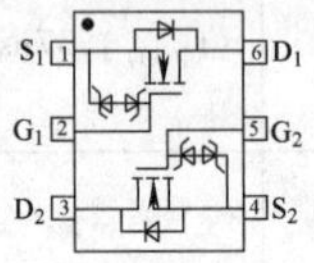 S_1 1、G_1 2、D_2 3、6 D_1、5 G_2、4 S_2 SOT-963
SI8409DB	−30V(V_{DS})、±12V(V_{GS})、−6.3A(I_D)、−0.6V($V_{GS(th)}$)、0.038Ω($R_{DS(ON)}$)、6.4S(g_{fs})、20ns($t_{d(on)}$)、35ns(t_r)、140ns($t_{d(off)}$)、90ns(t_f)	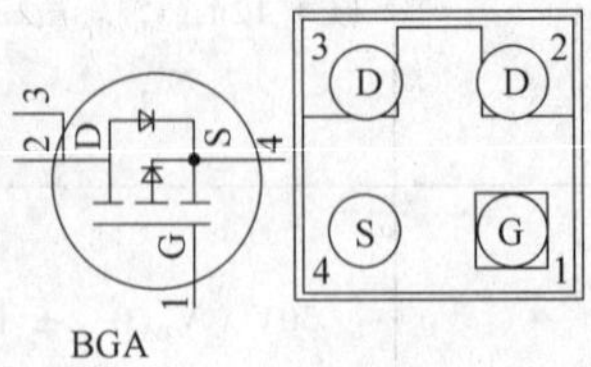 2|3 D、4 S、1 G；3 D、2 D、4 S、1 G BGA
SUD50N03	30V(V_{DS})、±20V(V_{GS})、44.5A(I_D)、50A(I_{DM})、65.2W(P_D)、1.0V($V_{GS(th)}$)、0.0076Ω($R_{DS(ON)}$)、2200pF(C_{iss})、410pF(C_{oss})、180pF(C_{rss})、9ns($t_{d(on)}$)、15ns(t_r)、22ns($t_{d(off)}$)、8ns(t_f)、1.2V(V_{SD})、35ns(t_{rr})	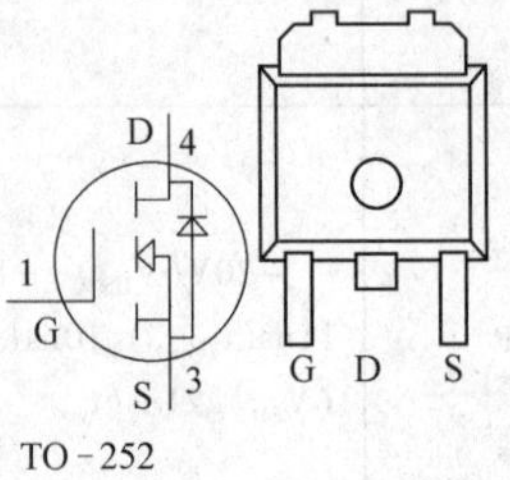 D 4、1 G、S 3；G D S TO-252

（续）

型号	参考参数	图　例
SUD70N03	30V(V_{DS})、±20V(V_{GS})、70A(I_D)、100A(I_{DM})、30V($V_{(BR)DSS}$)、3V($V_{GS(th)}$)、0.0046Ω($R_{DS(ON)}$)、20S(g_{fs})、3100pF(C_{iss})、565pF(C_{oss})、255pF(C_{rss})、12ns($t_{d(on)}$)、12ns(t_r)、30ns($t_{d(off)}$)、10ns(t_f)、100A(I_{SM})、1.2V(V_{SD})、35ns(t_{rr})	D 4　1 G　S 3　G D S TO-252

4.2.7　集成电路

常见电路的集成电路常用字母 IC 表示，但是，有的智能手机采用的集成电路常用字母 U 表示。智能手机应用的集成电路常见的封装型式有 FBGA、BGA、TLGA、WLCSP、WCSP、LGA、UCSP、UTQFN 等。一般封装型式的特点见表 4-14。

表 4-14　集成电路封装型式的特点

名称	解　说
BGA	BGA 的全称是 Ball Grid Array，意为球栅阵列结构，它是集成电路采用有机载板的一种封装法。具有，封装面积减少、功能加大，引脚数目增多、易上锡、可靠性高、电性能好等特点。BGA 也有多种类型： EBGA 680 封装　LBGA 160 封装　PBGA 217 封装 TSBGA 680 封装　uBGA 封装　SBGA 192 封装
FBGA	FBGA 是一种在底部有焊球的面阵引脚结构，使封装所需的安装面积接近于芯片尺寸
WCSP	WCSP 封装为芯片级封装，英文全称是 Wafer Chip Scale Package WCSP 封装与 BGA 封装的构造相似，也以焊球代替传统的引线框架引脚。其尺寸极小，因此外露芯片就作为最终的封装。因此，WCSP 也称为 DSBGA(芯片尺寸球栅阵列)
WLCSP	WLCSP 意为晶圆级芯片封装方式，英文全称是 Wafer-Level Chip Scale Packaging Technology。其不同于传统的芯片封装方式，它是封装技术的未来主流。WLCSP 晶圆级芯片封装方式的最大特点便是有效地缩减封装体积，封装外形更加轻薄
UCSP	UCSP 是一种封装技术，它消除了传统的密封集成电路的塑料封装，直接将硅片焊接到 PCB 上，节省了 PCB 空间。但也牺牲了散热能力等
LGA	LGA 全称为 Land Grid Array，意为栅格阵列封装。LGA 是用金属触点式封装取代了以往的针状插脚 LGA

（续）

名称	解　说
UTQFN	UTQFN 为超薄四方扁平及管脚微缩结构，全称为 Ultra Thickness Quad Flat Non-leaded。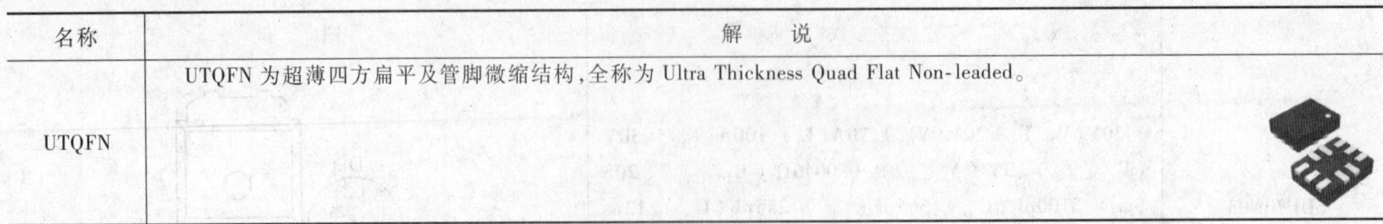

智能手机 iPhone 系列所用集成电路清单速查见表 4-15。

表 4-15　智能手机 iPhone 系列所用集成电路清单速查

集成电路	所用机种	集成电路	所用机种
74AUP1T97	iPhone 3GS、iPhone 4s	MAX8839	iPhone 3GS、iPhone 4
74LVC1G08	iPhone 3GS、iPhone 3G	MAX9061	iPhone 4、iPhone 4s
74LVC2G34	iPhone 3GS、iPhone 3G	PMB2525	iPhone 3GS、iPhone 3G
AK8975B	iPhone 4、iPhone 4s	PMB6820	iPhone 3GS、iPhone 3G
BGA615L7	iPhone 3GS、iPhone 3G	PMB6952	iPhone 3GS、iPhone 3G
LFD181G57DPFC087	iPhone 3GS、iPhone 4	PMB8878	iPhone 3GS、iPhone 3G
LIS331DL	iPhone 3GS、iPhone 4、iPhone 4s	RP106Z121D	iPhone 4、iPhone 4s
MAX8834EWP + T	iPhone 4、iPhone 4s	SKY7734013	iPhone 3GS、iPhone 3G

4.2.8　电源芯片

1. 概述

电源管理是智能手机中重要组件，是继智能手机基频、内存后成本所占比例较大的元件。其可以分为集成式、分离式。集成式电源管理又叫作电源管理单元（PMU）。

对智能手机来说，电源管理单元是构成智能手机半导体平台不可或缺的关键元件。智能手机里面各个功能模块都需要不同的电源管理元件配合，例如射频、基带、背光、音频放大、充电器等方面均需要电源管理来配合。

射频部分的发送功率放大器是智能手机中最耗电的元件，在典型的应用情景下，它几乎要消耗一半的手机电池能量。射频收发器也是射频部分的一个大功耗元件。

智能手机基带器件是除功放外功耗最大的地方。通常这部分的功耗可以通过降低工作电压、运行频率来进一步降低。

智能手机用电源芯片的种类如下：

1）低压差稳压器 LDO Linear Regulators、超低压差（VLDO）稳压器。

2）电池充电管理 Battery Chargers。

3）电源管理集成单元 PMU。

4）基于电感器储能的稳压器 DC/DC Converters。

5）基于电容器储能的稳压器 Charge Pumps。

6）锂电池保护器 Lithium Battery Protection。

手机电源由早期的多电源芯片 + 多独立的稳压器系统到后来的 PMU 集成电源管理器、被集成的 PMU 基带处理器、被集成的 PMU 射频处理器、被集成的 PMU 应用处理器等。不同智能手机制式需用电源芯片不同，具体如下：

1）GSM/GPRS：低压差稳压器/基于电容器储能的稳压器 Charge pump。

2）CDMA：电源管理集成单元 PMU/低压差稳压器/ 基于电容器储能 Charge pump 。

3）3G：PMU/低压差稳压器 LDO/基于电容器储能 Charge pump 。

4）PHS：低压差稳压器 LDO/基于电容器储能 Charge pump/DC-DC。

例如，把智能手机 vivo X5 主板的铜箔隔热散热层撕开，就可以看到部分主板上的芯片，包括联发科的 MT6290、MT6339，其中 MT6290 是多模多频 LTE 调制解调器平台，即 vivo X5 的基带芯片，MT6339 则是其供电电源芯片，图例如图 4-8 所示。

图 4-8　vivo X5 主板的 MT6290 与 MT6339

智能手机电源管理单元方面 PMU 是将多个的 DC/DC 转换器、数个 LDO、充电以及保护电路、电量检测集成在一起的 IC。智能手机里的电源管理系统可以分为以下几个系统，具体如图 4-9 所示。

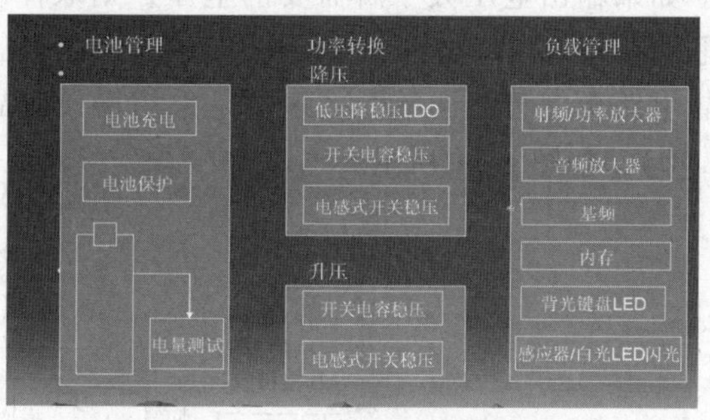

图 4-9　电源管理系统

例如，智能手机 iPhone 4s 采用了 Apple 338S0973 的 Dialog 电源管理 IC，即为 Dinosog Semiconductor D1881A 电源管理芯片。智能手机 iPhone 4 采用高通的 PM8028 电源管理 IC。

一些电路对于电源的要求见表 4-16。

表 4-16　一些电路对于电源的要求

电路	要求	供电方式
OLED 显示屏	超低电源抑制比	LDO
背光白色 LED	高且稳定的输出电流和电压	电荷泵或电感升压转换器
基频	最高效率	开关型降压转换器
闪光灯白光 LED	高压、大电流	高效率开关式 DC/DC
射频 VCO、PLL	低噪声高抑制比	线性稳压器
射频功率放大器	适应范围宽、效率高、电流大	动态调整的 DC/DC 转换器
音频放大	噪声抑制比、高功率、低电压	LDO

SPX XXXX A AX -D X. X 电源芯片的识读方法见表 4-17。

表 4-17　SPX XXXX A AX -DX. X 电源芯片的识读方法

SPX XXXX A AX -D X. X	
SPX	生产工艺技术:其中,SP 表示为 CMOS 型;SPX 表示为双极型
XXXX	XXXX 表示元件型号
A	A 表示精度
AX	表示封装,其中:M1 表示为 TO-89-3;M3 表示为 SOT -223-3;M5 表示为 SOT -23-5;M 表示为 SOT-23-3;N 表示为 TO-92-3;R 表示为 MLP;R 表示为 TO-252-3;S 表示为 SOIC-8 U-TO-220-3;T5 表示为 TO263-5;T 表示为 TO-263-3;U5 表示为 TO-220-5
X. X	表示输出电压

2. 低压差稳压器

低压差稳压器也叫作低压差线性稳压器。由于智能手机电池充足电时的电压为 4. 2V，放完电后的电压为 2. 3V，变化范围大。作为精密电子设备的智能手机对于电源要求无纹波、无噪声等。因此，智能手机电路中有关电路的电源输入端一般要求加入低压差线性稳压器，例如摄像头电源驱动、蓝牙模块电源驱动等电路就是如此。

低压差稳压器的基本工作原理：如图 4-10 所示，从 R_1 与 R_2 中引入的取样电压加在比较放大器的同相输入端 +，并且与加在比较放大器的反相输入端的基准电压进行比较，比较后的差值经比较放大器放大，再引入调整管的基极，进行输出电压的稳定调整：如果输出电压降低时，基准电压与取样电压的差值会增加，则比较放大器输出到调整管的基极的电流会增大，从而使调整管压降减小、输出电压会升高，达到输出电压即降即抑的作用。如果输出电压大于所需要的电压，则取样电压与基准电压比较后，使引入调整管的基极电流减小、串联的调整管压降增大、输出电压会减小。

实际中的低压差稳压器内置电路更完善，调整管更多的是采用场效应晶体管（因此，LDO 可以分为 NPN LDO、PNP LDO、CMOS LDO)，如图 4-11 所示。

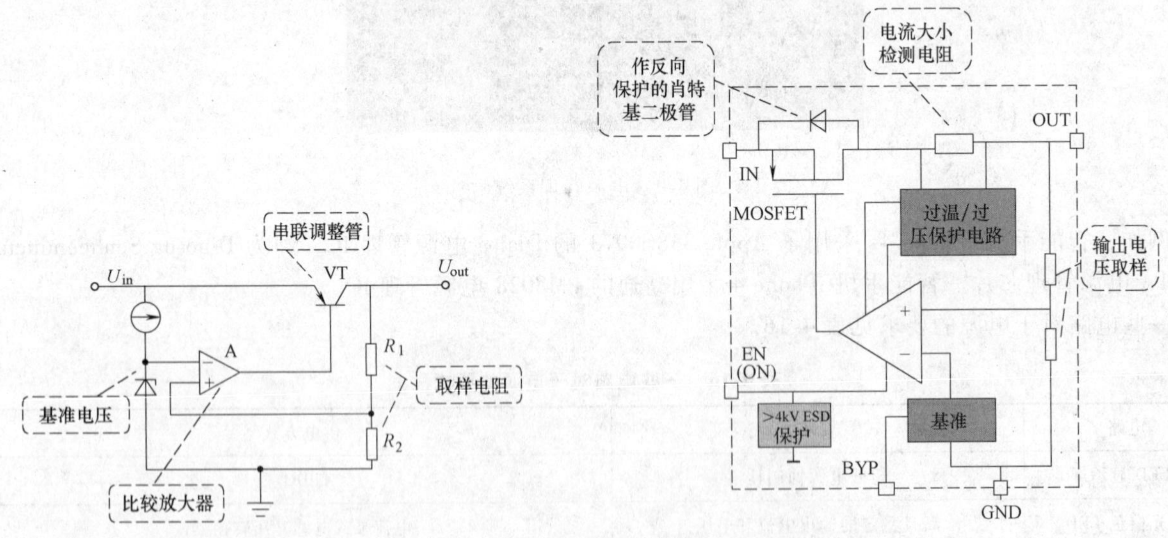

图 4-10　低压差稳压器的基本工作原理

图 4-11　采用场效应晶体管的低压差稳压器

CMOS LDO 与双极晶体管（Bipolar）LDO 的比较见表 4-18。

表 4-18　CMOS LDO 与双极晶体管 LDO 的比较

参数	I_{GND}	V_{DO}	NOISE 噪声
CMOS LDO	低	低	低
Bipolar LDO	高	高	低

低压差线性稳压器的主要参数见表 4-19。

表 4-19　低压差线性稳压器的主要参数

名称	解　说
输出电压	选择低压差线性稳压器首先考虑的参数一般是其输出电压。低压差线性稳压器的输出电压有固定输出电压与可调输出电压两种类型。手机中一般采用固定输出电压的低压差线性稳压器
最大输出电流	选择低压差线性稳压器的最大输出电流,应根据后续电路功率来选择
输入输出电压差	输入输出电压差越低,表明线性稳压器的性能越好
接地电流	接地电流又叫作静态电流。接地电流是指串联调整管输出电流为零时,输入电源提供的稳压器工作电流。一般低压差稳压器的接地电流很小
负载调整率	LDO 的负载调整率越小,表明 LDO 抑制负载干扰的能力越强
线性调整率	LDO 的线性调整率越小,输入电压变化对输出电压影响越小,表明 LDO 的性能越好
电源抑制比	电源抑制比反映了 LDO 对干扰信号的抑制能力

3. TLV431A 基准稳压源

TLV431A 基准稳压源在部分智能手机上有应用。TLV431A 为基准稳压源，其与 KA431、TLV431、uA431、LM431 可以直接代换。但是，智能手机中采用的 TLV431 一般是贴片封装的。因此，其代换的型号也需要采用贴片封装。TLV431A 的外形如图 4-12 所示，内部结构如图 4-13 所示。

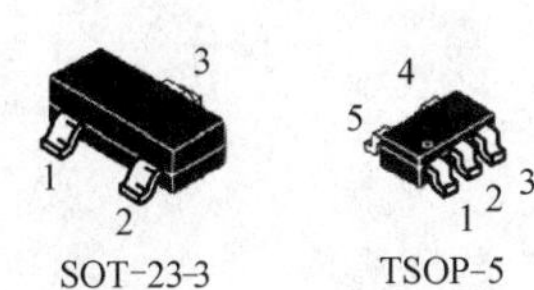

图 4-12　TLV431A 的外形

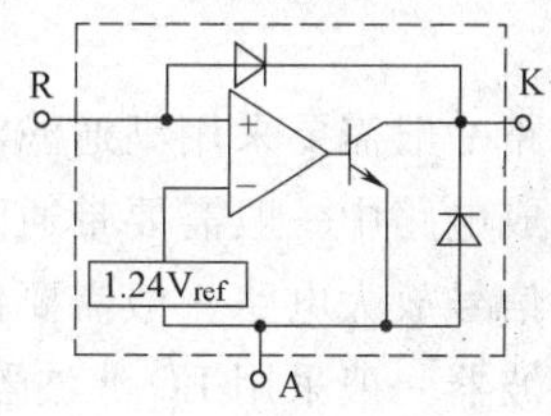

图 4-13　TLV431A 的内部结构

TLV431A 有关参数见表 4-20。

表 4-20　TLV431A 有关参数

符号	参考参数	单位
V_{KA}	18	V
I_K	-20 ~ 25	mA
I_{ref}	-0.05 ~ 10	mA
V_{ref}	1.24	V
ΔV_{ref}	7.2	mV
I_{ref}	0.15	μA
$\|Z_{KA}\|$	0.25	Ω
$I_{K(off)}$	0.01	μA

4.2.9　滤波器

智能手机中的滤波器主要是将电磁场波转换为声波，然后通过特定的频带，也就是筛选有用信号、实现阻抗匹配。滤波器根据信号滤波特性，可以分为低通滤波器、高通滤波器、带通滤波器、带阻滤波器。根据器件材料不同，又分为陶瓷滤波器、声表面滤波器、LC 滤波器、晶体滤波器等。根据所在电路可以分为射频滤波器、本振滤波器、中频滤波器等。根据所处的频段可以分为 2G 频段滤波器与 3G 频段滤波器。

智能手机中往往有多个滤波器，例如 GSM 滤波器、DCS 滤波器等。滤波器在电路中的编号一般用 F 表示。滤波器的特点见表 4-21。

表 4-21 滤波器的特点

名称	解说
低通滤波器	低通滤波器主要用在信号处于低频或直流成分,同时需要削弱高次谐波或频率较高的干扰和噪声等场合
高通滤波器	高通滤波器主要用在信号处于高频成分,同时需要削弱低频或直流成分的场合
带通滤波器	带通滤波器主要用来突出有用频段的信号,削弱其余频段的信号或干扰和噪声
带阻滤波器	带阻滤波器主要用来抑制干扰
射频滤波器	射频滤波器常用在手机接收电路的低噪声放大器、天线输入电路及发射机输出电路部分。它是一个带通滤波器,如接收电路 GSM 射频滤波器只允许 GSM 接收频段的信号(935~960MHz)通过。射频滤波器种类很多,但是作用大都如此
双工滤波器	手机是一个双工收发信机,它有接收、发射信号。手机可用双工滤波器来分离发射接收信号,又可以由天线开关电路来分离发射接收信号。双工滤波器在其表面上一般有"TX"(发射)"RX"(接收)及"ANT"(天线)等字样
中频滤波器	中频滤波器对接收机的性能影响很大。不同的手机,中频滤波器可能不一样

智能手机中，需要衰减特性很陡的带通滤波器比较多，例如发射射频滤波器与接收射频滤波器多是带通滤波器。不同频段有相应的接收滤波器。例如 RX850/900MHz 接收滤波器、RX1888/1900MHz 接收滤波器、WCDMA850MHz 接收滤波器、WCDMA2100MHz 接收滤波器等。智能手机中，一些电路应用的滤波器如下：

1）接收电路一般需要采用高通滤波器。

2）频率合成电路中一般需要带通滤波器。

3）电源与信号放大电路一般需要低通滤波器、带阻滤波器等。

4）辅助滤波器一般采用 LC 滤波器。

5）射频与中频滤波一般采用陶瓷滤波器、声表面滤波器、晶体滤波器。

实际中有一种滤波器，是 EMI 滤波器与 ESD 保护的集成模块，并且该类型滤波器内部具体的结合电路形式具有多样性。例如 EMIF02-MIC02F2 系列 EMI 滤波器与 ESD 保护的集成的识读方法如图 4-14 所示。

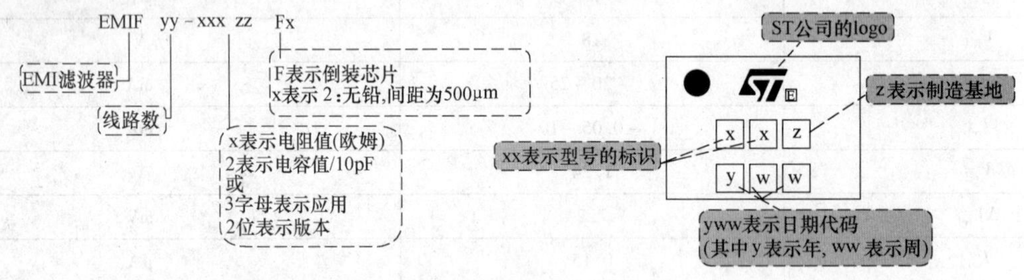

图 4-14 EMIF02-MIC02F2 系列的识读

4.2.10 CPU（中央处理器）

1. 概述

中央处理器，英文为 Central Processing Unit，简称 CPU。CPU（中央处理器）是一台智能手机的运算核心、控制核心。

几乎所有的 CPU 的运作原理都具有四个阶段：提取（Fetch）、解码（Decode）、执行（Execute）、写回（Writeback）。也就是 CPU 从存储器或高速缓冲存储器中取出指令，放入指令寄存器，并且对指令译码，以及执行指令。

处理器还分为主处理器、从处理器。

主处理器运行开放式操作系统，负责整个系统的控制。

从处理器为无线 Modem 部分的 DBB（数字基带芯片），主要完成语音信号的 A-D 转换、D-A 转换、数字语音信号的编解码、信道编解码和无线 Modem 部分的时序控制。

主从处理器之间通过串口进行通信。

模拟基带（ABB）语音信号引脚和音频编解码器芯片进行通信，构成通话过程中的语音通道。

智能手机的硬件架构中，无线 Modem 部分只要再加一定的外围电路，如音频芯片、LCD、摄像机控制器、传声器、扬声器、功率放大器、天线等，就是一个完整的普通手机（传统手机）的硬件电路。

中央处理器 CPU 的部分术语见表 4-22。

表 4-22　中央处理器 CPU 的部分术语

名称	解　说
缓存	缓存(Cache)的作用是为 CPU 和内存在数据交换时，提供一个高速的数据缓冲区。当 CPU 要读取数据时，首先会在缓存中寻找，如果找到了则直接从缓存中读取。如果在缓存中没有找到，CPU 才会从主内存中读取数据。CPU 缓存一般分为 L1 高速缓存、L2 高速缓存
制程	CPU 的制造工艺直接关系到 CPU 的电气性能。线路宽度越小，CPU 的功耗、发热量就越低，并且可以工作在更高的频率下
封装	由于 CPU 制造完成后，它只是一块不到 $1mm^2$ 的硅晶片，或集成电路，其还需要对其进行封装，以及安装引脚(或叫作针)后才能够插到主板上

目前，很多智能手机的 CPU 芯片不是独立的，而是基带处理芯片的一个单元，常称为 CPU 核。智能手机的核心是基带处理芯片，其常包含 CPU 核单元、DSP 核单元、通信协议处理单元等。

多数智能手机是单 CPU，也就是只有基带处理芯片中的 CPU 核。通信协议、用户接口均在该 CPU 核上运行。

有的智能手机是双 CPU，其中一个 CPU 专门负责通信协议，另一个 CPU 负责 UI、虚拟机、嵌入式数据库、嵌入式浏览器等功能。两个 CPU 有的是分开的，有的是做在一个芯片里。

目前，智能手机有全部采用双 CPU 的趋势。

有的智能手机还采用了协处理器，主要用来识别传感器指令等。例如智能手机 iPhone 5s 手机采用了 M7 协处理器，该协处理器主要用来识别传感器指令。iPhone 6 Plus 手机采用协处理器 M8，当处于运动状态时，M8 运动协处理器会持续测量来自加速感应器、指南针、陀螺仪、全新气压计的数据。从而，分担应用处理器的工作量，进行提升了效能。

加速感应器、指南针、陀螺仪、全新气压计的信息先连接到协处理器上，然后由协处理器进行处理，处理后协处理器再与应用处理器进行数据交换处理。

手机渐渐从话音平台演进为视频、数据、商务、支付、娱乐等多功能平台。3G、4G 时代，网络速度的提高将进一步刺激手机的多媒体应用。基频处理器已经无法满足需求，多媒体应用处理器的采用是一种趋势。

高通手机 CPU 命名及型号含义：

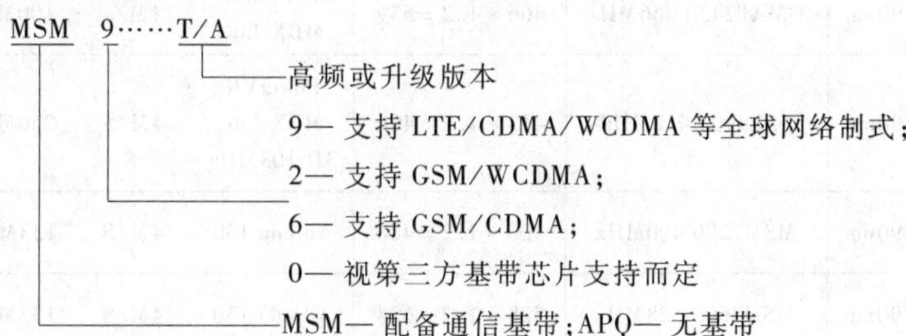

部分智能手机采用的 CPU 见表 4-23。

表 4-23　部分智能手机采用的 CPU

名称	特点
iPhone 6s	苹果 A9 + M9 协处理器
vivo X6S(全网通)	高通 骁龙 Snapdragon MSM8976
vivo Xplay5(全网通)	高通 骁龙 Snapdragon MSM8976

（续）

名称	特点
vivo Y35L(移动4G)参数	CPU 型号 联发科 MT6735
vivo X5ProD(3G 运存版/双4G)	联发科 MT6752
vivo X5Pro V(电信4G)	高通 骁龙 615(MSM8939)
vivo Xplay3S(X520L/移动4G)	高通 骁龙 801(MSM8974AB)
vivo Y37(移动4G)	高通 骁龙 615(MSM8939)
OPPO R9(全网通)	联发科 MT6755
OPPO A33(移动4G)	高通 骁龙 410(MSM8916)
OPPO R3(R7007/移动4G)	高通 骁龙 Snapdragon MSM8928
OPPO R9 Plus(高配版/全网通)	高通 骁龙 Snapdragon MSM8976
华为 P9(标准版/全网通)	海思 Kirin 955
华为 G9(青春版/全网通)	高通 骁龙 Snapdragon MSM8952
三星 GALAXY S7(G9300/全网通)	高通 骁龙 820
三星 2016 版 GALAXY A9(A9000/全网通)	高通 骁龙 Snapdragon MSM8976
三星 W2015(电信4G)	高通 骁龙 801(MSM8974AC)
三星 GALAXY A5(A5000/双4G)	高通 骁龙 410(MSM8916)
三星 W2013(电信3G)	三星 Exynos 4412
vivo Xshot(X710L/精英版)	高通 骁龙 801(MSM8974AA)
OPPO R3(R7007/移动4G)	高通 骁龙 Snapdragon MSM8928
OPPO A59(全网通)	联发科 MT6750
OPPO N1 Mini(N5117/移动4G)	高通 骁龙 Snapdragon MSM8928
OPPO N3(N5207/移动4G)	高通 骁龙 801(MSM8974AA)

历年一些智能手机 CPU、GPU 性能数据对比见表 4-24。

表 4-24　历年一些智能手机 CPU、GPU 性能数据对比

型号	DMIPS/MHz	制造工艺	CPU	DMIPS	GPU	三角形	像素填充	代表机型
ARM11(ARMv6)	0.7	90nm	MC-300.30 369MHz	369 * 0.7 = 258	无			5700/N76/N78/N79/N81/N85
ARM11(ARMv6)	0.7	90nm	MC-300.31 434MHz	434 * 0.7 = 304	无			5800/5530/5230/N86/N97/C6-00/X6
ARM11(ARMv6 + VFP)	1.2	90nm	OMAP2420 330MHz	330 * 1.2 = 396	PowerVR MBX	2M/s	180M/s	E90/N93/N95/N82
ARM11(ARMv6 + VFP)	1.2	90nm	OMAP2430 329MHz	329 * 1.2 = 395	PowerVR MBX Lite	1M/s	100M/s	三星 i8510
ARM11(ARMv6 + VFP)	1.2	90nm	OMAP2430 466MHz	466 * 1.2 = 559	PowerVR MBX Lite	1M/s	100M/s	华硕 M536
ARM11(ARMv6 + VFP)	1.2	90nm	S5L8900 412MHz	412 * 1.2 = 494	PowerVR MBX Lite 3D 103MHz	4M/S	250M/s	iPhone/iPhone3G
ARM11(ARMv6 + VFP)	1.2	90nm	MSM7200 400MHz	400 * 1.2 = 480	Adreno 130	4M/S	133M/S	多普达 P860/P4550/LG KS200
ARM11(ARMv6 + VFP)	1.2	90nm	MSM7600 528MHz	528 * 1.2 = 634	Adreno 130	4M/S	133M/S	黑莓 9500/9530
ARM11(ARMv6 + VFP)	1.2	65nm	MSM7200A 528MHz	528 * 1.2 = 634	Adreno 130	4M/S	133M/S	Diamond2/Pro2/G2/G3/MB200/三星 I7500
ARM11(ARMv6 + VFP)	1.2	65nm	MSM7201A 528MHz	528 * 1.2 = 634	Adreno 130	4M/S	133M/S	Diamond/Touch HD/A3100/索爱 X1/G1/G4/ME600

（续）

型号	DMIPS/MHz	制造工艺	CPU	DMIPS	GPU	三角形	像素填充	代表机型
ARM11（ARMv6 + VFP）	1.2	65nm	MSM7225 528MHz	528 * 1.2 = 634	无			技嘉 315/T4242/Touch/Touch2/G4/G8
ARM11（ARMv6 + VFP）	1.2	65nm	MSM7625 528MHz	528 * 1.2 = 634	无			华为 C8500/C8600
ARM11（ARMv6 + VFP）	1.2	65nm	MSM7227 600MHz	600 * 1.2 = 720	Adreno 200 128MHz	22M/s	133M/s	索爱 X8/G6/V880
DARM11（ARMv6 + VFP）	1.2	65nm	MSM7627 600MHz	600 * 1.2 = 720	Adreno 200 128MHz	22M/s	133M/s	G13/华为 C8650/酷派 D5800/中兴 N760
ARM11（ARMv6 + VFP）	1.2	65nm	MSM7227T 800MHz	800 * 1.2 = 960	Adreno 200 128MHz	22M/s	133M/s	S5830/LG E510/V960/乐 Phone S760
ARM11（ARMv6 + VFP）	1.2	65nm	MSM7627T 800MHz	800 * 1.2 = 960	Adreno 200 128MHz	22M/s	133M/s	C8650/XT681
ARM11（ARMv6 + VFP）	1.2	65nm	MSM7227T 832MHz	832 * 1.2 = 998	Adreno 200 128MHz	22M/s	133M/s	三星 S5830i
ARM11（ARMv6 + VFP）	1.2	65nm	S3C6410 667MHz	667 * 1.2 = 800	无			魅族 M8
ARM11（ARMv6 + VFP）	1.2	65nm	S3C6410 800MHz	800 * 1.2 = 960	无			三星 i8000/i5700/B7610
ARM11（ARMv6 + VFP）	1.2	65nm	BCM2727 680MHz	680 * 1.2 = 816	BCM2727 200MHz	32M/S	114M/S	N8/C7/E7/X7/C6-01/E6
ARM11（ARMv6 + VFP）	1.2	40nm	BCM2763 1.3GHz	1300 * 1.2 = 1560	BCM2763 250MHz	40M/s	1000M/s	诺基亚 808
ARM11（ARMv6 + VFP）	1.2	50nm	MT6573 600MHz	600 * 1.2 = 720	PowerVR SGX531 400MHz	28M/s	250M/s	联想 A500/TCL A919
ARM11（ARMv6 + VFP）	1.2	50nm	MT6573 650MHz	650 * 1.2 = 780	PowerVR SGX531 400MHz	28M/s	250M/s	联想 P70/ThLV7/V8/佳域 G1/百度云手机/现代 H6
ARM11（ARMv6 + VFP）	1.2	50nm	MT6573 750MHz	750 * 1.2 = 900	PowerVR SGX531 400MHz	28M/s	250M/s	WOHTC A10
ARM11（ARMv6 + VFP）	1.2	50nm	MT6573 800MHz	800 * 1.2 = 960	PowerVR SGX531 400MHz	28M/s	250M/s	飞利浦 W930/XT390/vivo S3/联想 A520/金立 GN205/优美手机本
ARM11（ARMv6 + VFP）	1.2	50nm	MT6573 1GHz	1000 * 1.2 = 1200	PowerVR SGX531 400MHz	28M/s	250M/s	臻爱 A600/臻爱 A300
ARM9	1.1	150nm	ARM4T 52MHz	52 * 1.1 = 57	无			诺基亚 9210/9210c/9210i/9290
ARM9	1.1	150nm	ARM4T 104MHz	104 * 1.1 = 114	无			诺基亚 3600/3620/3650/3660/6600/7650/N-Gage/N-Gage QD
ARM9	1.1	150nm	ARM4T 123MHz	123 * 1.1 = 135	无			诺基亚 3230/6260/6670/7610
ARM9	1.1	150nm	ARM4T 150MHz	150 * 1.1 = 165	无			诺基亚 6620/7710

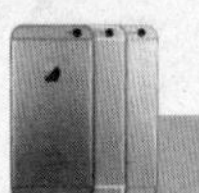

（续）

型号	DMIPS /MHz	制造工艺	CPU	DMIPS	GPU	三角形	像素填充	代表机型
ARM9	1.1	150nm	OMAP710 132MHz	132 * 1.1 = 145	无			多普达 515/535/摩托罗拉 MPX200
ARM9	1.1	130nm	OMAP730 200MHz	200 * 1.1 = 220	无			多普达 565/575/585
ARM9	1.1	130nm	OMAP733 200MHz	200 * 1.1 = 220	无			摩托罗拉 MPX
ARM9	1.1	130nm	OMAP750 200MHz	200 * 1.1 = 220	无			多普达 566/586
ARM9	1.1	130nm	OMAP850 200MHz	200 * 1.1 = 220	无			多普达 577W/586W/710/830/838/P800/S1
ARM9	1.1	130nm	OMAP1510 150MHZ	150 * 1.1 = 165	无			诺基亚 9300/9500/9300i
ARM9	1.1	130nm	OMAP1611 204MHz	204 * 1.1 = 224	无			摩托罗拉 MPX220
ARM9	1.1	90nm	OMAP1710 220MHz	220 * 1.1 = 242	无			6630/E50/E60/E70/N70/N72/N73/N80/N90/N91/N92
ARM9	1.1	65nm	MSM6550 225MHz	225 * 1.1 = 248	无			黑莓 8830/8130/8330
Cortex-A15	3.5	32nm	Exynos5250 双核 2GHz	2000 * 3.5 * 2 = 14000	Mail-T604MP4	220 M/s	4000 M/s	Exynos5250 双核 2GHz 暂无
Cortex-A15	3.5	32nm	Exynos5450 四核 2GHz	2000 * 3.5 * 2 = 28000	Mail-T658MPx	440 M/s	8000 M/s	Exynos5450 四核 2GHz 暂无
Cortex-A15	3.5	28nm	OMAP5430 核 2GHz	2000 * 3.5 * 2 = 14000	PowerVR SGX544MP2 533MHz	170 M/s	5100 M/s	OMAP5430 双核 2GHz 暂无
Cortex-A15	3.5	28nm	Tegra4 四核 2.5GHz	2500 * 3.5 * 4 = 35000	64 核 Ge ForceULV 500MHz	790 M/s	4800 M/s	Tegra4 四核 2.5GHz 暂无
Cortex-A5	1.6	45nm	MSM8225 双核 1GHz	1000 * 1.6 * 2 = 3200	Adreno 203	49M/s	294M/s	小辣椒/U8825D/HTC T329W
Cortex-A5	1.6	45nm	MSM8625 双核 1GHz	1000 * 1.6 * 2 = 3200	Adreno 203	49M/s	294M/s	联想 A700e/华为 C8825D
Cortex-A7	1.9	28nm	MT6583 双核 1.5GHz	1500 * 1.9 * 2 = 5700	PowerVR SGX544 300MHz	55M/s	1600M/s	MT6583 双核 1.5GHz 暂无
Cortex-A7	1.9	28nm	MT6588 四核 1.7GHz	1700 * 1.9 * 4 = 12920	PowerVR SGX544 300MHz	55M/s	1600M/s	MT6588 四核 1.7GHz 暂无
Cortex-A8	2.0	65nm	S5PC100 600MHz	600 * 2 = 1200	PowerVR SGX535 150MHz	21M/s	300M/S	iPhone3GS
Cortex-A8	2.0	65nm	OMAP3410 600MHz	600 * 2 = 1200	无			ME502
Cortex-A8	2.0	65nm	OMAP3430 550MHz	550 * 2 = 1100	PowerVR SGX530 110MHz	7.7M/s	69M/s	里程碑
Cortex-A8	2.0	65nm	OMAP3430 600MHz	600 * 2 = 1200	PowerVR SGX530 110MHz	7.7M/s	69M/s	i6410/N900/T8388/Pre
Cortex-A8	2.0	65nm	OMAP3410 720MHz	720 * 2 = 1440	无			ME511
Cortex-A8	2.0	65nm	OMAP3430 720MHz	720 * 2 = 1440	PowerVR SGX530 110MHz	7.7M/s	69M/s	XT720/XT806/多普达 T8388

（续）

型号	DMIPS /MHz	制造工艺	CPU	DMIPS	GPU	三角形	像素填充	代表机型
Cortex-A8	2.0	65nm	OMAP3430 800MHz	800 * 2 = 1600	PowerVR SGX530 110MHz	7.7M/s	69M/s	三星 i8910
Cortex-A8	2.0	45nm	OMAP3610 800MHz	800 * 2 = 1600	PowerVR SGX530 200MHz	14M/s	125M/s	Defy
Cortex-A8	2.0	45nm	OMAP3620 1GHz	1000 * 2 = 2000	PowerVR SGX530 200MHz	14M/s	125M/s	Defy +
Cortex-A8	2.0	45nm	OMAP3630 1GHz	1000 * 2 = 2000	PowerVR SGX530 200MHz	14M/s	125M/s	里程碑 2/I9003/ P970/N9/Pre2
Cortex-A8	2.0	45nm	OMAP3630 1.2GHz	1200 * 2 = 2400	PowerVR SGX530 200MHz	14M/s	125M/s	Droid X
Cortex-A8	2.0	45nm	S5PC111/S5 PC110 1GHz	1000 * 2 = 2000	PowerVR SGX540 200MHz	35M/s	500M/s	Galaxy S/Nexus S/M9
Cortex-A8	2.0	45nm	S5PC110 1.2GHz	1200 * 2 = 2400	PowerVR SGX540 200MHz	35M/s	500M/s	Infuse 4G
Cortex-A8	2.0	45nm	A4 1GHz	1000 * 2 = 2000	PowerVR SGX535 200MHz	28M/s	400M/s	iPhone 4/iPad
Cortex-A9	2.5	40nm	MT6575 1GHz	1000 * 2.5 = 2500	PowerVR SGX531 + 522MHz	36M/s	375M/s	联想 A750/S880/ 佳域 G2/ThL W2
Cortex-A9	2.5	40nm	MT6575 1.5GHz	1500 * 2.5 = 3750	PowerVR SGX531 + 522MHz	36M/s	375M/s	联想 A360
Cortex-A9	2.5	40nm	MT6577 双核 1GHz	1000 * 2.5 * 2 = 5000	PowerVR SGX531 + 522MHz	36M/s	375M/s	金立 GN700W/夏新大 V/纽曼 N1/ThL W3 双核/koobee i60
Cortex-A9	2.5	40nm	U8500 双核 1GHz	4200	Mail-400 400MHz	44M/s	400M/s	ST25i/LT22i/I9070 /盛大手机
Cortex-A9	2.5	40nm	U8500 双核 1.2GHz	5000	Mail-400 400MHz	44M/s	400M/s	U8500 双核 1.2GHz 暂无
Cortex-A9	2.5	40nm	Tegra2 双核 1GHz	1000 * 2.5 * 2 = 5000	8 核 GeForce ULV 333MHz	71M/S	1200M/S	2X/Atrix/XT882/MB855/ 天语 W806/EeePad/Xoom
Cortex-A9	2.5	40nm	Tegra2 双核 1.2GHz	1200 * 2.5 * 2 = 6000	8 核 GeForce ULV 333MHz	71M/S	1200M/S	中兴 U970/U930
Cortex-A9	2.5	45nm	A5 双核 1GHz	1000 * 2.5 * 2 = 5000	PowerVR SGX543MP2 200MHz	67M/s	2000M/s	iPhone 4s/iPad2
Cortex-A9	2.5	45nm	A5X 双核 1GHz	1000 * 2.5 * 2 = 5000	PowerVR SGX543MP4 200MHz	133M/s	4000M/s	iPad3
Cortex-A9	2.5	45nm	OMAP4430 双核 1GHz	1000 * 2.5 * 2 = 5000	PowerVR SGX540 304MHz	50M/s	750M/s	里程碑 3/Atrix2/P920/ P940/Kindle Fire/PlayBook

（续）

型号	DMIPS /MHz	制造工艺	CPU	DMIPS	GPU	三角形	像素填充	代表机型
Cortex-A9	2.5	45nm	OMAP4430 双核 1.2GHz	1200 * 2.5 * 2 = 6000	PowerVR SGX540 304MHz	50M/s	750M/s	i9100G/i9108/Droid Razr/里程碑 4/XOOM2
Cortex-A9	2.5	45nm	OMAP4460 双核 1.2GHz	1200 * 2.5 * 2 = 6000	PowerVR SGX540 304MHz	50M/s	750M/s	Galaxy Nexus/AK47
Cortex-A9	2.5	45nm	Exynos4210 双核 1.2GHz	1200 * 2.5 * 2 = 6000	Mail-400MP4 275MHz	30M/s	1100M/s	Galaxy S2/Galaxy Tab 7.0
Cortex-A9	2.5	45nm	Exynos4210 双核 1.4GHz	1400 * 2.5 * 2 = 7000	Mail-400MP4 275MHz	30M/s	1100M/s	Note/MX/Galaxy Tab 7.7
Cortex-A9	2.5	32nm	Exynos4212 双核 1.5GHz	1500 * 2.5 * 2 = 7500	Mail-400MP4 400MHz	44M/s	1600M/s	MX 新双核
Cortex-A9	2.5	45nm	OMAP4460 双核 1.5GHz	1500 * 2.5 * 2 = 7500	PowerVR SGX540 384MHz	67M/S	960M/s	P1/D1/TCL S900/104SH/Eluga V
Cortex-A9	2.5	45nm	OMAP4470 双核 1.5GHz	1500 * 2.5 * 2 = 7500	PowerVR SGX544 384MHz	88M/s	1250M/s	智器 T30/Kindle Fire HD 8.9
Cortex-A9	2.5	45nm	OMAP4470 双核 1.8GHz	1800 * 2.5 * 2 = 9000	PowerVR SGX544 384MHz	88M/s	1250M/s	OMAP4470 双核 1.8GHz 暂无
Cortex-A9	2.5	40nm	海思 K3V2 四核 1.4GHz	1400 * 2.5 * 4 = 14000	16 核 Vivante GC4000	200M/S	2500M/s	华为 D1 四核/MediaPad 10 FHD
Cortex-A9	2.5	40nm	Tegra3 四核 1.5GHz	1500 * 2.5 * 4 = 15000	12 核 GeForce ULV 500MHz	120M/S	1600M/S	4X HD/One X/Nexus 7/天语 V8
Cortex-A9	2.5	32nm	Exynos4412 四核 1.4GHz	1400 * 2.5 * 4 = 14000	Mail-400MP4 400MHz	44M/s	1600M/s	Galaxy S3/K860/Note 10.1
Cortex-A9	2.5	32nm	MX5Q 四核 1.4GHz	1400 * 2.5 * 4 = 14000	Mail-400MP4 400MHz	44M/s	1600M/s	MX 四核
Cortex-A9	2.5	32nm	Exynos4412 四核 1.6GHz	1600 * 2.5 * 4 = 16000	Mail-400MP4 533MHz	60M/s	2200M/s	Note2
krait	3.3	28nm	MSM8960 双核 1.5GHz	1500 * 3.3 * 2 = 9900	Adreno 225 400MHz	130M/s	760M/s	One XL/Lte2/LT29i/RAZR HD/ATIV S/920/8X
krait	3.3	28nm	APQ8064 四核 1.5GHz	1500 * 3.3 * 4 = 19800	Adreno 320 400MHz	200M/s	3200M/s	小米 2/LG G/泛泰 A850
krait	3.3	32nm	A6 双核 1.3GHz	10000	PowerVR SGX543MP3 200MHz	140M/s	4000M/s	iPhone 5
krait 64		20nm	MSM8994		Adreno 430 500MHz	500M/s	6000M/s	
Medfield		32nm	Z2460 1.6GHz 单线程	4800	PowerVR SGX540 400MHz	70M/S	1000M/s	Z2460 1.6GHz 单线程 暂无
Medfield		32nm	Z2460 1.6GHz 双线程	9100	PowerVR SGX540 400MHz	70M/S	1000M/s	Xolo X900/K800
Medfield		32nm	Z2460 2GHz 双线程	11370	PowerVR SGX540 400MHz	70M/S	1000M/s	RAZRi

72

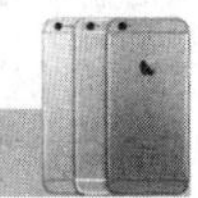

（续）

型号	DMIPS/MHz	制造工艺	CPU	DMIPS	GPU	三角形	像素填充	代表机型
Medfield		32nm	Z2580 双核 1.8GHz 四线程	21000	PowerVR SGX544MP2 533MHz	170M/s	5100M/s	Z2580 双核 1.8GHz 四线程 暂无
Scorpion	2.1	65nm	MSM7225A 800MHz	800 * 1.6 = 1280	Adreno 200 245MHz	32M/s	210M/s	天语 W619/V788D/XT553/青橙 Mars1
Scorpion	2.1	65nm	MSM7227A 800MHz	800 * 1.6 = 1280	Adreno 200 245MHz	32M/s	210M/s	XT615/610/T328w
Scorpion	2.1	65nm	MSM7227A 1GHz	1000 * 1.6 = 1600	Adreno 200 245MHz	32M/s	210M/s	联想 A780/中兴 V889D/华为 U8818/XT685
Scorpion	2.1	65nm	MSM7627A 1GHz	1000 * 1.6 = 1600	Adreno 200 245MHz	32M/s	210M/s	C8812/N880E/A790e/5860 +
Scorpion	2.1	65nm	QSD8250 1GHz	1000 * 2.1 = 2100	Adreno 200 128MHz	22M/s	133M/s	HD2/G5/G7/X10i/Mini5/乐 Phone/HD7/i8700/I917/E900
Scorpion	2.1	65nm	QSD8650 1GHz	1000 * 2.1 = 2100	Adreno 200 128MHz	22M/s	133M/s	EVO 4G/联想 C101
Scorpion	2.1	65nm	QSD8650 1.2GHz	1200 * 2.1 = 2520	Adreno 200 128MHz	22M/s	133M/s	黑莓 9850/黑莓 9860
Scorpion	2.1	45nm	MSM7230 800MHz	800 * 2.1 = 1680	Adreno 205 245MHz	41M/s	245M/s	Desire Z/U8800/N-04C/宏碁 S120
Scorpion	2.1	45nm	MSM7630 800MHz	800 * 2.1 = 1680	Adreno 205 245MHz	41M/s	245M/s	HTC 纵横
Scorpion	2.1	45nm	MSM7630 1GHz	1000 * 2.1 = 2100	Adreno 205 245MHz	41M/s	245M/s	中兴 U960
Scorpion	2.1	45nm	MSM8255 1GHz	1000 * 2.1 = 2100	Adreno 205 245MHz	41M/s	245M/s	G10/G11/华为 X6/SH8158U/LT15i/OPPO X903
Scorpion	2.1	45nm	MSM8655 1GHz	1000 * 2.1 = 2100	Adreno 205 245MHz	41M/s	245M/s	HTC 霹雳/Incredible 2/索爱 Z1i
Scorpion	2.1	45nm	MSM8655 1.2GHz	1200 * 2.1 = 2520	Adreno 205 245MHz	41M/s	245M/s	黑莓 9900/9930/P9981
Scorpion	2.1	45nm	MSM8255 1.3GHz	1300 * 2.1 = 2730	Adreno 205 245MHz	41M/s	245M/s	LG E906
Scorpion	2.1	45nm	MSM8255 1.4GHz	1400 * 2.1 = 2940	Adreno 205 245MHz	41M/s	245M/s	LT18i/i9001/U8860/800/710
Scorpion	2.1	45nm	MSM8655 1.4GHz	1400 * 2.1 = 2940	Adreno 205 245MHz	41M/s	245M/s	i919/Honor 电信版/800 电信版/Pre3
Scorpion	2.1	45nm	APQ8055 1.4GHz	1400 * 2.1 = 2940	Adreno 205 245MHz	41M/s	245M/s	诺基亚 900

（续）

型号	DMIPS /MHz	制造工艺	CPU	DMIPS	GPU	三角形	像素填充	代表机型
Scorpion	2.1	45nm	MSM8255T 1.5GHz	1500 * 2.1 = 3150	Adreno 205 245MHz	41M/s	245M/s	Flyer/Sensation XL/Titan/Titan II
Scorpion	2.1	45nm	MSM8260 双核 1.2GHz	1200 * 2.1 * 2 = 5040	Adreno 220 266MHz	88M/s	532M/s	Sensation/乐 Pad S2005a
Scorpion	2.1	45nm	MSM8660 双核 1.2GHz	1200 * 2.1 * 2 = 5040	Adreno 220 266MHz	88M/s	532M/s	Evo 3D/I929/myTouch 4G Slide
Scorpion	2.1	45nm	APQ8060 双核 1.2GHz	1200 * 2.1 * 2 = 5040	Adreno 220 266MHz	88M/s	532M/s	惠普 TouchPad
Scorpion	2.1	45nm	MSM8260 双核 1.5GHz	1500 * 2.1 * 2 = 6300	Adreno 220 266MHz	88M/s	532M/s	小米/Sensation XE/LT26i
Scorpion	2.1	45nm	MSM8660 双核 1.5GHz	1500 * 2.1 * 2 = 6300	Adreno 220 266MHz	88M/s	532M/s	Amaze/Raider 4G/Rezound/LU6200/A820L/LT28i
Scorpion	2.1	45nm	APQ8060 双核 1.5GHz	1500 * 2.1 * 2 = 6300	Adreno 220 266MHz	88M/s	532M/s	S2 LTE/S2 LTE HD/SU640/A800s/A810s/
Scorpion	2.1	45nm	MSM8260 双核 1.7GHz	1700 * 2.1 * 2 = 7140	Adreno 220 266MHz	88M/s	532M/s	小米 1S/One S/LT26ii
Xscale	1.35	150nm	PXA255 300MHz	300 * 1.35 = 405	无			神达 Mio 336/联想 ET280
Xscale	1.35	130nm	PXA262 200MHz	200 * 1.35 = 270	无			神达 Mio 8390
Xscale	1.35	130nm	PXA263 400MHz	400 * 1.35 = 540	无			多普达 696/696i/700
Xscale	1.35	130nm	PXA270 312MHz	312 * 1.35 = 421	无			Treo650/A1200/E2/E680/联想 ET960/ET980/夏新 E850
Xscale	1.35	130nm	PXA272 312MHz	312 * 1.35 = 421	无			黑莓 8300/8310/8320
Xscale	1.35	130nm	PXA901 312MHz	312 * 1.35 = 421	无			黑莓 8700g/8700v/8700c/8707v
Xscale	1.35	130nm	PXA270 416MHz	416 * 1.35 = 566	无			三星 i718/惠普 iPAQ/多普达 818/828 +/明基 P50
Xscale	1.35	130nm	PXA270 520MHz	520 * 1.35 = 702	无(O2 Flame 除外)			多普达 900/O2 Flame/华硕 P750/宇达电通 Mio A700
Xscale	1.35	130nm	PXA270 624MHz	624 * 1.35 = 842	无(U1000 除外)			O2 Atom Life/多普达 U1000/黑莓 9000
Xscale	1.35	80nm	PXA312 624MHz	624 * 1.35 = 842	无			三星 I900
Xscale	1.35	80nm	PXA930 624MHz	624 * 1.35 = 842	无			黑莓 9520/9550/9800
Xscale	1.35	80nm	PXA930 800MHz	800 * 1.35 = 1080	无			华硕 P565/黑莓 9700

（续）

型号	DMIPS/MHz	制造工艺	CPU	DMIPS	GPU	三角形	像素填充	代表机型
Xscale	1.35	65nm	PXA910 800MHz	800 * 1.35 = 1080	Vivante GC530 315MHz	20M/s	200M/s	酷派 8710
Xscale	1.35	65nm	PXA920 800MHz	800 * 1.35 = 1080	Vivante GC530 315MHz	20M/s	200M/s	MT620/中兴 U880/ 酷派 8150
Xscale	1.35	40nm	PXA920H 1GHz	1000 * 1.35 = 1350	Vivante GC530 525MHz	25M/s	375M/s	MT680/中兴 U880E/ 联想 A668t/酷派 8180/ 华为 G305T

一部性能卓越的智能手机最为重要的肯定是它的芯，也就是 CPU。这如同电脑 CPU 一样，它是整台智能手机的控制中枢系统，也是逻辑部分的控制中心。微处理器通过运行存储器内的软件及调用存储器内的数据库，达到控制智能手机的目。

主流手机的处理器有德州仪器、NⅥDIA、高通、INTEL ATOM 等。部分手机 CPU 综合性能天梯图如图 4-15 所示。

手机 CPU 性能

snapdragon 高通	Samsung Exynos 三星	NVIDIA 英伟达	MEDIATEK 联发科	HUAWEI 华为	苹果	intel 英特尔
MSM8994（骁龙810）	Exynos 7420		MT6795			
APQ8084（骁龙805）		Tegra K1			A8	
	Exynos 5433			Kirin 935		
MSM8x74AB（骁龙801）						
MSM8x74AC（骁龙801）	Exynos 5430					Z3580
MSM8992（骁龙808）			MT6752/6732			Z3560
	Exynos 5422			Kirin 928		
MSM8974（骁龙800）	Exynos 5420	Tegra 4	MT6595	Kirin 925	A7	Z3480
	Exynos 5410		MT6592	Kirin 920		Z3460
APQ8064T		Tegra 4i		Kirin 620		
APQ8064			MT6582	K3V2+（Kirin910）		
MSM8939(骁龙615)						Z2580
MSM8936(骁龙610)						
	Exynos 5250				A6X	
MSM8916(骁龙410)、MSM8960T	Exynos 4412		MT6589		A6	
MSM8260A/8660A/8960/8X30						
		Tegra 3		K3V2		
MSM8227/8627			MT6572			
MSM8226/8626					A5X	Z2460/2480
MSM8225Q/8625Q					A5	
MSM8260/8660	xynos 4212/4210					Z2420
MSM8225/8625		Tegra 2	MT6577			
MSM8255/8655、APQ8055			MT6515/6575		A4	

图 4-15　部分手机 CPU 综合性能天梯图

2. Exynos 系列

Exynos 是韩国三星电子所发展的处理器代号。Exynos 源自希腊文字 exypnos，意思是智慧。

2011 年 2 月，三星电子正式将自家基于 ARM 构架处理器品牌命名为 Exynos。三星的 Galaxy S II 就是使用自家的 Exynos 4210 处理器。

2011 年 9 月三星发布一款双核处理器 Exynos 4212，采用 ARM Cortex-A9 架构，主频为 1.5GHz。Exynos 4412 又称为 Exynos 4 Quad，Exynos 4412 采用了三星 32nm HKMG 工艺，是三星的第一款四核处理器。

2011 年 12 月三星发表全新 Exynos 5250 微处理器，32nm 制程技术，运作时脉高达 2GHz，未来主要将应用在平板装置。Exynos SoC 系列特点见表 4-25、表 4-26。

表 4-25 Exynos SoC 系列特点 1

型号	半导体技术	CPU 指令集	CPU	GPU	内存技术	可达性
Exynos 3 Single（内部编号：Exynos 3110；旧称：S5PC110/Hummingbird）	45 nm	ARMv7	1GHz 单核 ARM Cortex-A8	200 MhzPowerVRSGX540	LPDDR1，LPDDR2，或 DDR2	2010
Exynos 4 Dual 45nm（内部编号：Exynos 4210）	45 nm	ARMv7	1.2-1.4 GHz 双核 ARM Cortex-A9	ARM Mali-400 MP4	LPDDR2，DDR2 或 DDR3	2011
Exynos 4 Dual 32nm（内部编号：Exynos 4212）	32 nm	ARMv7	1.5 GHz 双核 ARM Cortex-A9	ARM Mali-400 MP4	LPDDR2，DDR2 或 DDR3	2011
Exynos 4 Quad（内部编号：Exynos 4412）	32 nm	ARMv7	1.4-1.6GHz 四核 ARM Cortex-A9	440 MHz ARMMali-400 MP4	LPDDR2，DDR2 或 DDR3	2012
Exynos 5 Dua（内部编号：Exynos 5250）	32 nm	ARMv7	1.7-2.0 GHz 双核 ARM Cortex-A15 MPCore	ARM Mali-T604		2012
Exynos 5 Octa（内部编号：Exynos 5410）	28 nm	ARMv7	1.6-1.8 GHz 四核 ARM Cortex-A15 MPCore + 1.2 GHz 四核 ARM Cortex-A7（ARM big. LITTLE）	PowerVR SGX 544MP3		2013
Exynos 5450	28 nm	ARMv7	1.7-2.0GHz 四核 ARM Cortex-A15 MPCore	ARM Mali-T658		2013

表 4-26 Exynos SoC 系列特点 2

内部编号	型号	应用装置
Exynos 3110	Exynos 3 Single（旧称：S5PC110 / Hummingbird）	Samsung Galaxy S line、Samsung GT-S8500 Wave、Samsung Wave Ⅱ S8530、、Samsung Galaxy Tab、Samsung Droid Charge、Samsung Infuse、三星 Galaxy S（i9000）等；Nexus S 等；魅族 M9 等；Exhibit 4G 等
Exynos 4210	Exynos 4 Dual 45nm	Samsung Galaxy S Ⅱ、Samsung Galaxy Note、Samsung Galaxy Tab 7.7、三星 Galaxy S Ⅱ（i9100）、三星 Note（i9220）等；Hardkernel ODROID-A 等；魅族 MX、魅族 MX（M030）等；Cotton Candy by FXI Tech 等
Exynos 4212	Exynos 4 Dual 32nm	魅族 MX 双核升级版、魅族 MX（M031）
Exynos 4412	Exynos 4 Quad	Samsung Galaxy S Ⅲ、Samsung Galaxy Note 10.1、Samsung Galaxy Note Ⅱ（Mali-400 MP4 @ 533 MHz）、Samsung Galaxy Note 8、三星 Galaxy S Ⅲ（i9300）、三星 Note Ⅱ（N7100）等；魅族 MX 四核等；魅族 MX2[6]、魅族 MX（M032）魅族 MX2（M040）等；联想 K860 等
Exynos 5250	Exynos 5 Dua	Chromebook、Nexus 10
Exynos 5410	Exynos 5 Octa	Samsung Galaxy S Ⅳ 国际版、三星 S4（i9500/i959）等；魅族 MX3 等
Exynos 5430		魅族 MX4 Pro
Exynos 5450	Exynos 5450	

Exynos 7 Octa 共有两款型号：Exynos 7410、Exynos 7420。该两款芯片均为 64 位 CPU。7410 采用 20nm 工艺，并且支持 big. LITTLE GTS 技术。7420 采用更先进的 14nm FinFET 工艺，性能更强。它们的特点见表 4-27。

表 4-27 Exynos 7 Octa 系列的特点

处理器型号	制作工艺	主频	CPU
Exynos 7410	20nm	1.9GHz + 1.3GHz（ARM TLEGTS）	big. LIT 64-bit 四核 Cortex-A57 + 四核 Cortex-A53 Mali-T760 MP6 700MHz
Exynos 7420	14nm	2.1GHz + 1.8GHz	64-bit 四核 Cortex-A57 + 四核 Cortex-A53 Mali-T760 700MHz MP8

4.2.11　GPU（图形处理器）

图形处理器，英语为 Graphics Processing Unit，缩写为 GPU。GPU 图形处理器又称为显示核心、视觉处理器、显示芯片。其是一种专门在智能手机等上图像运算工作的微处理器。目前，几乎 90% 的手机 CPU 都是采用同样的 ARM 架构，而所采用的 GPU 图形处理器却各不相同。

目前，市面上主流的移动 GPU 由三家公司生产。英国 Imagination 公司的 SGX 系列；美国高通公司的 Adreno 系列；美国 NVIDIA 公司的移动 GeForce 系列。

GPU 的数据指标包括 GPU 多边形生成能力、GPU 像素渲染能力等。部分手机应用的 GPU 图形处理器见表 4-28。

表 4-28　部分手机应用的 GPU 图形处理器

名　称	GPU 图形处理器	名　称	GPU 图形处理器
三星 W2013(电信 3G)	Mali-400 MP	OPPO A59(全网通)	Mali-T860
vivo X6(全网通)	高通 Adreno405	OPPO N1 Mini(N5117/移动 4G)	高通 Adreno305
vivo X6(移动 4G)	Mali-T760	OPPO N3(N5207/移动 4G)	高通 Adreno330
vivo X6(双 4G)	Mali-T760		

4.2.12　应用处理器

应用处理器全名为多媒体应用处理器，英文为 Multimedia Application Processor，简称为 MAP。应用处理器是在低功耗 CPU 的基础上，扩展音视频功能、专用接口的超大规模集成电路。

MAP 应用处理器是伴随着智能手机而产生的，普通手机只有通话、短信收发功能。

应用处理器系统是手机整机的中央处理器，目前，一般是由核心运算控制 + 系统运行内存组成。例如 iPhone 5s 手机的应用处理器是 CPU + PSRAM 模式，主要功能如下：

1）整机系统的核心算术、逻辑运算。

2）外围设备的管理以及控制。

3）存储器（内存 PSRAM，开机引导程序存储器，大容量程序存储器 NAND FLASH）管理。

4）I/O 端口管理与数据交换（I2C、I2S、UART、SDIO、GPIO、USB、MIPI 等）。

5）其他逻辑控制。

目前，一些智能手机的应用处理器电源电路集成了供电、充电两部分功能。应用处理器部分的温度保护电路，有的是由电源管理芯片完成，保护智能手机避免在过高温度的环境中使用而可能造成的损坏。

另外，一些智能手机的应用处理器电源管理电路中使用了多个降压式变换电路（Buck 电路），多路 Buck 是为了让多核 CPU 在处理数据时不会相互干扰，避免用一个 Buck 负载过大、电流高的风险。

目前，一些智能手机，除了射频部分外，所有的功能都是由应用处理器直接控制完成的。iPhone 系列所用的应用处理器见表 4-29。

表 4-29　iPhone 系列所用的应用处理器

iPhone 6s Plus、iPhone 6s、iPhone SE	iPhone 6 Plus、iPhone 6
64 位架构的 A9 芯片、嵌入式 M9 运动协处理器	64 位架构的 A8 芯片、M8 运动协处理器

4.2.13　存储器

1. 概述

存储器有很多种类，包括 RAM 随机存储器、ROM 随机只读存储器、闪存、电子可编程存储器、非易失性存储器等。半导体存储器的一般分类如下：

1）根据工艺：双极型存储器、MOS 型存储器。

2）容量大小：小容量块存储器、中容量块存储器、大容量块存储器。

3）体积大小：小块存储器、大块存储器。

4）根据功能：随机存储器（RAM）、只读存储器（ROM）。

5）随机存储器（RAM）：静态 RAM（SRAM）、PSRAM（伪静态 RAM）、LPSDRAM（低功耗 SDRAM）、动态 RAM（DRAM/ iRAM）。

6）只读存储器（ROM）：掩膜式 ROM（PROM）、可编程 ROM（PROM）、可擦除 PROM（EPROM）、电可擦除 PROM（EEPROM）、闪速存储器（Flash Memory）

7）闪速存储器：NOR 闪存存储器、NAND 闪存存储器。

8）动态存储器：单管动态存储器、三管动态存储器、四管动态存储器、EDO DRAM（快速页面模式动态存储器）、SDRAM（同步的方式进行存取动态存储器）、DDR SDRAM（双倍数据速率同步内存动态存储器）、DDR DRAM（双通道动态存储器）、DDR2 SDRAM（采用锁相技术的双通道动态存储器）。

9）存储器：内置存储器、外置存储器。

RAM 是随机存取存储器，相当于 PC（电脑）的内存，其决定运行游戏、程序速度的快慢。RAM 也就是动态内存器。

RAM 又可以分为 SRAM（静态 RAM）、DRAM（动态 RAM）等。SRAM，只要手机电源开着，就会保存数据。只有正常关机，才会写入。如果取电池的话，是不会写入手机的通话记录的。如果在通话记录中出现了已经拨打了电话但未被记录的情况，则可能与该存储器有关，也可能是软件错误或是硬件原因。

DRAM 在手机上用得不多，因为保留数据时间很短。SDRAM 常见的几个概念见表 4-30。

表 4-30　SDRAM 常见的几个概念

名　称	解　说
芯片位宽	为了组成存储器一定的位宽，需要多颗存储器芯片并联工作。例如，组成 64bit，对于 16bit 芯片，需要 4 颗（4 × 16bit = 64bit）
逻辑 BANK	逻辑 BANK 是 SDRAM 内部的一个存储阵列。阵列就如同表格一样，将数据“填”进去
内存芯片容量	存储单元数量 = 行数 × 列数 × L-Bank 的数量。比如 128Mbit：2M × 16bit × 4Banks：第一个数目是行列相乘的矩阵单元数目，第二个数目是单个存储体的位宽，第三个是逻辑 BANK 数目

DDR RAM 也就是 DDR SDRAM，即同步动态随机存储器，其特点如下：

1）同步：其时钟频率与 CPU 前端总线的系统时钟频率相同。

2）动态：存储阵列需要不断刷新来保证数据不丢失。

3）随机：数据可随机存储与访问。

DDR 内存有在一个时钟周期内传输两次数据，即能够在时钟的上升期、下降期各传输一次数据，因此，DDR 内存也称为双倍速率同步动态随机存储器。

DDR 技术发展经过了 DDR、DDR2、DDR3 等。DDR2 与 DDR3 比较见表 4-31。

表 4-31　DDR2 与 DDR3 比较

项目	DDR2	DDR3
工作电压	1.8V	1.5V
预读	4bit	8bit
速度	高达 1066MHz	高达 2000MHz
增设	DDR3 比 DDR2 新增了重置（Reset）功能、ZQ 校准功能以及参考电压分成了两个参考电压	

手机用 DDR RAM 的种类比较，例如 256Mbit、512Mbit、1Gbit、1Gbit 等。工作电压有 1.7 ~ 1.95V 等，封装有 FBGA 等。

手机用 DDR RAM 主要引脚端有地址输入端、选择地址端、数据输入/输出端、片选端、写使能端、电源端、接地端、时钟端等。

RAM 的读写速度非常快，是 ROM、SD 卡速度的 10 倍左右。512Mbit 的 RAM 可以保证任何手机的流畅性。

ROM 有 PROM 可编程 ROM、EPROM 可擦除可编程 ROM 等种类。PROM 是一次性写入的，也就是软件写入后就不能更改内容，目前已经基本上不使用 PROM。EPROM 是一种通用的存储器。

ROM 是只读不能写的存储器，手机系统安装在 ROM 里面，ROM 里面的内容是无法修改的，只能通过特殊手段来修改。因此，ROM 里面存放系统是很安全的，可以防止用户或者恶意软件破坏系统。

FLASH 是近来手机采用最多的存储器。该存储器结合了 ROM、RAM 的长处，但是 FLASH 既不属于 RAM，也不属于 ROM。

手机中大量采用的 NVRAM 非易失性存储器，SRAM 属性差不多。另外，手机中还有 EEPROM 电子可擦除可编程存储器、闪存。手机软件一般放在 EEPROM 中，EPROM 是通过紫外光的照射来擦除原先的程序。EEPROM 是通过电子擦除，而且写入速度很慢。

NVRAM 是一个很特别的存储器，其与 SRAM 相类似。由于一些数据实在重要，断电后必须保存这些数据，所以只能存放在 NVRAM 中。一般与个人信息有关的数据会放在 NVRAM 中，例如与 SIM 卡相关数据一般存放该存储器中。

闪存存储器是所有手机的首选。

另外，许多存储器具有系列产品线，提供不同的容量；存储器还有加密内存、集成多种不同类型存储器的多芯片封装（MCP）等。其中，手机存储器基本采用闪存取代了 DRAM，NOR 闪存因具有高可靠性与宽系统接口主要用于存储程序代码。NAND 闪存具有高密度、低成本的优势，一般用于存储数据。

手机存储器的架构随着手机的发展变化而不断变化。中低端手机中，多数采用 NOR 闪存 + SRAM 的分离器件架构；高档手机则采用存储器的多芯片封装。手机用存储器如图 4-16 所示。

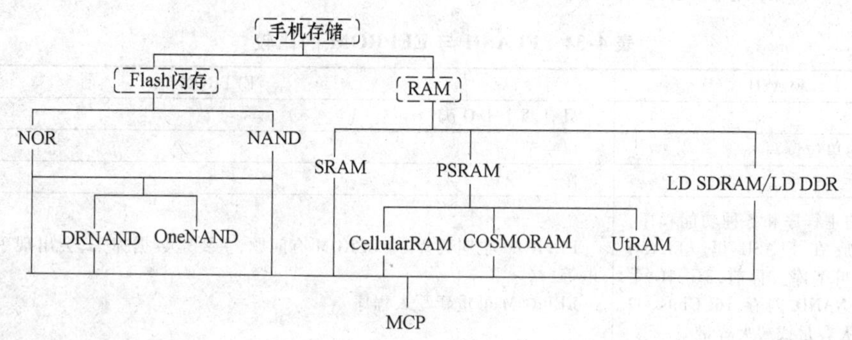

图 4-16　手机用存储器

部分存储器的特点与应用速查见表 4-32。

表 4-32　部分存储器的特点与应用速查

名　称	解　说
ORNAND	ORNAND 闪存是将 NOR 与 NAND 集成在一起的一类存储器
OneNAND	OneNAND 是一种面向手机统一存储的专用内存，其兼具 NOR 与 NAND 闪存的优点
SRAM	SRAM 具有存储密度小、成本高、体积大、信息可稳定保持、存储速度较快（一般为 200ns 左右）、大容量的 SRAM 不多见（常用容量一般不超过 1MB）等特点，因此，3G 手机 SRAM 较少应用
PSRAM	PSRAM 是在 SRAM 基础上发展的，它是包含一个 SRAM 接口的专用 DRAM。PSRAM 具有高密度存储器阵列与类似 SRAM 的特性，在 3G 手机中应是主流
LP-SDRAM	LP-SDRAM 比 PSRAM 具有更高的带宽与容量，与 NAND 间可以实现更高的接口速度，但功耗大。LP-SDRAM 属于低功耗存储器，在 3G 手机中应是主流
RAM	数据存储器，不能长期保存数据，掉电后数据丢失，一般可对部分 RAM 配置掉电保护电路，在掉电过程中实现电源切换
DRAM	DRAM 具有集成度高、功耗低等特点
MCP	MCP 有 NOR + PSRAM、NAND + LP-SDRAM、NOR + NAND + Mobile DRAM 等多种形式
SIP	SIP 是指将微处理器或数字信号处理器与各种存储器集成在一起，可作为微系统独立运行的一种新型器件。SIP 比 MCP 具有更高的集成度

闪存的部分种类与特点速查见表 4-33。

表 4-33 闪存的部分种类与特点速查

名　称	解　说
MLC FLASH	MLC FLASH 就是多层单元结构的闪存。该闪存就是每个单元存储 2 位数据，有四个状态 00、01、10、11
SLC FLASH	SLC FLASH 就是单层单元结构的闪存。该闪存就是每个单元存储一位数据或者说 1 比特，有两种状态 0 或 1
TLC FLASH	TLC FLASH 就是三层单元结构的闪存。该闪存就是每个单元存储 3 位数据或者每个单元存储 4 位数据。
单通道 FLASH	单通道 FLASH 就是 FLASH 使用了主控的 8 位数据线而与使用了几片闪存不关联
双通道	双通道 FLASH 就是 FLASH 使用了主控的 16 位数据线

NAND 闪存与 NOR 闪存的差异如下：

1）NOR 闪存是由 EPROM 衍生出来的。在擦除操作期间，NOR 采用电场，而不是紫外光来把单元的浮动门中存储的电子移走。

2）NOR 闪存存储单元输入与输出的关系符合或非关系。NAND 闪存存储单元输入与输出的关系符合与非关系。

3）NOR 闪存各存储单元是并联；NAND 闪存各存储单元是串联。

4）NOR 闪存有独立的地址线和数据线。NAND 闪存地址线与数据线是公用的 I/O 线。

5）NOR 闪存储存单元为 bit（位），NAND 闪存存储单元是页。

6）NAND 闪存以块（BLOCK）为单位进行擦除操作。

7）NOR 闪存具有安全性很好、高可靠性宽系统接口、成本高。NAND 闪存具有高速稳定的写速度、小尺寸、低成本，随机读速度很慢。

FLASH 与 EEPROM 的比较见表 4-34。

表 4-34 FLASH 与 EEPROM 的比较

项目	FLASH	EEPROM
I/O	多个	只有两个 I/O 脚
读写	以块为单位读写	以字节
速度	快	慢
其他	手机的主程序和各种功能程序，一般存放在 FLASH 里。FLASH ROM 又叫字库。目前，3G、4G 手机采用 NAND 闪存 16 Gbits、32 Gbits 等大容量或超大容量	EEPROM 也叫码片。EEPROM 有问题，主要是数据掉失，会出现手机被锁或黑屏、低电等 EEPROM 可重新写入程序

智能手机采用 MCP 会越来越普遍，MCP 内部结构示意图如图 4-17 所示。目前，MCP 内部结构叠层可达 9 层。

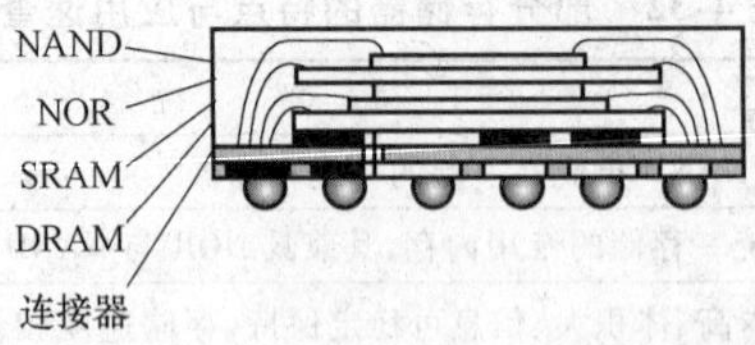

图 4-17 MCP 内部结构示意图

2. 手机存储器的特点

手机的存储器可以分为程序存储器、数据存储器，各自的特点见表 4-35。

表 4-35 手机的存储器的特点

名　称	解　说
数据存储器	数据存储器又称为暂存器(RAM)，其主要功能是存放手机当前运行时产生的中间数据
程序存储器	手机的程序存储器有的由两部分组成：FLASH ROM(俗称字库或版本)与 EEPROM(俗称码片)。也有的手机程序存储器是将 FLASH ROM 与 RAM 合二为一 手机的程序存储器一般是只读存储器。手机的软件故障主要出现在程序存储器数据丢失或者出现逻辑混乱。各种手机所采用的字库(版本)、码片不同，但是基本功能是一样的

手机码片的特点见表 4-36。

表 4-36 手机码片的特点

项目	解说
作用	手机程序存储器中的码片主要存储手机机身码与一些检测程序等
种类	根据数据传送方式，码片可以分为并行数据传送码片、串行数据传送的码片。根据管脚数，码片有不同的引脚数量
故障	码片故障可以分为两种情况，一种是码片本身硬件损坏；另一种就是内部存储数据丢失

手机字库的特点见表 4-37。

表 4-37 手机字库的特点

项目	解说
作用	手机逻辑电路中的版本又称字库(FLASH)，其是一块存储器，以代码的形式装载了话机的基本程序与各种功能程序。手机功能的日益增多和手机体积的缩小，字库的软件数随着据容量不断变大，封装从大体积的扁平封装到体积小的 BGA 封装等封装形式 东芝的 THGVX1G7D2GLA08 16GB 24nm MLC 闪存在 iPhone4s 中有应用。
种类	字库(Flash)的种类，根据其封装型式可以分为扁平封装、BGA 封装等，另外，还可以根据引脚数量来分类
故障	字库(Flash)程序存储器的软件资料是通过数据交换端、地址交换端与微处理器进行通信的。CE(CS)端为 Flash 片选端，DE 端为读允许端，WE 端为写允许端，RST 端为系统复位端，这四个控制端分别都是由微处理器加以控制。如果 Flash 的地址有误或未选取通，都将会导致手机不能正常工作。通常 表现为不开机，显示字符错乱等故障现象

iPhone 4s 的 NAND 闪存有的采用韩国海力士半导体的 NAND 闪存，有的采用东芝的 NAND 闪存。iPhone 的闪存芯片损坏，可能会引起 iTunes 同步错误等故障。

部分智能手机的存储器特点见表 4-38。

表 4-38 部分智能手机的存储器特点

名称	特点
vivo X6S(全网通)	RAM 容量 4GB ROM 容量 64GB
vivo Xplay5(全网通)	RAM 容量 4GB ROM 容量 128GB
vivo Y35L(移动 4G)参数	RAM 容量 2GB ROM 容量 16GB
iPhone 6s	RAM 容量 2GB ROM 容量 16GB/64GB/128GB
华为 G9(青春版/全网通)	RAM 容量 3GB ROM 容量 16GB
OPPO A53(全网通)	RAM 容量 2GB ROM 容量 16GB
三星 GALAXY A5(A5000/双 4G)	RAM 容量 2GB ROM 容量 16GB

总结：ROM 负责存储手机系统，且为只读。RAM 负责安装应用程序（相当于计算机内存）。机身存储则存储用户数据（相当于计算机硬盘）。

3. MT29C4G96MAZAPCJA LPDDR（低功耗双通道存储器）内存

MT29C4G96MAZAPCJA LPDDR 主要引脚功能如下：

1）ED0-ED31 共计 32 条，是字库到 CPU 的数据传输线。

2）EA0-EA15 共计 16 条，是字库到 CPU 的地址线。

3）NLD0-NLD15 共计 16 条，是可擦写内存的数据传输线。

4）EWR-B：数据写入许可；ERAS-B：远程访问许可。

5）ECAS-B：级联许可接口；ESC-B：片选信号。

6）RE：读许可：WATCHDOG（看门狗），在此作为复位信号使用。

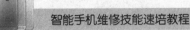

7）VDD18 \ VDD28 和 DVDD_ EMI（也就是 VDD18）存储器及其接口电路使用了相同的 3 路电压。

4.2.14　功率放大器

功率放大器（Power Amplifier，PA）是手机重要的器件，它是将手机发射信号进行放大到一定功率，便于天线发射出去。从此也可以发现，功率放大器传输的信号是到天线上，可见，功率放大器信号的匹配很重要。

手机功率放大器的演进从分离件功率放大器→功率放大器（PA）→功率放大模组（PAM）。功率放大模组主要厂家是 TriQuint、安华高、RFMD、Anadigics 等。

手机射频前端重要的两个器件：功率放大器与滤波器，以前，因工艺等原因一直是独立的器件。目前，已经有 3G、4G 手机的射频前端器件通过模块化技术将 PA、滤波器、开关、双工器等器件封装于一体。而开关也具有不同的种类：单刀九掷、单刀十掷等；滤波器也具有不同的种类，如低通滤波、表面声波滤波器等。

但早期的智能手机则是采用独立的功率放大器：单频、单模的分立产品。当然，也有采用双频段、多频段、多模的产品。

目前，WCDMA 线性 PA 一般是 4mm × 4mm 、3mm × 3mm 规格。部分手机功率放大器见表 4-39。

表 4-39　手机功率放大器

厂　家	型　号
TriQuint	WCDM PAM：TQS6011、TQS6012、TQS6014、TQS6015、TQS6018 等 TQM766012：带有双工器的 CDMA & WCDMA / HSUPA 功率放大器模块、PCS / 频带 2 TQM756014：带有双工器的 CDMA & WCDMA / HSUPA 功率放大器模块、AWS / 频带 4 TQM716015：带双工器的 CDMA & WCDMA / HSUPA 功率放大器模块、Cellular / 频带 5 TQM776011：带有双工器的 WCDMA / HSUPA 功率放大器模块、频带 1
RFMD	RF720x 系列为 WCDMA/HSPA + 功率放大模组： 主要用于单频带特定运行：RF7200（频带 1）、RF7206（频带 2）、RF7203（频带 3、4、9 或 10）、RF7211（频带 11） 单个模块封装中整合了两个频带特定：RF7201（频带 1/8）、RF7202（频带 2/5）、RF7205（频带 1/5） 宽带功率放大模组：RF9372（单通道）、RF3278（双通道）、RF6278（三通道）
ANADIGICS	AWT6221：WCDMA/HSPA HELP3，适用于 UMTS 频段 2 及 5 的双模手机 AWT6222：WCDMA/HSPA HELP3，适用于 UMTS 频段 1 及 6 的双模手机 AWT6224：WCDMA/HSPA HELP3，适用于 UMTS 频段 1 及 8 的双模手机 AWT6321：双频 CDMA/EVDO 功率放大器，专用于蜂窝和 PCS 波段连接
Skyworks	SKY77161 是 TD-SCDMA PA 模块

4G、3G 手机功率放大模组种类比较多，有 WCDMA 功放模块、TD-SCDMA 功放模块、CDMA2000、功放 + 滤波器模块、4G 功放模块等。3G 手机功率放大模组图例如图 4-18 所示。

图 4-18　3G 手机功率放大模组

功率放大模组在 1 脚处往往注有一定的标志，有的功率放大器型号与实际标注有点差异，例如 AFEM-7780，实物型号标注一栏为“FEM-7780”，如图 4-19 所示。

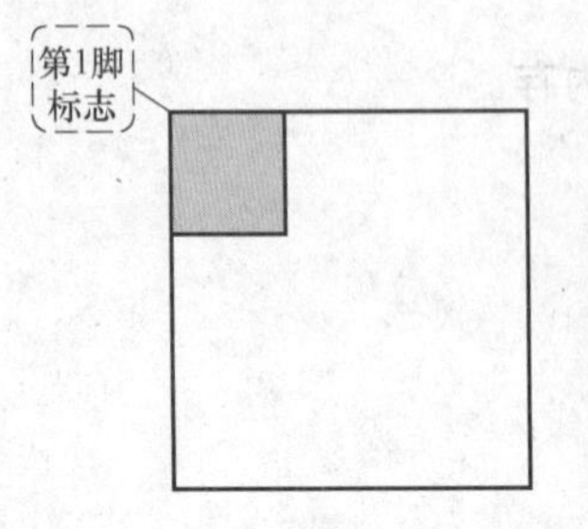

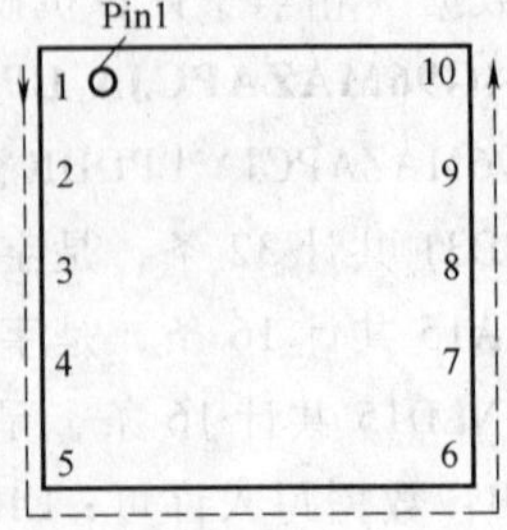

图 4-19　AFEM-7780 的识读

目前，一些4G手机的不同频率段的功放一般是分开的，也就是2G有2G频段功放，3G有3G频段功放，4G有4G频段功放。例如，vivo X5在闪存芯片的另一侧，则是两颗思佳讯公司用于信号的集成功率放大器，其中77592主要负责2G信号，而77754则主要负责3G和4G信号，图例如图4-20所示。

图4-20　vivo X5的功率放大器

4.2.15　音频处理芯片

音频解码芯片，一般而言只负责处理解码部分，该阶段所有的声音依旧是以二进制存在的。因此，有的CPU可以处理这些音频解码信号。

声音从解码芯片出来的其余部分，一般而言CPU无能力完成该步骤涉及数字到模拟信号的转换。因此，许多智能手机配备额外的芯片来负责DAC功能。

有的芯片的功能是将数字声音转换成耳机能用的信号，另外，有的需要把音频信号放大，以能够推动扬声器之类的发音，则需要采用音频放大芯片。

有的芯片是把音频解码、音频放大集成于一体。

例如，vivo X5采用的Hi-Fi芯片——定制版CS4398顶级音频处理芯片。vivo X5是将CS4398设计在了靠近耳机接口的位置，旁边是专业耳机放大芯片，图例如图4-21所示。

另外，随着音乐手机的发展，智能手机还采用了YAMAHA数字环绕声信号处理芯片等新型芯片。例如Hi-Fi·K歌之王vivo X5最重要的芯片——YAMAHA YSS205X。该芯片成就了vivo X5的K歌之王。因此，vivo X5也是全球首款内置YAMAHA数字环绕声信号处理芯片YSS205X的智能手机。YAMAHA YSS205X是卡拉OK界传奇芯片之一，推出26年以来每一代都是当时所有高档卡拉OK设备、乐队混音设备的首选芯片，图例如图4-22所示。

图4-21　vivo X5采用的Hi-Fi芯片

图4-22　vivo X5采用的YSS205X

第5章

智能手机零配件

5.1　概述

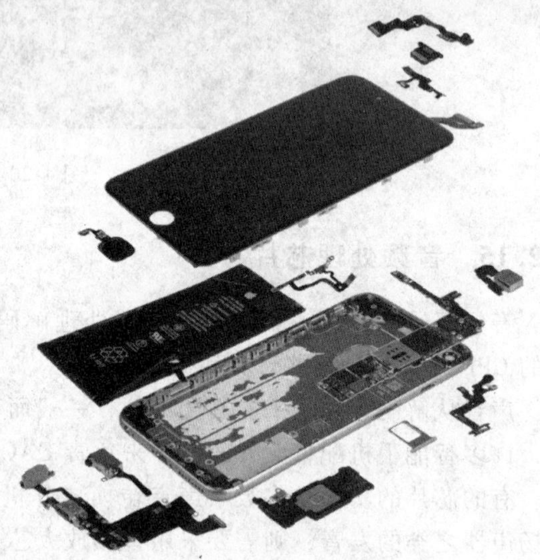

图5-1　iPhone 6 Plus零配件1

目前，智能手机的模块化维修，很大一部分就是涉及智能手机的零配件。如果根据可以拆卸的模块进行维修代换，可以提高维修效率。为此，智能手机的维修，需要掌握各智能手机的拆卸，以及有关零配件的拆卸。

例如iPhone 6 Plus可拆卸的零配件如图5-1、图5-2所示。目前，很多智能手机的零配件为总成。因此，维修时，能够换总成的就换总成。如果没有好的总成可以代换，则可以换或者维修总成内的有关维修部位、器件。

不同智能手机间的零配件，以及零配件总成，有的可以代换，有的不可以代换。例如，iPhone 4s与iPhone 4元件部件的对照见表5-1。

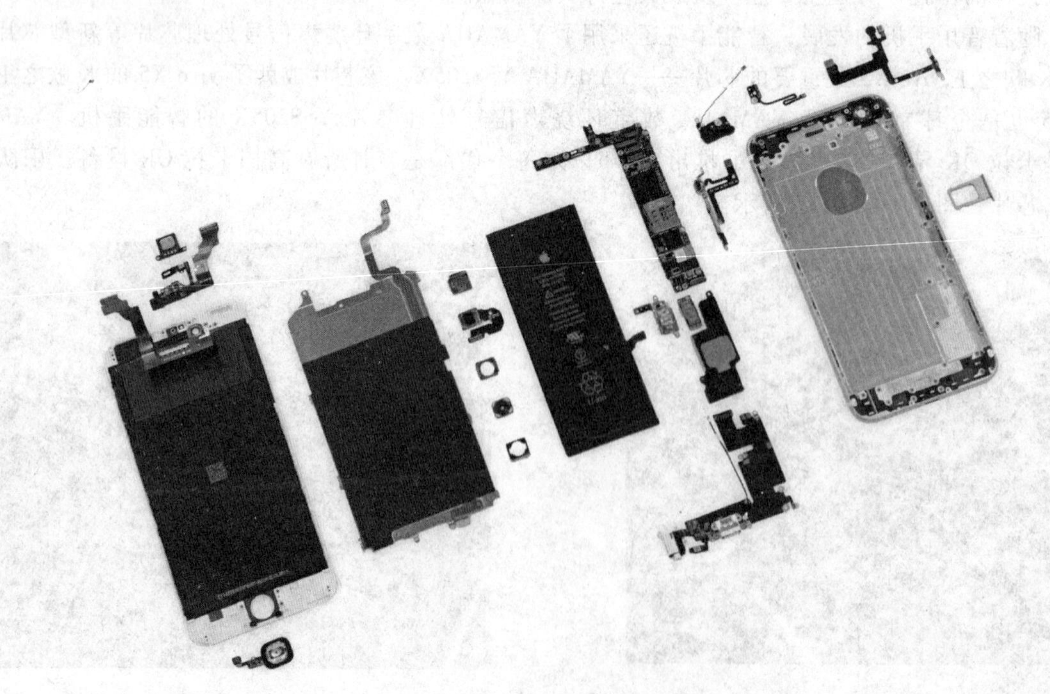

图5-2　iPhone 6 Plus零配件2

表 5-1 iPhone 4s 与 iPhone4 元件部件的对照

项目	iPhone 4s	iPhone4
处理器	Apple A5(双核)	Apple A4(单核)
电池	3.7V 5.30Whr 略窄	3.7V 5.25Whr 略宽
后盖	A1387 等	A1322 等
后盖支架	左上角为空心区域	左上角无空心区域
后置摄像圈	长方形	正方形
电机①	较大,圆饼状	较小,棍棒状
内置存储	16GB/32GB/64GB	8GB/16GB/32GB
屏蔽罩(感应线铁片)	短而宽	长而窄
前置摄像头	30 万像素前置摄像头、略大,镜头台阶间距大、排线较长	30 万像素前置摄像头、略小,镜头台阶间距小、排线较短
散热片	J 型	一字型
尾插排线	排线呈 S 形	排线呈三角形
相机	800 万像素自动对焦摄像头,LED 闪光灯	500 万像素自动对焦摄像头,LED 闪光灯
液晶总成	感应孔旁多了一个小孔	感应孔旁没有孔
音频线	排线较宽	排线较短
原点排线	较小	较大
振动键	不一样	不一样
振铃总成	WiFi 贴线排线较长	WiFi 贴线排线较短
中板	天线的位置,振动键孔位略上	天线位置,振动键孔位略下
主板	略宽	略窄

① 电机本书中的均为电动机。

iPhone 6 与 iPhone 6s 元件部件的对照见表 5-2。

表 5-2 iPhone 6 与 iPhone 6s 元件部件的对照

型号	iPhone 6s	iPhone 6	iPhone 6s Plus	iPhone 6 Plus
机身尺寸/mm	138.1×67×7.1	138.1×67×6.9	158.1×77.8×7.3	158.1×77.8×7.1
机身重量	132g	129g	175g	172g
屏幕尺寸	4.7 英寸	4.7 英寸	5.5 英寸	5.5 英寸
屏幕技术	Force Touch	视网膜 Retina 技术	Force Touch	视网膜 Retina 技术
分辨率	2000×1125 像素	1334×750 像素	2209×1242 像素	1920×1080 像素
屏幕像素密度	488ppi	326ppi	460ppi	400ppi
CPU 型号	苹果 A+M9 协处理器	苹果 A8+M8 协处理器	苹果 A+M9 协处理器	苹果 A8+M8 协处理器
CPU 频率	1.8GHz	1.4GHz	1.8GHz	1.4GHz
RAM 容量	2GB	1GB	2GB	1GB

iPhone 6 部分可拆件见表 5-3。

表 5-3 iPhone 6 部分可拆件

名称	图解	解说
Lightning 接口组件		该组件上耳机、Lightning 接口是连成一体的
扬声器		扬声器是独立的整块,维修时,可以整块更换

（续）

名称	图解	解说
振动电机		iPhone 6 的振动电机采用金属外壳加持
后置摄像头		该组件的编号为 821-2460-03。
Home 键组件		Home 键周围的橡胶垫圈比较脆弱，维修时，需要轻轻拿
前置摄像头组件		前置摄像头组件是一个比较大的电缆组件，其上包括扬声器、前置摄像头等

iPhone 6 Plus 部分可拆件见表 5-4。

表 5-4　iPhone 6 Plus 部分可拆件

名　称	图　例	解　说
Home 键组件	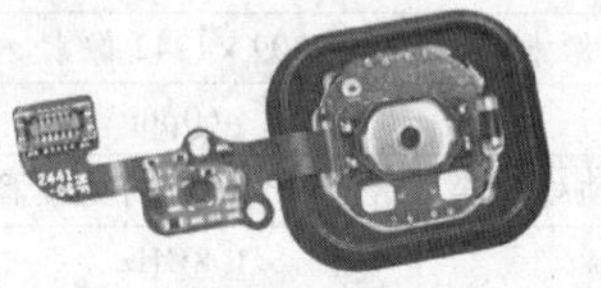	iPhone 6 Plus 的 Home 键直接连在了主板上，取消了长长的排线设计。Home 键组件是采用一个金属支架固定，取下后可轻松拆掉 Home 键。Home 键组件苹果的编号 2441-06。
前置摄像头组件	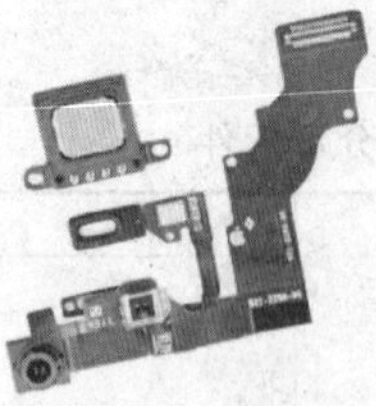	前置摄像头组件是一个比较大的电缆组件，其上包括耳机扬声器、传声器、环境光传感器 该组件苹果的编号 821-2200-06、821-2206-05
振动器	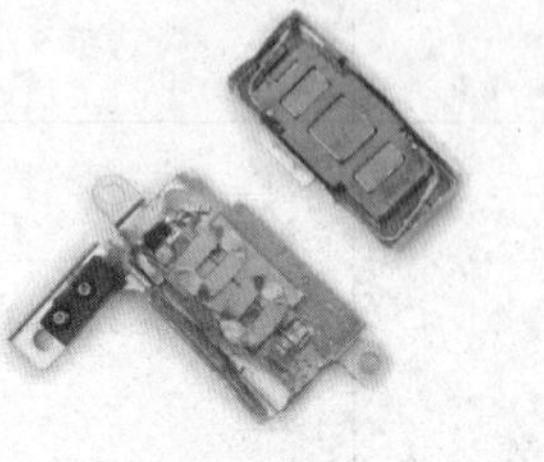	iPhone 6 Plus 采用了新的振动器，其位于电池的右侧

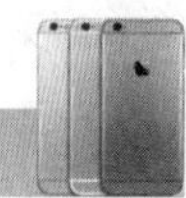

（续）

名　称	图　例	解　说
后置摄像头		后置摄像头组件包括透镜元件、金属线圈、电缆等。该组件包括相机的传感器，以及从陀螺仪、M8运动协处理器的数据对颤抖的操作动作，进行快速移动补偿 该组件苹果的编号为821-2208-04。摄像头编号为DNL43270566F MKLAB
扬声器		iPhone 6 Plus的扬声器可以单独拆卸下来
Lightning接口		Lightning接口组件上有耳机接口、天线排线接口等
电源键与音量键组件		iPhone 6 Plus的电源键与音量键的排线连着闪光灯。该组件苹果的编号为821-2212-06

5.2 晶体振荡器与VCO组件

5.2.1 概述

智能手机，常见的晶振（晶体振荡器）有手机主时钟晶振26MHz、WiFi时钟晶振等。手机的睡眠时钟的作用主要有两个：

1）为手机提供休眠状态的低频振荡。

2）提供手机计时器的基准频率，作为钟表时钟使用。

有的手机是通过晶振OSC产生26MHz的系统时钟信号，然后从CPU相应脚输出，再经过电容送到射频处理芯片的相应脚，再经内部放大，一路从内部送给射频模块作为参考时钟使用，另一路从相应脚输出，经电容送给中央处理器作为中央处理器的系统基准时钟。

5.2.2 手机晶振与VCO组件、时钟电路的特点

1. 13MHz晶振与13MHz VCO

手机基准时钟和振荡电路产生的13MHz时钟，一方面为手机逻辑电路提供了必要条件，另一方面为频率合成电路提供基准时钟。手机的13MHz基准时钟电路，有的采用专用的13MHz VCO组件，有的采用基准时钟VCO组件是26MHz，26MHz VCO电路产生的26MHz信号再进行2分频，来产生13MHz信号供其他电路使用。

2. 晶振的标识

晶振的标识如图 5-3 所示。

3. VCO 组件

手机射频电路中，VCO 电路常各采用一个组件，组成 VCO 电路的元件包含电阻、电容、晶体管、变容二极管等。VCO 组件将这些电路元件封装在一个屏蔽罩内。VCO 组件一般有 4 个引脚：输出端 OUTPUT、电源端 VCC、AFC 控制端、接地端。有的还有 NC 空脚端。

VCO 组件接地端的对地电阻为 0，电源端的电压与该机的射频电压很接近，控制端接有电阻或电感。

图 5-3　晶振的标识

4. 32.768kHz 的晶振

晶振相对智能手机中的体积小的贴片电阻、贴片电容，其容易在主板上找到——体积大、一般靠近主芯片。常见的是频率为 32.768kHz 的晶振。例如，iPhone 6s 的 32.768kHz 的晶振应用电路如图 5-4 所示。

晶振的判断可以采用示波器检测，也可以采用万用表来检测，还可以采用镊子碰晶振的引脚，看电压是否有明显变化来判断。

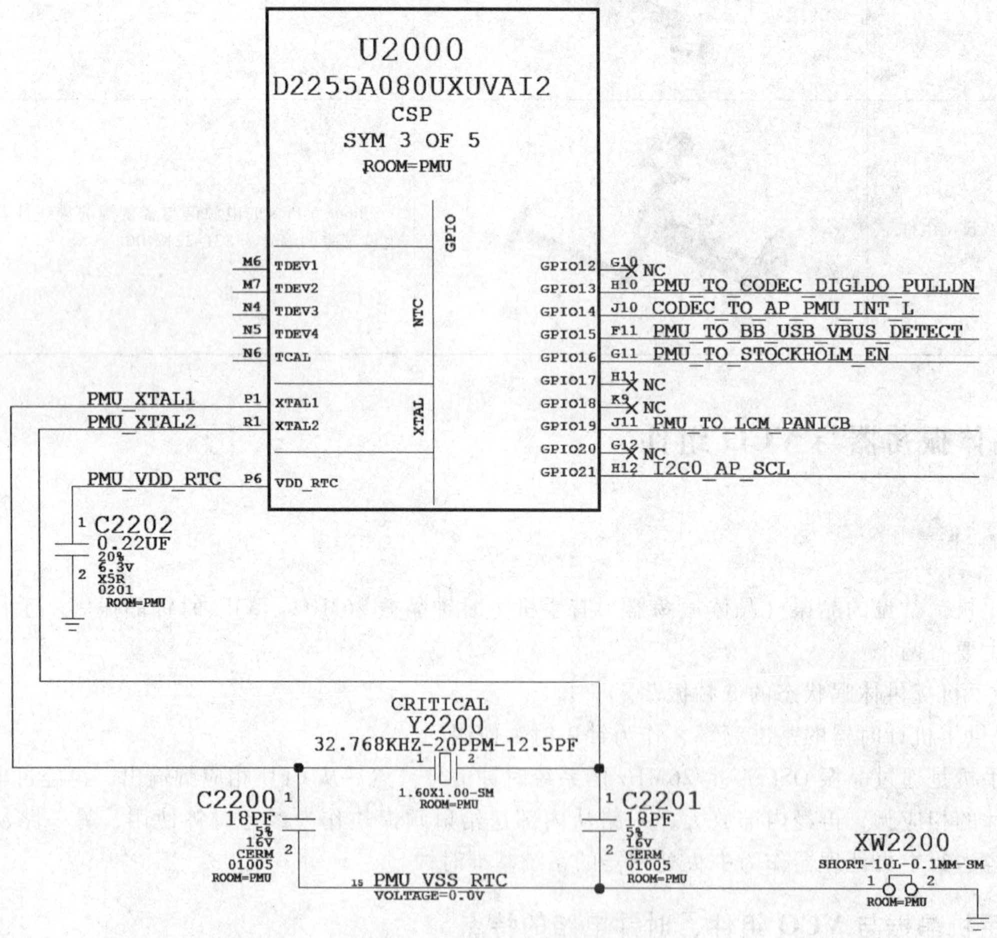

图 5-4　iPhone 6s 的 32.768kHz 的晶振应用电路

5. 时钟电路

单独的一个石英晶振是不能产生振荡信号的，它必须在有关电路的配合下才能产生振荡。

13MHz 晶振是一个元件，必须配合外电路才能产生 13MHz 信号。13MHz VCO 是一个振荡组件，本身就可以产生 13MHz 的信号。例如，iPhone 4 的系统时钟电路如图 5-5 所示。

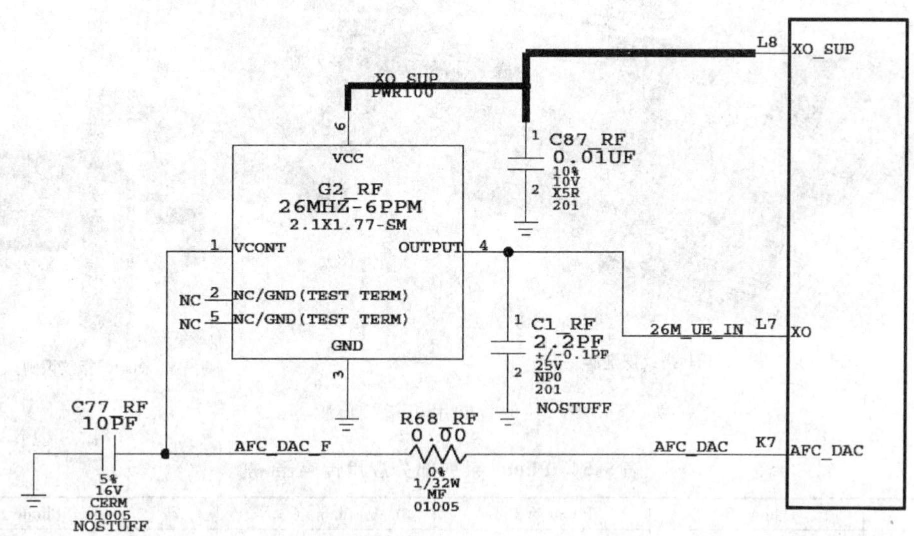

图 5-5 iPhone 4 的系统时钟电路

5.3 传感器

5.3.1 概述

传感器，又叫作感应器。智能手机中常见传感器的类型有，加速感应器、气压传感器、指纹识别、陀螺仪、重力感应器、霍尔传感器、心率传感器、距离传感器、光线传感器等。例如，vivo X3 光线传感器如图 5-6 所示。vivo X3 INVENSENSE（应美盛）MPU 3050 三轴陀螺仪如图 5-7 所示。

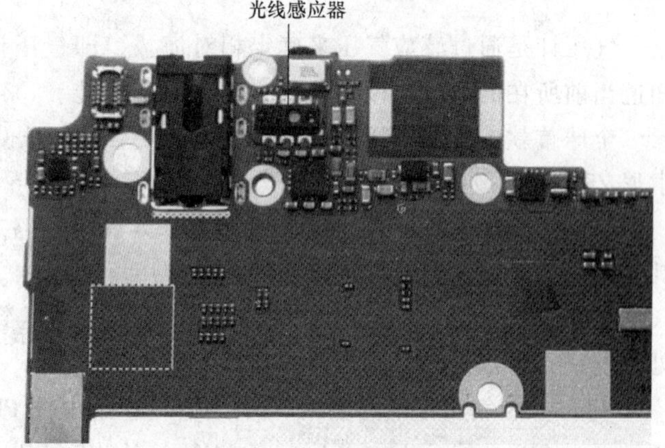

图 5-6 vivo X3 光线传感器

OPPO N3 可以通过指纹识别实现指纹解锁、触控拍照等功能，OPPO N3 指纹传感器如图5-8所示，其他智能手机指纹传感器如图 5-9 所示。

图 5-7 MPU 3050 三轴陀螺仪

图 5-8 OPPO N3 指纹传感器

iPhone 系列部分应用传感器见表 5-5。

乐1s指纹识别器

红米note3指纹识别

图 5-9　其他智能手机指纹传感器

表 5-5　iPhone 系列部分应用传感器

iPhone 6s Plus	iPhone 6s	iPhone 6 Plus	iPhone 6	iPhone SE
三轴陀螺仪	三轴陀螺仪	三轴陀螺仪	三轴陀螺仪	三轴陀螺仪
加速感应器	加速感应器	加速感应器	加速感应器	加速感应器
距离感应器	距离感应器	距离感应器	距离感应器	距离感应器
环境光传感器	环境光传感器	环境光传感器	环境光传感器	环境光传感器
气压计	气压计	气压计	气压计	—

5.3.2　气压计

气压计是通过感应气压来确定相对海拔，即气压计就是测量大气压强值，通过气压值的变化也可以知道当前所在的海拔，以及辅助 GPS 定位等功能。

全球首款内置了气压计的手机，是 2011 年 10 月份发布，也就是 Galaxy Nexus。此之后，小米手机 2、索尼 Z2 等一系列手机均内置气压计，苹果从 iPhone 6 开始内置气压计。

智能手机中的气压计，是浓缩为了一个集成电路芯片，通过气压传感器将感受到的压力，然后根据其与电压的比例关系转换输出数字信号使用。

有的手机气压计电路工作特点如下：供电电压送到气压计芯片的相应脚，气压计是通过 SPI 总线与协处理器进行数据通信。

iPhone 6s 气压计电路如图 5-10 所示。供电电压 PP1V8_ IMU_ OWL 送到气压计 U3020 的 6、8 脚，气压计通过 SPI 总线 SPI_ OWL_ TO_ IMU_ MOSI、SPI_ OWL_ TO_ IMU_ SCLK、SPI_ OWL_ TO_ PHOSPHOROUS_ CS_ L 与协处理器 M9 进行数据通信。

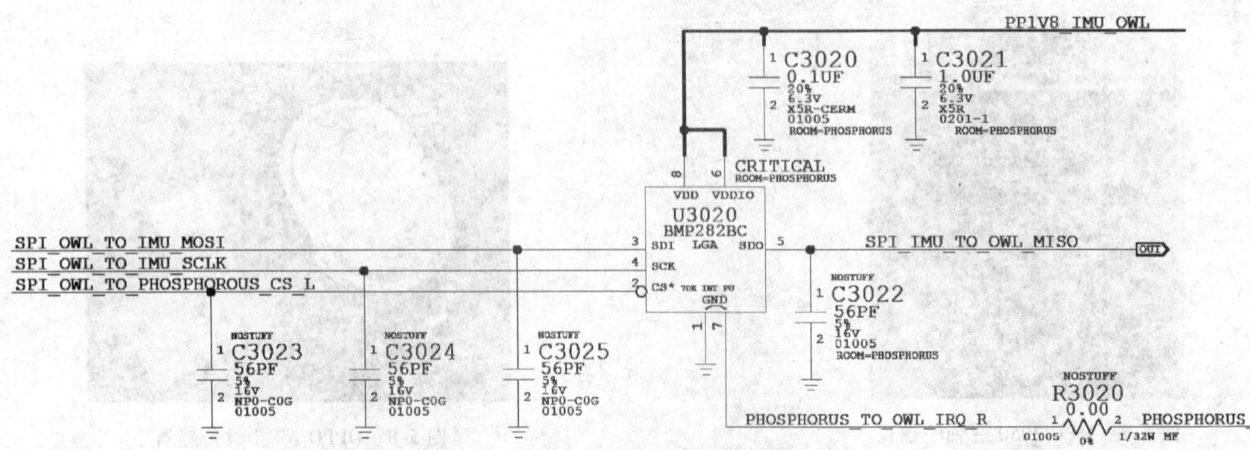

图 5-10　iPhone 6s 气压计电路

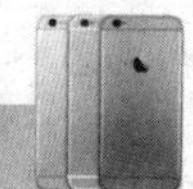

5.3.3 电子罗盘

电子罗盘，又叫作电子指南针。一些智能手机尽管具有 GPS 功能，但是，也内置了电子罗盘。这样，可以在树林里，或者是大厦林立的地方手机可能丢失掉 GPS 信号，这时利用电子罗盘，可以更好地保障不会迷失方向。

另外，GPS 其实只能够判断所处的位置，如果我们是静止或是缓慢移动，GPS 是无法得知所面对的方向。因此，手机配合上电子罗盘则可以弥补这一点。

电子罗盘主要采用磁场传感器的磁阻（MR）技术来工作的。有的智能手机的电子罗盘电路的特点如下：电子罗盘有多路供电电压，常见的有 1V8、PP3V0。电子罗盘电路一般是通过 SPI 总线与协处理器进行通信。

例如，iPhone 6 的电子罗盘电路的特点：电子罗盘 U1901 有两路供电电压，分别是 PP1V8_ OSCAR、PP3V0_ IMU，指南针电路通过 SPI 总线 OSCAR_ TO_ IMU_ SPI_ SCLK、OSCAR_ TO_ IMU_ SPI_ MOSI、OSCAR_ TO_ COMPASS_ SPI_ CS_ L、IMU_ TO_ OSCAR_ SPI_ MISO 与协处理器进行通信。

5.3.4 陀螺仪

有的手机是将加速传感器与陀螺仪结合在一起。无论行走，还是跑步，加速感应器均可以精确测量距离。另外，还可以通过 GPS 测量跑步的步幅。

陀螺仪还可以配合运动协处理器来检测用户是否正在开车等情况。

有的手机陀螺仪电路的特点如下：供电电压送到陀螺仪芯片的相应脚。陀螺仪一般是通过 SPI 总线与协处理器进行通信。陀螺仪输出终端信号再到协处理器进行处理。陀螺仪输出终端信号常见的有 GYRO_ TO_ OSCAR_ INTI、GYRO_ TO_ OSCAR_ INT2 等。

例如，iPhone 6s 的陀螺仪电路如图 5-11 所示。

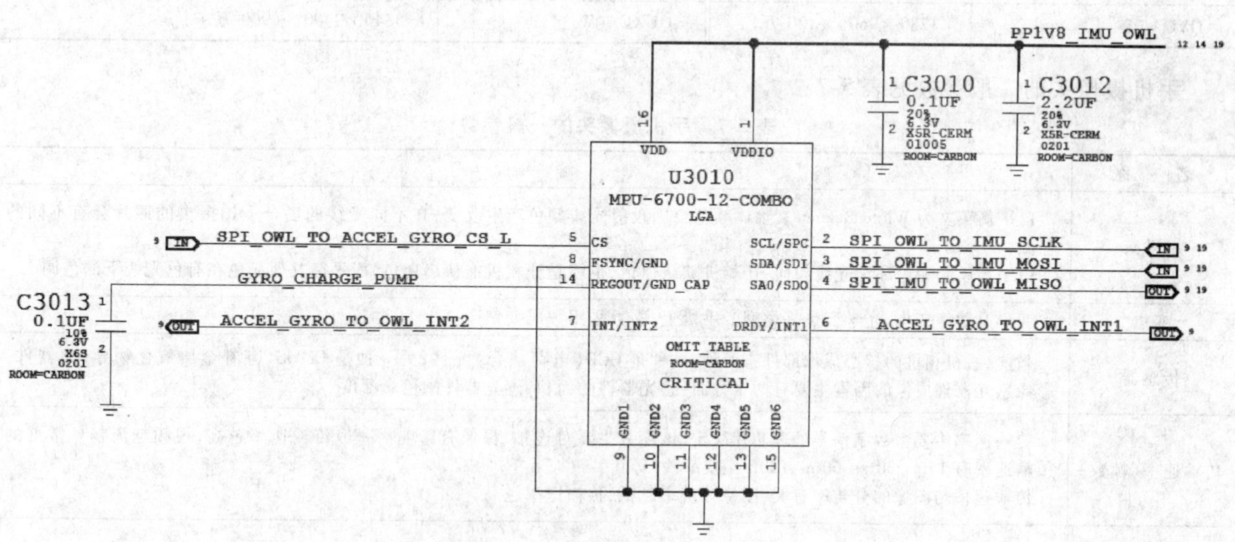

图 5-11 iPhone 6s 的陀螺仪电路

5.4 摄像头

5.4.1 概述与应用

摄像头常见的特点如下：内置或外置、摄像头类型（前摄像头、后摄像头）、闪光灯的类型（目前，常见的为 LED 补光灯）、光圈、视频拍摄特点、是否全像素双核传感器，以及是否具有拍照功能；全像素双核疾速对焦、OIS光学防抖、动态照片、延时摄影、动态全景模式、美颜模式、聚光灯、自拍补光灯、广角自拍等。

手机摄像头分为内置与外置，内置摄像头是指摄像头在手机内部，更方便。外置手机通过数据线或者手机下部接口与数码相机相连，来完成数码相机的一切拍摄功能。

摄像头主要衡量的参数。分辨率（像素）分辨率是我们最熟悉的参数之一，其主要由图像传感器决定，分辨率越高，图像就越细腻，效果也越好，但图像所占存储空间更大。通常所说的摄像头像素是拍照模式下的最大像素，摄影（拍视 频）时的像素通常会比较小。

对手机摄像头分辨率进行说明，常常使用图像解析度的专用名词（如CIF、VGA等）来表示分辨率：像素=分辨率长宽数值相乘。例如，640×480=307200，就是30万像素。

部分分辨率与像素对照见表5-6。

表5-6　部分分辨率与像素对照

简称（代号）分辨率	像素	简称（代号）分辨率	像素
subQCIF	128×96	SXGA	1280×1024
QCIF	176×144	SXGA+	1400×1050
CGA	320×200	SXGA-W	1600 ×1024
Quarter-VGA	320×240	UGA	1600×1200
CIF	352×288　（10万）	HDTV	1920×1080　（200万）
EGA	640×350	UXGA	1900×1200
VGA	640×480　（30万）	UXGA-W	1920 ×1200
SVGA	800×600	QXGA	2048×1536　（320万）
XGA	1024×768	QSXGA	2560×2048　（500万+）
XGA-W	1280×768	QUXGA	3200×2400　（700万+）
QVGA	1280×960　（120万）	QUXGA-W	3840×2400　（900万+）

手机摄像头的一般参数见表5-7。

表5-7　手机摄像头的一般参数

名　称	解　说
白平衡	白平衡英文为White Balance。物体颜色会因投射光线颜色产生改变，在不同光线的场合下拍摄出的照片会有不同的色温 白平衡就是无论环境光线如何，让相机默认白色，也就是让相机能认出白色，而平衡其他颜色在有色光线下的色调
变焦	变焦有数字变焦、光学变焦等类型。手机上，多数采用数码变焦
传感器	当前，手机相机的核心成像部件有两种：一种是CCD（电荷藕合）元件；另一种是CMOS（互补金属氧化物导体）器件。影像感光器件成像的因素主要有两个方面：感光器件的面积、感光器件的色彩深度
传输速率（帧数）	传输速率主要由数字信号处理芯片决定，该参数主要对连拍、摄像有影响。一般传输速率越高，视频越流畅。常见的传输速率有15fps、30fps、60fps、120fps（帧每秒）等 传输速率与图像的分辨率有关，图像分辨率越低，传输速率越高
连拍	连拍功能英文为continuous shooting，其是通过节约数据传输时间来捕捉摄影时机。连拍模式通过将数据装入相机内部的高速存储器（高速缓存），而不是向存储卡传输数据，从而可以在短时间内连续拍摄多张照片 连拍一般以帧为计算单位，每一帧代表一个画面，每秒能捕捉的帧数越多，连拍功能越快。一般情况下，连拍捕捉的照片，分辨率、质量都会有所减少。有些相机在连拍功能上具有选择功能，拍摄分辨率较小的照片，连拍速度可以加快。拍摄分辨率较大的照片，连拍速度相对减缓 通过连续快拍模式，只需轻按按钮，即可连续拍摄，从而将连续动作生动地记录下来
闪光灯	闪光灯的英文为Flash Light。闪光灯是加强曝光量的方式之一。使用闪光灯也存在一些弊端，例如在拍人物时，闪光灯的光线可能会在眼睛的瞳孔发生残留的现象，从而发生红眼情形。因此，许多相机将消除红眼该项功能加入设计，也就是在闪光灯开启前先打出微弱光让瞳孔适应，再执行真正的闪光，避免红眼发生。一般相机有三种闪光灯模式，也就是自动闪光、消除红眼、关闭闪光灯。有的手机还具有强制闪光、慢速闪光等功能

（续）

名　称	解　说
视频拍摄	短片拍摄功能即相机具备拍摄视频文件的功能
像素	像素数包括有效像素（Effective Pixels）、最大像素（Maximum Pixels）。有效像素与最大像素不同的是有效像素数是指真正参与感光成像的像素值，而最高像素的数值是感光器件的真实像素，该数据通常包含了感光器件的非成像部分，而有效像素是在镜头变焦倍率下所换算出来的值
有效像素	有效像素数与最大像素不同，有效像素数是指真正参与感光成像的像素值。最高像素的数值是感光器件的真实像素 数码图片的储存方式一般以像素（Pixel）为单位，每个像素是数码图片 里面积最小的单位。像素越大，图片的面积越大。要增加一个图片的面积大小，如果没有更多的光进入感光器件，唯一的办法就是把像素的面积增大，但是，这样可能会影响图片的锐力度、清晰度。因此，在像素面积不变的情况下，相机能获得最大的图片像素，也就是有效像素
自动对焦	自动对焦英文为 Auto Focus，通常用于相机、手机的摄像头拍照，但可不是所有手机都支持自动对焦。自动对焦用于镜头靠近一件物品拍摄，使用自动对焦功能，可以让图片的模糊、斑点现象消除，从而能够把图片变成清晰、明亮。通常对焦状态是轻轻按住快门键，这时图片会出现一个光标，并且白色变成绿色，则说明对焦已对准。如果光表示黄色、红色或者橙色，则代表对焦失败。需要放开快门键重新对焦 有些手机会自动根据场景来做适合的对焦
最大像素	最大像素英文名称为 Maximum Pixels。最大像素是指经过插值运算后获得的。插值运算是通过设在手机内部的芯片，在需要放大图像时用最临近法插值、线性插值等运算方法，在图像内添加图像放大后所需要增加的像素。插值运算后获得的图像质量不能够与真正感光成像的图像相比

部分智能手机的摄像头特点见表5-8。

表5-8　部分智能手机的摄像头特点

名　称	特　点
vivo Xplay5（全网通）	1）内置摄像头 2）摄像头类型：双摄像头（前后） 3）后置摄像头为1600万像素 4）前置摄像头为800万像素 5）传感器类型为CMOS 6）闪光灯为LED补光灯 7）光圈主为$f/2.0$、副为$f/2.4$ 8）视频拍摄4K（3840×2160，30帧每秒）视频录制。 9）拍照功能PDAF自动对焦、单张、连拍、夜景、全景、运动防抖
vivo Y35L（移动4G）参数	1）内置摄像头 2）摄像头类型 为双摄像头（前后） 3）后置摄像头为1300万像素 4）前置摄像头为500万像素 5）传感器类型为CMOS 6）闪光灯为LED补光灯 7）光圈为$f/2.2$ 8）视频拍摄为1080p（1920×1080，30帧每秒）视频录制 9）拍照功能有声控美颜、宏软全景模式、HDR、夜景模式、专业拍照、专业摄像、分性别美颜、多人分性别美颜模式、语音拍照、水印、自动对焦等
vivo Y37（移动4G）	1）内置摄像头 2）摄像头类型为双摄像头（前后） 3）后置摄像头为1300万像素 4）前置摄像头为500万像素 5）传感器类型为CMOS 6）闪光灯为LED补光灯 7）光圈主为$f/2.0$、副$f/2.4$ 8）视频拍摄为1080p（1920×1080，30帧每秒）、视频录制 9）拍照功能有人脸识别、儿童抓拍模式、水印相机、全景模式、HDR、夜景模式、美颜模式、正常、文档矫正、趣味、自动对焦等

（续）

名　称	特　点
华为 G9（青春版/全网通）	1）内置摄像头 2）摄像头类型为双摄像头（前后） 3）后置摄像头为 1300 万像素 4）前置摄像头为 800 万像素 5）传感器类型为 BSI CMOS 6）闪光灯为 LED 补光灯 7）光圈为 *f*/2.0 8）焦距/范围为 28mm 广角，7cm 微距 9）摄像头特色为五镜式镜头 10）视频拍摄为 1080p（1920×1080，30 帧每秒）、视频录制 11）拍照功能有连拍功能、数码变焦（最大支持 4X）、自动对焦、声控拍照、有声拍照、拍照优化、人脸识别、笑脸抓拍、流光快门、超级夜景、专业模式、美食模式、魅我、美肤、全景、全焦、HDR、水印、熄屏快拍、有声照片、笑脸抓拍、声控拍照、定时拍照、触摸拍照、目标跟踪等
OPPO A53（全网通）	1）内置摄像头 2）摄像头类型为双摄像头（前后） 3）后置摄像头为 1300 万像素 4）前置摄像头为 500 万像素 5）传感器类型为 CMOS 6）闪光灯为 LED 补光灯 7）焦距/范围为 10cm 8）视频拍摄为 1080p（1920×1080，30 帧每秒）、视频录制 9）拍照功能有超清画质、慢速快门、专业模式、超级微距、GIF 动画、绚彩滤镜、留声拍照、极致美颜、双重曝光等
三星 W2013（电信 3G）	1）内置摄像头 2）摄像头类型为双摄像头（前后） 3）后置摄像头为 800 万像素 4）前置摄像头为 190 万像素 5）传感器类型为 CMOS 6）闪光灯为 LED 补光灯 7）视频拍摄为 720p（1280×720，30 帧每秒）、视频录制 8）拍照功能有防抖动、面部检测、感光度（ISO3200）、白平衡、场景模式、自动对焦等
vivo Xplay3S（X520L/移动 4G）	1）内置摄像头 2）摄像头类型为双摄像头（前后） 3）后置摄像头为 1300 万像素 4）前置摄像头为 500 万像素 5）闪光灯为 LED 补光灯 6）光圈主为 *f*/1.8，副为 *f*/2.4 7）视频拍摄为 1080p（1920×1080，30 帧每秒）、视频录制 8）拍照功能有 HDR、美颜、连拍、自动对焦等
iPhone 6s	1）内置摄像头 2）摄像头类型为双摄像头 3）后置摄像头为 1200 万像素 4）前置摄像头为 500 万像素 5）传感器类型为背照式/BSI CMOS 6）闪光灯为 True Tone 7）光圈主为 *f*/2.2、副为 *f*/2.2 8）摄像头特色单个像素尺寸为 1.22 微米、五镜式镜头 9）视频拍摄 4K（3840×2160，30 帧每秒）视频录制 1080p（1920×1080，30/60 帧每秒）视频录制 720p（1280×720，30 帧每秒）视频录制 10）慢动作视频为 120fps（1080p）、240fps（720p）、延时摄影视频、影院级视频防抖功能、连续自动对焦视频、优化的降噪功能、4K 视频录制过程中拍摄 800 万像素静态照片、变焦播放、三倍变焦、面部识别功能、视频地理标记功能 11）拍照功能后置摄像头：Live Photos、Focus Pixels 自动对焦、全景模式（高达 6300 万像素）、自动 HDR 照片、曝光控制、连拍快照模式、计时模式、自动图像防抖功能、优化的局部色调映射功能、优化的降噪功能、面部识别功能、照片地理标记功能 12）前置摄像头：Retina Flash、自动 HDR 照片和视频、曝光控制、连拍快照模式、计时模式、面部识别功能 13）其他摄像头参数 iSight 摄像头、混合红外线滤镜、蓝宝石玻璃镜头表面

（续）

名　称	特　点
vivo X6S（全网通）	1）内置摄像头 2）摄像头类型为双摄像头（前后） 3）后置摄像头为1300万像素 4）前置摄像头为800万像素 5）传感器类型为CMOS 6）闪光灯为LED补光灯 7）光圈为*f*/2.2 8）视频拍摄支持 9）拍照功能有自动对焦、急速闪拍、慢镜头、快镜头、HDR、全景模式、夜景模式、超清画质、文档矫正、运动追踪、专业拍照、趣味模式、美妆、性别识别、夜景模式、超清画质等
三星 GALAXY S7（G9300/全网通）	1）内置摄像头 2）摄像头类型为双摄像头（前后） 3）后置摄像头为1200万像素 4）前置摄像头为500万像素 5）闪光灯为LED补光灯 6）光圈为*f*/1.7 7）视频拍摄为4K（3840×2160，30帧每秒）、视频录制 8）拍照功能有全像素双核疾速对焦、OIS光学防抖、动态照片、延时摄影、动态全景模式、美颜模式、聚光灯、自拍补光灯、广角自拍等

5.4.2　iPhone系列摄像头的特点

iPhone系列中的iPhone 4使用的是500万像素摄像头。iPhone 4s采用800万像素后置摄像头（1080P视频拍摄）+VGA前置摄像头。iPhone 4s的镜头是5片镜片组成，其中还有一个红外滤镜。iPhone 4s摄像头使用一个背面照明图像（BSI）传感器，改善了照片质量，尤其是在低光情况下。图像（BSI）传感器采用的索尼的图像传感器、OmniVision的产品。

另外，iPhone 4s内置摄像头（见图5-12）只适合原装苹果iPhone 4s用。不能够与iPhone 4代、其他安卓手机代换用。

图5-12　iPhone 4s内置摄像头

iPhone系列iSight摄像头的特点与应用见表5-9。

表5-9　iPhone系列iSight摄像头的特点与应用

iPhone 6s Plus	iPhone 6s	iPhone 6 Plus	iPhone 6	iPhone SE
1200万像素iSight摄像头，单个像素尺寸为1.22微米	1200万像素iSight摄像头，单个像素尺寸为1.22微米	800万像素iSight摄像头，单个像素尺寸为1.5微米	800万像素iSight摄像头，单个像素尺寸为1.5微米	1200万像素iSight摄像头，单个像素尺寸为1.22微米
f/2.2光圈	*f*/2.2光圈	*f*/2.2光圈	*f*/2.2光圈	*f*/2.2光圈
Live Photos	Live Photos	—	—	Live Photos
光学图像防抖功能	—	光学图像防抖功能	—	—
优化的局部色调映射功能	优化的局部色调映射功能	局部色调映射功能	局部色调映射功能	优化的局部色调映射功能
优化的降噪功能	优化的降噪功能	降噪	降噪	优化的降噪功能
蓝宝石玻璃镜头表面	蓝宝石玻璃镜头表面	蓝宝石玻璃镜头表面	蓝宝石玻璃镜头表面	蓝宝石玻璃镜头表面
True Tone闪光灯	True Tone闪光灯	True Tone闪光灯	True Tone闪光灯	True Tone闪光灯
背照式感光元件	背照式感光元件	背照式感光元件	背照式感光元件	背照式感光元件
五镜式镜头	五镜式镜头	五镜式镜头	五镜式镜头	五镜式镜头
混合红外线滤镜	混合红外线滤镜	混合红外线滤镜	混合红外线滤镜	混合红外线滤镜
Focus Pixels自动对焦	Focus Pixels自动对焦	Focus Pixels自动对焦	Focus Pixels自动对焦	Focus Pixels自动对焦
Focus Pixels轻点对焦	Focus Pixels轻点对焦	轻点对焦	轻点对焦	Focus Pixels　轻点对焦

（续）

iPhone 6s Plus	iPhone 6s	iPhone 6 Plus	iPhone 6	iPhone SE
曝光控制	曝光控制	曝光控制	曝光控制	曝光控制
自动 HDR 照片	自动 HDR 照片	自动 HDR 照片	自动 HDR 照片	自动 HDR 照片
面部识别功能	面部识别功能	面部识别功能	面部识别功能	面部识别功能
全景模式（高达6300 万像素）	全景模式（高达6300 万像素）	全景模式（高达4300 万像素）	全景模式（高达4300 万像素）	全景模式(高达 6300 万像素)
自动图像防抖功能	自动图像防抖功能	自动图像防抖功能	自动图像防抖功能	自动图像防抖功能
连拍快照模式	连拍快照模式	连拍快照模式	连拍快照模式	连拍快照模式
计时模式	计时模式	计时模式	计时模式	计时模式
照片地理标记功能	照片地理标记功能	照片地理标记功能	照片地理标记功能	照片地理标记功能

iPhone 系列视频拍摄的特点与应用见表 5-10。

表 5-10　iPhone 系列视频拍摄的特点与应用

iPhone 6s Plus	iPhone 6s	iPhone 6 Plus	iPhone 6	iPhone SE
4K 视频拍摄(3840 × 2160),30fps	4K 视频拍摄(3840 × 2160),30fps	—	—	4K 视频拍摄(3840 × 2160),30fps
1080p HD 视频拍摄,30fps 或 60fps	1080p HD 视频拍摄,30fps 或 60fps	1080p HD 视频拍摄,30fps 或 60fps	1080p HD 视频拍摄,30fps 或 60fps	1080p HD 视频拍摄,30fps 或 60fps
True Tone 闪光灯	True Tone 闪光灯	True Tone 闪光灯	True Tone 闪光灯	True Tone 闪光灯
视频光学图像防抖功能	—	—	—	—
慢动作视频,1080p (120fps)、720p(240fps)	慢动作视频,1080p (120fps)、720p(240fps)	慢动作视频,120fps 或 240fps	慢动作视频,120fps 或 240fps	慢动作视频,1080p(120fps)和 720p (240fps)
延时摄影视频（支持防抖功能）	延时摄影视频（支持防抖功能）	延时摄影视频（支持防抖功能）	延时摄影视频（支持防抖功能）	延时摄影视频（支持防抖功能）
影院级视频防抖功能	影院级视频防抖功能	影院级视频防抖功能	影院级视频防抖功能	影院级视频防抖功能
连续自动对焦视频	连续自动对焦视频	连续自动对焦视频	连续自动对焦视频	连续自动对焦视频
4K 视频录制过程中拍摄 800 万像素静态照片	4K 视频录制过程中拍摄 800 万像素静态照片	视频录制过程中拍摄静态照片	视频录制过程中拍摄静态照片	4K 视频录制过程中拍摄 800 万像素静态照片
变焦播放	变焦播放	变焦播放	变焦播放	变焦播放
面部识别功能	面部识别功能	面部识别功能	面部识别功能	面部识别功能
三倍变焦	三倍变焦	三倍变焦	三倍变焦	三倍变焦
视频地理标记功能	视频地理标记功能	视频地理标记功能	视频地理标记功能	视频地理标记功能

iPhone 系列 FaceTime 摄像头的特点与应用见表 5-11。

表 5-11　iPhone 系列 FaceTime 摄像头的特点与应用

iPhone 6s Plus	iPhone 6s	iPhone 6 Plus	iPhone 6	iPhone SE
500 万像素照片	500 万像素照片	120 万像素照片	120 万像素照片	120 万像素照片
$f/2.2$ 光圈	$f/2.2$ 光圈	$f/2.2$ 光圈	$f/2.2$ 光圈	$f/2.4$ 光圈
Retina 闪光灯	Retina 闪光灯	—	—	Retina 闪光灯
720p HD 视频拍摄	720p HD 视频拍摄	720p HD 视频拍摄	720p HD 视频拍摄	720p HD 视频拍摄
自动 HDR 照片和视频	自动 HDR 照片和视频	自动 HDR 照片和视频	自动 HDR 照片和视频	自动 HDR 照片
背照式感光元件	背照式感光元件	背照式感光元件	背照式感光元件	背照式感光元件
面部识别功能	面部识别功能	面部识别功能	面部识别功能	面部识别功能
连拍快照模式	连拍快照模式	连拍快照模式	连拍快照模式	连拍快照模式

（续）

iPhone 6s Plus	iPhone 6s	iPhone 6 Plus	iPhone 6	iPhone SE
曝光控制	曝光控制	曝光控制	曝光控制	曝光控制
计时模式	计时模式	计时模式	计时模式	计时模式

iPhone 系列视频通话 4 的特点与应用见表 5-12。

表 5-12　iPhone 系列视频通话 4 的特点与应用

iPhone 6s Plus	iPhone 6s	iPhone 6 Plus	iPhone 6	iPhone SE
Face Time 视频通话	Face Time 视频通话	Face Time 视频通话	Face Time 视频通话	Face Time 视频通话
可通过无线网络或蜂窝网络与任何支持 Face Time 的设备发起视频通话	可通过无线网络或蜂窝网络与任何支持 Face Time 的设备发起视频通话	可通过无线网络或蜂窝网络与任何支持 Face Time 的设备发起视频通话	可通过无线网络或蜂窝网络与任何支持 FaceTime 的设备发起视频通话	可通过无线网络或蜂窝网络与任何支持 FaceTime 的设备发起视频通话

iPhone 5 手机中，主摄像头信号是通过 MIPI 信号总线与应用处理器进行通信，数据信号通过 I^2C 总线进行通信的。iPhone 6s 1200 万像素的主摄像头如图 5-13 所示。iPhone 6 Plus 摄像头如图 5-14 所示。

图 5-13　iPhone 6s 1200 万像素的主摄像头

图 5-14　iPhone 6 Plus 摄像头

5.4.3 iPhone 主摄像头测试

iPhone 主摄像头测试的主要步骤如下：

1）如果要拍摄照片：首先摆好 iPhone，以及轻按，并且确保相机/视频开关设定为。

a）打印一份测试图像的彩色副本，以及在拍照前将镜头对准测试图像以铺满屏幕，如图 5-15 所示。

b）屏幕上的矩形显示的是摄像头的聚焦区域，并且确保聚焦区域位于测试图像上的圆圈内。

c）另外，确保主要色彩与打印出的测试图像相符，以及照片边缘没有暗点。

2）然后更换聚焦区域，以及设置曝光：轻按以聚焦到测试图像上的圆圈内，则摄像头会自动调整所选区域的曝光。

3）然后放大或缩小（仅限相机模式）：轻按屏幕，然后使用屏幕底部的滑块来进行放大或缩小。

4）然后设置 LED 闪光灯模式（相机或视频模式）：轻按屏幕左上角的闪光灯按钮，然后轻按“打开”。

a）如果有可能，则在昏暗或漆黑环境下拍照，以确认闪光灯是否会闪光。

b）确保闪光灯照亮的是测试图像上的圆圈部分，没有偏移到一侧。

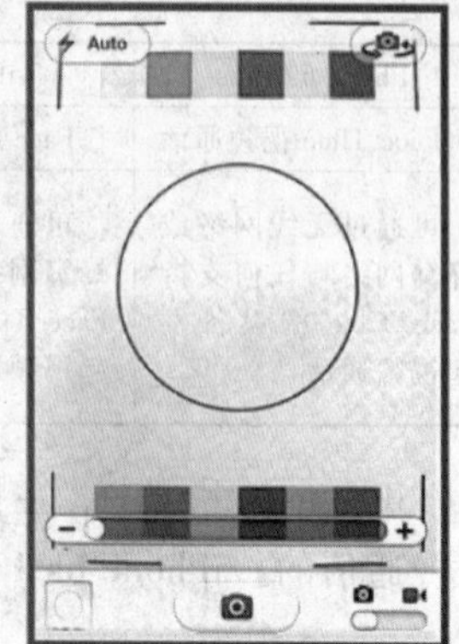

图 5-15　对准测试图像以铺满屏幕

5）然后调整主摄像头、LED 闪光灯：拆卸与重新安装后盖时，主摄像头模块可能会因碰撞而出现对不齐。此时，可轻轻向正确对齐所需方向推压主摄像头模块来进行调整。

5.4.4 其他智能手机用摄像头

vivo X3 800 万像素主摄像头如图 5-16 所示，vivo X3 前置 500 万像素广角镜头如图 5-17 所示。

图 5-16　vivo X3 800 万像素主摄像头

图 5-17　vivo X3 前置 500 万像素广角镜头

vivo X5 同样搭载了配备索尼第二代堆栈式传感器的 *f*/2.0 超大光圈 6P 镜头，像素高达 1300 万，vivo X5　1300 万像素摄像头如图 5-18 所示。

小米 2 主摄像头 800 万像素二代背照式 F 光圈和 27mm 超大广角，如图 5-19 所示。

图 5-18　vivo X5　1300 万像素摄像头

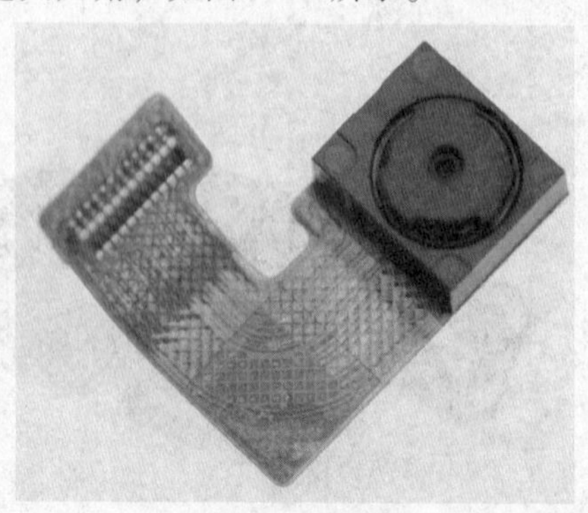

图 5-19　小米 2 主摄像头

OPPO N3 机身顶部可以电动旋转摄像头的电机，通过该电机可以实现自动旋转功能，如图 5-20 所示。

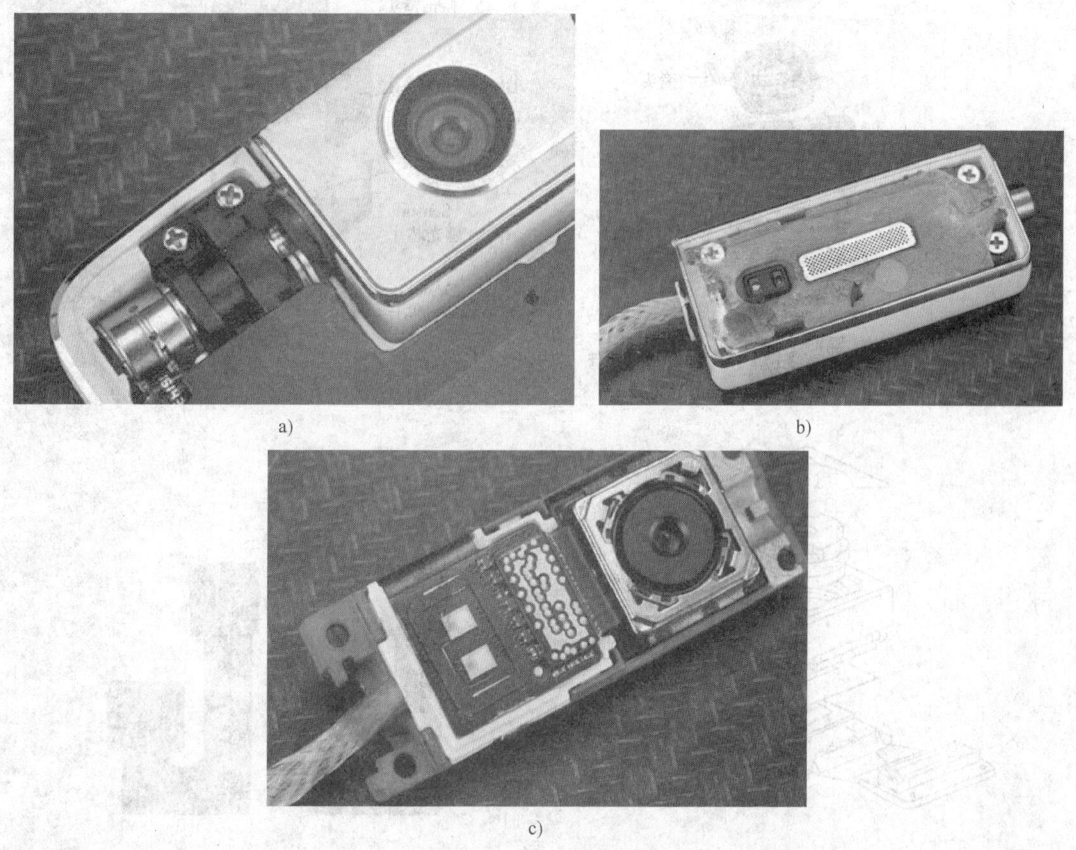

a) b) c)

图 5-20 OPPO N3 电动旋转摄像头

OPPO N3 的电动旋转摄像头可以完全与机身分离。该总成是由电机、摄像头组件、排线组成。如果需要打开 OPPO N3 电动摄像头，则需要去除传声器（话筒）一面的皮革部分，再拆卸 4 颗固定的螺钉。拆开 OPPO N3 外壳，就可以看到整个摄像头的内部。

OPPO N3 采用 1600 万像素摄像头，Pixel 尺寸达到 1.34 微米，最大光圈为 $f/2.2$，如图 5-21 所示。

图 5-21 OPPO N3 采用 1600 万像素摄像头

5.4.5 摄像头的结构

摄像头的结构如图 5-22 所示。

5.4.6 摄像头的清洁

使用摄像头，需要注意不要用裸指触碰主摄像头的镜头，仅触碰周围区域或戴上树胶手套，从而确保不会在摄像头镜头上留下碎屑或指纹。

清洁主摄像头上的碎屑或污点的方法、技巧如下：

1）使用干净的细绒抛光布来擦除摄像头镜头、后盖镜头上的污点。

2）使用压缩空气除尘器来清除灰尘、碎屑，再安装后盖。

5.4.7 主摄像头有关的故障

与主摄像头有关的故障有主摄像头不可激活、闪光灯不能照亮所拍摄的物体、照片或显示屏边缘存

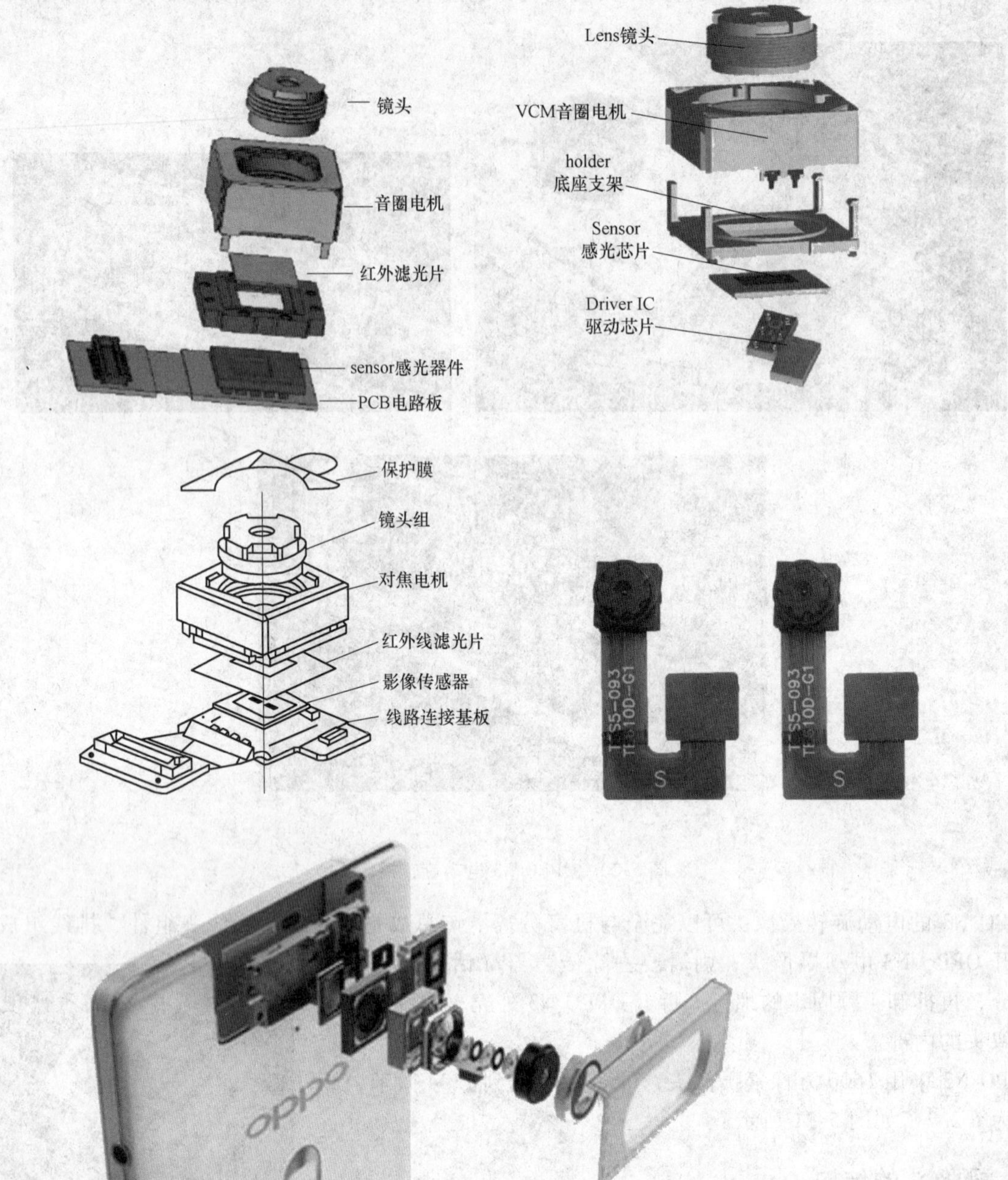

图 5-22　摄像头的结构

在暗点、闪光灯不工作或昏暗、照片或图像失真、自动聚焦不工作等现象。

5.5　屏幕

5.5.1　概述

手机液晶模块属于高度集成化的一种零配件。手机液晶屏可以分为，STN 屏幕 、TFT 屏幕、TFD 屏幕、UFB 屏幕、OLED 屏幕等。手机屏幕的材质有 TFT 、TFD、UFB、STN、OLED 等。一般来说能显示的颜色越多越能显示复杂的图像，画面的层次也丰富。

STN是早期彩屏的主要器件，最初只能显示256色。TFT的亮度好、对比度高、层次感强、颜色鲜艳、比较耗电等。UFB是专门为移动电话、PDA设计的显示屏，具有超薄、高亮度等特点。

曲面屏幕就是指区别于传统手机屏幕是一个平面的特征，而是带有一定的弧度屏幕。

手机并口型液晶屏中D0～D7（D8～D15）、R/W（/RD&&/WR）、C5、A0被串口型中SCL、SDA所代替，这些都是用于主板上CPU对驱动控制芯片实现控制所需的。VLCD用于调节液晶屏的显示对比度，根据具体模块有不同的控制电压：VCC（VDD）、GND（VSS）用于向驱动控制芯片提供工作电源。

目前，手机液晶模块有各式各样的背光元件、驱动元件，常见的有发光二极管、平面发光块等。它们属于低压驱动，不过，也有AC110V驱动的EL背光。

液晶控制器接收由LCD发过来的显示指令、数据经分析判断、存储，然后根据一定的时钟速度将显示的点阵信息输出到行、列驱动器进行扫描，以≥75Hz每帧的速率更新一次屏幕，则人眼在外界光的反射下，就感觉到液晶的屏幕上出现了显示内容。

手机一些平板屏幕尺寸长宽面积见表5-13。

表5-13　手机一些平板屏幕尺寸长宽面积

屏幕尺寸/in	长宽比		长/cm	宽/cm	屏幕面积/cm²	分辨率/dpi	代表机型
	长	宽					
3.5	960	640	7.40	4.93	36.48	330	iPhone4&4s
4	854	480	8.86	4.98	44.09	245	小米
4	960	640	8.45	5.64	47.64	288	魅族 MX
4	1136	640	8.85	4.99	44.14	326	iPhone5&5S
4.3	800	480	9.37	5.62	52.63	217	三星 I9100
4.3	960	540	9.52	5.35	50.97	256	XT910
4.3	1280	720	9.52	5.35	50.97	342	LT26
4.5	1280	720	9.96	5.60	55.82	326	华为 D1
4.7	1280	720	10.40	5.85	60.90	312	ONE X
4.7	1280	768	10.24	6.14	62.87	318	LG nexus 4
4.8	1280	720	10.63	5.98	63.52	306	盖世 3
5	1024	768	10.16	7.62	77.42	256	LG VU
5	1920	1080	11.07	6.23	68.92	441	盖世 4/sony L36h
5.3	1280	800	11.42	7.13	81.45	285	i9220
5.5	1280	720	12.18	6.85	83.39	267	N7100
5.7	1920	1080	12.62	7.10	89.57	386	note3
6.1	1920	1080	13.50	7.60	102.58	361	华为 Mate
7	1280	800	15.08	9.42	142.08	216	Nexus 7
7.9	1024	768	16.05	12.04	193.27	162	ipadmini
7.9	2046	1536	16.05	12.05	193.32	324	ipadmini2
8.2	1280	800	17.66	11.04	194.97	184	MOTO MZ607
8.9	1280	800	19.17	11.98	229.68	170	三星 P739
9.7	2048	1536	19.71	14.78	291.37	264	iPad3&4&Air
10.1	1280	800	21.75	13.60	295.79	149	三星 Tab
11.6	1366	768	25.68	14.44	370.86	135	三星 XE500

智能手机屏幕尺寸与分辨率如下：

2.8英寸分辨率为640×480（VGA）像素密度286ppi；

3.2英寸分辨率为480×320（HVGA）像素密度167ppi；

3.3英寸分辨率为854×480（WVGA）像素密度297ppi；

3.5英寸分辨率为480×320（HVGA）像素密度165ppi；

3.5 英寸分辨率为 800×480（WVGA）像素密度 267ppi；

3.5 英寸分辨率为 854×480（WVGA）像素密度 280ppi；

3.5 英寸分辨率为 960×640（DVGA）像素密度 326ppi；

3.7 英寸分辨率为 800×480（WVGA）像素密度 252ppi；

3.7 英寸分辨率为 800×480（WVGA）像素密度 252ppi；

3.7 英寸分辨率为 960×540（qHD）像素密度 298ppi；

4.0 英寸分辨率为 800×480（WVGA）像素密度 233ppi；

4.0 英寸分辨率为 854 ×480（WVGA）像素密度 245ppi；

4.0 英寸分辨率为 960×540（qHD）像素密度 275ppi；

4.0 英寸分辨率为 1136×640（HD）像素密度 330ppi；

4.2 英寸分辨率为 960×540（qHD）像素密度 262ppi；

4.3 英寸分辨率为 800×480（WVGA）像素密度 217ppi；

4.3 英寸分辨率为 960×640（qHD）像素密度 268ppi；

4.3 英寸分辨率为 960×540（qHD）像素密度 256ppi；

4.3 英寸分辨率为 1280×720（HD）像素密度 342ppi；

4.5 英寸分辨率为 960×540（qHD）像素密度 245ppi；

4.5 英寸分辨率为 1280×720（HD）像素密度 326ppi；

4.5 英寸分辨率为 1920×1080（FHD）像素密度 490ppi；

4.7 英寸分辨率为 1280×720（HD）像素密度 312ppi；

4.7 英寸分辨率为 1280×720（HD）像素密度 312ppi；

4.7 英寸分辨率为 1280×720（HD）像素密度 312ppi；

4.8 英寸分辨率为 1280×720（HD）像素密度 306ppi；

5.0 英寸分辨率为 480×800（WVGA）像素密度 186ppi；

5.0 英寸分辨率为 1024×768（XGA）像素密度 256ppi；

5.0 英寸分辨率为 1280×720 像素密度 294ppi；

5.0 英寸分辨率为 1920×1080（FHD）像素密度 441ppi；

5.3 英寸分辨率为 1280×800（WXGA）像素密度 285ppi；

5.3 英寸分辨率为 960×540（qHD）像素密度 207ppi；

6.0 英寸分辨率为 854×480 像素密度 163ppi；

6.0 英寸分辨率为 1280×720 像素密度 245ppi；

6.0 英寸分辨率为 2560×1600 像素密度 498ppi；

7.0 英寸分辨率为 800×480（WVGA）像素密度 128ppi；

7.0 英寸分辨率为 1024×600 像素密度 169ppi；

7.0 英寸分辨率为 1280×800 像素密度 216ppi；

9.7 英寸分辨率为 1024×768（XGA），像素密度 132ppi；

9.7 英寸分辨率为 2048×1536，像素密度 264ppi；

10 英寸分辨率为 1200×600，像素密度 170ppi；

10 英寸分辨率为 2560×1600 像素密度 299ppi。

目前，智能手机的屏幕一般是液晶总成。液晶总成是包括触摸屏与液晶屏两个部分的集合体，例如 iPhone 4s 液晶总成就是触摸屏与液晶屏两块屏合在一起的集合体。iPhone 4s 液晶总成一般有带二维的编码，并且一般是在产品的背面左上方。

屏幕主要参数有触摸屏类型、主屏尺寸、主屏材质、主屏分辨率、窄边框性、屏幕占比、其他屏幕参数等。

5.5.2 iPhone 系列显示屏的特点

早期 iPhone 显示屏的特点见表 5-14。

表 5-14 早期 iPhone 显示屏的特点

类 型	显 示 屏	解 说
iPhone 2		完整的 iPhone 2G 液晶总成包括液晶屏幕前盖、触摸屏数字转换器等。其为 3.5 英寸(对角线)宽屏多点触摸显示器,所有苹果 iPhone 2G:4GB,8GB 、16 GB 的液晶屏是兼容的
iPhone 3G		一般而言,3G 版 iPhone 的显示屏不兼容 iPhone3GS 的显示屏
iPhone 3GS		一般所有 iPhone3GS 的显示屏是兼容的
iPhone4		Verizon 和 AT&T 的 iPhone 4 显示屏部件有不同的组装位置。一般 GSM 的 iPhone 4 显示屏可以代换。但是 iPhone 4 显示屏不能够代换 iPhone 4s 的显示屏。GSM 的 iPhone 4 显示屏与 CDMA 的 iPhone 4 显示屏不兼容
iPhone 4s		与 iPhone 4 一样为 960×640 分辨率的 LED 背光 IPS TFT 液晶 Retina 显示屏。iPhone 4s 在整体上与 CDMA iPhone 4 相似,但是在显示屏的组装上却是与 GSM 版的 iPhone 4 相似

iPhone 4s 仍然保留了许多和 iPhone 4 一样的设计元素和器件。其中一个保持不变的重要地方就是显示器和触摸屏部分。其他基本没有变化的部件包括 WiFi/蓝牙/频率调制 (FM) 模块。

其他不同代的 iPhone 显示屏的特点见表 5-15。

表 5-15 其他不同代的 iPhone 显示屏的特点

iPhone 6s Plus	iPhone 6s	iPhone 6 Plus	iPhone 6	iPhone SE
具备 3D Touch 技术的 Retina HD 显示屏	具备 3D Touch 技术的 Retina HD 显示屏	Retina HD 显示屏	Retina HD 显示屏	Retina 显示屏
具备新一代 Multi-Touch 技术的 5.5 英寸 (对角线) LED 背光宽显示屏,采用 IPS 技术以及 Taptic Engine	具备新一代 Multi-Touch 技术的 4.7 英寸 (对角线) LED 背光宽显示屏,采用 IPS 技术以及 Taptic Engine	具备 Multi-Touch 技术的 5.5 英寸 (对角线) LED 背光宽显示屏,采用 IPS 技术	具备 Multi-Touch 技术的 4.7 英寸 (对角线) LED 背光宽显示屏,采用 IPS 技术	具备 Multi-Touch 技术的 4 英寸 (对角线) LED 背光宽显示屏,采用 IPS 技术
1920 × 1080 像素分辨率,401 ppi	1334×750 像素分辨率,326 ppi	1920 × 1080 像素分辨率,401 ppi	1334×750 像素分辨率,326 ppi	1136×640 像素分辨率,326 ppi
1300:1 对比度 (标准)	1400:1 对比度 (标准)	1300:1 对比度 (标准)	1400:1 对比度 (标准)	800:1 对比度 (标准)
500cd/m² 最大亮度 (标准)	500cd/m² 最大亮度 (标准)	500cd/m² 最大亮度 (标准)	500cd/m² 最大亮度 (标准)	500cd/m² 最大亮度 (标准)
全 sRGB 标准	全 sRGB 标准	全 sRGB 标准	全 sRGB 标准	全 sRGB 标准
支持广阔视角的双域像素	支持广阔视角的双域像素	支持广阔视角的双域像素	支持广阔视角的双域像素	—
采用防油渍防指纹涂层	采用防油渍防指纹涂层	采用防油渍防指纹涂层	采用防油渍防指纹涂层	采用防油渍防指纹涂层
支持多种语言文字同时显示	支持多种语言文字同时显示	支持多种语言文字同时显示	支持多种语言文字同时显示	支持多种语言文字同时显示
放大显示	放大显示	放大显示	放大显示	—
便捷访问功能	便捷访问功能	便捷访问功能	便捷访问功能	—

iPhone6 Plus 和 iPhone6s Plus 屏幕结构如图 5-23 所示。

a) iPhone 6s Plus屏幕

b) iPhone 6 Plus屏幕

图 5-23　iPhone 6 Plus 和 iPhone 6s Plus 屏幕结构

5.5.3　部分智能手机的屏幕特点（见表 5-16）

表 5-16　部分智能手机的屏幕特点

名称	触摸屏类型	主屏尺寸/in①	主屏材质	主屏分辨率/像素	屏幕像素密度/ppi	窄边框/mm	屏幕占比(%)	其他
vivo Xplay5(全网通)	电容屏、多点触控	5.43	Super AMOLED	2560×1440	541	4.29	69.49	双曲面屏
华为 G9(青春版/全网通)	电容屏、多点触控	5.2	IPS	1920×1080	424	3.92	69.93	In-Cell 全贴合技术
OPPO A53(全网通)	电容屏、多点触控	5.5	TFT 材质(IPS 技术)	1280×720	267	4.26	70.79	
vivo Y37(移动 4G)	电容屏、多点触控	5.5	TFT 材质(IPS 技术)	1280×720	267	4.26	70.33	
三星 GALAXY A5(A5000/双 4G)	电容屏、多点触控	5	Super AMOLED	1280×720	294	3.72	70.97	
三星 W2013(电信 3G)	电容屏、多点触控	3.7	Super AMOLED	800×480	252	5.83	55.12	副屏参数 3.7in,800×480 像素
vivo Xplay3S(X520L/移动 4G)	电容屏、多点触控	6	IPS	2560×1440	490	3.94	75.97	
vivo X6S(全网通)	电容屏、多点触控	5.2	Super AMOLED	1920×1080	424	4.5	68.33	2.5D 弧面屏
三星 GALAXY S7(G9300/全网通)	电容屏、多点触控	5.1	Super AMOLED	2560×1440	576	3.04	72.35	2.5D 玻璃

① 1in（英寸）=0.0254m。

5.5.4　手机液晶屏常见故障与分析（见表 5-17）

表 5-17　手机液晶屏常见故障与分析

故障	分　析
机械损坏(出现大面积的黑块、破裂、划伤等)	该类现象,一般无法维修,只能够换屏
无任何外表损伤现象,但也没有任何显示	该类现象,首先需要确保手机的主机部分正常工作后才能开始进行。可以先检查所有引脚是否接触良好,对于导电橡胶型还需检查导电橡胶的导电性能。以上确保正常后,可重新开机试。如果还没有显示,则可通过测电压、波形进行检查,来判断故障原因
有显示,但缺笔少划	对于并口型液晶有可能是由于个别数据线 D0~D7(D8~D15)引脚接触不良,或者液晶模块损坏了 对于串口型液晶,一般需要更换新的屏幕
时有显示,时又不显	该类故障一般是由于接触问题引起的
显示太黑或太淡,背光原不亮	该类故障,一般是所供 VLCD、背光源电压不正常引起的
有显示,但显示乱码	该类故障一般是改机原因、接触不良等引起的
显示屏不能显示信息、显示不全或显示不清晰	显示屏损坏或导电橡胶接触不良、显示屏接口各脚电压不正常、电源 IC/CPU 等虚焊或损坏、软件出错等引起的

5.5.5　触摸屏

触摸屏的检查方法如下：

1）首先测量触摸屏四个引脚，有两组电阻，用手压触摸屏，电阻会应发生变化，如果没有阻值或阻值没有变化，则说明触摸屏已经损坏。

2）再测主板四个引脚对地阻值，及开机测 X +、Y + 两脚是否有供电，如果没有阻值，则说明可能断线。如果没有电压，则说明可能控制 IC 损坏或有关电阻电容漏电或短路。

3）测量控制 IC 是否有供电，如果没有，则应该检查电源供电。如果有，则可能需要检查 CPU 和软件。

安装触摸屏的注意事项：

1）注意静电问题：触摸屏的取放均需要带静电环，防止静电击伤元器件。

2）安装时最好带手指套：避免手指上的汗渍、油污等污染连接器。

3）安装连接器时，一定要和母卡平行，均匀用力。

4）拆下时，需要注意平行拉起，不可从一边扣起 。

5）触摸屏需要轻拿轻放，最好两个手指捏住两侧，不要上下捏住。

6）触摸屏撕开保护膜时，注意不要污染屏的表面与另一面。保护膜里面有黏性，不要用手指直接接触。

7）触摸屏装配时，一定要在关机下装配，不要在锁机情况下装配，以免出现白屏、条文、屏闪。

8）触摸屏可以用无尘布沾少许高纯度酒精擦拭连接器。

9）目前，触摸屏一般是触摸屏总成，安装触摸屏时，注意触摸屏外的配件是否符合要求。如果不符合要求，则不能够代换。例如，小米 2 触控芯片与排线如图 5-24 所示。

更换 iPhone 液晶触摸屏总成的注意事项：

1）安装前需要测试：iPhone 4s 液晶总成是触摸屏与液晶显示屏一体结构，测试时需要两样功能都要同时测试。只有测试功能都正常，才能够安装。

2）安装时，注意排线不能够挤压或过度弯曲受损。

3）iphone 4s、iphone 4 手机屏幕玻璃破裂或者只出现一道小小的裂痕一般也需要更换带液晶的总成。

4）触摸屏排线安装需要特别小心，如果划伤或折坏就会造成触摸失灵。

5）触摸损坏的表现是触屏一横线，或一竖线不能触摸，如果只有一点不能触摸，这可能是排线没有接好。

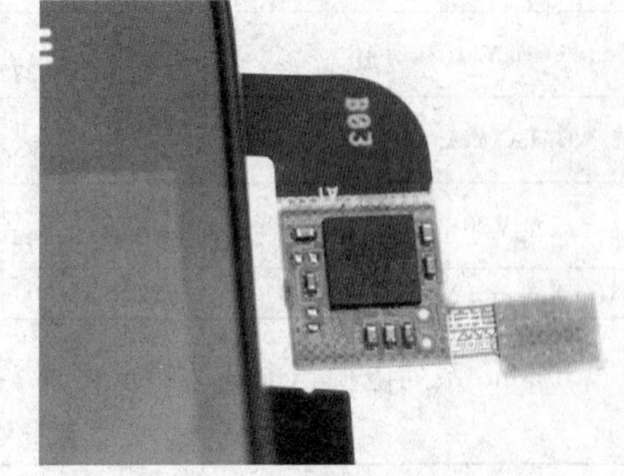

图 5-24　小米 2 触控芯片与排线

6）iPhone 4 玻璃触摸屏（见图 5-25）破损、刮伤或停止响应，可能是 iPhone 4 的玻璃触摸屏损坏引起的，因此，需要更换 iPhone 4 的玻璃触摸屏。

7）iPhone 4 采用的液晶面板与 iPad 相同，均为透过式的 IPS 类型。相较于 iPhone 3G 采用的半透过式液晶面板（透过式/反射式混合），一般画质要出色。然而，当在有外光影响的室外使用时，如果亮度不比半透过型的更高，则性能会变差。

8）iPhone 4 将液晶面板、触控面板、机壳前端合为了一体。iPhone 3G 没有一体化，液晶面板很容易分离。iPhone 4 一体化是将上述几个部分用透明树脂粘合固定，以消除画质劣化的原因——空气曾界面上的光反射。由于采用了粘合，修理只有更换整体。

9）iPhone 4s 屏幕的更换有几种方式：iPhone 4s 液晶 + 触摸屏数字转换器组件（黑色）、iPhone 4s 液晶 + 触摸屏数字转换器组件（白色）、iPhone 4s 液晶触摸屏（黑色）、iPhone 4s 液晶触摸屏（白色）、iPhone 4s LCD 屏等。iPhone 4s LCD 屏如图 5-26 所示。

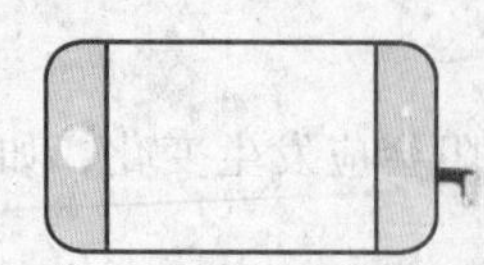
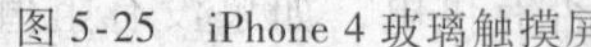

图 5-25　iPhone 4 玻璃触摸屏

图 5-26　iPhone 4s LCD 屏

10）iPhone 系列显示屏上有玻璃面板。因此，维修时，需要分清楚是破液晶还是爆玻璃面板。iPhone 不同运营商的显示组件也不同，也就是说一个 CDMA 的 iPhone 的显示组件不兼容的 GSM 的 iPhone 的显示组件，反之亦然。同一种类（制式）下的不同容量的 iPhone 手机的显示屏往往可以兼容。例如同运营商的 CDMA 的 32G 的 iPhone 4 显示屏可以兼容 CDMA 的 16G 的 iPhone 4、CDMA 的 8G 的 iPhone 4。

5.6　电池

5.6.1　概述

手机电池是为手机提供电力的储能配件，手机电池一般用的是锂电池和镍氢电池，目前，一般采用锂电池。mAh 是电池容量的单位，中文名称是毫安时。电池的结构如图 5-27 所示。

部分智能手机的电池特点见表 5-18。

表 5-18　部分智能手机的电池特点

名称	特　点
vivo Xplay5(全网通)	1)电池类型:不可拆卸式电池 2)电池容量:3600mAh
vivo Y37(移动 4G)	1)电池类型:不可拆卸式电池 2)电池容量:2720mAh
三星 GALAXY A5(A5000/双 4G)	1)电池类型:不可拆卸式电池 2)电池容量:2300mAh
三星 W2013(电信 3G)	1)电池类型:可拆卸式电池 2)电池容量:1820mAh
vivo Xplay3S(X520L/移动 4G)	电池容量:3200mAh

iPhone 系列电源与电池的特点见表 5-19。

表 5-19　iPhone 系列电源与电池的特点

iPhone 6s Plus	iPhone 6s	iPhone 6 Plus	iPhone 6	iPhone SE
内置锂离子充电电池	内置锂离子充电电池	内置锂离子充电电池	内置锂离子充电电池	内置锂离子充电电池
通过电脑的 USB 端口或电源适配器充电	通过电脑的 USB 端口或电源适配器充电	通过电脑的 USB 端口或电源适配器充电	通过电脑的 USB 端口或电源适配器充电	通过电脑的 USB 端口或电源适配器充电
通话时间:使用 3G 网络时最长可达 24 小时	通话时间:使用 3G 网络时最长可达 14 小时	通话时间:使用 3G 网络时最长可达 24 小时	通话时间:使用 3G 网络时最长可达 14 小时	通话时间:使用 3G 网络时最长可达 14 小时
待机时间:最长可达 16 天	待机时间:最长可达 10 天	待机时间:最长可达 16 天	待机时间:最长可达 10 天	待机时间:最长可达 10 天
互联网使用:使用 3G 网络时最长可达 12 小时,使用 4G LTE 网络时最长可达 12 小时,使用无线网络时最长可达 12 小时	互联网使用:使用 3G 网络时最长可达 10 小时,使用 4G LTE 网络时最长可达 10 小时,使用无线网络时最长可达 11 小时	互联网使用:使用 3G 网络时最长可达 12 小时,使用 4G LTE 网络时最长可达 12 小时,使用无线网络时最长可达 12 小时	互联网使用:使用 3G 网络时最长可达 10 小时,使用 4G LTE 网络时最长可达 10 小时,使用无线网络时最长可达 11 小时	互联网使用:使用 3G 网络时最长可达 12 小时,使用 4G LTE 网络时最长可达 13 小时,使用无线网络时最长可达 13 小时
HD 视频播放:最长可达 14 小时	HD 视频播放:最长可达 11 小时	视频播放:最长可达 14 小时	视频播放:最长可达 11 小时	视频播放:最长可达 13 小时
音频播放:最长可达 80 小时	音频播放:最长可达 50 小时	音频播放:最长可达 80 小时	音频播放:最长可达 50 小时	音频播放:最长可达 50 小时

iPhone 4 电池参考使用的时间见表 5-20。

表 5-20　iPhone 4 电池参考使用的时间

项目	2G 通话时间	3G 通话时间	WIFI 上网	3G 上网	face time	LED 手电筒
时间	18 小时	8 小时	11 小时	8 小时	4 小时 10 分钟	2 小时
项目	视频播放	youtube 播放	音乐播放	蓝牙音乐	待机时间	语音备忘录
时间	12 小时	8 小时	35 小时	16 小时	300 小时	22 小时 30 分钟
项目	玩 2D 游戏	玩 3D 游戏	录制视频	拍摄照片	GPS 导航	电子书
时间	8 小时	4 小时	3 小时	4 小时	3 小时	16 小时

苹果 iPhone4 原装电池因为有三个厂家生产供给，APN 分别是 0512、0513、0521。因此，外观上三个厂家有差异的。

苹果 iPhone 4s 原装内置电池（见图 5-28）目前有四种版本：索尼电子（无锡）有限公司、东莞新能源科技有限公司、乐金化学（南京）信息电子材料有限公司、韩国三星 SDI 株式会社 。这些厂家为 iPhone 4s 代工的电池都是执行统一标准：GB/T 18287—2000，容量、待机时间、使用寿命等质量方面均没有差别，几个版本可以通用兼容。

打开后盖就可以直接看到 iPhone4s 原装电池上的 APN 代码（见图 5-28）：

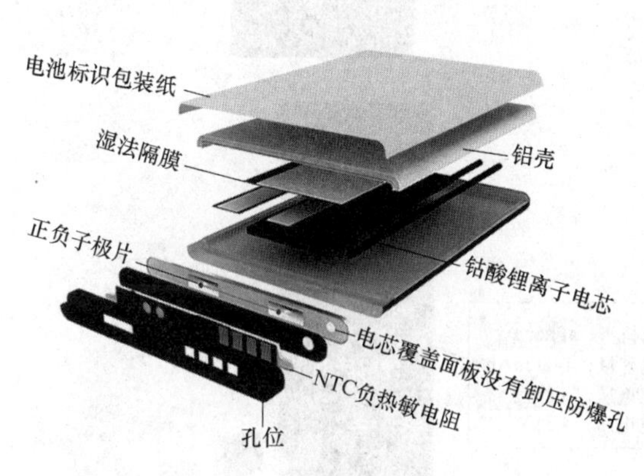

图 5-27　电池的结构

图 5-28　电池上的 APN 代码

东莞新能源科技有限公司 APN 代码为 616-0579；

索尼电子（无锡）有限公司 APN 代码为 616-0580；

韩国三星 SDI 株式会社 APN 代码为 616-0581；

乐金化学（南京）信息电子材料有限公司 APN 代码为 616-0582。

苹果 iPhone 4s 原装电池充电限制电压 4. 2V。iPhone 4 与 iPhone 4s 电池的连接器不同，也就是不通用、不能够互换。

早期 iPhone 电池的参数见表 5-21。

表 5-21　早期 iPhone 电池的参数

类型	电压	电池容量
iPhone 4	3. 7V	5. 25Whr
iPhone 3G 及 3GS	3. 7V	4. 51Whr
iPhone 4s	3. 7V	1430mAh

近来 iPhone 系列所用电池图例如图 5-29 所示。

检测是否为 iPhone 原装电池可以通过检测电池外序列号与内部序列号是否一致来判断，如果不一致，

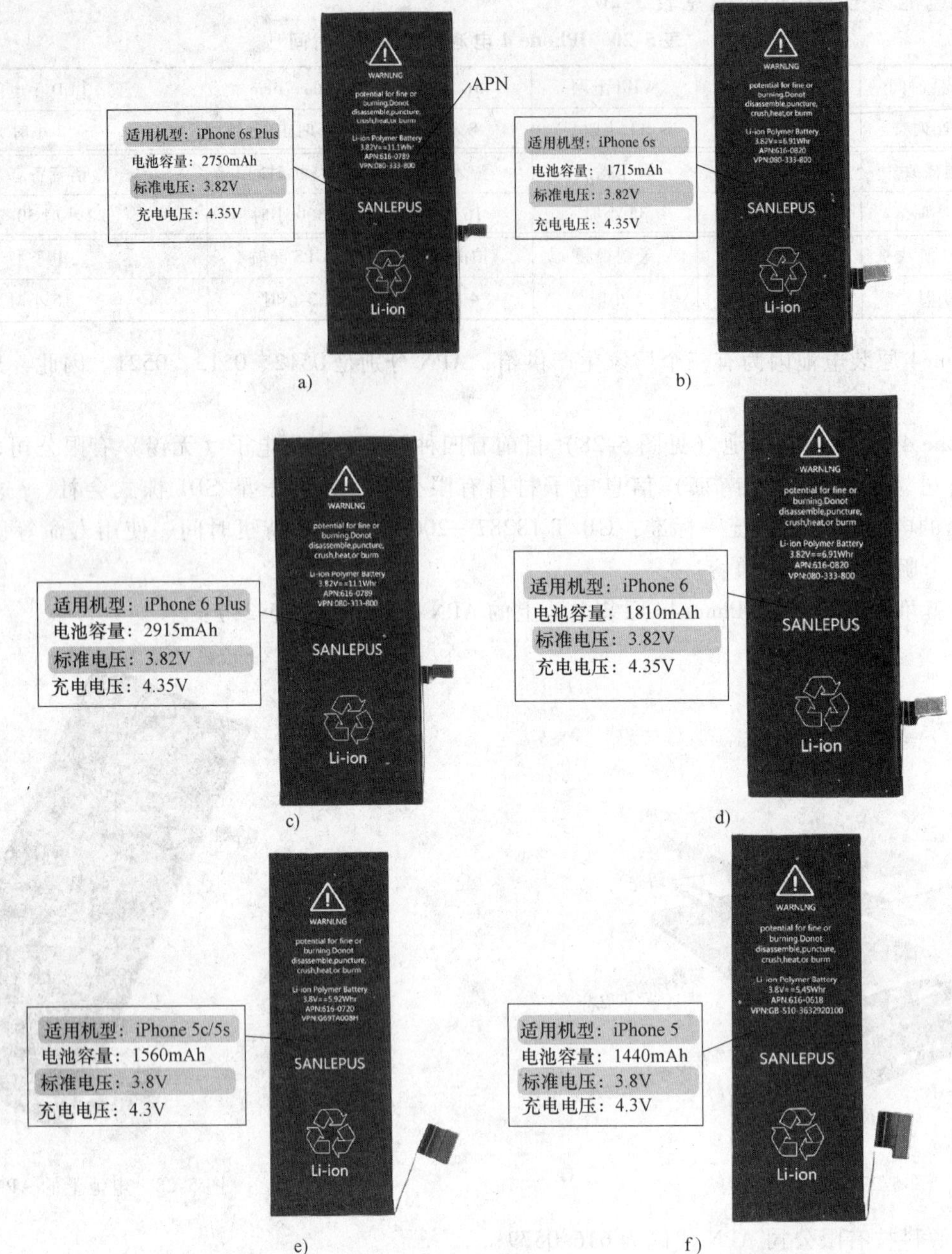

图 5-29 近来 iPhone 系列所用电池图例

则说明不是 iPhone 原装电池。

与电池有关的故障有电池无法充电、电池续航时间比预期短等异常现象。

5.6.2 智能手机用电池

手机电池电芯分 600mA、700mA、900mA、1500mA 等种类，不同手机，有的可以代换，有的不能够代换。小米手机电池与型号对照见表 5-22。

表 5-22 小米手机电池与型号对照

电池名称	适用手机型号	电池名称	适用手机型号
BM10 电池	适用于小米 1S 青春版	BM31 电池	适用于小米 3
BM20 电池	适用于小米 2/小米 2S	BM32 电池	适用于小米 4
BM21 电池	适用于小米 NOTE	BM35 电池	适用于红米 4C

（续）

电池名称	适用手机型号	电池名称	适用手机型号
BM40 电池	适用于小米 2A	BM44 电池	适用于红米 2/红米 2A
BM41 电池	适用于红米 1S	BM45 电池	适用于红米 NOTE2
BM42 电池	适用于红米 NOTE		

vivo X6S 电池的应用如图 5-30 所示。

适用于三星 note3/2/4/s5/4/3/N7000 手机电池如图 5-31 所示。

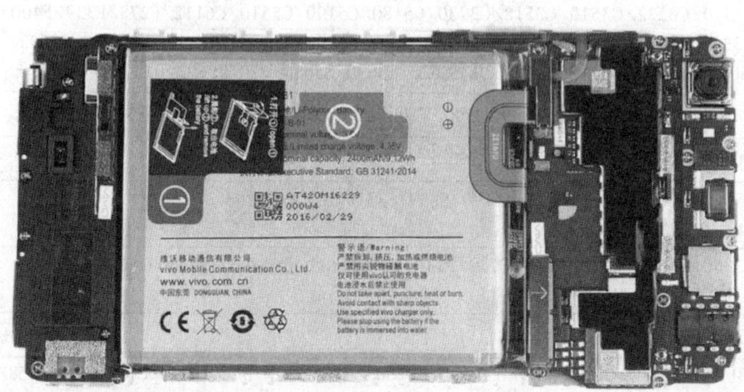

图 5-30　vivo X6S 电池的应用

图 5-31　适用于三星 note3/2/4/s5/4/3/N7000 手机电池

OPPO 手机电池如图 5-32 所示。

OPPO手机电池
电池容量：2800mAH
工作电压：3.8V
电池尺寸：79.3mm×55.6mm×5.0mm
充电限制电压：4.35V
适用机型：Find7(×9000/×9070/×9007/×9077)

图 5-32　OPPO 手机电池

另外，目前有的智能手机具有快充、闪充功能。例如 OPPO N3 内置 3000mA 不可拆卸电池，支持第二代闪充技术，30 分钟可以充满近 75% 的电量，具备快速充电功能。

部分手机电池（为便于读者维修速查，本表不局限于智能手机一类）适用机型一览表见表 5-23。

表 5-23　部分手机电池适用机型一览表

品牌	电池型号	适用机型
三星 SAMSUNG	D880	AB553850DC/B5702/B5712/D880/D888/D980/D988/W599/W619/W629
	D900	AB503442CE/D900/D908/E488/E498/E690/E780/E788/M359
	J700	AB503442BE/E570/E578/J700/J708/T509
	E590	AB403450BC/D610/D618/E590/E598/E2510/E2550/E2558/F679/M609/M3510/S3500/S3501/S3550/S5050/S5510

（续）

品牌	电池型号	适用机型
三星 SAMSUNG	G600	AB533640CE/C3110/C3310/F268/F330/F338/F490/F498/F669/G400/G508/G600/G608/J400/J408/J630/J638/S3100/S569/S3600/S3710/S3601/S3930/S5520/S6888
	G808	AB603443CE/B5210/F488E/F539/G800/G808/L870/L878/S5230/S5233/S7520/U940/U948/W159/M8910
	G810	AB474350BE/B5722/B7702/B7722/B7732/C3610/D780/D788/G810/G818/i550/i558/i688/i5500/i5508/i6330/i7110/i8510/W699/W709/W589
	i560	AB474350DU/i560/i568/i6320c/W289
	i728	AB514757BC/i728/i740
	i908E	AB653850CC/i809/i899/i900/i908/i909/i6500/i7500/i8000/i9008/i9008L/i9018/i9020/i9023/M490/M495/W899/Nexus S
	M7500	AB463651BE/B3410/B5310/C3222/C3510/C3518/C3730/C5180/C5190/C5510/C6112/F278/F339/F400/F408/J808/L700/L708/M3318/M5650/M7500/M7600/M7603/S239/S359/S559/S579/S3370/S3650/S3653/S3830/S5260/S5550/S5560/S5600/S5603/S5608/S5620/S5628/S5630/S5680/S7070/S7220/T739/W559
	U600	AB423643CC/D830/D838/E840/E848/F589/F639/U100/U108/U308/U600/U608/X820/X828
	U700	AB553443CC/U700/U708/Z720/Z728/Z370/Z378/Z560/Z568
	U800	AB653039CC/E950/E958/J200/J208/J758/L168/L170/S659/S3310/S7330/U808/U800/U900/U908/Z240/Z248
	C3050	AB483640BC/B3210/C3050/C3053/E740/E748/E768/F110/F118/F619/G618/J218/J600/J608/J610/J618/J758/L600/L608/M519/M608/M618/T339
	S8300	AB533640BA/S7350/S6700/S8300
	M620	AB043446BE/AB463446BU/B108/B189/B289/B299/B308/B309/B508/B518/B528/BC01/C120/C128/C130/C158/C168/C188/C258/C268/C288/C308/C408/CC01/CC03/C3300K/C3303K/C3520/C5130/C5212/D520/D528/D720/D728/E189/E218/E251/E258/E329/E388/E428/E500/E508/E870/E878/E900/E908/E1070C/E1080C/E1088C/E1100C/E1101C/E1110/E1113C/E1120C/E1150C/E1178/E1220/E1310C/E1360C/E2100C/E2120C/E2210C/E2232/E2652W/E3210/F299/F250/F258/F309/F369/F379/F399/F509/F519/L258/M110/M128/M138/M318/M620/M628/M2510/M2710/S139/S169/S179/S189/S199/S209/S269/S399/S3030C/S3110C/S5150/X128/X150/X158/X168/X200/X208/X218/X268/X300/X308/X508/X520/X528/X568/X638/X688/X969/X979/X989/W539
	S5200C	EB504239HU/S5200C/S5530
	S8000C	EB664239HU/F809/M8000/S7550/S8000/S8003
	W319	EB404465VU/M570/S5580/W319
	C5530	EB424255VU/C5530/S3970/S3850
	C3630	EB483450VU/C3230/C3528/C3630/C3752/S5350
	i997	EB555157VA/EB585157VK/i997/E120K/E120L/E120S/Galaxy SII HD LTE/Infuse 4G
	i8160	EB425161LU/i699/i8160/i8190/i8190N/S7562/Galaxy S III mini
	i8530	EB585157LU/i8530
	i8910	EB504465VU/B6520/B7300/B7330/B7610/B7620/F859/i329/i5700/i5800/i5801/i6410/i7680/i8180/i8320/i8700/i8910/S8500/S8530/W609/W799
	i9000	EB575152VU/EB575152LU/EB625152VU/D710/i589/i779/i897/i917/i919/i919U/i927/i929/i8250/i9000/i9001/i9003/i9010/i9088/M110S/T959/T959V/Epic 4G/Galaxy S/Galaxy S Plus/Galaxy S 4G/Epic 4G Touch
	i9070	EB535151VU/B9120/i9070
	i9100	EB524759VU/EB-F1A2GBU/B9062/i847/i937/i9050/i9100/i9100G/ i9103/i9108/M250L/R920/Galaxy S II/GC100(Galaxy Camera)
	i9220	EB615268VU/E160K/E160S/E160L/i889/i9220/i9228/N7000/Galaxy Note
	N7100	EB595675LU/E250S/E250L/E250K/N719/N7100/N7102/N7108/Galaxy Note Ⅱ
	i9250	EB-L1F2HVU/Galaxy Nexus/i9250
	i9250 (NFC)	
	i9300	EB-L1G6LLU/i535/i747/i9082/i9300/i9305/i9308/L710/M440S/ T999/Galaxy S III
	i939	EB-L1H2LLU/EB-L1L7LLU/i939/i9260/i9268/E210S/E210L/E210K/Galaxy S III LTE

（续）

品牌	电池型号	适用机型
三星 SAMSUNG	S5830	EB464358VU/EB494358VU/B7510/i569/i579/i619/S5660/S5670/S5830/S5830I/S5838/S6102/S6108/S6352/S6358/S6500D/S6802/S7250/S7250D/S7500/S7508/M290S
	S5750	EB494353VU/C6712/S5330/S5570/S5578/S5750/S7230/i339/i559/T499/YP-G1/Dart
	S5360	EB454357VU/B5510/i509/S5300/S5360/S5368/S5380/S5380D/Wave Y/Galaxy Y
	S5820	EB484659VA/i677/i8150/i8350/S5690/S5698/S5820/S8600/T589/T679/T759/W689/Exhibit 4G/Gravity Touch2(GT2)/Gravity Smart/Galaxy W
	F839	EB-C893ABC/F839
	W579	ABCW579ABC/W579/W579 +
	W999	EB445163VU/W999/S7530
	i8750	EB-L1M1NLU/i8750/ATIV S
	T989（NFC）	EB-L1D7IBA/E110S/i727/T989/Galaxy SII LTE
	M8800	AB563840CE/F700/F708/M800/M8800/R800/T929
	i450	AB494051BE)i450/i458/W299/Z450/Z458
	i608	AB663450CC/C6625/i718/i710/i600/i607/i608/i708/S7120
	F480	AB553446CE/920SC/A767/F480/F488/i620/W509
	P528	AB503445CE/P520/P528/Z170/Z238/Z540/Z548/Vodafone 804SS
	i780	AB823450CE/B7320/i325/i637/i700/i708/i780/i788
	i859	AB414757BC/i859
	F689	ABCF6898BC/F689
HTC	BB81100	Touch HD2/T8585/T8588
	BB92100	Aria(谷歌 G9)/A6380/HD Mini T5555/Gratia/Photon/Liberty
	RHOD160	Touch Pro2(钻石侧滑 2 代)/T7373/T7380/T9199(双擎)/Z510d(双擎 S)/EVO 4G A9292/EVO Shift 4G A7373/XV6175/XV6875/Imagio XV6975/Hero200/Snap S521/多普达 T8388/A8188
	TOPA160	Tattoo(谷歌 G4)/Touch Diamond2(钻石 2 代)/Touch2/T3320/T3333/T5353/T5388/Smart/多普达 A3288/F3188
	SAPP160	Magic(谷歌 G2)/A6161/多普达 A6188
	TWIN160	Hero(谷歌 G3)/A6262/多普达 A6288/T5399
	JADE160	Touch 3G/Touch Cruise Ⅱ/T3232/T3238/T4242/T4248
	BB99100	Nexus One(谷歌 G5)/Desire(谷歌 G7)渴望/T9188(天玺)/A8180/A8181/A9188/Bravo/Epic/多普达 T8188
	BB00100	7 Trophy T8686/Legend(谷歌 G6)/A6363/Wildfire(谷歌 G8)野火/A315c/A3333/A3360/A3366/A3380/A6390(天姿)/Droid Eris/Droid Incredible(不可思议)/myTouch 3G Slide/多普达 A6388/T5588
	BB96100	V7 Mozart T8698(莫扎特)/Desire Z A7272/T-Mobile G2(G2 侧滑)/Desire S(G12)/渴望 S/Incredible S(G11)惊艳/Droid Incredible2/S510e/S710d/S710e/S715e/Salsa(G15)/微客 C510e/EVO Design 4G
	BD26100	渴望 HD/Desire HD A9191(G10)/7 Surround T8788/Inspire 4G A9192
	BD29100	HD7 T9292/HD7S T9295/Wildfire S(G13)/野火 S/A510c/A510e/Explorer(达人)/A310e
	BD42100	Merge/纵横 S610d/S910m/myTouch 4G/Thunderbolt 4G(霹雳)
	BG86100	EVO 3D(G17)/夺目 3D/X515d/X515m/Z710e(灵感)/Sensation(G14)/Z715e/Sensation XE(G18)/灵感 XE/Amaze 4G
	BH39100	Raider 4G(G19)/X710e/Velocity 4G
	BH06100	ChaCha(G16)/A810e
	Z710e	Sensation(G14)/Z710e(灵感)
	BL01100	A320e(渴望 C)/Desire C
	BL11100	T327d/T327t/T328d(新渴望 VC)/T328w(新渴望 V)/T328t(新渴 VT)/T329d/T329w/T329t/Desire U
	BM60100	T528d(One SC)/T528t(One ST)/T528w(One SU)/One SV

（续）

品牌	电池型号	适用机型
HTC	NIKI160	S600/S610/Touch DUAL/P5500/P5520
	ELFO160	S1/S500/S505/P3450/P3452/XV6900
	ARTE160	P800/P800W/P3300/D600/D802/D805/M700
	KAIS160	P4550/CHT9000 Ⅱ/CHT TYTN Ⅱ
	TRIN160	P3600/P3600i/XV6800/CHT9110/E616/D810/MAX 4G/T8290
	HERM161	D9000/XV6700/838 Pro
	POLA160	P860/P863/P3650/P3651/Touch Cruise/O2 XDA Orbit2
	DIAM160	Touch Diamond（钻石）/S900/S910/S910W/P3700/P3701/P3702
	PHAR160	P660/P3470/310/565/566/568/575/585/586/595/596/C500/C550/C577/C600/Touch viva/T2222/T2223
	BLAC160	Touch HD/T8282/T8288
	ATHE160	X7510/X7500/X7501/U1000/T-Mobile Ameo/Advantage
	DIAM171	Touch Pro（钻石侧滑）/T7272/T7278/XV6850/XV6950/S900C
	ROSE160	S740/S743
	DREA160	Dream（谷歌 G1）
	LIBR160	C730/C730W/C500/S630/S650/S710/S730
	KIIO160	C750/S750/T-Mobile Shadow
	EXCA160	C720/C720W
	BK07100	J（Z321e）
摩托罗拉 MOTO	BX40	V8/U8/U9/V9/V9m/V10
	BX50	V9/V9m/ZN5/ZN50
	BR50	V3/V3C/V3I/V3E/V3M/U6/MS500
	BC50	K1/K2/EM35/VE66/L2/L6/L6i/L6g/Z1/Z3/Z6/Z6w/AURA R1/ZN200
	BC70	A1800/A1890/E6/E6e/T180/i468/Z8/Z9/Z10/Adventure V750/A3300C
	BK60	A1600/C257/C261/E8/EM30/EX112/EX115/L7/L7e/L7c/L71/L72/L9/MS900/U6c/V3X
	BT50	A1200/A1200E/A1200i/A1200R/A1208/A732/A810/W156/W170/W175/W205/W208/W210/W215/W216/W218/W220/W315/W355/W360/W375/W385/W490/W510/W5/W6/E2/Z6m/K1m/K3/E1000/V190/V235/V237/V323/V360/V1050/VE538
	BT60	A1210/A1260/A1680/A3000/A3100/C168/C290/C305/C364/E770/E1070/EX210/i580/i880/L800T/MB511/MB502/Q8/Q9/Q11/V191/V195/V196/V235/V237/V365/V367/XT300/XT301
	BN70	MT710/MT810/MT820/QA1
	BN80	MB300/ME600/MT716/MT720/MT810lx/XT806/XT806Ix
	BP6X	A855/CLIQ/DEXT/Droid/i1/Milestone（里程碑）/Milestone 2（里程碑 2 代）/MB200/MB220/MB501/ME501/MB611/ME632/ME722/MT620/XT316/XT317/XT319/XT390/XT610/XT615/XT681（锋丽）/MT680/XT685/XT701/XT702/XT711/XT720
	BS6X	XT800/XT800 +
	BH5X	Droid X/MB810/MB870/ME811
	BH6X	Atrix 4G/MB860/MB861/ME860
	BF5X	MB525/ME525/ME863/XT320/XT531/XT532/XT883/XT862/Droid 3/Defy/Defy mini
	HF5X	MB525 +/MB526/ME525 +/MB855（Photon 4G）/XT535/XT760
	BF6X	XT882/MT870
	HW4X	MB865/ME865/XT550/XT553/XT788/MT788/XT865/XT875/XT928
	OM4A	Gleam +/WX160/WX180/WX260/WX390/WX395/EX211
	OM5B	EX300

（续）

品牌	电池型号	适用机型
摩托罗拉 MOTO	OM6C	XT3/XT5/XT500/XT502
	FB0-2	triumph/WX435
	BD50(停)	EM325/EM25/F3
	BQ50(停)	E11/EM330/EX128/EX130/EX200/EX201/EX223/EX226/EX232/EX245/W7/W175/W177/W206/W215/W218/W220/W230/W231/W233/W265/W270/W362/W371/W375/W388/W396/W562/WX270/ZN300
诺基亚 NOKIA	BL-4B	2505/2630/2660/2760/3606/3608/5000/6111/7070/7088/7370/7373/7500Prism/N76
	BL-4C	1202/1203/1265/1325/1506/1508/1661/1662/2220S/2228/2650/2652/2690/3108/3500c/3806/6066/6088/6100/6101/6102/6103/6125/6131/6136/6170/6260/6300/6301/6316S/7200/7270/7705/8208/C2-05/X2-00
	BL-4CT	2720f/5310XM/5630XM/6600f/6700S/7210c/7210s/7212c/7230/7310c/7310s/X3-00
	BL-4D	N97mini/N8-00/E5-00/E7-00/T7-00/702T
	BL-4J	600/C6-00/Lumia 620
	BL-4s	1006/2680s/3600s/3710f/6208c/7020/7100s/7610c/7610s/X3-02
	BL-4U	300/308/311/500/3000/3050/3080/3090/3110/3120C/5250/5330XM/5530XM/5730XM/6212c/6600i/6600s/8800Arte/8900/8800 Sapphire Arte/8800 Carbon Arte/8800 Gold Arte/5330 TV Edition/E66/E75/C5-03/C5-04/C5-05/C5-06
	BL-5B	3220/3230/5070/5140/5140i/5200/5208/5300/5320XM/5500/6020/6021/6060/6070/6080/6120c/6121c/6122c/6124c/6618/7260/7360/N80/N83/N90
	BL-5C	100/203/1000/101/1010/1100/1108/1110/1112/1116/1200/1208/1209/1255/1280/1315/1600/1616/1650/1680c/1681c/1682c/2112/2135/2255/2280/2300/2310/2320c/2322c/2323c/2330c/2332c/2355/2600/2610/2626/2700c/2710N/2730c/3100/3105/3109c/3110c/3120/3110e/3125/3610a/3610f/3650/5030/5130XM/6030/6085/6086/6108/6130/6130i/6225/6230/6230i/6263/6267/6268/6270/6330/6555/6600/6630/6670/6680/6681/6682/6822/7600/7610/E50/E60/N70/N71/N72/N91/N918GB/N-Gage/C1-00/C1-01/C1-02/C1-03/C2-00/C2-01/C2-02/C2-03/C2-06/C2-08/X2-01/X2-02/X2-05
	BL-5CT	3720C/5220XM/6303C/6303i/6730C/C3-01/C5-00/C6-01
	BL-5F	6210n/6210s/6260s/6290/6710n/E65/N93i/N95/N96/N99/C5-01/X5-00/X5-01
	BL-5J	200/201/2010/302/5800XM/5802XM/5900XM/5228/5230/5232/5233/5235/5236/5238/X6M/N900/C3-00/X1-00/X1-01/X6-00
	BL-5K	701/N85/N86/C7-00/X7-00
	BL-5X	8800/8860/8800 Sirocco
	BL-6F	N78/N79/N95 8GB/6788i
	BP-3L	303/3030/510/603/610/610C/710
	BP-4L	6650/6760S/6790/E52/E55/E61i/E63/E71/E71X/E72/E73/E90/E95/N97/E6-00
	BP-5L	N800/N92/E61/E62/9500/770/7700/7710
	BP-5M	5610XM/5611XM/5700XM/5710XM/6110c/6110n/6200/6220c/6500s/7390/8600
	BP-5Z	700
	BP-5T	Lumia 820
	BP-6M	3250/6151/6233/6234/6280/6288/9300/9300i/N73/N77/N93/N93s
	BP-6MT	6720c/E51/N81/N82
	BL-5BT（停）	2600c/2608/7510a/7510s/N75
	BL-6C（停）	2110/2116/2125/2855/2865/3125/3152/3155/6012/6015/6015i/6016i/6019i/6152/6155/6165/6235/6255/6265/6275/6268/E70/N-Gage QD
	BL-6P（停）	6500c/7900 Prism
	BL-6Q（停）	6700c

（续）

品牌	电池型号	适用机型
索尼爱立信 Sony Ericsson	BST-33	C702/C901/C903/G502/G700/G900/K530/K550/K618/K630/K660/K790/F305/G705/K800/K810/K818/M600/M608/P1/P990/S302/T700/V800/V802/W100i/W300/W302/W395/W595/W610/W660/W705/W715/W830/W850/W880/W888/W890/W898/W900/W950/W958/W960/Z530/Z610/Z750/Z780/Z800/W205/J105/T715/赏秀 U1i/U10i
	BST-36	J300/K310/K510/T258/W200/Z310/Z320/Z550/Z558
	BST-37	D750/J100/J110/J120/J220/J230/K200/K220/K608/K600/K610/K618/K750/K758/S600/V600/W350/W550/W600/W700/W710/W800/W810/Z300/Z520/Z710
	BST-38	C510/C902/C905/K770/K858/K850/R300/R306/S312/S500/S550/T303/T650/T658/W150/W580/W760/W902/W980/W995/Z770/F100/X10mini pro/U20i
	BST-39	C902/G702/T707/T707a/W380/W508/W908/W910/Z550/W20i
	BST-41	X1/X2/X10/M1i/A8i/Xperia Play R800i/Z1i/MT25i
	BST-43	雅锐 U100i/J10/J20/J108i/CK15i/WT13i
	EP500	U5i/U8i/X8/E15i/E16i(W8)/SK17i/ST15i/ST17i/WT18i/WT19i/Vivaz Pro/Xperia mini/Xperia mini pro
	BA700	MT15i/MK16i/ST18i/ST21i/ST23i/MT28i/Xperia Neo/Xperia pro/Xperia ray
	BA750	Xperia arc LT15i/Xperia arc S LT18i
	BST-15	P800/P802/P900/P910/P908/Z1010
	BST-25	T600/T610/T620/T630/T608/T618/T628/T638
	BST-27	Z608/Z600/S700
	BST-30	F500/J200/J210/K300/K500/K506/K508/K700/T220/T230/T238/T290/Z208/Z500
	BST-40	P1/P700
索尼 SONY	BA600	ST25i
	BA800	LT25c/LT25i
	BA900	ST26i/LT29i
小米 MI	BM10	M1/M1s/MI-ONE/MI-ONE Plus/MI-ONE C1/小米 1/1S
	BM20	M2/小米 2
LG	LGIP-470A	GD330/KB770/KF310/KF750/KF755/KX755/KV755/KF600/KE970/KU970/KG70/KG70C
	LGIP-531A	GB100/GB101/GB106/GB110/GB125/GM205/GS101/KG280/KU250/KX186/KX190/KX191/KX195/KX196/KX197/KX216/KX218/KX300/KV230
	LGIP-570A	KP500/KX500/KV500/KP501/KP502/KV510/KP800/KC550/KC560/KC780/KF690/KF700
	LGIP-580A	KM900/KC910/KU990/KE998/HB620T/KB770/CU915/CU920/KU800/KW838
	LGIP-340N	KF900/KM555/KS500/KS660/GD300s/GT350/GW520/GW525
	LGIP-400N	eXpo/GD888/GM750/GT540/GW620/GW820/GW825v/GW880/GX200/GX300/GX500
	LGIP-400N +	P500/P503
	LGIP-401N	E720/GM650s/GT500s
	LGIP-430N	C300/C320/GM360/GS290/GW300/KX210/KV220/LX290/LX370/T300/T310/TB200/TM300
	LGIP-470N	GD580/SV800/KH8000/LH8000
	LGIP-520N	BL40e/GD900/GW505
	LGIP-550N	GD510/GD880/KV700/S310
	LGIP-570N	BL20/GD310/GD550/GS500v/GM310/KV600/KV800
	LGIP-470R	KF350
	LGIP-330GP	KF300/KF305/KS360/GM210/KT520/KM380/KM500/KF240/KX266
	LGIP-690F	C900/E900
	BL-42FN	C550/P350/P355

（续）

品牌	电池型号	适用机型
LG	BL-44JN	C660/E400/E405f/E510/E610/E612/E730/P690/P693/P698/P970/MS840
	BL-44JR	P940
	BL-44JH	P700/P705/Optimus L7
	BL-48LN	C800/P720/P725
	BL-49KH	LU6200/P930/P936/SU640/VS920/Nitro HD/Optimus LTE
	FL-53HN	Optimus 3D/Optiums 2X/P920/P990/P993/P999/SU660
	BL-53QH	P760/P880/F160L/Optimus L9/Optimus 4X HD/Optimus LTE Ⅱ
	LGIP-340A	KM710
	LGIP-410A	KF510/KE770/KG77/KG275/KG276/KG300/KP320/LX160/KG200/KG238/KP105/KP130/KP235
	LGIP-430A	KM330/KM335/KU380/KP108/KP215/KP160/AX585/CB630/CE110/UX585
	LGIP-580N	GC900/Viewty Ⅱ/GT505/GT500/GM730
	LGIP-330NA	GB220/GB230/GD350
	LGIP-540X	KT878
	LGIP-A750	KE850/KE858/KE820/KG99
	LGLP-GBKM	KS20/KS200
	LGLP-GBPM	KT610
OPPO	BLT007	A100/A103/A105/A109/A113/A115/A121/A125/A127/A201/A203/A520/T5/Z101/P51
	BLT009	A90
	BLT013	A209/U525/U529
	BLT015	U521
	BLT017	A613/A617
	BLT019	U539
	BLT021	A129
	BLT023	Find 3/X905/R807/R811
	BLT027	R803
	BLP505	T9
	BLP509	F29
	BLP515	F15/T15/T703/X903/R801
	BLP519	U701/R817
	BLP535	T29
步步高 BBK	BK-B-17	i268/i328/i358/i528/i528b/i268 +/i628
	BK-B-18	i308
	BK-B-20	i368/i388/i389
	BK-B-25(停)	K10/K19
	BK-B-28	i188/i269
	BK-B-30	i288/i288 +/i8/i288b/i399/i289
	BK-B-32	i6/i18/i270
	BK-B-33	K302/K302 +/vivo V1/vivo S3/V312
	BK-B-36	V303/vivo Y1
	BK-B-37	i536
	BK-B-40	i710/V305/vivo E1

（续）

品牌	电池型号	适用机型
步步高 BBK	BK-B-42	i370/V309D/vivo S7
	BK-B-45	vivo S1/vivo V2/vivo S6
	BK-B-50	vivo E3/vivo S9/vivo S12
	BK-BL-4C	i289c/i266/i267/i508/i509/i518/i531/i606/K203M/V205/V206
	BK-BL-5C	K13/K102/K103/K112/K118/K119/K201/K202/i530/i589/V207
酷派 Coolpad	CPLD-20	7360/8360
	CPLD-25	8310/N16/W700
	CPLD-27	6168H/6268H/6268U/F69/N68
	CPLD-30	D21/D508/D510/D539
	CPLD-32	D16/D18
	CPLD-35	S20
	CPLD-35(3G)	D28/D280/D520/D550/E200/E210/E570/E600
	CPLD-36	E28/E270/F650/S60/S100/S116/T60
	CPLD-37	F668/F800/F801/N91/N92/N900/N900+/N900C
	CPLD-38	E230/F603/F608/S66
	CPLD-39	F668/F800/F801/N91/N92/N900/N900+/N900C/N900 smart/8900/8910
	CPLD-42	F61
	CPLD-45	8830/E506/F600/S180
	CPLD-47	F620
	CPLD-48	D23
	CPLD-50	8013/8811/W711/W713/D530/E239
	CPLD-60	N916/N930/W721/W770/5860/8060/8150/9100
	CPLD-61	N950/7500
	CPLD-62	D28/D280/D520/D550/D5800/E200/E210/E570/E600
	CPLD-65	8810
	CPLD-66	S160
	CPLD-69	8809
	CPLD-70	5899
	CPLD-72	5832/5855
	CPLD-75	5870/7260
	CPLD-76	5860+/5862/8180
	CPLD-82	8026
	CPLD-83	7019
	CPLD-84	5210/5210S/7235
	CPLD-100	8050
	CPLD-101	7290
	CPLD-01	8710/9120
	CPLD-02	7728
	CPLD-03	7266
	CPLD-04	5880
	CPLD-05	5110/8022

（续）

品牌	电池型号	适用机型
酷派 Coolpad	CPLD-08	8020
	CPLD-10	7230
	CPLD-11	5860S/5910
	CPLD-16	8190
	W706	W706/5820
	S126	S126
联想 lenovo	乐 phone	乐 phone/3GW100/3GC100/3GW101/3GC101/S1
	21K60	S2005
	BL088	P80/P680/P766/S900
	BL101	锐 X1m
	BL117	O1
	BL125	TD30t/TD36t/TD60t/TD80t/TD88t/A910/P650WG/P717
	BL161	mini 乐 phone A1
	BL169	A789/P70/P800/S560
	BL170	乐 Phone S2
	BL171	A60/A65/A368/A500
	BL176	A68e
	BL181	A66t
	BL184	A390e
	BL189	K800
	BL190	A366t
	BL192	A300/A750
	BL194	A288t/A298t/A326/A360/A370/A520/A660/A690/A668t/A698t/A710e/A780/A790e/S680/S760/S850e/S686/K2
	BL196	P700/P700i
	BL197	A798t/A800/S899t/S720/S870e
	BL198	S880/S880i/S890/K860
	BL200	A580/A700e
	BL201	A60 +
	BL204	A586/A765e/S696/A630t
	BL205	P770
中兴 ZTE	S191	Li3710T42P3h553457/C79/C362/C366/C370/C500/C580/F100/F103/F105/F106/F120/H520/N600/N606/R182/R516/R518/S100/S131/S132/S160/S189/S190/S191/S192/S193/S300/T6/U85/U260/U280/X850
	U210	Li3709T42P3h453756/D300/R200/R201/U210/U218/F500/F870
	U215	Li3715T42P3h654251/R750/U215/U230/U235B/U600/U700/U720/U722/U900/U960/N700/3G 无线路由器 MF30/AC30
	U232	Li3712T42P3h654246/U219/U232/U281/U520/U721/U802/U805/X920
	U236	Li3712T42P3h734141/U236/X500
	U500	Li3715T42P3h654353/U500/U980/X60/X70/X876
	N61	Li3713T42P3h444865/F950/F952/N61/N72
	V880	Li3712T42P3h444865/V880/U880/N880/N880S
	N760	Li3713T42P3h415266-H/N760/V760/V881/N780

（续）

品牌	电池型号	适用机型
中兴 ZTE	U880E	Li3716T42P3h565751-H/N860/U880E/N855D/U885/N880E/V889D
	V960	Li3714T42P3h853448/N960/U960s/V960/V961/V965W/Skate
	U830	Li3715T42P3h504857/U812/U830/U880S/V788D/U788/N788/V6700
	U970	Li3716T42P3h594650/U930/U970/V889M/V970/N881E/N880F
华为 HUAWEI	HB4F1·	Ascend G306T/C8600/C8800/T8808D/U8220/U8520/U8800/3G 无线路由器 E5/E585/E5830/E5830S/ET536/Impulse 4G
	HB4H1	T1600/T2211/T2251/T2251 +/T2281/T3060/T5211
	HB4J1	C8500/C8500S/U8150/U8510/T2010/T2311/T8100/T8300/M835
	HB5A2H	C5730/C8000/C8100/T550/T552/U1860/U3100/U7510/U7520/U7519/U8100/U8110/U8500/HiQQ/3G 无线路由器 EC5805
	HB6A2L	C2823/C2827/C2829/C7189/C7260/C7300
	HBL3A	C2601/C2801/C2807/C3105/C3308
	HBL6A	C2600/C2800/C2808/C2828/C2900/C5588/C7100/C7199
	HB5B2	C5900/C7600
	HB5D1	C5110/C5600/C5710/C5720
	HB5I1	C6200/C8300/G7010/U8350
	HHB4Z1	U9000
	HB4W1	C8813/Y210/Y210C/G510/G520/T8951
	HB5K1H	Ascend Y200/Y200T/C8650/C8655/C8810/S8520/U8650/U8655/U8660/ U8661/T20/T8600/T8620/SONIC
	HB5F1H	Honor 荣耀/C8860E/U8860
	HB5N1H	Ascend G300/Y220T/G302D/G305T/G309T/Y310/G330C/G330D/C8812/C8812 +/C8825D/U8812D/U8815/U8818/U8825D/T8828/T8830
	HB5R1	Ascend G500/G500C/G500 Pro/G600/G600 +/G600C/C8826D/C8950D /U8832D/U8836D/U8950D/T8950/Honor 荣耀 +
	HB5R1V	U9508（荣耀四核）
金立 GIONEE	BU-L13-B	A320/A350
	BL-G012	GN105
	BL-G013	GN106/GN109
	BL-G015	GN205/GN210/GN320/GN380
天语 K-Touch	TBD8111	E339/E359/E600/W366/W606
	TYM630（ES65）	ES65/S960/S962/S965/S966/S968
	TYM751（A662）	A602/A660/A662/A665/A927/A935/A995/A5110/A5112/A5115/A5116/A5118/A7726/A7728/A7788/C205/C350/D178/D179/D210/D780/D780C/D788/DT08/D5100/D6600/D6800/E60/E61/E62/E63/E66/E68/E500/T260/T290/T590/V760/W306/W376
	TYM760（V818）	A912/A915/A916/A933/A992/S860/V98/V816/V818/V968
	TM921（A901）	A192/A193/A620/A622/A626/A901/A902/A905/A906/A908/A909/A930/A932/A969/B920/B922/B928/D700/D702/D705/E608/G86/G88
	TBT2116（E379）	A788/D99/E78/E379/T200/T230/T560
	TBG1702（M608）	A158/A168/A510/A610/A7715/C218/C260/C280/C500/C700/C702/C800/C820/D781/D782/E329/E366/F130/F132/M600/M606/M608/T360/U2
	TBG2033	A7718/C216/C256/Q10/Q30
	TBG2608	A7720/D800/D1150/S810/S830/S880
	TBC7001	C201/D1100/D1110/F6206/F6219/M610/M618

（续）

品牌	电池型号	适用机型
天语 K-Touch	TSG2032	S980/S986/S988/S990/S998/X9/X90
	TBW7801	阿里云 W700
	TYP923D0100（A7711）	A7711/A7712/A7713/A7719/B616/B618/B818/C208/D152/D153/D155/D182/D186/E50/E51/E52/E53/E81/E91/F6209/F6229/G92/N77/V908/V918/V958/V958C/V988
	TYC88252600（A612）	A612/A615/A635/A650/A689/A996/B832/B833/B835/B836/B851/B891/B892/B921/B925/B926/D90/D92/D95/D170/D171/D172/D173/D175/S585
	TBW5913	W619/W650/W658/E619
	TBW7809	W806/V8

5.6.3 测定手机电池剩余电量的方法

1. 电压测试法

电压测试法比较简单，其主要是通过简单地监控电池的电压，从而得到电池剩余电量。由于电池的电量与电压不是线性关系，因此，该种测试方法不准确，尤其是手机电量低于50%时，电压测试法就显得更不准确。

2. 库仑计

在电池的正极、负极串联一个电流检测电阻，当有电流流经电阻时，库仑计会产生感应，从而通过检测感应，以及通过计算出流过电池的电流，即可精确到追踪电池的电量变化。该方法精度可以达到1%，是一种最准确的电池电量检测方法。

3. 电池建模法

电池建模法是根据电池的放电曲线来建立一个数据表。该数据表会标明不同电压下的电量值，然后根据对应的电压查对应的剩余电量。电池建模法，由于要获得一个准确的数据表并不简单，以及电压、电量的关系还涉及电池的温度、自放电、老化等很多因素，因此，通常情况下采用电池建模法有一定的难度。

5.6.4 电池保养的常识

1）电池的充电时间无须过长，充满即可以取下。

2）电池不要浸在水中或扔在火中。

3）电池不要放于低温或高温物件旁边。

4）处理电池时，需要使用特殊设施。

5）最好用购机时厂家原配的充电器来充电池。

6）电池的触点不与金属或带油污配件接触，注意防潮。

7）如果需要换电池，一般只用同规格的电池类型。

8）电池使用寿命，一般是根据充放周期来计算的。

9）手机如果充不进电，则可能是手机问题，也可能是充电器问题、电池问题。

5.6.5 电池的防爆

为防止电池爆炸，需要注意以下一些事项：

1）尽可能地使用原装充电器：原装充电器可以保证电池安全，兼容充电器虽然也能够使用，但有些因为电气性能不合格、参数差异，可能会损坏电池，造成爆炸。

2）在充电时尽量不要打电话：充电时，手机电池会产生热量，如果继续用它打电话，热量就会快速提升，很容易引发危险。

3）多用耳机接听电话，最好是蓝牙耳机：耳机接听电话既可以减少辐射，同时也能避免因手机爆炸而带来的面部伤害。

4）尽量将手机放在包里：将手机放在包里可以降低丢失的概率、防止爆炸对人体带来的直接危害。

5）不要将话机挂在胸前：如果将话机挂在胸前，万一手机突然爆炸，这样会直接伤及胸部、面部。

6）不要随意改装手机：不当的改装手机极易引发手机爆炸。如果改装了手机，则需要对其安全性进行严格的考证、检查。

7）不要将电池放在高温环境下：高温会导致电池热量提升，极易发生爆炸。因此，对电池进行充电或是放置手机时，一定要选择远离高温的地方，以及避免夏天阳光的直射。

8）不要长时间用手机通话：长时间通话会造成手机电池发热、造成手机内部电路及听筒发热，易引发爆炸。

9）尽量使用原厂电池：使用原厂电池，安全性较高。尽管，第三方提供的电池，有些安全性较高，但是也有的安全性很低。如果不得已要使用第三方提供的电池，也要尽可能选择品牌信誉较好的第三方电池。

10）不要使用破损的电池：破损的电池极易发生爆炸，即便是不爆炸，也会损坏手机，造成手机内部器件短路等现象。

5.7 外壳与边框

不同的智能手机外壳、边框不同。维修代换时，不但要考虑外壳、边框的尺寸，还需要考虑一些接口缺口。例如 iPhone 手机的手机尺寸见表 5-24。美图手机 1S 尺寸如图 5-33 所示。

表 5-24 iPhone 手机的手机尺寸

型号	iPhone 6s Plus	iPhone 6s	iPhone 6 Plus	iPhone 6	iPhone SE
高度/mm(in)	158.2(6.23)	138.3(5.44)	158.1(6.22)	138.1(5.44)	123.8(4.87)
宽度/mm(in)	77.9(3.07)	67.1(2.64)	77.8(3.06)	67.0(2.64)	58.6(2.31)
厚度/mm(in)	7.3 (0.29)	7.1(0.28)	7.1(0.28)	6.9(0.27)	7.6(0.30)
重量/g(盎司)	192 (6.77)	143(5.04)	172(6.07)	129(4.55)	113(3.99)

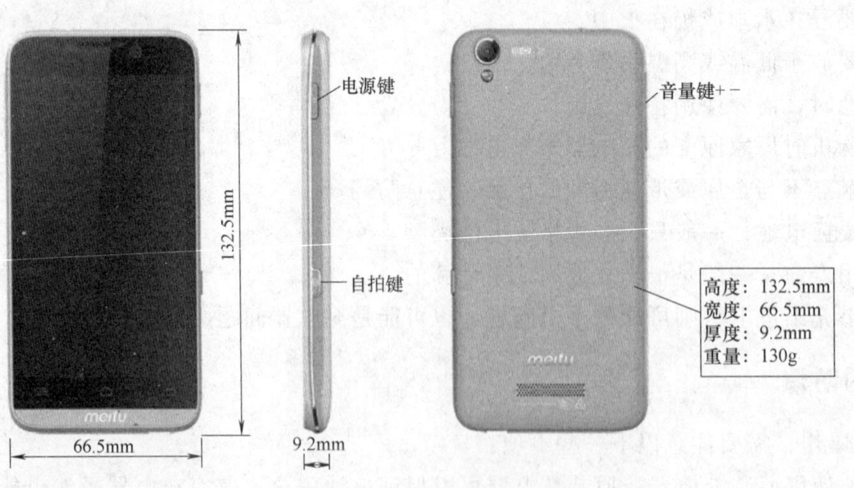

图 5-33 美图手机 1S 尺寸

iPhone 4s 沿用了 iPhone 4 的经典外形设计。iPhone 外壳通用的有黑色、白色。如果换 iPhone 外壳，也有其他的颜色的外壳。不同颜色的 iPhone 后盖，价格也不同。

iPhone 边框有锌合金镶钻、铁框、专用边框。目前，有许多类型的边框选择代换。iPhone 4s 的边框、中框只能够适用原装 iPhone 4s，不适用 iPhone 4，也就是它们不能够代换用。

5.8 SIM 卡与 SIM 卡座

SIM 是 Subscriber Identity Module 的缩写，中文为用户识别卡。SIM 卡有大卡、小卡之分。大卡尺寸为 54mm×84mm，小卡尺寸为 25mm×15mm。其实，大卡里面的小卡才真正起到作用。大卡与小卡分别适用于不同类型的手机。

SIM 卡同手机连接时至少需要 5 条连接线：数据 I/O 口（Data）、复位（RST）、接地端（GND）、电源（Vcc）、时钟（CLK）等。SIM 卡时钟是 3.25MHz，SIM 卡的 I/O 端是 SIM 卡的数据输入输出端口。SIM 卡的图例如图 5-34 所示。

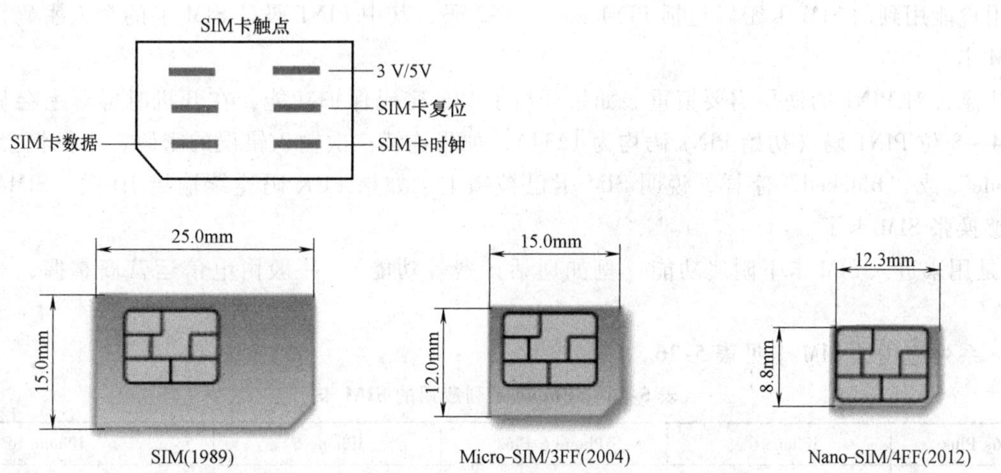

图 5-34 SIM 卡的图例

SIM 卡的容量有 16KB、32KB、64KB 等几种，存储容量越大可供储存信息也就越多，其中常见的 16KB 卡一般可以存放 200 组电话号码及其对应的姓名文字，40 组短信息、5 组以上最近拨出的号码、SIM 卡密码（PIN）。

SIM 卡背面有 20 位数字组成的 IC 唯一标识号 ICCID，如图 5-35 所示。

运营商	中国移动 11.0
型号	MD235B
序列号	[illegible]
Wi-Fi 地址	[illegible]
蓝牙	F0:CB:A1:74:DC:2C
IMEI	[illegible]
ICCID	8986 0085 1109 5605 7011
调制解调器固件	1.0.11

中国移动编码格式	898600	MF	SS	YY	G	XXXXXX	X
中国联通编码格式	898601	MF	SS	YY	G	XXXXXX	X
中国电信编码格式	898603	MF	SS	YY	G	XXXXXX	X

图 5-35 ICCID

其中的一些代码说明见表 5-25。

表 5-25 ICCID 含义一些代码说明

代码	说　明
89	表示国际
86	表示中国
00 或 01 或 03	01:表示中国联通运营商 GSM 网络标识,固定不变 00:表示中国移动运营商 GSM 网络标识,固定不变 03:表示中国电信运营商 GSM 网络标识,固定不变
M	移动接入号的末位,也就是手机号码前三位的最后一位。例如 1、2、3、4、5、6、7、8、9 分别对应于 186、188、189、134、135、136、137、138、139
F	用户号码第四位,SIM 卡的功能位,取值范围为 0～9。一般为 0,现在的预付费 SIM 卡为 1

（续）

代码	说　明
SS	本地网地区代码，位数不够前补零，也就是省代码，具体的如下： 01：北京、02：天津、03：河北、04：山西、05：内蒙古、06：辽宁、07：吉林、08：黑龙江、09：上海、10：江苏、11：浙江、12：安徽、13：福建、14：江西、15：山东、16：河南、17：湖北、18：湖南、19：广东、20：广西、21：海南、22：四川、23：贵州、24：云南、26：陕西、27：甘肃、28：青海、29：宁夏、31：重庆
YY	编制 ICCID 时的年号，取后两位。例如 09代表 2009 年
G	SIM 卡供应商代码
第 14-19 位	第 14 ~ 19 位是用户识别码
第 20 位	第 20 位是校验位

一般用户能用到的 SIM 卡密码包括 PIN1 码与 PIN2 码，其中 PIN1 码是 SIM 卡的个人密码，可防止他人擅用 SIM 卡。

需要注意，对 PIN1 的使用需要慎重。如果开启了 PIN 密码保护功能，在开机时屏幕上会显示出要求用户输入 4 ~ 8 位 PIN1 码（初始 PIN1 码均为 1234），如果连续三次输入错误的密码，手机将会显示“Enter PUK code”或“Blocked”字样，说明 SIM 卡已被锁上。如果 PUK 码连续输错 10 次，SIM 卡将烧掉，如此只能够换张 SIM 卡了。

PIN2 是用来进入 SIM 卡下附属功能（例如通话计费等功能），一般由电信运营商掌握，对一般用户用处不大。

iPhone 系列应用的 SIM 卡见表 5-26。

表 5-26　iPhone 系列应用的 SIM 卡

iPhone 6s Plus	iPhone 6s	iPhone 6 Plus	iPhone 6	iPhone SE
Nano-SIM 卡	Nano-SIM 卡	Nano-SIM 卡	Nano-SIM 卡	Nano-SIM 卡
iPhone 6s Plus 不兼容现有的 micro-SIM 卡	iPhone 6s 不兼容现有的 micro-SIM 卡	iPhone 6 Plus 不兼容现有的 micro-SIM 卡	iPhone 6 不兼容现有的 micro-SIM 卡	iPhone SE 不兼容现有的 micro-SIM 卡

安装 SIM 卡时，需要安装在手机对应的 SIM 卡座里。SIM 卡座在手机中提供手机与 SIM 卡通信的接口。通过 SIM 卡座上的弹簧片与 SIM 卡接触，SIM 卡座都有几个基本的 SIM 卡接口端：即卡时钟（SIM-CLK）、卡复位（SIMRST）、卡电源（SIMVCC）、地（SIMGND）、卡数据（SIMI/O 或 SIMDAT）。

例如，iPhone 4s 也是采用 SIM 卡槽。iPhone 4s 的 SIM 卡槽位于后方，同时支持 GSM 与 CMDA 网络。SIM 卡托架、Micro-SIM 插入 iPhone 前，需要注意它们朝向要正确，以免损坏 iPhone 内部。与 SIM 卡有关的故障有 SIM 不可识别、无蜂窝电话服务等故障。iPhone 的 SIM 卡托架丢失、损坏，一般是更换维修。

如果 iPhone 的 SIM 托架丢失或损坏，可以进行更换。在将托架和 Micro-SIM 插入 iPhone 前，需要注意其朝向。不要强行安装 SIM 托架，否则可能会损坏 iPhone 内部。iPhone 的 SIM 托架的维修图例如图 5-36 所示。

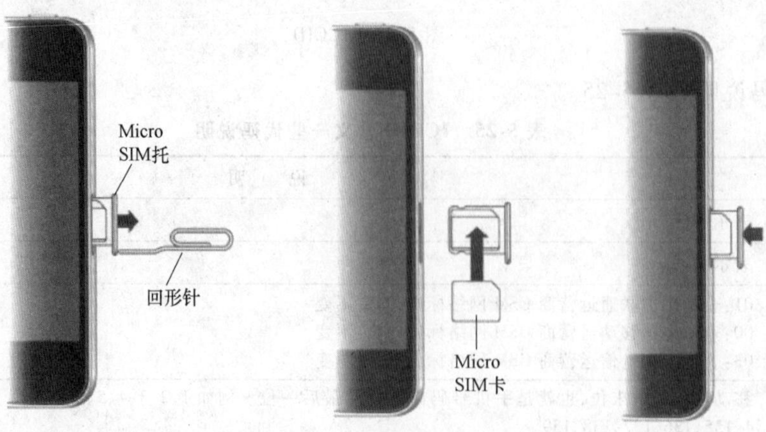

图 5-36　iPhone 的 SIM 托架的更换

如果智能手机检测不到 SIM 卡，也就是已经插入 SIM 卡，但仍然显示请插入 SIM 卡或 SIM 卡错误的故障现象，则可能的原因如下：

1）手机内器件的接触点面积均很小，以及接触压力不能太大，或者有的手机 SIM 卡座的结构设计不够合理，容易引发该种故障。

2）目前 SIM 卡既有 5V 卡，也有 3V 卡，因此，涉及一个 SIM 卡电源的转换，3V 升压 5V 的升压电路、电源 IC 等。

检测不到 SIM 卡检查与主要处理步骤如下：

1）SIM 卡的簧片接触不良，需要清洗或校正 SIM 卡簧片。

2）SIM 卡的工作电压或升压电路是否异常。

3）和 SIM 卡相关的检测控制电路是否异常，是否存在虚焊。

4）软件数据是否错误或部分数据是否丢失。

维修时，需要注意不同智能手机的卡托有差异，一般智能手机的卡托图例如图 5-37 所示。

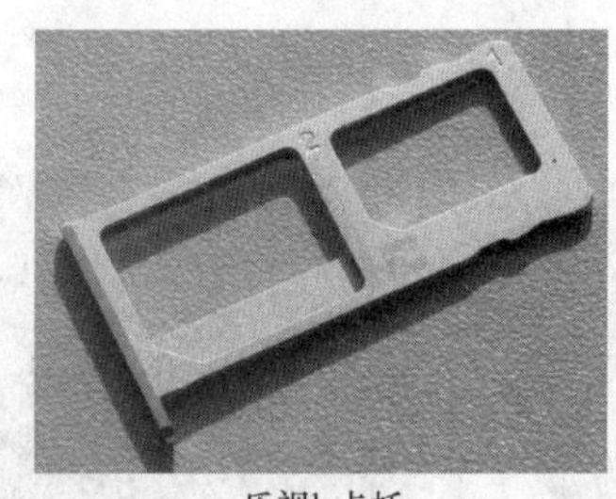

乐视ls卡托

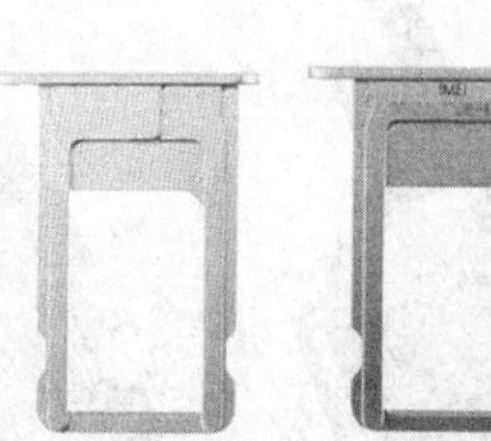

iPhone 6卡托

iPhone 6s卡托

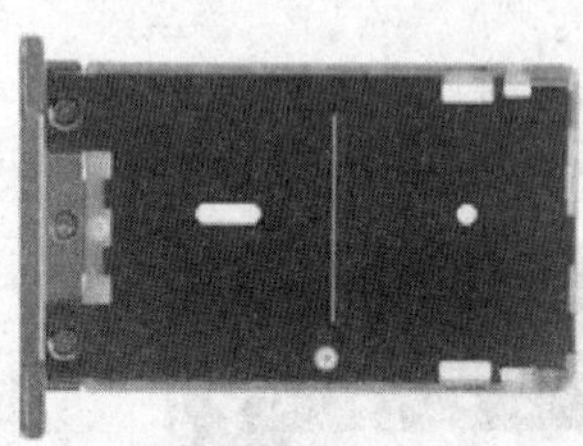

红米note3卡托

图 5-37　一般智能手机的卡托图例

5.9　振铃器

手机的振铃也称为蜂鸣器。手机的振动器就是电机，在手机电路中，振动器用于来电提示。手机的振铃一般是一个动圈式小喇叭，其也是一种电声器件，其电阻在十几欧到几十欧间。因此，可以采用万用表来检测，如果所检测的电阻值很小或者无穷大，则说明所检测的振铃器可能损坏了。另外，振动器也可以采用试电法，即首先把怀疑损坏的振动器拆卸下来，然后采用振动器允许的电压碰触振动器连接端，如果振动器没有振动，说明所检测的振动器可能损坏了。也可以采用下列方法：先把振铃拆下，然后用另一正常的电话拨打该机，同时用示波器测振铃信号输出脚。如果有 4 ~5V 的波形输出，则说明振铃已经损坏。如果信号小、波形小，则说明供电电压不对。如果无输出，则说明振铃信号输出电路损坏或存在虚焊。

手机的按键音一般是由振铃器发出的，一些维修人员错误地认为手机的按键音是由听筒发出的。

如果智能手机无振铃或振铃声小，也就是电话打的进，但是不振铃或振铃声小，则一般是由于振铃器供电部分、振铃器驱动晶体管、保护二极管、振铃控制输出部分损坏或脱焊等引起的。该故障检查与处理的过程如下：

1）首先检查手机菜单是否置于振铃位置。

2）检查振铃器与 PCB 间的接触是否良好。

3）检查发声孔是否被堵住。

4）检查振铃器是否损坏。

5）如果振铃器是完好的，则需要检查驱动晶体管。

5.10　扬声器

手机扬声器也称为听筒、受话器、喇叭，扬声器是一个电声转换器件，其能够将模拟的话音电信号转化成声波。

一般的扬声器是利用电感的电磁作用原理，即在一个放于永久磁场中的线圈中以声音的电信号，使线圈中产生相互作用力，依靠该作用力来带动扬声器的纸盆振动发声。

还有一种高压静电式扬声器，其是通过在两个靠得很近的导电薄膜之间加上话音电信号，使这两个导电薄膜由于电场力的作用而发生振动，来推动周围的空气振动，从而发出声音。

扬声器的判断可以采用万用表来检测，一般扬声器有一个直流电阻，并且该电阻值一般在几十欧。如果，所检测的直流电阻明显变得很小或很大，则说明所检测的扬声器已经损坏。

不同智能手机的扬声器位置不同，例如 iPhone 3gs 右边为话筒，左边是扬声器。iPhone 4 则相反。

iPhone 话筒互换后可能可以实现送话，但是，有的机型在更换后会出现送话时有杂音、声音小等问题。因此，有时候需要严格采用同规格的代换。

iPhone 4 与 iPhone 4s 扬声器的外壳一般可以互换。iPhone 6s 的扬声器和 iPhone 6 的差不多。

部分智能手机的扬声器图例如图 5-38 所示。

a) vivo X3扬声器　b) iPhone 6 plus的扬声器　c) iPhone 6s 的扬声器

图 5-38　部分智能手机的扬声器图例

小米 2 扬声器采用胶粘式的固定，图例如图 5-39 所示。

图 5-39　小米 2 扬声器采用胶粘式的固定

5.11　传声器

传声器又称为送话器麦克风、拾音器、微音器等。传声器是用来将声音转换为电信号的一种器件，它能够将话音信号转化为模拟的话音电信号。

有的手机采用驻极体传声器，驻极体传声器实际上是利用一个驻有永久电荷的薄膜与一个金属片构成的一个电容器。当薄膜感受到声音而振动时，这个电容的容量会随着声音的振动而改变，而驻极体上面的电荷量是不能改变的，因此，电容两端就产生了随声音变化的信号电压。

驻极体传声器的阻抗很高，其好坏可以采用万用表来检测，如果所检测的电阻值很小或者无穷大，则说明所检测的驻极体传声器可能损坏了。

传声器有正负极之分，如果极性接反，则传声器会出现不能输出信号等异常现象。另外，传声器在工作时还需要为其提供偏压，否则，也会出现不能传声等异常现象。

扬声器在手机电路中，一般接的是音频解码电路。因此，当判断扬声器没有故障的前提下，需要检查音频电路部分。

如果智能手机扬声器出现无声音或声音小，也就是可以打电话，信号也正常，但听不到对方的声音。该故障多发生于扬声器损坏或接触不良，检查与处理的相关过程如下：

1）检查菜单中对音量的设置是否正确。

2）检查扬声器簧片与PCB间的接触是否良好，扬声器孔是否被堵住。

3）检查扬声器是否有问题。

4）如果扬声器完好，则需要进一步检查音频解码、放大等音频电路。如果查到哪一级有输入信号而没有输出信号，则说明该电路异常。

如果智能手机对方听不到声音或声音小，也就是可以打电话，信号也正常，但是对方听不到自己的声音。该故障可能是由于手机中的传声器（话筒）和PCB间的连接异常或接触不良、传声器孔被堵住、驻极体传声器静态直流偏置电压异常、传声器异常、BB处理电路中信源部分工作电压异常、存在虚焊等现象引起的。

5.12　耳机与耳机插孔

手机的耳机插孔主要是插耳机的。由于耳机插孔也可以进行数据传输，因此，手机的耳机插孔除了插耳机外，还能够用于连接各种智能外接设备，从而将手机功能进行的扩展。

手机的耳机插孔连接的一些智能外接设备有智能按钮、手机刷卡器、红外线发射器等。

耳机插孔可以分为2.5mm耳机插孔、3.5mm耳机插孔，其中3.5mm耳机插孔比较常见，例如现在流行的国产手机、iPhone、三星等手机都是使用该种接口。

需要注意，即便都是3.5mm耳机插孔，并不是所有的耳机都可以匹配插上手机孔，有的手机插上耳机后可能会出现只有音乐没有唱歌等异常情况。这其实与手机耳机接口版式有关。

3.5mm手机耳机接口，可以分为美标版，也就是“苹果标准”。该版式的，主要用于苹果iPhone手机的耳机接口，以及小米手机、三星手机、HTC等部分手机也使用该耳机标准。另一种是国标版，也是国际上通用制定的标准。目前，大多数摩托罗拉、绝大多数的国产手机，均使用该国际版的耳机制式。

美标版的耳机与国标版的耳机主要区别在于：插口的传声器（话筒）极、接地极的位置不同。美标耳机的接口从末端开始依次是左声道、右声道、地线、传声器（话筒），如图5-40所示。

国标版的耳机接口，从末端开始依次是左声道、右声道、传声器（话筒）、地线，如图5-41所示。

另外，从外观上观察，美标版耳机与国标版耳机的区别就是绝缘圈的颜色不同，美标耳机的绝缘圈颜色一般都是白色的，国标耳机的绝缘圈的颜色一般都是黑色的。当然，也有根据美观因素考虑，将国标版的耳机做成白色绝缘圈的。

智能手机耳机插孔，当耳机插入时，不应有摆动现象，并且应该听到声音。测试耳机各项控制功能——播放/暂停、前进、跟踪/后退，以及音量上/下所有功能应正常。

通过在耳机插孔中插入不同的耳机来判断是插孔问题，还是耳机问题。

耳机是一种缩小的扬声器。它的体积、功率都比扬声器要小，所以它可以直接放在人们的耳朵旁进行收听，这样，可以避免外界干扰，也避免影响他人。目前所有的耳机基本上都是动圈式的。耳机的结构及工作原理和扬声器基本上是一样的。

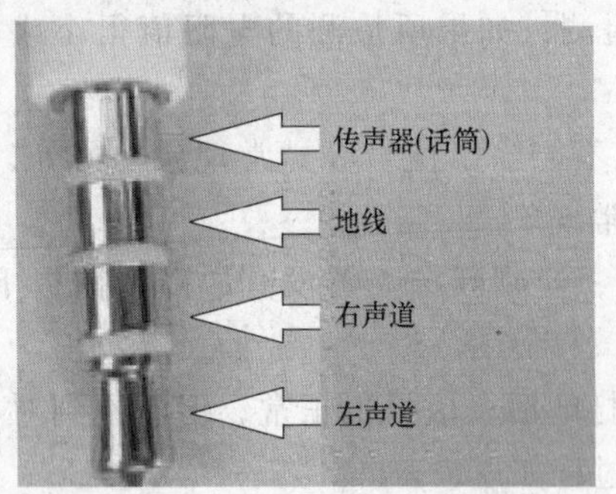

图 5-40　美标版的耳机接口

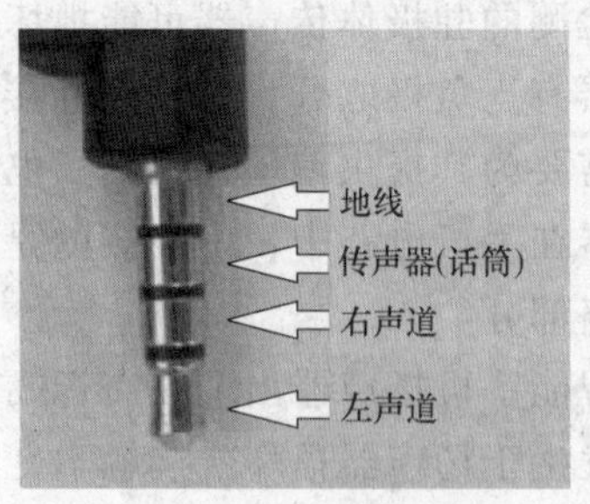

图 5-41　国标版的耳机接口

iPhone 的耳机属于入耳式耳机，具有遥控与传声器功能。

iPhone 耳机与传声器的通用性强，一般可以适应所有的 iPhone，包括兼容 iPhone 第一代、iPhone 3G、iPhone 3GS、iPhone 4、iPhone 4s。

苹果耳机煲机方法如下：

使用正常听音强度 2/3 的音量驱动耳机 12 小时。

使用正常听音强度 1/2 的音量驱动耳机 24 小时。

使用正常听音强度 1/3 的音量驱动耳机 36 小时。

使用正常听音强度驱动耳机 72 小时。

在正常使用的时候音量不易过大在最高音量的 2/3。

5.13　FPC、排线

FPC 柔性电路板是以聚酰亚胺或聚酯薄膜为基材制成的一种具有高度可靠性，可挠性印制电路板。FPC 具有配线密度高、重量轻、厚度薄、弯折性好等特点。

目前，FPC 采用表面 SMT 的工艺、总成化等特点。不同的智能手机，FPC 有所差异。例如，iPhone 4 尾插 FPC 排线（见图 5-42）有黑色、白色之分，更换 iPhone 4 尾插排线需要拆主板。

iPhone 4 尾插 FPC 带有传声器，如果 iPhone 4 出现传声问题（对方听不到，小声）。一般可以更换该尾插排线解决问题。

iPhone 4 尾插 FPC 排线同时也作为充电、数据连接。如果 iPhone 4 充电、数据连接不能正常工作，可能是数据线、iPhone 4 尾插排线损坏引起的。

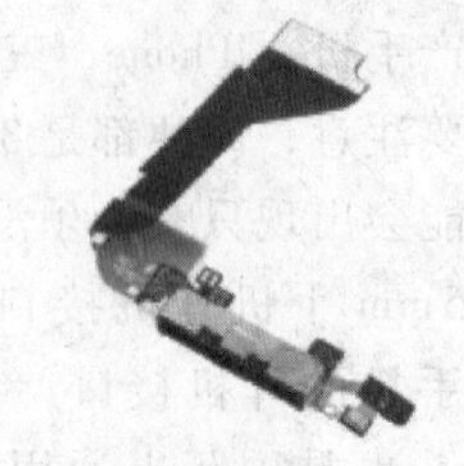

图 5-42　iPhone 4 尾插排线

另外，安装 iPhone 4 尾插 FPC 排线需要胶套、防水标、海绵等。

iPhone 6 Plus 电源键和音量键的排线连着闪光灯如图 5-43 所示。

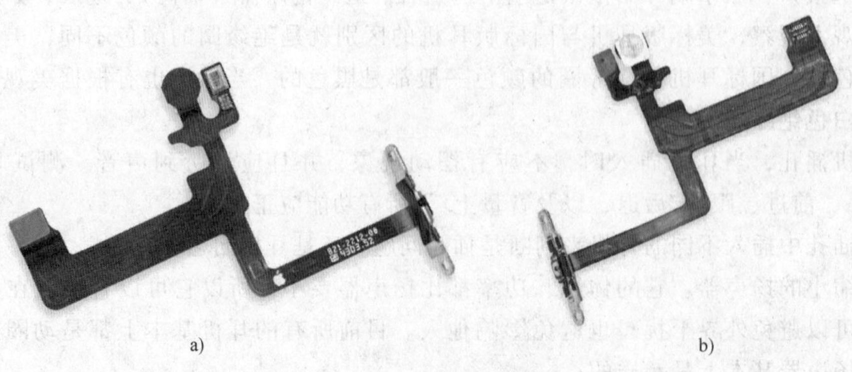

a)　　b)

图 5-43　iPhone 6 Plus 电源键和音量键的排线连着闪光灯

其他智能手机 FPC 特点图例如图 5-44 所示。

iPhone 系列的 Lightning 接口总成包括耳机接口、天线排线接口等，如图 5-45 所示。

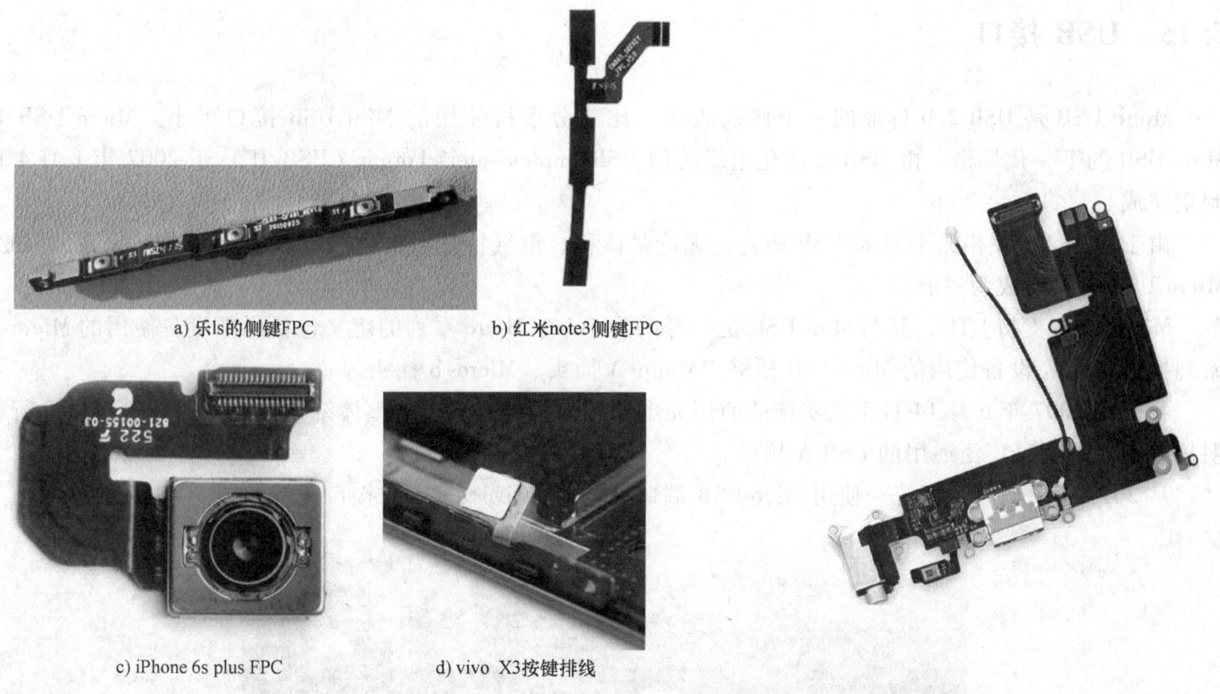

a) 乐1s的侧键FPC　b) 红米note3侧键FPC

c) iPhone 6s plus FPC　d) vivo X3按键排线

图 5-44　其他智能手机 FPC 特点图例

图 5-45　iPhone 系列的 Lightning 接口总成

5.14　振动器

手机振动器是利用偏心装置在旋转运动时产生振动的原理工作的。也就是在用户不希望发出声音的场合，手机振动器可以在有来电、信息、闹钟到时的时候提醒用户而不打扰其他人。

手机振动器，一般是由一个微型的普通电机加上一个凸轮（也叫偏心轮、离心轮、振动端子、平衡轮），大部分电机外部还包有橡胶套，主要起到减振、辅助固定的作用。vivo X3 振动器图例如图 5-46 所示。

iPhone 6 Plus 采用了全新的线性振动器，位于电池右侧，拆开之后，可以发现其是一些易碎的铜线圈组成，图例如图 5-47 所示。

图 5-46　vivo X3 振动器

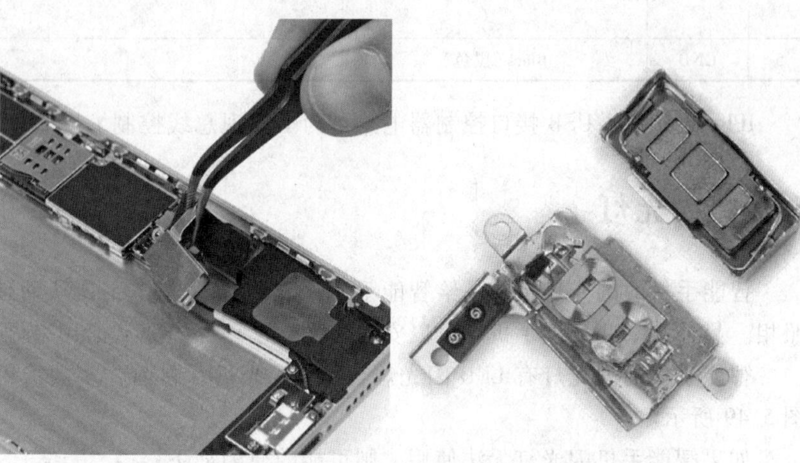

图 5-47　iPhone 6 Plus 振动器

iPhone 6 Plus 手机中，采用的是矩形的线性振动器，iPhone 5s 采用的是回转式振动器（偏心轮动电机），iPhone 4 手机采用的是扁平圆形的线性振动器。

5.15　USB 接口

Micro USB 是 USB 2.0 标准的一个便携版本，比部分手机使用的 Mini USB 接口更小。Micro USB 是 Mini-USB 的下一代规格，由 USB 标准化组织美国 USB Implementers Forum（USB-IF）于 2007 年 1 月 4 日制定完成。

由于 Micro USB 相比于 Mini USB 而言，无论是体积、电气特性、插拔次数方面，都具有优势，因此，Micro USB 接口将成为主流。

Micro USB 支持 OTG，其与 Mini USB 是一样的为 5pin。Micro 系列的定义包括标准设备使用的 Micro-B 系列插槽、OTG 设备使用的 Micro-AB 插槽、Micro-A 插头、Micro-B 插头等。

我国在 2007 年 6 月 14 日正式实施的通用充电器接口标准对充电器整体结构、充电器一侧接口进行了明确规定，采用最广泛通用的 USB A 接口。

从 2017 年欧盟将全面统一使用 MicroUSB 端口充电器。vivo X3 USB 接口图例如图 5-48 所示。

图 5-48　vivo X3 USB 接口

USB 插头端管脚定义见表 5-27。

表 5-27　USB 插头端管脚定义

脚序	名称	线的颜色	功能描述
1	VBUS	Red(红色)	电源正 5V
2	D -	White(白色)	数据线负
3	D +	Green(绿色)	数据线正
4	ID	none(无)	分为 A、B 两种接口，其中： A—与地线相连 B—不与地线相连
5	GND	Black(黑色)	信号地线

iPhone 5 手机 USB 接口控制器电路是为了实现总线控制、USB 控制、充电控制而采用的一种电路。

5.16　闪光灯

智能手机的闪光灯主要是给智能手机照相机作补光作用，从而使在光线不好或黑暗的地方，也能够照相。另外，一些智能手机还可以安装闪光灯常亮补光，从而用来做小型的手电筒。

智能手机的闪光灯有 LED 闪光灯与氙气闪光灯。目前，多数采用 LED 闪光灯。vivo X3 闪光灯图例如图 5-49 所示。

如果智能手机闪光灯无法使用，则可能的原因如下：

1）首先需要判断是硬件问题，还是软件问题。

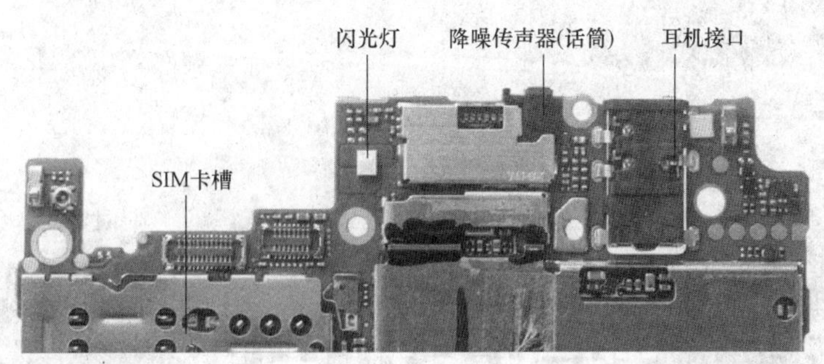

图 5-49　vivo X3 闪光灯图例

2）可以通过下载第三方的手电筒软件，看能不能打开手电筒。如果第三方软件不能打开手电筒，则把手机重新刷机。刷机以后，如果还不行，则说明可能是硬件问题引起的。

3）硬件问题主要涉及闪光灯、驱动电路等。

iPhone 5 手机照相机闪光灯电路是以 U17　LM3563 为核心组成的电路。

5.17　手机天线

天线分为接收天线、发射天线。接收天线是把高频电磁波转化为高频信号电流的导体。发射天线是把高频信号电流转化为高频电磁波辐射出去的导体。

目前，智能手机的天线既是接收机天线又是发射机天线，由于手机工作在高频段上，因此，智能手机的天线体积很小。

另外，随着手机的发展，手机天线设计巧妙，与传统观念上天线不一样，其中利用机壳上的一些金属作为天线已经是趋势。

手机维修中，如果发现天线损坏，尽量选用原装天线，不可随意用其他手机的天线代换，以免代换不合适，造成电路不匹配，增大电路的功率损耗，烧坏高频元件，造成手机耗电快、发热等故障。

iPhone 4s 的天线设置在基板与充电电池间。天线的中间部分与金属外壳连接，如图 5-50 所示。iPhone 6s 跟其上代 iPhone 的天线模块是相同的。

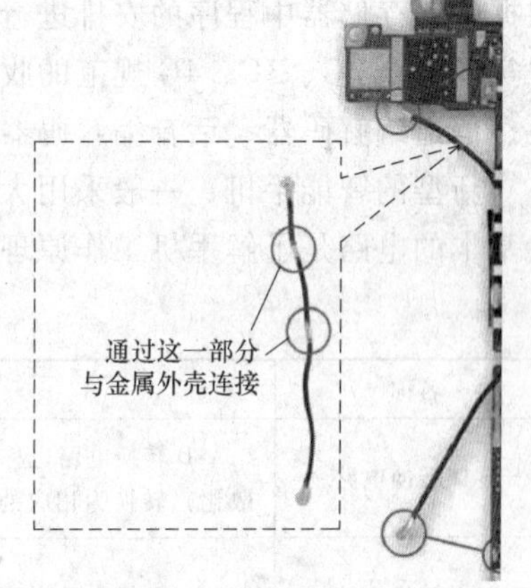

图 5-50　iPhone 4s 的天线

iPhone6 Plus 手机在天线开关电路中，使用了三个天线，分别是 WiFi 5G 天线、高频率天线、低频率天线。

智能手机天线主要是信号接收与放大作用，一般不容易损坏。当智能手机出现没有信号故障时，通常是射频电路故障，一些情况属于天线部分异常（包括接触不良）引起的。

第 6 章

智能手机电路

6.1 概述

不同品牌的智能手机，其硬件实现是有区别的，采用的专用集成电路、元器件、工艺、机械结构有所差异，但是属于同一类型的，其基本功能往往是一样的。例如，4G 智能手机的无线接口采用统一的 LTE 规范，以保证不同的厂家的手机可以在 LTE 网络中使用。

智能手机具有移动性、小型化、省电性。智能手机的硬件需要实现这些特点。目前，智能手机的硬件结构主要由专用集成电路为核心构成的。

目前，新型的智能手机，一般是在中央处理器 CPU 的控制下，按照 2G、3G、4G 系统的要求，以及根据各种存储器中程序的安排进行工作的，也就是均满足 2G、3G、4G 通信规范与实现要求，通过不同形式实现符合 2G、3G、4G 规范的收信电路、锁相环频率合成器、发信电路、调制解调器、模拟到数字变换、信道编解码器、话音编解码器、数字到模拟的变换、均衡器、SIM 卡和数据接口等。

新型的智能手机，一般采用大规模集成电路，因此，一些基本的电路均集中到集成电路内部了。这些基本的电路是了解手机工作原理与特点的基础。手机电路和术语见表 6-1。

表 6-1　手机电路和术语

名称	解　说
A-D 转换电路	A-D 转换电路也称为模拟数字转换器，简称模数转换器。A-D 转换电路是将模拟量或连续变化的量进行量化（离散化），转换为相应的数字量的电路
D-A 转换电路	D-A 转换电路也称为数字模拟转换器，简称数模转换器。D-A 转换电路是将数字量转换为其相应模拟量的电路
GSM	GSM（Global System For Mobile Communication，全球移动通信）是 1992 年欧洲标准化委员会统一推出的标准，其采用的是数字通信技术，统一的网络标准，使通信质量得以保证，并且可以开发出更多的新业务供用户使用
PCM 编码（又叫脉冲编码调制）	PCM 编码是数字通信的编码方式之一。PCM 编码主要过程是将话音、图像等模拟信号每隔一定时间进行取样，使其离散化，同时将抽样值根据分层单位四舍五入取整量化，同时将抽样值根据一组二进制码来表示抽样脉冲的幅值
VCO 振荡器	VCO 振荡器是在振荡电路中采用压控元件作为频率控制器件的一种振荡器。VCO 就是压控振荡器的简称
倍频	倍频是把频率较低的信号变为频率较高的信号的一种方法。倍频通常是利用非线性电路从基波中产生一系列谐波，然后通过带通滤波器选择出所需倍数的谐波，从而实现倍频
编码	编码是在发送端，为达到预定的目的，将原始信号根据一定规则进行处理的过程
带宽	带宽就是指通信信道的宽度，是信道频率上界与下界之间的差。带宽也是介质传输能力的度量，其在传统的通信工程中通常以赫兹（Hz）为单位计量
电容三点式振荡器（也叫考兹振荡器）	电容三点式振荡器是自激振荡器的一种。其一般是由串联电容、电感回路、正反馈放大器等组成的。电容三点式振荡器是因振荡回路两串联电容的三个端点与振荡管三个管脚分别相接而得名

（续）

名称	解　说
调谐	调谐是指改变振荡回路的电抗参量，使之与外加信号频率起谐振的过程
调制	调制就是将音频信号附加到高频振荡波上，用音频信号来控制高频振荡的参数。根据载波受调制参数的不同，调制基本方式分为，振幅调制、频率调制、相位调制、组合调制。 三种基本的模拟调制方法：AM 调幅、FM 调频、PM 调相 三种基本的数字调制方法：ASK 幅移键控、FSK 频移键控、PSK 相移键控 ASK：用载波的两个不同振幅表示 0 和 1 FSK：用载波的两个不同频率表示 0 和 1 PSK：用载波的起始相位的变化表示 0 和 1
反相	反相是指两个相同频率的交流电的相位差等于180°或180°的奇数倍的相位关系
分频	分频是把频率较高的信号变为频率较低的信号的方法
环路滤波器	环路滤波器是具有以下两种作用的低通滤波器：在鉴相器的输出端衰减高频误差分量，从而提高抗干扰性能；在环路跳出锁定状态时，提高环路以短期存储，以及迅速恢复信号
混频	混频是通过非线性器件将两个不同频率的电振荡变成新的频率的一种电振荡过程
基波	基波又称为一次谐波。其是指非简谐周期性振荡所含的与该周期对应的波长或频率分量
解调	从已调波中取出音频调制信号的过程称为解调。解调与调制的过程是相反的
解码	解码是指接收端用与编码相反的程序，将脉码调制信号转变为脉幅调制信号的过程。解码的主要设备是由一些逻辑电路与恒流源等组成
抗干扰、抗衰落技术	GSM 系统采用循环冗余码对话音数据进行保护，以提高检错和纠错的能力（即信道编码技术）。采用将一个语音帧内的456bit 数据分散到相邻的 8 个时分多址 TDMA 帧中，这样即便丢失一个时分多址 TDMA 帧也可以通过信道编码将其恢复
滤波	滤波是只传输信号中所需要的频谱而滤除其他频谱的一种频率选择技术。滤波基本形式是利用电感器、电容器的频率电抗特性，将电感、电容适当组合在电路中，组成滤波网络完成频率选择。实际的电感电容网络还可进行频带的传输、抑制。另外，也可以应用压电晶体、压电陶瓷、机械振子等组成的谐振滤波器，以及各种有源滤波器
逻辑控制电路	逻辑控制电路包含了几乎所有的内部及外围电路的工作状态控制、主要信息数据的收集处理等功能，例如包括预设键盘、LCD 接口控制、LCD 接口数据传输、工程调试接口 UART 接口无线局域网控制、无线局域网数据处理、USB 数据管理、TP 数据控制与处理、PWM 脉宽调制输出、外设多媒体存贮设备管理、自定义 GPIO 接口可编程控制等
频偏	频偏是频率偏移的简称。其是指调频波的瞬时频率对于载波频率的最大偏离量
失谐	失谐又叫作失调。其是指某个谐振系统的固有频率与作用于该系统的外部频率的偏差
时分多址 TDMA 与载频复用技术	GSM 系统采用频分复用技术，整个工作频段分为 124 对载频，其载频间隔为 200kHz，双工间隔为 45MHz。上行频段（移动台到基站）为 890～915MHz，下行频段（基站到移动台）为 935～960MHz。在上、下行频段中序号为 n（n = 1～124）的载频对的频率可用 $F_u(n)$ = 890MHz + 0.2nMHz（上行）或 $F_d(n)$ = 935MHz + 0.2nMHz = $F_u(n)$ + 45MHz（下行）。每个射频信道，GSM 系统采用了时分多址接入技术，每个载频按时间划分成 TDMA 帧，其帧长为 4.6ms；每个 TDMA 帧分割为 8 个时隙。因此在一个载频上可以有 8 台手机同时工作（一个手机占用一个时隙）。GSM 手机在接收发射时使用同样的时隙号，而接收的 TDMA 帧开始时刻相对于发射的 TDMA 帧开始时刻延迟了 3 个时隙的时间间隔，使时间的接收发射时隙分开，即 TDMA 帧的交错，避免了 GSM 在同一时间同时接收发射引起的干扰，所以 GSM 手机没有采用双工滤波器
数字信号调制与解调技术	GSM 系统为了满足移动通信对邻信道干扰的严格要求，采用高斯滤波最小移频键调制方式（GMSK）。该种 GMSK 调制方式，每个时分多址 TDMA 帧占用一个时隙来发送脉冲簇
锁相环（PLL）	锁相环（PLL）是一种实现相位自动锁定的控制系统。它一般有鉴相器、环路滤波器、压控振荡器等部件组成
同相	同相是指两个相同频率的交流电的相位差等于零或180°的偶数倍的相位关系
微分电路	微分电路输出电压与输入电压成微分关系的电路，其一般是由电阻、电容组成
谐波	谐波是指频率为基波频率 n 倍的正弦波，连同基波一起都是非简谐周期性振荡的频谱分量
信道	信道是指通信系统中传输信息的媒体或通道
语音的编译码技术	GSM 系统采用带有长期限的规则脉冲激励线性预测编译码方案，将语音划分为 20ms 一帧的语音块进行编码，产生 260bit 的语音帧来确保语音质量、提高频谱利用率

（续）

名称	解　说
振荡回路	振荡回路是指由集成总参数或分布参数的电抗元件组成的一种回路
振荡器	振荡器是一种能够将直流电转换为具有一定频率交流电信号输出的电路组合
正交	正交是指相位差为90°的两个相同频率的交流电间的相位关系
阻抗	阻抗是指含有电阻、电感、电容的电路里，对交流电所起的阻碍
最小移频键控（GMSK）	最小移频键控是一种使调制后的频谱主瓣窄、旁瓣衰落快，从而满足 GSM 系统要求的信道宽度为 200kHz 的要求，节省频率资源的调制技术

说明：现在的智能手机主要的电路机板大多数为一块。早期的手机基本结构如图 6-1 所示。

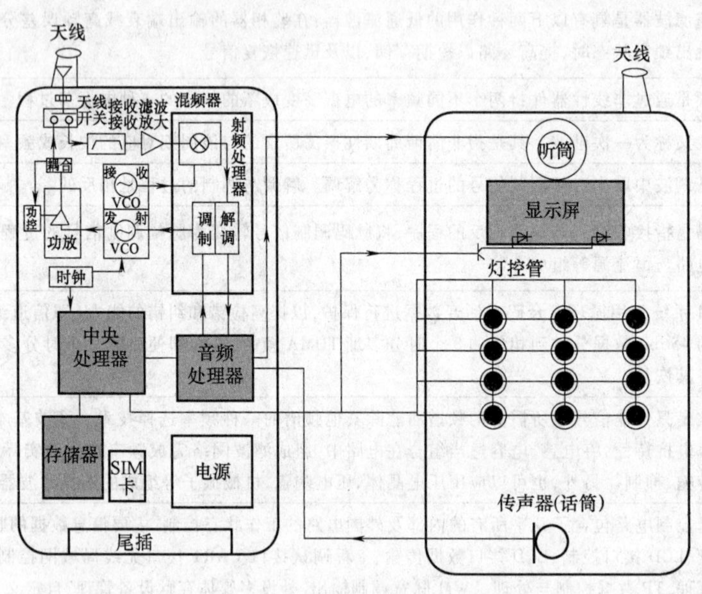

图 6-1　早期的手机基本结构

6.1.1　手机整机电路

手机整机电路主要分为界面电路、发射电路、接收电路、开机电路等部分。其中，界面电路又可以分为听筒电路、耳机电路、充电电路、话筒电路、键盘电路、MP3/MP4 电路、照相电路、显示屏电路、背光灯电路、收音机电路、篮牙电路、多媒体卡电路等电路。发射电路又可以分为发射功放电路、发射调制电路、发射振荡电路、发射逻辑控制电路等电路。接收电路又可以分为接收天线开关电路、接收中频处理电路、接收高放电路、接收逻辑控制电路等电路。开机电路又可以分为电源电路、复位电路、逻辑电路、时钟电路、维持电路等电路。

手机的控制器一般是由中央处理器系统构成，包括 CPU、EEPROM、FLASH ROM、RAM、I/O 等。GSM 移动终端原理框图如图 6-2 所示。

目前，手机整机电路主要以基带处理器 + 外围电路、应用处理器 + 外围电路、射频处理器 + 外围电路等单元电路组成。智能手机电路原理基本组成框图如图 6-3 所示。

智能手机原理框图如图 6-4 所示。

智能手机前端部分一般分 4G、3G、2G 分别接收后功率放大进行射频处理，以及相应发送处理。目前，许多智能 4G 手机的 4G、3G、2G 射频是公用一副天线。

智能手机各频率段的处理主要节点如图 6-5 所示。

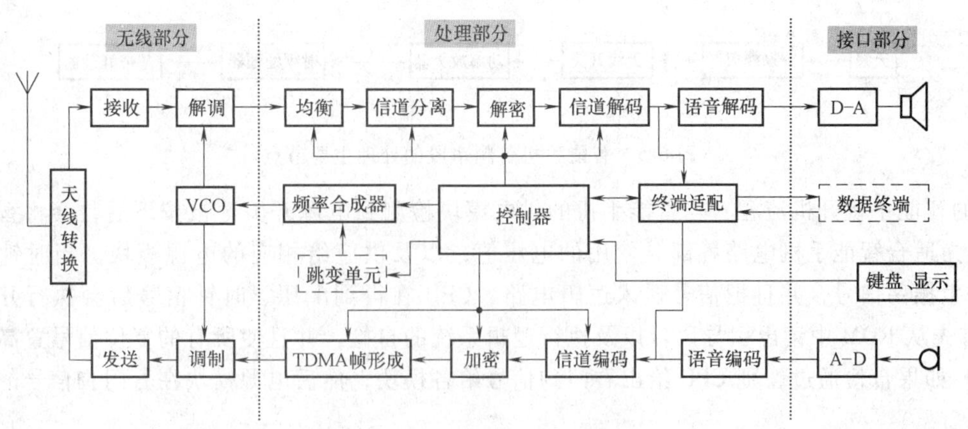

图 6-2 GSM 移动终端原理框图

6.1.2 手机开机的条件

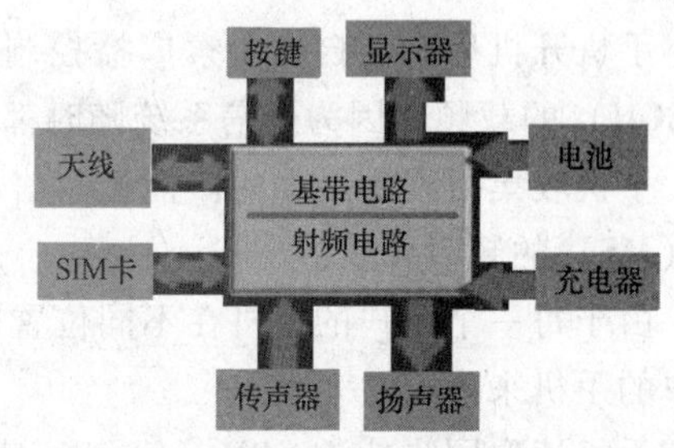

图 6-3 智能手机电路原理基本组成框图

智能手机开机的五大条件为稳定的供电、标准的时钟、准确的复位、正常运行的软件程序、维持等。如果智能手机，不具备该五个条件，则影响智能手机的开机。

1）有的智能手机的系统复位工作特点：系统复位信号从CPU产生，当手机按下开机键时，集成在CPU内的复位信号发生器就会产生复位信号，除了供自身使用外，还从其相应脚端输出一路Watchdog（看门狗）信号，给字库的相应脚，为字库复位。手机具备以上条件后，CPU会向字库发出请求，调出相应软件，这时，字库开始检查存取环境是否正常。如果正常，则字库会调出软件运行，以及输出其他准备电压，完成开机。

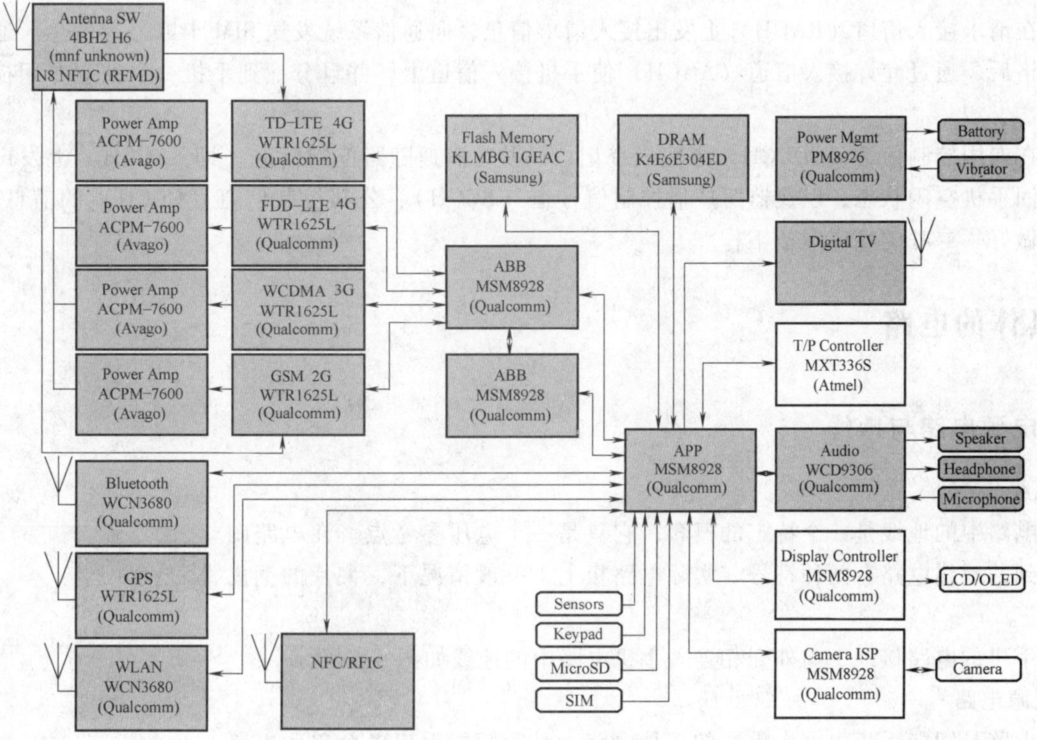

图 6-4 智能手机原理框图

图 6-5　智能手机各频率段的处理主要节点

2）有的智能手机开机流程：当智能手机的供电模块检测到电源开关键被按下后，会将智能手机电池的电压转换为适合智能手机电路各部分使用的电压值，以及供应给相应的电源模块。当时钟电路得到供电电压后产生振荡信号，并且把信号送入逻辑电路，CPU 在得到电压、时钟信号后会执行开机程序。也就是 CPU 首先从 ROM 中读出引导码，以及执行逻辑系统的自检，并且使所有的复位信号置高（一般情况是高电平）。如果自检通过，则 CPU 给出看门狗信号给各模块，然后电源模块在看门狗信号的作用下，维持开机状态。

6.1.3　手机入网流程

手机开机后，会自动搜索广播控制信号道（BCCH）的载频，并且是搜索到最强的广播控制信号道（BCCH）的载频。因为通信系统随时都向在向该区域中的各用户发送出用户广播控制信息。

手机收集搜索到最强的广播控制信号道（BCCH）的载频后，读取频率校正信道（FCCH），使手机移动（MS）的频率同步。

由于每一个用户的手机在不同位置的载频是固定的，这是由通信网络运营商组网时确定，而不是由用户的手机来决定。

手机读取同步信道 SCH（Satellite Channel，卫星信道）的信息后，找出基站 BTS（Base Transceiver Station，基站收发信号）的认别码，以及同步到超高帧 TDMA（Time Division Multiple Access，时分多址）的帧号上。

手机在处理呼叫前读取系统的信息，例如，邻近区域的情况、现在所处区域的使用频率、区域是否可以使用移动系统的国家号码、网络号码等情况，这些信息多可以在以广播控制信号道（BCCH）上得到。

手机在请求接入信道（RACH）上发出接入请求信息，向通信系统发送 SIM 卡账号等信息。通信系统在鉴权合格后，通过允许接入信道（AGCH）使手机接入信道上，并且分配到手机一个独立专用控制信道（SDCCH）。

手机在专用控制信道（SDCCH）上完成登记，以及在满速随路控制信道（即 SACCH）上发出控制指令，再返回手机空闲状态，以及监听广播控制信号道（BCCH）、公共控制信道（CCCH）的信息。这样，手机已经做好了寻呼的相应准备工作。

6.2　具体的电路

6.2.1　电源电路与地线

1. 地线

手机电路中的地线是一个特定的概念，它只是一个电压参考点。在电路图中经常用到的地线电路有两种符号。实际电路板上，一般情况下，大片的铜皮都是“地”。

一般手机的电路接地，与外壳相连。手机电路中的地线如图 6-6 所示。

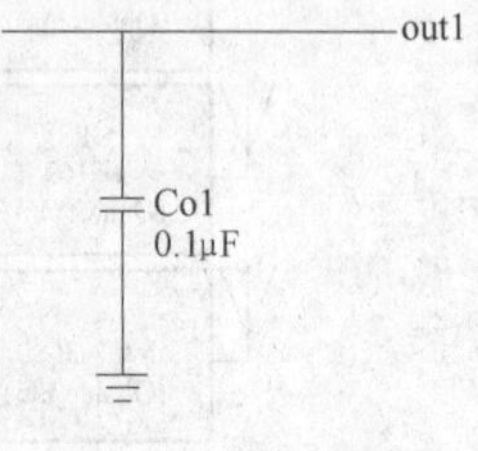

图 6-6　手机电路中的地线

2. 电源电路

电源电路是智能手机电路中重要的一种电路，其为智能手机各个单元电路提供稳定的直流电压。如果该电路异常，会造成智能手机整个电路工作异常。

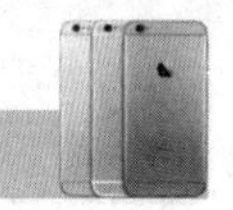

智能手机电路不仅需要的电压要准确，并且相应的电流也要在适合的范围内。例如 iPhone 6s 的 LDO 规格表见表 6-2。

表 6-2　iPhone 6s 的 LDO 规格表

LDO#	ADJ. RANGE	ACCURACY	MAX. CURRENT	LDO#	ADJ. RANGE	ACCURACY	MAX. CURRENT
LDO1（A）	2.5～3.3V	±1.4%	50mA	LDO9（C）	2.5～3.3V	±25mV	250mA
LDO2（B）	1.2～2.0V	±2.5%	50mA	LDO10（G）	0.7～1.2V	±5.5%	1335mA
LDO3（A）	2.5～3.3V	±1.4%	50mA	LDO11（C）	2.5～3.3V	±25mV	250mA
LDO4（D）	0.7～1.2V	±2.5%	100mA	LDO12（E）	1.8V	±5%	10mA
LDO5（F）	2.5～3.3V	±2.5%	1000mA	LDO13（C）	2.5～3.3V	±25mV	250mA
LDO6（C1）	1.2～3.6V	±2.5%	150mA	LDO14（H）	0.8～1.5V	±2.5%	250mA
LDO7（C）	2.5～3.3V	±25mV	250mA	LDO15（B）	1.2～2.0V	±2.5%	50mA
LDO8（C）	2.5～3.3V	±25mV	250mA				

目前，一些手机基带电源，采用电源芯片来完成。例如 iPhone 5s 基带电源芯片 PM8018 的作用是把 BATT 电压转换为 RF 部分电路所用的各种电压，以及产生 19.2MHz、32.768kHz 等时钟信号。有的基带电源芯片没有集成时钟产生电路，则 19.2MHz、32.768kHz 等时钟信号需要其他电路来实现。

电源电路常见的总线接口见表 6-3。

表 6-3　电源电路常见的总线接口

名称	解说
I^2C 总线	I^2C 为 Inter-Integrated Circuit 的简称，其是用做应用处理器与电源管理芯片间的命令、数据传输，以及电源管理芯片内部 ADC 所转换的数字信息经过 I^2C 写入应用处理器内
DWI 总线	DWI 为 Double Wire Interface 的简称，其是应用处理器与电源管理芯片间的串行接口线，电源管理芯片的软件控制接口 DWI 能够增强 I^2C 控制与校正输出的电压等级、背光电压等级 DWI 支持两种模式：直接传输模式（用于 CPU 控制 PMU 输出电压的调整）；同步传输模式（用于背光驱动的控制）
GPIO 接口	GPIO 为 General Purpose Input Output 的简称，意为通用输入/输出。GPIO 能够提供额外的控制、监视功能。每个 GPIO 端口可通过软件分别配置成输入或输出，提供推挽式输出或漏极开路输出

智能手机的电源电路，一般位于智能手机的主电路板上，不同品牌型号的智能手机电源电路的具体位置可能存在差异。

智能手机的电源电路主要由电源控制芯片、充电接口、电池及插座、复位芯片、晶振、谐振电容、充电控制芯片、电源开关、场效应晶体管、滤波电容、电感等组成，其中，电源控制芯片是电源电路的核心。

智能手机的电源电路部分集成电路的功能如下：

充电控制集成电路：主要负责对电池进行充电，以及实时检测充电的电压值。充电控制集成电路，可以用于保护电池的电路，以及保护电池过放电、过压、过充、过温等功能。

电源控制集成电路又称为电源管理芯片 PWM（Pulse Width Modulation，脉宽调制）：负责对整个电源电路的控制。

智能手机的电源电路图例如图 6-7 所示。

智能手机的电源电路一般电路的作用如下：

电源开关：主要负责在开机时提供触发信号。

时钟电路：主要负责产生开机所需的 32.768kHz 时钟信号。

复位电路：主要为微处理器提供开机所需的复位信号。

充电电路：主要负责检测电池的电量，以及为电池进行充电、充电保护与安全等。

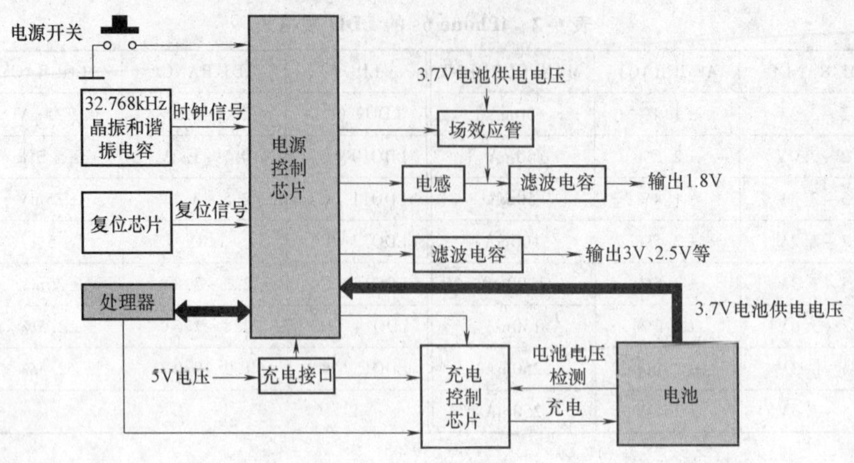

图 6-7　智能手机的电源电路图例

电源输出电路：主要负责输出手机其他单元电路所需的供电电压。

手机所需的各种电压一般先是由手机电池供给，然后电池电压在手机内部需要转换为多路不同的电压值供给手机不同电路使用。

智能手机的电池电压，一般通过电池插座送到电源控制集成电路。此时，开机按键有 2.7～3.1V 的开机电压。如果没有按下开机按键时，则电源控制集成电路没有工作，这时电源控制集成电路无输出电压。如果按下开机键时，由于开机按键的其中一端脚对地构成了回路，开机按键的电压由高电平转为低电平。从而利用由高电平到低电平的电压变化，被送到电源控制集成电路内部的触发电路。电源控制集成电路内部的触发电路收到触发信号后，启动电源控制集成电路，而电源控制集成电路内部的各路稳压器开始工作，从而输出各路电压到各个电路，图例如图 6-8 所示。

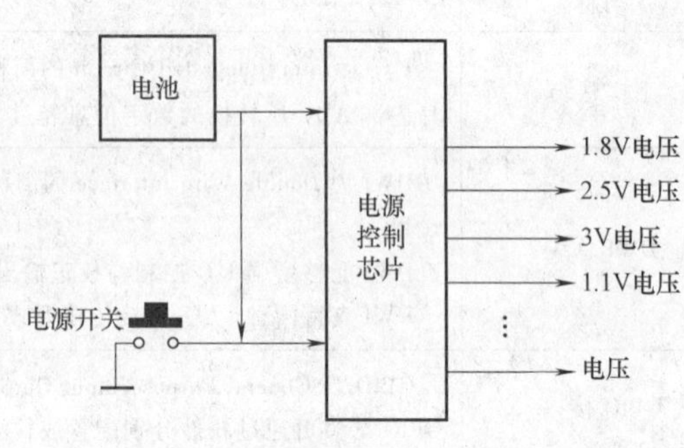

图 6-8　智能手机电压产生的原因

6.2.2　射频电路

1. 概述

智能手机的射频电路主要用来处理手机的射频信号，其主要功能是负责接收信号、发射信号，实现手机间相互通信的一种电路。手机基本射频电路如图 6-9 所示。

智能手机射频电路包括的电路较多，由于有的电路被内置芯片中，因此目前智能手机射频电路主要从芯片间电路与联系方面介绍。智能手机射频电路主要包括射频天线、射频收发电路、射频功率放大器、射频电源管理电路、射频信号处理电路等电路组成。

2. 手机发射电路

手机发射电路基本电路带发射变换模块的发射机电路结构、带发射上变频器的发射机电路结构、直接调制的发射机电路结构等方式。

带发射机变换模块发射机电路的组成及其框图如图 6-10 所示。

部分功能电路的作用见表 6-4。

一般智能手机信号发射处理流程如图 6-11 所示。

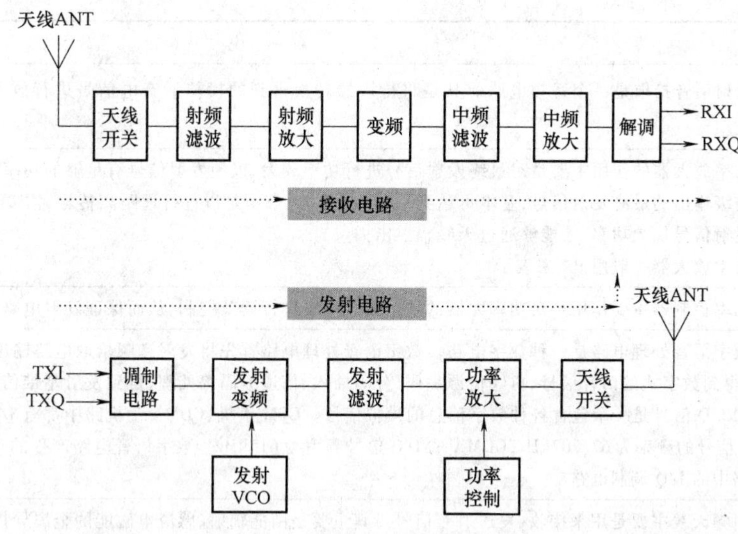

图 6-9 手机基本射频电路

智能手机的发射机将模拟基带单元送来的扩频调制中频信号经中频滤波器滤除噪声与干扰后，与频率合成器产生的本振信号进行上变频，变换为手机发射频率，经 AGC 开环控制放大、射频滤波、功放后，再经双工器馈送到天线上发出。

CDMA 系统中，智能手机实际发射功率的大小由开环估计值、闭环功率调整命令共同确定。多址地表通信中，大部分的功率不平衡来自用户与 BS 的距离的差异，另外的一部分来自于建筑物和其他物体的阴影影响。

分析频段处理的基本思路是：×××MHz 发射信号由射频处理器相应脚输出 TX 信号到功率放大后，经滤波送到天线发射出去。

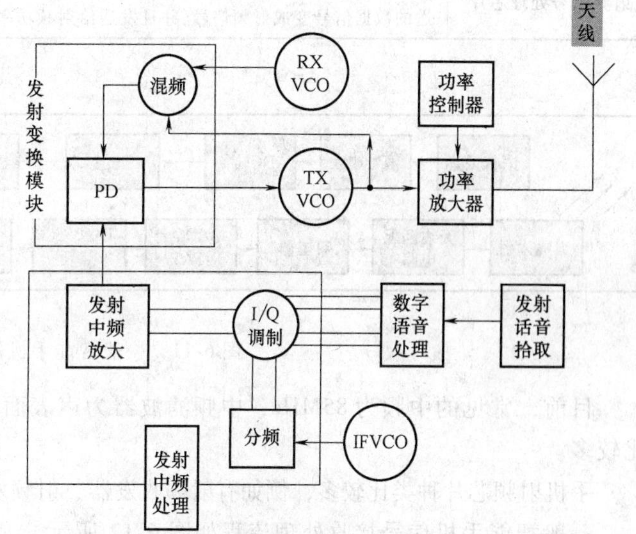

图 6-10 带发射机变换模块发射机电路的组成及其框图

3. 接收机

接收机将天线上所收到的来自基站发射机的 869～894MHz 等射频信号，经双工器送到低噪声放大器放大到所需电平，然后送入射频滤波器滤除带外干扰后，与频率合成器产生的本振信号进行下变频处理，变换为中频信号后送往模拟基带单元。

表 6-4 部分功能电路的作用

名称	解 说
I/Q 调制	I/Q 调制电路是数字手机独有的一种电路。I/Q 调制电路的作用是把 I/Q 信号调制在发射中频载波上。发射中频载波，一般有一个专门的电路提供，来自 IFVCO、VHFVCO 电路。另外，I/Q 调制电路输出的信号，也称为已调发射中频信号
发射变换	发射变换一般是由鉴相器、混频器等组成。其主要作用是对发射已调中频信号进行处理，转换成一个包含发送信息的脉动直流信号 发射变换的工作原理：TXI/Q 调制信号被送到鉴相器（PD），RXVCO 信号与 TXVCO 信号混频后得到的发射参考中频信号也送到 PD 中。两个信号在 PD 中进行比较，从而得到一个包含发送数据的脉动直流信号 PD 输出的直流电压信号到 TXVCO 电路，控制 TXVCO 电路输出信号的频率

（续）

名称	解　说
发射话音拾取	发射话音拾取是一个音频电路。其是将传声器转换得到的模拟话音电信号进行放大，得到适合于通信的话音信号
功率放大器	功率放大器的作用主要是对最终发射信号进行功率放大，以使发射信号有足够的功率经天线辐射出去 前级输出的最终发射信号，基本可达到－5dB以上，但都不足以进行远距离传输，需要进行远距离传输，必须使最终发射信号加大功率，才能够通过天线辐射出去 功率放大器一般用PA来表示
功率控制器	功率控制器主要作用是对功率大器的功率放大等级进行调节控制，从而保证发射电路的正常工作
数字语音处理电路	数字语音处理电路是一种数字电路。数字语音处理电路首先将发射音频拾取电路输出的模拟话音信号经A-D转换，得到数字式的话音信号，再经信源编码、分间插入、信道编码等处理，得到发射基带信号TXI/Q TXI/Q信号是一个包含各种数字信息的模拟信号。GSM手机、CDMA手机路中都有I/Q信号。其中，GSM手机的I/Q信号的频率为67.707kHz，CDMA的I/Q信号频率为615kHz。数字语音电路产生的TXI/Q信号被送到发射射频电路中的I/Q调制电路
射频天线	射频天线主要是用来接收、发送射频信号。其主要是由能辐射、感应电磁能的金属导体制成
射频电源管理电路	射频电源管理电路主要用来为射频电路中的元器件提供工作电压
射频功率放大器	射频功率放大器主要是用来放大待发射的信号
射频信号处理芯片	射频信号处理芯片主要是用来处理射频信号，以及将接收来的射频信号进行混频、解调处理。发生信号时，将发送的数据信号变成射频信号，并且发送给射频功率放大器处理

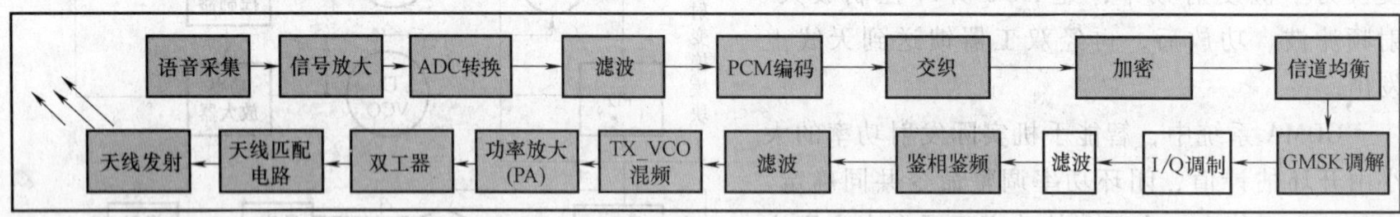

图6-11　一般智能手机信号发射处理流程

目前，常见的中频为85MHz，中频滤波器为声表面波滤波器（SAW）。对于中频的选取，涉及的因素比较多。

手机射频芯片种类比较多，例如有射频收发器、射频发射器、射频接收器、射频滤波器、射频处理器等。

一般智能手机信号接收处理流程如图6-12所示。

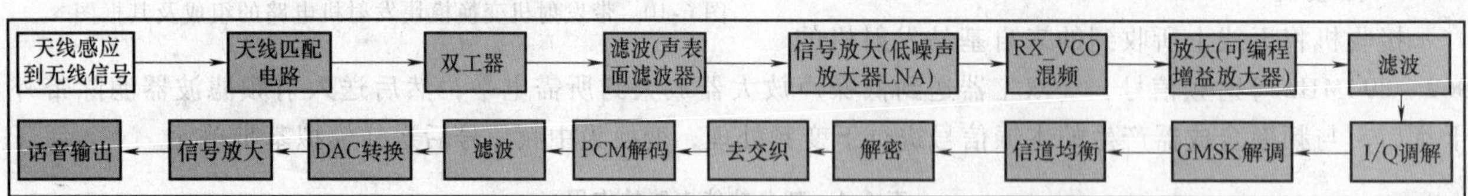

图6-12　一般智能手机信号接收处理流程

目前，智能4G、3G手机需要支持4G、3G信号，并且需要向下兼容2G信号。因此，目前智能4G、3G手机射频芯片需要既可以处理2G信号，又能够处理3G、4G信号。

有的智能3G手机单芯片射频电路有的内置了低噪声放大器，不需要外挂TX声表面滤波器。

MAXIM射频收发器的特点如下：

MAX2390：W-CDMA频带Ⅱ（1930～1990MHz）。

MAX2391：IMT2000/UMTS（2110～2170MHz）。

MAX2392：TD-SCDMA（2010～2025MHz）。

MAX2393：W-TDD/TD-SCDMA（1900～1920MHz）。

MAX2396：IMT2000/UMTS（2110～2170MHz）。

MAX2400：W-CDMA 频带Ⅱ（1930～1990MHz）。

MAX2401：W-CDMA 频带Ⅲ（1805～1880MHz）。

目前，随着新型集成电路的应用，手机射频电路使用的芯片不同，其射频具体处理路径不同。例如，iPhone 5s 射频电路采用的是高通 WTR1605。高通 WTR1605 芯片支持 WCDMA HSPA +、CDMA 2000 EV-DO Rev. B、TD_ SCDMA、TD_ LTE、FDD_ LTE、EDGE、GPS，是一款近乎全球网络制式几乎全部都支持的射频芯片。

有的智能手机由于需要支持 2G、3G、4G 网络，因此，采用多个频段使用一个芯片外，还有的频段是单独采用独自的频段芯片来处理的。例如 iPhone 5s 射频电路主要部件有天线部分、天线开关、发射滤波器、发射滤波器、BAND5/BAND8 功放、LTE BAND13/BAND 17 功放、LTE BAND20 功放、BAND1/BAND4 功放、BAND2/AND3 功放、DRX 接收滤波器、功放供电、射频处理器、基带处理器、基带电源等组成。

分析频段处理的基本思路是：×××MHz 接收信号由天线接收进来，进入天线接口，经滤波器送到相应功率放大器放大（有的天线开关集成功放电路）内部，经过功率放大器放大、处理，接收信号由相应脚输出 RX 信号，经过接收滤波器送到射频处理器进行处理，射频处理器相应脚输出接收基带信号送至基带处理器内部解调出声音信号。

6.2.3 4G 处理流程

一般智能手机常见的 4G 处理流程如下：

1）4G（LTE B4 1710～2155MHz）：BAND 4 接收通道信号由天线接收进来后，经天线接口、天线开关送到 BAND4 功率放大器，接收信号，由功率放大器输出后送到射频处理器，解调出基带 I/Q 信号后送到基带处理器。

BAND 4 发射通道信号 TX 由射频处理器输出后，经发射滤波器滤波，然后送到功率放大器进行放大，以及输出 B4 DPLX ANT 发射信号再经天线开关、天线发射出去。

2）BAND 8 支持 4G LTE B8（885～954.9 MHz）频段：BAND 8 接收通道信号由天线接收进来后，经天线接口、滤波器、天线开关送到 BAND 8 功率放大器，接收信号由功率放大器输出后送到射频处理器，解调出基带 I/Q 信号后送到基带处理器。

BAND 8 发射通道信号 B8 TX 由射频处理器输出后，经发射滤波器滤波，送到功率放大器进行放大，输出 B8 DPLX AN 发射信号经天线开关、天线发射出去。

3）LTE BAND 3 支持 4G（1710～1880MHz）频段：LTE BAND 3 接收通道信号，由天线接收进来后，经天线接口、天线开关送到 BAND 3 功率放大器，接收信号 B3 DUPLX R 由功率放大器输出后送到射频处理器，解调出基带 I/Q 信号后送到基带处理器。

LTE BAND 3 发射通道信号 B3 B4 TX SAW IN，由射频处理器输出后，经发射滤波器滤波，送到功率放大器进行放大，输出 B3 DUPLX ANT 发射信号经天线开关，再经天线发射出去。

目前，有的手机射频电路采用射频处理器辅助处理芯片处理低频段/中频段信号（L/MB Rx），支持 CA 技术。采用 NFC 模块，对 NFC 信号处理。采用前端模块，处理 TD B34/38/39/40/41 发射信号机 B38/40/41 接收信号。

另外，有的智能手机具有微调天线匹配电路。

6.2.4 时钟电路

智能手机中的时钟可以分为逻辑电路主时钟、实时时钟等种类。逻辑电路的主时钟一般有 13MHz、26MHz、19.5MHz 等。实时时钟一般为 32.768kHz。无论是逻辑电路的主时钟，还是实时时钟，均是手机正常工作的必要条件。

产生 13MHz 的电路有纯石英晶振、13M 组件等类型。其中，石英晶体需要与其他电路共同组成振荡，产生 13MHz。13M 组件电路只需要加电即可产生 13MHz 频率。

手机电路中，产生13MHz电路，均需要电源正常工作输出供电，13M电路才能够产生13MHz输出。只有13MHz基准频率精确，才能够保证手机与基站保持正常的通信，完成基本的收发功能。13MHz有关的故障见表6-5。

表6-5 13MHz有关的故障

原因	现　象
13MHz停振、振荡幅度过小	逻辑电路不工作、手机不开机
13MHz频偏较小	手机信号时有时无
13MHz偏离较大	手机无信号、定屏、开机困难、死机、自动关机等故障

手机中的实时时钟频率一般是32.768kHz。实时时钟频率一般是由32.768kHz晶体配合其他电路产生的。为了维持手机中时间的连续性，32.768kHz不能够间断工作，关机或卸下电池后，需要由备用电池供电工作。32.768kHz主要作用为保持手机中时间的准确。

32.768kHz异常，常引起的故障有不开机、无时间显示、时间不准等故障。

有的智能手机的时钟电路的特点是，当智能手机接入电池后，手机的电源电路就产生3.7V待机电压。3.7V待机电压会直接为处理芯片内部的振荡器供电，然后时钟电路获得供电后开始工作，以及为处理器芯片内部的微处理器电路中的开机模块提供所需的时钟频率。

6.2.5 基带

1. 概述

手机基频处理器简称基带。手机的基带也是不断地发展变化的：

1）早期的手机主要提供语音通话、文字短讯传送，因此，基频零组件也简单，主要包括模拟基频、数字基频、记忆体、功率管理等部分。

2）随着手机的发展，手机基频处理器发展成基频双处理器：一个数位信号处理器负责语音信号的处理，一个应用处理器负责影音应用的处理。

智能4G、3G手机相比智能2G手机而言，需要处理大量的多媒体数据。因此，智能4G、3G手机需要另外采用应用处理器来加强处理大量的多媒体数据，也可以采用增强多媒体数据处理能力的基频处理器。

目前，智能4G、3G手机基频处理器主要功能可以从以下这些功能块来认识：

1）芯片内核、通信功能、多媒体功能、存储器接口、外围设备接口、工作环境温度、耗电、封装等。其中，外围设备接口看是否具有以下几种：USB2.0接口、UART接口、PCM音频接口、SPI接口、I^2C接口、I^2S接口、GPIO接口、SIM/USIM卡接口、SDIO接口、蓝牙/CMMB/FM/ G-Sensor接口、JTAG接口、实时时钟接口等。

2）存储器接口主要看是否内置了什么类型的存储器控制器以及可以支持什么类型的存储器。

3）LCD显示功能方面，主要看支持分辨率，颜色数目以及是否内置LCD控制器与触摸屏控制器。另外，考虑是否支持双彩屏功能。

4）芯片内核看内核架构以及是否集成数字基带DBB、模拟基带ABB、电源管理模块PMU等。

2. 模拟基带

模拟基带主要进行中频处理。

接收时，射频送来的中频信号经过放大、二次变频处理，转变为基带I、Q信号，然后经过A-D变换、滤波后送入数字基带模块进行解扩处理。

发射时，数字基带送来的扩频信号经过D-A转换及上变频处理，变为中频模拟信号，然后经过AGC功率控制放大后送入射频单元。

3. 数字基带

数字基带主要包括微处理器（MCU）、数字信号处理器（DSP）、键盘照明、显示背光电路、LCD显示屏电路、调制/解调器、电源管理模块、充电电路、存储器电路、键盘电路、UIM卡接口电路、实时时

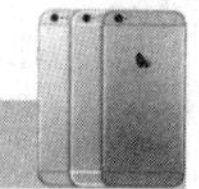

钟电路、系统基准时钟电路、PCM 模数-数模转换电路等。

数字基带完成交织与编码、去交织与解码、扩频/解扩、执行系统软件、应用软件、人机接口控制等功能。

实际应用中，一般在数字基带的前端采用不同时延的梳状滤波器，把不同路径来的不同延迟的信号在接收端从时间上对齐相加，合并成较强的有用信号，然后送去解调。该特性可以通过数字信号处理器用软件来实现。

4. 基带芯片的特点

目前，全球制式基带芯片的应用越来越受到重视，例如，iPhone 5s 手机使用的是高通 MDM9615M。MDM9615M 支持 WCDMA HSPA +、CDMA2000 EVDO Rev. B 、TD_ SCDMA、TD_ LTE、FDD_ LTE、EDGE、GPS 等。

一般基带的特点：

1）基带处理器有多路内核供电，因此，基带有多只供电端脚。

2）基带处理器控制多个信号，主要控制射频处理器的工作、不同 BAND 的频段工作。

3）射频处理器输出的基带 I/Q 信号，往往送到基带处理器进行处理。另外，非连续接收基带 I/Q 信号，一般也需要送入基带处理器进行处理。

4）基带处理器发射的基带 I/Q 信号，从其相应脚输出，一般需要送到射频处理器中进行处理。

5）基带上电时序是指按一定的顺序给处理器提供供电，保证处理器能够按照顺序启动相应的电路。基带处理器的关机时序正好与开机时序相反。

6）基带电路常见的开机工作时序如下：

① 电池给基带电源管理芯片供电。

② 应用处理器发出 Radio On 开启信号给基带电源管理芯片。

③ 应用处理器电源发出 Reset PMU 的复位信号。

④ 基带电源管理芯片启动 19.2 MHz 时钟信号。

⑤ 基带电源管理芯片开启后提供基带处理器、基带电源管理芯片内部的工作电压。

⑥ 基带电源管理芯片发出 SLEEP CLK 32K 主时钟与 PMIC RESOUT L 复位信号到基带处理器。

⑦ 基带处理器具备电压、时钟、复位后，再通过 HSIC BB DATA 与 HSIC BB STROBE 读取 NAND 的开机固件（从而运行开机程序并开机）。

⑧ 开机后基带处理器送出 PS HOLD 给基带电源管理芯片（让其维持供电）。

⑨ 基带处理器给 CPU 发出准备就绪信号 PBL RUN BB HSIC1 RDY。

⑩ 应用处理器侦测到 PBL RUN BB HSIC1 RDY 信号后发出 AP HSIC1 RDY 开启高速数据信号到基带处理器。

⑪ BB 接收到后运行程序并初始化 BB NOR。

7）一些基带处理器与 Nor Flash 间通信使用的是 SPI 接口（Serial Peripheral Interface，串行外设接口）。Nor Flash 存储射频部分射频参数，并且通过 SPI 总线与基带进行通信。

8）iPhone 5s 手机使用了美国高通的 MDM9615M 芯片。MDM9615M 支持 LTE（FDD 和 TDD）、双载波 HSPA +，EV-DO 版本 B、TD-SCDMA 的 Mobile Data Modem（MDM）芯片。MDM9615M 是 MDM9600 产品系列高度优化的后继产品。MDM9615M、MDM8215、WTR1605 射频芯片、PM8018 电源管理芯片配对，可以提供高度集成的芯片组解决方案。

9）iPhone 5 手机基带处理器控制时序的过程：基带启动信号 RADIO_ ON_ L 被送到基带电源管理芯片 U201_ RF 的 69 脚端，复位信号 RESET_ PMU_ L 被送到基带电源管理芯片 U201_ RF 的 16 脚端。基带电源管理芯片 U201_ RF 通过 PMIC_ SSBI（串行总线）与基带处理器 U501_ RF 进行通信。基带电源管理芯片 U201_ RF 输出各路工作电压，基带处理器 U501_ RF 输出 PS_ HOLD 维持信号，维持基带电源管理芯片 U201_ RF 持续工作。

5. 基带处理器电源 LDO 电路

在 iPhone 等智能手机中，有些地方使用了 LDO 电路，有些地方使用了开关电路。

如果输入电压与输出电压很接近，则一般使用LDO稳压器。因此，在把锂离子电池电压转换为3V输出电压的应用，一般是LDO稳压器。

如果输入电压与输出电压不是很接近，则一般使用开关型的DC-DC。DC-DC转换器包括升压、降压、升/降压、反相等电路。

6. 基带处理器电源电路

基带处理器电源电路是完成基带处理器电路的供电工作，例如iPhone 5手机的基带处理器电源电路的工作是由电源管理芯片PM8018来完成的。

7. 基带处理器接口电路

基带处理器接口电路包括时钟接口电路、休眠时钟信号电路、模拟基带信号接口电路、HSIC接口等。其中，HSIC（High-Speed Inter-Chip）意思为高速芯片间连接。HSIC是一种芯片间互连标准。例如在iPhone 5手机中，基带处理器U501　RF通过HSIC接口与应用处理器U1进行通信。

8. 基带存储器电路

有的基带处理器与存储器之间的通信使用了SPI接口。例如基带处理器MDM9615使用了MX25U1635E型号（U601 RF）存储器，存储器与基带处理器间的通信就是使用了SPI接口。

SPI（Serial Peripheral Interface）意思为串行外设接口、串行外围接口。SPI接口可以使MCU处理器与各种外围设备以串行方式进行通信以交换信息。在主器件的移位脉冲下，数据根据位传输，高位在前，低位在后，为全双工通信，数据传输速度总体来说比PC总线要快。

SPI有三个寄存器：控制寄存器SPCR、状态寄存器SPSR、数据寄存器SPDR。

SPI接口是Motorola首先在其MC68HCXX系列处理器上定义的。SPI接口主要应用在_ PROM、FLASH、实时时钟、AD转换器、数字信号处理器、数字信号解码器等。

SPI接口包括以下四种信号：

1）MOSI：主器件数据输出，从器件数据输入。

2）MISO：主器件数据输入，从器件数据输出。

3）SCLK：时钟信号，由主器件产生。

4）NSS：从器件使能信号，由主器件控制，有的IC标注为CS（Chip Select）。

6.2.6 音频信号处理部分

手机音频信号基本处理电路如图6-13所示。

目前，由于手机集成化程度高，音频信号处理部分主要涉及：应用处理器+音频编解码电路+音频放大电路+音频终端设备+接口等。

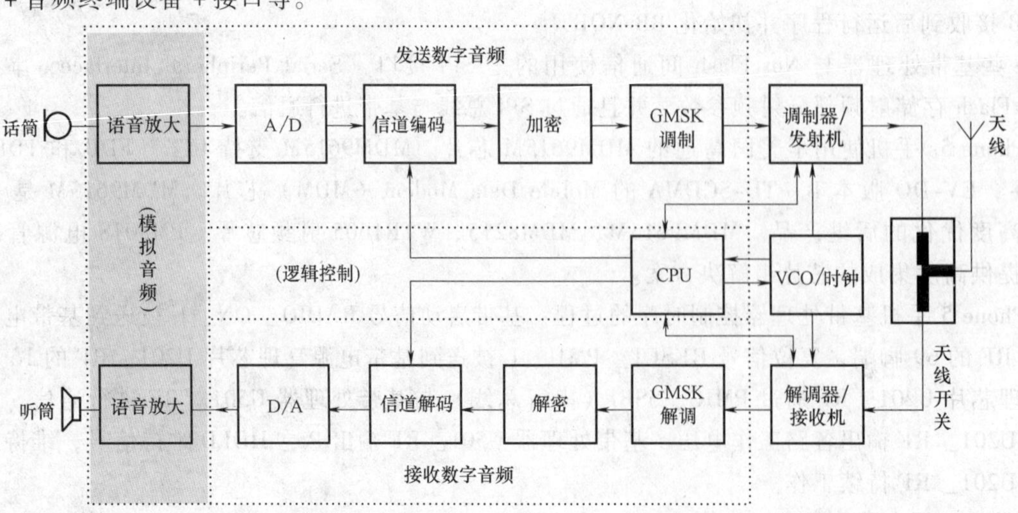

图6-13　手机音频信号基本处理电路

有的智能手机，音频编解码芯片和应用处理器间的信息传输采用了 I^2S 总线进行的。

音频信号处理部分涉及的一些常见电路有音频编解码电路供电电路、MIC 偏压电路、音频输入电路（有主 MIC 信号、耳机 MIC 信号、录音 MIC 信号输入电路）、音频输出电路（有听筒输出、HAC 输出、耳机输出电路）等

iPhone 6s 的音频放大输出电路使用了一个单独的芯片 U3700 CS35L21-XWZR 作为音频放大电路，如图 6-14 所示。音频编解码芯片通过 I^2S 总线与音频放大电路 U3700 CS35L21-XWZR 进行通信，放大后的音频信号从 U3700 CS35L21-XWZR 的 D2、C2 脚输出到扬声器。

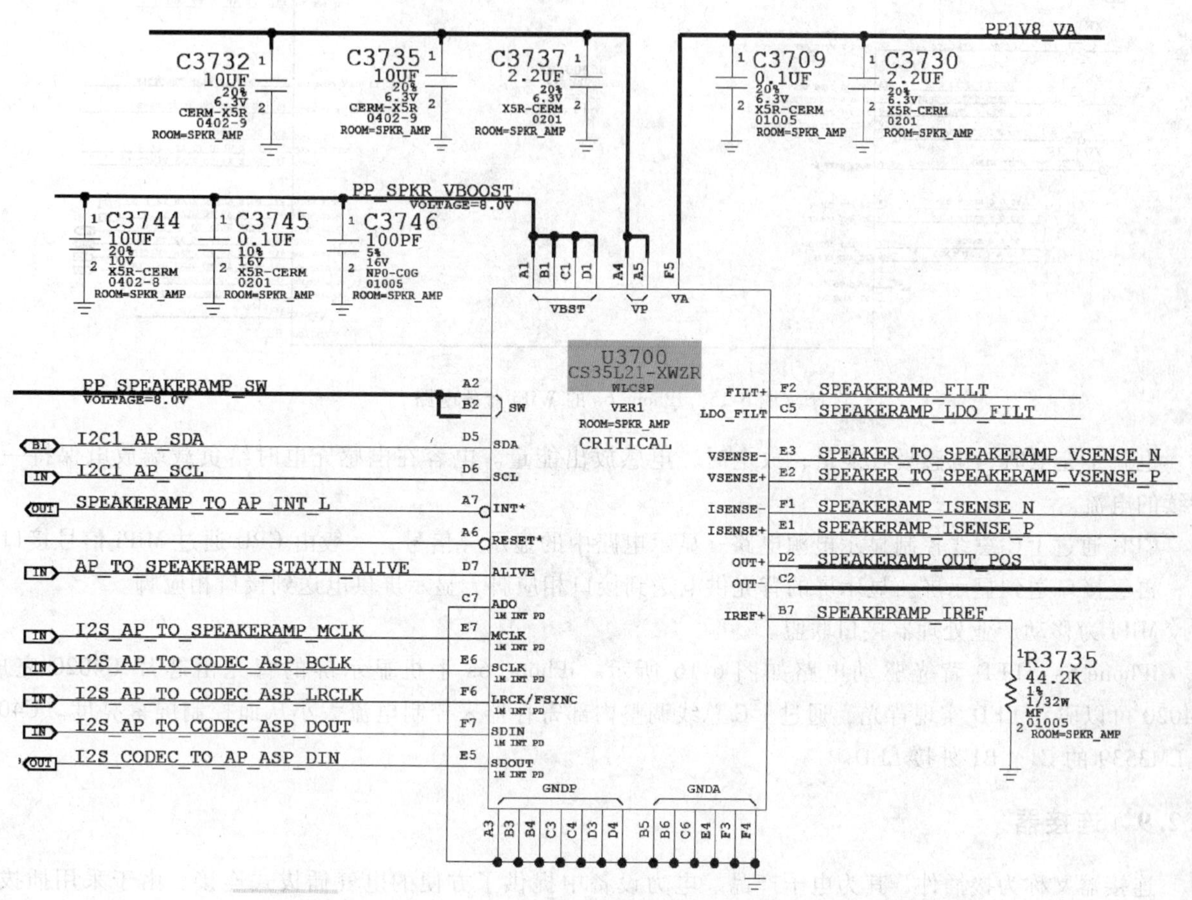

图 6-14 iPhone 6s 的音频放大输出电路

6.2.7 WiFi、WLAN/蓝牙电路

目前，许多智能手机采用集成化程度高的电路，主要涉及 WLAN/蓝牙天线、WLAN/蓝牙模块、滤波器、电源管理芯片、应用处理器等。

WiFi 蓝牙电路主要由 WiFi 蓝牙天线、天线接口、天线开关、WiFi 蓝牙模块等组成。

iPhone 6s 的 WiFi 电路如图 6-15 所示。

目前，有的手机新增 WiFi 5G，单独使用天线 WiFi Riser。

vivo X5 采用的是颗联发科 MT6625 芯片，该芯片是多功能集成芯片，主要用于 WiFi、蓝牙、GPS、FM 等多项功能。

6.2.8 显示电路与背光驱动电路

显示电路主要涉及显示电源电路、显示电路、显示屏、触摸处理芯片、应用处理器等。

有的手机显示电源电路采用常见的 Buck 电路，因此，常外接电感、开关、续流二极管。

升压振荡电路利用开启与关闭过程不断重复，起到升压的作用。升压过程是一个电感的能量传递过

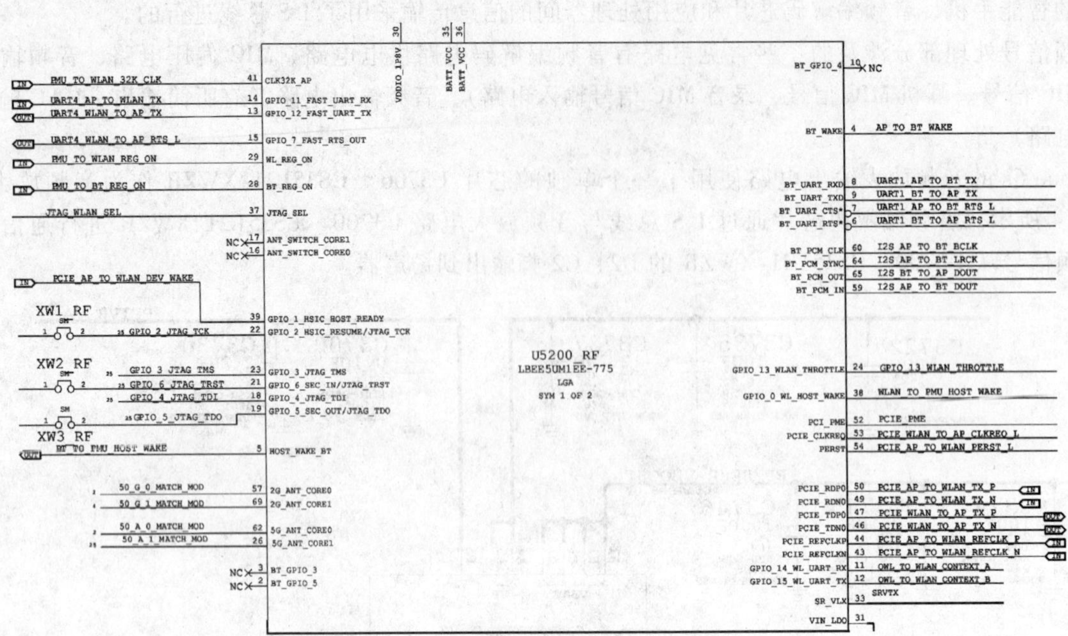

图 6-15　iPhone 6s 的 WiFi 蓝牙电路

程。也就是充电时，电感吸收能量；放电时，电感放出能量。电容在电感充电时给负载端放电保持一个持续的电流。

CPU 通过 I^2C 总线控制显示电源电路。显示电路中的显示屏信号，一般由 CPU 通过 MiPi 信号接口输出，再经接口送到显示屏。显示屏的背光供电送到接口相应脚，显示屏供电送到接口相应脚。

MiPi 为移动产业处理器接口联盟。

iPhone 6s　LED 背光驱动电路如图 6-16 所示。iPhone 6s 手机显示屏的背光由芯片 U4020 完成，U4020 可以驱动 LED 实现背光，通过 I^2C 总线调整内部寄存器来控制电流大小从而控制屏幕亮度。U4020 LM3539 的 C1、B1 外接 LED。

6.2.9　连接器

连接器又称为接插件，其为电子产品、电力设备中提供了方便的电气插拔式连接。由于采用插拔式连接，则对连接的可靠性、接触点电阻的大小对于产品的质量来说就越来越重要。

根据外形结构，连接器可以分为圆形连接器、矩形（横截面）连接器。根据工作频率，连接器可以分为低频连接器、高频连接器（以 3MHz 为界）。

连接器的基本结构包括接触件、绝缘体、壳体、附件。接触件是连接器完成电连接功能的核心零件，一般由阳极接触件、阴极接触件组成接触对，然后通过阴、阳接触件的插合完成电连接。绝缘体常称为基座或安装板。绝缘体的作用是使接触件按所需要的位置、间距排列，以及保证接触件间和接触件与外壳间的绝缘性能。壳体也称为外壳。壳体是连接器的外罩。附件，可以分为结构附件、安装附件。结构附件包括卡圈、定位销、导向销、定位键、连接环、电缆夹、密封圈、密封垫等。安装附件包括螺钉、螺母、螺杆、弹簧圈等。

手机连接器是手机中重要的电子元器件，其好坏直接关系到手机的质量与使用的可靠性。手机大部分故障与连接器相关。

手机所使用的连接器种类较多，例如 RF 连接器、USB 连接器、Audio Jack 连接器 、DC Jack 连接器、Battery Conn 连接器等。手机连接器可以分为内部的 FPC 连接器、板对板连接器、外部连接 I/O 连接器、电池连接器、SIM 卡连接器、Camera Socket、天线连接器等。

智能手机上的连接器种类有很多。例如 iPhone 的天线连接器（见图 6-17）适用性强、兼容性强。例

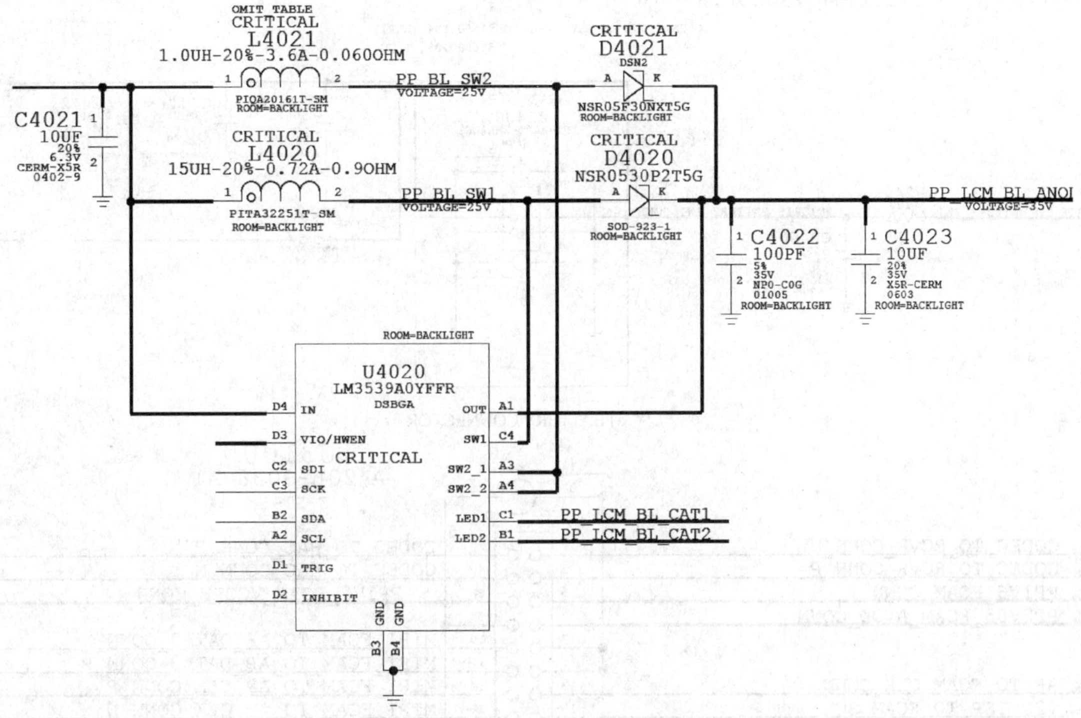

图 6-16 iPhone 6s LED 背光驱动电路

如有款连接器适用于所有苹果产品的天线连接器，包括：iPad 1 的、iPad 2 的、NEW iPad 的、iPhone 3G 的、iPhone 3GS 的、iPhone 4 GSM 的、iPhone 4 CDMA 的、iPhone 4s 的。

图 6-17 天线连接器

iPhone 接口定义见表 6-6。

表 6-6 iPhone 接口定义

引脚号	符号	功能	引脚号	符号	功能
1	Ground（-）	地	16	USB GND（-）	USB 电源负极
2	Line Out-Common Ground（-）	线路输出 地	17	NC	空脚
3	Line Out-R（+）	R 声道线路输出	18	3.3V Power（+）	3.3V 电源正极
4	Line Out-L（+）	L 声道线路输出	19	Firewire Power 12 VDC（+）	火线 12V 电源 正极
5	Line In-R（+）	R 声道线路输入	20	Firewire Power 12 VDC（+）	火线 12V 电源 正极
6	Line In-L（+）	L 声道线路输入	21	Accessory Indicator	附件识别接口
7	—	—	22	FireWire Data TPA（-）	火线数据 TPA（-）
8	Video Out-Composite Video	复合视频输出	23	USB Power 5 VDC（+）	USB 5V 电源 正极
9	—	—	24	FireWire Data TPA（+）	火线数据 TPA（+）
10	—	—	25	USB Data（-）	USB 数据（-）
11	Serial GND	RS-232 串口 地	26	FireWire Data TPB（-）	火线数据 TPA（-）
12	Serial TxD	RS-232 串口 TxD	27	USB Data（+）	USB 数据（+）
13	Serial RxD	RS-232 串口 RxD	28	FireWire Data TPB（+）	火线数据 TPB（+）
14	NC	空脚	29	FireWire Ground（-）	火线 12V 电源 负极
15	Ground（-）	地	30	FireWire Ground（-）	火线 12V 电源 负极

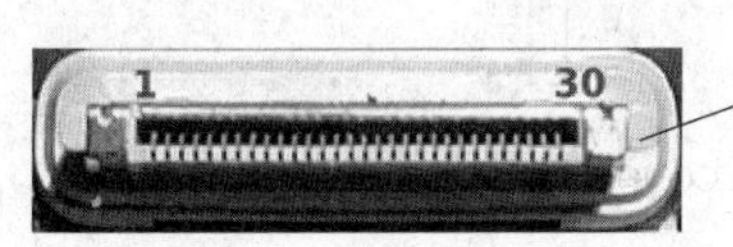

接口排列方式：
1.2.3.4.5.6.7.8.9............29.30
内部焊接点排列：
1 3 5 7 9 11 13 15 17 19 21 23 25 27 29
2 4 6 8 10 12 14 16 18 20 22 24 26 28 30

iPhone 6s 的一些连接器的电路如图 6-18 所示。

THIS ONE ON MLB ---> 516S00104 (RCPT)
516S00105 (PLUG)

CRITICAL
J2400
RCPT-BATT-2BLADES
F-ST-SM

R2400
100
TIGRIS_TO_BATTERY_SWI
TIGRIS_BATTERY_SWI_CONN
C2400
56PF
C2410
56PF
C2411
100PF
C2412
220PF
PP_BATT_VCC
VOLTAGE=4.3V
XW2400
SHORT-10L-0.25MM-SM
PLACE_NEAR=J2400.1:3mm
VBATT_SENSE

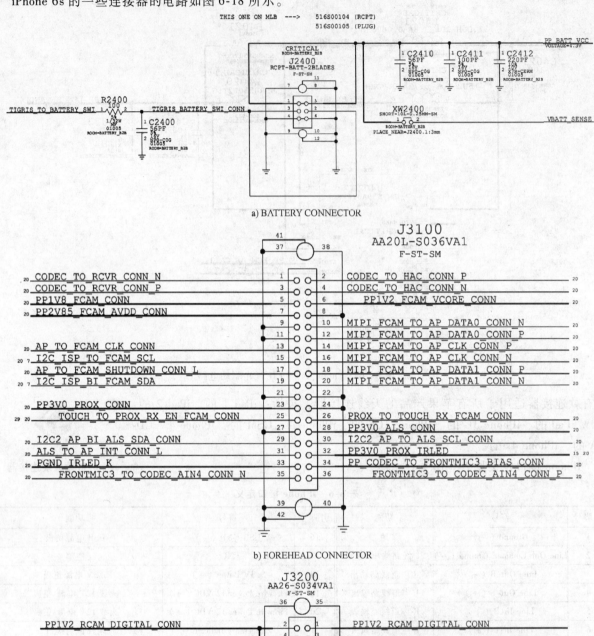

a) BATTERY CONNECTOR

J3100
AA20L-S036VA1
F-ST-SM

CODEC_TO_RCVR_CONN_N
CODEC_TO_RCVR_CONN_P
PP1V8_FCAM_CONN
PP2V85_FCAM_AVDD_CONN
AP_TO_FCAM_CLK_CONN
I2C_ISP_TO_FCAM_SCL
AP_TO_FCAM_SHUTDOWN_CONN_L
I2C_ISP_BI_FCAM_SDA
PP3V0_PROX_CONN
TOUCH_TO_PROX_RX_EN_FCAM_CONN
I2C2_AP_BI_ALS_SDA_CONN
ALS_TO_AP_INT_CONN_L
PGND_IRLED_K
FRONTMIC3_TO_CODEC_AIN4_CONN_N
CODEC_TO_HAC_CONN_P
CODEC_TO_HAC_CONN_N
PP1V2_FCAM_VCORE_CONN
MIPI_FCAM_TO_AP_DATA0_CONN_N
MIPI_FCAM_TO_AP_DATA0_CONN_P
MIPI_FCAM_TO_AP_CLK_CONN_P
MIPI_FCAM_TO_AP_CLK_CONN_N
MIPI_FCAM_TO_AP_DATA1_CONN_P
MIPI_FCAM_TO_AP_DATA1_CONN_N
PROX_TO_TOUCH_RX_FCAM_CONN
PP3V0_ALS_CONN
I2C2_AP_TO_ALS_SCL_CONN
PP3V0_PROX_IRLED
PP_CODEC_TO_FRONTMIC3_BIAS_CONN
FRONTMIC3_TO_CODEC_AIN4_CONN_P

b) FOREHEAD CONNECTOR

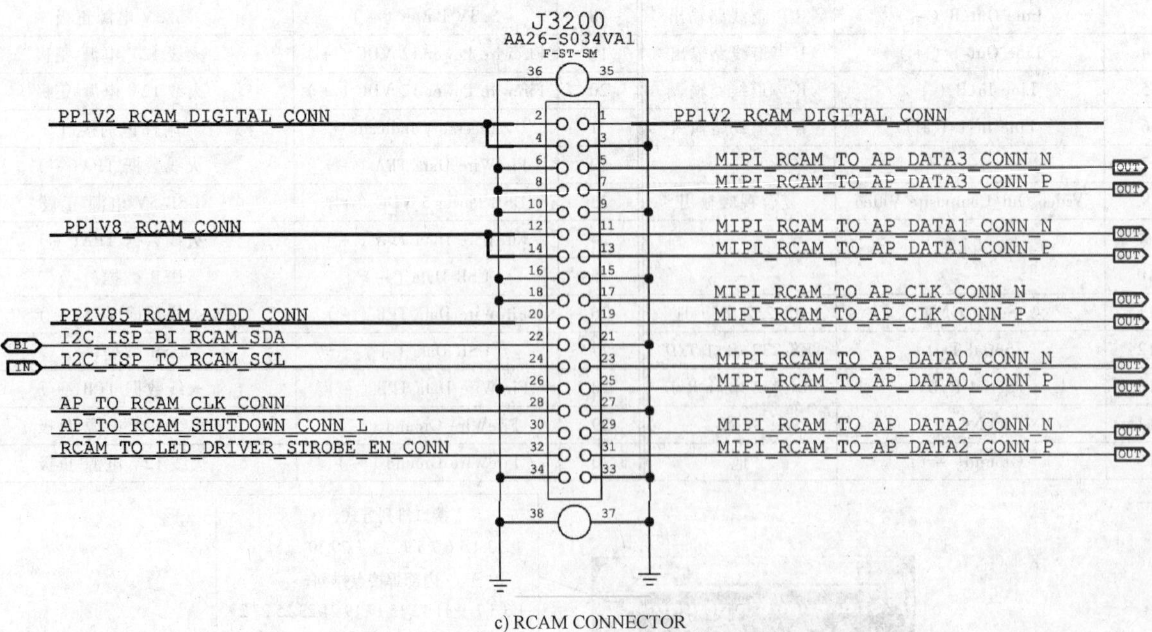

c) RCAM CONNECTOR

图 6-18 iPhone 6s

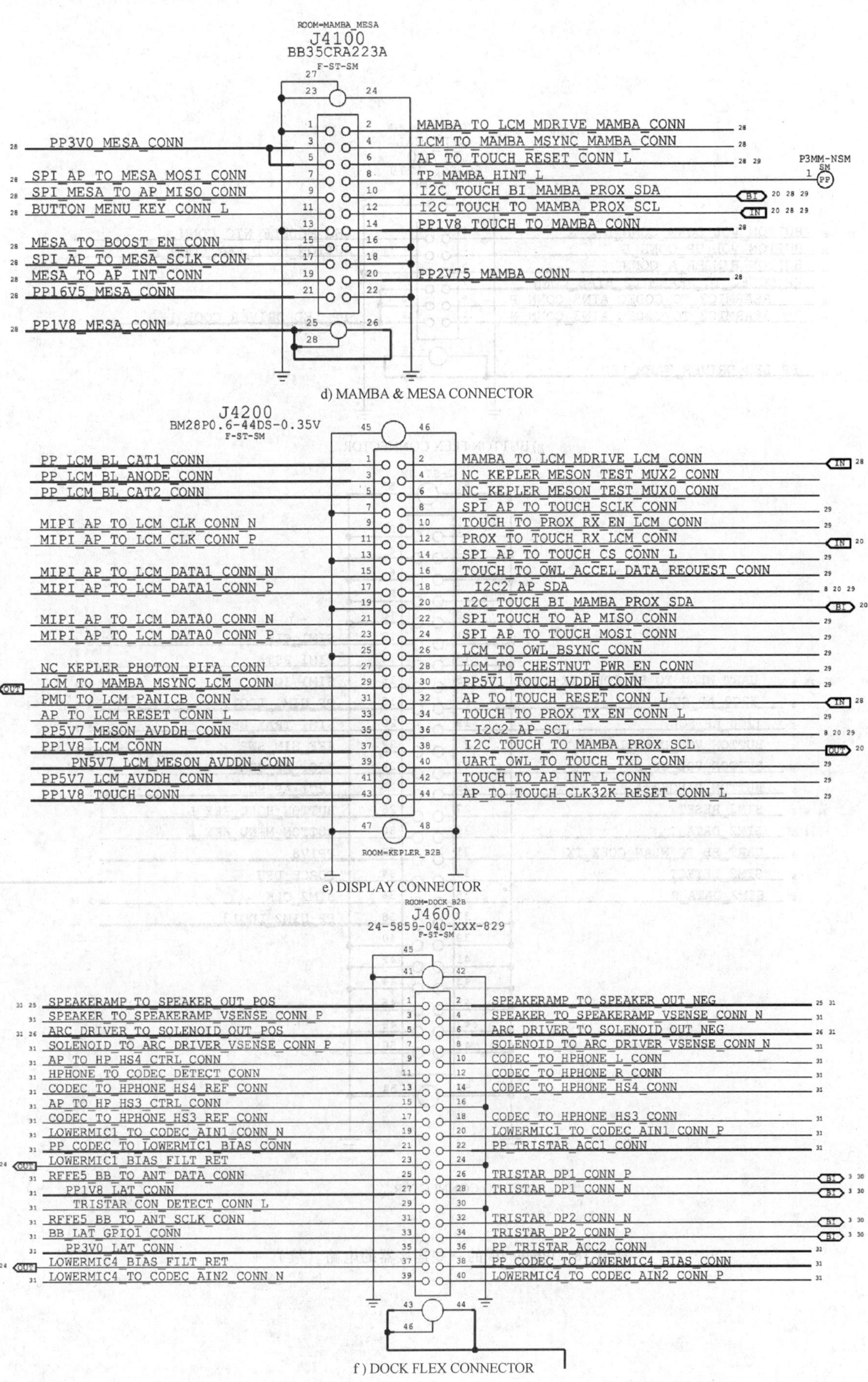

f) DOCK FLEX CONNECTOR

的一些连接器的电路

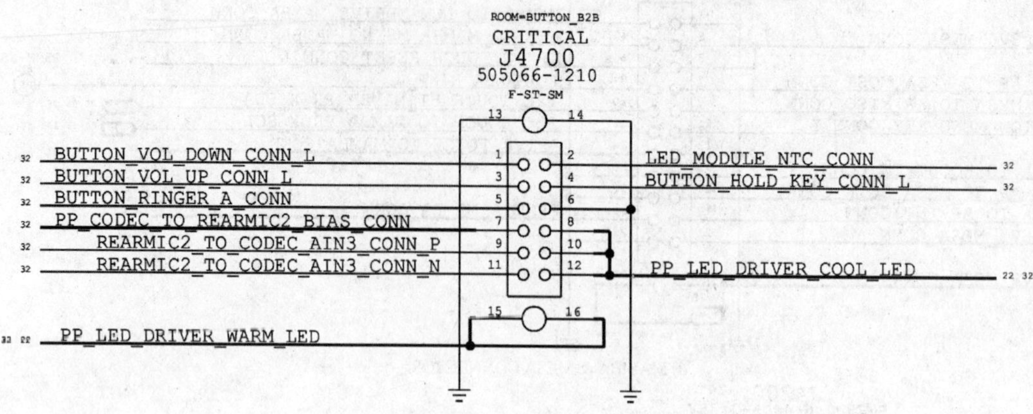

g) BUTTON FLEX CONNECTOR

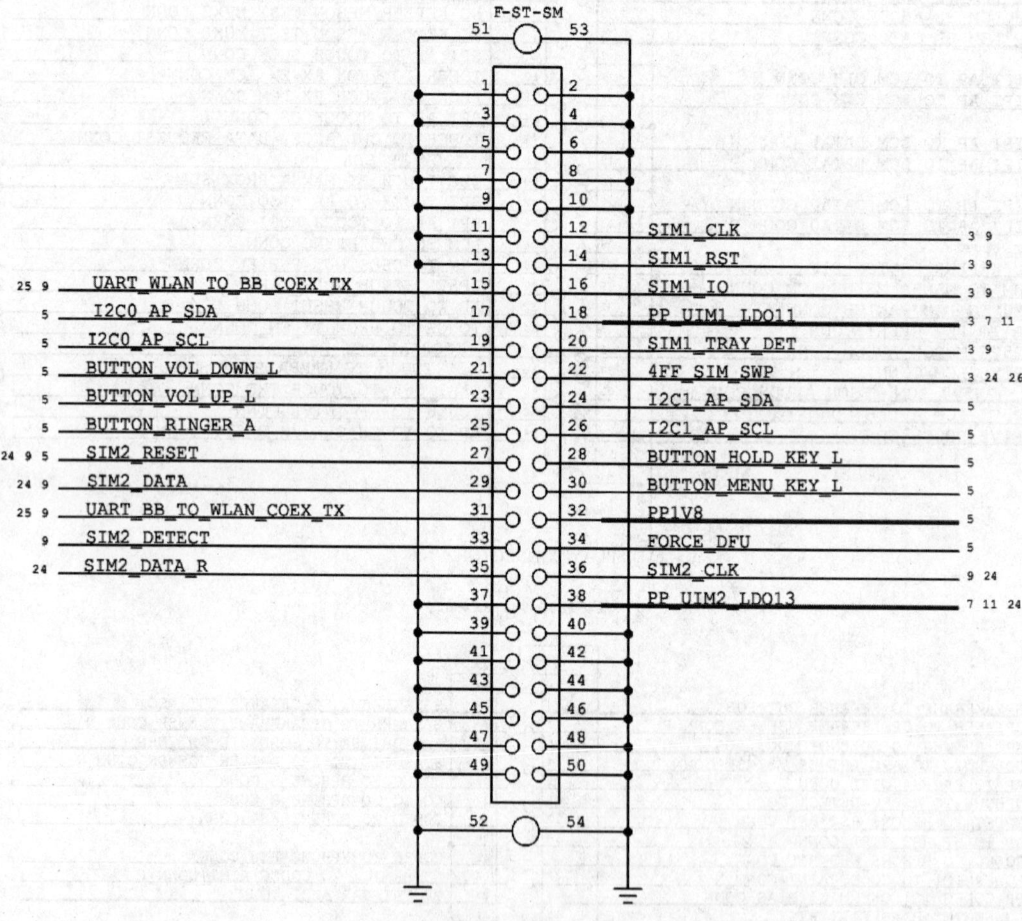

h) DEBUG CONNECTOR

图 6-18　iPhone 6s 的一些连接器的电路（续）

6.2.10 其他电路

其他电路的特点见表 6-7。

表 6-7 其他电路的特点

名称	解说
NFC 电路	近场通信(Near Field Communication,NFC),又称为近距离无线通信。NFC 是一种短距离的高频无线通信技术,允许电子设备间进行非接触式点对点数据传输,在 10cm 内交换数据 NFC 由非接触式射频识别 RFID 演变而来。近场通信是一种短距高频的无线电技术,在 13.56MHz 频率运行于 20cm 距离内 目前近场通信已成为 ISO/IEC IS 18092 国际标准、EMCA-340 标准与 ETSI TS 102 190 标准。 NFC 工作模式有卡模式、点对点模式、读卡器模式等 NFC 模块工作在主动模式下时,与 RFID 读取器操作中一样,该芯片完全由 MCU 控制 当 NFC 模块工作在被动模式下时,该模块通常处于断电或者待机模式,这样就可以大幅降低功耗,并延长电池寿命 NFC 电路常涉及 NFC 芯片、应用处理器、基带处理器、SIM 卡接口等
充电电路	有的手机,充电电路使用了单独的充电管理芯片,充电管理芯片配合电源管理芯片、USB 控制器共同完成了充电任务 充电电压送到充电管理芯片的相应脚,充电管理芯片输出中断信号到电源管理芯片。同时输出 USB 检测信号到应用处理器。应用处理器通过 I^2C 总线对充电管理芯片进行控制 充电电压从充电管理芯片的相应输出 PP BATT VCC 电压送到电池,对电池进行充电 充电电压送到充电检测管的相应脚,然后经过充电检测管送到 USB 控制器相应脚 有的充电管理芯片内部集成了限压电路、充电控制电路
后置摄像头电路	后置摄像头电路也就是主摄像头电路中。电路中数据信号,有的手机是通过 MiPi 数据接口进行通信,摄像头电路往往有多路电压。CPU 通过 I^2C 总线控制主摄像头的工作
加速传感器电路	有的手机加速传感器电路有两路供电电压。加速传感器电路是通过 SPI 总线与应用处理器进行通信,以及采用协处理器通过片选信号与两路中断信号来控制加速传感器芯片的工作
模拟多路复用器电路	模拟多路复用器(Analog Multiplexers,AMUX),其是用来选择模拟信号通路的。不同的智能手机,模拟多路复用器路数不同、型号有差异。例如 iPhone 5s 手机中,使用了 2×8 个模拟多路复用器 模拟多路复用器在实际应用中取代了更多的测试点,通过内部多路模拟开关将需要测试的模拟量与公共测试点相连,从而可以通过电源管理芯片内部 ADC 来转换该模拟量,然后读取其结果,另外,也可以在超级测试点通过万用表测量其模拟量大小
前置摄像头电路	前置摄像头电路,有的手机是通过 MiPi 数据接口进行通信
闪光灯电路	闪光灯电路主要涉及供电电压、闪光灯驱动芯片。有的手机有外接电感(组成振荡电路)。有故障时,需要理清闪光灯驱动信号输出端的走向
天线开关电路	目前,有的手机使用三个天线:WiFi 5G 天线、高频率天线、低频率天线。射频电路中,使用射频处理器外,还使用辅助射频处理器,共同完成射频信号的处理。天线开关电路中,低频率天线送到天线开关相应脚。高频率天线送到相应脚,然后分成几路:一路送到天线开关相应脚,作为信号高频率部分的天线;一路送到 WiFi 电路,作为 WiFi 部分的 2G 天线;一路送到 GPS 电 路,作为 GPS 天线 另外,目前,有的手机 WiFi 电路还使用了 5G 天线
陀螺仪电路	有的手机陀螺仪电路有两路供电电压。陀螺仪电路是通过 SPI 总线与应用处理器进行通信的,以及协处理器是通过片选信号与两路中断信号来控制陀螺仪电路芯片的工作 陀螺仪提供角速度侦测,与指南针一起辅助 GPS 精确导航。照相时,能够防止抖动,协助相机进行高质量拍摄 有的陀螺仪内部有电荷泵电路,因此,常外接电荷泵滤波电容

（续）

名称	解说
振动器驱动电路	有的手机振动器驱动电路的特点是，供电电压送到振动器驱动芯片相应脚，应用处理器通过 I^2C 总线控制振动器驱动芯片的工作，应用处理器通过 VIBE_EN 信号控制振动器驱动芯片启动。线性振动器的驱动信号从振动器驱动芯片的相应脚输出
指南针电路	有的手机指南针电路（也就是罗盘电路）有两路供电电压，并且指南针电路是通过 SPI 总线与应用处理器进行通信的，以及采用协处理器通过片选信号、中断信号来控制指南针芯片的工作 指南针芯片的复位信号端，有的为低电平有效。复位信号在每次关机时就会令指南针芯片内部 Data 复位一次 HMC5883L 是常见的电子指南针模块

第 7 章 手机故障维修

7.1 手机故障类型与维修步骤、流程

7.1.1 手机故障的原因

手机故障的一般原因见表 7-1。

表 7-1 手机故障的一般原因

原因	解 说
保养不当——使用故障	使用手机时,需要注意在干燥,温度适宜的环境下使用和存放。如果保养不当,则可能引起手机故障
不能完全开机——不拆机	不能完全开机,就是按下手机开关后能够检测到电流,但是无开关机等
菜单设置异常	严格地说,菜单设置异常并不是故障,但是,对于维修人员来说,也需要掌握。菜单设置异常情况比较多,下面列举: 1)无来电反应:可能是机主设置了呼叫转移 2)打不出电话:可能是设置了呼出限制功能
电子元器件的损坏	电子元器件的损坏,一般很难凭观察发现。许多情况下,必须借助仪器才能够检测判断
机械性破坏——使用故障	由于操作用力过猛或方法应用不正确,造成手机器件破裂、变形、模块引脚脱焊等原因造成的一种故障 天线折断、机壳甩裂、进水、显示屏断裂等异常现象也属于该类故障
接点开路	接点开路,包括导线的折断、拨插件的断开、接触不良等
能够正常开机,但有部分功能发生故障——不拆机	能够正常开机,但有部分功能发生故障,包括按键失灵显示不正常、无声不送话等
使用不当——使用故障	使用不当情况比较多,下面列举: 1)用劣质充电器,损坏了手机内部的充电电路,或者引发了事故 2)对手机菜单进行非法操作,使某些功能处于关闭状态,从而使手机不能正常使用 3)错误输入密码导致 SIM 卡被锁后,或者盲目尝试造成 SIM 卡保护性自闭锁等
完全不工作——不拆机	完全不工作包括不能开机、接上电源后按下手机电源开关无任何反应等情况
质量故障——使用故障	智能手机本身质量差引起手机的故障

7.1.2 故障检修通用步骤

检修手机故障，一般需要经过问、看、听、摸、思、修六阶段。当然，对于不同的机型、不同的故障、不同的维修方法，使用该六个阶段的时间、重点等存在差异。

故障检修通用步骤见表 7-2。

表 7-2 故障检修通用步骤

步骤	解说
问	如同医生问诊一样,首先要向用户了解一些基本情况。这种询问,有利于进一步面察所要的注意,以及需要加以思考的线索
看	由于手机的种类多,难免会遇到以前接触少的新机型,或者市面上较少的机型。看,需要结合具体机型进行,以及结合相关信息进行,这样才能为进一步确诊故障提供思路
听	可以从待修手机的话音质量、音量情况、声音是否断续等现象,来初步判断故障
摸	摸主要是针对功率放大器、晶体管、集成电路、某些组件。用手摸可以感触到表面温度的高低。例如烫手,则可联想到是否电流过大、负载过重
思	思就是分析思考,也就是根据以前的观察,搜集到的资料,运用维修经验,结合具体电路的工作原理,利用必要的测量手段,综合的进行分析、思考、判断,最后做出检修方案
修	对于无效的元器件,需要进行调换、焊接 摔落、挤压损坏的手机故障共同点:就是碰坏的手机在机壳上能够观察到明显的机械损伤 进水与电源供电造成的手机故障共同点:进水的手机,如果没有及时处理,时间一长就被氧化,断线。检修时,不要盲目地通电实验与随便拆卸,需要吹干元器件、电路板等

7.1.3 手机维修流程

1) 需要先了解，后动手。
2) 需要先简后繁，先易后难。
3) 需要先电源后整机。
4) 需要先通病后特殊。
5) 需要先末级后前级。
6) 需要记录故障。
7) 需要记录待修手机的机型、IMEI 码、MSN 码。
8) 掌握待修手机的操作方法。

说明：没有充分的把握，不要当用户的面维修手机。至多只是拆机观察，以防止紧张造成操作失误。

7.2 检修指点

7.2.1 理清接点 + 线路 + 端点

实际检修时，一般维修不涉及芯片内部，往往只考虑器件接点、线路、端点，例如 iPhone 5 苹果 5 没送话，则一般维修就只考虑器件接点、线路、端点，只有判断接点、线路、端点正确，或者不正确，才能够判断、怀疑 IC。相关图例如图 7-1 所示。

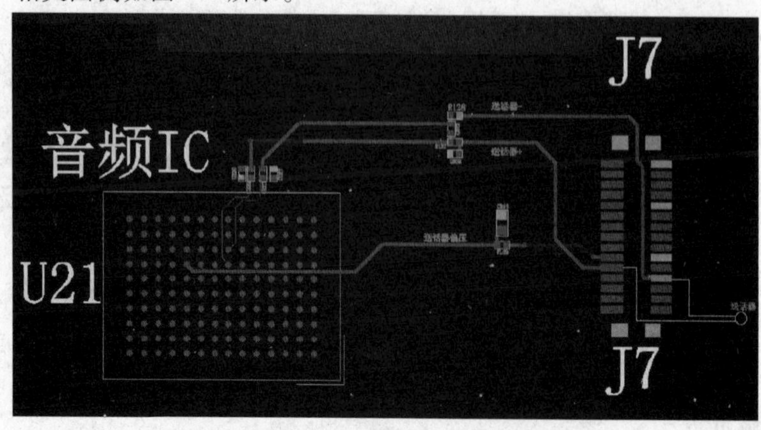

图 7-1 iPhone 5 苹果 5 没送话理清检测点

7.2.2　借鉴其他类型手机维修经验

无论是普通手机，还是其他智能手机的维修经验，在一定程度上，均可以作为维修智能手机时的借鉴与参考。例如华为U1280主板维修如图7-2所示。从图中维修经验，可以发现，许多元件的故障引起的故障现象与原因，在一些维修智能手机时完全可以借鉴，也就是它们具有一定的相同性。

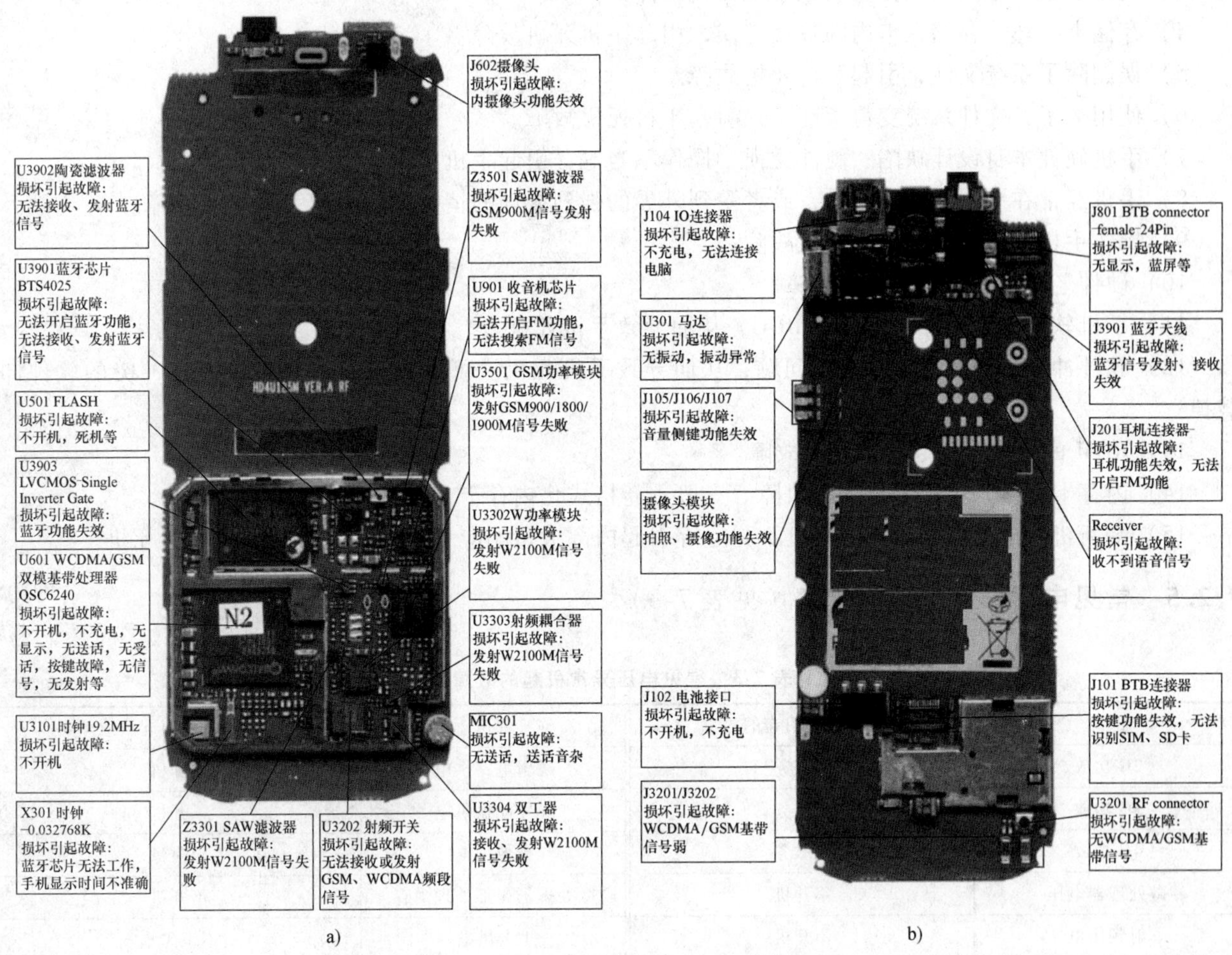

图7-2　华为U1280主板维修

7.2.3　智能手机刷机注意事项

1）普通数据线也可以刷手机。刷手机时，需要数据线稳定，保证数据传输稳定。

2）刷机时，一般需要确保手机电池电量在一半以上。

3）刷手机前，需要仔细阅读刷机操作说明，并且严格根据说明操作。

4）有时手机开不了机，可能是软件坏引起的。

5）有的机型是需要先破解，才能够进行刷机。

6）一般智能手机刷机，可以直接采用通用USB数据线进行。

7）刷机时，建议刷完整的刷机包，这样保险些。

8）刷机常用的软件有RSD、Flashback等。

9）不是任何手机都可以刷机的，有的机子，是不能够自己刷机的。

10）不是任何问题都可以通过刷机来解决。硬件问题，一般刷机是不能解决的。

11）刷机是有风险的，为防范风险，需要进行有关的备份。

7.2.4 手机死机故障维修

1）软件装多了、文档存多了，手机的数据读写速度变慢，与“手机死机”一样。因此，不要肆意安装各种应用软件。维修时，可以卸掉一些软件、文档。

2）程序打开多了，引起手机死机故障。

3）使用了来历不明的软件，引起手机死机故障。

4）存储卡损坏、存储在卡内的数据有误，引起手机死机故障。

5）误删除了系统文件，引起手机死机故障。

6）使用久了，文件系统变得紊乱了，引起手机死机故障。

7）手机硬件本身设计缺陷、硬件受损、操作不当等，引起手机死机故障。

8）手机经常在潮湿的环境工作，或者受到外界的强烈振动的情况下，引起手机死机故障。

9）操作手机不当，引起手机死机故障。

10）硬件老化，引起手机死机故障。

11）手机软件设计上存在致命的 BUG，从而导致手机死机。

12）软件冲突，或者系统的兼容问题，从而导致手机死机。可以将不必的软件或者有冲突的软件卸载掉。

13）ROM 的问题，引起手机死机故障。

14）内存卡问题，引起手机死机故障。一般重新格式化内存卡，即可解决。

15）翻新机、电池接触不良、按键不弹起等引起内部大量响应无法及时完成，导致手机死机。

7.2.5 常见电压异常引起的故障（见表 7-3）

表 7-3 常见电压异常引起的故障

部位	电压不良会引起的故障	部位	电压不良会引起的故障
2G 功放	无服务	逻辑电路供电	不开机
3G 功放	无服务	26M 晶振供电	不开机
4G 功放	无服务	摄像供电	无摄像
微处理器电压	不开机	微处理器内部处理内存	不开机
射频供电	不开机	T 卡供电	不识 T 卡
SIM 供电	不识 SIM 卡	振子供电	无振动
USB 供电	不下载	实时时钟电压	不开机
SIM2 供电	不识 SIM 卡 2	复位电压	不开机
内核供电	不开机		

维修电压异常故障，首先需要掌握故障机的电源名称与数值与去向。常见电源名称与数值与去向见表 7-4。

表 7-4 常见电源名称与数值与去向

电压名称	输出电压/V	去向描述	电压名称	输出电压/V	去向描述
VPA	0.9~3.4	WCDAM 功放	VTCXO	2.8	26M 晶振供电
VAPROC	0.85~1.35	MT6573 内部微处理器电压	VCAMA	2.8	摄像供电
VRF18	1.8	射频供电	VCAMA2	2.8	摄像供电
VCORE	1.2	内核供电	VM12_INT	1.35	MT6573 内部处理内存
VIO1V8	1.8	逻辑电路供电	VIO28	2.8	逻辑电路供电
VRF	2.85	射频供电	VSIM	1.8/3.0	SIM 供电

（续）

电压名称	输出电压/V	去向描述	电压名称	输出电压/V	去向描述
VUSB	3.3	USB 供电	VMC	3.3	T 卡供电
VCAMD	2.8	摄像供电	VIBR	3.3	振子供电
VCAMD2	2.8	摄像供电	VRTC	2.8	实时时钟电压
VSIM2	1.8/3.0	SIM2 供电	RESET	2.8	复位电压

7.2.6 不开机的故障检修

不开机故障，是智能手机常见的故障之一。智能手机不开机故障的分类如下：

1）人为损坏引起的不开机。

2）自然损坏引起的不开机。

引起手机不开机的主要一些原因如下：

① 供电不正常；

② 主时钟电路不正常；

③ 软件不正常；

④ 维持信号不正常；

⑤ 复位信号不正常；

⑥ 短路故障经常是由于主板有污物，或电源转换电路、尾插电路、电源 IC、功放电路、振子、振铃电路及其排线等处存在短路；

⑦ 键盘板及接口原因，则一般是电源转换电路或电源 IC 等有故障。

例如，iPhone 系列不开机主板的一些原因如下：

① 32.768Hz 异常，引发 iPhone 不开机；

② CPU 双层模块异常，引发 iPhone 不开机；

③ SIM 卡座不认卡异常，引发 iPhone 不开机；

④ 副电源集成电路损坏，引发 iPhone 不开机；

⑤ 功放异常，引发 iPhone 不开机；

⑥ 射频集成电路异常，引发 iPhone 不开机；

⑦ 天线开关异常，引发 iPhone 不开机；

⑧ 外部接口异常，引发 iPhone 不开机；

⑨ 显示接口异常，引发 iPhone 不开机；

⑩ 显示模块异常，引发 iPhone 不开机；

⑪ 照相滤波电容异常，引发 iPhone 不开机；

⑫ 主 CPU 异常，引发 iPhone 不开机；

⑬ 主电源集成电路损坏，引发 iPhone 不开机；

⑭ 主时钟 26MHz 异常，引发 iPhone 不开机；

⑮ 主字库供电模块异常，引发 iPhone 不开机；

⑯ 主字库异常，引发 iPhone 不开机；

对于手机不开机的故障，在没有拆机前，可以对故障机进行简单的故障定位，具体方法是，首先给故障机加上一个稳压电源，然后按开机键。此时，需要注意观察稳压电源电流表上的电流显示，并且根据电流显示情况来判断，具体见表 7-5。

表 7-5 根据电流显示情况来判断

情况	解　说
如果电流表上无显示	则说明故障通常在电池供电路径或开机信号线路
如果电流表上有电流，但电流只有大约 20 mA	则说明开机信号线路没问题

（续）

情况	解　说
如果电流表上有电流显示，并且电流很大	则说明电源模块及其他芯片可能损坏
如果电流止于大约 100 mA 左右却不下降	则说明电源电路、逻辑电路可能异常
如果电流基本上能达到正常电流，但是马上下降	则说明逻辑时钟电路、逻辑电路可能异常

7.2.7　不入网故障检修

智能手机入网是手机找通信系统，而不是通信系统找手机，也就是接收决定发射，手机是先接收后发射。

如果智能手机的接收电路、发射电路异常，均可能引起手机不能入网的现象。

对于智能手机接收机电路的检修，需要重点检查 RXI/Q 信号、振荡信号 SHFVCO 信号、射频信号、电源电压等。

对于智能手机发射机电路的检修，需要重点检查功率放大器、功率放大器的控制电路、发射功率放大器等。

智能手机不入网故障常见部位如下：

1）射频部分不正常，引起智能手机不入网。

2）逻辑及电源不正常，引起智能手机不入网。

智能手机不入网故障常见原因如下：

1）主时钟晶体异常、谐振回路异常、锁相环异常、频偏。

2）中频、频率合成器异常。

3）功放、功控电路异常。

4）射频供电管异常。

5）天线接口异常、天线转接座异常、天线开关异常。

6）相关外接阻容异常。

7.2.8　智能手机自动关机故障检修（见表 7-6）

表 7-6　智能手机自动关机故障检修

故障现象	故障现象分析	检查和处理过程
按键关机——手机只要不按键，就不会关机。如果按下某些键，手机会自动关机	产生该种故障的主要原因： 1)按键下面的集成电路或元件存在虚焊 2)按键时，力的作用使虚焊的部位脱焊，导致手机关机	需要加强对按键下方集成电路或元件的焊接
不定时关机——手机开机、入网、打电话均正常，但有时会突然关机	产生该种故障的原因主要有两种： 1)电池与电池触片间，存在接触不良引起的 2)电源集成电路输出的电压不稳，供电电路存在虚焊，造成手机保护引起的 受潮、摔过的手机，容易出现该种现象	首先检查电池触片是否接触良好。如果正常，则需要重点加强电路的焊接
不能维持开机——按住电源开关键可开机，但是松开后即自动关机	产生该种故障的原因： 1)开机后，继续按住开机键，手机开机正常，并且能正常入网，松开键后手机便自动关机，原因是开机维持信号不正常引起的，不能产生开机维持信号的原因是 CPU 部分损坏、软件不正常等 2)如果按下开机键开机后，继续按住开机键，手机能开机，但是不能够入网，而是自动关机后再开机关机又开机。其原因是元件虚焊或损坏、软件出错	1)需要更换 CPU，或重写软件 2)需要找出虚焊的位置，加强焊接。找出需要更换的损坏元件。软件出错，则需要重写软件

（续）

故障现象	故障现象分析	检查和处理过程
发射关机——手机发射信号时便关机	产生该种故障的原因： 1)电池电压过低或电池老化 2)功放故障，为保护功放而自动关机 3)功率控制电路不正常	1)需要更换充足的电池 2)需要检查功放电路是否有损坏断路的情况 3)需要检查功率控制电路是否有损坏断路的情况
开机后关机——手机开机后过不了多久，马上又关机了	产生该种故障的原因： 1)手机供电电路有故障。特别是带升压电路、手机的电池电压很低等引起的 2)手机供电负载电路存在故障，导致手机耗电大，将供电电路的电压拉低，使手机保护关机 3)软件故障	1)需要检查手机的升压电路的电压 2)需要将 SIM 卡拆下，开机。如果不出现自动关机现象，则说明自动关机故障发生在发射电路 3)需要重写软件
来电关机——手机能够开机、入网、打电话，但只要手机振铃有来电时，手机就关机	产生该种故障的原因是由于振铃漏电，导致手机来电关机	需要检查振铃器是否存在漏电情况。如果存在漏电，则需要更换振铃器

7.2.9 软故障

1. 概述

软故障也就是软件故障。智能手机的一些软件故障是因破解、升级、恢复等不当操作而产生的，有的是因安装、删除程序与游戏而产生的。

智能手机如果出现一个空白的屏幕，关闭菜单或运行缓慢，最有可能的是智能手机出现了软故障。

智能手机的固件就是智能手机存储基础操作系统与实现通信软件的载体。其相当于电脑的操作系统或功能更高级 BIOS。如智能手机没有固件，手机只是一部没有大脑的硬件。

智能手机的固件分为应用部分、基带部分。应用部分主要指的操作系统，而基带主要就是通信系统。有的智能手机，两部分加起来，合成为一个文件存在。

智能手机破解就是“越狱 + 解锁”的合称。

有锁版智能手机不能及时更新官方固件，必须等国外破解组织放出解锁工具才可以打电话、发短信、上网。一般无锁版智能手机可以随时随地更新，没有一些限制的。

使用智能手机，常要安装应用程序。一旦操作失误或者程序错误，则就产生软故障。因此，维修智能手机，常要刷软件，需要会操作智能手机。

2. iPhone 系列

(1) DFU

DFU（Development Firmware Upgrade）模式即 iPhone 固件的强制升级、降级模式。

恢复模式是用来恢复 iPhone 的固件。DFU 模式是用来升级或者降级固件（即刷机）。恢复模式下系统使用 iBoot 来进行固件的恢复，DFU 模式下系统则不会启动 iBoot。

进入 iPhone 的 DFU 模式的第 1 种操作方法如下：

1）用数据线连接 iPhone 手机到电脑，确认 iTunes 识别到目标手机。

2）按住 iPhone 手机的【Home】键并保持不放，然后再按住【Power】键。

3）等到 iPhone 手机屏幕变黑后，先松开【Power】键，直到 iTunes 提示检测到恢复模式的 iPhone 时，再松开【Home】键。

4）对手机进行固件升级/恢复。

注：在 DFU 操作模式下，iPhone 手机是处于黑屏状态的。

进入 iPhone 的 DFU 模式的第 2 种操作方法如下：

1）将 iPhone 连到电脑上，然后将 iPhone 关机。

2）同时按住【Power】键与【Home】键。

3）当 iPhone 手机的屏幕出现白色的苹果标志时，松开【Power】键，并继续按住【Home】键。

4）开启 iTunes，等待出现进行恢复模式的操作提示后，即可按住电脑键盘上 shift 键，单击【恢复】按钮，选择相应的固件进行恢复。

（2）刷机

iPhone 刷机的方法如下（需根据固件版本以及故障现象来刷机）：

1）例如不开机的手机就先从低往高刷。调取低版本固件刷机时，出现提示 3194，则说明原来的固件高于现在刷机调取的固件，那么，就需要直接刷高版本的固件。

2）例如不能正常启动的手机在准备刷机时，首先把 iPhone 启动到 DFU 恢复模式，按住【Home】键与【Power】键，直到屏幕变黑，然后继续按住【Home】键与【Power】键 3 秒钟，再松开【Power】键，并且继续按住【Home】键，大约 15 秒进入 DFU 模式。如果是首次，电脑会安装对应的驱动程序。按住电脑的【Shift】，再单击“恢复”按钮，并且选择需要升级到的版本对应的升级文件，这样 iTunes 会自动检测，直到刷机完毕。如果在刷固件的最后，出现错误提示 1015，则说明该 iPhone 的基带被修改过。这时需要踢活。踢活后进入非激活状态，然后用对应国家的卡或万能激活卡来激活 iPhone。

总的来说，一般软件问题都有一种总方法——刷机解决。不过，刷机时需要备份。

iPhone 刷机报错的可能原因见表 7-7。

表 7-7　iPhone 刷机报错的可能原因

刷机报错	可能原因
刷机报 160X(1601、1602 等统称 160X)	如果手机摔坏，报 1601，大部分说明 CPU 异常
刷机报 1015	通常是在将 iPhone 进行固件降级时出现的，而 iTunes 默认是不允许 iPhone 降级到以前版本的情况，此时可以通过将 iPhone 进入 DFU 模式后，再进行降级
刷机报 29	说明电池检测脚不正常，可以通过更换电池或检测主板检测脚是否断线来排除故障
刷机报 3194	说明调取的版本过低，可以通过刷高版本来解决问题
刷机报 1002	可能重装基带 CPU 或字库可以解决问题
刷机报 21 或 9	说明手机码片有问题，或软件资料不匹配
刷机到最后，报 1602	说明需要写基带字库资料

（3）固件升级

iPhone 固件升级的方法如下：

1）连接电脑备份数据。

2）用 iTunes 升级，先将所有固件全部下载，任意存放在电脑上。

3）选择升级模式，iPhone 的升级有两种模式：

第 1 种：“更新”。这种模式只会恢复所有的系统文件，原有机器中用户自己的文件会保留。

第 2 种：按着电脑的【Shift】键单击“恢复”。这种模式会删除 iPhone 上所有的资料，恢复所有的系统文件，并把 iPhone 恢复到非激活状态。

尝试通过 iTunes 更新或恢复固件 iPhone 时，更新或恢复过程可能中断，iTunes 可能显示警告信息。常遇到 iTunes 中的警告信息（发生未知错误）可能包括下列数字之一，它们对应的原因见表 7-8。

表 7-8　iTunes 中的警告信息对应原因

包括数字	解说	原因或者解决方法
-19	未知错误-19	从 iTunes 的“摘要”标签中取消选择“连接此 iPhone 时自动同步”→重新连接 iPhone→更新可能会解决该问题
0xE8000025	未知错误 0xE8000025	更新最新的 iTunes 可能会解决问题
1	未知错误 1	可能是未进入降级模式等原因引起的，更换 USB 插口、重启电脑可能会解决问题

（续）

包括数字	解说	原因或者解决方法
2	未知错误 2	停用/卸载第三方安全软件、防火墙软件可能会解决问题
6	未知错误 6	安装默认数据包大小设置不正确造成的现象
9	未知错误 9	iPhone 意外从 USB 总线上脱落，并且通信中断时一般会出现该错误，以及恢复过程中手动断开设备连接时也会出现该错误。一般可以通过执行 USB 隔离故障诊断、尝试其他 USB 端口、消除第三方安全软件的冲突来解决该错误
13	未知错误 13	执行 USB 隔离故障诊断、尝试其他 USB 30 针基座接口电缆、消除第三方安全软件冲突、尝试通过其他良好的电脑与网络进行恢复等进行解决问题
14	未知错误 14	执行 USB 隔离故障诊断、尝试其他 USB 30 针基座接口电缆、消除第三方安全软件冲突、尝试通过其他良好的电脑与网络进行恢复等进行解决问题
19	未知错误 19	从 iTunes 的“摘要”标签中取消选择“连接此 iPhone 时自动同步”→重新连接 iPhone→更新可能会解决问题
20	未知错误 20	可能是安全软件干扰、更新引起的故障
21	未知错误 21	可能是安全软件干扰、更新引起的故障
34	未知错误 34	可能是安全软件干扰、更新引起的故障
37	未知错误 37	可能是安全软件干扰、更新引起的故障
1000	未知错误 1000	如果错误出现在 iPhone 更新程序日志文件中，则可能是解压、传输恢复设备期间由 iTunes 下载的 IPSW 文件时发生错误引起的。排除方安全软件干扰、其他设备冲突可能会解决问题
1013	未知错误 1013	可以重启电脑、重装系统、跳出恢复模式等方法来解决问题
1013	未知错误 1013	调整 hosts 文件、安全软件，确保与 gs. apple. com 的连接不被阻止，可能会解决问题
1015	未知错误 1015	可能是软件降级导致的错误、使用旧的 . ipsw 文件进行恢复时出现的错误、系统不支持降级到以前的版本出现的错误等
1015	未知错误 1015	可能是软件本版与基带版本不对应等原因引起的问题
1479	未知错误 1479	尝试联系 Apple 进行更新或恢复时会出现该错误。重新连接重新启动可能会解决问题
1602	未知错误 1602	执行 USB 隔离故障诊断、消除第三方安全防火墙软件冲突、尝试通过其他良好的电脑与网络进行恢复等进行解决
1603	未知错误 1603	重新启动 iPhone、重置 iPhone 同步的历史和恢复、更新 iTunes、更新 iPhone、重新启动电脑、更换 USB 插口、创建一个新的用户帐号和恢复等方法可能会解决问题
1604	未知错误 1604	执行 USB 隔离故障诊断、尝试其他 USB 30 针基座接口电缆、消除第三方安全软件冲突、尝试通过其他良好的电脑与网络进行恢复等进行解决
2001	未知错误 2001	移除一些 USB 设备和备用电缆后重新启动电脑以及解决安全软件冲突可能会解决问题
2002	未知错误 2002	移除一些 USB 设备和备用电缆后重新启动电脑以及解决安全软件冲突可能会解决问题
2005	未知错误 2005	移除一些 USB 设备和备用电缆后重新启动电脑以及解决安全软件冲突可能会解决问题
2006	未知错误 2006	移除一些 USB 设备和备用电缆后重新启动电脑以及解决安全软件冲突可能会解决问题
2009	未知错误 2009	移除一些 USB 设备和备用电缆后重新启动电脑以及解决安全软件冲突可能会解决问题
3194	未知错误 3194	使用的软件版本与硬件设备不匹配，更新软件可能会解决问题

7.2.10 常见故障维修

常见故障维修见表 7-9。

表 7-9　常见故障维修

一般故障	解　说
不充电,插入充电池不能显示充电,也没有任何反应	可能是充电接口异常、充电管虚焊损坏、相关电阻开路、软件问题、铜皮开路、CPU 虚焊或损坏、CPU 异常、校准数据丢失等原因引起的
不定时关机	可能是电池与电池触片间接触不良、电源 IC 输出的电压不稳、供电电路存在虚焊等引起的
不读 SIM 卡	电源集成电路、保护稳压管异常等原因引起的
不开机	1)升级软件时,无法写入,则可能是字库假焊、损坏等引起的 2)下载软件后死机,则可能是 CPU 与 FLASH 存在故障点、CPU 与 FLASH 间数据交换线路存在故障点等
不开机	可能是开机电压异常、复位电压异常等原因引起的
不开机	电源集成电路损坏
不能充电	可能是电源集成电路异常等原因引起的
不能够通讯,开机不久有发热现象	电源集成电路异常等原因引起的
不识卡故障	可能是卡和卡座异常一切你的、卡的供电异常、SIM 卡时钟异常、SIM 卡复位信号异常、SIM 卡数据线异常、周围阻容元件异常 等引起的
不显示	可能是液晶显示屏、排线、连接座损坏等引起的
大电流	大电流故障,一般可以用感温的方法判断故障大致位置。常见的原因有原件连锡、短路、IC 本身损坏等引起的
对于同一块电池,手机的工作或者待机时间明显变短	可能是电池未充足电、质量变差、容量减小、PA 问题、手机内存在漏电等引起的
发射掉信号	可能是手机功放虚焊或损坏等引起的
发射弱电	可能是电池与触片接口间脏了、接触不良、电池触片与手机电路板间接口接触不良、功放本身损坏等引起的
经常提示“不是专门配件”或者“有音频干扰,需要打开飞行模式”等	如果是手机进水引起的,则拆下来清理。也可能是主板异常,则需要维修主板
开机提示此配件未针对此手机优化	尾插、电源集成电路、主板断线等原因引起的
来电关机	可能是振铃漏电,导致手机来电关机等引起的
漏电	漏电故障的原因一般是供电集成块不良、某元件存在短路现象引起的
麦克风或喇叭异常	可能是音频 IC 异常等原因引起的
没有电流	可能是开机键、开机键的 FPC、FPC 接口、CPU 焊接虚焊、CPU 本身异常等引起的
手机可以开机、入网,但打电话时无法连接或发射	手机无发射的原因有发射电路故障、逻辑音频电路故障、软件故障等引起的
手机信号弱,时好时坏不稳定,打电话容易掉线	可能是电池、外界环境干扰、手机内部存在虚焊点、软件存在问题等引起的
摔过后,就没有扬声器	扬声器损坏了,更换扬声器即可。还有可能是排线、音频 IC、放大 IC 等异常引起的
摔一下后无法照相	可能是摄像头、摄像头供电、保护和滤波电容、相关元件等异常引起的
死机、重启	可能是 CPU、字库假焊,不良等引起的
通话时对方听到噪音	顶部的麦克风可能堵塞、可能是保护壳发出的异常声音
无键盘灯故障	如果所有键盘灯都不亮时,则需要检查按键板、按键接口、相关电阻等。如果只有个别按键灯不亮,则需要检查该发光二极管是否损坏。如果出现按键灯长亮不熄时,则需要检查菜单功能选项、发光二极管负极是否被短路到地等原因引起的

（续）

一般故障	解 说
无铃声、无送话、无免提声音	有的手机的声音控制是一个独立的芯片来控制的，但是供电与线路出现问题时，造成声音故障，一般可以通过重装或更换解决问题
无受话故障	无受话故障，首先检查听筒电路，以及可以试着用尾插、外部耳麦来判断故障发生部位。当尾插、耳机、听筒都不能使用时，则需要检查三者共用的电路等。当尾插可以使用，耳机与听筒无效时，则需要检查尾插、耳机、听筒不同的电路，以及其周围的阻容元件。当耳机可以使用，听筒无效时，则需要检查耳机、听筒不同的电路
无送话故障	对于无送话故障，则可以直接检查 MIC 电路，以及用尾插或外部耳麦来判断故障发生部位
无振铃故障	需要检查振铃电路、振铃等
怎样维修进水损坏	除去表面的腐蚀、除去残留物、清洁 BGA 芯片、用牙刷和酒精擦洗电路板、用热风枪烘燥等措施可能会维修进水手机 手机进水，如果电池拆不下来，主板会一直供电，很容易烧坏主板。也不可以在太阳下或吹风机晾干后再用，因为主板是一直供电，且手机内部还是有水分存在时，应对进水手机，第 1 件事就是不开机；第 2 件事就是尽快卸电池；第 3 件事就是清洁
正常充满电的电池装上手机后，仍然显示电池电量低或显示的电量不满格	该故障可能是漏电原因引起的，大致原因如下： 1）电池本身不良、电池触片氧化变黑引起的 2）电源 IC 不良引起的 3）电池供电负载漏电引起的 4）软件混乱引起的

iPhone 系列故障排除见表 7-10。

表 7-10 iPhone 系列故障排除

常见故障	排除方法
“睡眠/唤醒”按钮无法锁定或解锁 iPhone	1）通常可以按“睡眠/唤醒”按钮锁定 iPhone 2）默认情况下，如果一分钟内没有触摸屏幕，iPhone 会自动锁定 3）通常可以按主屏幕按钮或“睡眠/唤醒”按钮，然后滑动滑块解锁 iPhone 4）尝试关闭 iPhone，然后重新打开，看能否排除故障
Face time 突然不能用了	Face time 只能通过 WiFi 网络下使用
iPhone 不响应	1）iPhone 电池电量可能过低，需要将 iPhone 连接到电脑或其电源适配器以充电 2）按住屏幕下方的主屏幕按钮至少六秒钟，直到使用的应用程序退出 3）关闭 iPhone，再次开启。按住 iPhone 顶部的睡眠 / 唤醒按钮几秒钟，直到一个红色滑块出现，拖动此滑块。然后按住睡眠 / 唤醒按钮数秒，直至屏幕上出现 Apple 标志 4）将 iPhone 复位
iPhone 显示电池电量不足图像且无响应	1）使用 iPhoneUSB 电源适配器为 iPhone 充电至少 15 分钟 2）尝试关闭 iPhone，再打开 3）连接到 iPhone 充电器的情况下，尝试重置 iPhone
iPhone 本地固件怎样升级	如果将 iPhone 固件已下载到电脑，可进行本地固件升级操作： 1）将需要升级的 iPhone 手机连接到电脑，使手机进入 DFU 模式 2）Windows 用户按住键盘的【Shift】键（苹果电脑用户按住【Option】键），单击相关窗口中的【更新】按钮（或【恢复】按钮） 3）选择“更新”，则固件升级，但机器内的用户资料不会被清除。如果选择“恢复固件升级，机器内的用户资料完全清除 4）在弹出的窗口中找到要升级的 iPhone 固件，再单击【打开】按钮，iPhone 固件升级开始自动执行，直到出现升级成功窗口 如果 iPhone 手机不是合法的签约用户，iTunes 不能自动激活 iPhone，则可能需要对手机进行破解操作
iPhone 开机恢复模式、刷机报错 23、信号部分工作不正常	CPU 供电、字库供电异常等原因引起的

（续）

常见故障	排除方法
iTunes 和同步 iPhone 没有出现在 iTunes 中或者不能同步	1)iPhone 电池可能需要重新充电 2)将 iPhone 连接到电脑上的其他 USB 2.0 端口 3)关掉 iPhone,然后再次打开 4)SIM 被锁定,则按“解锁”并输入 SIM 的 PIN 码
QQ 不能使用推送	GPRS 网络下的 NET 接入点或者 WiFi 下才能使用推送功能
SIM 卡怎样测试	1)还原 iPhone 或关机后重新启动 iPhone 2)重新安装 SIM 卡
按 Home 键失灵	按 Home 键的时候其他手指不要接触屏幕
不能拨打电话或接听来电	1)检查屏幕顶部的状态栏中的蜂窝信号图标。如果没有信号格,或显示“无服务”,则移到其他位置。如果在室内,则尝试户外或移到较接近窗口的地方,看问题能否消除 2)检查所在的区域网络覆盖情况 3)飞行模式是否未打开 4)关掉 iPhone,然后再次打开 5)SIM 被锁定,则按“解锁”并输入 SIM 的 PIN 码
不能通过 WiFi 发送文本	1)iPhone 不支持通过 WiFi 发送文本 2)iTunes WiFi Music Store 并非所有国家或地区都可以用
不能向电脑上的照相机中添加图片	iPhone4 不能向电脑上的照相机中添加图片,只能复制或者删除。不能在照相机中向 iPhone4 传送图片,传送需要用 iTunes
出现低电池电量图像	iPhone 处于低电量状态,需要充电 10 分钟以上才能使用
触摸屏响应故障——没有响应、响应缓慢、响应不稳定	1)重新启动设备,看故障能否消失 2)用微湿、不起绒的软布清洁屏幕,看故障能否消失 3)iPhone 有保护壳或薄膜,揭掉看故障能否消失
电池寿命似乎很短	1)尝试关闭 iPhone,再打开 2)将 iPhone 连接到 iTunes ,并恢复 iPhone 3)iPhone 电量不足,需要充电至少 10 分钟后才能使用 4)为 iPhone 充电时,必须充满电后再断开连接。当屏幕右上角的电池图标与类似时,则表示电池完全充满 5)如果用电脑充电,不要将 iPhone 连接到键盘。同时,电脑必须已打开,并且不能处于睡眠或待机模式
对着传声器说话时或从扬声器传出的声音不清楚或很小声	1)检查 iPhone 的音量设定是否正确,可以按下 iPhone 左侧的调高音量与调低音量按钮来调整音量 2)iPhone 有保护套时,确认保护套是否盖住扬声器、传声器。在不使用保护套的情况下试打几通电话,看是否可以听得比较清楚,或尝试播放音乐,检验扬声器音量是否有所改善 3)检查扬声器、传声器网罩、传声器孔,是否有棉絮或其他碎屑阻塞
接听电话时屏幕无法锁定或变黑	1)验证屏幕是否锁定或进入睡眠模式 2)尝试关闭 iPhone,然后再打开,看故障能否排除 3)手机存在问题
立体声耳机没有声音	1)拔下耳机,验证耳机插孔是否堵塞 2)重新连接耳机,确保插头已完全插入 3)检查 iPhone 上的音量设置是否正确 4)尝试另一副 Apple 耳机,检查所用的立体声耳机是否异常 5)检查 iPhone 警告音或其他 iPhone 声音效果是否有问题 6)检查内置扬声器的声音是否正常
浏览网页时经常遇到一些网站打不开	尝试采用 VPN 访问网站
如何把手机上遇到的问题截图说明	同时快速单击关机键和圆形 Home 键即可截图,截图保存在照片中

（续）

常见故障	排除方法
如何复制SIM卡中的号码	功能表→设置→邮件，通讯录，日历→导入SIM通讯录
如何关闭已经打开的应用程序	双击圆形Home键，长按列表中的程序图标，单击出现的红色叉号即可关闭
如何关闭重力感应自动旋转屏幕	快速单击圆形Home键，向右滑动，单击锁图标就可以竖排锁定（只可锁定竖排）
如何添加音乐而不删除原本手机中的音乐	1）在电脑资料库中存有已同步到手机中的音乐 2）采用手动管理音乐与视频，而后可以直接拖拽音乐等到iTunes中的iPhone设备中 注意：手动管理只能在一台电脑上实现
如何用iPhone当作3G无线网卡给电脑上网	具体的操作方法与步骤如下： 1）插入3G的SIM卡到iPhone4中 2）打开iPhone4，连接USB数据线 3）设置→通用→网络→设置网络共享→打开网络共享→仅USB链接 4）等待电脑识别新的USB设备 5）连接完成，iPhone 4上出现共享网络字样，说明可以开始用电脑上网
如何直接从手机中删除下载的应用程序	按住要删除的图标，直至图标开始晃动，此时应用程序左上角会出现一个"×"的图标，直接点击"×"即可删除
时常没有信号怎么办	1）首先确定iPhone 4已经解锁 2）重新拔卡插卡，看问题是否消失 3）有时重新刷机或许能够解决问题 4）可能是硬件有问题
听筒未传出声音	耳机插孔是否有东西插着、调整音量钮是否有效、贴有保护膜是否遮住听筒、使用Bluetooth耳机测试、重新启动iPhone等方法进行处理，如果依旧无法解决问题，则可能需要更换装置才能够解决问题
同步无法工作	1）iPhone电池可能需要重新充电 2）电脑断开其他USB设备的连接，将iPhone连接到电脑上的其他USB 2.0端口 3）关掉iPhone，然后再次打开 4）SIM被锁定，则按"解锁"并输入SIM的PIN码
网站、文本或电子邮件不可用网站、文本或电子邮件不可用	1）检查屏幕顶部的状态栏中的蜂窝信号图标。如果没有信号格，或显示"无服务"，则移到其他位置。如果在室内，则尝试户外或移到较接近窗口的地方，看问题能否消除 2）检查所在的区域网络覆盖情况 3）蜂窝网络不能用，则改为连接到WiFi网络（如果可用的话） 4）飞行模式是否没有打开 5）关掉iPhone，然后再次打开 6）SIM被锁定，则按"解锁"并输入SIM的PIN码
为什么蓝牙不能发送文件	iPhone4的蓝牙只能用在蓝牙耳机上（越狱的iPhone4可解除该限制）
为什么通话时屏幕变黑了	距离感应，保持距离即可点亮屏幕
未越狱的手机查看网页时，有的图片怎么不显示？或者看不了网页视频	未越狱的手机不支持Flash，越狱后可以安装插件来实现
温度高	1）在温度介于-20～45℃间的地方存放iPhone 2）不要将iPhone留放在汽车内，因为驻停的汽车内温度可能会超出此范围
无法打开，或仅在连接电源时才能够打开	1）验证"睡眠/唤醒"按钮是否正常工作 2）检查耳机插孔或基座接口中的液触指示器是否已激活、是否存在腐蚀/碎屑迹象 3）将iPhone连接到iPhone的USB电源适配器，并充电至少10分钟
无法连接iTunes怎么办	删除手机目录/var/mobile/Media目录下的iTunes_Control文件夹，重启iPhone4

（续）

常见故障	排除方法
无法通过 USB 电源适配器给电池充电	1）只有 iPhone 原始机型可通过基于 FireWire 的电源充电 2）iPhone 连接到已关闭或者处于睡眠或待机模式的电脑，则电池可能会耗尽 3）插座是否工作 4）尝试使用其他 USB 电源适配器，以检查是否是手机的问题
显示屏图像问题	1）尝试关闭 iPhone，然后再打开 2）查看不同内容，以验证问题是否与内容无关 3）图像太暗，调整亮度。通用设置中，选取亮度并滑动滑块即可
显示屏无法进入横向模式	1）iPhone 平放时，照片、网页、应用程序不会改变显示方向模式 2）垂直握持 iPhone，可在纵向、横向模式间切换，反之亦然 3）要测试，可以在垂直握持 iPhone 时打开“计算器”应用程序。此时，显示为标准计算器。然后将 iPhone 旋转到水平位置，此时为科学计算器 4）iPod 与 YouTube 中播放的视频自动处于横向模式
显示屏无法自动调节亮度	1）验证自动亮度调节设置（设置→亮度）是否设为开，以及亮度级别是否设为接近滑块中间的位置 2）按主屏幕按钮返回主屏幕，然后按“睡眠/唤醒”按钮锁定 iPhone。在明亮环境中遮住 iPhone 上部三分之一，以阻挡光线，然后按“睡眠/唤醒”按钮或主屏幕按钮来唤醒手机，然后观察屏幕与应用程序图标的亮度，此时应略微变暗，然后移去显示屏上部的遮盖物，显示屏不久应会变亮。如果，没有上述效果，说明手机存在问题
显示屏显示白屏	1）尝试关闭 iPhone，然后再打开，看故障能否排除 2）重置设备 3）手机存在问题
相机无法正常工作	1）如果在任何主屏幕上都没有看到相机，说明可能是没有正确操作：按设置→通用→访问限制，打开“访问限制”。如果已打开，将“允许相机”设为“打开”，或轻按“停用访问限制” 2）确保相机镜头干净，并且没有任何遮挡 3）对焦时，尽量保持稳定 4）第三方保护壳干扰自动对焦/曝光功能和闪光灯（仅 iPhone4） 5）尝试关闭 iPhone，重新打开 6）如果是 iPhone4，如果主摄像头有问题，则尝试使用前摄像头查看问题是否仍然存在；如果是前摄像头有问题，则使用主摄像头测试是否仍然存在。
一个账号只能授权 5 台电脑，如何解除	有两种方法，一是在相应授权的电脑上进行取消授权。二是在 iTunes store 进行登录账户后，在账户中进行“取消所有授权”，注意：此方法一年只能使用一次
怎样测试振动模式	1）设置→声音中，检查“静音”和“响铃”两种模式下的“振动”设置 2）切换响铃/静音开关，检验振动功能 3）关闭 iPhone（红色滑块），然后开机并重复第 2 步。
怎样关机	按住睡眠/唤醒按钮，直到出现红色滑块。滑动滑块关机
怎样关机后重新启动测试	有些问题可用简单的关机后重新启动 iPhone 来解决
怎样还原	同时按住睡眠/唤醒按钮和主屏幕按钮至少十秒钟，直到出现 Apple 标志
怎样还原所有设置	设置→通用→还原→还原所有设置
怎样恢复	使用 iTunes 恢复
怎样开机	按下睡眠/唤醒按钮，或主屏幕按钮，并滑动“解锁”滑块以开机
怎样抹掉所有内容和设置	设置→通用→还原→抹掉所有内容和设置
怎样清空 iPhone 手机密码以及锁码（忘记开机密码及锁屏密码）	删除手机目录/private/var/keychains/keychain-2. db 文件，重启 iPhone4
怎样退出停止响应的应用程序	按住睡眠/唤醒按钮直到出现红色滑块，然后按住主屏幕按钮直到应用程序退出

（续）

常见故障	排除方法
怎样在线升级 iPhone 的固件	1）升级 iPhone 的固件，需要安装好 iTunes 2）iTunes 安装好后，可以通过数据线连接 iPhone 到电脑，iTunes 会自动启动。如果 iPhone 手机有新的软件版本，iTunes 将弹出一个提示画面 3）如果 iPhone 属于签约，可单击【下载并安装】按钮，对 iPhone 进行在线固件升级 4）如果 iPhone 是通过非正规渠道购买的，或者是进行过破解操作的，为了防止意外，单击【取消】按钮 5）也可以单击【更新】按钮，进行在线升级
指南针不工作	1）将 iPhone 移到远离磁场的地方 2）按数字 8 的轨迹前后移动 iPhone，重新校准指南针
主屏幕按钮失效	1）iPhone 进入睡眠模式，唤醒 iPhone，按下主屏幕按钮看是否有效 2）iPhone 硬件故障
主屏幕按钮响应迟缓	1）退出某个应用程序时主屏幕按钮响应迟缓，则可以尝试另一个应用程序，看能否排除故障。如果问题仅在某些应用程序中存在，则可以删除这些应用程序，并重新安装 2）关闭 iPhone，然后再打开。如果 iPhone 无法重新启动，则尝试重置 iPhone 3）iPhone 硬件故障
注册 iPhoneID 后，如用户名和密码忘记，怎么找回	1）在电脑端 iTunes 中登录账号时，选择忘记密码，进行找回 2）在 iPhone 端输入错误密码三次后，根据提示找回密码。有两种选择，一种是根据问题答案找回，另一种是根据注册邮箱找回

7.3 指令

7.3.1 红米、小米手机指令代码

＊#＊#4636#＊#＊——显示手机信息、电池信息、电池记录、使用统计数据、WiFi 信息等。

＊#＊#7780#＊#＊——重设为原厂设定，不会删除预设程序、SD 卡档案等。

＊2767＊3855#——重设为原厂设定，会删除 SD 卡所有档案等。

＊#＊#34971539#＊#＊——显示相机韧体版本、更新相机韧体等。

＊#＊#7594#＊#＊——当长按关机按钮时，会出现一个切换手机模式的窗口，包括：静音模式、飞航模式、关机，可以用以上代码，直接变成关机按钮。

＊#＊#273283＊255＊663282＊#＊#＊——开启一个能让备份媒体文件的地方，例如相片、声音、影片等 。

＊#＊#197328640#＊#＊——启动服务模式，可以测试手机部分设置、更改设定 WLAN、GPS、蓝牙测试的代码等。

＊#＊#232339#＊#＊或＊#＊#526#＊#＊或＊#＊#528#＊#＊——WLAN 测试。

＊#＊#232338#＊#＊——显示 WiFiMAC 地址。

＊#＊#1472365#＊#＊——GPS 测试 。

＊#＊#1575#＊#＊——其他 GPS 测试 。

＊#＊#232331#＊#＊——蓝牙测试 。

＊#＊#232337#＊#——显示蓝牙装置地址。

＊#＊#8255#＊#＊——启动 GTalk 服务监视器显示手机软件版本的代码。

＊#＊#4986＊2650468#＊#＊——PDA、Phone、H/W、RFCallDate。

＊#＊#1234#＊#＊——PDA、Phone。

＊#＊#1111#＊#＊——FTASW 版本。

＊#＊#2222#＊#＊——FTAHW 版本 。

＊#＊#44336#＊#＊——PDA、Phone、csc、buildTime、anzhi. name、changelistnumber 各项硬件测试。

＊#＊#0283#＊#＊——PacketLoopback。

＊#＊#0＊#＊#＊——LCD 测试。

＊#＊#0673#＊#＊或＊#＊#0289#＊#＊——Melody 测试。

＊#＊#0842#＊#＊——装置测试，例如振动、亮度等。

＊#＊#2663#＊#＊——触控屏幕版本。

＊#＊#2664#＊#＊——触控屏幕测试。

＊#＊#0588#＊#＊——接近感应器测试。

＊#＊#3264#＊#＊——内存版本。

＊#＊#284#＊#＊——生成 log 文件（小米）。

7.3.2 小米手机 1S 测试代码

＊#＊#64663#＊#＊——综合测试指令。

＊#＊#4636#＊#＊——显示手机信息、电池信息、电池记录、使用统计数据、WiFi 信息。

＊#＊#7780#＊#＊——重设为原厂设定，不会删除预设程序、SD 卡档案。

＊2767＊3855#——重设为原厂设定，会删除 SD 卡所有档案。

＊#＊#34971539#＊#＊——显示相机韧体版本、更新相机韧体。

＊#＊#7594#＊#＊6——当长按关机按钮时，会出现一个切换手机模式的窗口，包括静音模式、飞航模式、关机，可以用以上代码，直接变成关机按钮。

＊#＊#273283＊255＊663282＊#＊#＊——开启一个能让你备份媒体文件的地方，例如相片、声音、影片等。

＊#＊#197328640#＊#＊——启动服务模式，可以测试手机部分设置及更改设定 WLAN、GPS、蓝牙测试的代码。

＊#＊#232339#＊#＊或＊#＊#526#＊#＊或＊#＊#528#＊#＊——WLAN 测试 。

＊#＊#232338#＊#＊——显示 WiFiMAC 地址。

＊#＊#1472365#＊#＊——GPS 测试。

＊#＊#1575#＊#＊——其他 GPS 测试。

＊#＊#232331#＊#＊——蓝牙测试。

＊#＊#232337#＊＊#——显示蓝牙装置地址。

＊#＊#8255#＊#＊——启动 GTalk 服务监视器显示手机软件版本的代码 。

＊#＊#4986＊2650468#＊#＊——PDA、Phone、H/W、RFCallDate 。

＊#＊#1234#＊#＊——PDA、Phone 。

＊#＊#1111#＊#＊——FTASW 版本。

＊#＊#2222#＊#＊——FTAHW 版本。

＊#＊#44336#＊#＊——PDA、Phone、csc、buildTime、anzhi. name、changelistnumber 各项硬件测试。

＊#＊#0283#＊#＊——PacketLoopback。

＊#＊#0＊#＊#＊——LCD 测试。

＊#＊#0673#＊#＊或＊#＊#0289#＊#＊——Melody 测试 。

＊#＊#0842#＊#＊——装置测试，例如振动、亮度。

＊#＊#2663#＊#＊——触控屏幕版本。

＊#＊#2664#＊#＊——触控屏幕测试。

＊#＊#0588#＊#＊——接近感应器测试。

＊#＊#3264#＊#＊——内存版本。

7.3.3 中兴 C700 cdma2000 1x 查询代码

*983*0#（可以检测手机的显示、键盘、振动、铃音、音频回路）——手机自检。

*983*837#——查看 FLASH 版本。

*983*33837#——查看 EEPROM 版本。

*983*8#——查看生产信息。

7.3.4 三星智能手机指令代码

*#06# ——查询手机 IMEI 码，即手机串号。

*#1111#——REV 版本号。

*#0000#——软件版本。

*#2222#——硬件版本。

*#7370#——软硬格机。

*#7780# ——恢复出厂设置（软格）。

*2767*2878#——硬格机。

*#1234#—— 原始软件版本号。

*#92702689# ——查看其通话时间。

*2767*2878#或*2767*7377# —— 三星解话机锁。

*2767*3855# —— 三星码片复位，也可用于解机锁或卡锁。

#0#—— 测试模式（附菜单详解）：

1 Red LCD：红色 LCD。

2 Green LCD：绿色 LCD。

3 Blue LCD：蓝色 LCD。

4 Melody test：响铃测试。

5 Vibration test：振动测试。

6 Dimming test：暗淡测试。

7 MEGA camera test：照相机测试。

8 VGA camer test：副摄像头测试。

9 Touch Wheel test：触轮测试。

0 Sleep mode test：睡眠模式测试。

* Speaker test：扬声器测试。

附录

iPhone 6s

SCH 051-1902、BRD 82

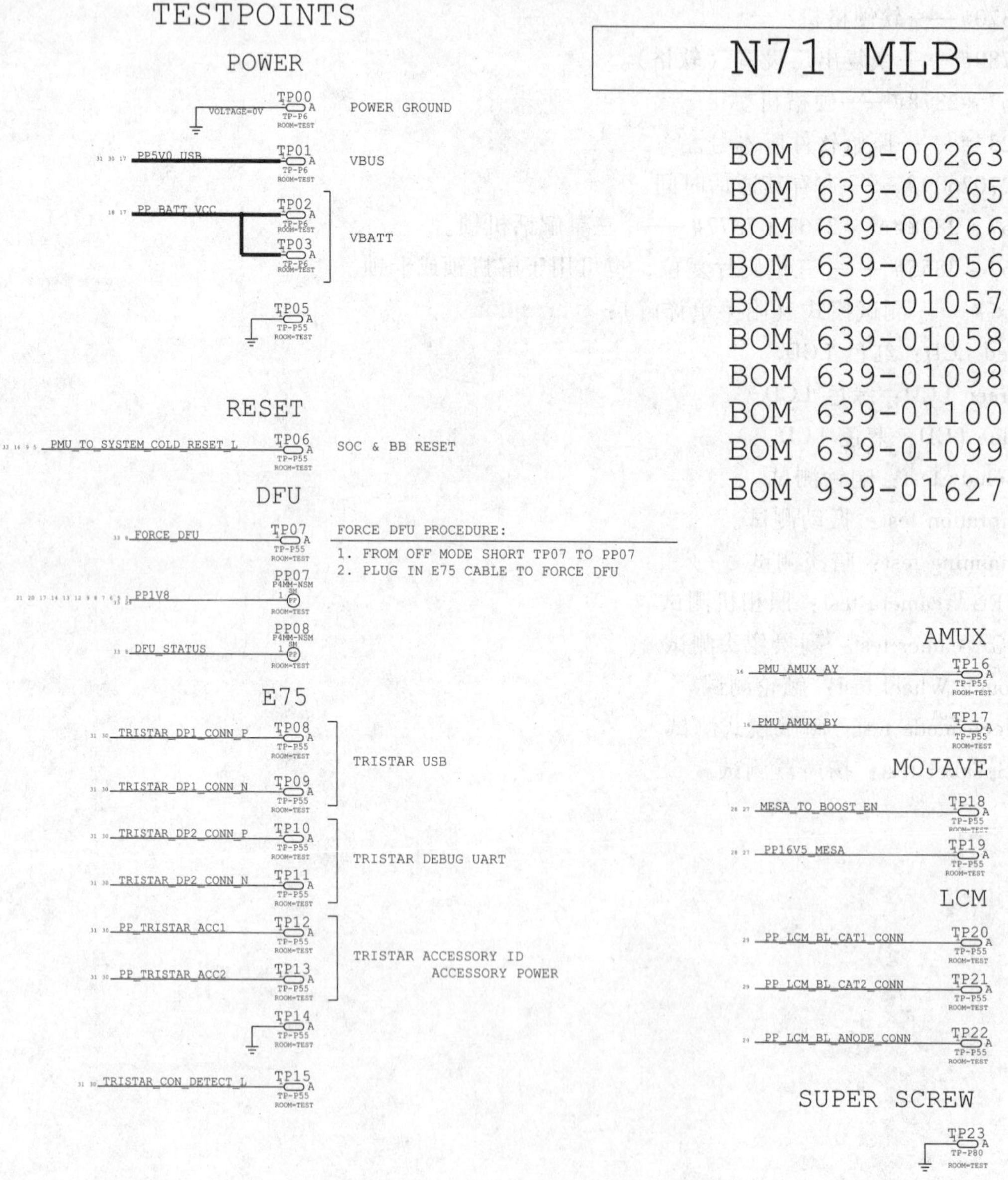

维修参考电路图

0-5507、MCO 056-01060

PVT OK2FAB

(BETTER、DB30)
(ULTRA、DB30)
(SUPREME、DB30)
(BETTER、B30)
(ULTRA、B30)
(SUPREME、B30)
(BETTER、DB30C)
(ULTRA、DB30C)
(SUPREME、DB30C)
(BETTER、DARWIN)

N71 I2C DEVICE MAP

I2C BUS	DEVICE	BINARY	7-BIT HEX	8-BIT HEX
I2C0	ANTIGUA PMU	1110100X	0X74	0XE8
	CHESTNUT	0100111X	0X27	0X4E
	MUON	1100010X	0X62	0XC4
I2C1	TIGRIS	1110101X	0X75	0XEA
	ARC DRIVER	1000001X	0X41	0X82
	SPEAKER AMP	1000000X	0X40	0X80
	TRISTAR	0011010X	0X1A	0X34
I2C2	ALS	0101001X	0X29	0X52
	DISP EEPROM	1010001X	0X51	0XA2
OWL	UNUSED	N/A	N/A	N/A
ISP I2C0	REAR CAM	TBD	TBD	TBD
	LED DRIVER	1100011X	0X63	0XC6
ISP I2C1	FRONT CAM	0010000X	0X10	0X20
TOUCH I2C	MESON	1000000X	0x40	0x80
	MAMBA	1100000X	0x60	0xC0
	DOPPLER	1011000X	0x58	0xB0
SEP I2C	SEP EEPROM	1010001X	0x51	0xA2

BOOTSTRAPPING:BOARD REV
BOARD ID
BOOT CONFIG

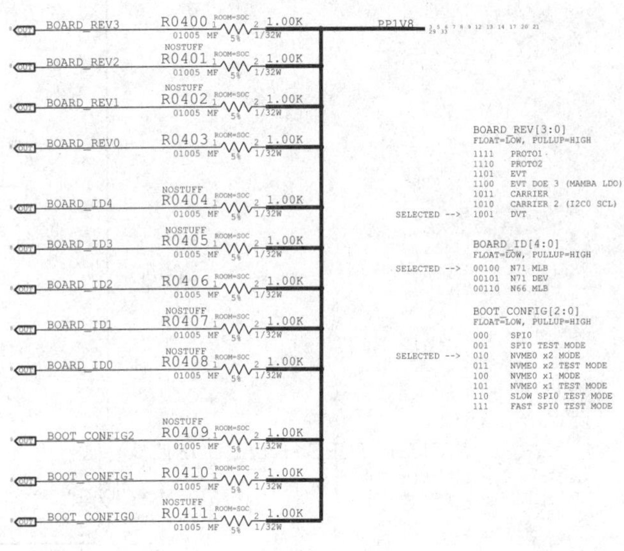

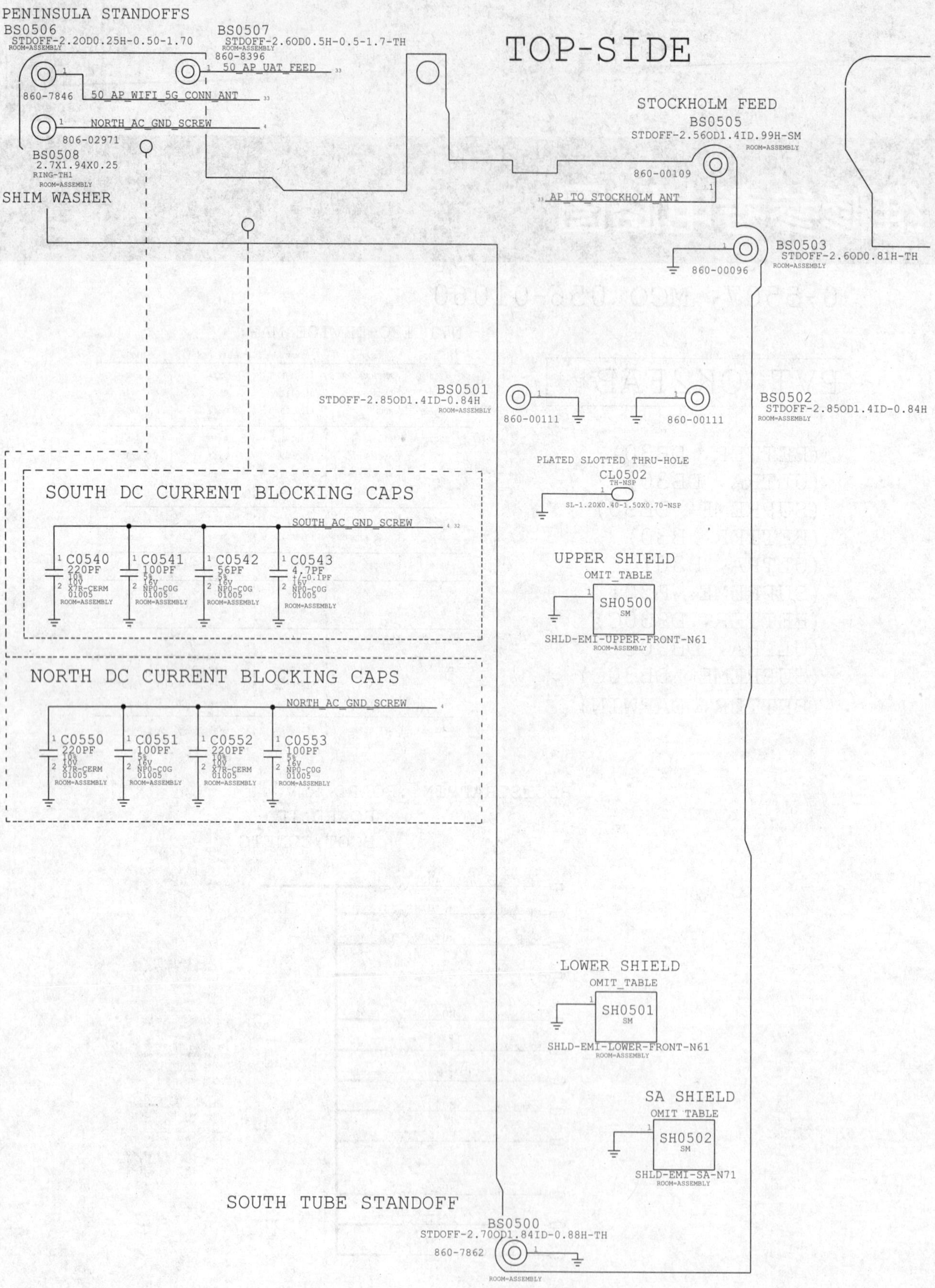

PENINSULA STANDOFFS
BS0506
STDOFF-2.20D0.25H-0.50-1.70
ROOM=ASSEMBLY
860-7846
50_AP_WIFI_5G_CONN_ANT
NORTH_AC_GND_SCREW
806-02971
BS0508
2.7X1.94X0.25
RING-TH1
ROOM=ASSEMBLY
SHIM WASHER

BS0507
STDOFF-2.60D0.5H-0.5-1.7-TH
ROOM=ASSEMBLY
860-8396
50_AP_UAT_FEED

TOP-SIDE

STOCKHOLM FEED
BS0505
STDOFF-2.56OD1.4ID.99H-SM
ROOM=ASSEMBLY
860-00109
AP_TO_STOCKHOLM_ANT

BS0503
STDOFF-2.60D0.81H-TH
ROOM=ASSEMBLY
860-00096

BS0501
STDOFF-2.85OD1.4ID-0.84H
ROOM=ASSEMBLY
860-00111

BS0502
STDOFF-2.85OD1.4ID-0.84H
ROOM=ASSEMBLY
860-00111

PLATED SLOTTED THRU-HOLE
CL0502
TH-NSP
SL-1.20X0.40-1.50X0.70-NSP

SOUTH DC CURRENT BLOCKING CAPS
SOUTH_AC_GND_SCREW
C0540 220PF 10% 10V X7R-CERM 01005 ROOM=ASSEMBLY
C0541 100PF 5% 16V NP0-C0G 01005 ROOM=ASSEMBLY
C0542 56PF 5% 16V NP0-C0G 01005 ROOM=ASSEMBLY
C0543 4.7PF +/-0.1PF 16V NP0-C0G 01005 ROOM=ASSEMBLY

UPPER SHIELD
OMIT_TABLE
SH0500
SM
SHLD-EMI-UPPER-FRONT-N61
ROOM=ASSEMBLY

NORTH DC CURRENT BLOCKING CAPS
NORTH_AC_GND_SCREW
C0550 220PF 10% 10V X7R-CERM 01005 ROOM=ASSEMBLY
C0551 100PF 5% 16V NP0-C0G 01005 ROOM=ASSEMBLY
C0552 220PF 10% 10V X7R-CERM 01005 ROOM=ASSEMBLY
C0553 100PF 5% 16V NP0-C0G 01005 ROOM=ASSEMBLY

LOWER SHIELD
OMIT_TABLE
SH0501
SM
SHLD-EMI-LOWER-FRONT-N61
ROOM=ASSEMBLY

SA SHIELD
OMIT_TABLE
SH0502
SM
SHLD-EMI-SA-N71
ROOM=ASSEMBLY

SOUTH TUBE STANDOFF
BS0500
STDOFF-2.70OD1.84ID-0.88H-TH
860-7862
ROOM=ASSEMBLY

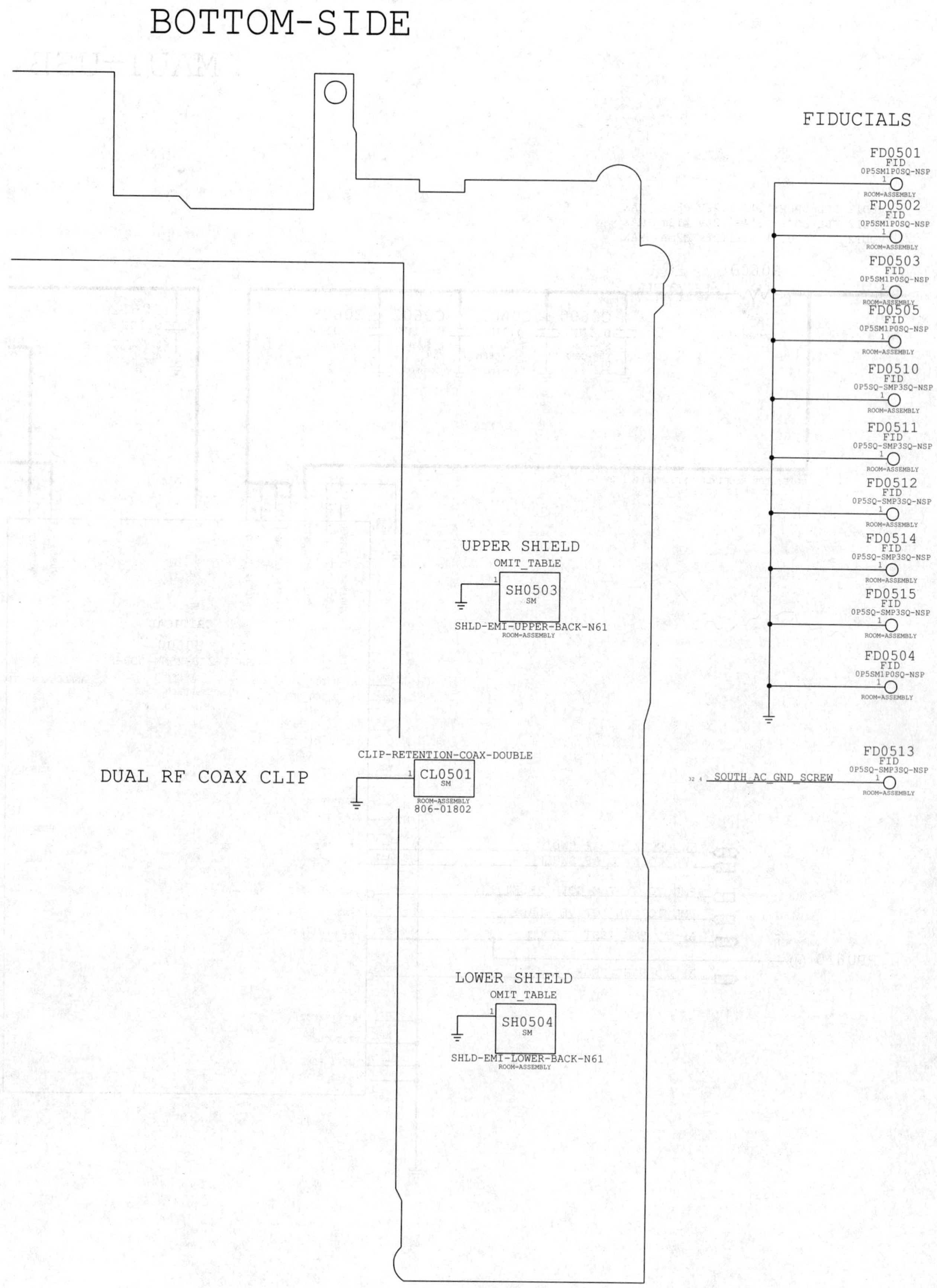

BOTTOM-SIDE

FIDUCIALS

FD0501 FID 0P5SM1P0SQ-NSP ROOM=ASSEMBLY
FD0502 FID 0P5SM1P0SQ-NSP ROOM=ASSEMBLY
FD0503 FID 0P5SM1P0SQ-NSP ROOM=ASSEMBLY
FD0505 FID 0P5SM1P0SQ-NSP ROOM=ASSEMBLY
FD0510 FID 0P5SQ-SMP3SQ-NSP ROOM=ASSEMBLY
FD0511 FID 0P5SQ-SMP3SQ-NSP ROOM=ASSEMBLY
FD0512 FID 0P5SQ-SMP3SQ-NSP ROOM=ASSEMBLY
FD0514 FID 0P5SQ-SMP3SQ-NSP ROOM=ASSEMBLY
FD0515 FID 0P5SQ-SMP3SQ-NSP ROOM=ASSEMBLY
FD0504 FID 0P5SM1P0SQ-NSP ROOM=ASSEMBLY

UPPER SHIELD
OMIT_TABLE
SH0503 SM
SHLD-EMI-UPPER-BACK-N61
ROOM=ASSEMBLY

DUAL RF COAX CLIP

CLIP-RETENTION-COAX-DOUBLE
CL0501 SM
ROOM=ASSEMBLY
806-01802

FD0513 FID 0P5SQ-SMP3SQ-NSP ROOM=ASSEMBLY
SOUTH_AC_GND_SCREW

LOWER SHIELD
OMIT_TABLE
SH0504 SM
SHLD-EMI-LOWER-BACK-N61
ROOM=ASSEMBLY

MAUI-USB、

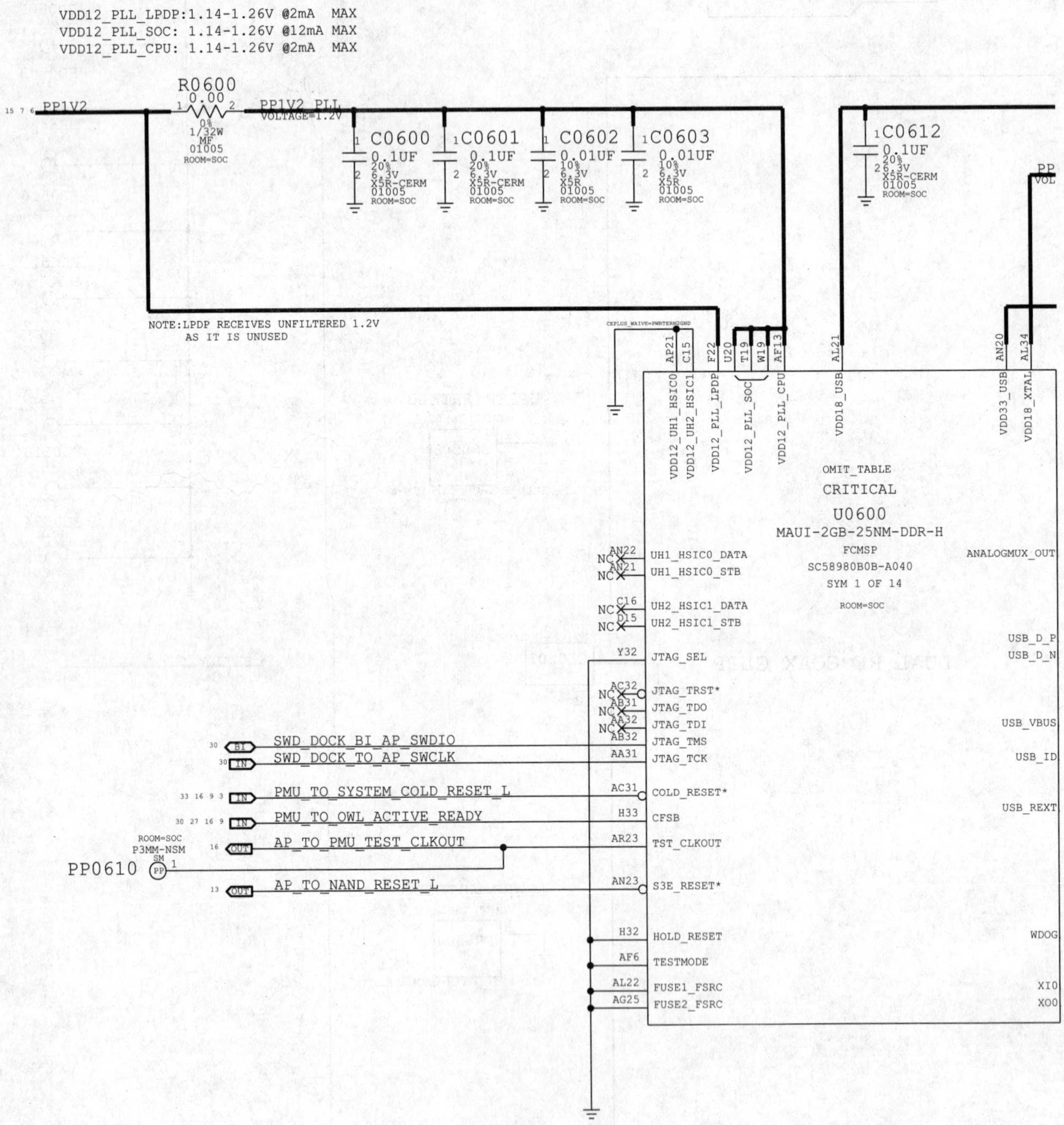

VDD12_PLL_LPDP:1.14-1.26V @2mA MAX
VDD12_PLL_SOC: 1.14-1.26V @12mA MAX
VDD12_PLL_CPU: 1.14-1.26V @2mA MAX

R0600 0.00 0% 1/32W MF 01005 ROOM=SOC

PP1V2 — PP1V2_PLL VOLTAGE=1.2V

C0600 0.1UF 20% 6.3V X5R-CERM 01005 ROOM=SOC
C0601 0.1UF 20% 6.3V X5R-CERM 01005 ROOM=SOC
C0602 0.01UF 10% 6.3V X5R 01005 ROOM=SOC
C0603 0.01UF 10% 6.3V X5R 01005 ROOM=SOC
C0612 0.1UF 20% 6.3V X5R-CERM 01005 ROOM=SOC

NOTE:LPDP RECEIVES UNFILTERED 1.2V AS IT IS UNUSED

OMIT_TABLE
CRITICAL
U0600
MAUI-2GB-25NM-DDR-H
FCMSP
SC58980B0B-A040
SYM 1 OF 14
ROOM=SOC

AP21 VDD12_UH1_HSIC0 / C15 VDD12_UH2_HSIC1 / F22 VDD12_PLL_LPDP / U20 T19 W19 VDD12_PLL_SOC / AF13 VDD12_PLL_CPU / AL21 VDD18_USB / AN20 VDD33_USB / AL34 VDD18_XTAL

AN22 UH1_HSIC0_DATA (NC)
AN21 UH1_HSIC0_STB (NC)
C16 UH2_HSIC1_DATA (NC)
D15 UH2_HSIC1_STB (NC)
Y32 JTAG_SEL
AC32 JTAG_TRST* (NC)
AB31 JTAG_TDO (NC)
AA32 JTAG_TDI (NC)
AB32 JTAG_TMS — SWD_DOCK_BI_AP_SWDIO (30 BI)
AA31 JTAG_TCK — SWD_DOCK_TO_AP_SWCLK (30 IN)
AC31 COLD_RESET* — PMU_TO_SYSTEM_COLD_RESET_L (33 16 9 3 IN)
H33 CFSB — PMU_TO_OWL_ACTIVE_READY (30 27 16 9 IN)
AR23 TST_CLKOUT — AP_TO_PMU_TEST_CLKOUT (16 OUT); PP0610 ROOM=SOC P3MM-NSM SM
AN23 S3E_RESET* — AP_TO_NAND_RESET_L (13 OUT)
H32 HOLD_RESET
AF6 TESTMODE
AL22 FUSE1_FSRC
AG25 FUSE2_FSRC

ANALOGMUX_OUT
USB_D_P
USB_D_N
USB_VBUS
USB_ID
USB_REXT
WDOG
XI0
XO0

JTAG、XTAL

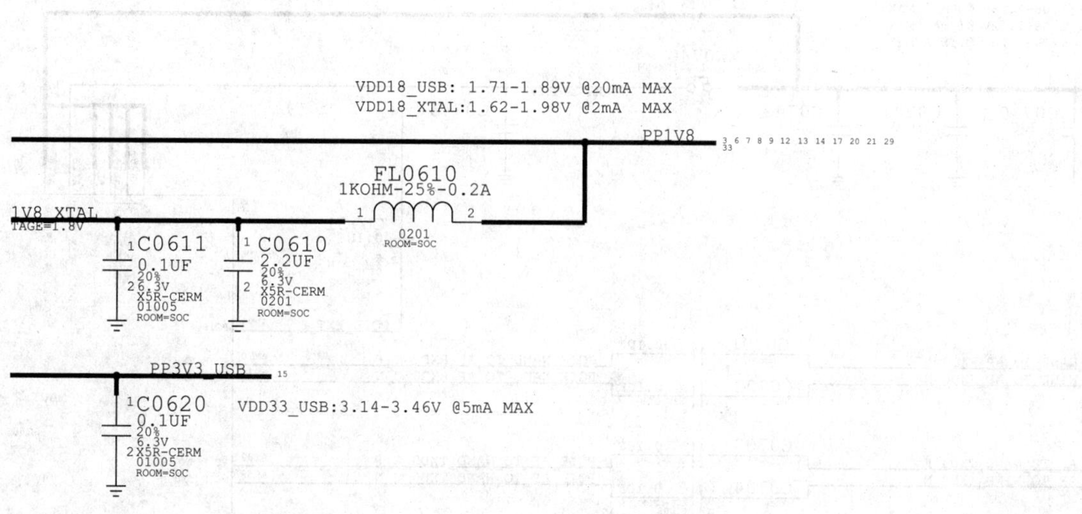
VDD18_USB: 1.71-1.89V @20mA MAX
VDD18_XTAL:1.62-1.98V @2mA MAX
PP1V8
FL0610
1KOHM-25%-0.2A
0201
ROOM=SOC
1V8_XTAL
C0611
0.1UF
20%
6.3V
X5R-CERM
01005
ROOM=SOC
C0610
2.2UF
20%
6.3V
X5R-CERM
0201
ROOM=SOC
PP3V3_USB
C0620
0.1UF
20%
6.3V
X5R-CERM
01005
ROOM=SOC
VDD33_USB:3.14-3.46V @5mA MAX

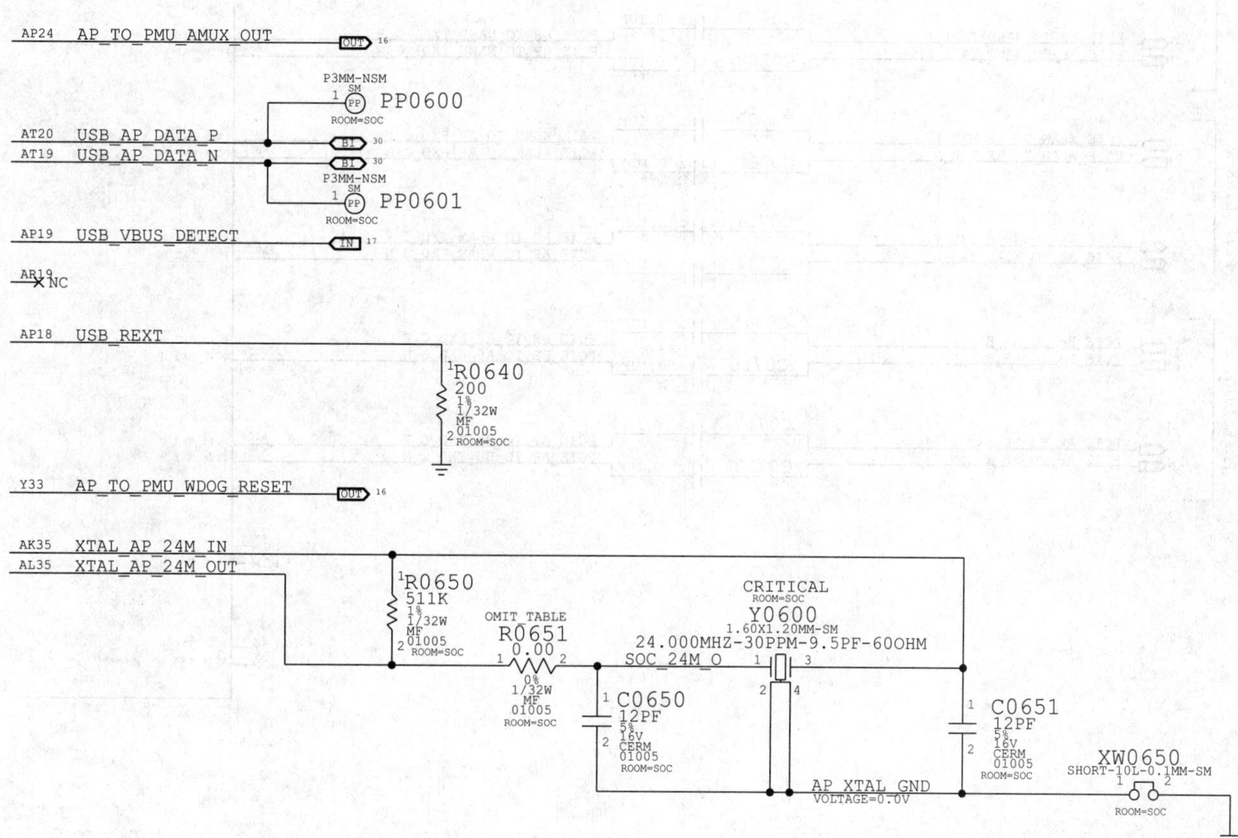
AP24 AP_TO_PMU_AMUX_OUT
OUT
P3MM-NSM
SM
PP0600
ROOM=SOC
AT20 USB_AP_DATA_P
AT19 USB_AP_DATA_N
BI
P3MM-NSM
SM
PP0601
ROOM=SOC
AP19 USB_VBUS_DETECT
IN
AR19
NC
AP18 USB_REXT
R0640
200
1%
1/32W
MF
01005
ROOM=SOC
Y33 AP_TO_PMU_WDOG_RESET
OUT
AK35 XTAL_AP_24M_IN
AL35 XTAL_AP_24M_OUT
R0650
511K
1%
1/32W
MF
01005
ROOM=SOC
OMIT_TABLE
R0651
0.00
0%
1/32W
MF
01005
ROOM=SOC
CRITICAL
ROOM=SOC
Y0600
1.60X1.20MM-SM
24.000MHZ-30PPM-9.5PF-60OHM
SOC_24M_O
C0650
12PF
5%
16V
CERM
01005
ROOM=SOC
C0651
12PF
5%
16V
CERM
01005
ROOM=SOC
AP_XTAL_GND
VOLTAGE=0.0V
XW0650
SHORT-10L-0.1MM-SM
ROOM=SOC

MAUI-PCIE

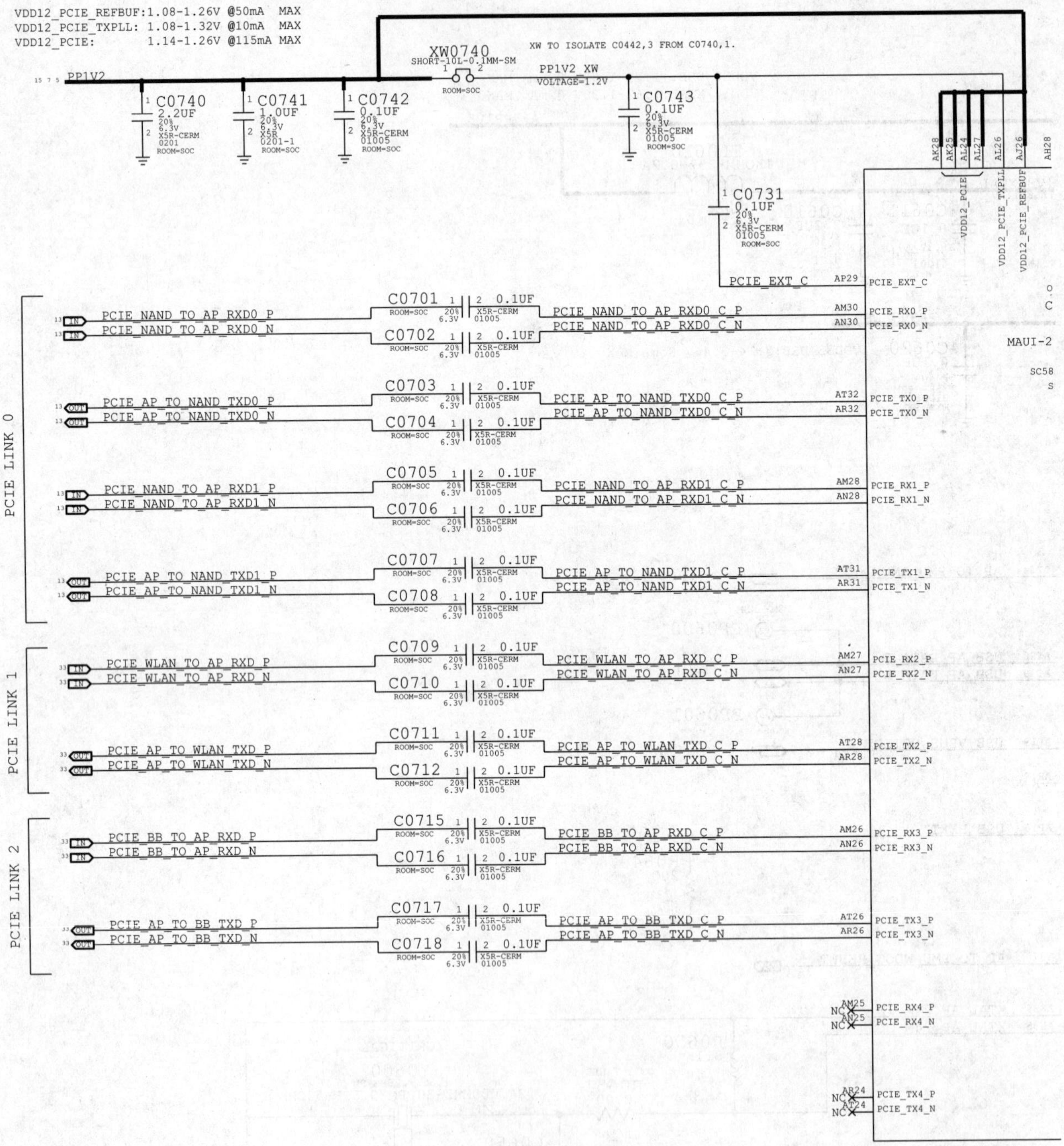

VDD12_PCIE_REFBUF:1.08-1.26V @50mA MAX
VDD12_PCIE_TXPLL: 1.08-1.32V @10mA MAX
VDD12_PCIE: 1.14-1.26V @115mA MAX

XW0740 SHORT-10L-0.1MM-SM ROOM=SOC
XW TO ISOLATE C0442,3 FROM C0740,1.
PP1V2
PP1V2_XW VOLTAGE=1.2V

C0740 2.2UF 20% 6.3V X5R-CERM 0201 ROOM=SOC
C0741 1.0UF 20% 6.3V X5R 0201-1 ROOM=SOC
C0742 0.1UF 20% 6.3V X5R-CERM 01005 ROOM=SOC
C0743 0.1UF 20% 6.3V X5R-CERM 01005 ROOM=SOC
C0731 0.1UF 20% 6.3V X5R-CERM 01005 ROOM=SOC

AK28 AK25 AL24 AL27 AL26 AJ26 AH28
VDD12_PCIE VDD12_PCIE_TXPLL VDD12_PCIE_REFBUF

PCIE_EXT_C AP29 PCIE_EXT_C

MAUI-2 SC58

PCIE LINK 0

PCIE_NAND_TO_AP_RXD0_P — C0701 0.1UF — PCIE_NAND_TO_AP_RXD0_C_P AM30 PCIE_RX0_P
PCIE_NAND_TO_AP_RXD0_N — C0702 0.1UF — PCIE_NAND_TO_AP_RXD0_C_N AN30 PCIE_RX0_N
PCIE_AP_TO_NAND_TXD0_P — C0703 0.1UF — PCIE_AP_TO_NAND_TXD0_C_P AT32 PCIE_TX0_P
PCIE_AP_TO_NAND_TXD0_N — C0704 0.1UF — PCIE_AP_TO_NAND_TXD0_C_N AR32 PCIE_TX0_N
PCIE_NAND_TO_AP_RXD1_P — C0705 0.1UF — PCIE_NAND_TO_AP_RXD1_C_P AM28 PCIE_RX1_P
PCIE_NAND_TO_AP_RXD1_N — C0706 0.1UF — PCIE_NAND_TO_AP_RXD1_C_N AN28 PCIE_RX1_N
PCIE_AP_TO_NAND_TXD1_P — C0707 0.1UF — PCIE_AP_TO_NAND_TXD1_C_P AT31 PCIE_TX1_P
PCIE_AP_TO_NAND_TXD1_N — C0708 0.1UF — PCIE_AP_TO_NAND_TXD1_C_N AR31 PCIE_TX1_N

PCIE LINK 1

PCIE_WLAN_TO_AP_RXD_P — C0709 0.1UF — PCIE_WLAN_TO_AP_RXD_C_P AM27 PCIE_RX2_P
PCIE_WLAN_TO_AP_RXD_N — C0710 0.1UF — PCIE_WLAN_TO_AP_RXD_C_N AN27 PCIE_RX2_N
PCIE_AP_TO_WLAN_TXD_P — C0711 0.1UF — PCIE_AP_TO_WLAN_TXD_C_P AT28 PCIE_TX2_P
PCIE_AP_TO_WLAN_TXD_N — C0712 0.1UF — PCIE_AP_TO_WLAN_TXD_C_N AR28 PCIE_TX2_N

PCIE LINK 2

PCIE_BB_TO_AP_RXD_P — C0715 0.1UF — PCIE_BB_TO_AP_RXD_C_P AM26 PCIE_RX3_P
PCIE_BB_TO_AP_RXD_N — C0716 0.1UF — PCIE_BB_TO_AP_RXD_C_N AN26 PCIE_RX3_N
PCIE_AP_TO_BB_TXD_P — C0717 0.1UF — PCIE_AP_TO_BB_TXD_C_P AT26 PCIE_TX3_P
PCIE_AP_TO_BB_TXD_N — C0718 0.1UF — PCIE_AP_TO_BB_TXD_C_N AR26 PCIE_TX3_N

(All capacitors C0701–C0718: ROOM=SOC, 20%, 6.3V, X5R-CERM, 01005)

NC AM25 PCIE_RX4_P
NC AN25 PCIE_RX4_N
NC AR24 PCIE_TX4_P
NC AT24 PCIE_TX4_N

INTERFACES

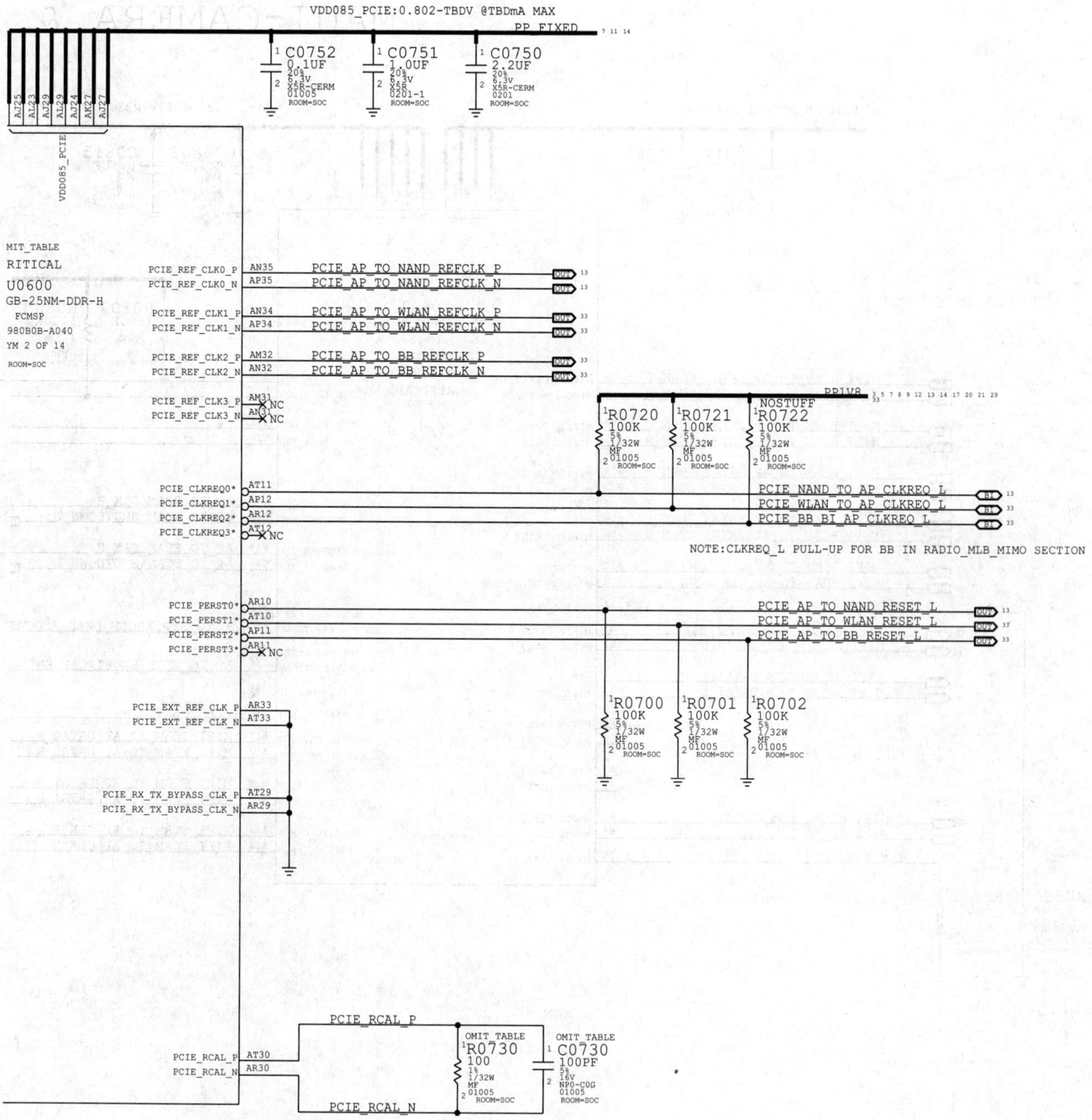

VDD085_PCIE:0.802-TBDV @TBDmA MAX

PP_FIXED

C0752 0.1UF 20% 6.3V X5R-CERM 01005 ROOM=SOC

C0751 1.0UF 20% 6.3V X5R 0201-1 ROOM=SOC

C0750 2.2UF 20% 6.3V X5R-CERM 0201 ROOM=SOC

AJ25 AJ23 AJ28 AJ29 AJ24 AJ27 AJ27

VDD085_PCIE

MIT_TABLE
RITICAL
U0600
GB-25NM-DDR-H
FCMSP
980B0B-A040
YM 2 OF 14
ROOM=SOC

PCIE_REF_CLK0_P AN35 PCIE_AP_TO_NAND_REFCLK_P OUT 13
PCIE_REF_CLK0_N AP35 PCIE_AP_TO_NAND_REFCLK_N OUT 13
PCIE_REF_CLK1_P AN34 PCIE_AP_TO_WLAN_REFCLK_P OUT 33
PCIE_REF_CLK1_N AP34 PCIE_AP_TO_WLAN_REFCLK_N OUT 33
PCIE_REF_CLK2_P AM32 PCIE_AP_TO_BB_REFCLK_P OUT 33
PCIE_REF_CLK2_N AN32 PCIE_AP_TO_BB_REFCLK_N OUT 33
PCIE_REF_CLK3_P AM31 NC
PCIE_REF_CLK3_N AN31 NC

PP1V8

R0720 100K 5% 1/32W MF 01005 ROOM=SOC
R0721 100K 5% 1/32W MF 01005 ROOM=SOC
NOSTUFF R0722 100K 5% 1/32W MF 01005 ROOM=SOC

PCIE_CLKREQ0* AT11 PCIE_NAND_TO_AP_CLKREQ_L BI 13
PCIE_CLKREQ1* AP12 PCIE_WLAN_TO_AP_CLKREQ_L BI 33
PCIE_CLKREQ2* AR12 PCIE_BB_BI_AP_CLKREQ_L BI 33
PCIE_CLKREQ3* AT12 NC

NOTE:CLKREQ_L PULL-UP FOR BB IN RADIO_MLB_MIMO SECTION

PCIE_PERST0* AR10 PCIE_AP_TO_NAND_RESET_L OUT 13
PCIE_PERST1* AT10 PCIE_AP_TO_WLAN_RESET_L OUT 33
PCIE_PERST2* AP11 PCIE_AP_TO_BB_RESET_L OUT 33
PCIE_PERST3* AR11 NC

R0700 100K 5% 1/32W MF 01005 ROOM=SOC
R0701 100K 5% 1/32W MF 01005 ROOM=SOC
R0702 100K 5% 1/32W MF 01005 ROOM=SOC

PCIE_EXT_REF_CLK_P AR33
PCIE_EXT_REF_CLK_N AT33

PCIE_RX_TX_BYPASS_CLK_P AT29
PCIE_RX_TX_BYPASS_CLK_N AR29

PCIE_RCAL_P AT30 PCIE_RCAL_P
PCIE_RCAL_N AR30 PCIE_RCAL_N

OMIT_TABLE R0730 100 1% 1/32W MF 01005 ROOM=SOC

OMIT_TABLE C0730 100PF 5% 16V NP0-C0G 01005 ROOM=SOC

MAUI-CAMERA &

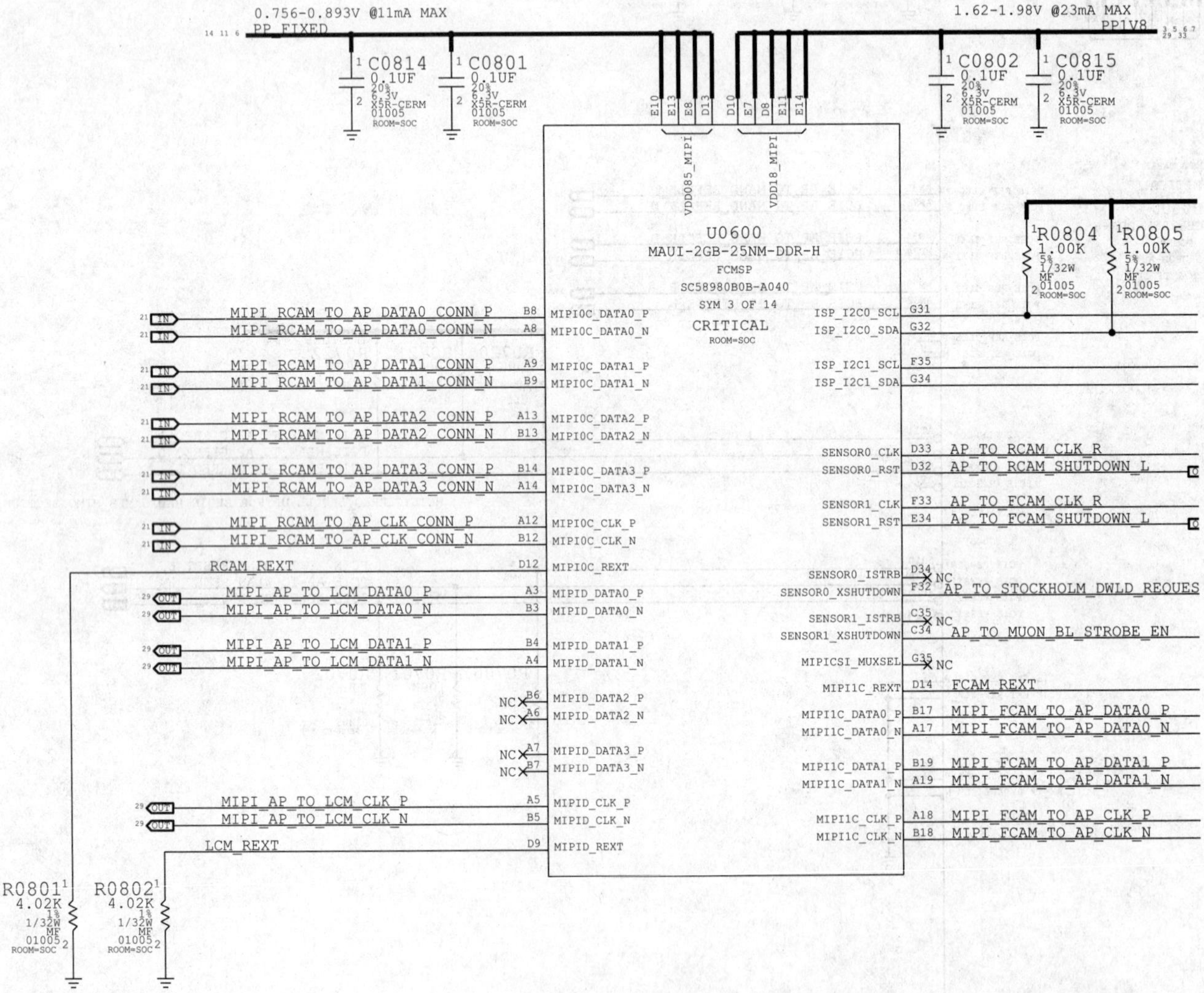

0.756-0.893V @11mA MAX
PP_FIXED

1.62-1.98V @23mA MAX
PP1V8

C0814 0.1UF 20% 6.3V X5R-CERM 01005 ROOM=SOC
C0801 0.1UF 20% 6.3V X5R-CERM 01005 ROOM=SOC
C0802 0.1UF 20% 6.3V X5R-CERM 01005 ROOM=SOC
C0815 0.1UF 20% 6.3V X5R-CERM 01005 ROOM=SOC

E10 E13 E8 D13 VDD085_MIPI
D10 E7 D8 E11 E14 VDD18_MIPI

U0600
MAUI-2GB-25NM-DDR-H
FCMSP
SC58980B0B-A040
SYM 3 OF 14
CRITICAL
ROOM=SOC

R0804 1.00K 5% 1/32W MF 01005 ROOM=SOC
R0805 1.00K 5% 1/32W MF 01005 ROOM=SOC

MIPI_RCAM_TO_AP_DATA0_CONN_P B8 MIPI0C_DATA0_P
MIPI_RCAM_TO_AP_DATA0_CONN_N A8 MIPI0C_DATA0_N
MIPI_RCAM_TO_AP_DATA1_CONN_P A9 MIPI0C_DATA1_P
MIPI_RCAM_TO_AP_DATA1_CONN_N B9 MIPI0C_DATA1_N
MIPI_RCAM_TO_AP_DATA2_CONN_P A13 MIPI0C_DATA2_P
MIPI_RCAM_TO_AP_DATA2_CONN_N B13 MIPI0C_DATA2_N
MIPI_RCAM_TO_AP_DATA3_CONN_P B14 MIPI0C_DATA3_P
MIPI_RCAM_TO_AP_DATA3_CONN_N A14 MIPI0C_DATA3_N
MIPI_RCAM_TO_AP_CLK_CONN_P A12 MIPI0C_CLK_P
MIPI_RCAM_TO_AP_CLK_CONN_N B12 MIPI0C_CLK_N
RCAM_REXT D12 MIPI0C_REXT
MIPI_AP_TO_LCM_DATA0_P A3 MIPID_DATA0_P
MIPI_AP_TO_LCM_DATA0_N B3 MIPID_DATA0_N
MIPI_AP_TO_LCM_DATA1_P B4 MIPID_DATA1_P
MIPI_AP_TO_LCM_DATA1_N A4 MIPID_DATA1_N
NC B6 MIPID_DATA2_P
NC A6 MIPID_DATA2_N
NC A7 MIPID_DATA3_P
NC B7 MIPID_DATA3_N
MIPI_AP_TO_LCM_CLK_P A5 MIPID_CLK_P
MIPI_AP_TO_LCM_CLK_N B5 MIPID_CLK_N
LCM_REXT D9 MIPID_REXT

ISP_I2C0_SCL G31
ISP_I2C0_SDA G32
ISP_I2C1_SCL F35
ISP_I2C1_SDA G34
SENSOR0_CLK D33 AP_TO_RCAM_CLK_R
SENSOR0_RST D32 AP_TO_RCAM_SHUTDOWN_L
SENSOR1_CLK F33 AP_TO_FCAM_CLK_R
SENSOR1_RST E34 AP_TO_FCAM_SHUTDOWN_L
SENSOR0_ISTRB D34 NC
SENSOR0_XSHUTDOWN F32 AP_TO_STOCKHOLM_DWLD_REQUES
SENSOR1_ISTRB C35 NC
SENSOR1_XSHUTDOWN C34 AP_TO_MUON_BL_STROBE_EN
MIPICSI_MUXSEL G35 NC
MIPI1C_REXT D14 FCAM_REXT
MIPI1C_DATA0_P B17 MIPI_FCAM_TO_AP_DATA0_P
MIPI1C_DATA0_N A17 MIPI_FCAM_TO_AP_DATA0_N
MIPI1C_DATA1_P B19 MIPI_FCAM_TO_AP_DATA1_P
MIPI1C_DATA1_N A19 MIPI_FCAM_TO_AP_DATA1_N
MIPI1C_CLK_P A18 MIPI_FCAM_TO_AP_CLK_P
MIPI1C_CLK_N B18 MIPI_FCAM_TO_AP_CLK_N

R0801 4.02K 1% 1/32W MF 01005 ROOM=SOC
R0802 4.02K 1% 1/32W MF 01005 ROOM=SOC

DISPLAY INTERFACES

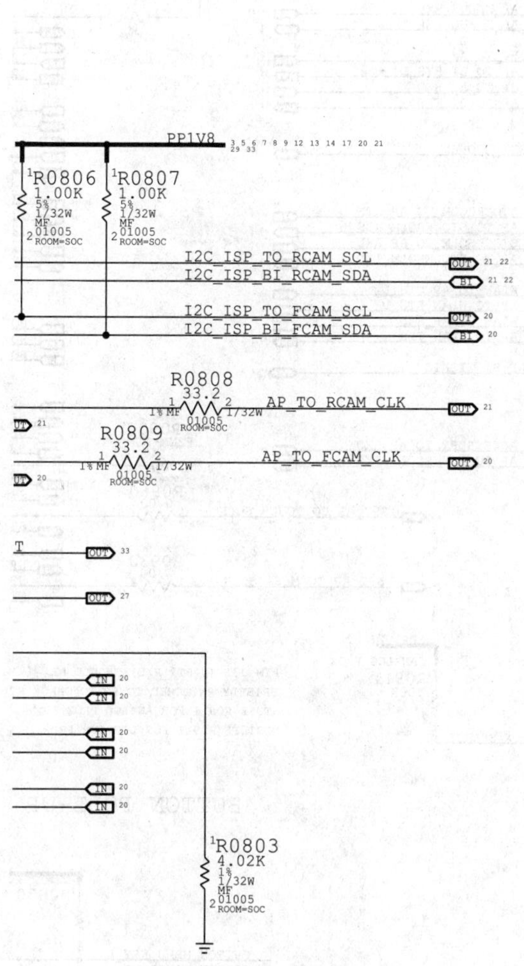

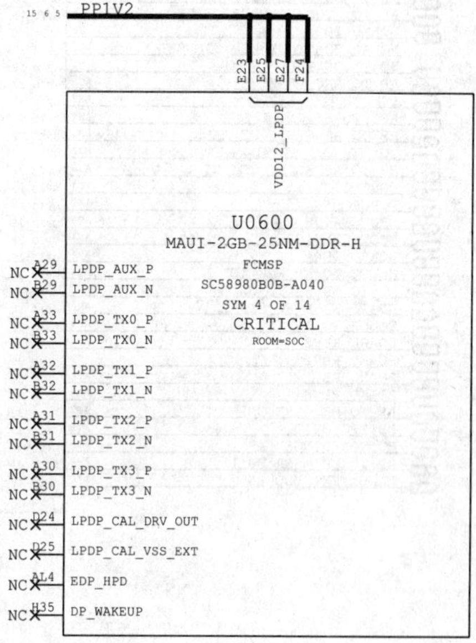

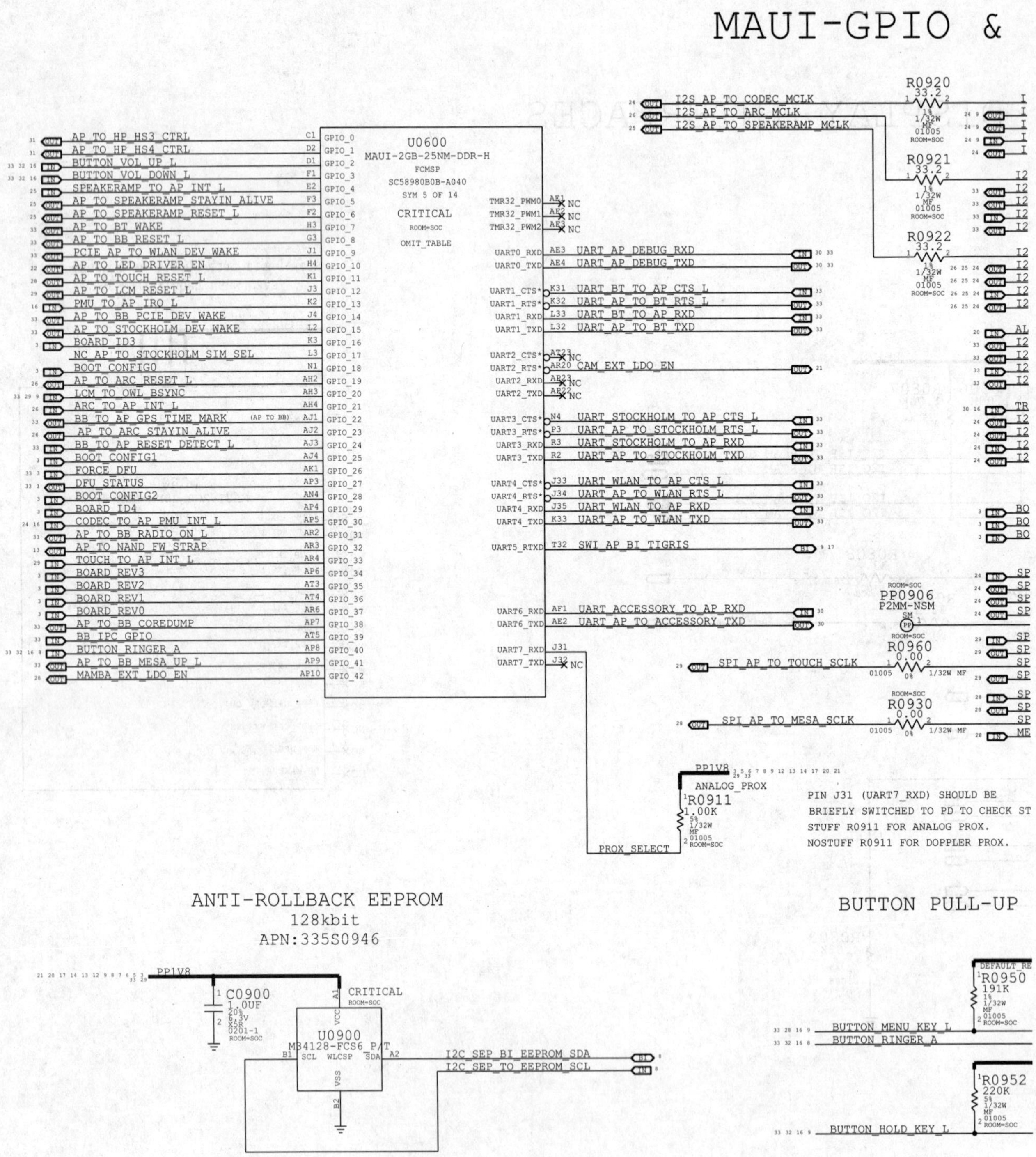

MAUI-GPIO &

U0600
MAUI-2GB-25NM-DDR-H
FCMSP
SC58980B0B-A040
SYM 5 OF 14
CRITICAL
ROOM=SOC
OMIT_TABLE

AP_TO_HP_HS3_CTRL C1 GPIO_0
AP_TO_HP_HS4_CTRL D2 GPIO_1
BUTTON_VOL_UP_L D1 GPIO_2
BUTTON_VOL_DOWN_L F1 GPIO_3
SPEAKERAMP_TO_AP_INT_L E2 GPIO_4
AP_TO_SPEAKERAMP_STAYIN_ALIVE F3 GPIO_5
AP_TO_SPEAKERAMP_RESET_L F2 GPIO_6
AP_TO_BT_WAKE H3 GPIO_7
AP_TO_BB_RESET_L G3 GPIO_8
PCIE_AP_TO_WLAN_DEV_WAKE J1 GPIO_9
AP_TO_LED_DRIVER_EN H4 GPIO_10
AP_TO_TOUCH_RESET_L K1 GPIO_11
AP_TO_LCM_RESET_L J3 GPIO_12
PMU_TO_AP_IRQ_L K2 GPIO_13
AP_TO_BB_PCIE_DEV_WAKE J4 GPIO_14
AP_TO_STOCKHOLM_DEV_WAKE L2 GPIO_15
BOARD_ID3 K3 GPIO_16
NC_AP_TO_STOCKHOLM_SIM_SEL L3 GPIO_17
BOOT_CONFIG0 N1 GPIO_18
AP_TO_ARC_RESET_L AH2 GPIO_19
LCM_TO_OWL_BSYNC AH3 GPIO_20
ARC_TO_AP_INT_L AH4 GPIO_21
BB_TO_AP_GPS_TIME_MARK (AP TO BB) AJ1 GPIO_22
AP_TO_ARC_STAYIN_ALIVE AJ2 GPIO_23
BB_TO_AP_RESET_DETECT_L AJ3 GPIO_24
BOOT_CONFIG1 AJ4 GPIO_25
FORCE_DFU AK1 GPIO_26
DFU_STATUS AP3 GPIO_27
BOOT_CONFIG2 AN4 GPIO_28
BOARD_ID4 AP4 GPIO_29
CODEC_TO_AP_PMU_INT_L AP5 GPIO_30
AP_TO_BB_RADIO_ON_L AR2 GPIO_31
AP_TO_NAND_FW_STRAP AR3 GPIO_32
TOUCH_TO_AP_INT_L AR4 GPIO_33
BOARD_REV3 AP6 GPIO_34
BOARD_REV2 AT3 GPIO_35
BOARD_REV1 AT4 GPIO_36
BOARD_REV0 AR6 GPIO_37
AP_TO_BB_COREDUMP AP7 GPIO_38
BB_IPC_GPIO AT5 GPIO_39
BUTTON_RINGER_A AP8 GPIO_40
AP_TO_BB_MESA_UP_L AP9 GPIO_41
MAMBA_EXT_LDO_EN AP10 GPIO_42

TMR32_PWM0 AE1 NC
TMR32_PWM1 AE2 NC
TMR32_PWM2 AE3 NC
UART0_RXD AE3 UART_AP_DEBUG_RXD
UART0_TXD AE4 UART_AP_DEBUG_TXD
UART1_CTS* K31 UART_BT_TO_AP_CTS_L
UART1_RTS* K32 UART_AP_TO_BT_RTS_L
UART1_RXD L33 UART_BT_TO_AP_RXD
UART1_TXD L32 UART_AP_TO_BT_TXD
UART2_CTS* AT23 NC
UART2_RTS* AR20 CAM_EXT_LDO_EN
UART2_RXD AE21 NC
UART2_TXD AE22 NC
UART3_CTS* N4 UART_STOCKHOLM_TO_AP_CTS_L
UART3_RTS* P3 UART_AP_TO_STOCKHOLM_RTS_L
UART3_RXD R3 UART_STOCKHOLM_TO_AP_RXD
UART3_TXD R2 UART_AP_TO_STOCKHOLM_TXD
UART4_CTS* J33 UART_WLAN_TO_AP_CTS_L
UART4_RTS* J34 UART_AP_TO_WLAN_RTS_L
UART4_RXD J35 UART_WLAN_TO_AP_RXD
UART4_TXD K33 UART_AP_TO_WLAN_TXD
UART5_RTXD T32 SWI_AP_BI_TIGRIS
UART6_RXD AF1 UART_ACCESSORY_TO_AP_RXD
UART6_TXD AE2 UART_AP_TO_ACCESSORY_TXD
UART7_RXD J31
UART7_TXD J32 NC

I2S_AP_TO_CODEC_MCLK
I2S_AP_TO_ARC_MCLK
I2S_AP_TO_SPEAKERAMP_MCLK

R0920 33.2 1% 1/32W MF 01005 ROOM=SOC
R0921 33.2 1% 1/32W MF 01005 ROOM=SOC
R0922 33.2 1% 1/32W MF 01005 ROOM=SOC

PP0906 P2MM-NSM SM ROOM=SOC

R0960 0.00 0% 1/32W MF 01005 ROOM=SOC
SPI_AP_TO_TOUCH_SCLK

R0930 0.00 0% 1/32W MF 01005 ROOM=SOC
SPI_AP_TO_MESA_SCLK

PP1V8
ANALOG_PROX
R0911 1.00K 5% 1/32W MF 01005 ROOM=SOC
PROX_SELECT

PIN J31 (UART7_RXD) SHOULD BE BRIEFLY SWITCHED TO PD TO CHECK ST
STUFF R0911 FOR ANALOG PROX.
NOSTUFF R0911 FOR DOPPLER PROX.

ANTI-ROLLBACK EEPROM

128kbit
APN:335S0946

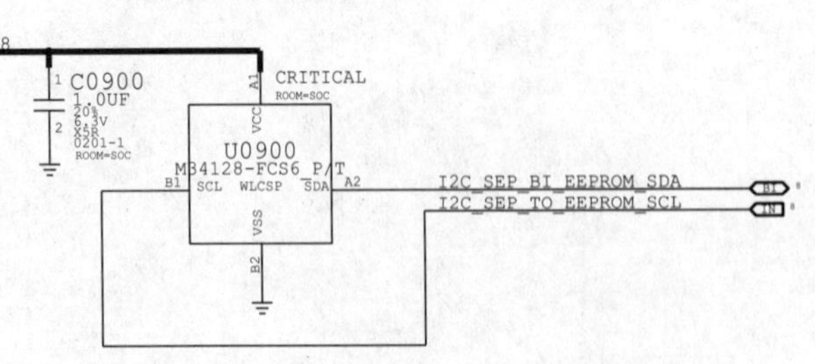

BUTTON PULL-UP

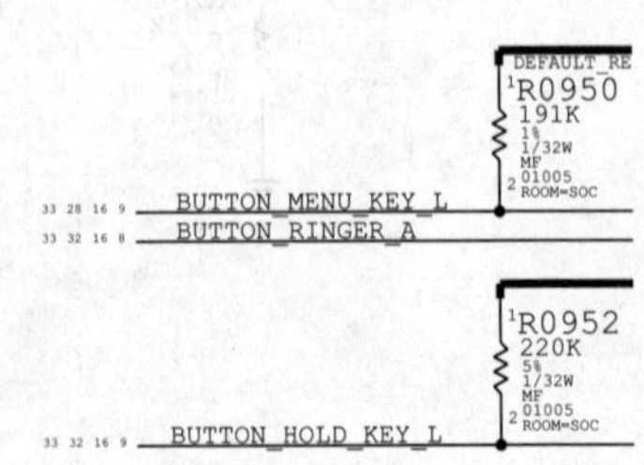

SERIAL INTERFACES

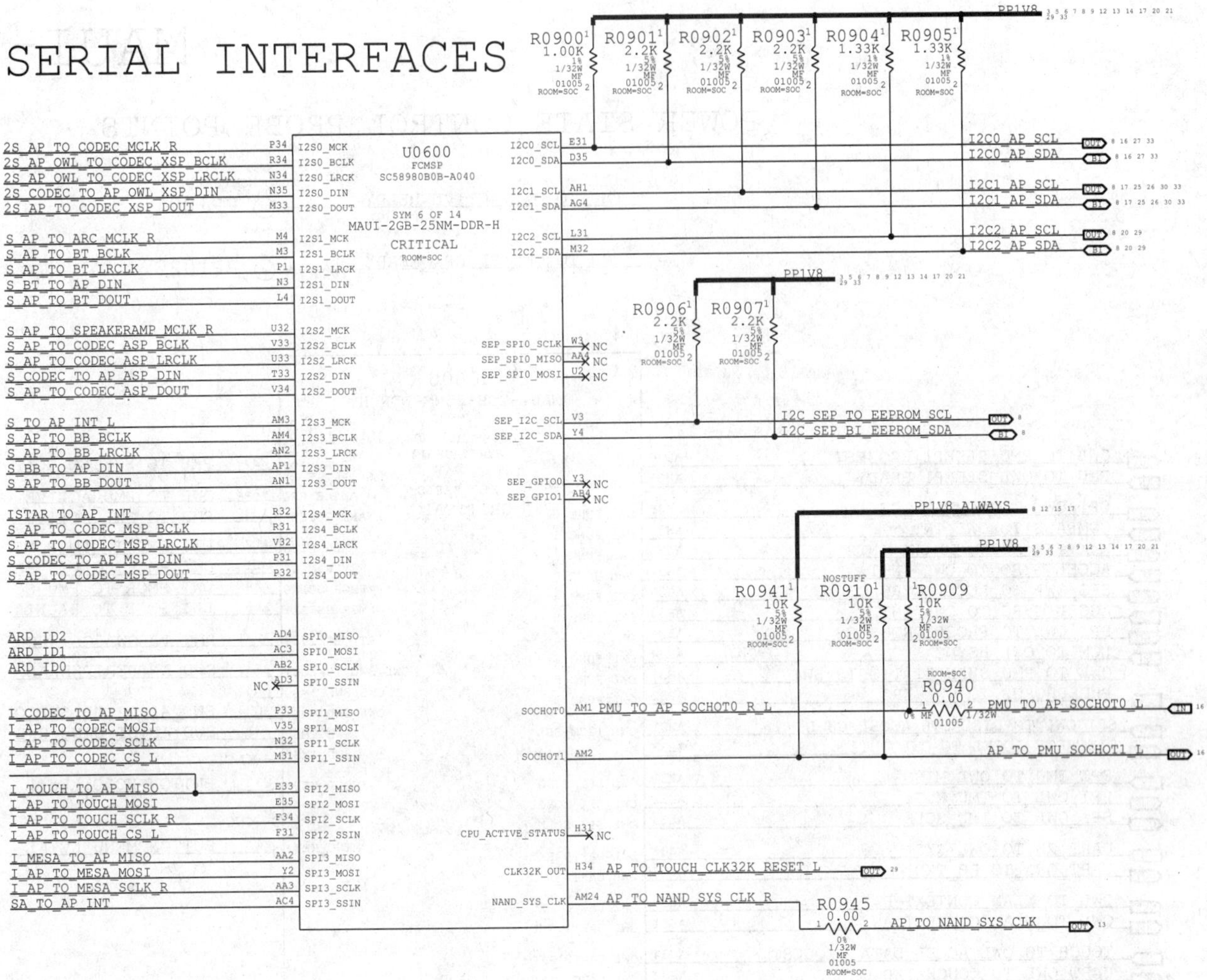

PP1V8

R0900 1.00K 1% 1/32W MF 01005 ROOM=SOC
R0901 2.2K 5% 1/32W MF 01005 ROOM=SOC
R0902 2.2K 5% 1/32W MF 01005 ROOM=SOC
R0903 2.2K 5% 1/32W MF 01005 ROOM=SOC
R0904 1.33K 1% 1/32W MF 01005 ROOM=SOC
R0905 1.33K 1% 1/32W MF 01005 ROOM=SOC

U0600
FCMSP
SC58980B0B-A040
SYM 6 OF 14
MAUI-2GB-25NM-DDR-H
CRITICAL
ROOM=SOC

2S_AP_TO_CODEC_MCLK_R P34 I2S0_MCK
2S_AP_OWL_TO_CODEC_XSP_BCLK R34 I2S0_BCLK
2S_AP_OWL_TO_CODEC_XSP_LRCLK N34 I2S0_LRCK
2S_CODEC_TO_AP_OWL_XSP_DIN N35 I2S0_DIN
2S_AP_TO_CODEC_XSP_DOUT M33 I2S0_DOUT

S_AP_TO_ARC_MCLK_R M4 I2S1_MCK
S_AP_TO_BT_BCLK M3 I2S1_BCLK
S_AP_TO_BT_LRCLK P1 I2S1_LRCK
S_BT_TO_AP_DIN N3 I2S1_DIN
S_AP_TO_BT_DOUT L4 I2S1_DOUT

S_AP_TO_SPEAKERAMP_MCLK_R U32 I2S2_MCK
S_AP_TO_CODEC_ASP_BCLK V33 I2S2_BCLK
S_AP_TO_CODEC_ASP_LRCLK U33 I2S2_LRCK
S_CODEC_TO_AP_ASP_DIN T33 I2S2_DIN
S_AP_TO_CODEC_ASP_DOUT V34 I2S2_DOUT

S_TO_AP_INT_L AM3 I2S3_MCK
S_AP_TO_BB_BCLK AM4 I2S3_BCLK
S_AP_TO_BB_LRCLK AN2 I2S3_LRCK
S_BB_TO_AP_DIN AP1 I2S3_DIN
S_AP_TO_BB_DOUT AN1 I2S3_DOUT

ISTAR_TO_AP_INT R32 I2S4_MCK
S_AP_TO_CODEC_MSP_BCLK R31 I2S4_BCLK
S_AP_TO_CODEC_MSP_LRCLK V32 I2S4_LRCK
S_CODEC_TO_AP_MSP_DIN P31 I2S4_DIN
S_AP_TO_CODEC_MSP_DOUT P32 I2S4_DOUT

ARD_ID2 AD4 SPI0_MISO
ARD_ID1 AC3 SPI0_MOSI
ARD_ID0 AB2 SPI0_SCLK
NC AD3 SPI0_SSIN

I_CODEC_TO_AP_MISO P33 SPI1_MISO
I_AP_TO_CODEC_MOSI V35 SPI1_MOSI
I_AP_TO_CODEC_SCLK N32 SPI1_SCLK
I_AP_TO_CODEC_CS_L M31 SPI1_SSIN

I_TOUCH_TO_AP_MISO E33 SPI2_MISO
I_AP_TO_TOUCH_MOSI E35 SPI2_MOSI
I_AP_TO_TOUCH_SCLK_R F34 SPI2_SCLK
I_AP_TO_TOUCH_CS_L F31 SPI2_SSIN

I_MESA_TO_AP_MISO AA2 SPI3_MISO
I_AP_TO_MESA_MOSI Y2 SPI3_MOSI
I_AP_TO_MESA_SCLK_R AA3 SPI3_SCLK
SA_TO_AP_INT AC4 SPI3_SSIN

I2C0_SCL E31 — I2C0_AP_SCL OUT 8 16 27 33
I2C0_SDA D35 — I2C0_AP_SDA BI 8 16 27 33
I2C1_SCL AH1 — I2C1_AP_SCL OUT 8 17 25 26 30 33
I2C1_SDA AG4 — I2C1_AP_SDA BI 8 17 25 26 30 33
I2C2_SCL L31 — I2C2_AP_SCL OUT 8 20 29
I2C2_SDA M32 — I2C2_AP_SDA BI 8 20 29

PP1V8
R0906 2.2K 5% 1/32W MF 01005 ROOM=SOC
R0907 2.2K 5% 1/32W MF 01005 ROOM=SOC

SEP_SPI0_SCLK W3 NC
SEP_SPI0_MISO AA4 NC
SEP_SPI0_MOSI U2 NC
SEP_I2C_SCL V3 — I2C_SEP_TO_EEPROM_SCL OUT 8
SEP_I2C_SDA Y4 — I2C_SEP_BI_EEPROM_SDA BI 8
SEP_GPIO0 Y3 NC
SEP_GPIO1 AB4 NC

PP1V8_ALWAYS 8 12 15 17
PP1V8
R0941 10K 5% 1/32W MF 01005 ROOM=SOC
NOSTUFF R0910 10K 5% 1/32W MF 01005 ROOM=SOC
R0909 10K 5% 1/32W MF 01005 ROOM=SOC
R0940 0.00 0% MF 1/32W 01005 ROOM=SOC

SOCHOT0 AM1 PMU_TO_AP_SOCHOT0_R_L — PMU_TO_AP_SOCHOT0_L IN 16
SOCHOT1 AM2 — AP_TO_PMU_SOCHOT1_L OUT 16
CPU_ACTIVE_STATUS H31 NC
CLK32K_OUT H34 AP_TO_TOUCH_CLK32K_RESET_L OUT 29
NAND_SYS_CLK AM24 AP_TO_NAND_SYS_CLK_R — R0945 0.00 0% 1/32W MF 01005 ROOM=SOC — AP_TO_NAND_SYS_CLK OUT 13

ATE.

RESISTORS

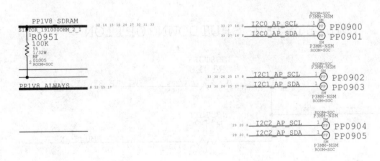

I2C PROBE POINTS

I2C0_AP_SCL — PP0900 (SM, P3MM-NSM, ROOM=SOC)
I2C0_AP_SDA — PP0901 (SM, P3MM-NSM, ROOM=SOC)
I2C1_AP_SCL — PP0902 (SM, P3MM-NSM, ROOM=SOC)
I2C1_AP_SDA — PP0903 (SM, P3MM-NSM, ROOM=SOC)
I2C2_AP_SCL — PP0904 (SM, P3MM-NSM, ROOM=SOC)
I2C2_AP_SDA — PP0905 (SM, P3MM-NSM, ROOM=SOC)

MAUI-

POWER STATE CONTROL PROBE POINTS

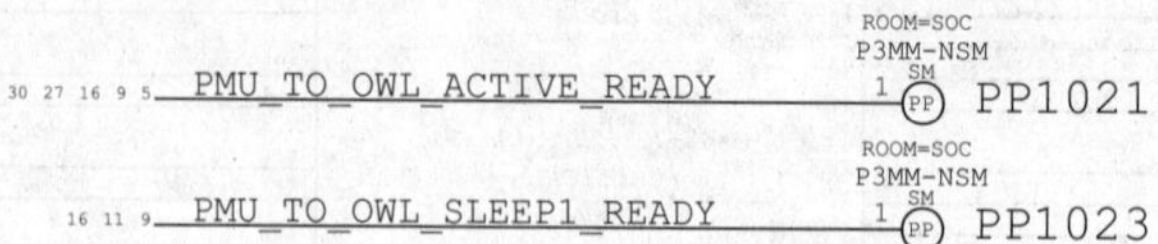

U0600
MAUI-2GB-25NM-DDR-H
FCMSP
SC58980B0B-A040
SYM 7 OF 14
OMIT_TABLE
CRITICAL
ROOM=SOC

Page refs	Dir	Net	Pin	Pin name
16	OUT	OWL_TO_PMU_SLEEP1_REQUEST	AD30	OWL_DDR_REQ
16 11 9	IN	PMU_TO_OWL_SLEEP1_READY	AB33	OWL_DDR_RESET*
19	OUT	SPI_OWL_TO_COMPASS_CS_L	AF35	OWL_FUNC_0
19	IN	COMPASS_TO_OWL_INT	AH32	OWL_FUNC_1
19	OUT	DISCRETE_ACCEL_TO_OWL_INT2	AG32	OWL_FUNC_2
19	IN	ACCEL_GYRO_TO_OWL_INT1	AG31	OWL_FUNC_3
19	OUT	SPI_OWL_TO_ACCEL_GYRO_CS_L	AG30	OWL_FUNC_4
19	IN	ACCEL_GYRO_TO_OWL_INT2	AF33	OWL_FUNC_5
19	OUT	SPI_OWL_TO_PHOSPHOROUS_CS_L	AE34	OWL_FUNC_6
33 29 8	IN	LCM_TO_OWL_BSYNC	AF34	OWL_FUNC_7
9		OWL_TO_PMU_SHDN_BI_TIGRIS_SWI	AF31	OWL_FUNC_8
19	IN	PHOSPHORUS_TO_OWL_IRQ	AF32	OWL_FUNC_9
19	IN	SPI_OWL_TO_DISCRETE_ACCEL_CS_L	AH31	OWL_I2CM_SCL
19	OUT	DISCRETE_ACCEL_TO_OWL_INT1	AH33	OWL_I2CM_SDA
19	IN	SPI_IMU_TO_OWL_MISO	AK31	OWL_SPI_MISO
19	OUT	SPI_OWL_TO_IMU_MOSI	AK32	OWL_SPI_MOSI
19	OUT	SPI_OWL_TO_IMU_SCLK	AL33	OWL_SPI_SCLK
33	IN	UART_BB_TO_OWL_RXD	AJ32	OWL_UART0_RXD
33	OUT	UART_OWL_TO_BB_TXD	AK33	OWL_UART0_TXD
33	OUT	OWL_TO_WLAN_CONTEXT_B	AH30	OWL_UART1_RXD
33	OUT	OWL_TO_WLAN_CONTEXT_A	AJ31	OWL_UART1_TXD
29	IN	TOUCH_TO_OWL_ACCEL_DATA_REQUEST	AJ34	OWL_UART2_RXD
29	OUT	UART_OWL_TO_TOUCH_TXD	AJ33	OWL_UART2_TXD
24 8	OUT	I2S_AP_OWL_TO_CODEC_XSP_BCLK	AD34	OWL_I2S_BCLK
24 8	IN	I2S_CODEC_TO_AP_OWL_XSP_DIN	AA34	OWL_I2S_DIN
		NC	AE32	OWL_I2S_MCK
24 8	OUT	I2S_AP_OWL_TO_CODEC_XSP_LRCLK	AE31	OWL_I2S_LRCK

Pin name	Pin	Net
CFSB_AOP	W33	PMU_TO_SYSTEM_COLD
AWAKE_REQ	AA33	OWL_TO_PMU_ACTIVE_
AWAKE_RESET*	AD32	PMU_TO_OWL_ACTIVE_
PMGR_MISO	AL2	DWI_PMU_TO_PMGR_MI
PMGR_MOSI	AL1	DWI_PMGR_TO_PMU_BA
PMGR_SCLK0	AK4	DWI_PMGR_TO_PMU_SC
PMGR_SSCLK1	AL3	DWI_PMGR_TO_BACKLI
RT_CLK32768	AD31	PMU_TO_OWL_CLK32K
OWL_SWD_TCK_OUT	AE33	SWD_AP_PERIPHERAL_
OWL_SWD_TMS0	AD35	NC
OWL_SWD_TMS1	AC33	SWD_AP_BI_BB_SWDIO
SWD_TMS2	U31	SWD_AP_BI_NAND_SWD
SWD_TMS3	T31	NC
HOLD_KEY*	U3	BUTTON_HOLD_KEY_L
SKEY*	W4	NC
MENU_KEY*	V4	BUTTON_MENU_KEY_L

OWL SYSTEM SHUTDOWN OPTION

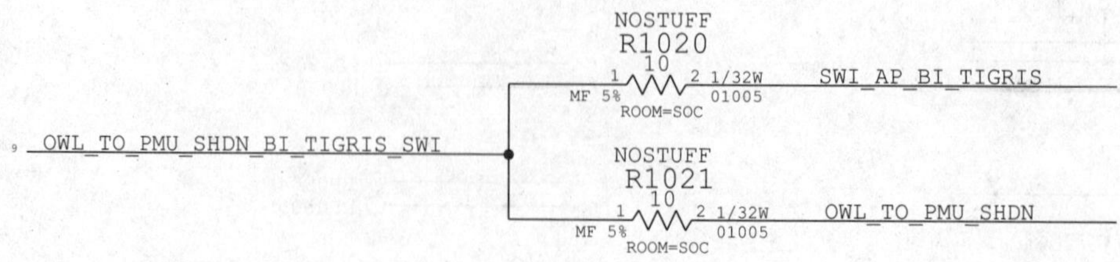

OWL

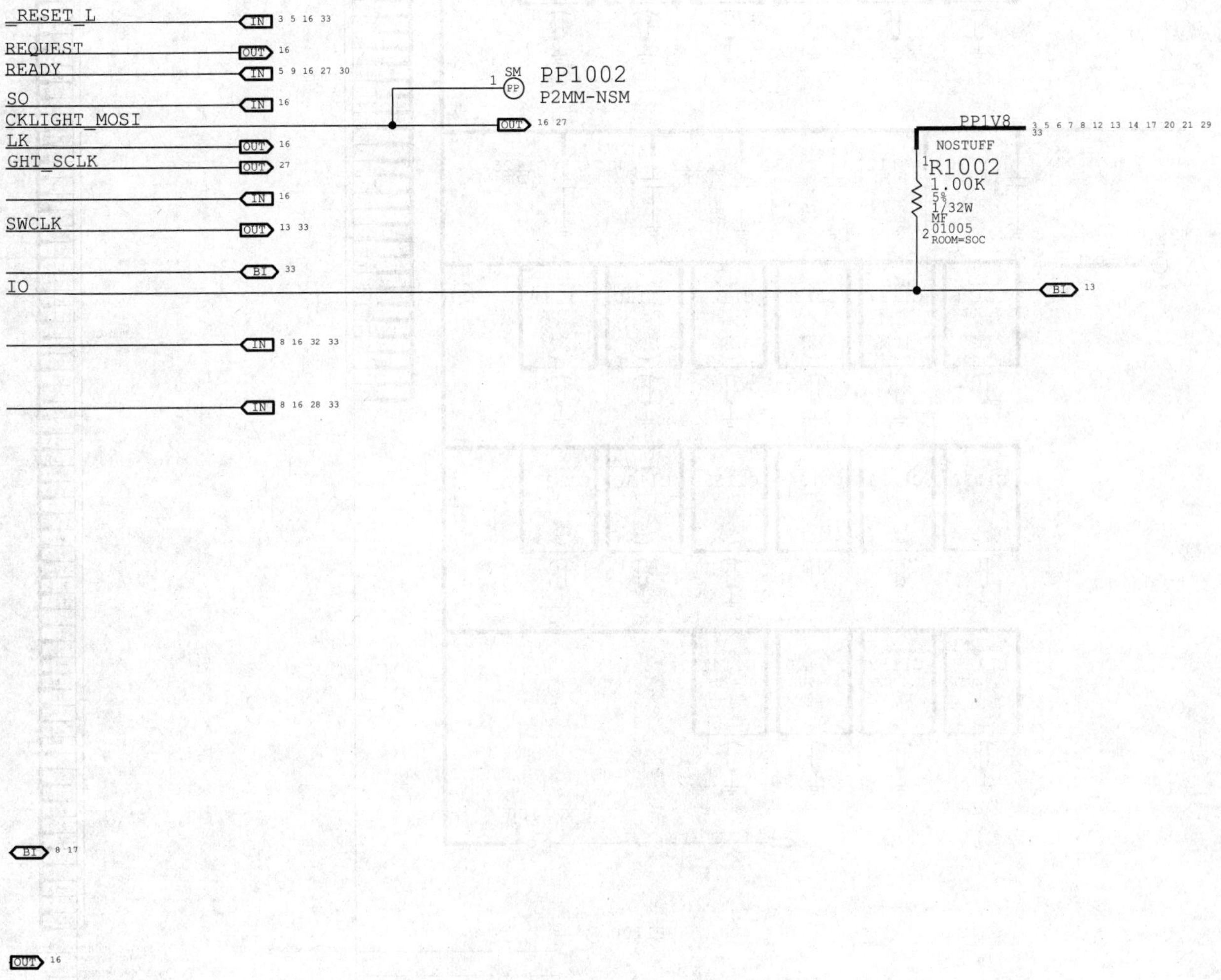

_RESET_L
IN 3 5 16 33
REQUEST
OUT 16
READY
IN 5 9 16 27 30
SO
IN 16
CKLIGHT_MOSI
OUT 16 27
LK
OUT 16
GHT_SCLK
OUT 27
IN 16
SWCLK
OUT 13 33
BI 33
IO
IN 8 16 32 33
IN 8 16 28 33
BI 8 17
OUT 16
1 SM PP
PP1002
P2MM-NSM
PP1V8
3 5 6 7 8 12 13 14 17 20 21 29 33
NOSTUFF
1 R1002
1.00K
5%
1/32W
MF
2 01005
ROOM=SOC
BI 13

MAUI-CPU、GPU

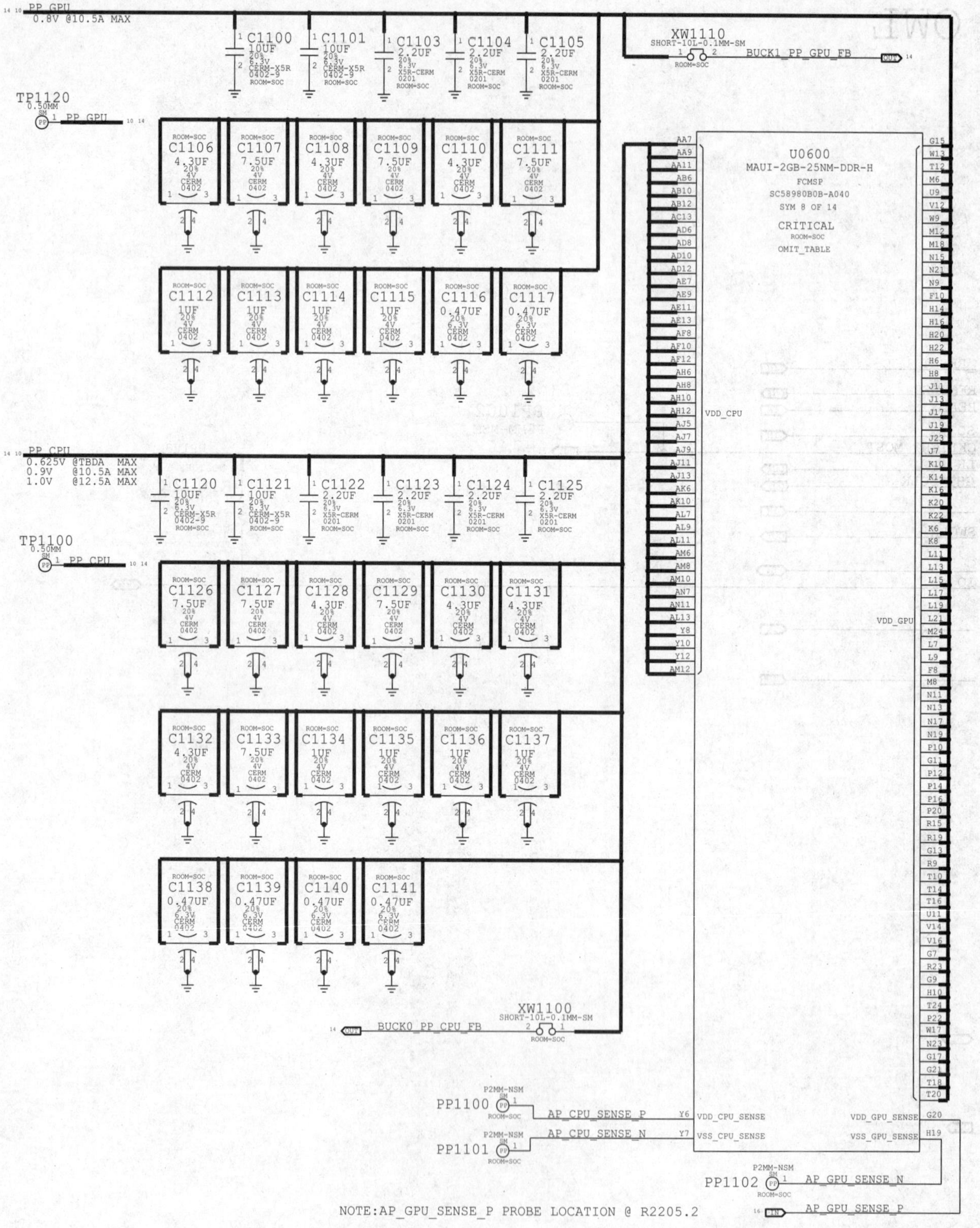

PP_GPU
0.8V @10.5A MAX

C1100 10UF 20% 6.3V CERM-X5R 0402-9 ROOM=SOC
C1101 10UF 20% 6.3V CERM-X5R 0402-9 ROOM=SOC
C1103 2.2UF 20% 6.3V X5R-CERM 0201 ROOM=SOC
C1104 2.2UF 20% 6.3V X5R-CERM 0201 ROOM=SOC
C1105 2.2UF 20% 6.3V X5R-CERM 0201 ROOM=SOC

XW1110
SHORT-10L-0.1MM-SM
ROOM=SOC
BUCK1_PP_GPU_FB

TP1120
0.50MM
SM
PP_GPU

C1106 4.3UF 20% 4V CERM 0402
C1107 7.5UF 20% 4V CERM 0402
C1108 4.3UF 20% 4V CERM 0402
C1109 7.5UF 20% 4V CERM 0402
C1110 4.3UF 20% 4V CERM 0402
C1111 7.5UF 20% 4V CERM 0402

C1112 1UF 20% 4V CERM 0402
C1113 1UF 20% 4V CERM 0402
C1114 1UF 20% 4V CERM 0402
C1115 1UF 20% 4V CERM 0402
C1116 0.47UF 20% 6.3V CERM 0402
C1117 0.47UF 20% 6.3V CERM 0402

ROOM=SOC

U0600
MAUI-2GB-25NM-DDR-H
FCMSP
SC58980B0B-A040
SYM 8 OF 14
CRITICAL
ROOM=SOC
OMIT_TABLE

VDD_CPU: AA7 AA9 AA11 AB6 AB10 AB12 AC13 AD6 AD8 AD10 AD12 AE7 AE9 AE11 AE13 AF8 AF10 AF12 AH6 AH8 AH10 AH12 AJ5 AJ7 AJ9 AJ11 AJ13 AK6 AK10 AL7 AL9 AL11 AM6 AM8 AM10 AN7 AN11 AL13 Y8 Y10 Y12 AM12

VDD_GPU: G15 W13 T12 M6 U9 V12 W9 M12 M18 N15 N21 N9 F10 H14 H16 H20 H22 H6 H8 J11 J13 J17 J19 J23 J7 K10 K14 K16 K20 K22 K6 K8 L11 L13 L15 L17 L19 L21 M24 L7 L9 F8 M8 N11 N13 N17 N19 P10 G11 P12 P14 P16 P20 R15 R19 G13 R9 T10 T14 T16 U11 V14 V16 G7 R21 G9 H10 T24 P22 W17 N23 G17 G21 T18 T20

PP_CPU
0.625V @TBDA MAX
0.9V @10.5A MAX
1.0V @12.5A MAX

C1120 10UF 20% 6.3V CERM-X5R 0402-9 ROOM=SOC
C1121 10UF 20% 6.3V CERM-X5R 0402-9 ROOM=SOC
C1122 2.2UF 20% 6.3V X5R-CERM 0201 ROOM=SOC
C1123 2.2UF 20% 6.3V X5R-CERM 0201 ROOM=SOC
C1124 2.2UF 20% 6.3V X5R-CERM 0201 ROOM=SOC
C1125 2.2UF 20% 6.3V X5R-CERM 0201 ROOM=SOC

TP1100
0.50MM
SM
PP_CPU

C1126 7.5UF 20% 4V CERM 0402
C1127 7.5UF 20% 4V CERM 0402
C1128 4.3UF 20% 4V CERM 0402
C1129 7.5UF 20% 4V CERM 0402
C1130 4.3UF 20% 4V CERM 0402
C1131 4.3UF 20% 4V CERM 0402

C1132 4.3UF 20% 4V CERM 0402
C1133 7.5UF 20% 4V CERM 0402
C1134 1UF 20% 4V CERM 0402
C1135 1UF 20% 4V CERM 0402
C1136 1UF 20% 4V CERM 0402
C1137 1UF 20% 4V CERM 0402

C1138 0.47UF 20% 6.3V CERM 0402
C1139 0.47UF 20% 6.3V CERM 0402
C1140 0.47UF 20% 6.3V CERM 0402
C1141 0.47UF 20% 6.3V CERM 0402

XW1100
SHORT-10L-0.1MM-SM
ROOM=SOC
BUCK0_PP_CPU_FB

PP1100 P2MM-NSM SM ROOM=SOC — AP_CPU_SENSE_P — Y6 VDD_CPU_SENSE
PP1101 P2MM-NSM SM ROOM=SOC — AP_CPU_SENSE_N — Y7 VSS_CPU_SENSE
VDD_GPU_SENSE G20
VSS_GPU_SENSE H19
PP1102 P2MM-NSM SM ROOM=SOC — AP_GPU_SENSE_N
AP_GPU_SENSE_P

NOTE:AP_GPU_SENSE_P PROBE LOCATION @ R2205.2

& SOC RAILS

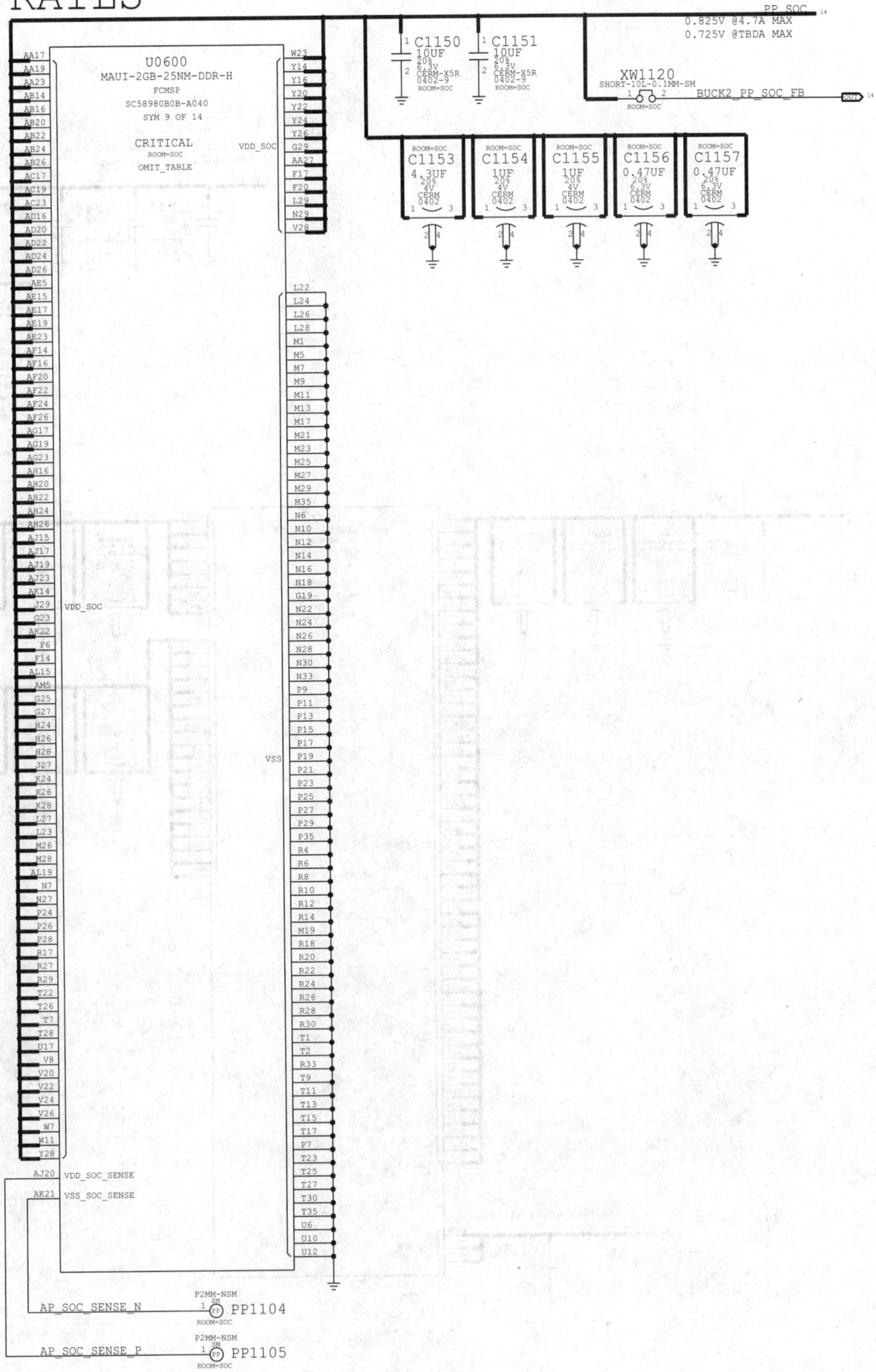

PP_SOC
0.825V @4.7A MAX
0.725V @TBDA MAX

U0600
MAUI-2GB-25NM-DDR-H
FCMSP
SC58980B0B-A040
SYM 9 OF 14
CRITICAL
ROOM=SOC
OMIT_TABLE

VDD_SOC: AA17 AA19 AA23 AB14 AB16 AB20 AB22 AB24 AB26 AC17 AC19 AC23 AD16 AD20 AD22 AD24 AD26 AE5 AE15 AE17 AE19 AE23 AF14 AF16 AF20 AF22 AF24 AF26 AG17 AG19 AG23 AH16 AH20 AH22 AH24 AH26 AJ15 AJ17 AJ19 AJ23 AK14 J29 G23 AK22 F6 F14 AL15 AM5 G25 G27 H24 H26 H28 J27 K24 K26 K28 L27 L23 M26 M28 AL19 N7 N27 P24 P26 P28 R17 R27 R29 T22 T26 T7 T28 U17 V8 V20 V22 V24 V26 W7 W11 Y28

VDD_SOC: W23 Y14 Y16 Y20 Y22 Y24 Y26 G29 AA27 F17 F20 L29 N29 V28

AJ20 VDD_SOC_SENSE
AK21 VSS_SOC_SENSE

VSS: L22 L24 L26 L28 M1 M5 M7 M9 M11 M13 M17 M21 M23 M25 M27 M29 M35 N6 N10 N12 N14 N16 N18 G19 N22 N24 N26 N28 N30 N33 P9 P11 P13 P15 P17 P19 P21 P23 P25 P27 P29 P35 R4 R6 R8 R10 R12 R14 M19 R18 R20 R22 R24 R26 R28 R30 T1 T2 R33 T9 T11 T13 T15 T17 P7 T23 T25 T27 T30 T35 U6 U10 U12

C1150 10UF 20% 6.3V CERM-X5R 0402-9 ROOM=SOC
C1151 10UF 20% 6.3V CERM-X5R 0402-9 ROOM=SOC

XW1120
SHORT-10L-0.1MM-SM
ROOM=SOC
BUCK2_PP_SOC_FB

C1153 4.3UF 20% 4V CERM 0402 ROOM=SOC
C1154 1UF 20% 4V CERM 0402 ROOM=SOC
C1155 1UF 20% 4V CERM 0402 ROOM=SOC
C1156 0.47UF 20% 6.3V CERM 0402 ROOM=SOC
C1157 0.47UF 20% 6.3V CERM 0402 ROOM=SOC

AP_SOC_SENSE_N — PP1104 P2MM-NSM SM ROOM=SOC
AP_SOC_SENSE_P — PP1105 P2MM-NSM SM ROOM=SOC

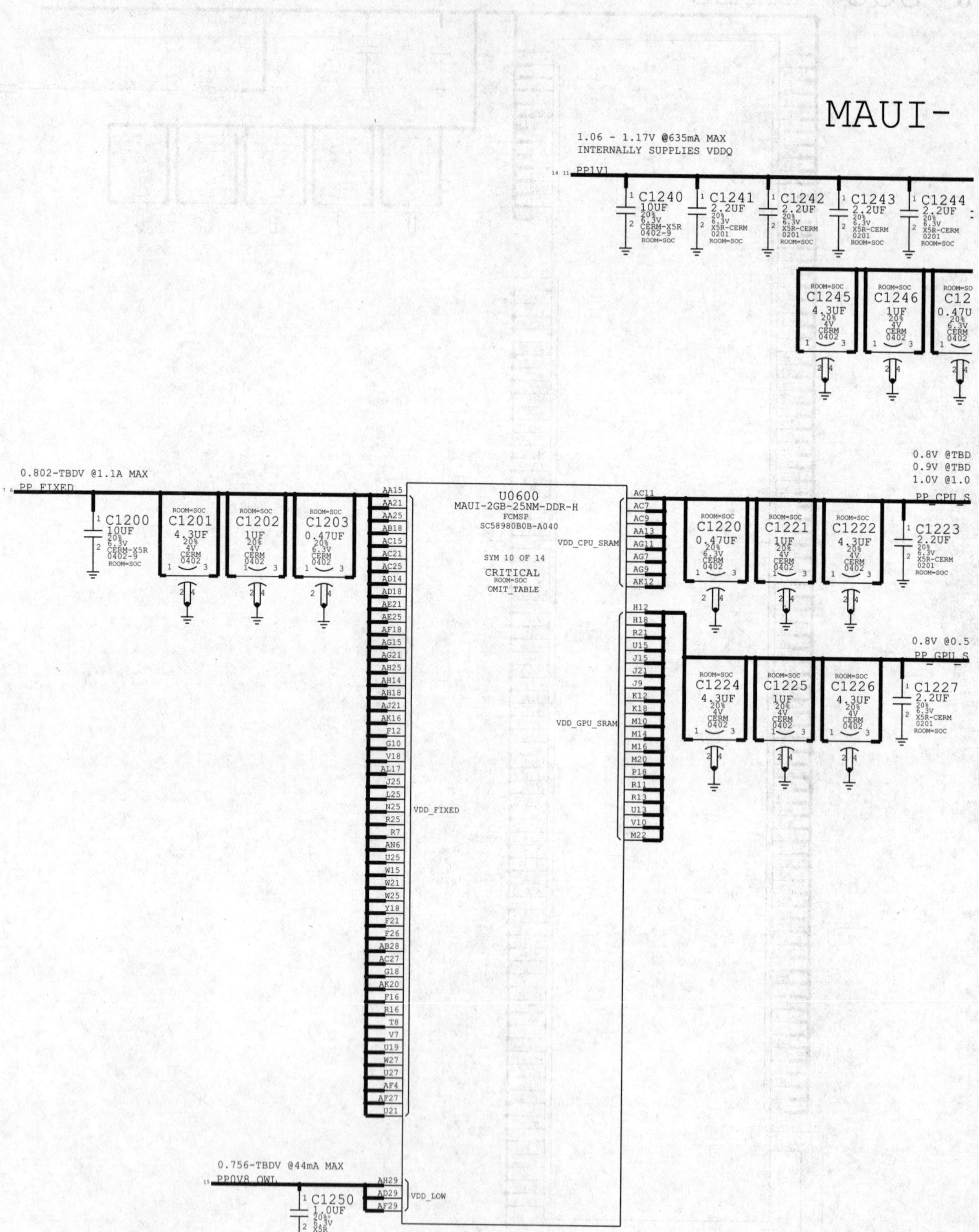

MAUI-
1.06 - 1.17V @635mA MAX
INTERNALLY SUPPLIES VDDQ
PP1V1
C1240 10UF
C1241 2.2UF
C1242 2.2UF
C1243 2.2UF
C1244 2.2UF
C1245 4.3UF
C1246 1UF
0.802-TBDV @1.1A MAX
PP_FIXED
C1200 10UF
C1201 4.3UF
C1202 1UF
C1203 0.47UF
U0600
MAUI-2GB-25NM-DDR-H
FCMSP
SC58980B0B-A040
SYM 10 OF 14
CRITICAL
OMIT_TABLE
VDD_FIXED
VDD_CPU_SRAM
VDD_GPU_SRAM
VDD_LOW
0.8V @TBD
0.9V @TBD
PP_CPU_S
C1220 0.47UF
C1221 1UF
C1222 4.3UF
C1223 2.2UF
0.8V @0.5
PP_GPU_S
C1224 4.3UF
C1225 1UF
C1226 4.3UF
C1227 2.2UF
0.756-TBDV @44mA MAX
PP0V8_OWL
C1250 1.0UF

POWER SUPPLIES

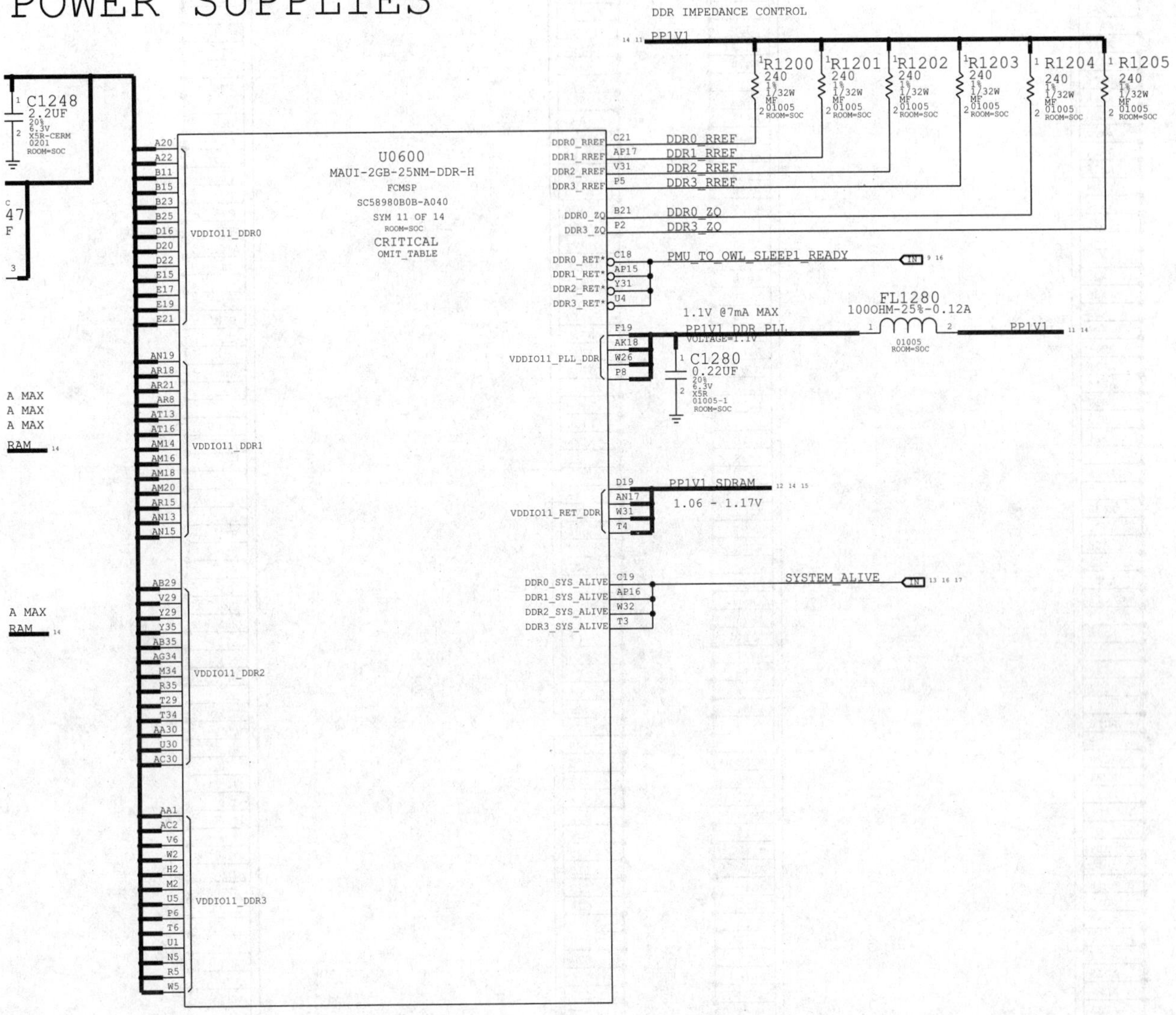

MAUI-POWER

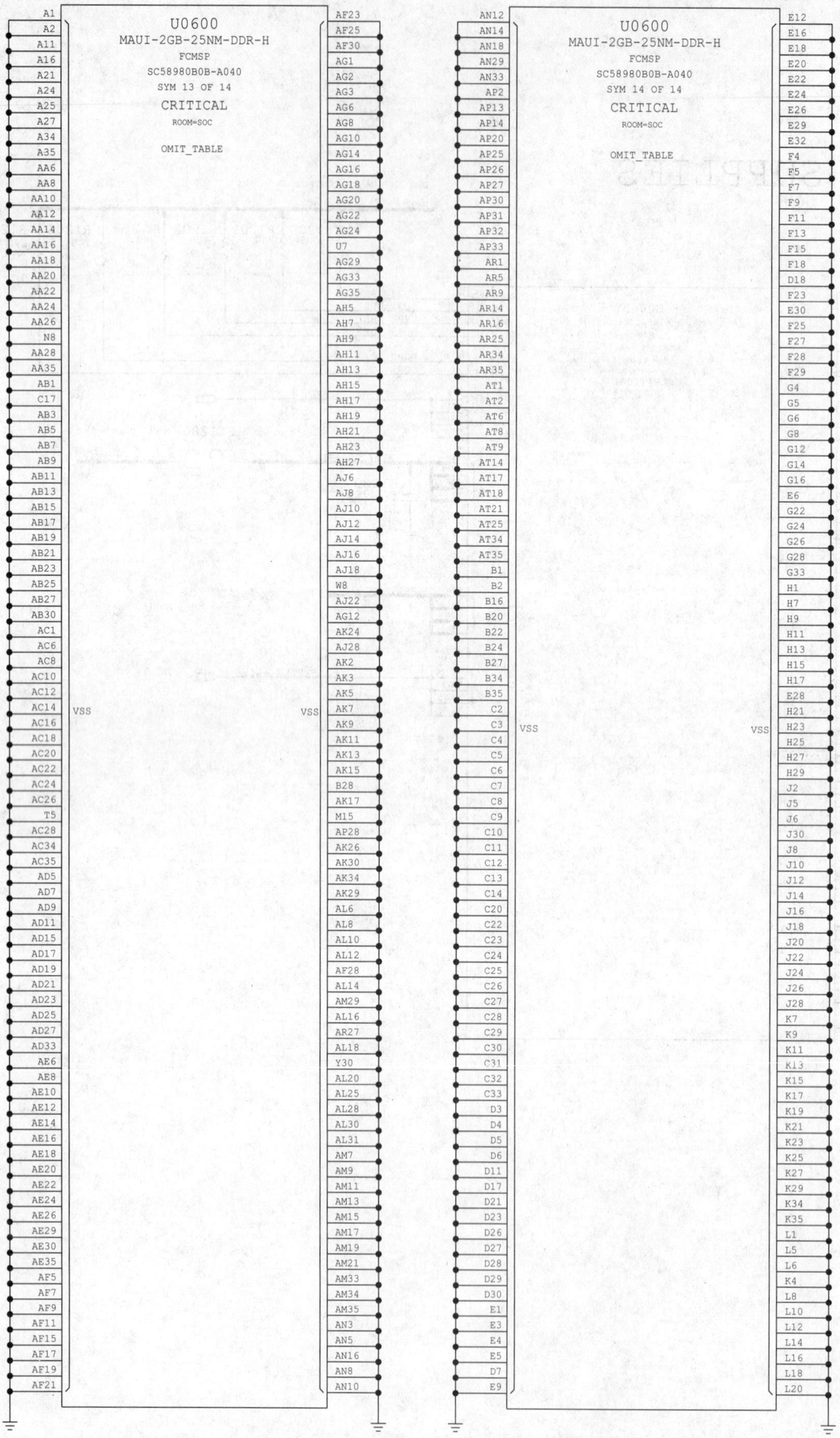

U0600
MAUI-2GB-25NM-DDR-H
FCMSP
SC58980B0B-A040
SYM 13 OF 14
CRITICAL
ROOM=SOC
OMIT_TABLE

VSS: A1, A2, A11, A16, A21, A24, A25, A27, A34, A35, AA6, AA8, AA10, AA12, AA14, AA16, AA18, AA20, AA22, AA24, AA26, N8, AA28, AA35, AB1, C17, AB3, AB5, AB7, AB9, AB11, AB13, AB15, AB17, AB19, AB21, AB23, AB25, AB27, AB30, AC1, AC6, AC8, AC10, AC12, AC14, AC16, AC18, AC20, AC22, AC24, AC26, T5, AC28, AC34, AC35, AD5, AD7, AD9, AD11, AD15, AD17, AD19, AD21, AD23, AD25, AD27, AD33, AE6, AE8, AE10, AE12, AE14, AE16, AE18, AE20, AE22, AE24, AE26, AE29, AE30, AE35, AF5, AF7, AF9, AF11, AF15, AF17, AF19, AF21

VSS: AF23, AF25, AF30, AG1, AG2, AG3, AG6, AG8, AG10, AG14, AG16, AG18, AG20, AG22, AG24, U7, AG29, AG33, AG35, AH5, AH7, AH9, AH11, AH13, AH15, AH17, AH19, AH21, AH23, AH27, AJ6, AJ8, AJ10, AJ12, AJ14, AJ16, AJ18, W8, AJ22, AG12, AK24, AJ28, AK2, AK3, AK5, AK7, AK9, AK11, AK13, AK15, B28, AK17, M15, AP28, AK26, AK30, AK34, AK29, AL6, AL8, AL10, AL12, AF28, AL14, AM29, AL16, AR27, AL18, Y30, AL20, AL25, AL28, AL30, AL31, AM7, AM9, AM11, AM13, AM15, AM17, AM19, AM21, AM33, AM34, AM35, AN3, AN5, AN16, AN8, AN10

U0600
MAUI-2GB-25NM-DDR-H
FCMSP
SC58980B0B-A040
SYM 14 OF 14
CRITICAL
ROOM=SOC
OMIT_TABLE

VSS: AN12, AN14, AN18, AN29, AN33, AP2, AP13, AP14, AP20, AP25, AP26, AP27, AP30, AP31, AP32, AP33, AR1, AR5, AR9, AR14, AR16, AR25, AR34, AR35, AT1, AT2, AT6, AT8, AT9, AT14, AT17, AT18, AT21, AT25, AT34, AT35, B1, B2, B16, B20, B22, B24, B27, B34, B35, C2, C3, C4, C5, C6, C7, C8, C9, C10, C11, C12, C13, C14, C20, C22, C23, C24, C25, C26, C27, C28, C29, C30, C31, C32, C33, D3, D4, D5, D6, D11, D17, D21, D23, D26, D27, D28, D29, D30, E1, E3, E4, E5, D7, E9

VSS: E12, E16, E18, E20, E22, E24, E26, E29, E32, F4, F5, F7, F9, F11, F13, F15, F18, D18, F23, E30, F25, F27, F28, F29, G4, G5, G6, G8, G12, G14, G16, E6, G22, G24, G26, G28, G33, H1, H7, H9, H11, H13, H15, H17, E28, H21, H23, H25, H27, H29, J2, J5, J6, J30, J8, J10, J12, J14, J16, J18, J20, J22, J24, J26, J28, K7, K9, K11, K13, K15, K17, K19, K21, K23, K25, K27, K29, K34, K35, L1, L5, L6, K4, L8, L10, L12, L14, L16, L18, L20

SUPPLIES

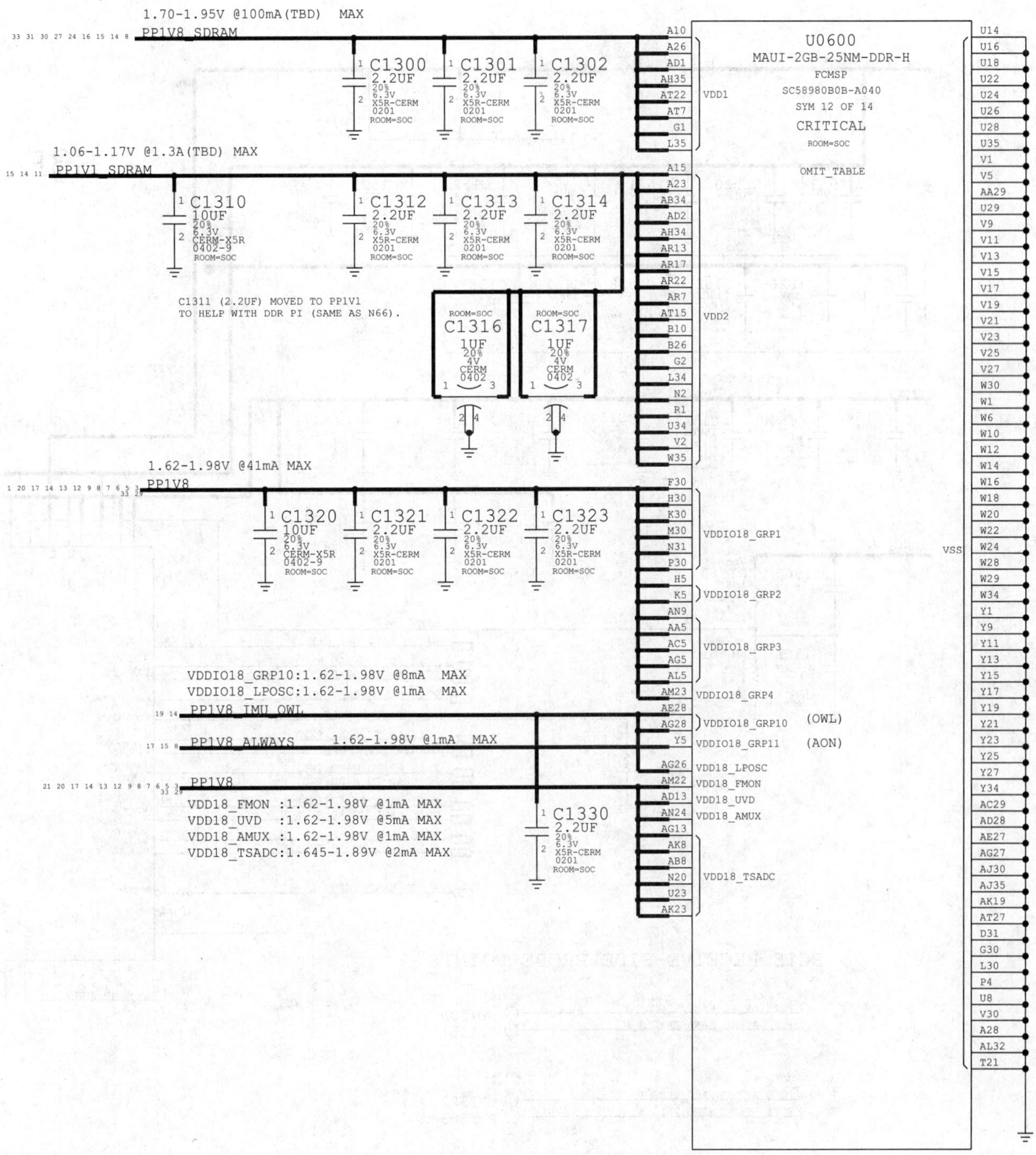

1.70-1.95V @100mA(TBD) MAX
PP1V8_SDRAM
C1300 2.2UF 20% 6.3V X5R-CERM 0201 ROOM=SOC
C1301 2.2UF 20% 6.3V X5R-CERM 0201 ROOM=SOC
C1302 2.2UF 20% 6.3V X5R-CERM 0201 ROOM=SOC
1.06-1.17V @1.3A(TBD) MAX
PP1V1_SDRAM
C1310 10UF 20% 6.3V CERM-X5R 0402-9 ROOM=SOC
C1312 2.2UF 20% 6.3V X5R-CERM 0201 ROOM=SOC
C1313 2.2UF 20% 6.3V X5R-CERM 0201 ROOM=SOC
C1314 2.2UF 20% 6.3V X5R-CERM 0201 ROOM=SOC
C1311 (2.2UF) MOVED TO PP1V1
TO HELP WITH DDR PI (SAME AS N66).
C1316 1UF 20% 4V CERM 0402 ROOM=SOC
C1317 1UF 20% 4V CERM 0402 ROOM=SOC
1.62-1.98V @41mA MAX
PP1V8
C1320 10UF 20% 6.3V CERM-X5R 0402-9 ROOM=SOC
C1321 2.2UF 20% 6.3V X5R-CERM 0201 ROOM=SOC
C1322 2.2UF 20% 6.3V X5R-CERM 0201 ROOM=SOC
C1323 2.2UF 20% 6.3V X5R-CERM 0201 ROOM=SOC
VDDIO18_GRP10:1.62-1.98V @8mA MAX
VDDIO18_LPOSC:1.62-1.98V @1mA MAX
PP1V8_IMU_OWL
PP1V8_ALWAYS 1.62-1.98V @1mA MAX
PP1V8
VDD18_FMON :1.62-1.98V @1mA MAX
VDD18_UVD :1.62-1.98V @5mA MAX
VDD18_AMUX :1.62-1.98V @1mA MAX
VDD18_TSADC:1.645-1.89V @2mA MAX
C1330 2.2UF 20% 6.3V X5R-CERM 0201 ROOM=SOC
U0600
MAUI-2GB-25NM-DDR-H
FCMSP
SC58980B0B-A040
SYM 12 OF 14
CRITICAL
ROOM=SOC
OMIT_TABLE
A10 A26 AD1 AH35 AT22 AT7 G1 L35 VDD1
A15 A23 AB34 AD2 AH34 AR13 AR17 AR22 AR7 AT15 B10 B26 G2 L34 N2 R1 U34 V2 W35 VDD2
F30 H30 K30 M30 N31 P30 VDDIO18_GRP1
H5 K5 AN9 VDDIO18_GRP2
AA5 AC5 AG5 AL5 VDDIO18_GRP3
AM23 VDDIO18_GRP4
AE28 AG28 VDDIO18_GRP10 (OWL)
Y5 VDDIO18_GRP11 (AON)
AG26 VDD18_LPOSC
AM22 VDD18_FMON
AD13 VDD18_UVD
AN24 VDD18_AMUX
AG13 AK8 AB8 N20 U23 AK23 VDD18_TSADC
VSS
U14 U16 U18 U22 U24 U26 U28 U35 V1 V5 AA29 U29 V9 V11 V13 V15 V17 V19 V21 V23 V25 V27 W30 W1 W6 W10 W12 W14 W16 W18 W20 W22 W24 W28 W29 W34 Y1 Y9 Y11 Y13 Y15 Y17 Y19 Y21 Y23 Y25 Y27 Y34 AC29 AD28 AE27 AG27 AJ30 AJ35 AK19 AT27 D31 G30 L30 P4 U8 V30 A28 AL32 T21

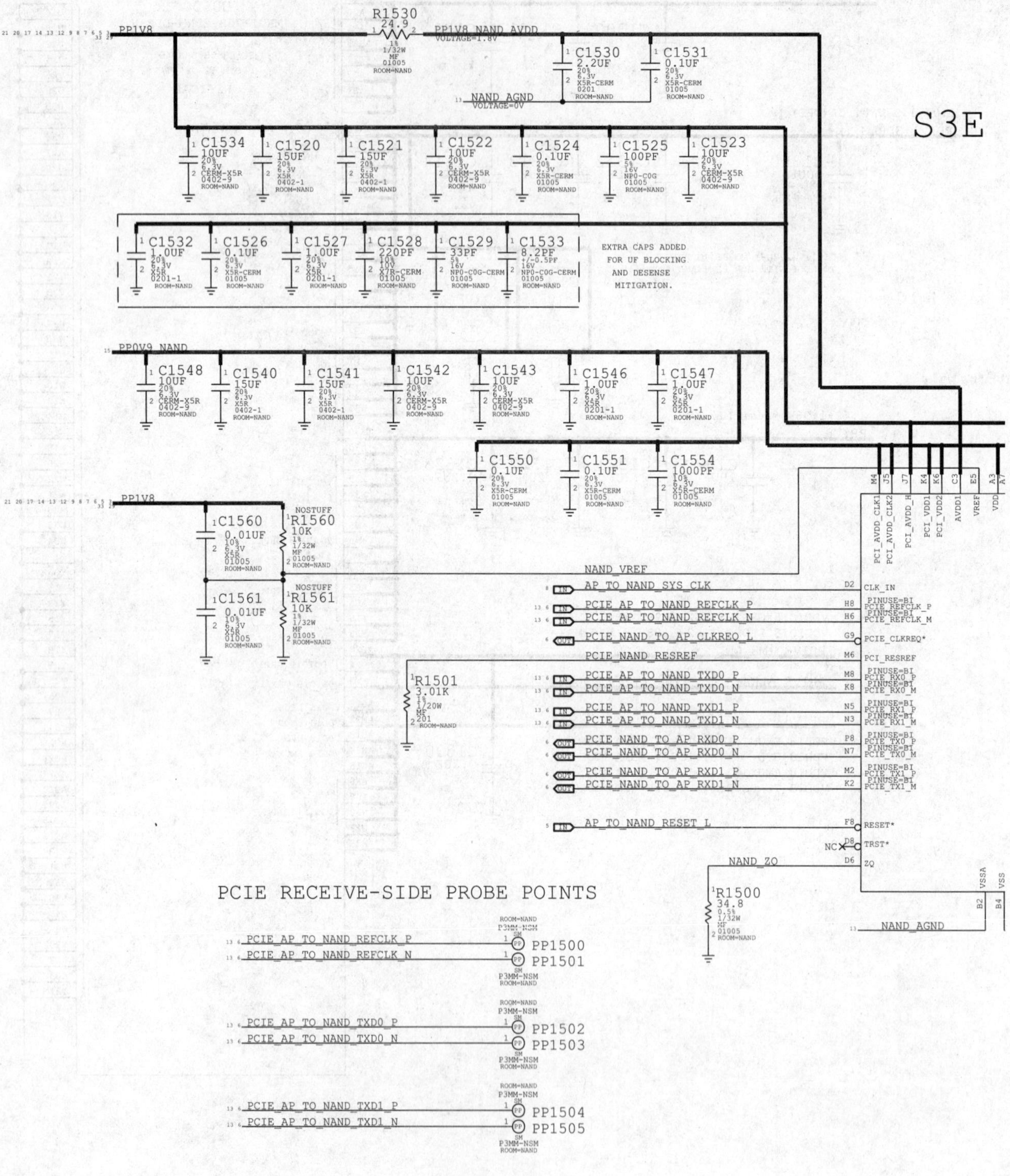

S3E

PP1V8 R1530 24.9 PP1V8_NAND_AVDD VOLTAGE=1.8V

C1530 2.2UF C1531 0.1UF NAND_AGND VOLTAGE=0V

C1534 10UF C1520 15UF C1521 15UF C1522 10UF C1524 0.1UF C1525 100PF C1523 10UF

C1532 1.0UF C1526 0.1UF C1527 1.0UF C1528 220PF C1529 33PF C1533 8.2PF

EXTRA CAPS ADDED FOR UF BLOCKING AND DESENSE MITIGATION.

PP0V9_NAND

C1548 10UF C1540 15UF C1541 15UF C1542 10UF C1543 10UF C1546 1.0UF C1547 1.0UF

C1550 0.1UF C1551 0.1UF C1554 1000PF

PP1V8 C1560 0.01UF R1560 10K NOSTUFF C1561 0.01UF R1561 10K NOSTUFF

R1501 3.01K

NAND_VREF
AP_TO_NAND_SYS_CLK
PCIE_AP_TO_NAND_REFCLK_P
PCIE_AP_TO_NAND_REFCLK_N
PCIE_NAND_TO_AP_CLKREQ_L
PCIE_NAND_RESREF
PCIE_AP_TO_NAND_TXD0_P
PCIE_AP_TO_NAND_TXD0_N
PCIE_AP_TO_NAND_TXD1_P
PCIE_AP_TO_NAND_TXD1_N
PCIE_NAND_TO_AP_RXD0_P
PCIE_NAND_TO_AP_RXD0_N
PCIE_NAND_TO_AP_RXD1_P
PCIE_NAND_TO_AP_RXD1_N
AP_TO_NAND_RESET_L
NAND_ZQ

PCI_AVDD_CLK1 PCI_AVDD_CLK2 PCI_AVDD_H PCI_VDD1 PCI_VDD2 AVDD1 VREF VDD

CLK_IN PCIE_REFCLK_P PCIE_REFCLK_M PCIE_CLKREQ* PCI_RESREF PCIE_RX0_P PCIE_RX0_M PCIE_RX1_P PCIE_RX1_M PCIE_TX0_P PCIE_TX0_M PCIE_TX1_P PCIE_TX1_M RESET* TRST* ZQ VSSA VSS

R1500 34.8 NAND_AGND

PCIE RECEIVE-SIDE PROBE POINTS

PCIE_AP_TO_NAND_REFCLK_P PP1500
PCIE_AP_TO_NAND_REFCLK_N PP1501
PCIE_AP_TO_NAND_TXD0_P PP1502
PCIE_AP_TO_NAND_TXD0_N PP1503
PCIE_AP_TO_NAND_TXD1_P PP1504
PCIE_AP_TO_NAND_TXD1_N PP1505

NAND

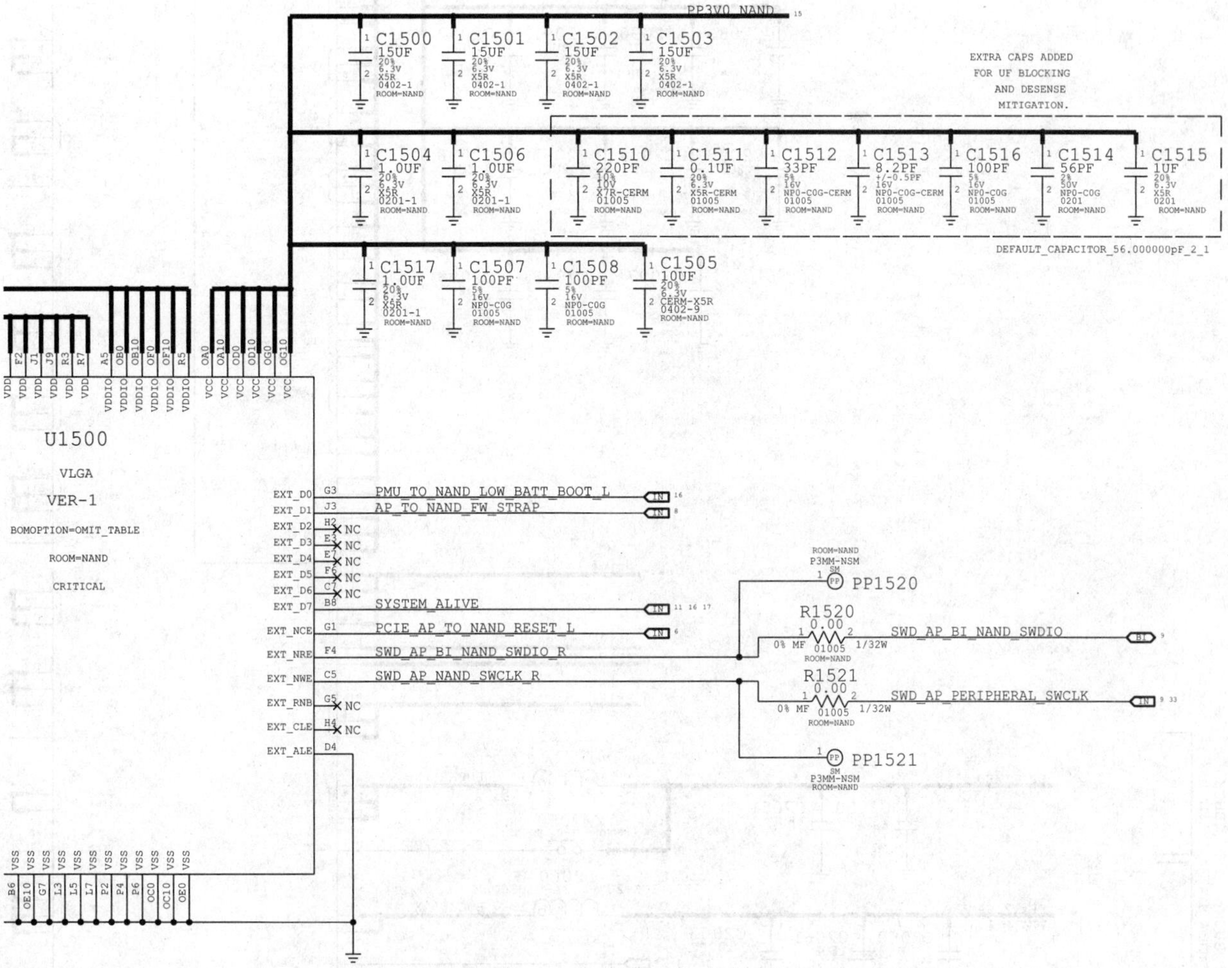

PP3V0_NAND
C1500 15UF 20% 6.3V X5R 0402-1 ROOM=NAND
C1501 15UF 20% 6.3V X5R 0402-1 ROOM=NAND
C1502 15UF 20% 6.3V X5R 0402-1 ROOM=NAND
C1503 15UF 20% 6.3V X5R 0402-1 ROOM=NAND
EXTRA CAPS ADDED FOR UF BLOCKING AND DESENSE MITIGATION.
C1504 1.0UF 20% 6.3V X5R 0201-1 ROOM=NAND
C1506 1.0UF 20% 6.3V X5R 0201-1 ROOM=NAND
C1510 220PF 10% 10V X7R-CERM 01005 ROOM=NAND
C1511 0.1UF 20% 6.3V X5R-CERM 01005 ROOM=NAND
C1512 33PF 5% 16V NP0-C0G-CERM 01005 ROOM=NAND
C1513 8.2PF +/-0.5PF 16V NP0-C0G-CERM 01005 ROOM=NAND
C1516 100PF 5% 16V NP0-C0G 01005 ROOM=NAND
C1514 56PF 2% 50V NP0-C0G 0201 ROOM=NAND
C1515 1UF 20% 6.3V X5R 0201 ROOM=NAND
DEFAULT_CAPACITOR_56.000000pF_2_1
C1517 1.0UF 20% 6.3V X5R 0201-1 ROOM=NAND
C1507 100PF 5% 16V NP0-C0G 01005 ROOM=NAND
C1508 100PF 5% 16V NP0-C0G 01005 ROOM=NAND
C1505 10UF 20% 6.3V CERM-X5R 0402-9 ROOM=NAND
U1500
VLGA
VER-1
BOMOPTION=OMIT_TABLE
ROOM=NAND
CRITICAL
VDD F2 J1 J9 R3 R7
VDDIO A5 OB0 OB10 OF0 OF10 R5
VCC OA0 OA10 OD0 OD10 OG0 OG10
EXT_D0 G3 PMU_TO_NAND_LOW_BATT_BOOT_L IN
EXT_D1 J3 AP_TO_NAND_FW_STRAP IN
EXT_D2 H2 NC
EXT_D3 E3 NC
EXT_D4 E NC
EXT_D5 F5 NC
EXT_D6 C7 NC
EXT_D7 B8 SYSTEM_ALIVE IN
EXT_NCE G1 PCIE_AP_TO_NAND_RESET_L IN
EXT_NRE F4 SWD_AP_BI_NAND_SWDIO_R
EXT_NWE C5 SWD_AP_NAND_SWCLK_R
EXT_RNB G5 NC
EXT_CLE H4 NC
EXT_ALE D4
ROOM=NAND P3MM-NSM SM PP1520
R1520 0.00 0% MF 01005 1/32W ROOM=NAND SWD_AP_BI_NAND_SWDIO BI
R1521 0.00 0% MF 01005 1/32W ROOM=NAND SWD_AP_PERIPHERAL_SWCLK IN
PP1521 SM P3MM-NSM ROOM=NAND
VSS B6 OE10 G7 L3 L5 L7 P2 P4 P6 OC0 OC10 OE0

ANTIGUA PMU-Buck S

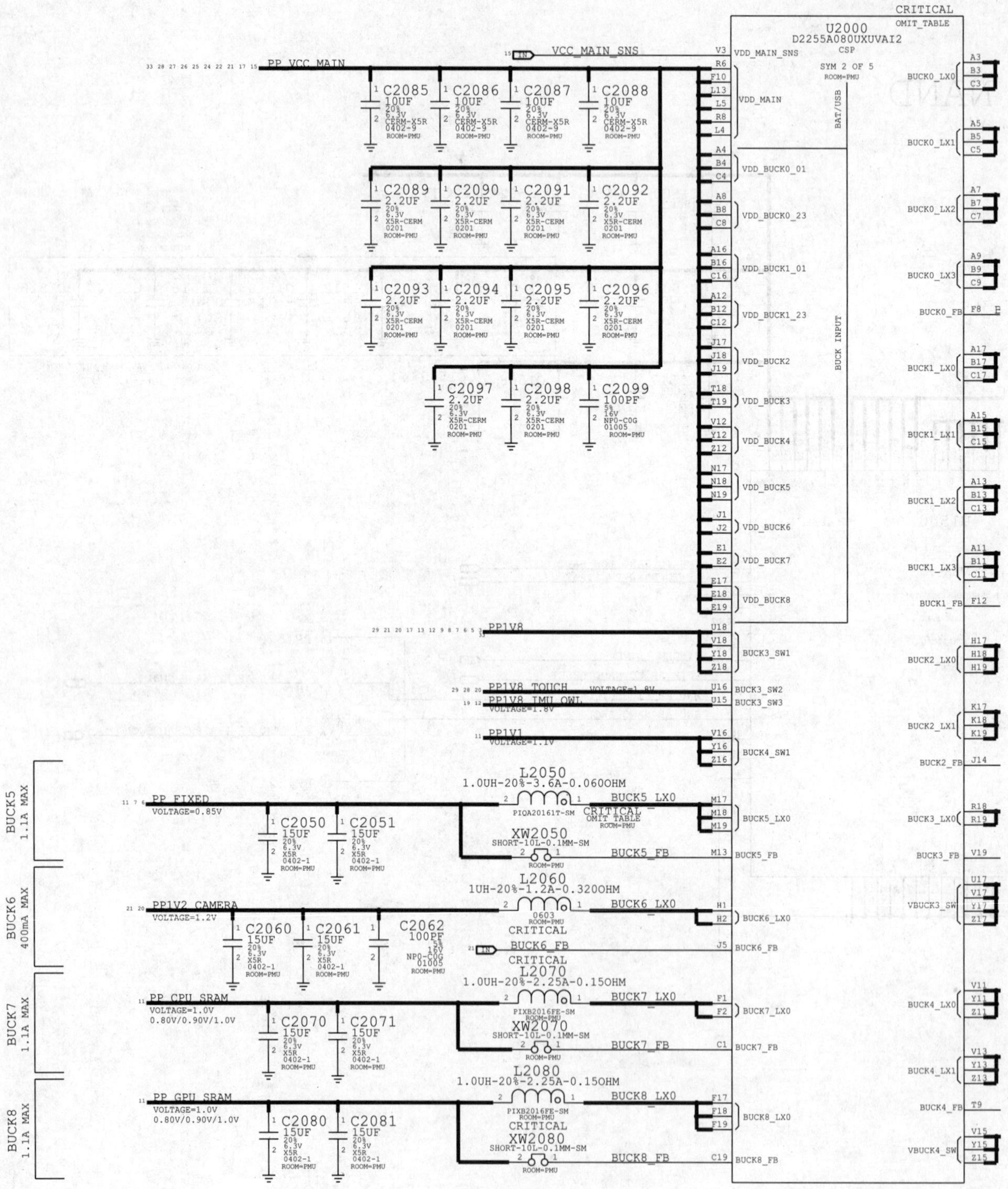

CRITICAL
OMIT_TABLE
U2000
D2255A080UXUVAI2
CSP
SYM 2 OF 5
ROOM=PMU

PP_VCC_MAIN
VCC_MAIN_SNS
VDD_MAIN_SNS
VDD_MAIN
BAT/USB
VDD_BUCK0_01
VDD_BUCK0_23
VDD_BUCK1_01
VDD_BUCK1_23
VDD_BUCK2
VDD_BUCK3
VDD_BUCK4
VDD_BUCK5
VDD_BUCK6
VDD_BUCK7
VDD_BUCK8
BUCK INPUT

C2085 10UF, C2086 10UF, C2087 10UF, C2088 10UF — 20% 6.3V CERM-X5R 0402-9 ROOM=PMU
C2089 2.2UF, C2090 2.2UF, C2091 2.2UF, C2092 2.2UF — 20% 6.3V X5R-CERM 0201 ROOM=PMU
C2093 2.2UF, C2094 2.2UF, C2095 2.2UF, C2096 2.2UF — 20% 6.3V X5R-CERM 0201 ROOM=PMU
C2097 2.2UF, C2098 2.2UF — 20% 6.3V X5R-CERM 0201 ROOM=PMU
C2099 100PF 5% 16V NP0-C0G 01005 ROOM=PMU

PP1V8 — BUCK3_SW1
PP1V8_TOUCH VOLTAGE=1.8V — BUCK3_SW2
PP1V8_IMU_OWL VOLTAGE=1.8V — BUCK3_SW3
PP1V1 VOLTAGE=1.1V — BUCK4_SW1

BUCK5 1.1A MAX
PP_FIXED VOLTAGE=0.85V
C2050 15UF, C2051 15UF — 20% 6.3V X5R 0402-1 ROOM=PMU
L2050 1.0UH-20%-3.6A-0.060OHM PIQA20161T-SM CRITICAL OMIT_TABLE ROOM=PMU
BUCK5_LX0
XW2050 SHORT-10L-0.1MM-SM ROOM=PMU
BUCK5_FB

BUCK6 400mA MAX
PP1V2_CAMERA VOLTAGE=1.2V
C2060 15UF, C2061 15UF — 20% 6.3V X5R 0402-1 ROOM=PMU
C2062 100PF 5% 16V NP0-C0G 01005 ROOM=PMU
L2060 1UH-20%-1.2A-0.320OHM 0603 ROOM=PMU CRITICAL
BUCK6_LX0
BUCK6_FB
CRITICAL

BUCK7 1.1A MAX
PP_CPU_SRAM VOLTAGE=1.0V 0.80V/0.90V/1.0V
C2070 15UF, C2071 15UF — 20% 6.3V X5R 0402-1 ROOM=PMU
L2070 1.0UH-20%-2.25A-0.150HM PIXB2016FE-SM ROOM=PMU
BUCK7_LX0
XW2070 SHORT-10L-0.1MM-SM ROOM=PMU
BUCK7_FB

BUCK8 1.1A MAX
PP_GPU_SRAM VOLTAGE=1.0V 0.80V/0.90V/1.0V
C2080 15UF, C2081 15UF — 20% 6.3V X5R 0402-1 ROOM=PMU
L2080 1.0UH-20%-2.25A-0.150HM PIXB2016FE-SM ROOM=PMU CRITICAL
BUCK8_LX0
XW2080 SHORT-10L-0.1MM-SM ROOM=PMU
BUCK8_FB

BUCK0_LX0, BUCK0_LX1, BUCK0_LX2, BUCK0_LX3, BUCK0_FB
BUCK1_LX0, BUCK1_LX1, BUCK1_LX2, BUCK1_LX3, BUCK1_FB
BUCK2_LX0, BUCK2_LX1, BUCK2_FB
BUCK3_LX0, BUCK3_FB, VBUCK3_SW
BUCK4_LX0, BUCK4_LX1, BUCK4_FB, VBUCK4_SW

upplies

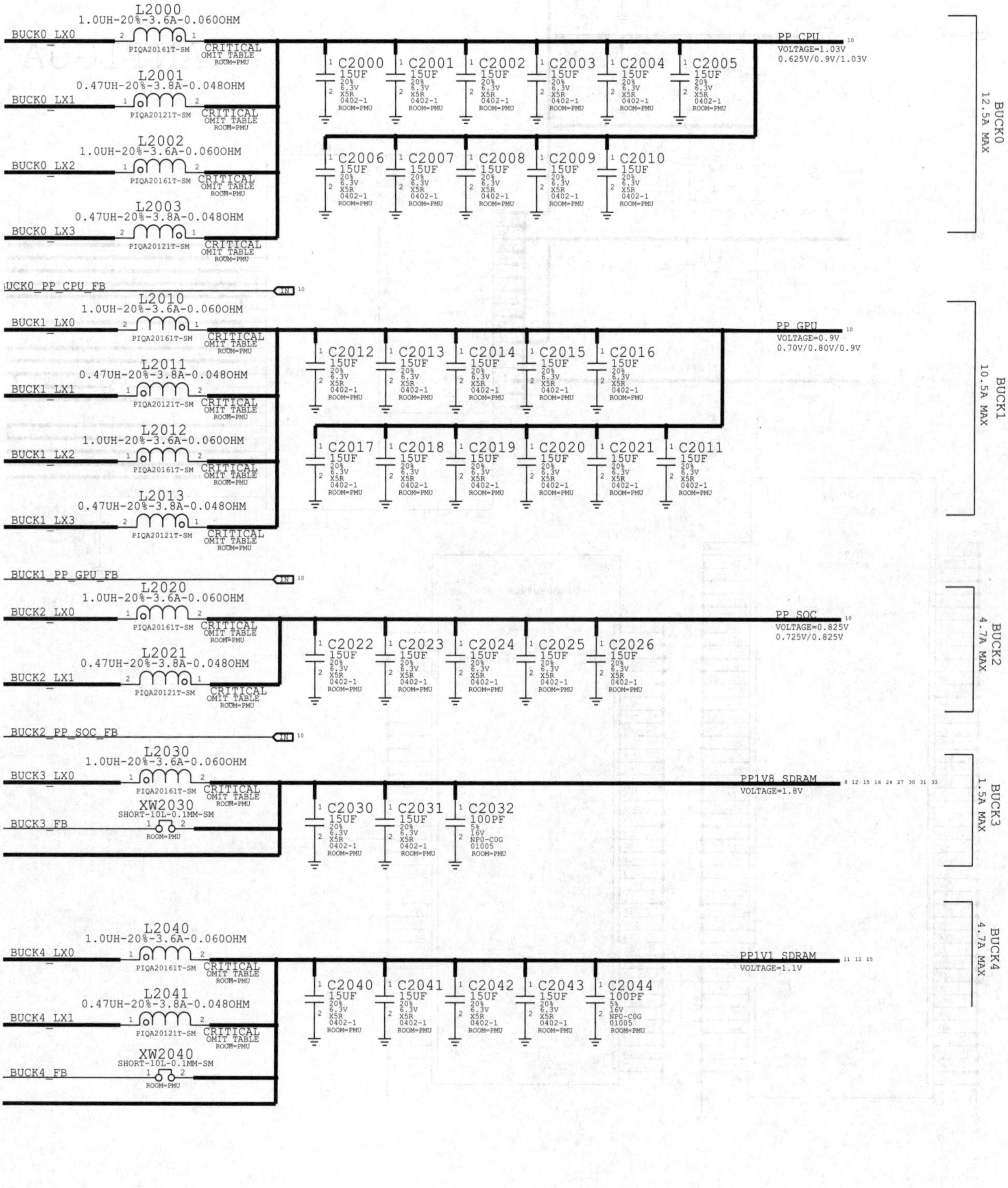

L2000
1.0UH-20%-3.6A-0.060OHM
BUCK0_LX0
PIQA20161T-SM
CRITICAL
OMIT TABLE
ROOM=PMU
L2001
0.47UH-20%-3.8A-0.048OHM
BUCK0_LX1
PIQA20121T-SM
L2002
1.0UH-20%-3.6A-0.060OHM
BUCK0_LX2
L2003
0.47UH-20%-3.8A-0.048OHM
BUCK0_LX3
PP_CPU
VOLTAGE=1.03V
0.625V/0.9V/1.03V
C2000 C2001 C2002 C2003 C2004 C2005
C2006 C2007 C2008 C2009 C2010
15UF
20%
6.3V
X5R
0402-1
ROOM=PMU
BUCK0
12.5A MAX
BUCK0_PP_CPU_FB
L2010
1.0UH-20%-3.6A-0.060OHM
BUCK1_LX0
L2011
0.47UH-20%-3.8A-0.048OHM
BUCK1_LX1
L2012
1.0UH-20%-3.6A-0.060OHM
BUCK1_LX2
L2013
0.47UH-20%-3.8A-0.048OHM
BUCK1_LX3
PP_GPU
VOLTAGE=0.9V
0.70V/0.80V/0.9V
C2012 C2013 C2014 C2015 C2016
C2017 C2018 C2019 C2020 C2021 C2011
BUCK1
10.5A MAX
BUCK1_PP_GPU_FB
L2020
1.0UH-20%-3.6A-0.060OHM
BUCK2_LX0
L2021
0.47UH-20%-3.8A-0.048OHM
BUCK2_LX1
PP_SOC
VOLTAGE=0.825V
0.725V/0.825V
C2022 C2023 C2024 C2025 C2026
BUCK2
4.7A MAX
BUCK2_PP_SOC_FB
L2030
1.0UH-20%-3.6A-0.060OHM
BUCK3_LX0
XW2030
SHORT-10L-0.1MM-SM
BUCK3_FB
PP1V8_SDRAM
VOLTAGE=1.8V
C2030 C2031 C2032
100PF
5%
16V
NP0-C0G
01005
BUCK3
1.5A MAX
L2040
1.0UH-20%-3.6A-0.060OHM
BUCK4_LX0
L2041
0.47UH-20%-3.8A-0.048OHM
BUCK4_LX1
XW2040
SHORT-10L-0.1MM-SM
BUCK4_FB
PP1V1_SDRAM
VOLTAGE=1.1V
C2040 C2041 C2042 C2043 C2044
BUCK4
4.7A MAX

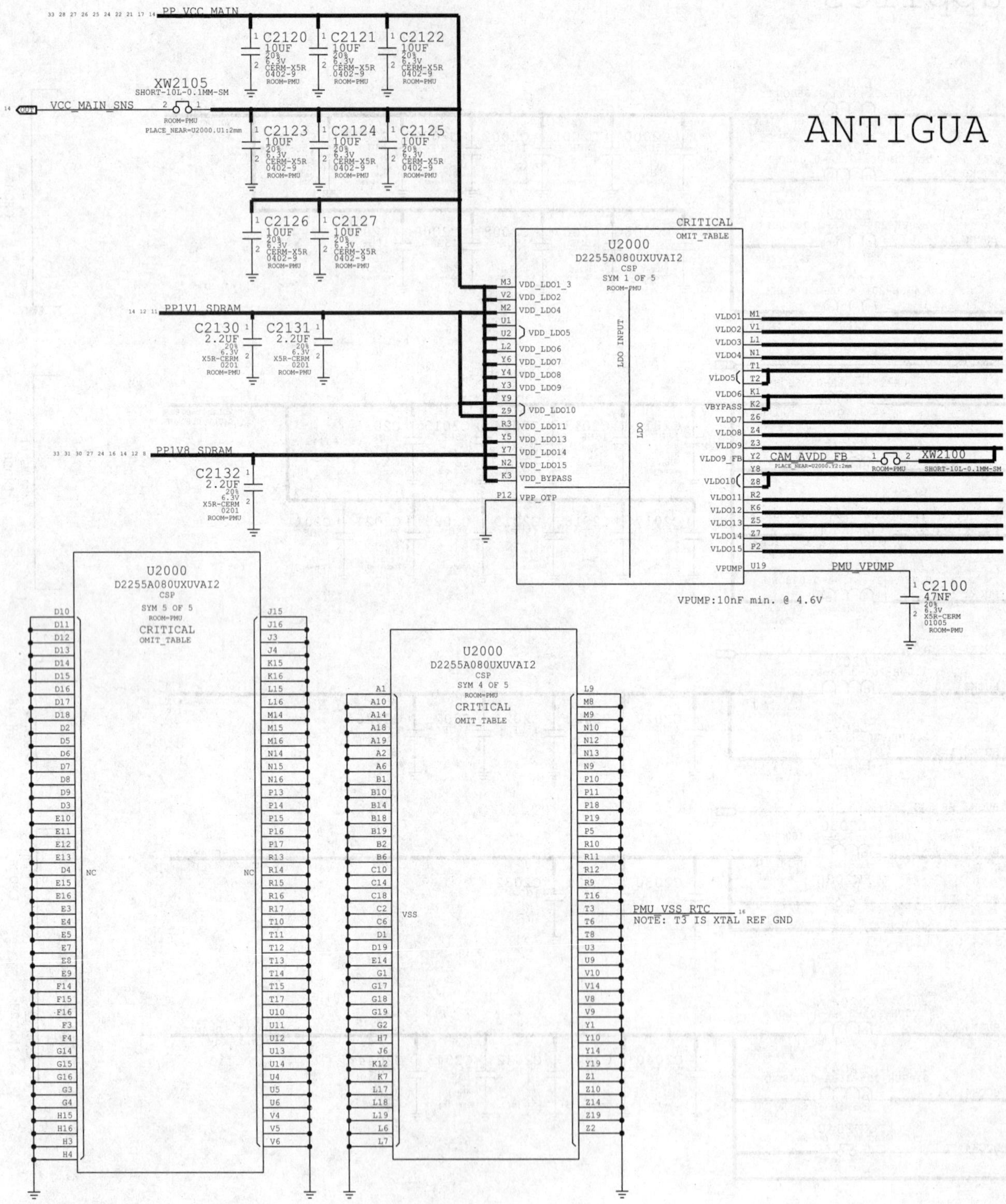

ANTIGUA

PP_VCC_MAIN
C2120 10UF 20% 6.3V CERM-X5R 0402-9 ROOM=PMU
C2121 10UF 20% 6.3V CERM-X5R 0402-9 ROOM=PMU
C2122 10UF 20% 6.3V CERM-X5R 0402-9 ROOM=PMU
XW2105 SHORT-10L-0.1MM-SM ROOM=PMU PLACE_NEAR=U2000.U1:2mm
VCC_MAIN_SNS
C2123 10UF 20% 6.3V CERM-X5R 0402-9 ROOM=PMU
C2124 10UF 20% 6.3V CERM-X5R 0402-9 ROOM=PMU
C2125 10UF 20% 6.3V CERM-X5R 0402-9 ROOM=PMU
C2126 10UF 20% 6.3V CERM-X5R 0402-9 ROOM=PMU
C2127 10UF 20% 6.3V CERM-X5R 0402-9 ROOM=PMU
PP1V1_SDRAM
C2130 2.2UF 20% 6.3V X5R-CERM 0201 ROOM=PMU
C2131 2.2UF 20% 6.3V X5R-CERM 0201 ROOM=PMU
PP1V8_SDRAM
C2132 2.2UF 20% 6.3V X5R-CERM 0201 ROOM=PMU

CRITICAL OMIT_TABLE
U2000 D2255A080UXUVAI2 CSP SYM 1 OF 5 ROOM=PMU
M3 VDD_LDO1_3; V2 VDD_LDO2; M2 VDD_LDO4; U1, U2 VDD_LDO5; L2 VDD_LDO6; Y6 VDD_LDO7; Y4 VDD_LDO8; Y3 VDD_LDO9; Y9, Z9 VDD_LDO10; R3 VDD_LDO11; Y5 VDD_LDO13; Y7 VDD_LDO14; N2 VDD_LDO15; K3 VDD_BYPASS; P12 VPP_OTP
LDO INPUT
LDO
VLDO1 M1; VLDO2 V1; VLDO3 L1; VLDO4 N1; T1, VLDO5 T2; VLDO6 K1; VBYPASS K2; VLDO7 Z6; VLDO8 Z4; VLDO9 Z3; VLDO9_FB Y2; Y8, VLDO10 Z8; VLDO11 R2; VLDO12 K6; VLDO13 Z5; VLDO14 Z7; VLDO15 P2; VPUMP U19
CAM_AVDD_FB PLACE_NEAR=U2000.Y2:2mm
XW2100 SHORT-10L-0.1MM-SM ROOM=PMU
PMU_VPUMP
C2100 47NF 20% 6.3V X5R-CERM 01005 ROOM=PMU
VPUMP:10nF min. @ 4.6V

U2000 D2255A080UXUVAI2 CSP SYM 5 OF 5 ROOM=PMU CRITICAL OMIT_TABLE
NC: D10 D11 D12 D13 D14 D15 D16 D17 D18 D2 D5 D6 D7 D8 D9 D3 E10 E11 E12 E13 D4 E15 E16 E3 E4 E5 E7 E8 E9 F14 F15 F16 F3 F4 G14 G15 G16 G3 G4 H15 H16 H3 H4
NC: J15 J16 J3 J4 K15 K16 L15 L16 M14 M15 M16 N14 N15 N16 P13 P14 P15 P16 P17 R13 R14 R15 R16 R17 T10 T11 T12 T13 T14 T15 T17 U10 U11 U12 U13 U14 U4 U5 U6 V4 V5 V6

U2000 D2255A080UXUVAI2 CSP SYM 4 OF 5 ROOM=PMU CRITICAL OMIT_TABLE
VSS: A1 A10 A14 A18 A19 A2 A6 B1 B10 B14 B18 B19 B2 B6 C10 C14 C18 C2 C6 D1 D19 E14 G1 G17 G18 G19 G2 H7 J6 K12 K7 L17 L18 L19 L6 L7
L9 M8 M9 N10 N12 N13 N9 P10 P11 P18 P19 P5 R10 R11 R12 R9 T16 T3 T6 T8 U3 U9 V10 V14 V8 V9 Y1 Y10 Y14 Y19 Z1 Z10 Z14 Z19 Z2
PMU_VSS_RTC
NOTE: T3 IS XTAL REF GND

PMU - LDOs

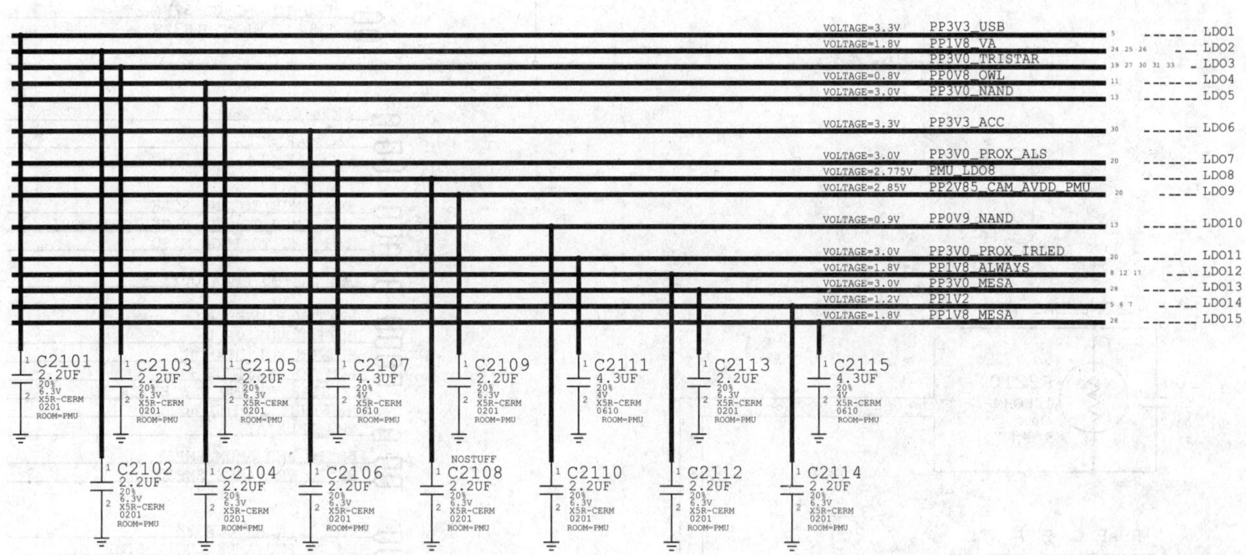
VOLTAGE=3.3V PP3V3_USB LDO1
VOLTAGE=1.8V PP1V8_VA LDO2
PP3V0_TRISTAR LDO3
VOLTAGE=0.8V PP0V8_OWL LDO4
VOLTAGE=3.0V PP3V0_NAND LDO5
VOLTAGE=3.3V PP3V3_ACC LDO6
VOLTAGE=3.0V PP3V0_PROX_ALS LDO7
VOLTAGE=2.775V PMU_LDO8 LDO8
VOLTAGE=2.85V PP2V85_CAM_AVDD_PMU LDO9
VOLTAGE=0.9V PP0V9_NAND LDO10
VOLTAGE=3.0V PP3V0_PROX_IRLED LDO11
VOLTAGE=1.8V PP1V8_ALWAYS LDO12
VOLTAGE=3.0V PP3V0_MESA LDO13
VOLTAGE=1.2V PP1V2 LDO14
VOLTAGE=1.8V PP1V8_MESA LDO15
C2101 2.2UF 20% 6.3V X5R-CERM 0201 ROOM=PMU
C2102 2.2UF 20% 6.3V X5R-CERM 0201 ROOM=PMU
C2103 2.2UF 20% 6.3V X5R-CERM 0201 ROOM=PMU
C2104 2.2UF 20% 6.3V X5R-CERM 0201 ROOM=PMU
C2105 2.2UF 20% 6.3V X5R-CERM 0201 ROOM=PMU
C2106 2.2UF 20% 6.3V X5R-CERM 0201 ROOM=PMU
C2107 4.3UF 20% 4V X5R-CERM 0610 ROOM=PMU
NOSTUFF C2108 2.2UF 20% 6.3V X5R-CERM 0201 ROOM=PMU
C2109 2.2UF 20% 6.3V X5R-CERM 0201 ROOM=PMU
C2110 2.2UF 20% 6.3V X5R-CERM 0201 ROOM=PMU
C2111 4.3UF 20% 4V X5R-CERM 0610 ROOM=PMU
C2112 2.2UF 20% 6.3V X5R-CERM 0201 ROOM=PMU
C2113 2.2UF 20% 6.3V X5R-CERM 0201 ROOM=PMU
C2114 2.2UF 20% 6.3V X5R-CERM 0201 ROOM=PMU
C2115 4.3UF 20% 4V X5R-CERM 0610 ROOM=PMU

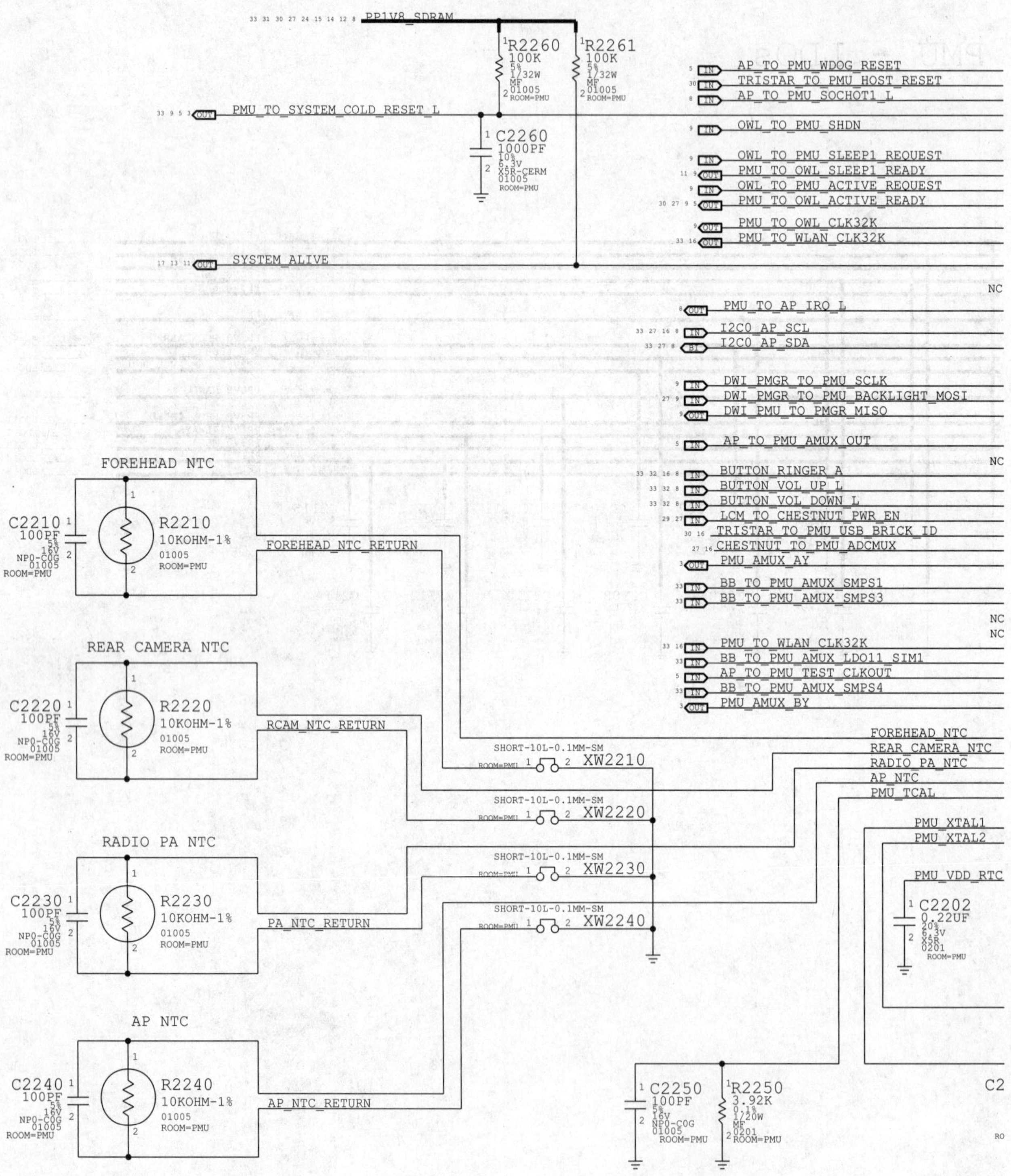

NOTE:100PF CAPS ARE THE SAMPLING CAPS FOR PMU ADC

GPIOs、NTCs

CONTROL PIN NOTES:

NOTE (1):INPUT PULL-DOWN 100-300k
NOTE (2):INPUT PULL-DOWN 1M
NOTE (3):INPUT PULL-UP OR DOWN 100k-300k
NOTE (4):OUTPUT OPEN-DRAIN, REQUIRES PULL-UP

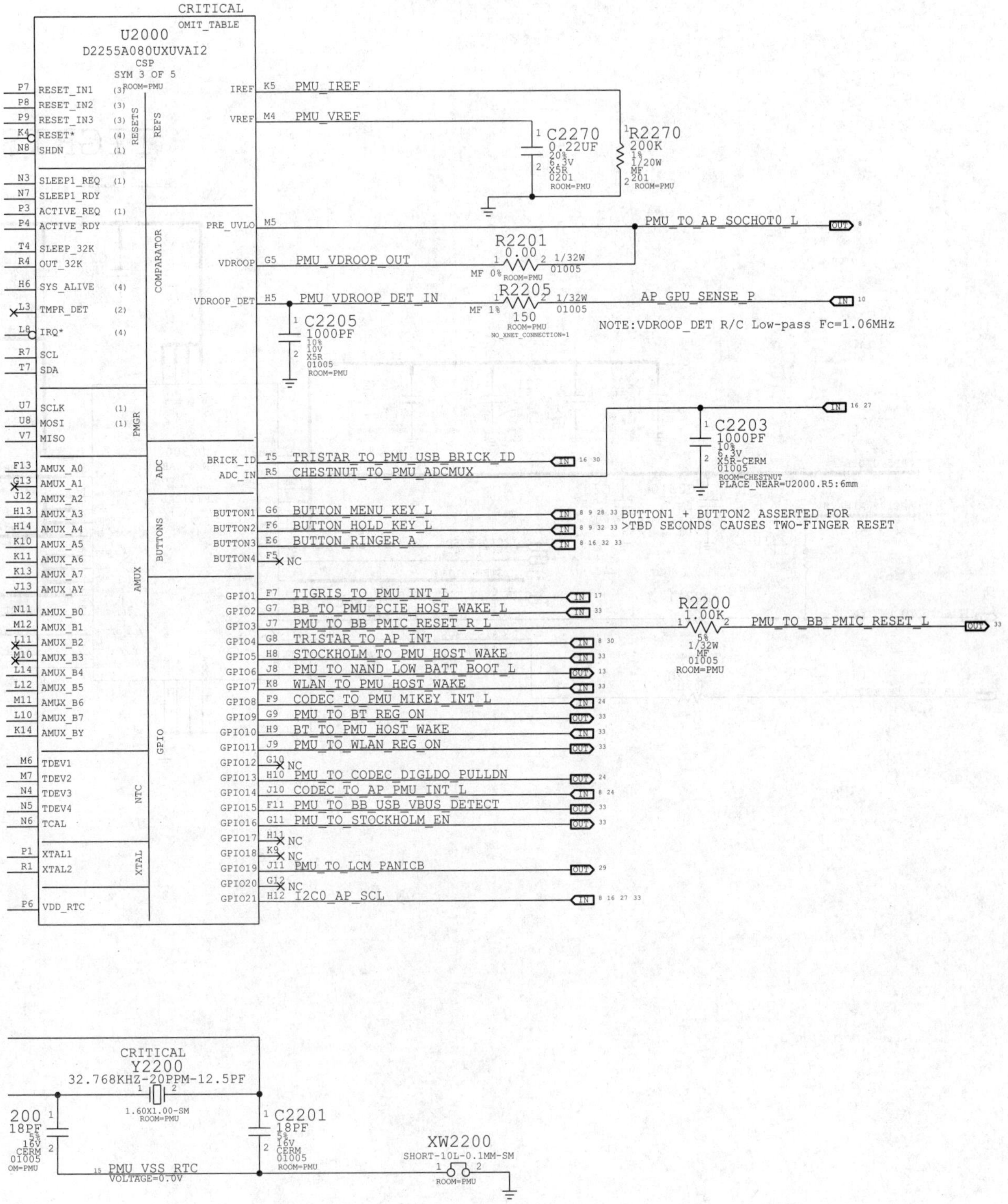

CRITICAL
OMIT_TABLE
U2000
D2255A080UXUVAI2
CSP
SYM 3 OF 5
ROOM=PMU

RESETS:
P7 RESET_IN1 (3)
P8 RESET_IN2 (3)
P9 RESET_IN3 (3)
K4 RESET* (4)
N8 SHDN (1)
N3 SLEEP1_REQ (1)
N7 SLEEP1_RDY
P3 ACTIVE_REQ (1)
P4 ACTIVE_RDY
T4 SLEEP_32K
R4 OUT_32K
H6 SYS_ALIVE (4)
L3 TMPR_DET (2)
L8 IRQ* (4)
R7 SCL
T7 SDA

PMGR:
U7 SCLK (1)
U8 MOSI (1)
V7 MISO

AMUX:
F13 AMUX_A0
G13 AMUX_A1
J12 AMUX_A2
H13 AMUX_A3
H14 AMUX_A4
K10 AMUX_A5
K11 AMUX_A6
K13 AMUX_A7
J13 AMUX_AY
N11 AMUX_B0
M12 AMUX_B1
L11 AMUX_B2
M10 AMUX_B3
L14 AMUX_B4
L12 AMUX_B5
M11 AMUX_B6
L10 AMUX_B7
K14 AMUX_BY

NTC:
M6 TDEV1
M7 TDEV2
N4 TDEV3
N5 TDEV4
N6 TCAL

XTAL:
P1 XTAL1
R1 XTAL2
P6 VDD_RTC

REFS:
IREF K5 PMU_IREF
VREF M4 PMU_VREF
C2270 0.22UF 20% 6.3V X5R 0201 ROOM=PMU
R2270 200K 1% 1/20W MF 201 ROOM=PMU

COMPARATOR:
PRE_UVLO M5 PMU_TO_AP_SOCHOT0_L OUT 8
VDROOP G5 PMU_VDROOP_OUT
R2201 0.00 1/32W MF 0% 01005 ROOM=PMU
VDROOP_DET H5 PMU_VDROOP_DET_IN
R2205 150 1/32W MF 1% 01005 ROOM=PMU NO_XNET_CONNECTION=1
AP_GPU_SENSE_P IN 10
C2205 1000PF 10% 10V X5R 01005 ROOM=PMU
NOTE:VDROOP_DET R/C Low-pass Fc=1.06MHz

ADC:
IN 16 27
C2203 1000PF 10% 6.3V X5R-CERM 01005 ROOM=CHESTNUT PLACE_NEAR=U2000.R5:6mm
BRICK_ID T5 TRISTAR_TO_PMU_USB_BRICK_ID IN 16 30
ADC_IN R5 CHESTNUT_TO_PMU_ADCMUX

BUTTONS:
BUTTON1 G6 BUTTON_MENU_KEY_L IN 8 9 28 33
BUTTON2 F6 BUTTON_HOLD_KEY_L IN 8 9 32 33
BUTTON3 E6 BUTTON_RINGER_A IN 8 16 32 33
BUTTON4 F5 NC
BUTTON1 + BUTTON2 ASSERTED FOR >TBD SECONDS CAUSES TWO-FINGER RESET

GPIO:
GPIO1 F7 TIGRIS_TO_PMU_INT_L IN 17
GPIO2 G7 BB_TO_PMU_PCIE_HOST_WAKE_L IN 33
GPIO3 J7 PMU_TO_BB_PMIC_RESET_R_L
R2200 1.00K 5% 1/32W MF 01005 ROOM=PMU
PMU_TO_BB_PMIC_RESET_L OUT 33
GPIO4 G8 TRISTAR_TO_AP_INT IN 8 30
GPIO5 H8 STOCKHOLM_TO_PMU_HOST_WAKE IN 33
GPIO6 J8 PMU_TO_NAND_LOW_BATT_BOOT_L OUT 13
GPIO7 K8 WLAN_TO_PMU_HOST_WAKE IN 33
GPIO8 F9 CODEC_TO_PMU_MIKEY_INT_L IN 24
GPIO9 G9 PMU_TO_BT_REG_ON OUT 33
GPIO10 H9 BT_TO_PMU_HOST_WAKE IN 33
GPIO11 J9 PMU_TO_WLAN_REG_ON OUT 33
GPIO12 G10 NC
GPIO13 H10 PMU_TO_CODEC_DIGLDO_PULLDN OUT 24
GPIO14 J10 CODEC_TO_AP_PMU_INT_L IN 8 24
GPIO15 F11 PMU_TO_BB_USB_VBUS_DETECT OUT 33
GPIO16 G11 PMU_TO_STOCKHOLM_EN OUT 33
GPIO17 H11 NC
GPIO18 K9 NC
GPIO19 J11 PMU_TO_LCM_PANICB OUT 29
GPIO20 G12 NC
GPIO21 H12 I2C0_AP_SCL IN 8 16 27 33

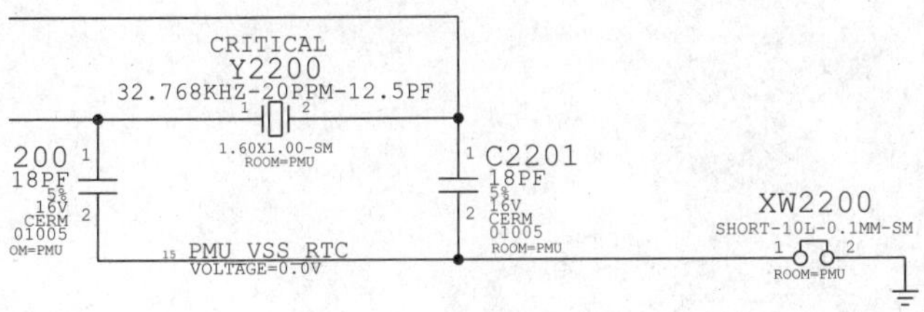

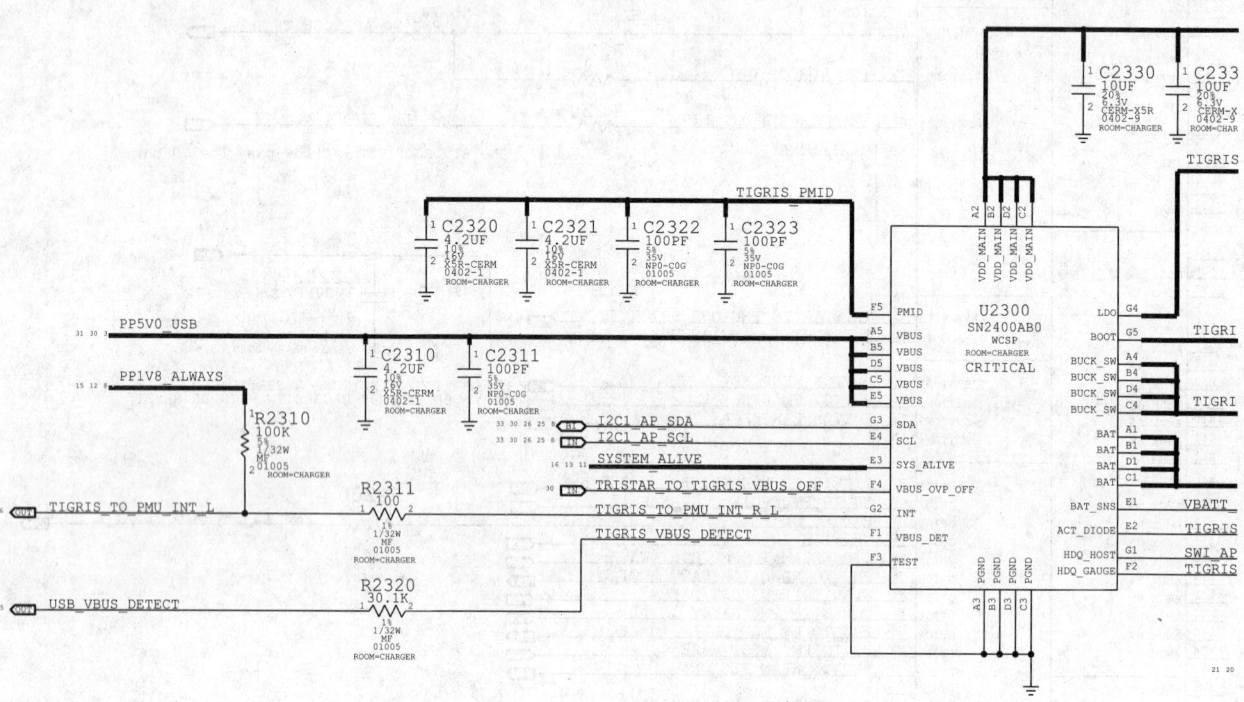
TIGRIS
APN:343S00033
U2300
SN2400AB0
WCSP
CRITICAL
TIGRIS_PMID
PP5V0_USB
PP1V8_ALWAYS
C2320
C2321
C2322
C2323
C2310
C2311
C2330
R2310
R2311
R2320
I2C1_AP_SDA
I2C1_AP_SCL
SYSTEM_ALIVE
TRISTAR_TO_TIGRIS_VBUS_OFF
TIGRIS_TO_PMU_INT_R_L
TIGRIS_VBUS_DETECT
TIGRIS_TO_PMU_INT_L
USB_VBUS_DETECT
PMID
VBUS
SDA
SCL
SYS_ALIVE
VBUS_OVP_OFF
INT
VBUS_DET
TEST
VDD_MAIN
PGND
LDO
BOOT
BUCK_SW
BAT
BAT_SNS
ACT_DIODE
HDQ_HOST
HDQ_GAUGE

CHARGER

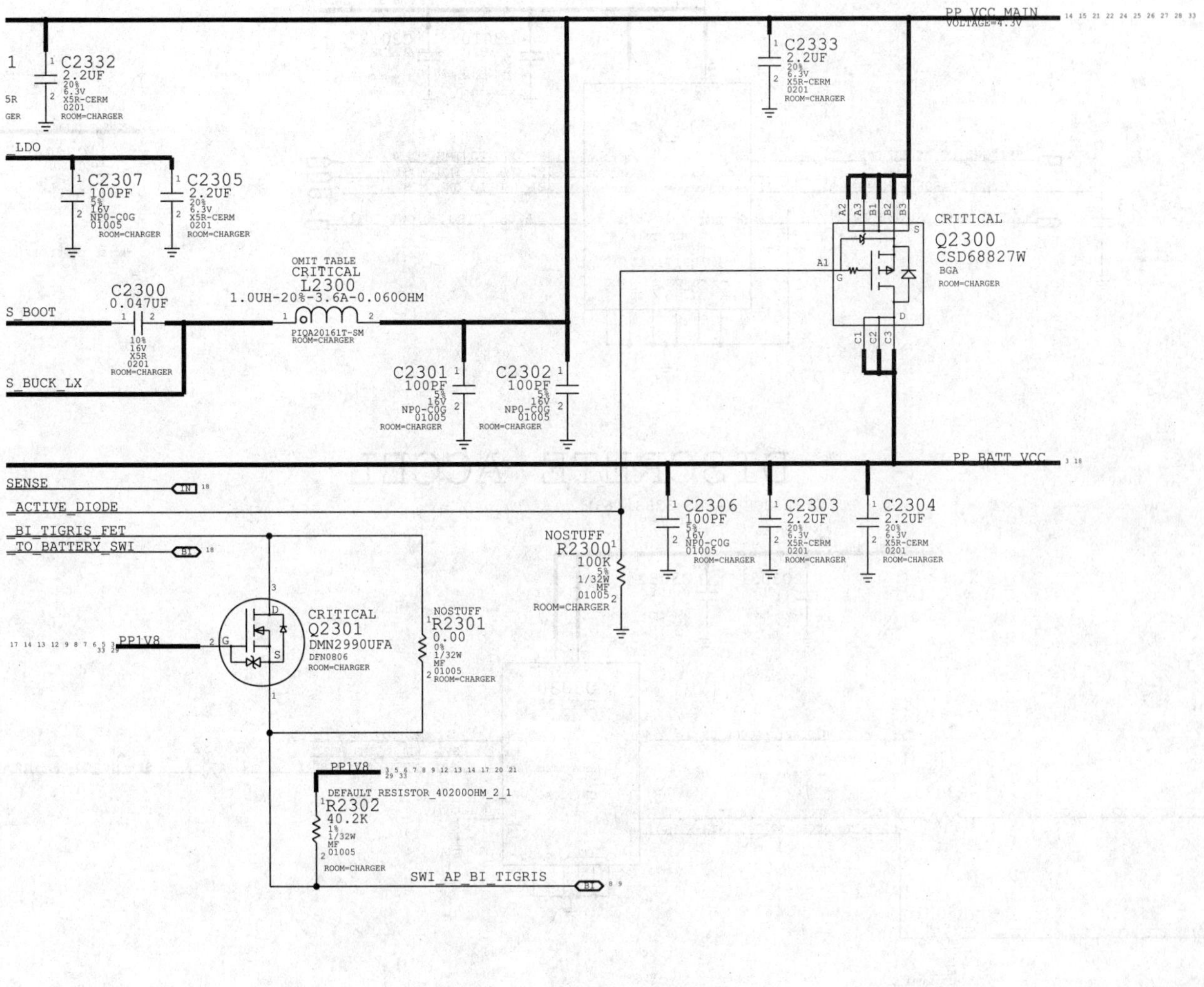

PP_VCC_MAIN
VOLTAGE=4.3V
C2332
2.2UF
C2333
2.2UF
LDO
C2307
100PF
C2305
2.2UF
S_BOOT
C2300
0.047UF
OMIT_TABLE
CRITICAL
L2300
1.0UH-20%-3.6A-0.060OHM
PIQA20161T-SM
S_BUCK_LX
C2301
100PF
C2302
100PF
CRITICAL
Q2300
CSD68827W
BGA
ROOM=CHARGER
PP_BATT_VCC
SENSE
_ACTIVE_DIODE
_BI_TIGRIS_FET
_TO_BATTERY_SWI
C2306
100PF
C2303
2.2UF
C2304
2.2UF
NOSTUFF
R2300
100K
PP1V8
CRITICAL
Q2301
DMN2990UFA
DFN0806
NOSTUFF
R2301
0.00
DEFAULT_RESISTOR_402000HM_2_1
R2302
40.2K
SWI_AP_BI_TIGRIS

CARBON-ACCEL & GYRO

INVENSENSE (APN: 338S00017, 338S00087)

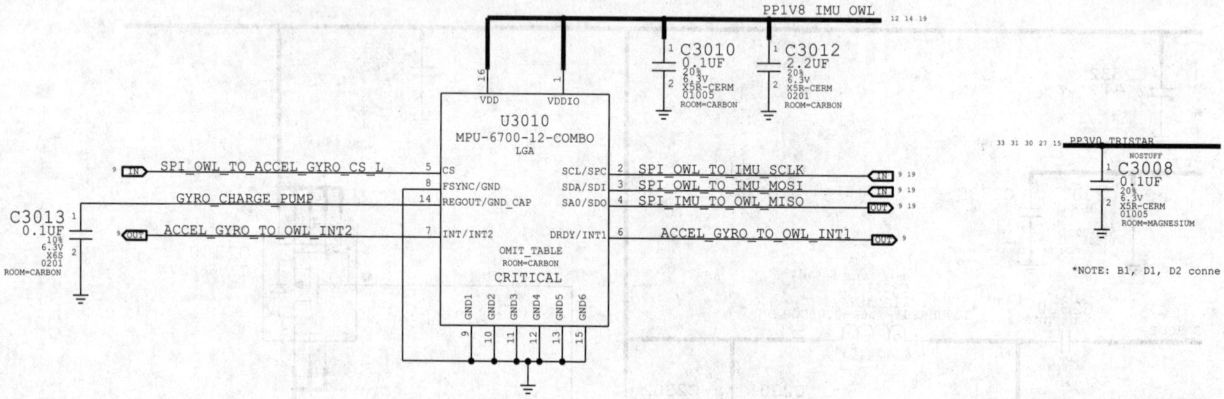

PP1V8_IMU_OWL 12 14 19

C3010 0.1UF 20% 6.3V X5R-CERM 01005 ROOM=CARBON

C3012 2.2UF 20% 6.3V X5R-CERM 0201 ROOM=CARBON

U3010 MPU-6700-12-COMBO LGA

VDD 16, VDDIO 1

5 CS — SPI_OWL_TO_ACCEL_GYRO_CS_L (IN 9)

8 FSYNC/GND

14 REGOUT/GND_CAP — GYRO_CHARGE_PUMP

7 INT/INT2 — ACCEL_GYRO_TO_OWL_INT2 (OUT 9)

SCL/SPC 2 — SPI_OWL_TO_IMU_SCLK (IN 9 19)

SDA/SDI 3 — SPI_OWL_TO_IMU_MOSI (IN 9 19)

SA0/SDO 4 — SPI_IMU_TO_OWL_MISO (OUT 9 19)

DRDY/INT1 6 — ACCEL_GYRO_TO_OWL_INT1 (OUT 9)

OMIT_TABLE ROOM=CARBON CRITICAL

GND1 9, GND2 10, GND3 11, GND4 12, GND5 13, GND6 15

C3013 0.1UF 10% 6.3V X6S 0201 ROOM=CARBON

33 31 30 27 15 PP3V0_TRISTAR

NOSTUFF C3008 0.1UF 20% 6.3V X5R-CERM 01005 ROOM=MAGNESIUM

*NOTE: B1, D1, D2 conne

DISCRETE ACCEL

BOSCH (APN: 338S1163)

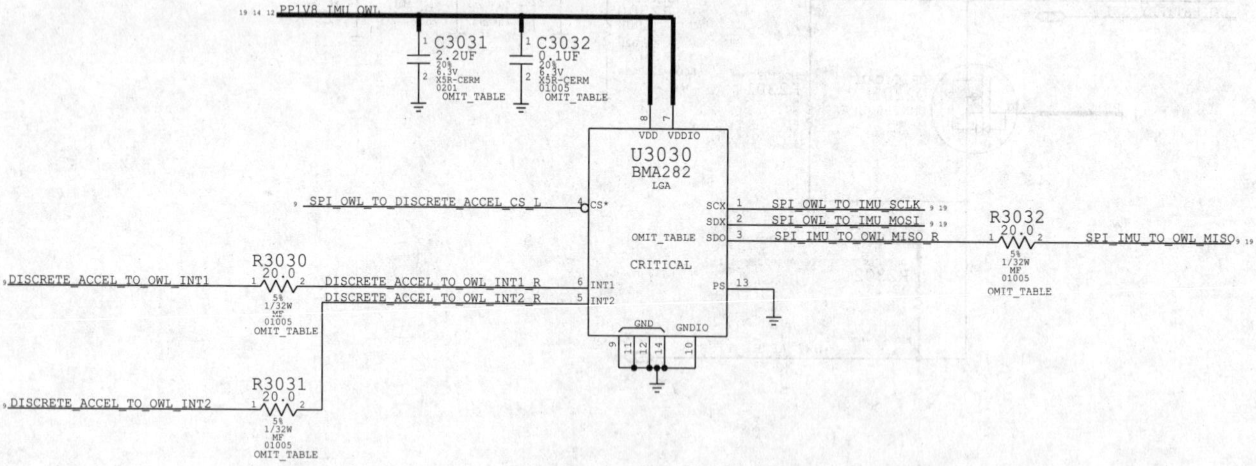

19 14 12 PP1V8_IMU_OWL

C3031 2.2UF 20% 6.3V X5R-CERM 0201 OMIT_TABLE

C3032 0.1UF 20% 6.3V X5R-CERM 01005 OMIT_TABLE

U3030 BMA282 LGA

VDD 8, VDDIO 7

9 SPI_OWL_TO_DISCRETE_ACCEL_CS_L — 4 CS*

SCX 1 — SPI_OWL_TO_IMU_SCLK 9 19

SDX 2 — SPI_OWL_TO_IMU_MOSI 9 19

OMIT_TABLE SDO 3 — SPI_IMU_TO_OWL_MISO_R

CRITICAL

R3032 20.0 5% 1/32W MF 01005 OMIT_TABLE — SPI_IMU_TO_OWL_MISO 9 19

9 DISCRETE_ACCEL_TO_OWL_INT1 — R3030 20.0 5% 1/32W MF 01005 OMIT_TABLE — DISCRETE_ACCEL_TO_OWL_INT1_R — 6 INT1

9 DISCRETE_ACCEL_TO_OWL_INT2 — R3031 20.0 5% 1/32W MF 01005 OMIT_TABLE — DISCRETE_ACCEL_TO_OWL_INT2_R — 5 INT2

PS 13

GND 9 11 12 14, GNDIO 10

MAGNESIUM-COMPASS

ALPS (APN:338S00084)

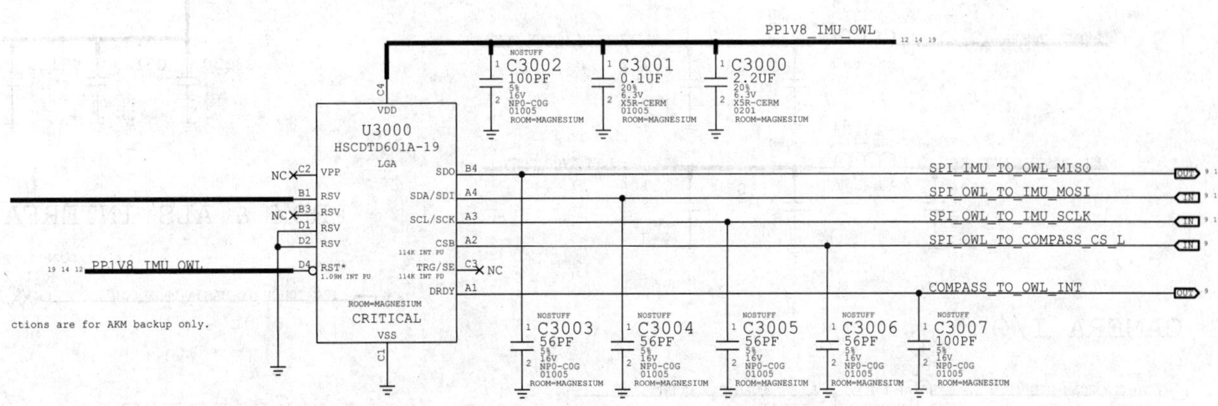

PHOSPHOROUS

BOSCH (APN:338S00044)

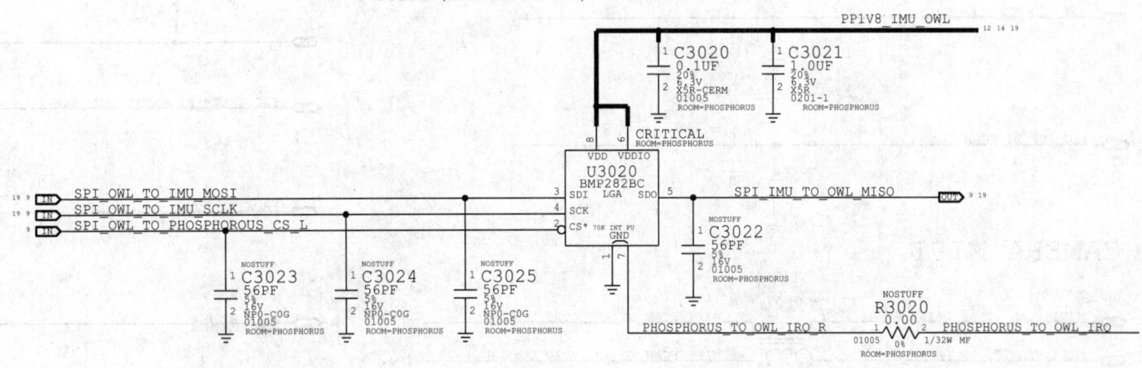

FOREHEAD FLEX(FCAM)

CAMERA POWER

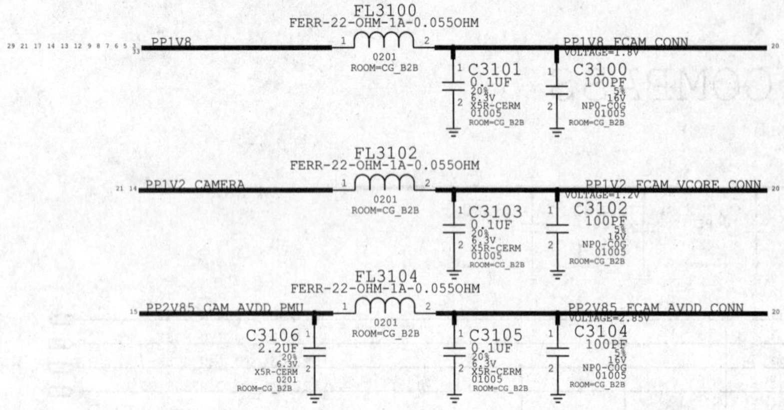

CAMERA I/O

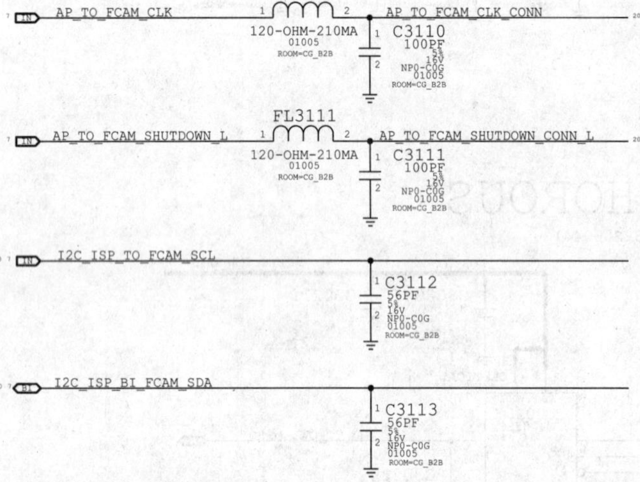

CAMERA MIPI

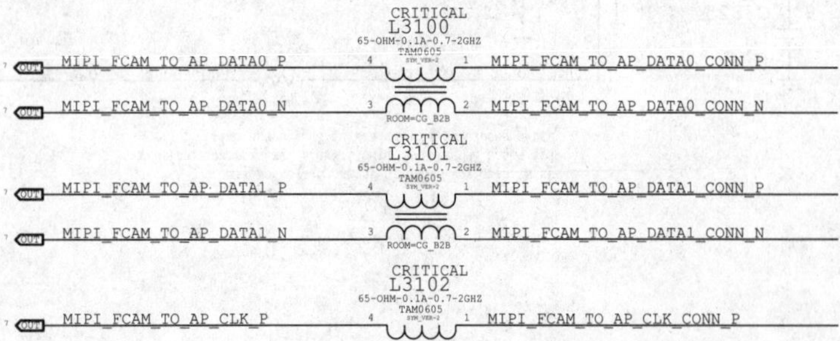

PROX & ALS POWER

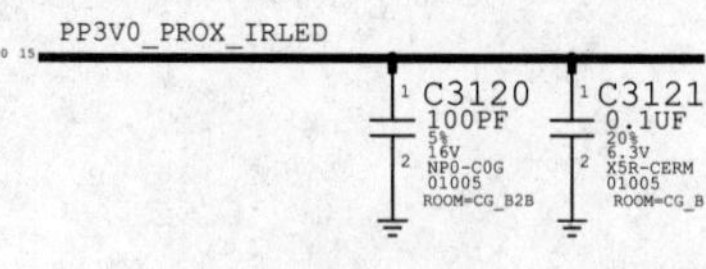

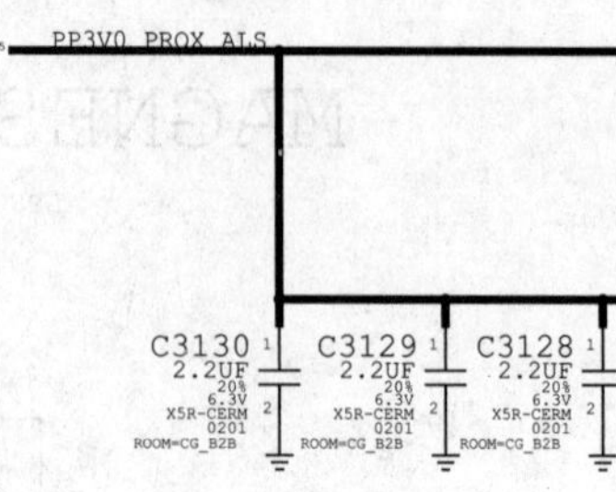

PROX & ALS INTERFA

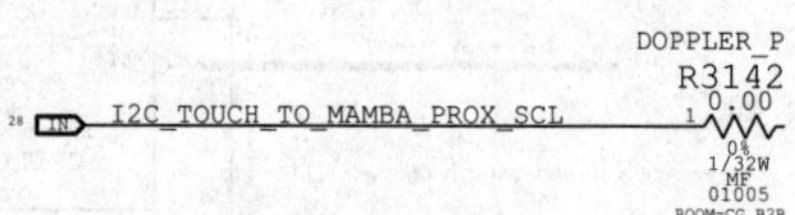

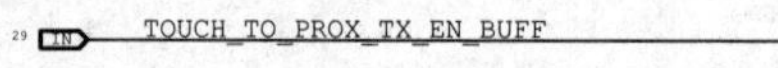

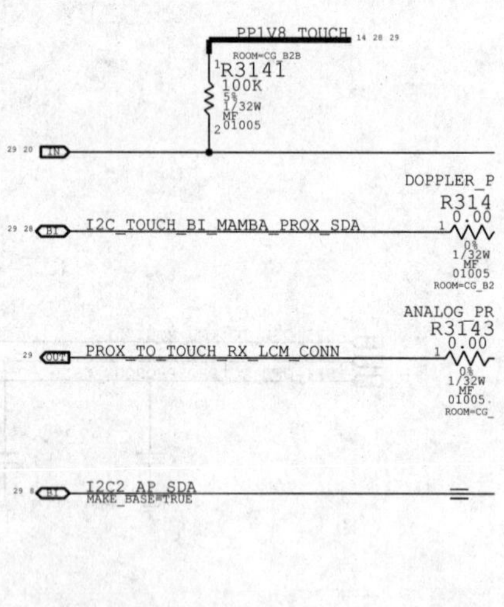

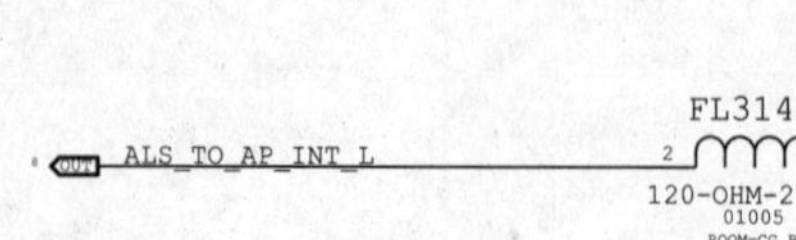

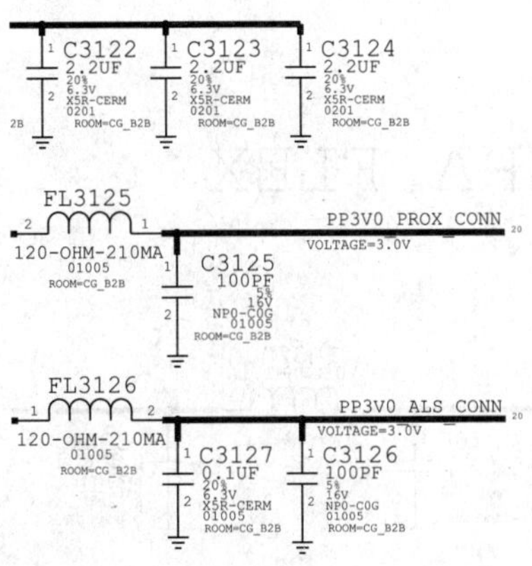

C3122
2.2UF
20%
6.3V
X5R-CERM
0201
ROOM=CG_B2B
C3123
2.2UF
20%
6.3V
X5R-CERM
0201
ROOM=CG_B2B
C3124
2.2UF
20%
6.3V
X5R-CERM
0201
ROOM=CG_B2B
FL3125
120-OHM-210MA
01005
ROOM=CG_B2B
PP3V0_PROX_CONN
VOLTAGE=3.0V
C3125
100PF
5%
16V
NP0-C0G
01005
ROOM=CG_B2B
FL3126
120-OHM-210MA
01005
ROOM=CG_B2B
PP3V0_ALS_CONN
VOLTAGE=3.0V
C3127
0.1UF
20%
6.3V
X5R-CERM
01005
ROOM=CG_B2B
C3126
100PF
5%
16V
NP0-C0G
01005
ROOM=CG_B2B

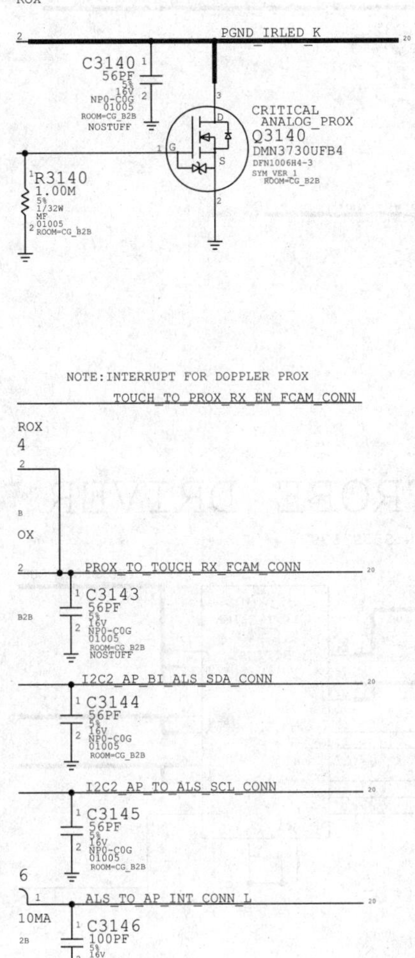

CE
ROX
PGND_IRLED_K
C3140
56PF
5%
16V
NP0-C0G
01005
ROOM=CG_B2B
NOSTUFF
CRITICAL
ANALOG_PROX
Q3140
DMN3730UFB4
DFN1006H4-3
SYM_VER_1
ROOM=CG_B2B
R3140
1.00M
5%
1/32W
MF
01005
ROOM=CG_B2B
NOTE:INTERRUPT FOR DOPPLER PROX
TOUCH_TO_PROX_RX_EN_FCAM_CONN
ROX
4
OX
PROX_TO_TOUCH_RX_FCAM_CONN
C3143
56PF
5%
16V
NP0-C0G
01005
ROOM=CG_B2B
NOSTUFF
I2C2_AP_BI_ALS_SDA_CONN
C3144
56PF
5%
16V
NP0-C0G
01005
ROOM=CG_B2B
I2C2_AP_TO_ALS_SCL_CONN
C3145
56PF
5%
16V
NP0-C0G
01005
ROOM=CG_B2B
6
ALS_TO_AP_INT_CONN_L
10MA
C3146
100PF
5%
16V
NP0-C0G
01005
ROOM=CG_B2B

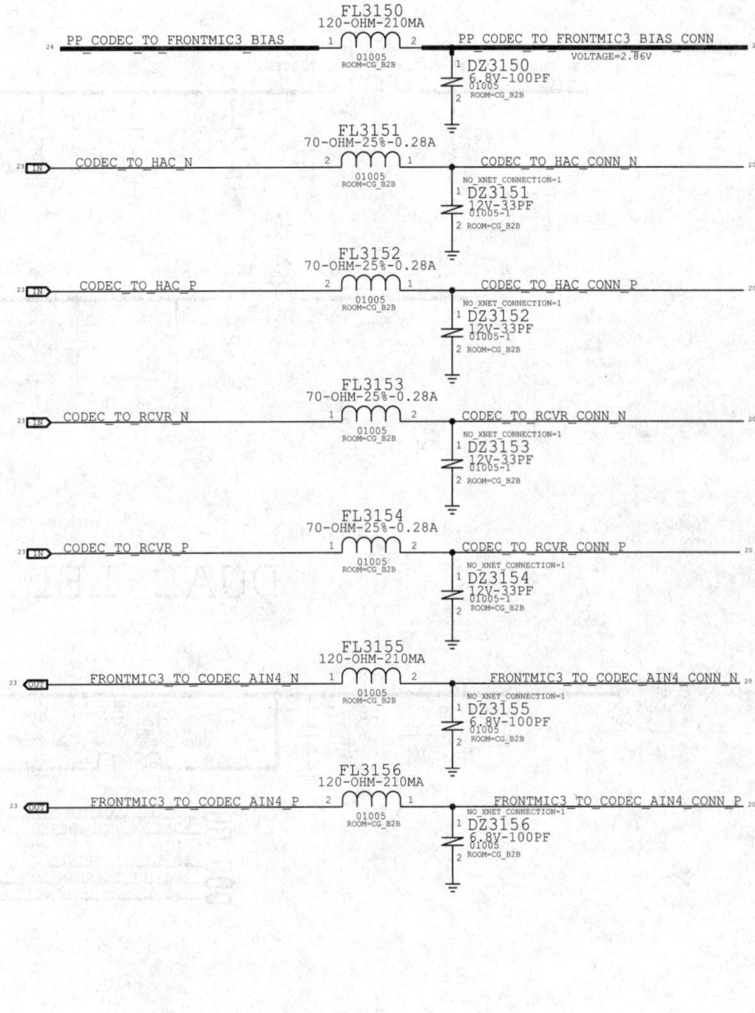

FL3150
120-OHM-210MA
01005
ROOM=CG_B2B
PP_CODEC_TO_FRONTMIC3_BIAS
PP_CODEC_TO_FRONTMIC3_BIAS_CONN
VOLTAGE=2.86V
DZ3150
6.8V-100PF
01005
ROOM=CG_B2B
FL3151
70-OHM-25%-0.28A
01005
ROOM=CG_B2B
CODEC_TO_HAC_N
CODEC_TO_HAC_CONN_N
NO_XNET_CONNECTION=1
DZ3151
12V-33PF
01005-1
ROOM=CG_B2B
FL3152
70-OHM-25%-0.28A
01005
ROOM=CG_B2B
CODEC_TO_HAC_P
CODEC_TO_HAC_CONN_P
NO_XNET_CONNECTION=1
DZ3152
12V-33PF
01005-1
ROOM=CG_B2B
FL3153
70-OHM-25%-0.28A
01005
ROOM=CG_B2B
CODEC_TO_RCVR_N
CODEC_TO_RCVR_CONN_N
NO_XNET_CONNECTION=1
DZ3153
12V-33PF
01005-1
ROOM=CG_B2B
FL3154
70-OHM-25%-0.28A
01005
ROOM=CG_B2B
CODEC_TO_RCVR_P
CODEC_TO_RCVR_CONN_P
NO_XNET_CONNECTION=1
DZ3154
12V-33PF
01005-1
ROOM=CG_B2B
FL3155
120-OHM-210MA
01005
ROOM=CG_B2B
FRONTMIC3_TO_CODEC_AIN4_N
FRONTMIC3_TO_CODEC_AIN4_CONN_N
NO_XNET_CONNECTION=1
DZ3155
6.8V-100PF
01005
ROOM=CG_B2B
FL3156
120-OHM-210MA
01005
ROOM=CG_B2B
FRONTMIC3_TO_CODEC_AIN4_P
FRONTMIC3_TO_CODEC_AIN4_CONN_P
NO_XNET_CONNECTION=1
DZ3156
6.8V-100PF
01005
ROOM=CG_B2B

REAR CAMERA FLEX

CAMERA POWER

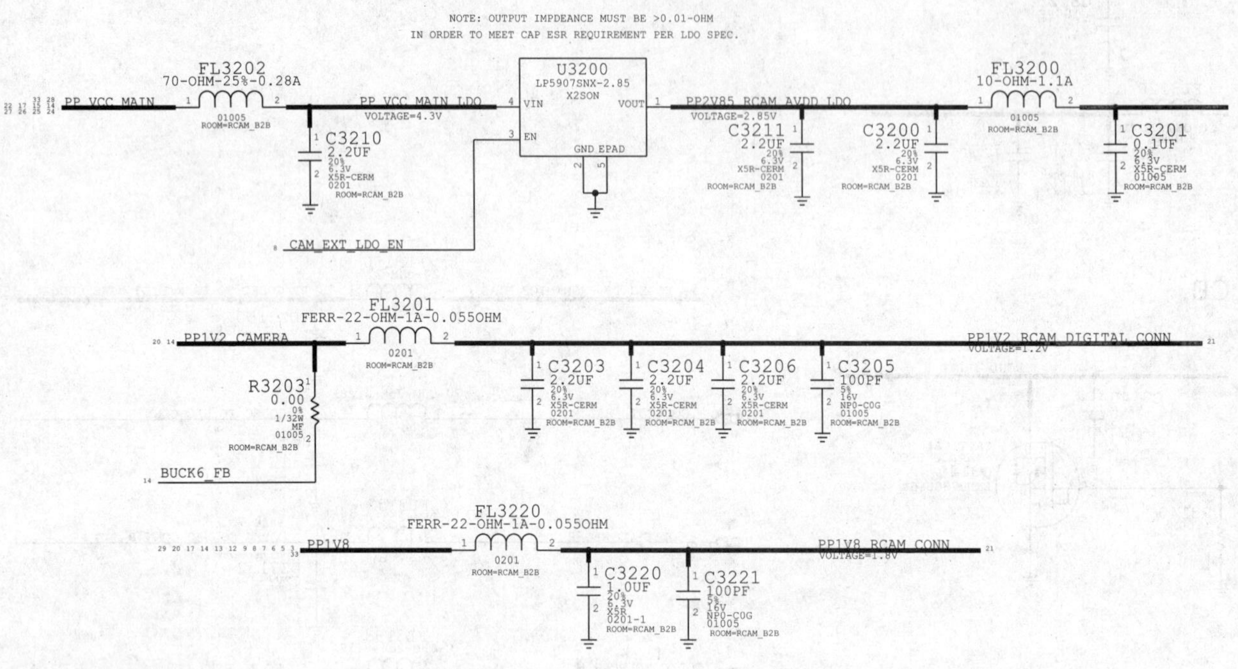

DUAL LED STROBE DRIVER

APN:353S3899

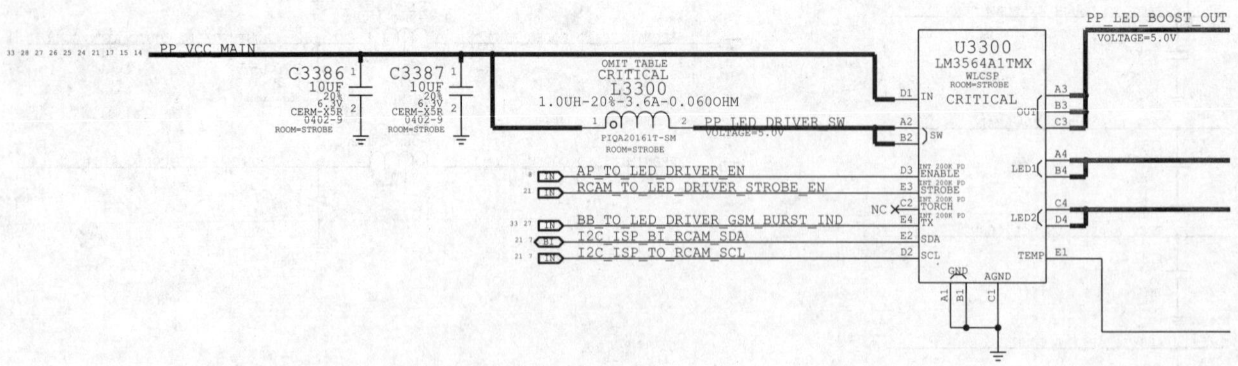

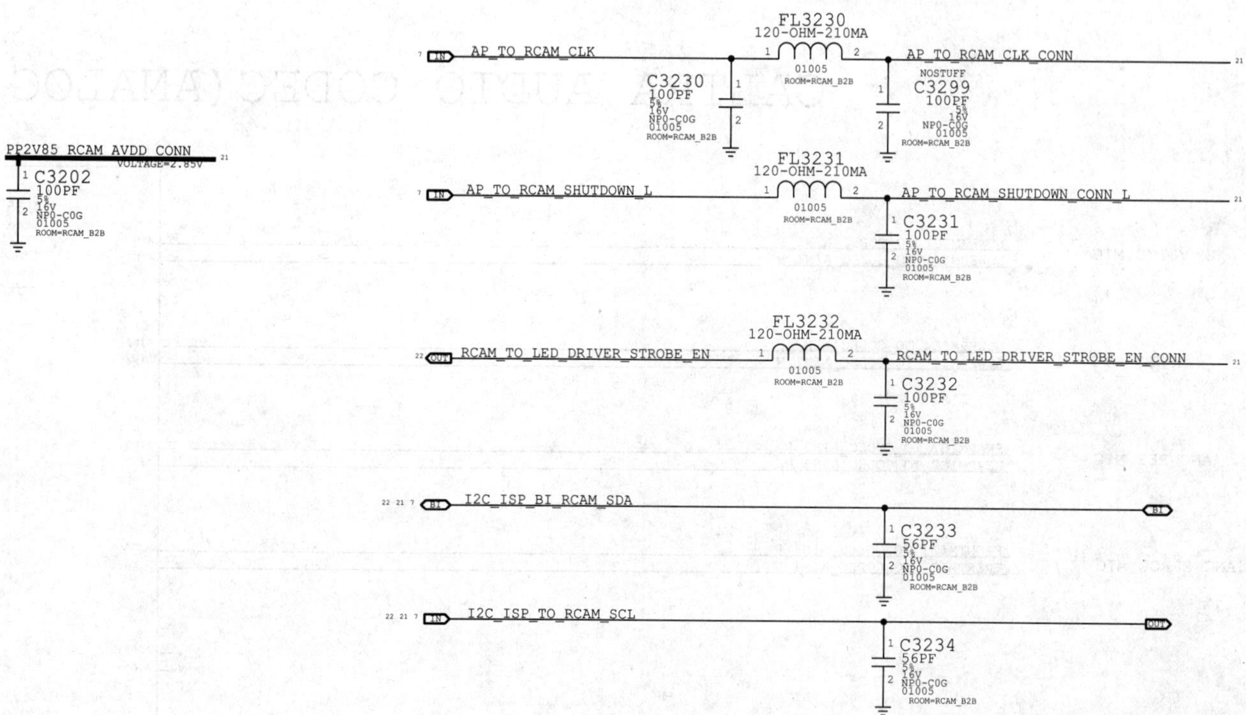

DIGITAL I/O
FL3230
120-OHM-210MA
AP_TO_RCAM_CLK
AP_TO_RCAM_CLK_CONN
C3230
100PF
C3299
100PF
NOSTUFF
PP2V85_RCAM_AVDD_CONN
VOLTAGE=2.85V
C3202
100PF
FL3231
120-OHM-210MA
AP_TO_RCAM_SHUTDOWN_L
AP_TO_RCAM_SHUTDOWN_CONN_L
C3231
100PF
FL3232
120-OHM-210MA
RCAM_TO_LED_DRIVER_STROBE_EN
RCAM_TO_LED_DRIVER_STROBE_EN_CONN
C3232
100PF
I2C_ISP_BI_RCAM_SDA
C3233
56PF
I2C_ISP_TO_RCAM_SCL
C3234
56PF

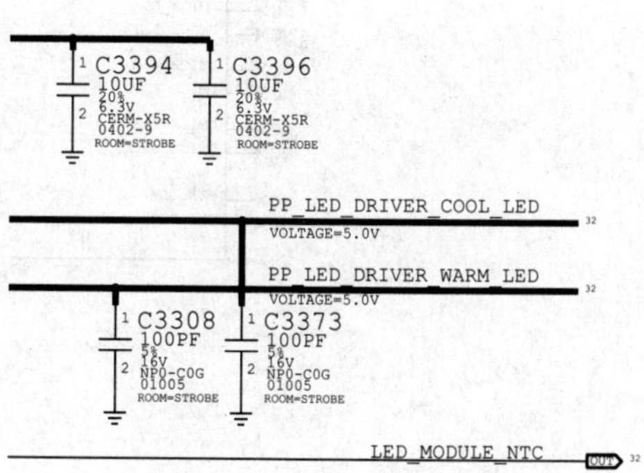

C3394
10UF
C3396
10UF
PP_LED_DRIVER_COOL_LED
VOLTAGE=5.0V
PP_LED_DRIVER_WARM_LED
VOLTAGE=5.0V
C3308
100PF
C3373
100PF
LED_MODULE_NTC

CALTRA AUDIO CODEC(ANALOG

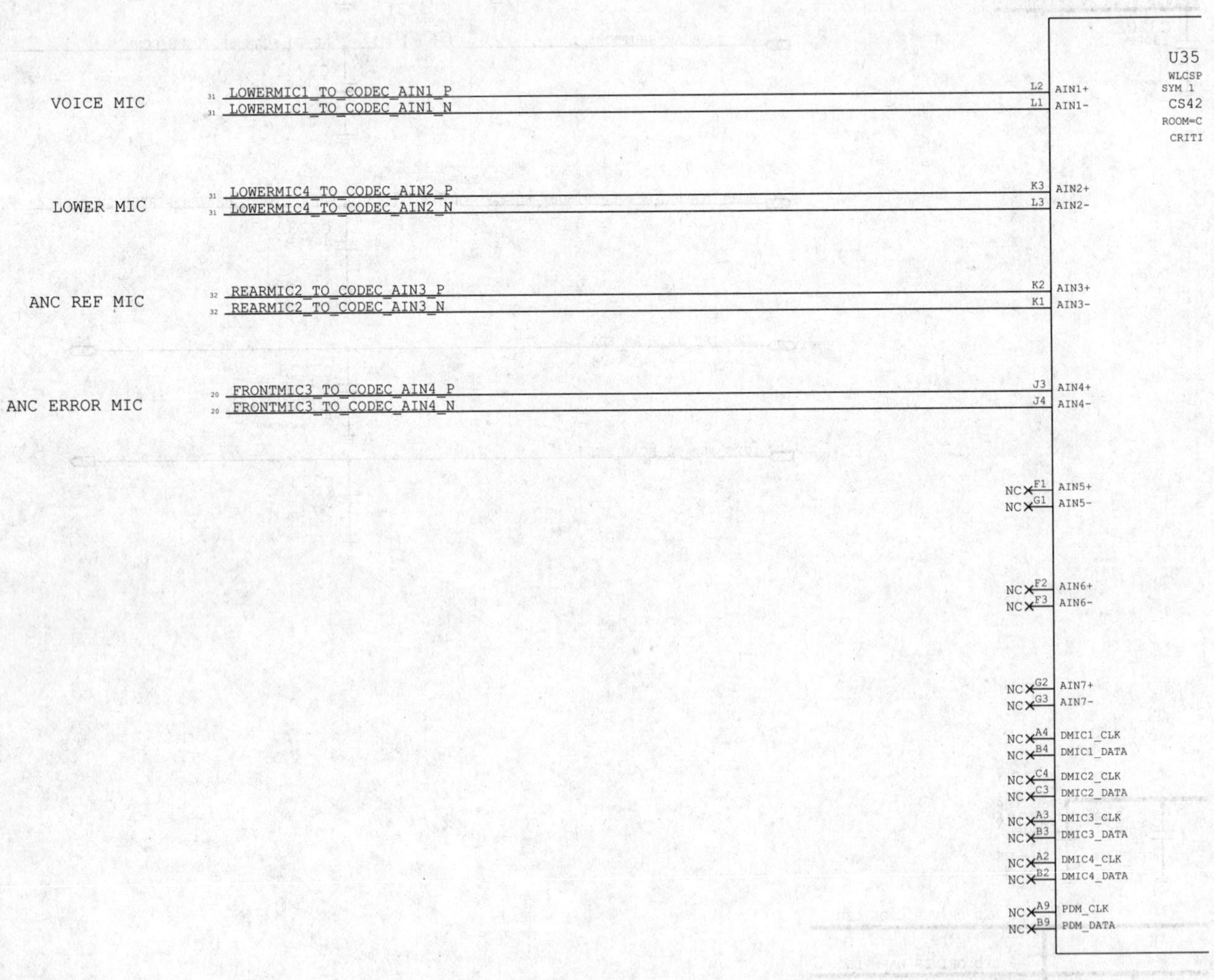

VOICE MIC
31 LOWERMIC1_TO_CODEC_AIN1_P L2 AIN1+
31 LOWERMIC1_TO_CODEC_AIN1_N L1 AIN1-

U35
WLCSP
SYM 1
CS42
ROOM=C
CRITI

LOWER MIC
31 LOWERMIC4_TO_CODEC_AIN2_P K3 AIN2+
31 LOWERMIC4_TO_CODEC_AIN2_N L3 AIN2-

ANC REF MIC
32 REARMIC2_TO_CODEC_AIN3_P K2 AIN3+
32 REARMIC2_TO_CODEC_AIN3_N K1 AIN3-

ANC ERROR MIC
20 FRONTMIC3_TO_CODEC_AIN4_P J3 AIN4+
20 FRONTMIC3_TO_CODEC_AIN4_N J4 AIN4-

NC F1 AIN5+
NC G1 AIN5-

NC F2 AIN6+
NC F3 AIN6-

NC G2 AIN7+
NC G3 AIN7-

NC A4 DMIC1_CLK
NC B4 DMIC1_DATA

NC C4 DMIC2_CLK
NC C3 DMIC2_DATA

NC A3 DMIC3_CLK
NC B3 DMIC3_DATA

NC A2 DMIC4_CLK
NC B2 DMIC4_DATA

NC A9 PDM_CLK
NC B9 PDM_DATA

INPUTS & OUTPUTS)

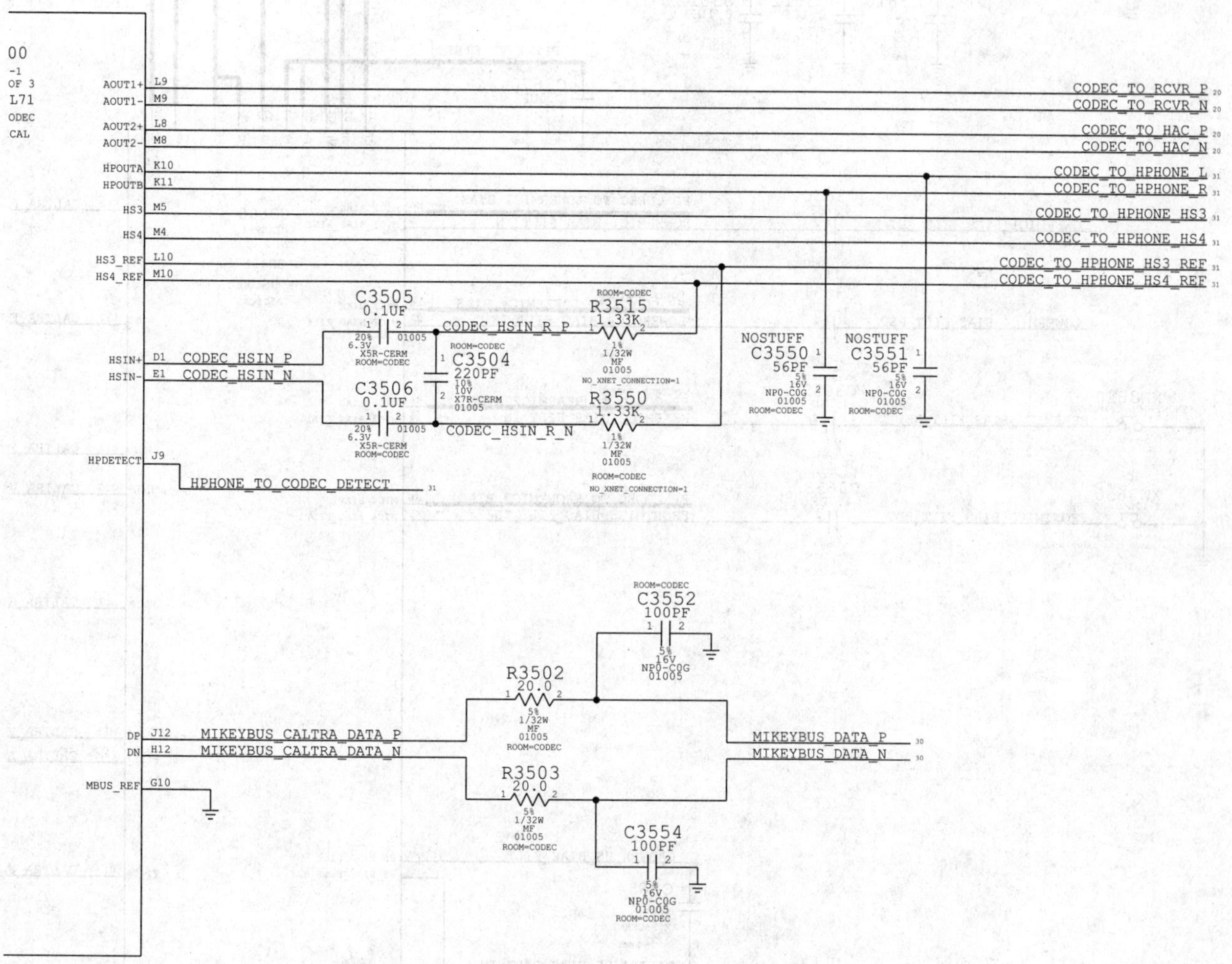

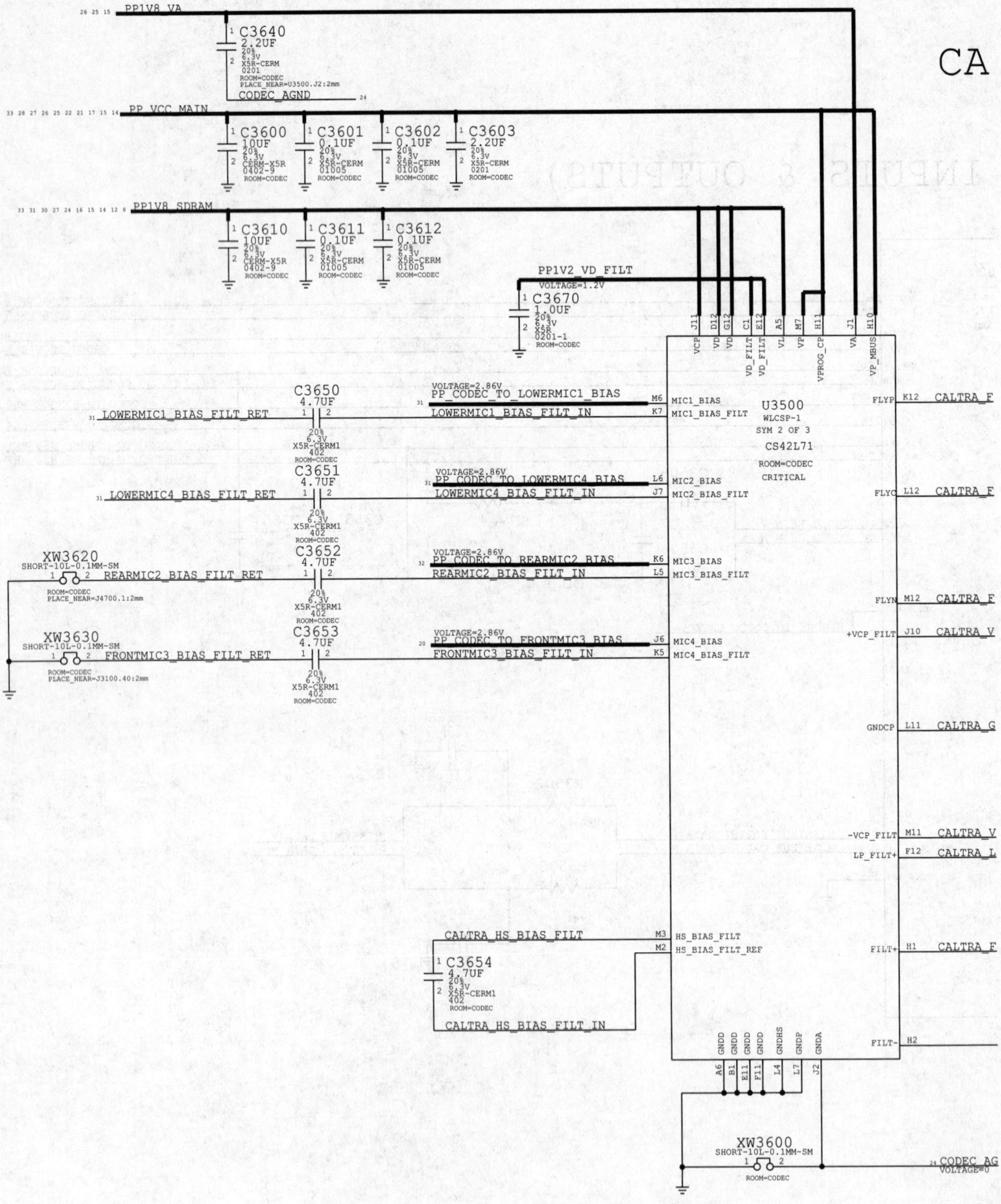

CA

INPUTS & OUTPUTS

26 25 15 PP1V8_VA

C3640 2.2UF 20% 6.3V X5R-CERM 0201 ROOM=CODEC PLACE_NEAR=U3500.J2:2mm

CODEC_AGND 24

33 28 27 26 25 22 21 17 15 14 PP_VCC_MAIN

C3600 10UF 20% 6.3V CERM-X5R 0402-9 ROOM=CODEC

C3601 0.1UF 20% 6.3V X5R-CERM 01005 ROOM=CODEC

C3602 0.1UF 20% 6.3V X5R-CERM 01005 ROOM=CODEC

C3603 2.2UF 20% 6.3V X5R-CERM 0201 ROOM=CODEC

33 31 30 27 24 16 15 14 12 8 PP1V8_SDRAM

C3610 10UF 20% 6.3V CERM-X5R 0402-9 ROOM=CODEC

C3611 0.1UF 20% 6.3V X5R-CERM 01005 ROOM=CODEC

C3612 0.1UF 20% 6.3V X5R-CERM 01005 ROOM=CODEC

PP1V2_VD_FILT VOLTAGE=1.2V

C3670 1.0UF 20% 6.3V X5R 0201-1 ROOM=CODEC

J11 VCP, D12 VD, G12 VD, C1 VD_FILT, E12 VD_FILT, A5 VL, M7 VP, H11 VPROG_CP, J1 VA, H10 VP_MBUS

C3650 4.7UF 20% 6.3V X5R-CERM1 402 ROOM=CODEC

31 LOWERMIC1_BIAS_FILT_RET

31 VOLTAGE=2.86V PP_CODEC_TO_LOWERMIC1_BIAS — M6 MIC1_BIAS

LOWERMIC1_BIAS_FILT_IN — K7 MIC1_BIAS_FILT

U3500 WLCSP-1 SYM 2 OF 3 CS42L71 ROOM=CODEC CRITICAL

C3651 4.7UF 20% 6.3V X5R-CERM1 402 ROOM=CODEC

31 LOWERMIC4_BIAS_FILT_RET

31 VOLTAGE=2.86V PP_CODEC_TO_LOWERMIC4_BIAS — L6 MIC2_BIAS

LOWERMIC4_BIAS_FILT_IN — J7 MIC2_BIAS_FILT

XW3620 SHORT-10L-0.1MM-SM ROOM=CODEC PLACE_NEAR=J4700.1:2mm

REARMIC2_BIAS_FILT_RET

C3652 4.7UF 20% 6.3V X5R-CERM1 402 ROOM=CODEC

32 VOLTAGE=2.86V PP_CODEC_TO_REARMIC2_BIAS — K6 MIC3_BIAS

REARMIC2_BIAS_FILT_IN — L5 MIC3_BIAS_FILT

XW3630 SHORT-10L-0.1MM-SM ROOM=CODEC PLACE_NEAR=J3100.40:2mm

FRONTMIC3_BIAS_FILT_RET

C3653 4.7UF 20% 6.3V X5R-CERM1 402 ROOM=CODEC

20 VOLTAGE=2.86V PP_CODEC_TO_FRONTMIC3_BIAS — J6 MIC4_BIAS

FRONTMIC3_BIAS_FILT_IN — K5 MIC4_BIAS_FILT

FLYP K12 CALTRA_F

FLYC L12 CALTRA_F

FLYN M12 CALTRA_F

+VCP_FILT J10 CALTRA_V

GNDCP L11 CALTRA_G

-VCP_FILT M11 CALTRA_V

LP_FILT+ F12 CALTRA_L

CALTRA_HS_BIAS_FILT — M3 HS_BIAS_FILT

M2 HS_BIAS_FILT_REF

C3654 4.7UF 20% 6.3V X5R-CERM1 402 ROOM=CODEC

CALTRA_HS_BIAS_FILT_IN

FILT+ H1 CALTRA_F

FILT- H2

A6 GNDD, B1 GNDD, E11 GNDD, F11 GNDD, L4 GNDHS, L7 GNDP, J2 GNDA

XW3600 SHORT-10L-0.1MM-SM ROOM=CODEC

24 CODEC_AG VOLTAGE=0

LTRA AUDIO CODEC (POWER & I/O)

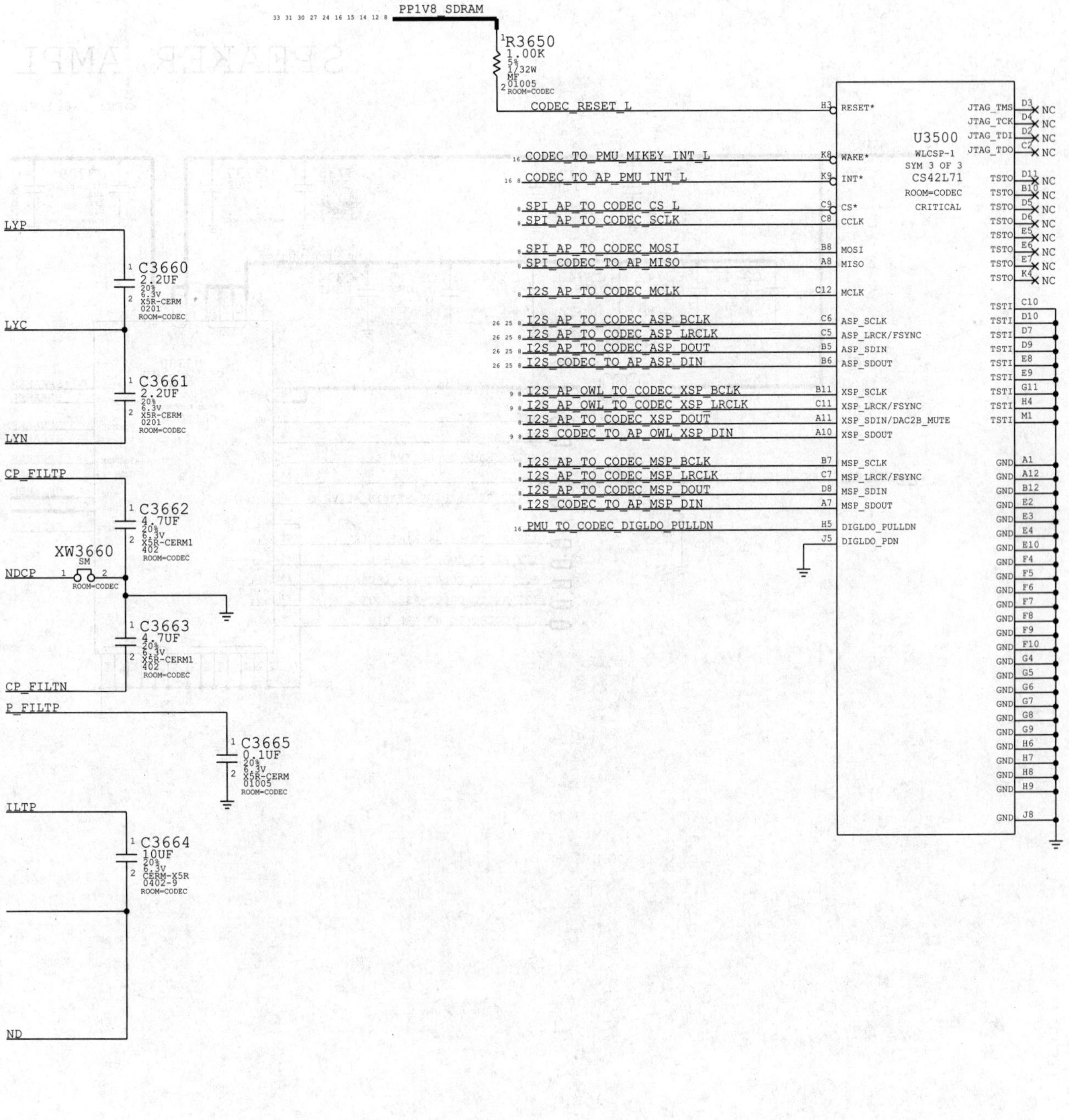

PP1V8_SDRAM
R3650 1.00K 5% 1/32W MF 01005 ROOM=CODEC
CODEC_RESET_L

U3500 WLCSP-1 SYM 3 OF 3 CS42L71 ROOM=CODEC CRITICAL

CODEC_TO_PMU_MIKEY_INT_L — K8 WAKE*
CODEC_TO_AP_PMU_INT_L — K9 INT*
SPI_AP_TO_CODEC_CS_L — C9 CS*
SPI_AP_TO_CODEC_SCLK — C8 CCLK
SPI_AP_TO_CODEC_MOSI — B8 MOSI
SPI_CODEC_TO_AP_MISO — A8 MISO
I2S_AP_TO_CODEC_MCLK — C12 MCLK
I2S_AP_TO_CODEC_ASP_BCLK — C6 ASP_SCLK
I2S_AP_TO_CODEC_ASP_LRCLK — C5 ASP_LRCK/FSYNC
I2S_AP_TO_CODEC_ASP_DOUT — B5 ASP_SDIN
I2S_CODEC_TO_AP_ASP_DIN — B6 ASP_SDOUT
I2S_AP_OWL_TO_CODEC_XSP_BCLK — B11 XSP_SCLK
I2S_AP_OWL_TO_CODEC_XSP_LRCLK — C11 XSP_LRCK/FSYNC
I2S_AP_TO_CODEC_XSP_DOUT — A11 XSP_SDIN/DAC2B_MUTE
I2S_CODEC_TO_AP_OWL_XSP_DIN — A10 XSP_SDOUT
I2S_AP_TO_CODEC_MSP_BCLK — B7 MSP_SCLK
I2S_AP_TO_CODEC_MSP_LRCLK — C7 MSP_LRCK/FSYNC
I2S_AP_TO_CODEC_MSP_DOUT — D8 MSP_SDIN
I2S_CODEC_TO_AP_MSP_DIN — A7 MSP_SDOUT
PMU_TO_CODEC_DIGLDO_PULLDN — H5 DIGLDO_PULLDN
J5 DIGLDO_PDN

JTAG_TMS D3 NC, JTAG_TCK D4 NC, JTAG_TDI D2 NC, JTAG_TDO C2 NC
TSTO D11, B10, D5, D6, E5, E6, E7, K4 — NC
TSTI C10, D10, D7, D9, E8, E9, G11, H4, M1
GND A1, A12, B12, E2, E3, E4, E10, F4, F5, F6, F7, F8, F9, F10, G4, G5, G6, G7, G8, G9, H6, H7, H8, H9, J8

LYP, LYC, LYN
C3660 2.2UF 20% 6.3V X5R-CERM 0201 ROOM=CODEC
C3661 2.2UF 20% 6.3V X5R-CERM 0201 ROOM=CODEC
CP_FILTP
C3662 4.7UF 20% 6.3V X5R-CERM1 402 ROOM=CODEC
XW3660 SM ROOM=CODEC
NDCP
C3663 4.7UF 20% 6.3V X5R-CERM1 402 ROOM=CODEC
CP_FILTN
P_FILTP
C3665 0.1UF 20% 6.3V X5R-CERM 01005 ROOM=CODEC
ILTP
C3664 10UF 20% 6.3V CERM-X5R 0402-9 ROOM=CODEC
ND

SPEAKER AMPL

APN: 338S1285

PP_VCC_MAIN

C3795 10UF 20% 6.3V CERM-X5R 0402-9 ROOM=SPKR_AMP

C3732 10UF 20% 6.3V CERM-X5R 0402-9 ROOM=SPKR_AMP

C3735 10UF 20% 6.3V CERM-X5R 0402-9 ROOM=SPKR_AMP

C3737 2.2UF 20% 6.3V X5R-CERM 0201 ROOM=SPKR_AMP

C3709 0.1UF 20% 6.3V X5R-CERM 01005 ROOM=SPKR_AMP

PP_SPKR_VBOOST VOLTAGE=8.0V

C3741 10UF 20% 10V X5R-CERM 0402-8 ROOM=SPKR_AMP

C3742 10UF 20% 10V X5R-CERM 0402-8 ROOM=SPKR_AMP

C3743 10UF 20% 10V X5R-CERM 0402-8 ROOM=SPKR_AMP

C3744 10UF 20% 10V X5R-CERM 0402-8 ROOM=SPKR_AMP

C3745 0.1UF 10% 25V X5R-CERM 0201 ROOM=SPKR_AMP

C3746 100PF 5% 16V NP0-C0G 01005 ROOM=SPKR_AMP

CRITICAL L3700 1.2UH-20%-3.0A-0.080OHM PIQA20161T-SM ROOM=SPKR_AMP

PP_SPEAKERAMP_SW VOLTAGE=8.0V

U3700 CS35L21-XWZR WLCSP VER1 ROOM=SPKR_AMP CRITICAL

I2C1_AP_SDA
I2C1_AP_SCL
SPEAKERAMP_TO_AP_INT_L
AP_TO_SPEAKERAMP_RESET_L
AP_TO_SPEAKERAMP_STAYIN_ALIVE
I2S_AP_TO_SPEAKERAMP_MCLK
I2S_AP_TO_CODEC_ASP_BCLK
I2S_AP_TO_CODEC_ASP_LRCLK
I2S_AP_TO_CODEC_ASP_DOUT
I2S_CODEC_TO_AP_ASP_DIN

R3729 100K 5% 1/32W MF 01005 ROOM=SPKR_AMP

VBST VP VA SW SDA SCL INT* RESET* ALIVE ADO MCLK SCLK LRCK/FSYNC SDIN SDOUT GNDP GNDA

FILT+ LDO_FILT VSENSE- VSENSE+ ISENSE- ISENSE+ OUT+ OUT- IREF+

SPEAKER

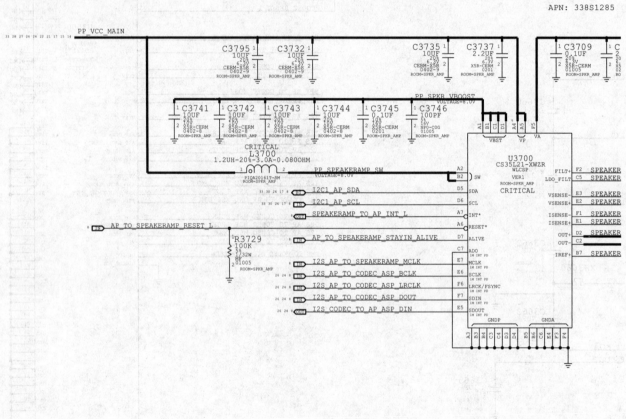

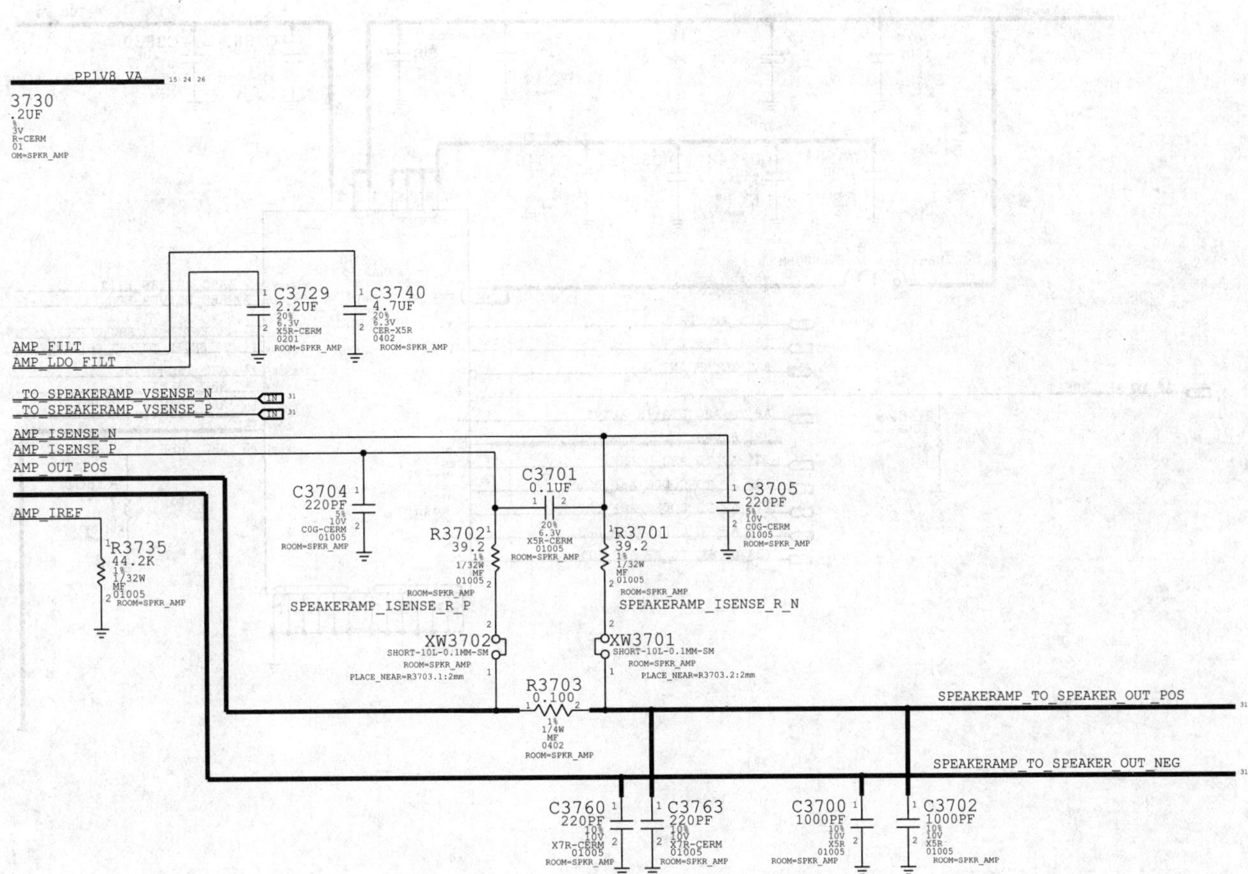

IFIER
PP1V8_VA
AMP_FILT
AMP_LDO_FILT
C3729
2.2UF
C3740
4.7UF
TO_SPEAKERAMP_VSENSE_N
TO_SPEAKERAMP_VSENSE_P
AMP_ISENSE_N
AMP_ISENSE_P
AMP_OUT_POS
AMP_IREF
C3704
220PF
C3701
0.1UF
C3705
220PF
R3702
39.2
R3701
39.2
R3735
44.2K
SPEAKERAMP_ISENSE_R_P
SPEAKERAMP_ISENSE_R_N
XW3702
XW3701
R3703
0.100
SPEAKERAMP_TO_SPEAKER_OUT_POS
SPEAKERAMP_TO_SPEAKER_OUT_NEG
C3760
220PF
C3763
220PF
C3700
1000PF
C3702
1000PF

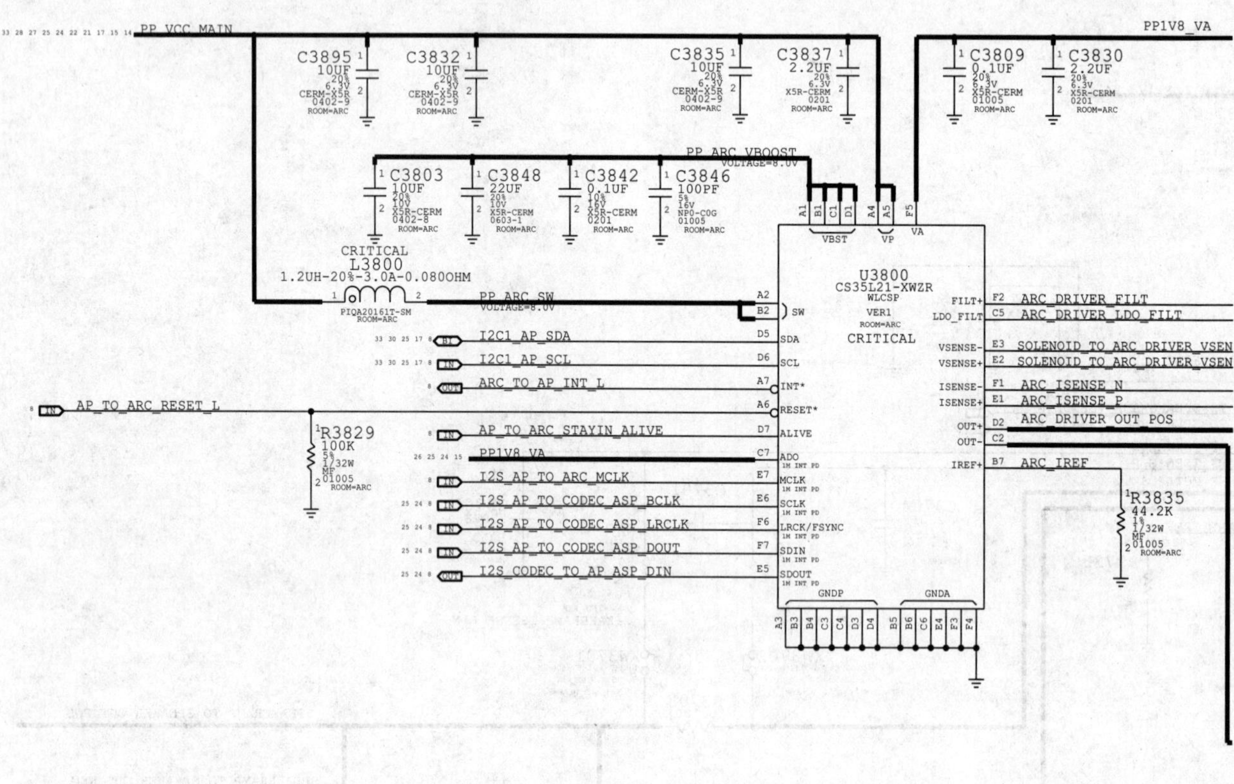
ARC D
APN: 338S1285
PP_VCC_MAIN
PP1V8_VA
C3895
C3832
C3835
C3837
C3809
C3830
PP_ARC_VBOOST
C3803
C3848
C3842
C3846
CRITICAL
L3800
1.2UH-20%-3.0A-0.080OHM
PP_ARC_SW
U3800
CS35L21-XWZR
CRITICAL
I2C1_AP_SDA
I2C1_AP_SCL
ARC_TO_AP_INT_L
AP_TO_ARC_RESET_L
AP_TO_ARC_STAYIN_ALIVE
PP1V8_VA
I2S_AP_TO_ARC_MCLK
I2S_AP_TO_CODEC_ASP_BCLK
I2S_AP_TO_CODEC_ASP_LRCLK
I2S_AP_TO_CODEC_ASP_DOUT
I2S_CODEC_TO_AP_ASP_DIN
R3829
100K
ARC_DRIVER_FILT
ARC_DRIVER_LDO_FILT
SOLENOID_TO_ARC_DRIVER_VSEN
SOLENOID_TO_ARC_DRIVER_VSEN
ARC_ISENSE_N
ARC_ISENSE_P
ARC_DRIVER_OUT_POS
ARC_IREF
R3835
44.2K
GNDP
GNDA

RIVER

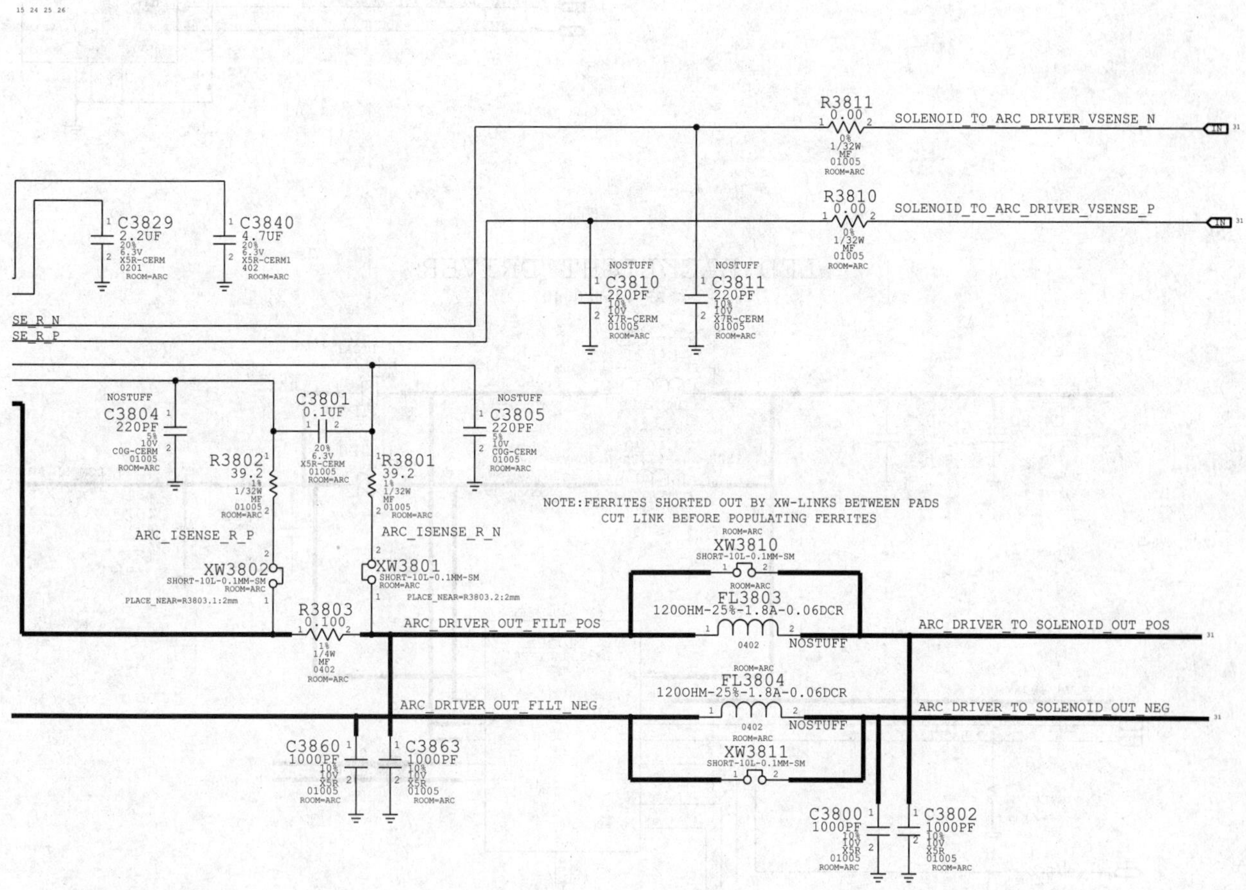

15 24 25 26

R3811 0.00 1 2 0% 1/32W MF 01005 ROOM=ARC SOLENOID_TO_ARC_DRIVER_VSENSE_N IN 31

R3810 0.00 1 2 0% 1/32W MF 01005 ROOM=ARC SOLENOID_TO_ARC_DRIVER_VSENSE_P IN 31

C3829 2.2UF 20% 6.3V X5R-CERM 0201 ROOM=ARC

C3840 4.7UF 20% 6.3V X5R-CERM1 402 ROOM=ARC

NOSTUFF C3810 220PF 10% 10V X7R-CERM 01005 ROOM=ARC

NOSTUFF C3811 220PF 10% 10V X7R-CERM 01005 ROOM=ARC

SE_R_N

SE_R_P

NOSTUFF C3804 220PF 5% 10V COG-CERM 01005 ROOM=ARC

C3801 0.1UF 1 2 20% 6.3V X5R-CERM 01005 ROOM=ARC

NOSTUFF C3805 220PF 5% 10V COG-CERM 01005 ROOM=ARC

R3802 39.2 1% 1/32W MF 01005 ROOM=ARC

R3801 39.2 1% 1/32W MF 01005 ROOM=ARC

ARC_ISENSE_R_P

ARC_ISENSE_R_N

XW3802 SHORT-10L-0.1MM-SM ROOM=ARC PLACE_NEAR=R3803.1:2mm

XW3801 SHORT-10L-0.1MM-SM ROOM=ARC PLACE_NEAR=R3803.2:2mm

NOTE:FERRITES SHORTED OUT BY XW-LINKS BETWEEN PADS
CUT LINK BEFORE POPULATING FERRITES

ROOM=ARC XW3810 SHORT-10L-0.1MM-SM

ROOM=ARC FL3803 120OHM-25%-1.8A-0.06DCR 0402 NOSTUFF

R3803 0.100 1% 1/4W MF 0402 ROOM=ARC

ARC_DRIVER_OUT_FILT_POS

ARC_DRIVER_TO_SOLENOID_OUT_POS 31

ROOM=ARC FL3804 120OHM-25%-1.8A-0.06DCR 0402 NOSTUFF

ARC_DRIVER_OUT_FILT_NEG

ARC_DRIVER_TO_SOLENOID_OUT_NEG 31

ROOM=ARC XW3811 SHORT-10L-0.1MM-SM

C3860 1000PF 10% 10V X5R 01005 ROOM=ARC

C3863 1000PF 10% 10V X5R 01005 ROOM=ARC

C3800 1000PF 10% 10V X5R 01005 ROOM=ARC

C3802 1000PF 10% 10V X5R 01005 ROOM=ARC

DISP

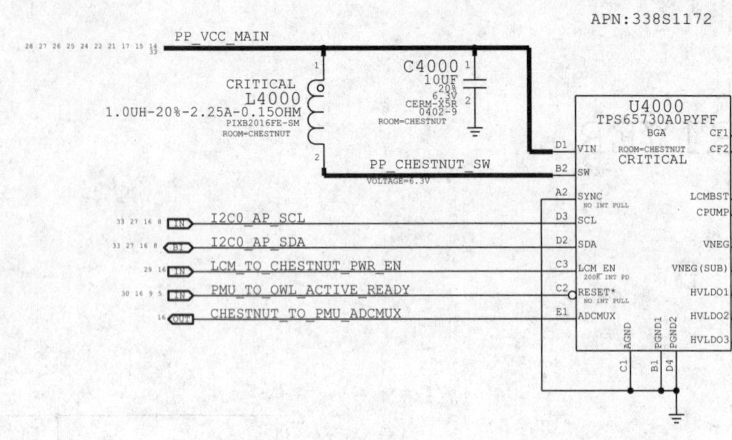
CHESTNUT DISPLA
APN:338S1172
PP_VCC_MAIN
CRITICAL
L4000
1.0UH-20%-2.25A-0.150HM
C4000
10UF
U4000
TPS65730A0PYFF
BGA
CRITICAL
PP_CHESTNUT_SW
I2C0_AP_SCL
I2C0_AP_SDA
LCM_TO_CHESTNUT_PWR_EN
PMU_TO_OWL_ACTIVE_READY
CHESTNUT_TO_PMU_ADCMUX
VIN
SW
SYNC
SCL
SDA
LCM_EN
RESET*
ADCMUX
CF1
CF2
LCMBST
CPUMP
VNEG
VNEG(SUB)
HVLDO1
HVLDO2
HVLDO3
AGND
PGND1
PGND2

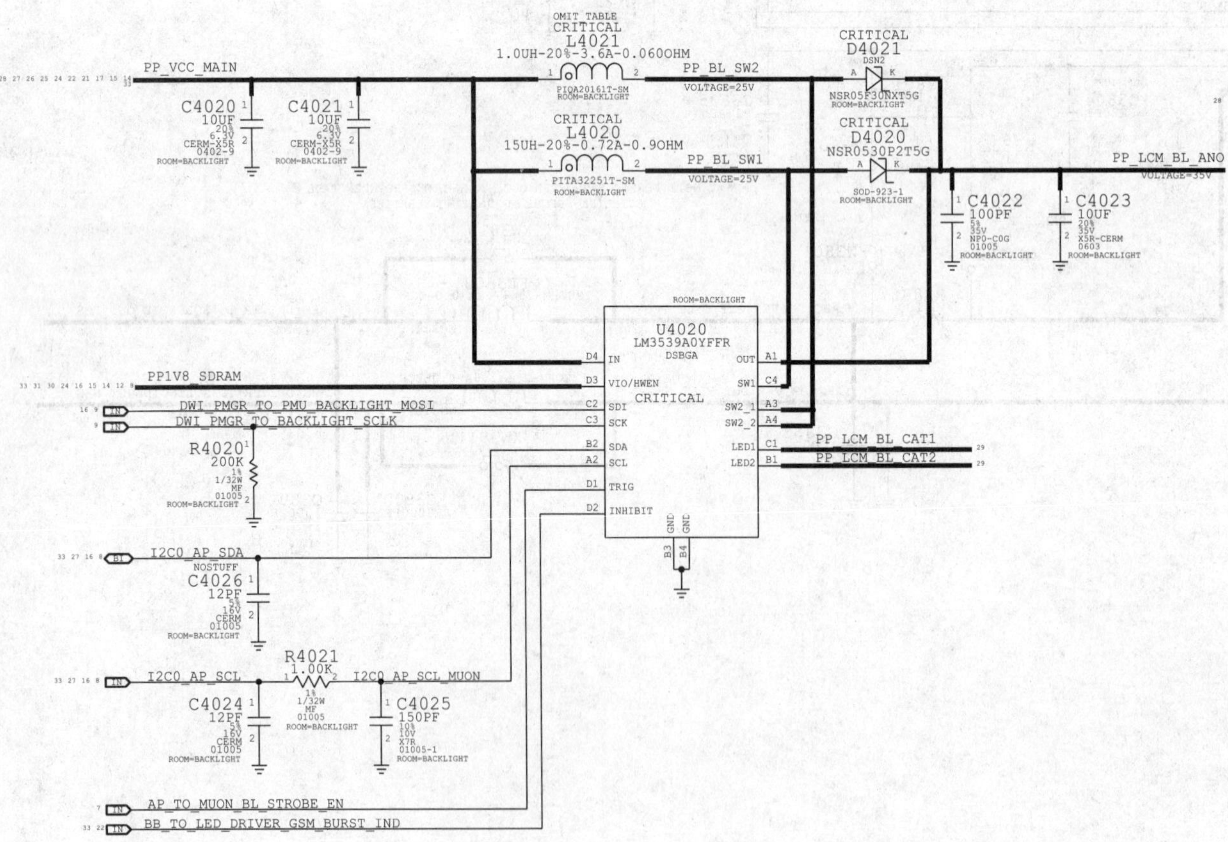
LED BACKLIGHT DRIVER
APN:353S00407
PP_VCC_MAIN
C4020
10UF
C4021
10UF
CRITICAL
L4021
1.0UH-20%-3.6A-0.060OHM
PP_BL_SW2
CRITICAL
L4020
15UH-20%-0.72A-0.9OHM
PP_BL_SW1
CRITICAL
D4021
NSR05F30NXT5G
CRITICAL
D4020
NSR0530P2T5G
PP_LCM_BL_ANO
C4022
100PF
C4023
10UF
U4020
LM3539A0YFFR
DSBGA
CRITICAL
PP1V8_SDRAM
DWI_PMGR_TO_PMU_BACKLIGHT_MOSI
DWI_PMGR_TO_BACKLIGHT_SCLK
R4020
200K
IN
VIO/HWEN
SDI
SCK
SDA
SCL
TRIG
INHIBIT
OUT
SW1
SW2_1
SW2_2
LED1
LED2
PP_LCM_BL_CAT1
PP_LCM_BL_CAT2
I2C0_AP_SDA
C4026
12PF
R4021
1.00K
I2C0_AP_SCL
I2C0_AP_SCL_MUON
C4024
12PF
C4025
150PF
AP_TO_MUON_BL_STROBE_EN
BB_TO_LED_DRIVER_GSM_BURST_IND

LAY & TOUCH-POWER SUPPLIES

Y PMU

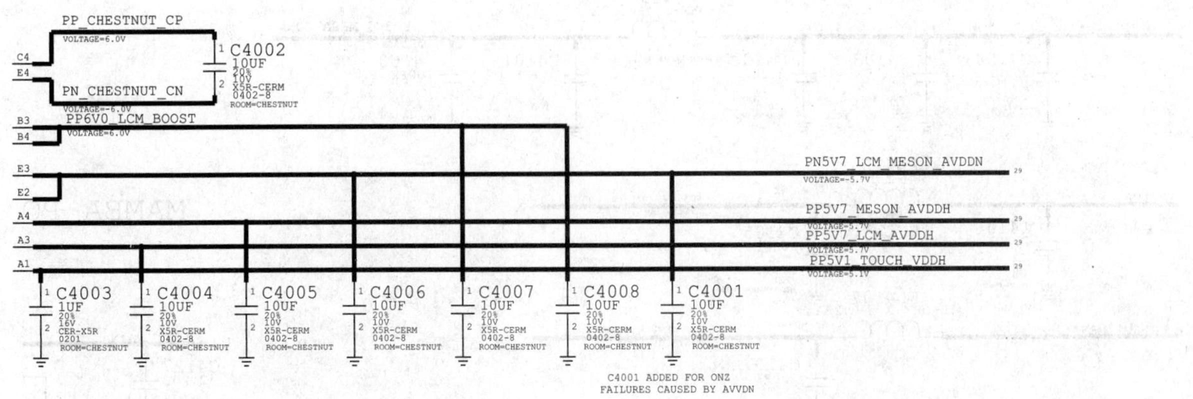

MOJAVE MESA BOOST

APN:353S00671

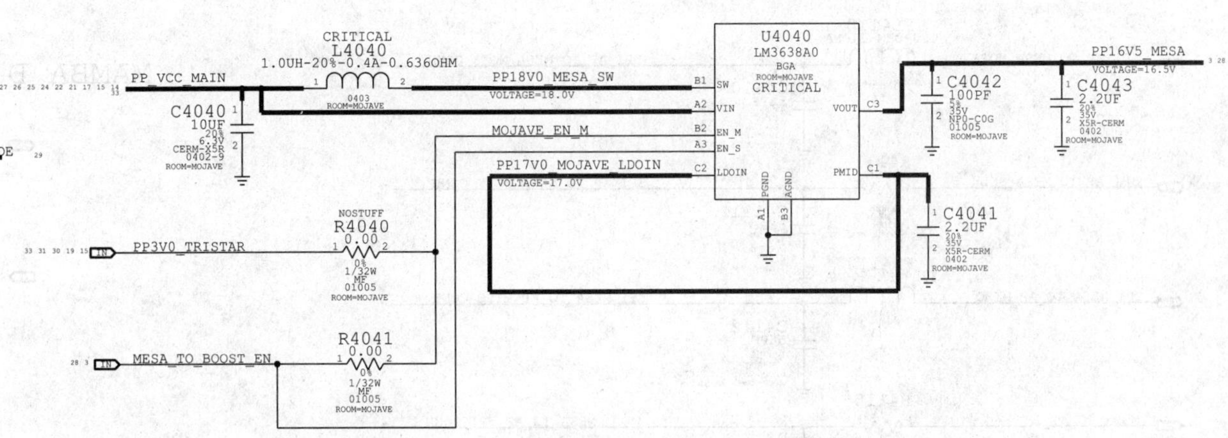

MAMBA & MESA (M&M) FLEX

MESA POWER

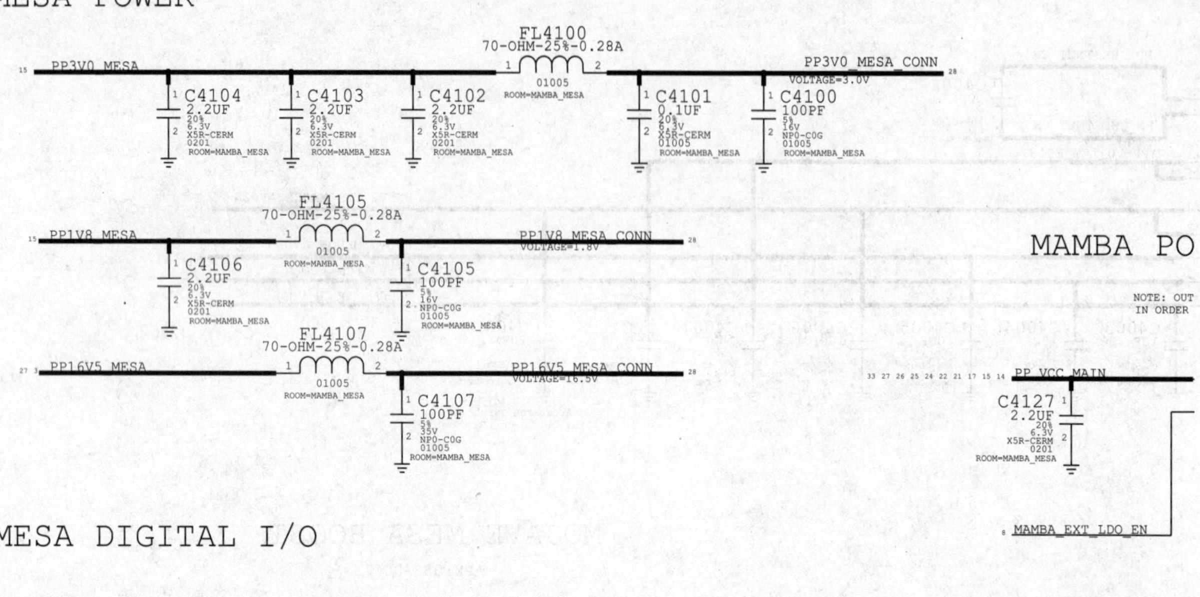

MESA DIGITAL I/O

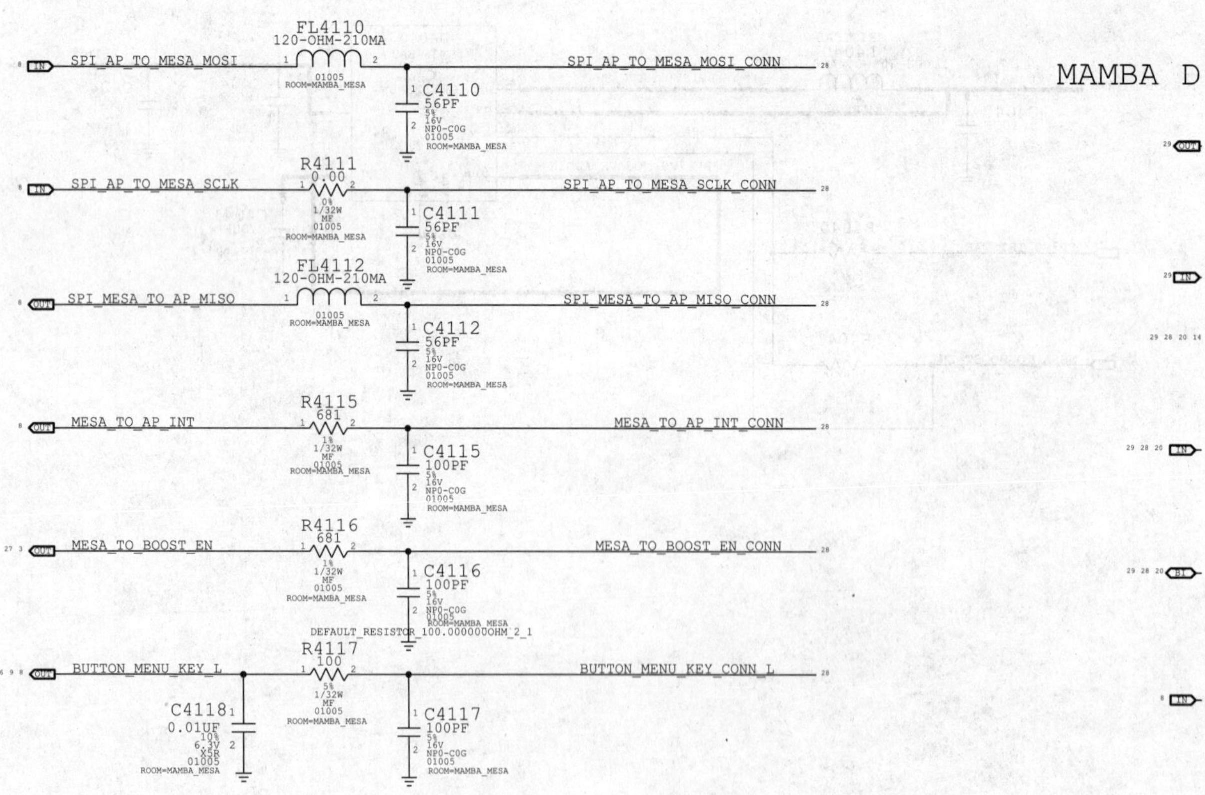

WER

PUT IMPDEANCE MUST BE >0.01-OHM
TO MEET CAP ESR REQUIREMENT PER LDO SPEC.

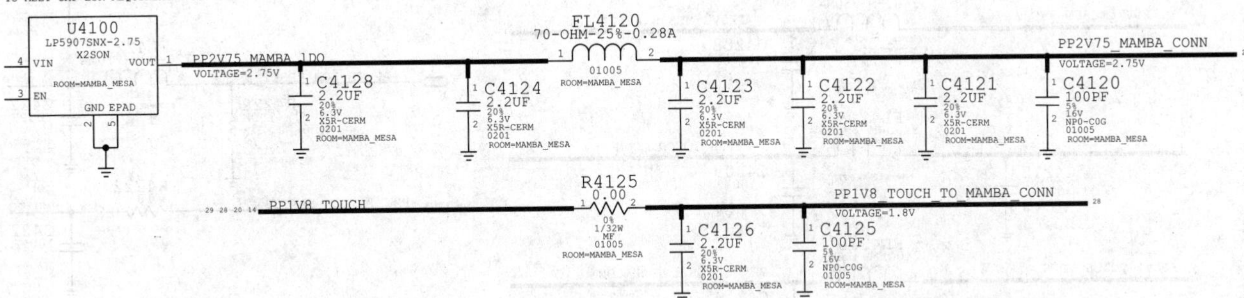

IGITAL I/O

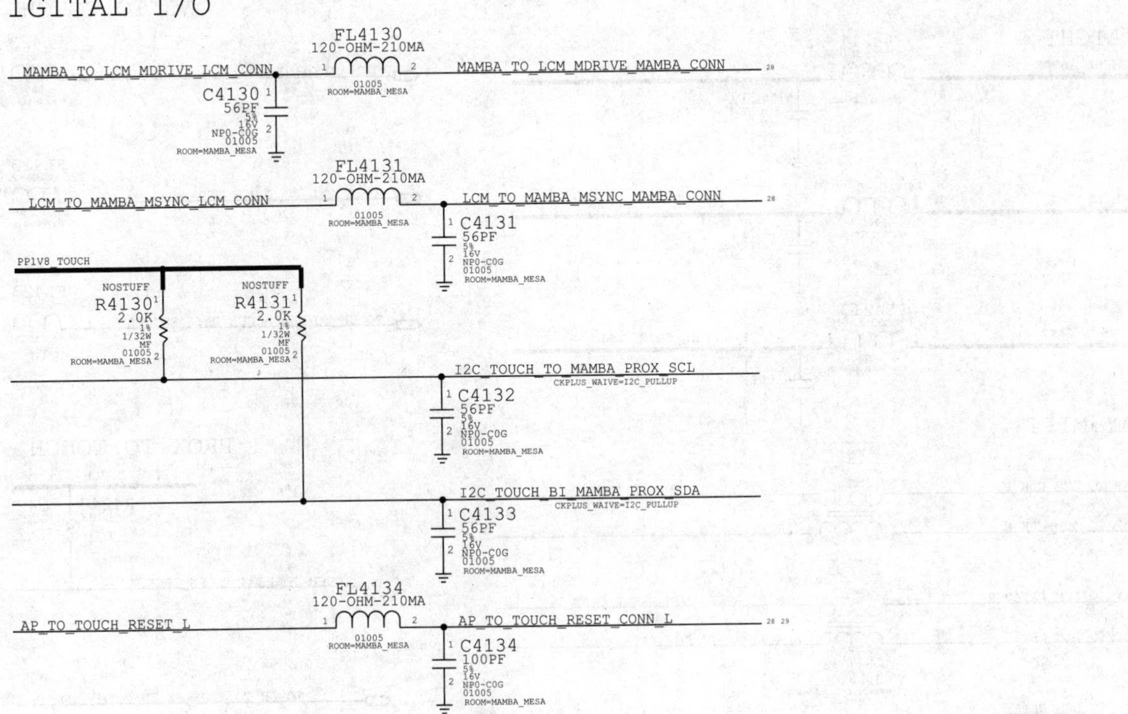

DISPLAY & TOUCH FLEX

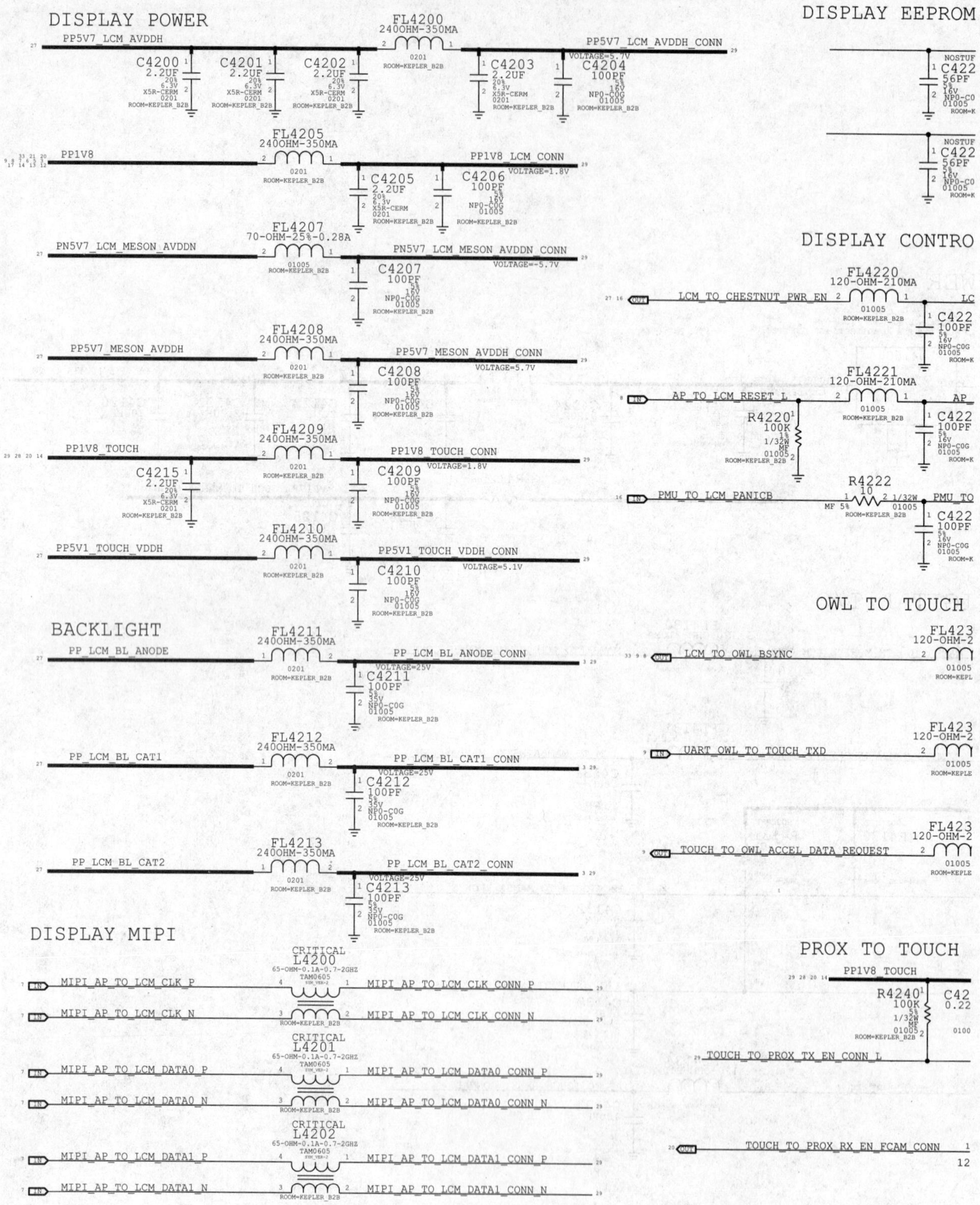

DISPLAY POWER

PP5V7_LCM_AVDDH — FL4200 240OHM-350MA 0201 ROOM=KEPLER_B2B — PP5V7_LCM_AVDDH_CONN VOLTAGE=5.7V

C4200 2.2UF 20% 6.3V X5R-CERM 0201 ROOM=KEPLER_B2B
C4201 2.2UF 20% 6.3V X5R-CERM 0201 ROOM=KEPLER_B2B
C4202 2.2UF 20% 6.3V X5R-CERM 0201 ROOM=KEPLER_B2B
C4203 2.2UF 20% 6.3V X5R-CERM 0201 ROOM=KEPLER_B2B
C4204 100PF 5% 16V NP0-C0G 01005 ROOM=KEPLER_B2B

PP1V8 — FL4205 240OHM-350MA 0201 ROOM=KEPLER_B2B — PP1V8_LCM_CONN VOLTAGE=1.8V

C4205 2.2UF 20% 6.3V X5R-CERM 0201 ROOM=KEPLER_B2B
C4206 100PF 5% 16V NP0-C0G 01005 ROOM=KEPLER_B2B

PN5V7_LCM_MESON_AVDDN — FL4207 70-OHM-25%-0.28A 01005 ROOM=KEPLER_B2B — PN5V7_LCM_MESON_AVDDN_CONN VOLTAGE=-5.7V

C4207 100PF 5% 16V NP0-C0G 01005 ROOM=KEPLER_B2B

PP5V7_MESON_AVDDH — FL4208 240OHM-350MA 0201 ROOM=KEPLER_B2B — PP5V7_MESON_AVDDH_CONN VOLTAGE=5.7V

C4208 100PF 5% 16V NP0-C0G 01005 ROOM=KEPLER_B2B

PP1V8_TOUCH — FL4209 240OHM-350MA 0201 ROOM=KEPLER_B2B — PP1V8_TOUCH_CONN VOLTAGE=1.8V

C4215 2.2UF 20% 6.3V X5R-CERM 0201 ROOM=KEPLER_B2B
C4209 100PF 5% 16V NP0-C0G 01005 ROOM=KEPLER_B2B

PP5V1_TOUCH_VDDH — FL4210 240OHM-350MA 0201 ROOM=KEPLER_B2B — PP5V1_TOUCH_VDDH_CONN VOLTAGE=5.1V

C4210 100PF 5% 16V NP0-C0G 01005 ROOM=KEPLER_B2B

BACKLIGHT

PP_LCM_BL_ANODE — FL4211 240OHM-350MA 0201 ROOM=KEPLER_B2B — PP_LCM_BL_ANODE_CONN VOLTAGE=25V

C4211 100PF 5% 35V NP0-C0G 01005 ROOM=KEPLER_B2B

PP_LCM_BL_CAT1 — FL4212 240OHM-350MA 0201 ROOM=KEPLER_B2B — PP_LCM_BL_CAT1_CONN VOLTAGE=25V

C4212 100PF 5% 35V NP0-C0G 01005 ROOM=KEPLER_B2B

PP_LCM_BL_CAT2 — FL4213 240OHM-350MA 0201 ROOM=KEPLER_B2B — PP_LCM_BL_CAT2_CONN VOLTAGE=25V

C4213 100PF 5% 35V NP0-C0G 01005 ROOM=KEPLER_B2B

DISPLAY MIPI

CRITICAL L4200 65-OHM-0.1A-0.7-2GHZ TAM0605 ROOM=KEPLER_B2B
MIPI_AP_TO_LCM_CLK_P — MIPI_AP_TO_LCM_CLK_CONN_P
MIPI_AP_TO_LCM_CLK_N — MIPI_AP_TO_LCM_CLK_CONN_N

CRITICAL L4201 65-OHM-0.1A-0.7-2GHZ TAM0605 ROOM=KEPLER_B2B
MIPI_AP_TO_LCM_DATA0_P — MIPI_AP_TO_LCM_DATA0_CONN_P
MIPI_AP_TO_LCM_DATA0_N — MIPI_AP_TO_LCM_DATA0_CONN_N

CRITICAL L4202 65-OHM-0.1A-0.7-2GHZ TAM0605 ROOM=KEPLER_B2B
MIPI_AP_TO_LCM_DATA1_P — MIPI_AP_TO_LCM_DATA1_CONN_P
MIPI_AP_TO_LCM_DATA1_N — MIPI_AP_TO_LCM_DATA1_CONN_N

DISPLAY EEPROM

NOSTUF C422 56PF 5% 16V NP0-C0 01005 ROOM=K
NOSTUF C422 56PF 5% 16V NP0-C0 01005 ROOM=K

DISPLAY CONTRO

LCM_TO_CHESTNUT_PWR_EN — FL4220 120-OHM-210MA 01005 ROOM=KEPLER_B2B — LC
C422 100PF 5% 16V NP0-C0G 01005 ROOM=K

AP_TO_LCM_RESET_L — FL4221 120-OHM-210MA 01005 ROOM=KEPLER_B2B — AP_
R4220 100K 1% 1/32W MF 01005 ROOM=KEPLER_B2B
C422 100PF 5% 16V NP0-C0G 01005 ROOM=K

PMU_TO_LCM_PANICB — R4222 10 MF 5% 1/32W 01005 ROOM=KEPLER_B2B — PMU_TO
C422 100PF 5% 16V NP0-C0G 01005 ROOM=K

OWL TO TOUCH

LCM_TO_OWL_BSYNC — FL423 120-OHM-2 01005 ROOM=KEPL
UART_OWL_TO_TOUCH_TXD — FL423 120-OHM-2 01005 ROOM=KEPLE
TOUCH_TO_OWL_ACCEL_DATA_REQUEST — FL423 120-OHM-2 01005 ROOM=KEPLE

PROX TO TOUCH

PP1V8_TOUCH
R4240 100K 5% 1/32W MF 01005 ROOM=KEPLER_B2B
C42 0.22 0100
TOUCH_TO_PROX_TX_EN_CONN_L
TOUCH_TO_PROX_RX_EN_FCAM_CONN

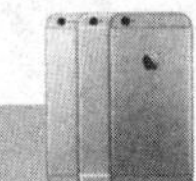

I2C

I2C2_AP_SDA 8 20 29

F
3

G
EPLER_B2B

I2C2_AP_SCL 8 20 29

F
4

G
EPLER_B2B

L SIGNALS

M_TO_CHESTNUT_PWR_EN_CONN 29
0

EPLER_B2B

TO_LCM_RESET_CONN_L 29
1

EPLER_B2B

LCM_PANICB_CONN 29
2

EPLER_B2B

INTERFACE

0
10MA
LCM_TO_OWL_BSYNC_CONN 29
ER_B2B
C4230
56PF
5%
16V
NP0-C0G
01005
ROOM=KEPLER_B2B

1
10MA
UART_OWL_TO_TOUCH_TXD_CONN 29
R_B2B
C4231
56PF
5%
16V
NP0-C0G
01005
ROOM=KEPLER_B2B

2
10MA
TOUCH_TO_OWL_ACCEL_DATA_REQUEST_CONN 29
R_B2B
C4232
56PF
5%
16V
NP0-C0G
01005
ROOM=KEPLER_B2B

INTERFACE

40
UF
20%
6.3V
X5R
5-1

U4240
74AUP1G04GX
SOT1226
TOUCH_TO_PROX_TX_EN_BUFF OUT 20
ROOM=KEPLER_B2B
CRITICAL
NC

FL4241
0-OHM-210MA
01005
ROOM=KEPLER_B2B
TOUCH_TO_PROX_RX_EN_LCM_CONN 29
C4241
100PF
5%
16V
NP0-C0G
01005
ROOM=KEPLER_B2B

AP TO TOUCH INTERFACE

FL4250
120-OHM-210MA
01005
ROOM=KEPLER_B2B
8 IN SPI_AP_TO_TOUCH_CS_L
SPI_AP_TO_TOUCH_CS_CONN_L 29
C4250
56PF
5%
16V
NP0-C0G
01005
ROOM=KEPLER_B2B

FL4251
120-OHM-210MA
01005
ROOM=KEPLER_B2B
8 IN SPI_AP_TO_TOUCH_SCLK
SPI_AP_TO_TOUCH_SCLK_CONN 29
C4251
56PF
5%
16V
NP0-C0G
01005
ROOM=KEPLER_B2B

FL4252
120-OHM-210MA
01005
ROOM=KEPLER_B2B
8 IN SPI_AP_TO_TOUCH_MOSI
SPI_AP_TO_TOUCH_MOSI_CONN 29
C4252
56PF
5%
16V
NP0-C0G
01005
ROOM=KEPLER_B2B

FL4253
120-OHM-210MA
01005
ROOM=KEPLER_B2B
8 OUT SPI_TOUCH_TO_AP_MISO
SPI_TOUCH_TO_AP_MISO_CONN 29
C4253
56PF
5%
16V
NP0-C0G
01005
ROOM=KEPLER_B2B

FL4254
120-OHM-210MA
01005
ROOM=KEPLER_B2B
8 OUT TOUCH_TO_AP_INT_L
TOUCH_TO_AP_INT_L_CONN 29
C4254
100PF
5%
16V
NP0-C0G
01005
ROOM=KEPLER_B2B

FL4255
120-OHM-210MA
01005
ROOM=KEPLER_B2B
8 IN AP_TO_TOUCH_CLK32K_RESET_L
AP_TO_TOUCH_CLK32K_RESET_CONN_L 29
C4255
100PF
5%
16V
NP0-C0G
01005
ROOM=KEPLER_B2B

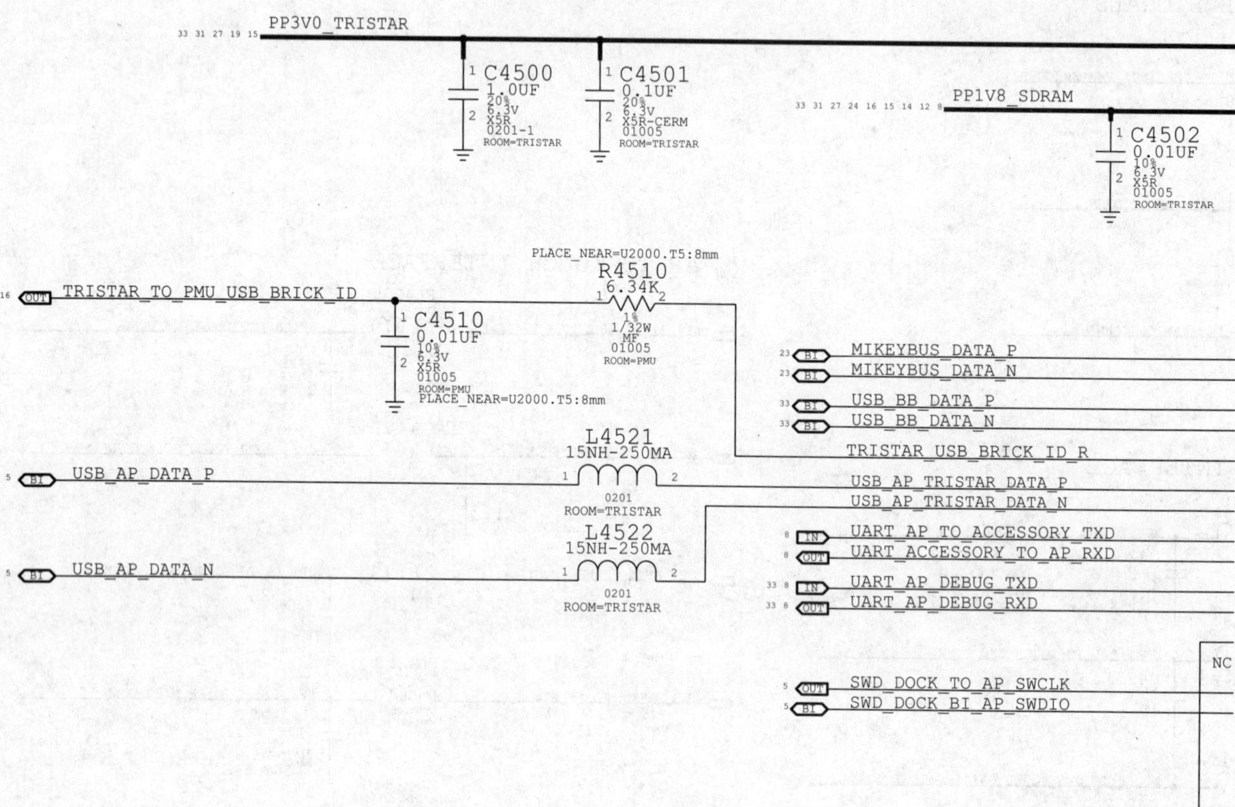
TRI
PP3V0_TRISTAR
C4500
1.0UF
20%
6.3V
X5R
0201-1
ROOM=TRISTAR
C4501
0.1UF
20%
6.3V
X5R-CERM
01005
ROOM=TRISTAR
PP1V8_SDRAM
C4502
0.01UF
10%
6.3V
X5R
01005
ROOM=TRISTAR
PLACE_NEAR=U2000.T5:8mm
R4510
6.34K
1%
1/32W
MF
01005
ROOM=PMU
TRISTAR_TO_PMU_USB_BRICK_ID
C4510
0.01UF
10%
6.3V
X5R
01005
ROOM=PMU
PLACE_NEAR=U2000.T5:8mm
MIKEYBUS_DATA_P
MIKEYBUS_DATA_N
USB_BB_DATA_P
USB_BB_DATA_N
TRISTAR_USB_BRICK_ID_R
L4521
15NH-250MA
0201
ROOM=TRISTAR
USB_AP_DATA_P
USB_AP_TRISTAR_DATA_P
USB_AP_TRISTAR_DATA_N
L4522
15NH-250MA
0201
ROOM=TRISTAR
USB_AP_DATA_N
UART_AP_TO_ACCESSORY_TXD
UART_ACCESSORY_TO_AP_RXD
UART_AP_DEBUG_TXD
UART_AP_DEBUG_RXD
NC
SWD_DOCK_TO_AP_SWCLK
SWD_DOCK_BI_AP_SWDIO
TRI

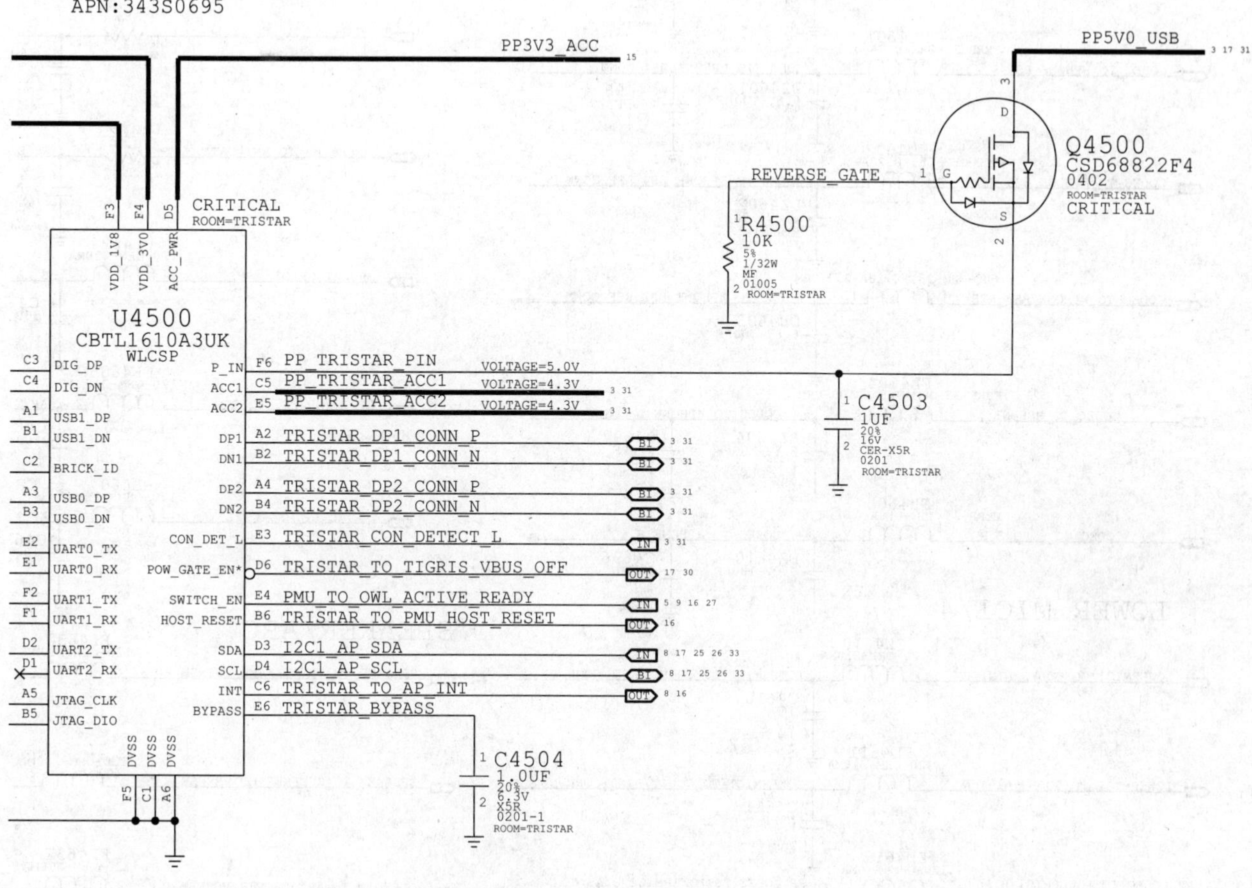
STAR 2(A3)
APN:343S0695
PP3V3_ACC
PP5V0_USB
CRITICAL
ROOM=TRISTAR
U4500
CBTL1610A3UK
WLCSP
VDD_1V8
VDD_3V0
ACC_PWR
DIG_DP
DIG_DN
USB1_DP
USB1_DN
BRICK_ID
USB0_DP
USB0_DN
UART0_TX
UART0_RX
UART1_TX
UART1_RX
UART2_TX
UART2_RX
JTAG_CLK
JTAG_DIO
P_IN
ACC1
ACC2
DP1
DN1
DP2
DN2
CON_DET_L
POW_GATE_EN*
SWITCH_EN
HOST_RESET
SDA
SCL
INT
BYPASS
DVSS
PP_TRISTAR_PIN
PP_TRISTAR_ACC1
PP_TRISTAR_ACC2
VOLTAGE=5.0V
VOLTAGE=4.3V
TRISTAR_DP1_CONN_P
TRISTAR_DP1_CONN_N
TRISTAR_DP2_CONN_P
TRISTAR_DP2_CONN_N
TRISTAR_CON_DETECT_L
TRISTAR_TO_TIGRIS_VBUS_OFF
PMU_TO_OWL_ACTIVE_READY
TRISTAR_TO_PMU_HOST_RESET
I2C1_AP_SDA
I2C1_AP_SCL
TRISTAR_TO_AP_INT
TRISTAR_BYPASS
REVERSE_GATE
R4500
10K
5%
1/32W
MF
01005
ROOM=TRISTAR
Q4500
CSD68822F4
0402
ROOM=TRISTAR
CRITICAL
C4503
1UF
20%
16V
CER-X5R
0201
ROOM=TRISTAR
C4504
1.0UF
20%
6.3V
X5R
0201-1
ROOM=TRISTAR
ROOM=TRISTAR
P3MM-NSM
SM
STAR_TO_TIGRIS_VBUS_OFF
PP4500

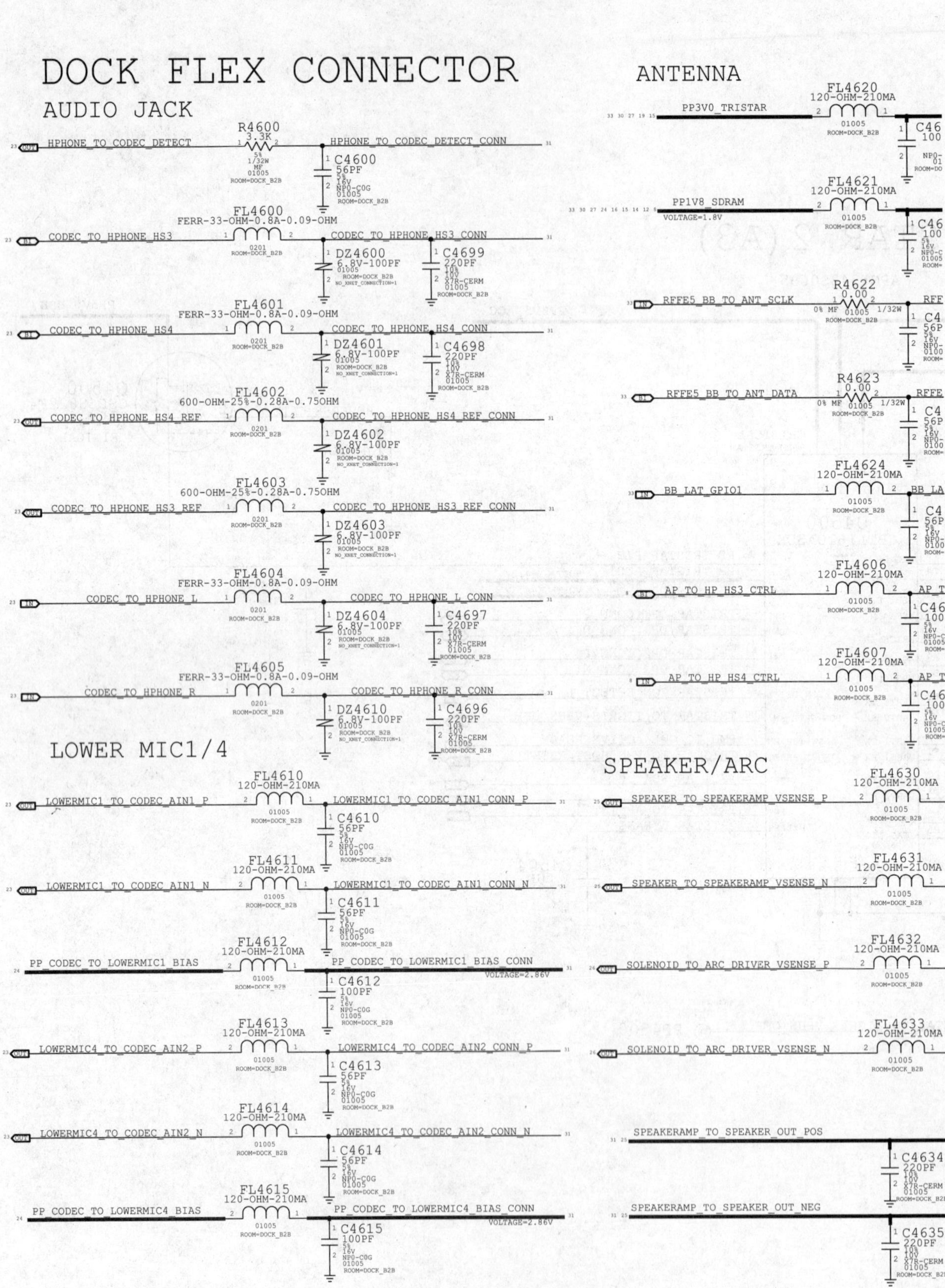

DOCK FLEX CONNECTOR
AUDIO JACK
R4600 3.3K
HPHONE_TO_CODEC_DETECT
HPHONE_TO_CODEC_DETECT_CONN
C4600 56PF
FL4600 FERR-33-OHM-0.8A-0.09-OHM
CODEC_TO_HPHONE_HS3
CODEC_TO_HPHONE_HS3_CONN
DZ4600 6.8V-100PF
C4699 220PF
FL4601 FERR-33-OHM-0.8A-0.09-OHM
CODEC_TO_HPHONE_HS4
CODEC_TO_HPHONE_HS4_CONN
DZ4601 6.8V-100PF
C4698 220PF
FL4602 600-OHM-25%-0.28A-0.75OHM
CODEC_TO_HPHONE_HS4_REF
CODEC_TO_HPHONE_HS4_REF_CONN
DZ4602 6.8V-100PF
FL4603 600-OHM-25%-0.28A-0.75OHM
CODEC_TO_HPHONE_HS3_REF
CODEC_TO_HPHONE_HS3_REF_CONN
DZ4603 6.8V-100PF
FL4604 FERR-33-OHM-0.8A-0.09-OHM
CODEC_TO_HPHONE_L
CODEC_TO_HPHONE_L_CONN
DZ4604 6.8V-100PF
C4697 220PF
FL4605 FERR-33-OHM-0.8A-0.09-OHM
CODEC_TO_HPHONE_R
CODEC_TO_HPHONE_R_CONN
DZ4610 6.8V-100PF
C4696 220PF
LOWER MIC1/4
FL4610 120-OHM-210MA
LOWERMIC1_TO_CODEC_AIN1_P
LOWERMIC1_TO_CODEC_AIN1_CONN_P
C4610 56PF
FL4611 120-OHM-210MA
LOWERMIC1_TO_CODEC_AIN1_N
LOWERMIC1_TO_CODEC_AIN1_CONN_N
C4611 56PF
FL4612 120-OHM-210MA
PP_CODEC_TO_LOWERMIC1_BIAS
PP_CODEC_TO_LOWERMIC1_BIAS_CONN
VOLTAGE=2.86V
C4612 100PF
FL4613 120-OHM-210MA
LOWERMIC4_TO_CODEC_AIN2_P
LOWERMIC4_TO_CODEC_AIN2_CONN_P
C4613 56PF
FL4614 120-OHM-210MA
LOWERMIC4_TO_CODEC_AIN2_N
LOWERMIC4_TO_CODEC_AIN2_CONN_N
C4614 56PF
FL4615 120-OHM-210MA
PP_CODEC_TO_LOWERMIC4_BIAS
PP_CODEC_TO_LOWERMIC4_BIAS_CONN
VOLTAGE=2.86V
C4615 100PF
ANTENNA
FL4620 120-OHM-210MA
PP3V0_TRISTAR
FL4621 120-OHM-210MA
PP1V8_SDRAM
VOLTAGE=1.8V
R4622 0.00
RFFE5_BB_TO_ANT_SCLK
R4623 0.00
RFFE5_BB_TO_ANT_DATA
FL4624 120-OHM-210MA
BB_LAT_GPIO1
FL4606 120-OHM-210MA
AP_TO_HP_HS3_CTRL
FL4607 120-OHM-210MA
AP_TO_HP_HS4_CTRL
SPEAKER/ARC
FL4630 120-OHM-210MA
SPEAKER_TO_SPEAKERAMP_VSENSE_P
FL4631 120-OHM-210MA
SPEAKER_TO_SPEAKERAMP_VSENSE_N
FL4632 120-OHM-210MA
SOLENOID_TO_ARC_DRIVER_VSENSE_P
FL4633 120-OHM-210MA
SOLENOID_TO_ARC_DRIVER_VSENSE_N
SPEAKERAMP_TO_SPEAKER_OUT_POS
C4634 220PF
SPEAKERAMP_TO_SPEAKER_OUT_NEG
C4635 220PF

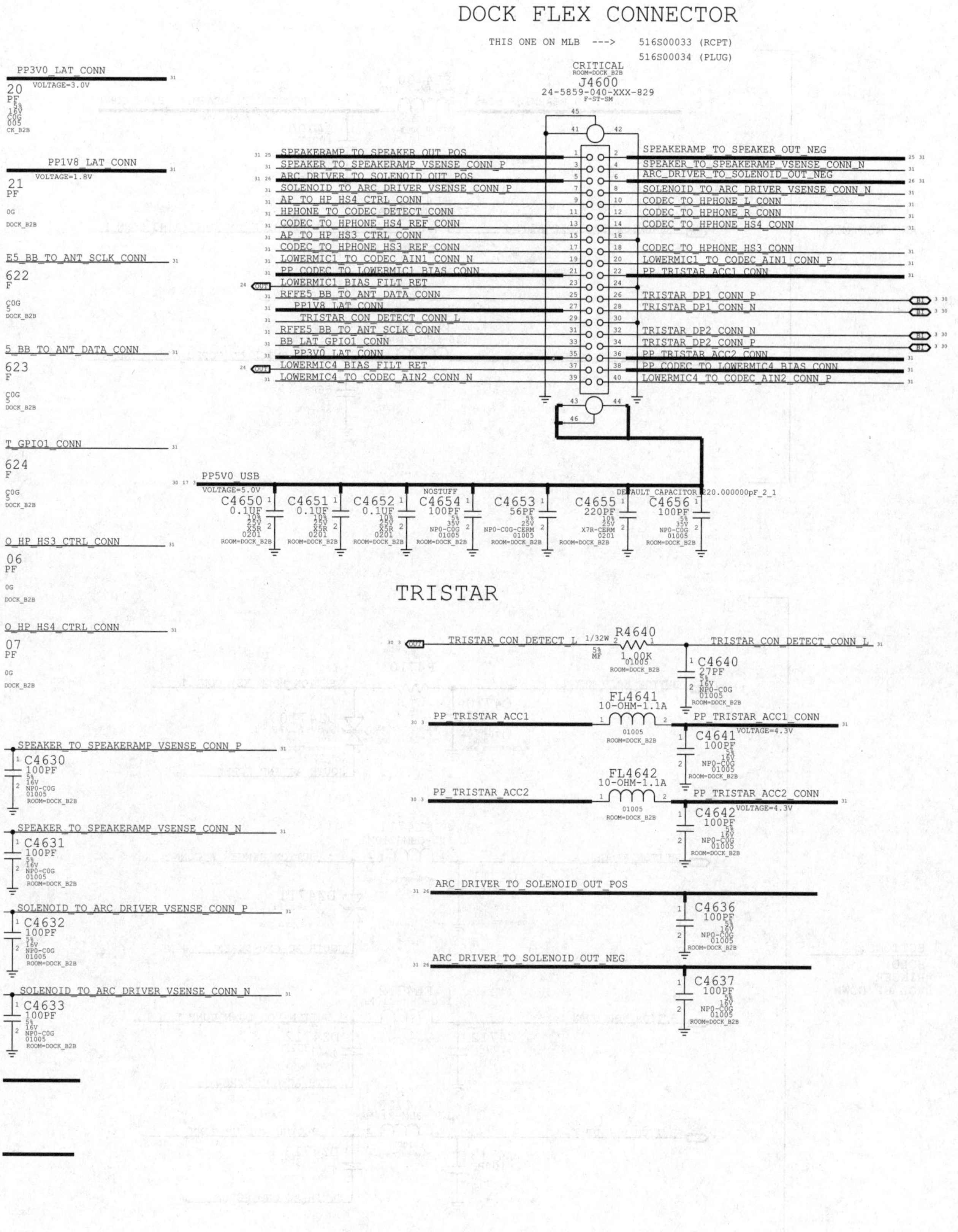

DOCK FLEX CONNECTOR

THIS ONE ON MLB ---> 516S00033 (RCPT)
516S00034 (PLUG)

CRITICAL
J4600
24-5859-040-XXX-829
F-ST-SM

SPEAKERAMP_TO_SPEAKER_OUT_POS
SPEAKER_TO_SPEAKERAMP_VSENSE_CONN_P
ARC_DRIVER_TO_SOLENOID_OUT_POS
SOLENOID_TO_ARC_DRIVER_VSENSE_CONN_P
AP_TO_HP_HS4_CTRL_CONN
HPHONE_TO_CODEC_DETECT_CONN
CODEC_TO_HPHONE_HS4_REF_CONN
AP_TO_HP_HS3_CTRL_CONN
CODEC_TO_HPHONE_HS3_REF_CONN
LOWERMIC1_TO_CODEC_AIN1_CONN_N
PP_CODEC_TO_LOWERMIC1_BIAS_CONN
LOWERMIC1_BIAS_FILT_RET
RFFE5_BB_TO_ANT_DATA_CONN
PP1V8_LAT_CONN
TRISTAR_CON_DETECT_CONN_L
RFFE5_BB_TO_ANT_SCLK_CONN
BB_LAT_GPIO1_CONN
PP3V0_LAT_CONN
LOWERMIC4_BIAS_FILT_RET
LOWERMIC4_TO_CODEC_AIN2_CONN_N

SPEAKERAMP_TO_SPEAKER_OUT_NEG
SPEAKER_TO_SPEAKERAMP_VSENSE_CONN_N
ARC_DRIVER_TO_SOLENOID_OUT_NEG
SOLENOID_TO_ARC_DRIVER_VSENSE_CONN_N
CODEC_TO_HPHONE_L_CONN
CODEC_TO_HPHONE_R_CONN
CODEC_TO_HPHONE_HS4_CONN
CODEC_TO_HPHONE_HS3_CONN
LOWERMIC1_TO_CODEC_AIN1_CONN_P
PP_TRISTAR_ACC1_CONN
TRISTAR_DP1_CONN_P
TRISTAR_DP1_CONN_N
TRISTAR_DP2_CONN_N
TRISTAR_DP2_CONN_P
PP_TRISTAR_ACC2_CONN
PP_CODEC_TO_LOWERMIC4_BIAS_CONN
LOWERMIC4_TO_CODEC_AIN2_CONN_P

PP5V0_USB
VOLTAGE=5.0V
DEFAULT_CAPACITOR 220.000000pF_2_1

C4650 0.1UF 10% 25V X5R 0201 ROOM=DOCK_B2B
C4651 0.1UF 10% 25V X5R 0201 ROOM=DOCK_B2B
C4652 0.1UF 10% 25V X5R 0201 ROOM=DOCK_B2B
NOSTUFF C4654 100PF 5% 35V NP0-C0G 01005 ROOM=DOCK_B2B
C4653 56PF 5% 25V NP0-C0G-CERM 01005 ROOM=DOCK_B2B
C4655 220PF 10% 25V X7R-CERM 0201 ROOM=DOCK_B2B
C4656 100PF 5% 35V NP0-C0G 01005 ROOM=DOCK_B2B

PP3V0_LAT_CONN VOLTAGE=3.0V
PP1V8_LAT_CONN VOLTAGE=1.8V
E5_BB_TO_ANT_SCLK_CONN
5_BB_TO_ANT_DATA_CONN
T_GPIO1_CONN
O_HP_HS3_CTRL_CONN
O_HP_HS4_CTRL_CONN

TRISTAR

TRISTAR_CON_DETECT_L — R4640 1/32W 5% MF 1.00K 01005 ROOM=DOCK_B2B — TRISTAR_CON_DETECT_CONN_L
C4640 27PF 5% 16V NP0-C0G 01005 ROOM=DOCK_B2B

PP_TRISTAR_ACC1 — FL4641 10-OHM-1.1A 01005 ROOM=DOCK_B2B — PP_TRISTAR_ACC1_CONN VOLTAGE=4.3V
C4641 100PF 5% 16V NP0-C0G 01005 ROOM=DOCK_B2B

PP_TRISTAR_ACC2 — FL4642 10-OHM-1.1A 01005 ROOM=DOCK_B2B — PP_TRISTAR_ACC2_CONN VOLTAGE=4.3V
C4642 100PF 5% 16V NP0-C0G 01005 ROOM=DOCK_B2B

SPEAKER_TO_SPEAKERAMP_VSENSE_CONN_P — C4630 100PF 5% 16V NP0-C0G 01005 ROOM=DOCK_B2B
SPEAKER_TO_SPEAKERAMP_VSENSE_CONN_N — C4631 100PF 5% 16V NP0-C0G 01005 ROOM=DOCK_B2B
SOLENOID_TO_ARC_DRIVER_VSENSE_CONN_P — C4632 100PF 5% 16V NP0-C0G 01005 ROOM=DOCK_B2B
SOLENOID_TO_ARC_DRIVER_VSENSE_CONN_N — C4633 100PF 5% 16V NP0-C0G 01005 ROOM=DOCK_B2B

ARC_DRIVER_TO_SOLENOID_OUT_POS — C4636 100PF 5% 16V NP0-C0G 01005 ROOM=DOCK_B2B
ARC_DRIVER_TO_SOLENOID_OUT_NEG — C4637 100PF 5% 16V NP0-C0G 01005 ROOM=DOCK_B2B

BUTTON FLEX

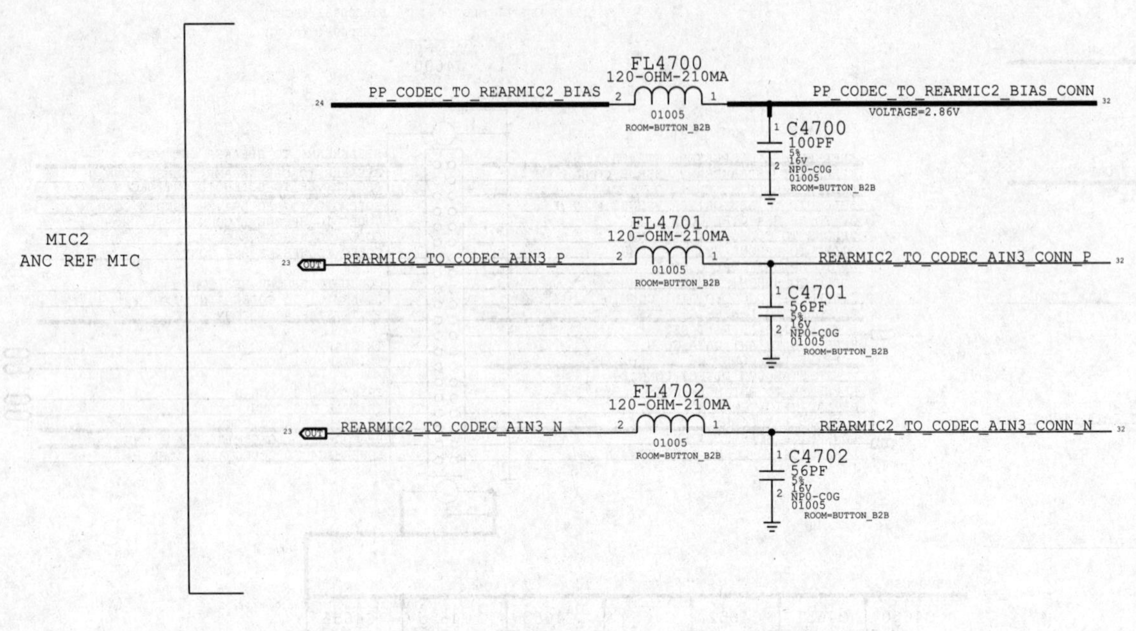

MIC2
ANC REF MIC
FL4700
120-OHM-210MA
PP_CODEC_TO_REARMIC2_BIAS
PP_CODEC_TO_REARMIC2_BIAS_CONN
VOLTAGE=2.86V
C4700
100PF
FL4701
REARMIC2_TO_CODEC_AIN3_P
REARMIC2_TO_CODEC_AIN3_CONN_P
C4701
56PF
FL4702
REARMIC2_TO_CODEC_AIN3_N
REARMIC2_TO_CODEC_AIN3_CONN_N
C4702
56PF

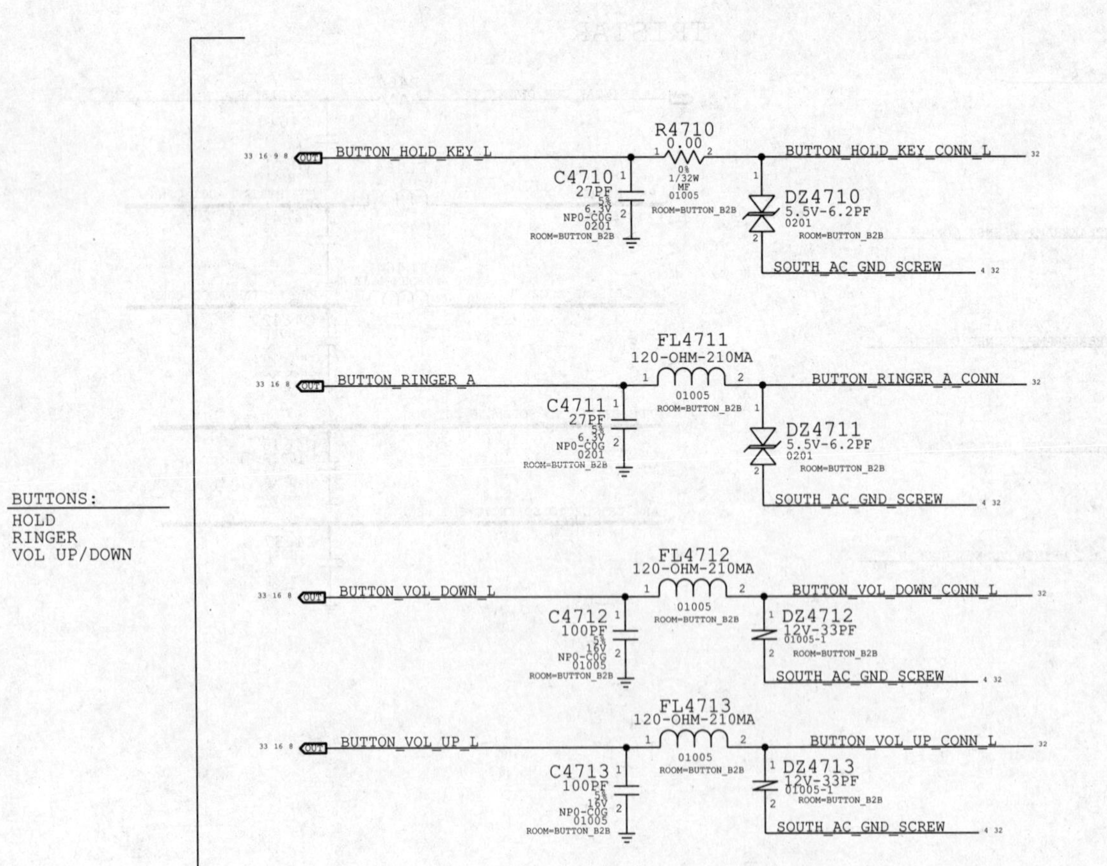

BUTTONS:
HOLD
RINGER
VOL UP/DOWN
R4710
0.00
BUTTON_HOLD_KEY_L
BUTTON_HOLD_KEY_CONN_L
C4710
27PF
DZ4710
5.5V-6.2PF
SOUTH_AC_GND_SCREW
FL4711
120-OHM-210MA
BUTTON_RINGER_A
BUTTON_RINGER_A_CONN
C4711
27PF
DZ4711
5.5V-6.2PF
SOUTH_AC_GND_SCREW
FL4712
120-OHM-210MA
BUTTON_VOL_DOWN_L
BUTTON_VOL_DOWN_CONN_L
C4712
100PF
DZ4712
12V-33PF
SOUTH_AC_GND_SCREW
FL4713
120-OHM-210MA
BUTTON_VOL_UP_L
BUTTON_VOL_UP_CONN_L
C4713
100PF
DZ4713
12V-33PF
SOUTH_AC_GND_SCREW

BUTTON FLEX CONNECTOR

THIS ONE ON MLB ---> 516S00058 (RCPT)
516S00059 (PLUG)

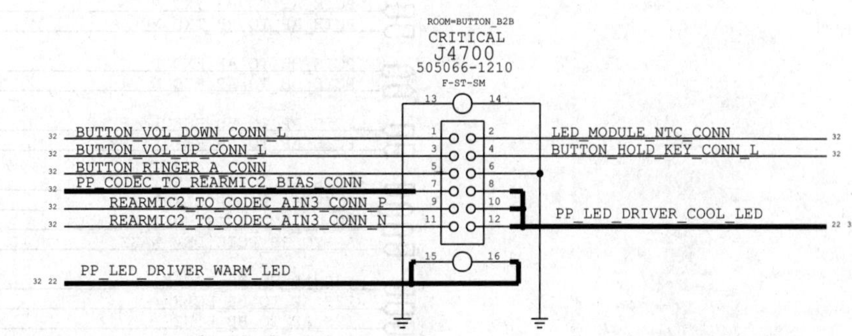

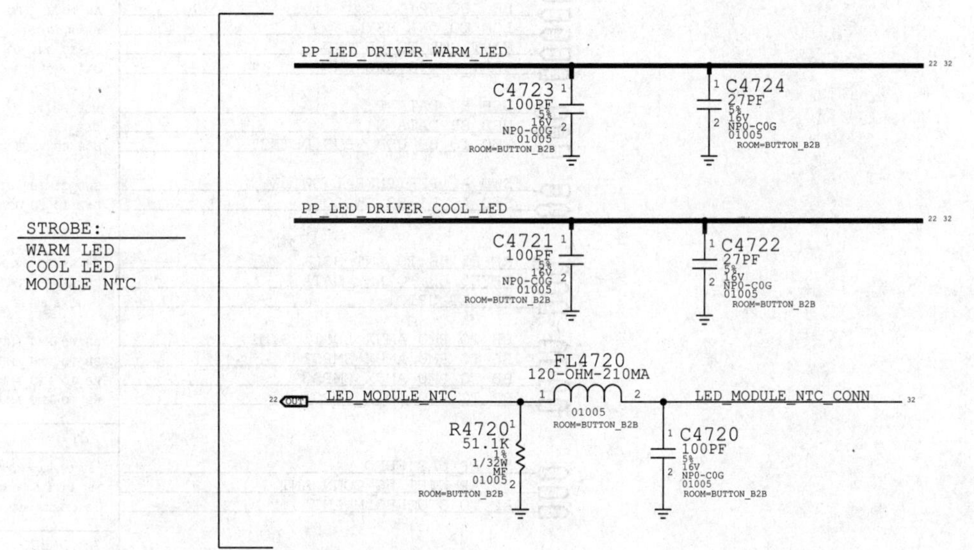

BASEBAND、WLAN、BT &

RADIO_ML

SHARED POW

Net	Connector pin
PP_VCC_MAIN	PP_VCC_MAIN
PP3V0_TRISTAR	PP3V0_TRISTAR
PP1V8_SDRAM	PP1V8_SDRAM
BASEBAND	
PCIE_AP_TO_BB_TXD_P	PCIE0_AP_TO_B
PCIE_AP_TO_BB_TXD_N	PCIE0_AP_TO_B
PCIE_BB_TO_AP_RXD_P	PCIE0_BB_TO_A
PCIE_BB_TO_AP_RXD_N	PCIE0_BB_TO_A
PCIE_AP_TO_BB_REFCLK_P	PCIE0_AP_TO_B
PCIE_AP_TO_BB_REFCLK_N	PCIE0_AP_TO_B
PCIE_AP_TO_BB_RESET_L	PCIE0_AP_TO_B
PCIE_BB_BI_AP_CLKREQ_L	PCIE0_AP_TO_B
BB_TO_PMU_PCIE_HOST_WAKE_L	PCIE0_BB_TO_P
AP_TO_BB_PCIE_DEV_WAKE	PCIE0_AP_TO_B
I2S_AP_TO_BB_LRCLK	I2S_AP_TO_BB_
I2S_AP_TO_BB_BCLK	I2S_AP_TO_BB_
I2S_AP_TO_BB_DOUT	I2S_AP_TO_BB_
I2S_BB_TO_AP_DIN	I2S_BB_TO_AP_
AP_TO_BB_RADIO_ON_L	AP_TO_BBPMU_R
PMU_TO_BB_PMIC_RESET_L	PMU_TO_BBPMU_
AP_TO_BB_RESET_L	AP_TO_BB_RST_
BB_TO_AP_RESET_DETECT_L	BB_TO_AP_RESE
BB_TO_LED_DRIVER_GSM_BURST_IND	BB_TO_AP_GSM_
AP_TO_BB_MESA_UP_L	AP_TO_BB_MESA_O
BB_TO_AP_GPS_TIME_MARK	BB_TO_AP_GPS_
AP_TO_BB_COREDUMP	AP_TO_BB_CORE
BB_IPC_GPIO	AP_TO_BB_IPC_
LCM_TO_OWL_BSYNC	TOUCH_TO_BBPMU_
UART_OWL_TO_BB_TXD	UART0_OWL_TO_
UART_BB_TO_OWL_RXD	UART0_BB_TO_O
USB_BB_DATA_P	USB_BB_P
USB_BB_DATA_N	USB_BB_N
PMU_TO_BB_USB_VBUS_DETECT	USB_BB_VBUS_D
SWD_AP_PERIPHERAL_SWCLK	SWD_CLK_BB_JT
SWD_AP_BI_BB_SWDIO	SWD_IO_BB_JTA
RFFE5_BB_TO_ANT_SCLK	75_RFFE5_SCLK
RFFE5_BB_TO_ANT_DATA	75_RFFE5_SDAT
BB_LAT_GPIO1	RFFE_BUFFER_
BB_TO_PMU_AMUX_LDO11_SIM1	BB_TO_PMU_AMU
BB_TO_PMU_AMUX_SMPS1	BB_TO_PMU_AMU
BB_TO_PMU_AMUX_SMPS3	BB_TO_PMU_AMU
BB_TO_PMU_AMUX_SMPS4	BB_TO_PMU_AMU
ANT	
50_AP_UAT_FEED	50_UPPER_ANT_F
50_AP_WIFI_5G_CONN_ANT	50_WIFI_5G_CON
AP_TO_STOCKHOLM_ANT	STOCKHOLM_ANT
AP DEBUG	
PP1V8	PP1V8
DFU_STATUS	DFU_STATUS
FORCE_DFU	FORCE_DFU
NC_PMU_AMUX_AY	PMU_AMUX_AY
NC_PMU_AMUX_BY	PMU_AMUX_BY
PMU_TO_SYSTEM_COLD_RESET_L	PMU_TO_SYSTEM_
I2C0_AP_SCL	I2C0_AP_SCL
I2C0_AP_SDA	I2C0_AP_SDA
I2C1_AP_SCL	I2C1_AP_SCL
I2C1_AP_SDA	I2C1_AP_SDA
BUTTON_HOLD_KEY_L	BUTTON_HOLD_
BUTTON_MENU_KEY_L	BUTTON_MENU_
BUTTON_RINGER_A	BUTTON_RINGE
BUTTON_VOL_DOWN_L	BUTTON_VOL_D
BUTTON_VOL_UP_L	BUTTON_VOL_U
NC_PMU_GPIO20	PMU_GPIO20
NC_PMU_GPIO21	PMU_GPIO21
UART_AP_DEBUG_TXD	AP_RESERVED0
UART_AP_DEBUG_RXD	AP_RESERVED1
NC_AP_RESERVED2	AP_RESERVED2

MIS-NAMED NET. GPS_TIME_MARK ACTUALLY GOES FROM AP TO BB.

STOCKHOLM

I456

B_MIMO

ER

SUBDESIGN_SUFFIX=RF

B_TX_P
B_TX_N
P_TX_P
P_TX_N
B_REFCLK_P
B_REFCLK_N
B_PERST_L
B_CLKREQ_L
MU_HOST_WAKE_L
B_DEV_WAKE
WS
CLK
TX
TX
ADIO_ON_L
RESET_L
L
T_DET_L
TXBURST_IND
N_L
TIME_MARK
DUMP_TRIG
GPIO
FORCE_PWM
BB_TX
WL_TX
ETECT
AG_TCK
G_TMS
_BB
A_BB
LAT_GPIO1
X_LDO11_SIM1
X_SMPS1
X_SMPS3
X_SMPS4
EED
N_ANT
COLD_RESET_L
KEY_L
KEY_L
R_A
OWN_L
P_L

WLAN

Pin	Net	Dir	Page
PCIE_AP_TO_WLAN_TX_P	PCIE_AP_TO_WLAN_TXD_P	IN	6
PCIE_AP_TO_WLAN_TX_N	PCIE_AP_TO_WLAN_TXD_N	IN	6
PCIE_WLAN_TO_AP_TX_P	PCIE_WLAN_TO_AP_RXD_P	OUT	6
PCIE_WLAN_TO_AP_TX_N	PCIE_WLAN_TO_AP_RXD_N	OUT	6
PCIE_AP_TO_WLAN_REFCLK_P	PCIE_AP_TO_WLAN_REFCLK_P	IN	6
PCIE_AP_TO_WLAN_REFCLK_N	PCIE_AP_TO_WLAN_REFCLK_N	IN	6
PCIE_AP_TO_WLAN_PERST_L	PCIE_AP_TO_WLAN_RESET_L	IN	6
PCIE_AP_TO_WLAN_DEV_WAKE	PCIE_AP_TO_WLAN_DEV_WAKE	IN	8
PCIE_WLAN_TO_AP_CLKREQ_L	PCIE_WLAN_TO_AP_CLKREQ_L	BI	6
UART4_AP_TO_WLAN_TX	UART_AP_TO_WLAN_TXD	IN	8
UART4_AP_TO_WLAN_RTS_L	UART_AP_TO_WLAN_RTS_L	IN	8
UART4_WLAN_TO_AP_TX	UART_WLAN_TO_AP_RXD	OUT	8
UART4_WLAN_TO_AP_RTS_L	UART_WLAN_TO_AP_CTS_L	OUT	8
PMU_TO_WLAN_32K_CLK	PMU_TO_WLAN_CLK32K	IN	16
PMU_TO_WLAN_REG_ON	PMU_TO_WLAN_REG_ON	IN	16
WLAN_TO_PMU_HOST_WAKE	WLAN_TO_PMU_HOST_WAKE	OUT	16
OWL_TO_WLAN_CONTEXT_A	OWL_TO_WLAN_CONTEXT_A	IN	9
OWL_TO_WLAN_CONTEXT_B	OWL_TO_WLAN_CONTEXT_B	IN	9

BLUETOOTH

Pin	Net	Dir	Page
I2S_AP_TO_BT_LRCK	I2S_AP_TO_BT_LRCLK	IN	8
I2S_AP_TO_BT_BCLK	I2S_AP_TO_BT_BCLK	IN	8
I2S_AP_TO_BT_DOUT	I2S_AP_TO_BT_DOUT	IN	8
I2S_BT_TO_AP_DOUT	I2S_BT_TO_AP_DIN	OUT	8
UART1_AP_TO_BT_TX	UART_AP_TO_BT_TXD	IN	8
UART1_AP_TO_BT_RTS_L	UART_AP_TO_BT_RTS_L	IN	8
UART1_BT_TO_AP_TX	UART_BT_TO_AP_RXD	OUT	8
UART1_BT_TO_AP_RTS_L	UART_BT_TO_AP_CTS_L	OUT	8
PMU_TO_BT_REG_ON	PMU_TO_BT_REG_ON	IN	16
BT_TO_PMU_HOST_WAKE	BT_TO_PMU_HOST_WAKE	OUT	16
AP_TO_BT_WAKE	AP_TO_BT_WAKE	IN	8

STOCKHOLM

Pin	Net	Dir	Page
UART3_AP_TO_STOCKHOLM_TXD	UART_AP_TO_STOCKHOLM_TXD	IN	8
UART3_AP_TO_STOCKHOLM_RTS_L	UART_AP_TO_STOCKHOLM_RTS_L	IN	8
UART3_STOCKHOLM_TO_AP_TXD	UART_STOCKHOLM_TO_AP_RXD	OUT	8
UART3_STOCKHOLM_TO_AP_RTS_L	UART_STOCKHOLM_TO_AP_CTS_L	OUT	8
PMU_TO_STOCKHOLM_EN	PMU_TO_STOCKHOLM_EN	IN	16
STOCKHOLM_TO_PMU_HOST_WAKE	STOCKHOLM_TO_PMU_HOST_WAKE	OUT	16
AP_TO_STOCKHOLM_DEV_WAKE	AP_TO_STOCKHOLM_DEV_WAKE	IN	8
AP_TO_STOCKHOLM_FW_DWLD_REQ	AP_TO_STOCKHOLM_DWLD_REQUEST	IN	7

N71-SPECIFIC

DIVERSITY LNA

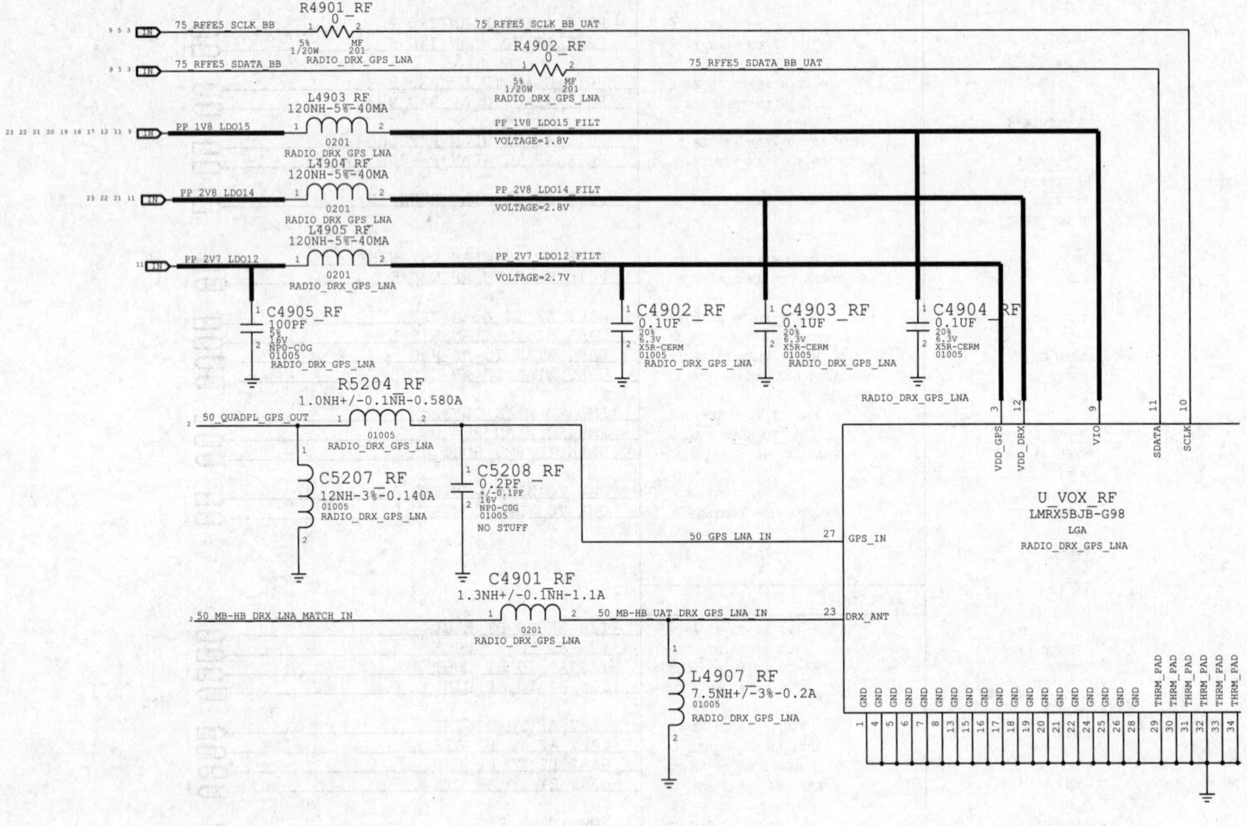

UAT ANT FEED

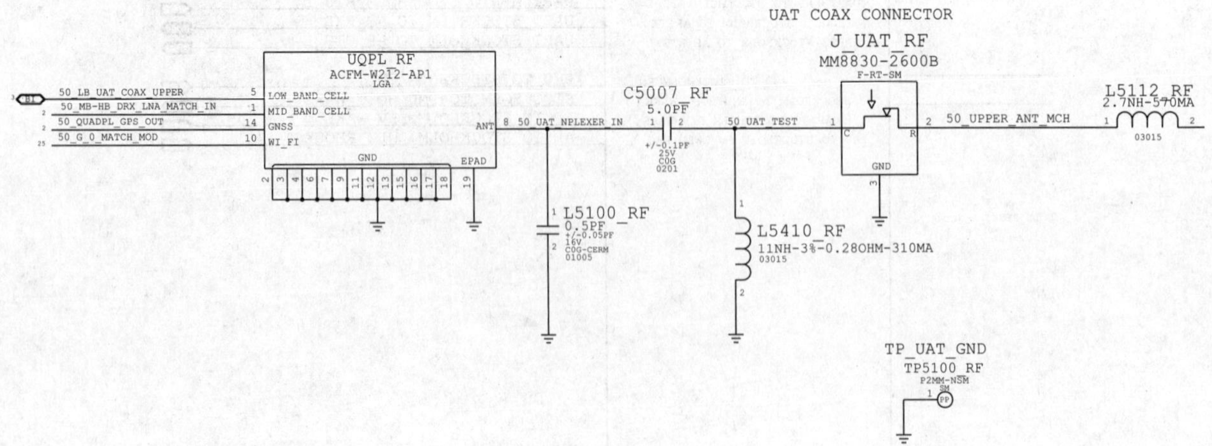

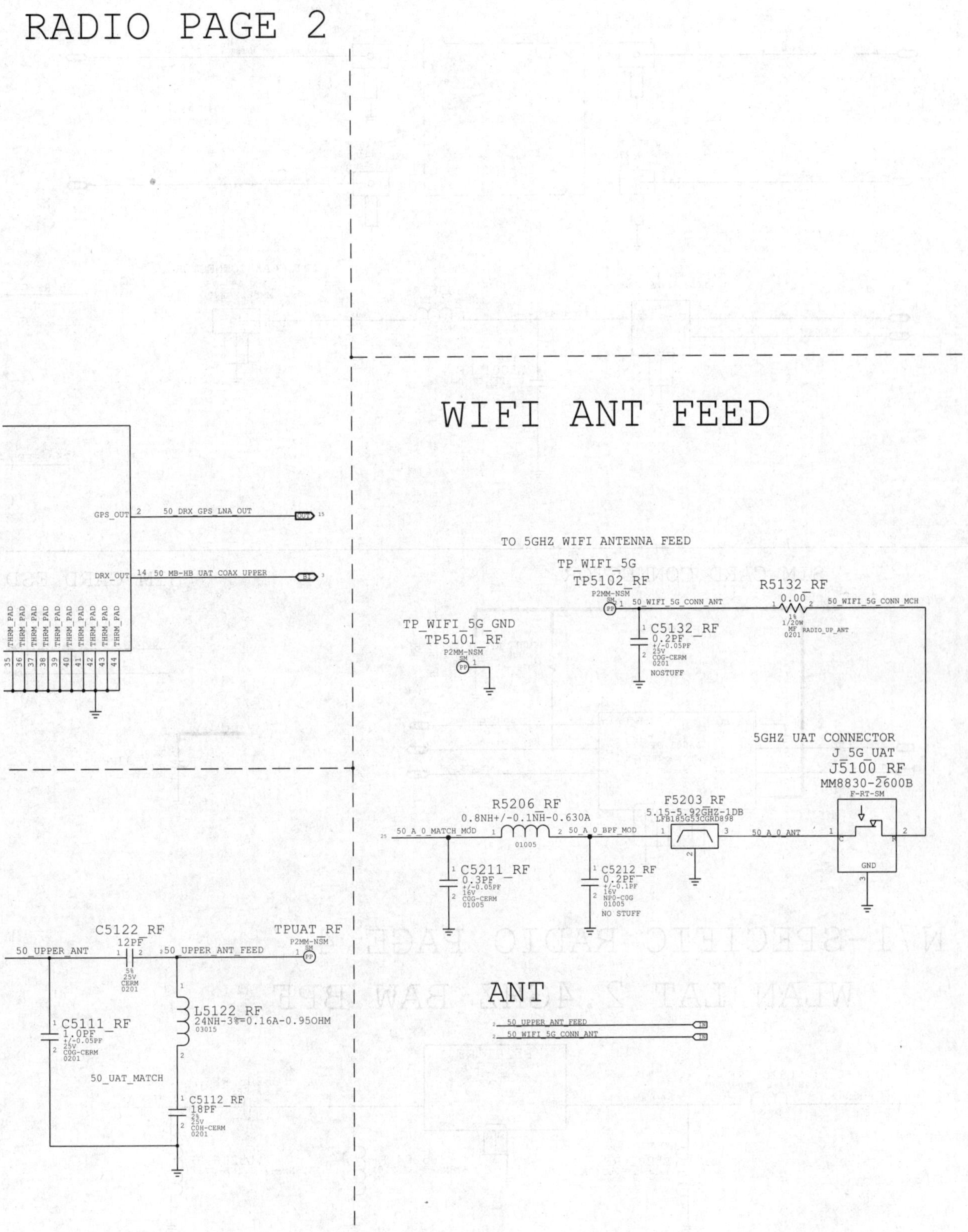

RADIO PAGE 2

WIFI ANT FEED

GPS_OUT 2 50_DRX_GPS_LNA_OUT
DRX_OUT 14 50_MB-HB_UAT_COAX_UPPER
THRM_PAD 35 36 37 38 39 40 41 42 43 44

TO 5GHZ WIFI ANTENNA FEED
TP_WIFI_5G
TP5102_RF
P2MM-NSM
50_WIFI_5G_CONN_ANT
R5132_RF
0.00
1%
1/20W
MF
0201
RADIO_UP_ANT
50_WIFI_5G_CONN_MCH
TP_WIFI_5G_GND
TP5101_RF
P2MM-NSM
C5132_RF
0.2PF
+/-0.05PF
25V
C0G-CERM
0201
NOSTUFF

5GHZ UAT CONNECTOR
J_5G_UAT
J5100_RF
MM8830-2600B
F-RT-SM
GND

R5206_RF
0.8NH+/-0.1NH-0.630A
01005
50_A_0_MATCH_MOD
50_A_0_BPF_MOD
F5203_RF
5.15-5.92GHZ-1DB
LFB185G53CGRD898
50_A_0_ANT
C5211_RF
0.3PF
+/-0.05PF
16V
C0G-CERM
01005
C5212_RF
0.2PF
+/-0.1PF
16V
NP0-C0G
01005
NO STUFF

C5122_RF
12PF
5%
25V
CERM
0201
50_UPPER_ANT
50_UPPER_ANT_FEED
TPUAT_RF
P2MM-NSM
C5111_RF
1.0PF
+/-0.05PF
25V
C0G-CERM
0201
L5122_RF
24NH-3%-0.16A-0.95OHM
03015
50_UAT_MATCH
C5112_RF
18PF
5%
25V
C0H-CERM
0201

ANT

50_UPPER_ANT_FEED
50_WIFI_5G_CONN_ANT

N71-SPECIFIC ANTENNA FEEDS AND CONNECTORS

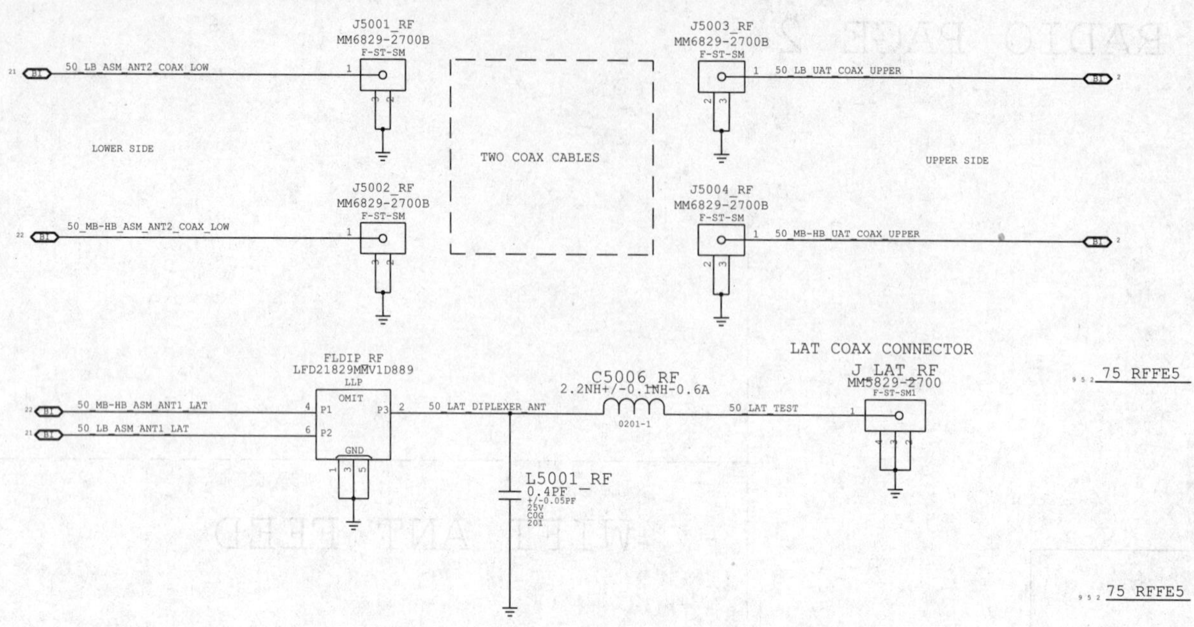

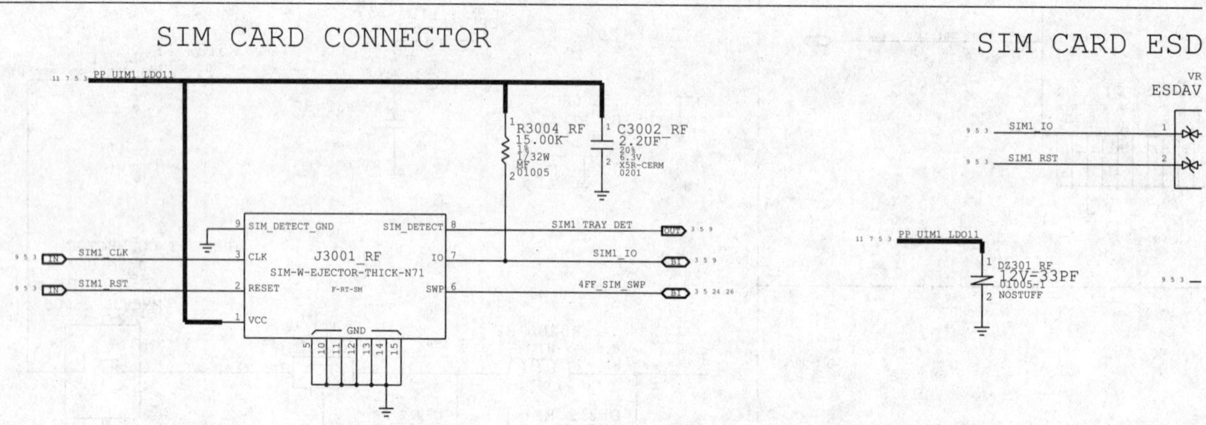

N71-SPECIFIC RADIO PAGE 4

WLAN LAT 2.4GHZ BAW BPF

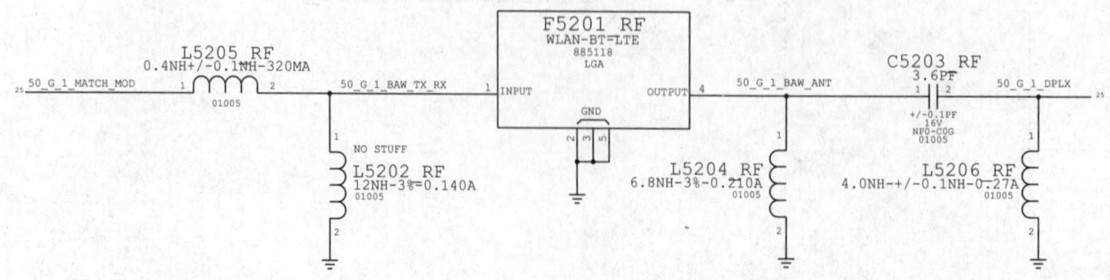

RADIO PAGE 3

UAT TUNER

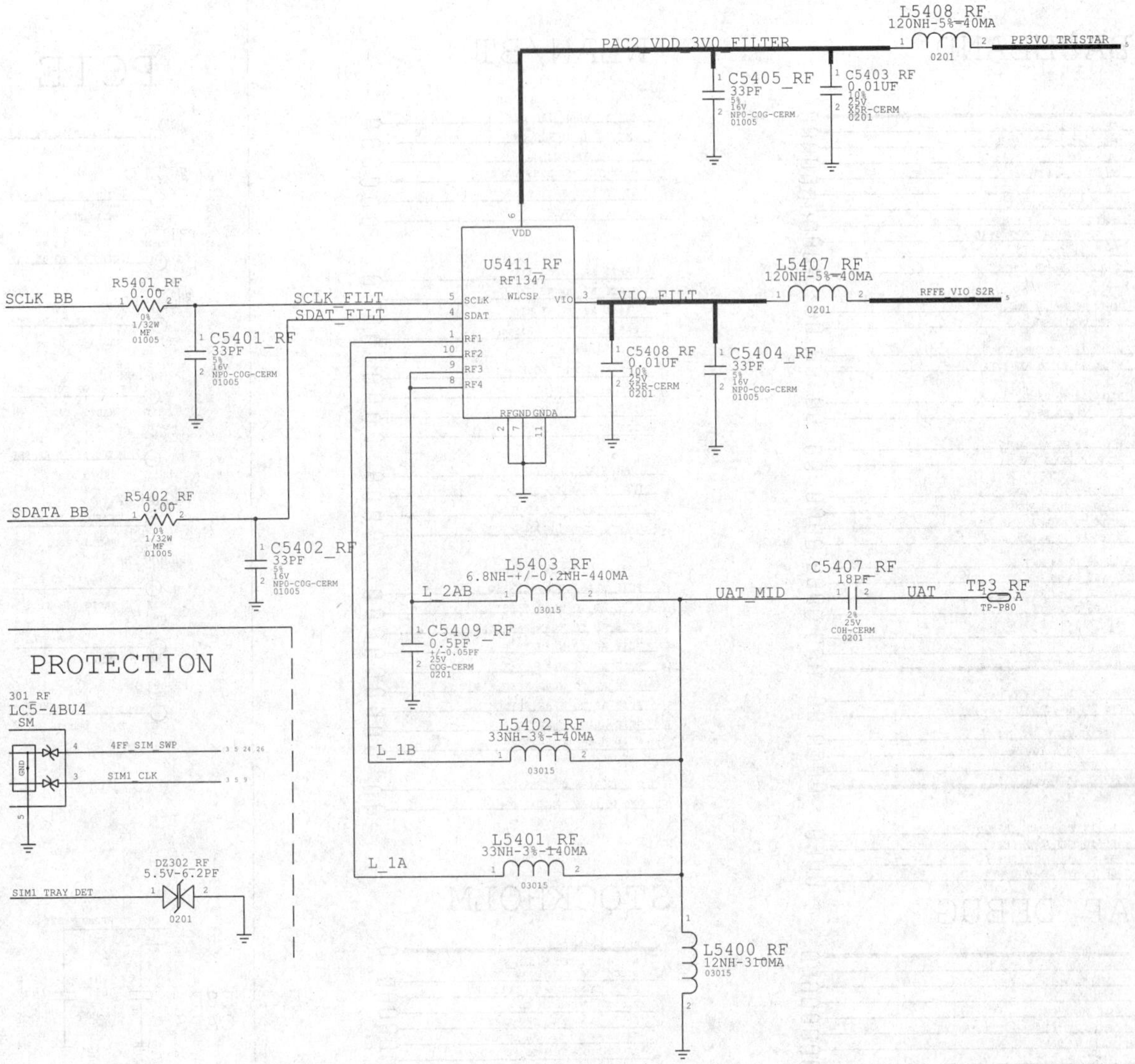

AP TO BB/WLAN/BT/SH CONNECTIONS

BASEBAND

PP_VCC_MAIN
AP_TO_BBPMU_RADIO_ON_L
PMU_TO_BBPMU_RESET_L
AP_TO_BB_RST_L
BB_TO_AP_RESET_DET_L SINGLE_NODENET
BB_TO_AP_GSM_TXBURST_IND
AP_TO_BB_MESA_ON_L
BB_TO_AP_GPS_TIME_MARK
AP_TO_BB_COREDUMP_TRIG
AP_TO_BB_IPC_GPIO
TOUCH_TO_BBPMU_FORCE_PWM

UART0_BB_TO_OWL_TX
UART0_OWL_TO_BB_TX

PCIE0_AP_TO_BB_REFCLK_P
PCIE0_AP_TO_BB_REFCLK_N

PCIE0_AP_TO_BB_TX_P
PCIE0_AP_TO_BB_TX_N

PCIE0_BB_TO_AP_TX_P
PCIE0_BB_TO_AP_TX_N

PCIE0_AP_TO_BB_PERST_L
PCIE0_AP_TO_BB_CLKREQ_L
PCIE0_BB_TO_PMU_HOST_WAKE_L
PCIE0_AP_TO_BB_DEV_WAKE

I2S_AP_TO_BB_WS
I2S_AP_TO_BB_CLK
I2S_AP_TO_BB_TX
I2S_BB_TO_AP_TX

USB_BB_P
USB_BB_N
USB_BB_VBUS_DETECT

SWD_CLK_BB_JTAG_TCK
SWD_IO_BB_JTAG_TMS

RFFE_BUFFER_LAT_GPIO1
75_RFFE5_SDATA_BB
75_RFFE5_SCLK_BB
PP3V0_TRISTAR

BB_TO_PMU_AMUX_SMPS1
BB_TO_PMU_AMUX_SMPS3
BB_TO_PMU_AMUX_SMPS4
BB_TO_PMU_AMUX_LDO11_SIM1

AP DEBUG

PP1V8
FORCE_DFU
DFU_STATUS
PMU_AMUX_AY
PMU_AMUX_BY
PMU_TO_SYSTEM_COLD_RESET_L
I2C0_AP_SDA
I2C0_AP_SCL
I2C1_AP_SDA
I2C1_AP_SCL
BUTTON_HOLD_KEY_L
BUTTON_MENU_KEY_L
BUTTON_VOL_DOWN_L
BUTTON_VOL_UP_L
BUTTON_RINGER_A
PMU_GPIO20
PMU_GPIO21

AP_RESERVED0
AP_RESERVED1
AP_RESERVED2

POWER

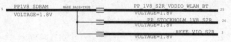

PP1V8_SDRAM VOLTAGE=1.8V
MAKE_BASE=TRUE
PP_1V8_S2R_VDDIO_WLAN_BT VOLTAGE=1.8V
PP_STOCKHOLM_1V8_S2R VOLTAGE=1.8V
RFFE_VIO_S2R VOLTAGE=1.8V

WLAN/BT

PMU_TO_WLAN_32K_CLK
PMU_TO_WLAN_REG_ON
PMU_TO_BT_REG_ON
WLAN_TO_PMU_HOST_WAKE
BT_TO_PMU_HOST_WAKE
AP_TO_BT_WAKE

UART1_AP_TO_BT_TX
UART1_BT_TO_AP_TX
UART1_AP_TO_BT_RTS_L
UART1_BT_TO_AP_RTS_L

I2S_AP_TO_BT_BCLK
I2S_AP_TO_BT_LRCK
I2S_BT_TO_AP_DOUT
I2S_AP_TO_BT_DOUT

UART4_AP_TO_WLAN_TX
UART4_WLAN_TO_AP_TX
UART4_WLAN_TO_AP_RTS_L
UART4_AP_TO_WLAN_RTS_L

PCIE_WLAN_TO_AP_CLKREQ_L
PCIE_AP_TO_WLAN_PERST_L
PCIE_AP_TO_WLAN_DEV_WAKE
PCIE_AP_TO_WLAN_TX_P
PCIE_AP_TO_WLAN_TX_N
PCIE_AP_TO_WLAN_REFCLK_P
PCIE_AP_TO_WLAN_REFCLK_N
PCIE_WLAN_TO_AP_TX_P
PCIE_WLAN_TO_AP_TX_N

OWL_TO_WLAN_CONTEXT_A
OWL_TO_WLAN_CONTEXT_B

STOCKHOLM

PP1V8_SDRAM
AP_TO_STOCKHOLM_SIM_SEL
STOCKHOLM_TO_PMU_HOST_WAKE
AP_TO_STOCKHOLM_FW_DWLD_REQ
PMU_TO_STOCKHOLM_EN
AP_TO_STOCKHOLM_DEV_WAKE
UART3_AP_TO_STOCKHOLM_TXD
UART3_STOCKHOLM_TO_AP_TXD
UART3_AP_TO_STOCKHOLM_RTS_L
UART3_STOCKHOLM_TO_AP_RTS_L

ANT

PCIE

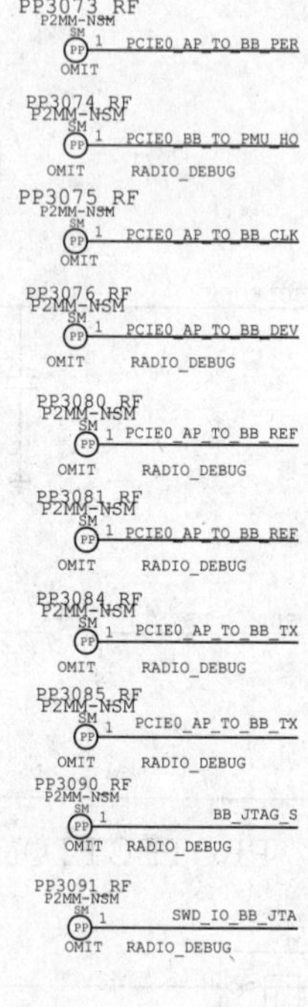

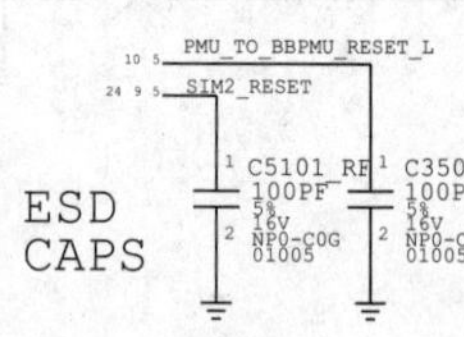

MLB PROBE POINTS

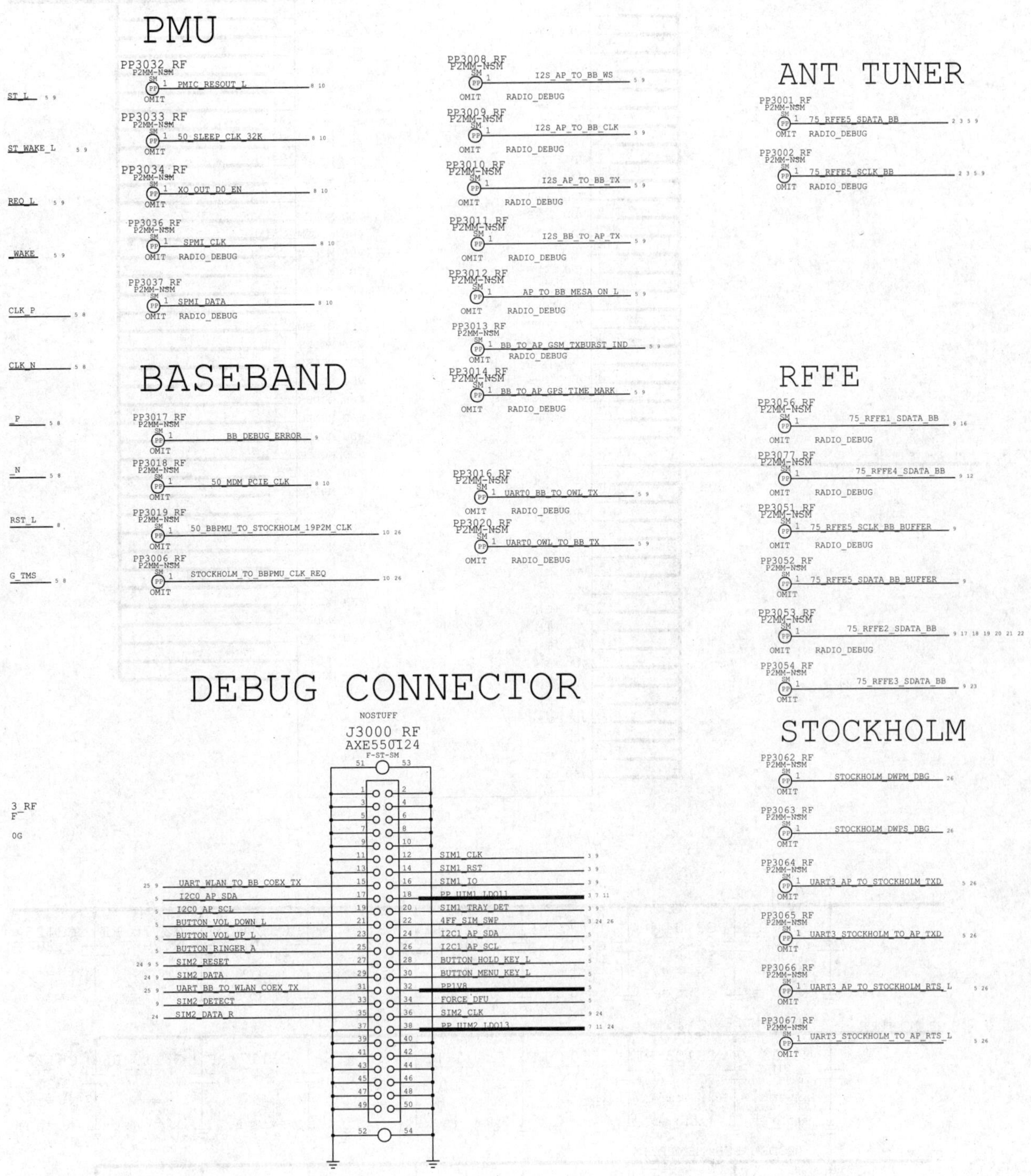

PMU

PP3032_RF P2MM-NSM PMIC_RESOUT_L OMIT
PP3033_RF P2MM-NSM 50_SLEEP_CLK_32K OMIT
PP3034_RF P2MM-NSM XO_OUT_D0_EN OMIT
PP3036_RF P2MM-NSM SPMI_CLK OMIT RADIO_DEBUG
PP3037_RF P2MM-NSM SPMI_DATA OMIT RADIO_DEBUG

BASEBAND

PP3017_RF P2MM-NSM BB_DEBUG_ERROR OMIT
PP3018_RF P2MM-NSM 50_MDM_PCIE_CLK OMIT
PP3019_RF P2MM-NSM 50_BBPMU_TO_STOCKHOLM_19P2M_CLK OMIT
PP3006_RF P2MM-NSM STOCKHOLM_TO_BBPMU_CLK_REQ OMIT

PP3008_RF P2MM-NSM I2S_AP_TO_BB_WS OMIT RADIO_DEBUG
PP3009_RF P2MM-NSM I2S_AP_TO_BB_CLK OMIT RADIO_DEBUG
PP3010_RF P2MM-NSM I2S_AP_TO_BB_TX OMIT RADIO_DEBUG
PP3011_RF P2MM-NSM I2S_BB_TO_AP_TX OMIT RADIO_DEBUG
PP3012_RF P2MM-NSM AP_TO_BB_MESA_ON_L OMIT RADIO_DEBUG
PP3013_RF P2MM-NSM BB_TO_AP_GSM_TXBURST_IND OMIT RADIO_DEBUG
PP3014_RF P2MM-NSM BB_TO_AP_GPS_TIME_MARK OMIT RADIO_DEBUG
PP3016_RF P2MM-NSM UART0_BB_TO_OWL_TX OMIT RADIO_DEBUG
PP3020_RF P2MM-NSM UART0_OWL_TO_BB_TX OMIT RADIO_DEBUG

ANT TUNER

PP3001_RF P2MM-NSM 75_RFFE5_SDATA_BB OMIT RADIO_DEBUG
PP3002_RF P2MM-NSM 75_RFFE5_SCLK_BB OMIT RADIO_DEBUG

RFFE

PP3056_RF P2MM-NSM 75_RFFE1_SDATA_BB OMIT RADIO_DEBUG
PP3077_RF P2MM-NSM 75_RFFE4_SDATA_BB OMIT RADIO_DEBUG
PP3051_RF P2MM-NSM 75_RFFE5_SCLK_BB_BUFFER OMIT RADIO_DEBUG
PP3052_RF P2MM-NSM 75_RFFE5_SDATA_BB_BUFFER OMIT
PP3053_RF P2MM-NSM 75_RFFE2_SDATA_BB OMIT RADIO_DEBUG
PP3054_RF P2MM-NSM 75_RFFE3_SDATA_BB OMIT

DEBUG CONNECTOR

NOSTUFF
J3000_RF
AXE550I24
F-ST-SM

Signal	Pin	Pin	Signal
UART_WLAN_TO_BB_COEX_TX	15	16	SIM1_IO
I2C0_AP_SDA	17	18	PP_UIM1_LDO11
I2C0_AP_SCL	19	20	SIM1_TRAY_DET
BUTTON_VOL_DOWN_L	21	22	4FF_SIM_SWP
BUTTON_VOL_UP_L	23	24	I2C1_AP_SDA
BUTTON_RINGER_A	25	26	I2C1_AP_SCL
SIM2_RESET	27	28	BUTTON_HOLD_KEY_L
SIM2_DATA	29	30	BUTTON_MENU_KEY_L
UART_BB_TO_WLAN_COEX_TX	31	32	PP1V8
SIM2_DETECT	33	34	FORCE_DFU
SIM2_DATA_R	35	36	SIM2_CLK
	37	38	PP_UIM2_LDO13
	11	12	SIM1_CLK
	13	14	SIM1_RST

STOCKHOLM

PP3062_RF P2MM-NSM STOCKHOLM_DWPM_DBG OMIT
PP3063_RF P2MM-NSM STOCKHOLM_DWPS_DBG OMIT
PP3064_RF P2MM-NSM UART3_AP_TO_STOCKHOLM_TXD OMIT
PP3065_RF P2MM-NSM UART3_STOCKHOLM_TO_AP_TXD OMIT
PP3066_RF P2MM-NSM UART3_AP_TO_STOCKHOLM_RTS_L OMIT
PP3067_RF P2MM-NSM UART3_STOCKHOLM_TO_AP_RTS_L OMIT

BASEBAND: P

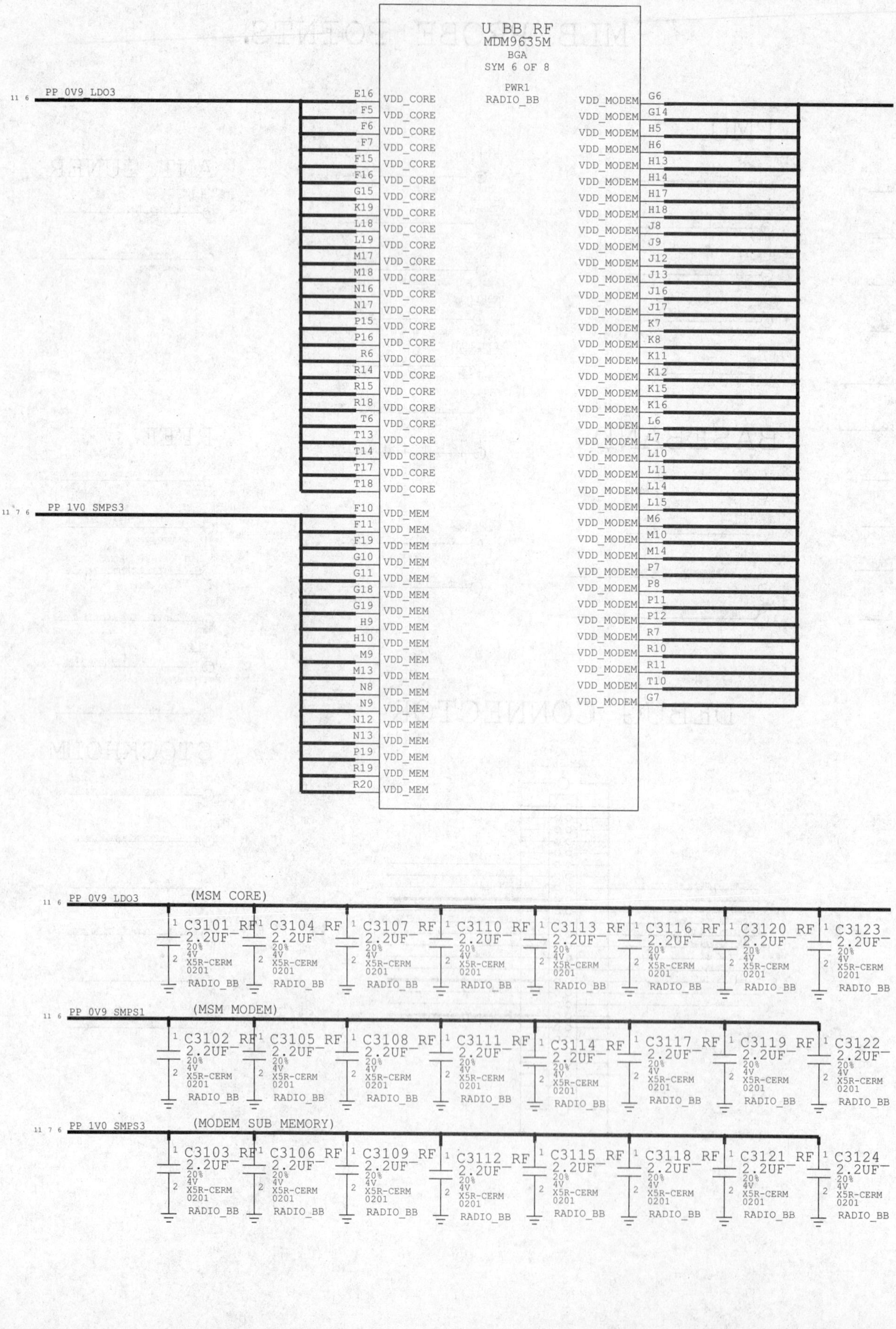

U BB RF
MDM9635M
BGA
SYM 6 OF 8

PWR1
RADIO_BB

11 6 PP 0V9 LDO3

E16	VDD_CORE
F5	VDD_CORE
F6	VDD_CORE
F7	VDD_CORE
F15	VDD_CORE
F16	VDD_CORE
G15	VDD_CORE
K19	VDD_CORE
L18	VDD_CORE
L19	VDD_CORE
M17	VDD_CORE
M18	VDD_CORE
N16	VDD_CORE
N17	VDD_CORE
P15	VDD_CORE
P16	VDD_CORE
R6	VDD_CORE
R14	VDD_CORE
R15	VDD_CORE
R18	VDD_CORE
T6	VDD_CORE
T13	VDD_CORE
T14	VDD_CORE
T17	VDD_CORE
T18	VDD_CORE

11 7 6 PP 1V0 SMPS3

F10	VDD_MEM
F11	VDD_MEM
F19	VDD_MEM
G10	VDD_MEM
G11	VDD_MEM
G18	VDD_MEM
G19	VDD_MEM
H9	VDD_MEM
H10	VDD_MEM
M9	VDD_MEM
M13	VDD_MEM
N8	VDD_MEM
N9	VDD_MEM
N12	VDD_MEM
N13	VDD_MEM
P19	VDD_MEM
R19	VDD_MEM
R20	VDD_MEM

VDD_MODEM	G6
VDD_MODEM	G14
VDD_MODEM	H5
VDD_MODEM	H6
VDD_MODEM	H13
VDD_MODEM	H14
VDD_MODEM	H17
VDD_MODEM	H18
VDD_MODEM	J8
VDD_MODEM	J9
VDD_MODEM	J12
VDD_MODEM	J13
VDD_MODEM	J16
VDD_MODEM	J17
VDD_MODEM	K7
VDD_MODEM	K8
VDD_MODEM	K11
VDD_MODEM	K12
VDD_MODEM	K15
VDD_MODEM	K16
VDD_MODEM	L6
VDD_MODEM	L7
VDD_MODEM	L10
VDD_MODEM	L11
VDD_MODEM	L14
VDD_MODEM	L15
VDD_MODEM	M6
VDD_MODEM	M10
VDD_MODEM	M14
VDD_MODEM	P7
VDD_MODEM	P8
VDD_MODEM	P11
VDD_MODEM	P12
VDD_MODEM	R7
VDD_MODEM	R10
VDD_MODEM	R11
VDD_MODEM	T10
VDD_MODEM	G7

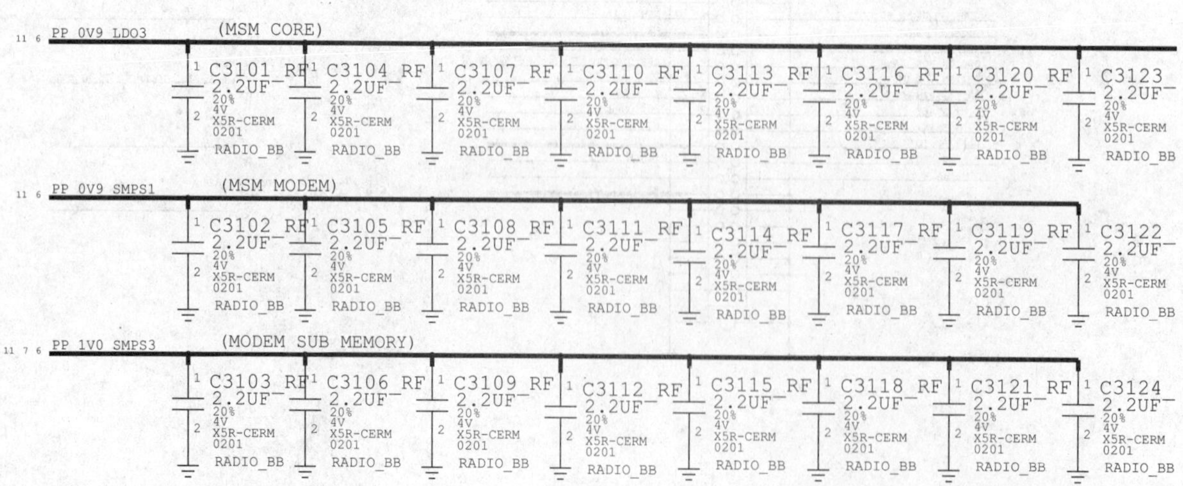

OWER 1

PP_0V9_SMPS1 6 11

U_BB_RF
MDM9635M
BGA
SYM 8 OF 8

GND
RADIO_BB

Left pins (GND): A1, A3, A14, A22, A24, B3, B14, B22, C3, E15, E17, E18, E24, F1, F8, F17, F18, G8, G9, G12, G13, G16, G17, G24, H1, H7, H8, H11, H12, H15, H16, H19, J5, J6, J7, J10, J11, J14, J15, J18, J19, J24, K6, K9, K10, K13, K14, K17, K18, L1, L8, L9, L12, A9, A13, C11, A5, A7, A11, A20, B18, C21, A16, A18, C14, F13, F14

Right pins (GND): L13, L16, L17, L24, M7, M8, M11, M12, M15, M16, M19, N6, N7, N10, N11, N14, N15, N18, N23, N24, P6, P9, P10, P13, P14, P17, P18, R1, R8, R9, R12, R13, R16, R17, R24, T7, T8, T9, T11, T12, T15, T16, T19, U11, U15, U19, U24, W1, W9, W11, W24, Y6, Y10, Y14, Y15, AA1, AA6, AA8, AA12, AA14, AA18, AA24, N19, F9, E8

RF

C3125_RF
15UF
20%
6.3V
X5R
0402-1
RADIO_BB

RF

RF

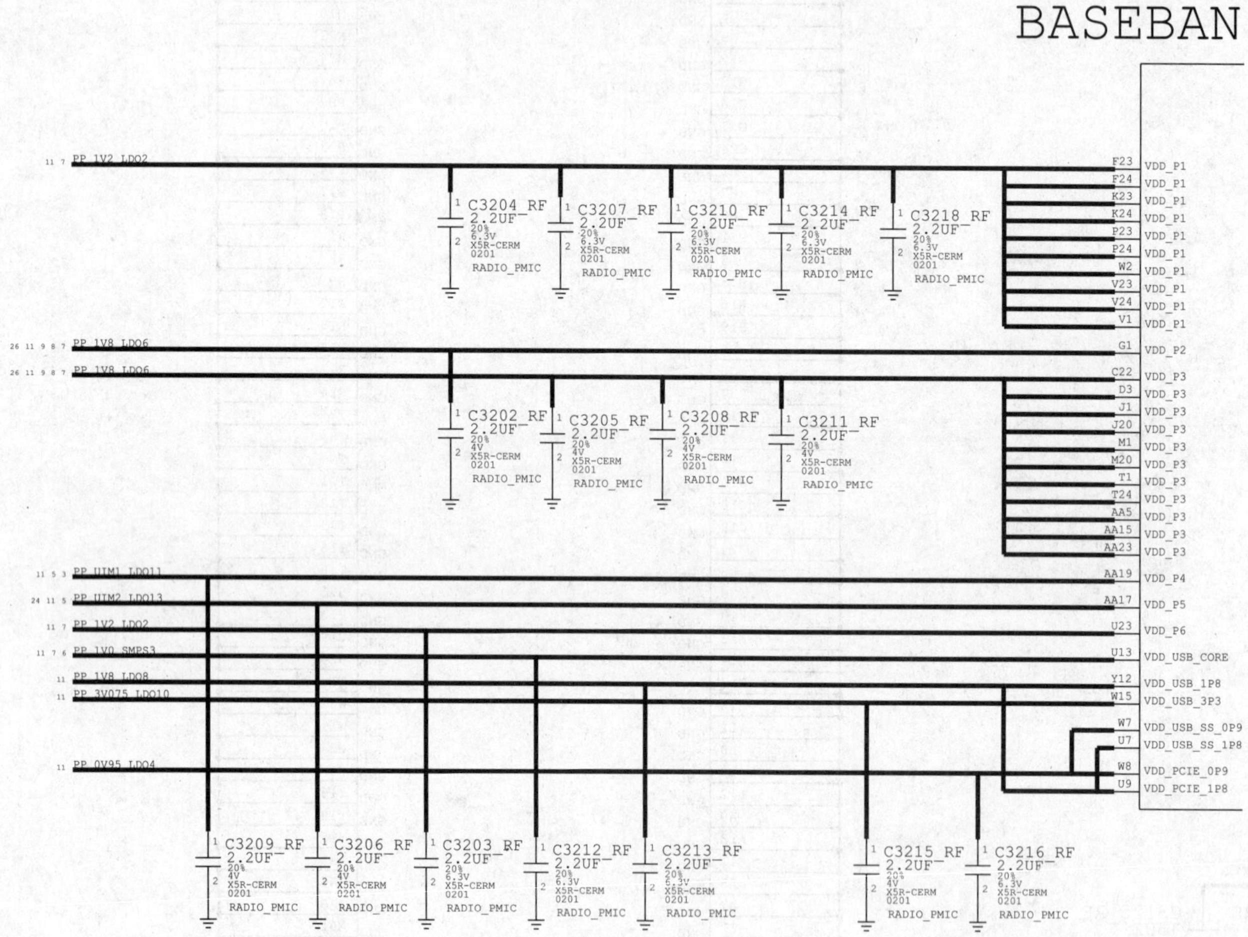

BASEBAN

PP_1V2_LDO2

C3204_RF 2.2UF 20% 6.3V X5R-CERM 0201 RADIO_PMIC

C3207_RF 2.2UF 20% 6.3V X5R-CERM 0201 RADIO_PMIC

C3210_RF 2.2UF 20% 6.3V X5R-CERM 0201 RADIO_PMIC

C3214_RF 2.2UF 20% 6.3V X5R-CERM 0201 RADIO_PMIC

C3218_RF 2.2UF 20% 6.3V X5R-CERM 0201 RADIO_PMIC

F23 VDD_P1
F24 VDD_P1
K23 VDD_P1
K24 VDD_P1
P23 VDD_P1
P24 VDD_P1
W2 VDD_P1
V23 VDD_P1
V24 VDD_P1
V1 VDD_P1

PP_1V8_LDO6

PP_1V8_LDO6

G1 VDD_P2

C3202_RF 2.2UF 20% 4V X5R-CERM 0201 RADIO_PMIC

C3205_RF 2.2UF 20% 4V X5R-CERM 0201 RADIO_PMIC

C3208_RF 2.2UF 20% 4V X5R-CERM 0201 RADIO_PMIC

C3211_RF 2.2UF 20% 4V X5R-CERM 0201 RADIO_PMIC

C22 VDD_P3
D3 VDD_P3
J1 VDD_P3
J20 VDD_P3
M1 VDD_P3
M20 VDD_P3
T1 VDD_P3
T24 VDD_P3
AA5 VDD_P3
AA15 VDD_P3
AA23 VDD_P3

PP_UIM1_LDO11 — AA19 VDD_P4

PP_UIM2_LDO13 — AA17 VDD_P5

PP_1V2_LDO2 — U23 VDD_P6

PP_1V0_SMPS3 — U13 VDD_USB_CORE

PP_1V8_LDO8 — Y12 VDD_USB_1P8

PP_3V075_LDO10 — W15 VDD_USB_3P3

W7 VDD_USB_SS_0P9
U7 VDD_USB_SS_1P8

PP_0V95_LDO4

W8 VDD_PCIE_0P9
U9 VDD_PCIE_1P8

C3209_RF 2.2UF 20% 4V X5R-CERM 0201 RADIO_PMIC

C3206_RF 2.2UF 20% 4V X5R-CERM 0201 RADIO_PMIC

C3203_RF 2.2UF 20% 6.3V X5R-CERM 0201 RADIO_PMIC

C3212_RF 2.2UF 20% 6.3V X5R-CERM 0201 RADIO_PMIC

C3213_RF 2.2UF 20% 6.3V X5R-CERM 0201 RADIO_PMIC

C3215_RF 2.2UF 20% 4V X5R-CERM 0201 RADIO_PMIC

C3216_RF 2.2UF 20% 6.3V X5R-CERM 0201 RADIO_PMIC

D:POWER 2

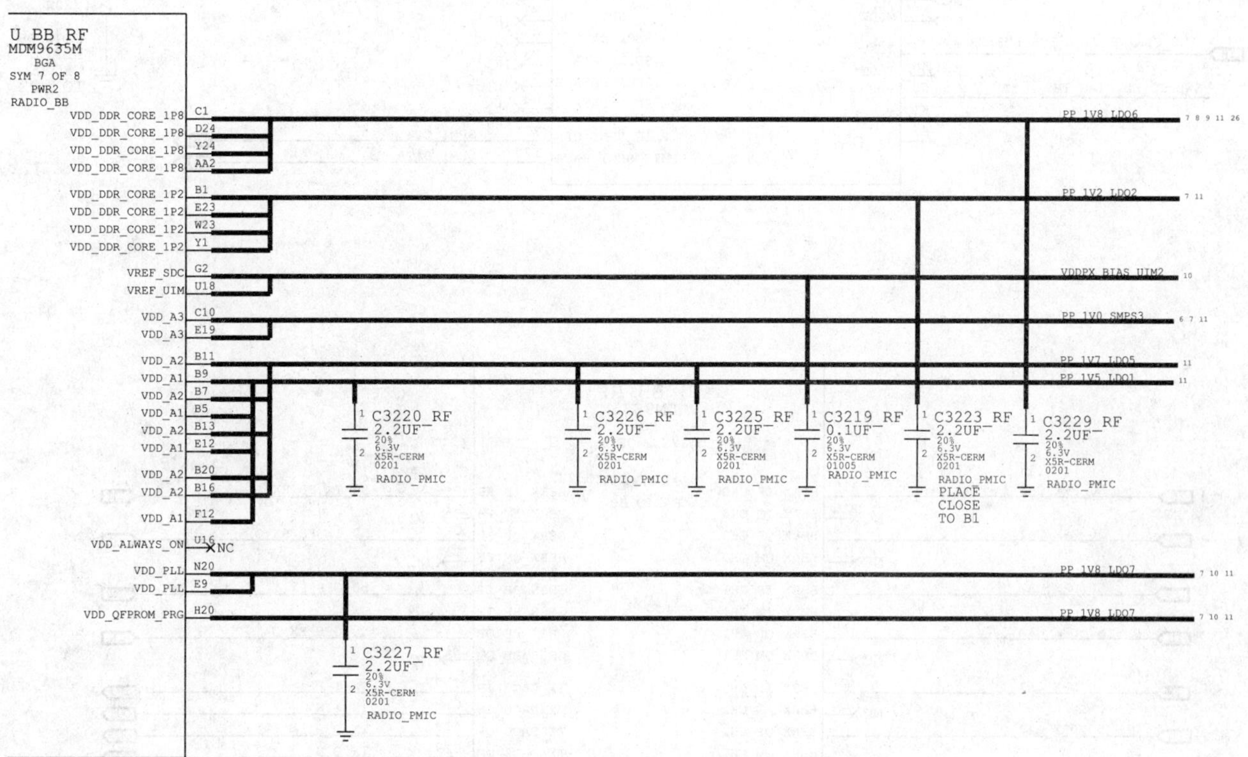

U_BB_RF
MDM9635M
BGA
SYM 7 OF 8
PWR2
RADIO_BB
VDD_DDR_CORE_1P8 C1
VDD_DDR_CORE_1P8 D24
VDD_DDR_CORE_1P8 Y24
VDD_DDR_CORE_1P8 AA2
VDD_DDR_CORE_1P2 B1
VDD_DDR_CORE_1P2 E23
VDD_DDR_CORE_1P2 W23
VDD_DDR_CORE_1P2 Y1
VREF_SDC G2
VREF_UIM U18
VDD_A3 C10
VDD_A3 E19
VDD_A2 B11
VDD_A1 B9
VDD_A2 B7
VDD_A1 B5
VDD_A2 B13
VDD_A1 E12
VDD_A2 B20
VDD_A2 B16
VDD_A1 F12
VDD_ALWAYS_ON U16 NC
VDD_PLL N20
VDD_PLL E9
VDD_QFPROM_PRG H20
PP_1V8_LDO6
PP_1V2_LDO2
VDDPX_BIAS_UIM2
PP_1V0_SMPS3
PP_1V7_LDO5
PP_1V5_LDO1
PP_1V8_LDO7
PP_1V8_LDO7
C3220_RF 2.2UF 20% 6.3V X5R-CERM 0201 RADIO_PMIC
C3226_RF 2.2UF 20% 6.3V X5R-CERM 0201 RADIO_PMIC
C3225_RF 2.2UF 20% 6.3V X5R-CERM 0201 RADIO_PMIC
C3219_RF 0.1UF 20% 6.3V X5R-CERM 01005 RADIO_PMIC
C3223_RF 2.2UF 20% 6.3V X5R-CERM 0201 RADIO_PMIC
PLACE CLOSE TO B1
C3229_RF 2.2UF 20% 6.3V X5R-CERM 0201 RADIO_PMIC
C3227_RF 2.2UF 20% 6.3V X5R-CERM 0201 RADIO_PMIC

BASEBAND:CONTRO

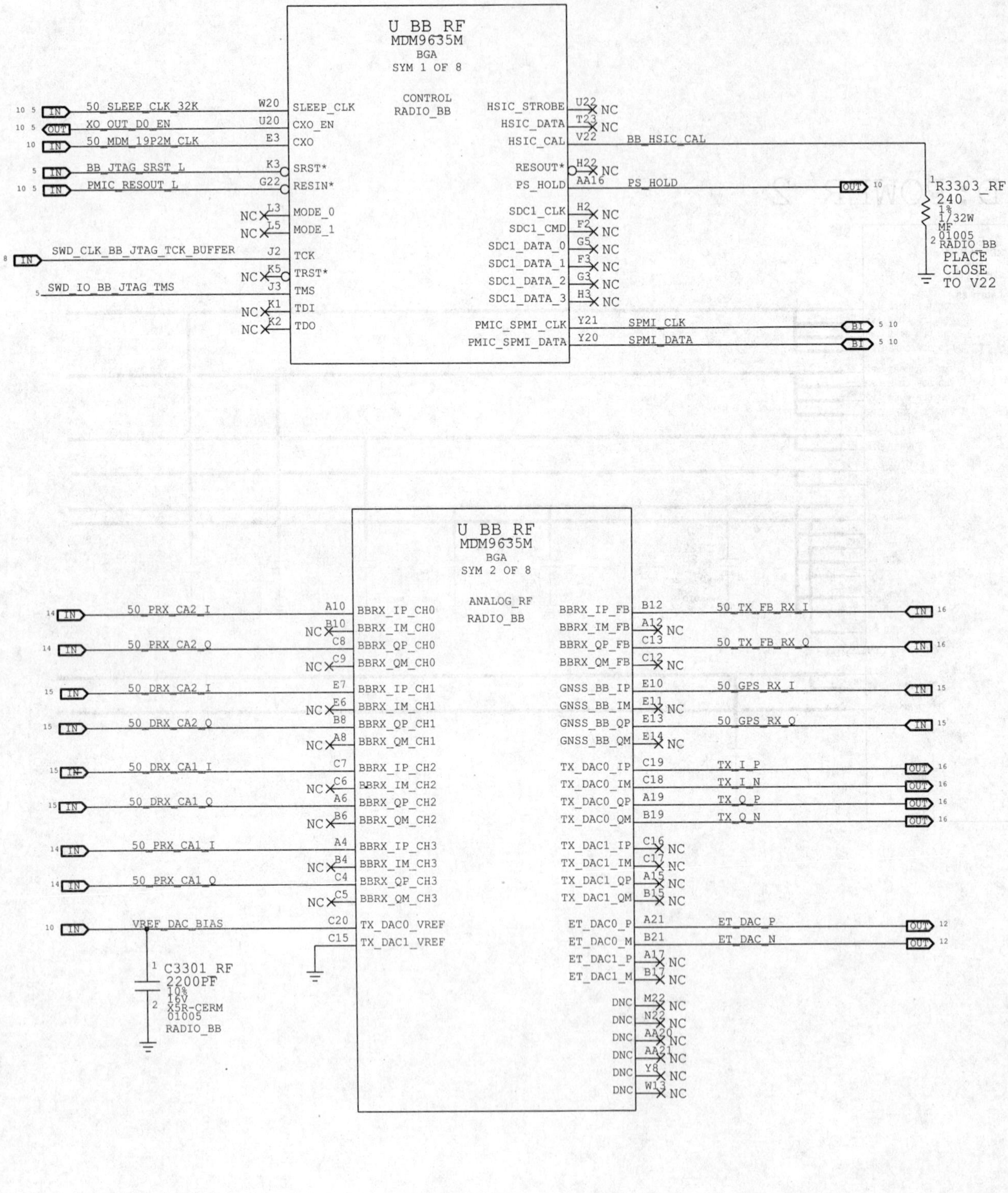

U BB RF
MDM9635M
BGA
SYM 1 OF 8
CONTROL
RADIO_BB

10 5 IN 50_SLEEP_CLK_32K W20 SLEEP_CLK
10 5 OUT XO_OUT_D0_EN U20 CXO_EN
10 IN 50_MDM_19P2M_CLK E3 CXO
5 IN BB_JTAG_SRST_L K3 SRST*
10 5 IN PMIC_RESOUT_L G22 RESIN*
NC L3 MODE_0
NC L5 MODE_1
8 IN SWD_CLK_BB_JTAG_TCK_BUFFER J2 TCK
NC K5 TRST*
5 SWD_IO_BB_JTAG_TMS J3 TMS
NC K1 TDI
NC K2 TDO

HSIC_STROBE U22 NC
HSIC_DATA T23 NC
HSIC_CAL V22 BB_HSIC_CAL
RESOUT* H22 NC
PS_HOLD AA16 PS_HOLD OUT 10
SDC1_CLK H2 NC
SDC1_CMD F2 NC
SDC1_DATA_0 G5 NC
SDC1_DATA_1 F3 NC
SDC1_DATA_2 G3 NC
SDC1_DATA_3 H3 NC
PMIC_SPMI_CLK Y21 SPMI_CLK BI 5 10
PMIC_SPMI_DATA Y20 SPMI_DATA BI 5 10

R3303_RF
240
1%
1/32W
MF
01005
RADIO_BB
PLACE
CLOSE
TO V22

U BB RF
MDM9635M
BGA
SYM 2 OF 8
ANALOG_RF
RADIO_BB

14 IN 50_PRX_CA2_I A10 BBRX_IP_CH0
NC B10 BBRX_IM_CH0
14 IN 50_PRX_CA2_Q C8 BBRX_QP_CH0
NC C9 BBRX_QM_CH0
15 IN 50_DRX_CA2_I E7 BBRX_IP_CH1
NC E6 BBRX_IM_CH1
15 IN 50_DRX_CA2_Q B8 BBRX_QP_CH1
NC A8 BBRX_QM_CH1
15 IN 50_DRX_CA1_I C7 BBRX_IP_CH2
NC C6 BBRX_IM_CH2
15 IN 50_DRX_CA1_Q A6 BBRX_QP_CH2
NC B6 BBRX_QM_CH2
14 IN 50_PRX_CA1_I A4 BBRX_IP_CH3
NC B4 BBRX_IM_CH3
14 IN 50_PRX_CA1_Q C4 BBRX_QP_CH3
NC C5 BBRX_QM_CH3
10 IN VREF_DAC_BIAS C20 TX_DAC0_VREF
C15 TX_DAC1_VREF

C3301_RF
2200PF
10%
16V
X5R-CERM
01005
RADIO_BB

BBRX_IP_FB B12 50_TX_FB_RX_I IN 16
BBRX_IM_FB A12 NC
BBRX_QP_FB C13 50_TX_FB_RX_Q IN 16
BBRX_QM_FB C12 NC
GNSS_BB_IP E10 50_GPS_RX_I IN 15
GNSS_BB_IM E11 NC
GNSS_BB_QP E13 50_GPS_RX_Q IN 15
GNSS_BB_QM E14 NC
TX_DAC0_IP C19 TX_I_P OUT 16
TX_DAC0_IM C18 TX_I_N OUT 16
TX_DAC0_QP A19 TX_Q_P OUT 16
TX_DAC0_QM B19 TX_Q_N OUT 16
TX_DAC1_IP C16 NC
TX_DAC1_IM C17 NC
TX_DAC1_QP A15 NC
TX_DAC1_QM B15 NC
ET_DAC0_P A21 ET_DAC_P OUT 12
ET_DAC0_M B21 ET_DAC_N OUT 12
ET_DAC1_P A17 NC
ET_DAC1_M B17 NC
DNC M22 NC
DNC N22 NC
DNC AA20 NC
DNC AA21 NC
DNC Y8 NC
DNC W13 NC

L AND INTERFACES

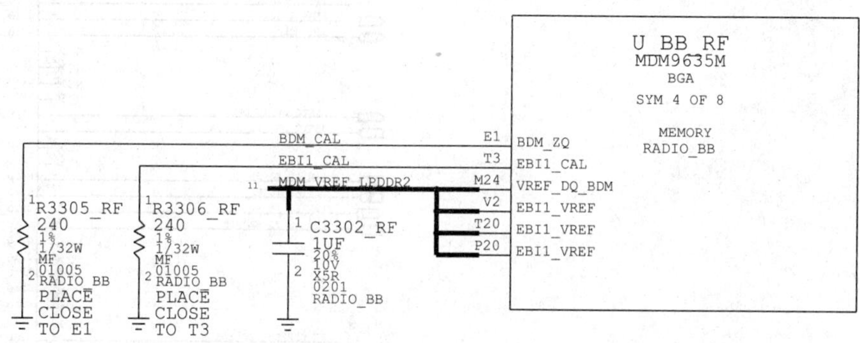

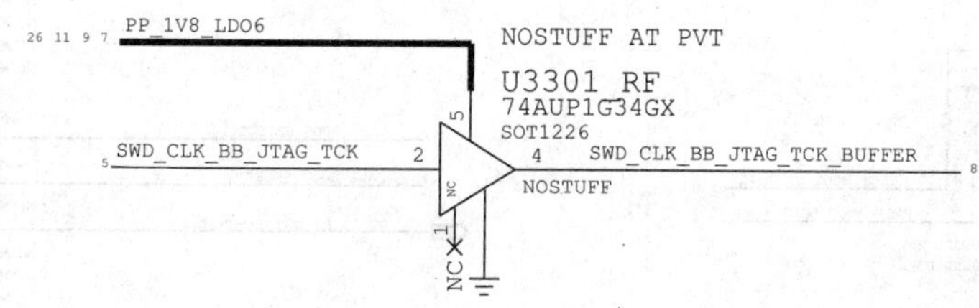

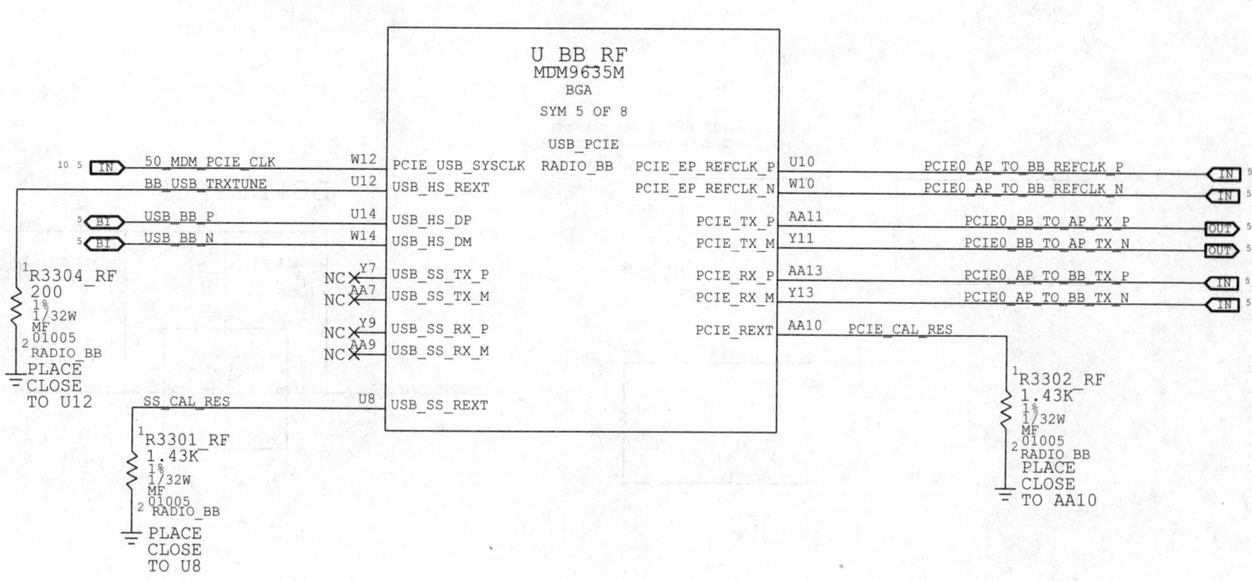

BASEBAND:GPIOS

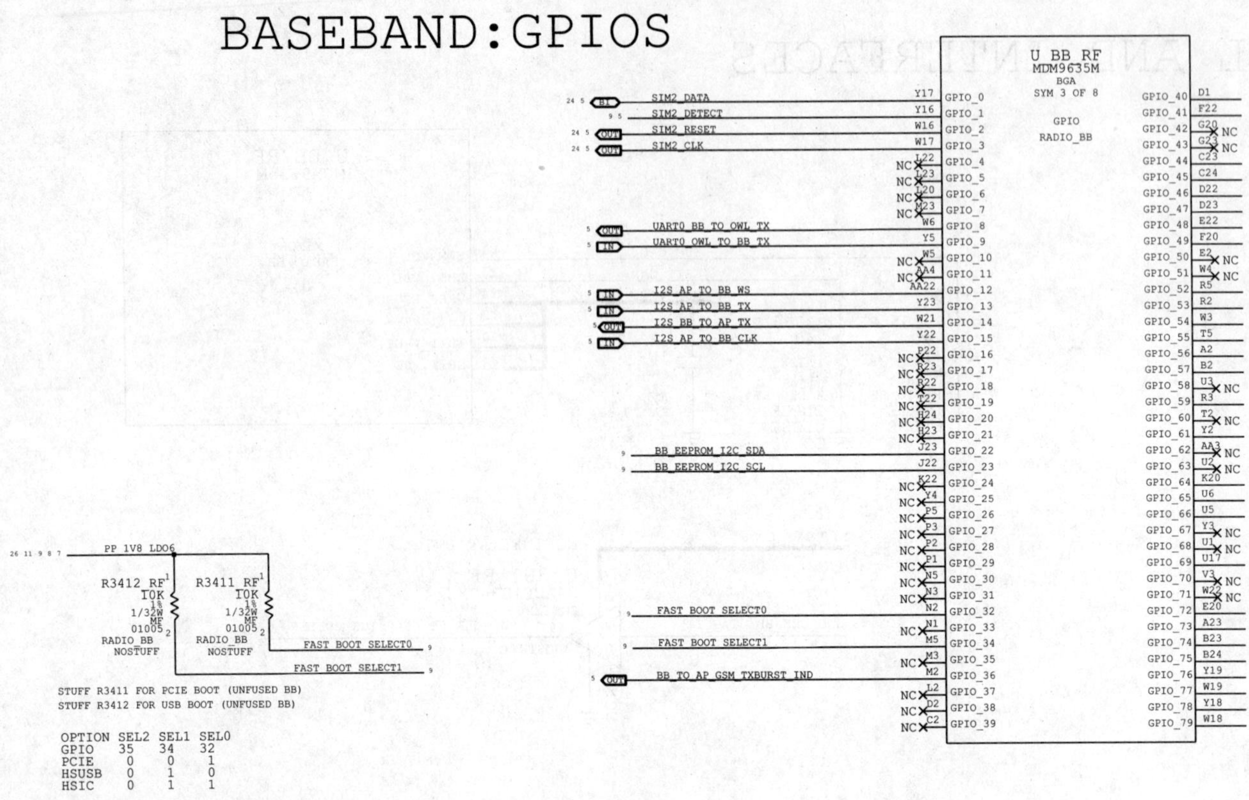

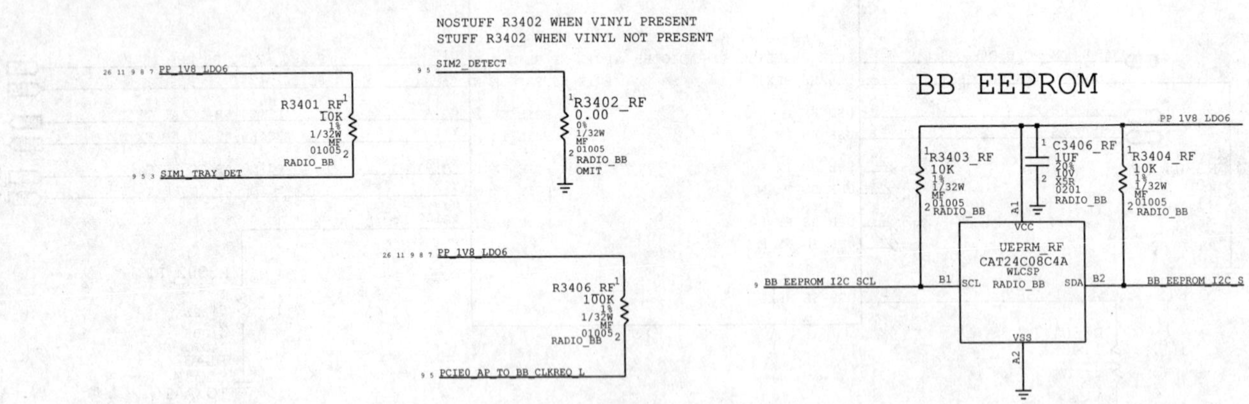

PCIE PULL-UPS TO BB RAIL

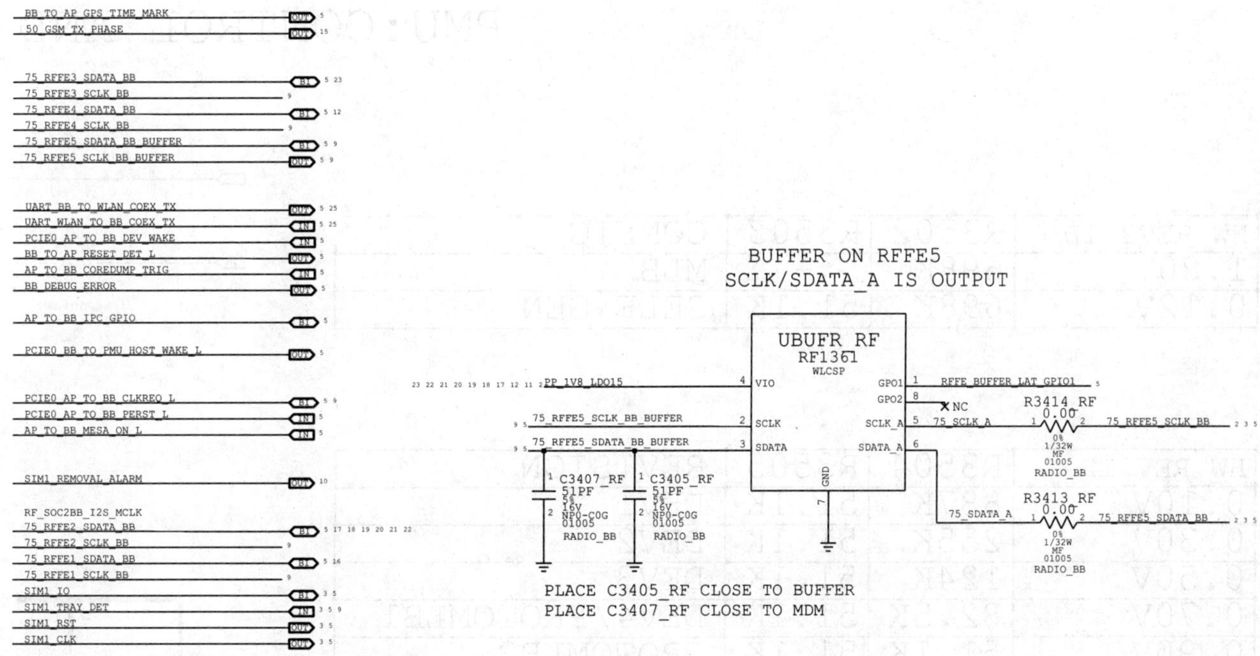

RFFE CLOCK FILTERS

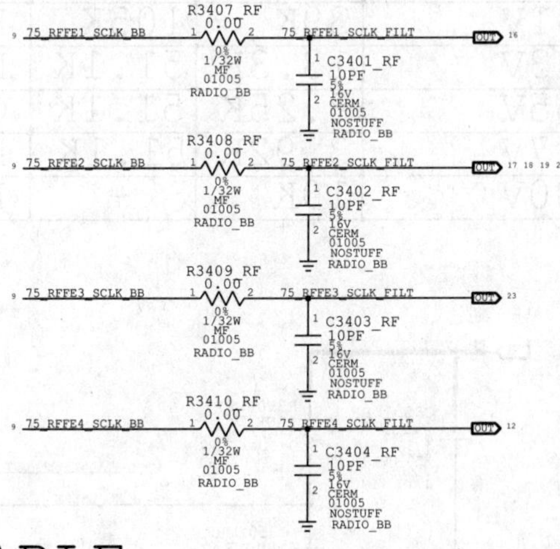

RFFE USAGE TABLE

RFFE1 WTR

RFFE2 LB/MB/HB PAD, 2G PA, LB/MB/HB ASM

RFFE3 DIV ASM

RFFE4 QPOET

RFFE5 DIV LNA, ANT TUNERS

PMU:CONTROL AND

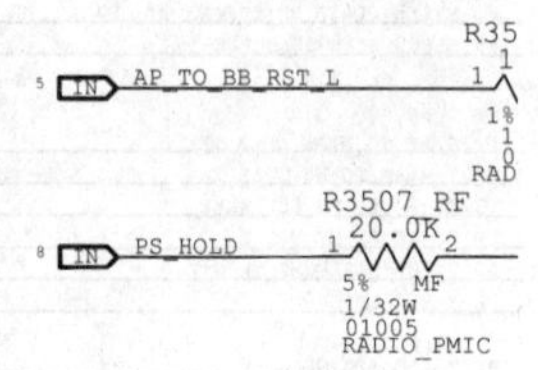

HW_REV2_ID	R3502	R3503	CONFIG
1.80V	698K	-	MLB
0.12V	698K	51.1K	SELF GEN

HW_REV_ID	R3504	R3505	REVISION
0.10V	887K	51.1K	DEV1
0.30V	255K	51.1K	DEV2
0.50V	124K	51.1K	DEV3
0.70V	82.5K	51.1K	DEV4/PROTOMLB1
0.90V	51.1K	51.1K	PROTOMLB2
1.10V	31.6K	51.1K	DEV5/PROTO1
1.20V	50K	100K	PROTO2
1.31V	39K	105K	EVT
1.43V	13.3K	51.1K	EVT ALT
1.55V	8.25K	51.1K	CARRIER BUILD
1.67V	3.92K	51.1K	DVT
1.80V	10K	-	PVT

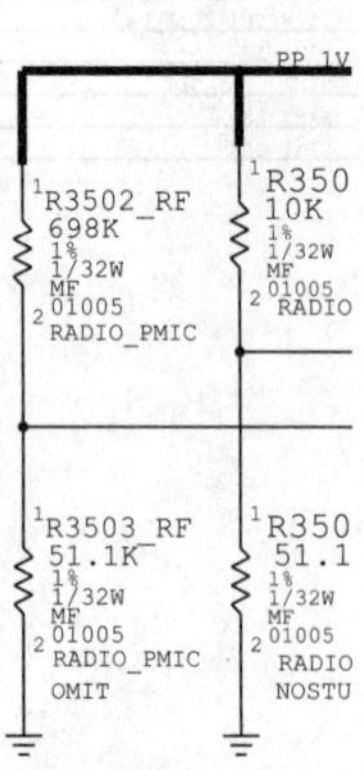

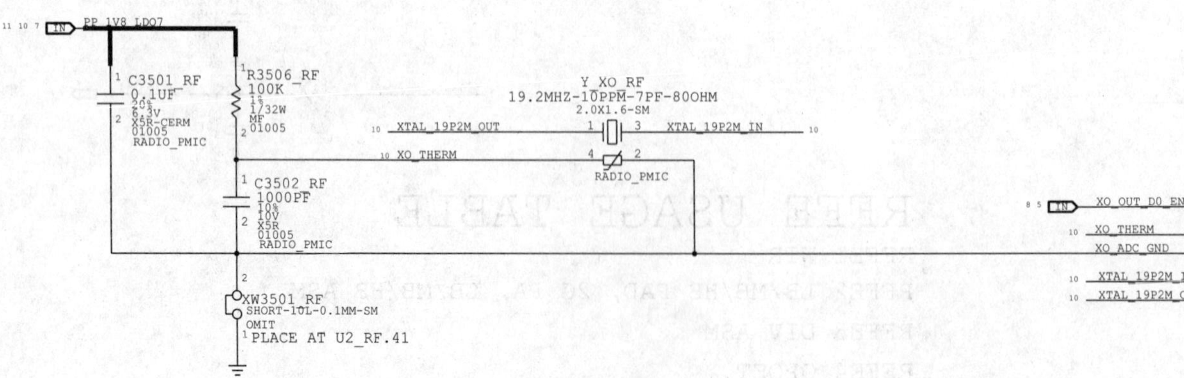

CLOCKS

RESET AND CONTROL: PMU

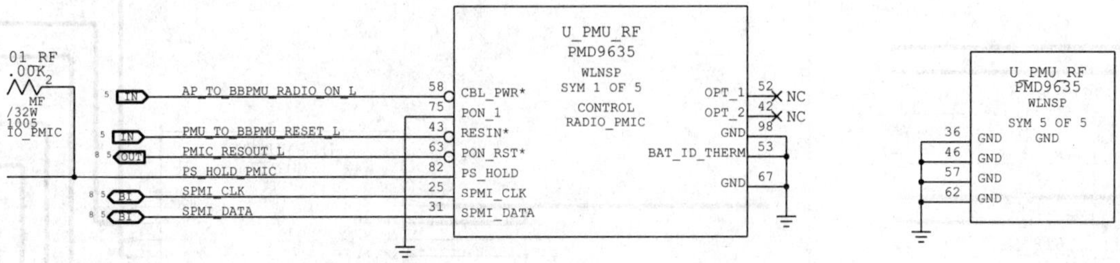

01_RF
.00K
MF
/32W
1005
IO_PMIC

AP_TO_BBPMU_RADIO_ON_L
PMU_TO_BBPMU_RESET_L
PMIC_RESOUT_L
PS_HOLD_PMIC
SPMI_CLK
SPMI_DATA

U_PMU_RF
PMD9635
WLNSP
SYM 1 OF 5
CONTROL
RADIO_PMIC

58 CBL_PWR*
75 PON_1
43 RESIN*
63 PON_RST*
82 PS_HOLD
25 SPMI_CLK
31 SPMI_DATA

OPT_1 52 NC
OPT_2 42 NC
GND 98
BAT_ID_THERM 53
GND 67

U_PMU_RF
PMD9635
WLNSP
SYM 5 OF 5
GND

36 GND
46 GND
57 GND
62 GND

MPPS AND GPIOS: PMU

8_LDO7 7 10 11

REV_ID
4_RF PVT

_PMIC

HW_REV1_ID
VDDPX_BIAS_UIM2
HW_REV2_ID
VREF_DAC_BIAS

5_RF
K

_PMIC
FF

U_PMU_RF
PMD9635
WLNSP
SYM 3 OF 5
GPIO_MPP
RADIO_PMIC

NC 13 MPP_01
51 MPP_02
61 MPP_03
9 MPP_04
4 MPP_05
NC 20 MPP_06
NC 83 PA_THERM1
NC 88 PA_THERM2

GPIO_01 26 NC
GPIO_02 15 STOCKHOLM_TO_BBPMU_CLK_REQ
GPIO_03 21 NC
GPIO_04 37 USB_BB_VBUS_DETECT
GPIO_05 32 SIM1_REMOVAL_ALARM
GPIO_06 38 TOUCH_TO_BBPMU_FORCE_PWM

NOSTUFF
R3508_RF
100K
1%
1/32W
MF
01005
RADIO_PMIC

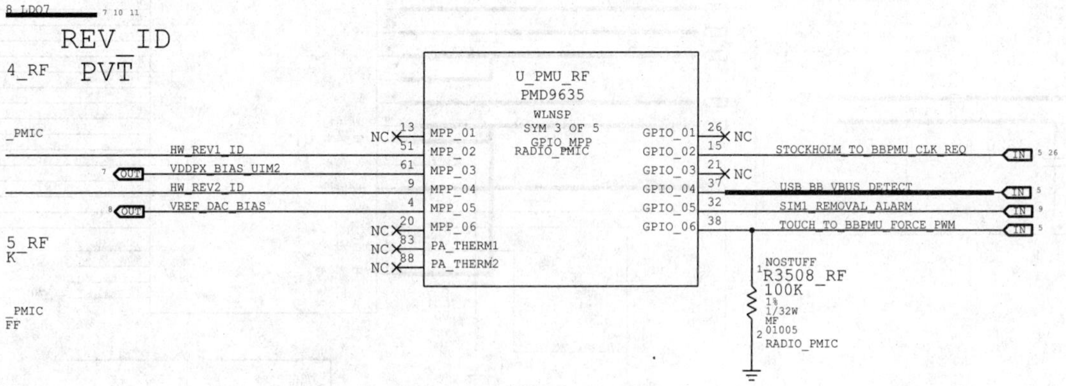

XTAL AND CLOCK: PMU

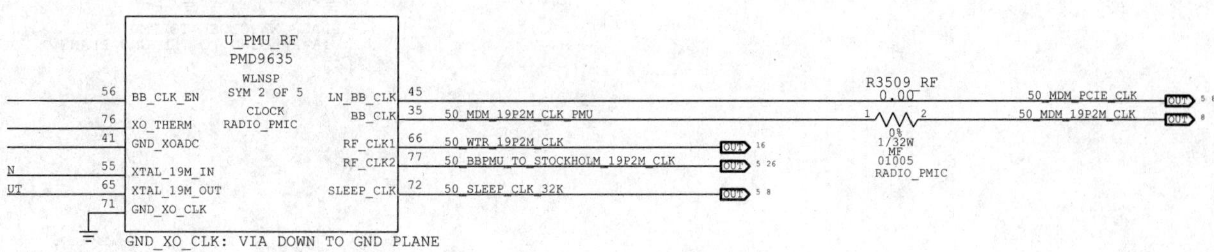

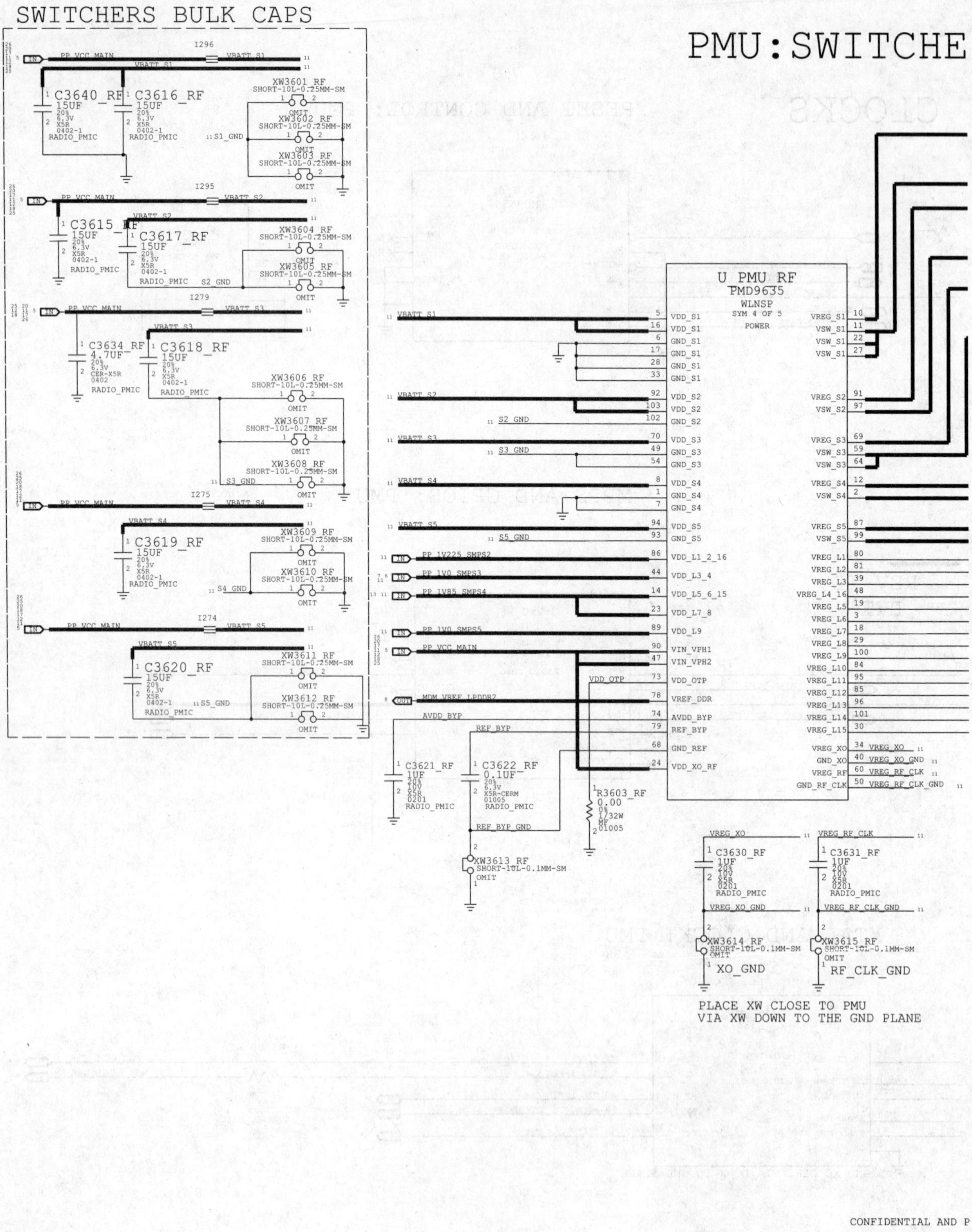

SWITCHERS BULK CAPS

PMU:SWITCHE

PP_VCC_MAIN — I296 — VBATT_S1
C3640_RF 15UF 20% 6.3V X5R 0402-1 RADIO_PMIC
C3616_RF 15UF 20% 6.3V X5R 0402-1 RADIO_PMIC
XW3601_RF SHORT-10L-0.25MM-SM OMIT
XW3602_RF SHORT-10L-0.25MM-SM OMIT
XW3603_RF SHORT-10L-0.25MM-SM OMIT
S1_GND

PP_VCC_MAIN — I295 — VBATT_S2
C3615_RF 15UF 20% 6.3V X5R 0402-1 RADIO_PMIC
C3617_RF 15UF 20% 6.3V X5R 0402-1 RADIO_PMIC
XW3604_RF SHORT-10L-0.25MM-SM OMIT
XW3605_RF SHORT-10L-0.25MM-SM OMIT
S2_GND

PP_VCC_MAIN — I279 — VBATT_S3
C3634_RF 4.7UF 20% 6.3V CER-X5R 0402 RADIO_PMIC
C3618_RF 15UF 20% 6.3V X5R 0402-1 RADIO_PMIC
XW3606_RF SHORT-10L-0.25MM-SM OMIT
XW3607_RF SHORT-10L-0.25MM-SM OMIT
XW3608_RF SHORT-10L-0.25MM-SM OMIT
S3_GND

PP_VCC_MAIN — I275 — VBATT_S4
C3619_RF 15UF 20% 6.3V X5R 0402-1 RADIO_PMIC
XW3609_RF SHORT-10L-0.25MM-SM OMIT
XW3610_RF SHORT-10L-0.25MM-SM OMIT
S4_GND

PP_VCC_MAIN — I274 — VBATT_S5
C3620_RF 15UF 20% 6.3V X5R 0402-1 RADIO_PMIC
XW3611_RF SHORT-10L-0.25MM-SM OMIT
XW3612_RF SHORT-10L-0.25MM-SM OMIT
S5_GND

U_PMU_RF PMD9635 WLNSP SYM 4 OF 5 POWER

VBATT_S1: 5 VDD_S1, 16 VDD_S1, 6 GND_S1, 17 GND_S1, 28 GND_S1, 33 GND_S1
VBATT_S2: 92 VDD_S2, 103 VDD_S2, S2_GND 102 GND_S2
VBATT_S3: 70 VDD_S3, S3_GND 49 GND_S3, 54 GND_S3
VBATT_S4: 8 VDD_S4, 1 GND_S4, 7 GND_S4
VBATT_S5: 94 VDD_S5, S5_GND 93 GND_S5
PP_1V225_SMPS2: 86 VDD_L1_2_16
PP_1V0_SMPS3: 44 VDD_L3_4
PP_1V85_SMPS4: 14 VDD_L5_6_15, 23 VDD_L7_8
PP_1V0_SMPS5: 89 VDD_L9
PP_VCC_MAIN: 90 VIN_VPH1, 47 VIN_VPH2
VDD_OTP: 73 VDD_OTP
MDM_VREF_LPDDR2: 78 VREF_DDR
AVDD_BYP: 74 AVDD_BYP
REF_BYP: 79 REF_BYP
68 GND_REF
24 VDD_XO_RF

VREG_S1 10, VSW_S1 11, VSW_S1 22, VSW_S1 27
VREG_S2 91, VSW_S2 97
VREG_S3 69, VSW_S3 59, VSW_S3 64
VREG_S4 12, VSW_S4 2
VREG_S5 87, VSW_S5 99
VREG_L1 80, VREG_L2 81, VREG_L3 39, VREG_L4_16 48, VREG_L5 19, VREG_L6 3, VREG_L7 18, VREG_L8 29, VREG_L9 100, VREG_L10 84, VREG_L11 95, VREG_L12 85, VREG_L13 96, VREG_L14 101, VREG_L15 30
VREG_XO 34 VREG_XO
GND_XO 40 VREG_XO_GND
VREG_RF 60 VREG_RF_CLK
GND_RF_CLK 50 VREG_RF_CLK_GND

C3621_RF 1UF 20% 10V X5R 0201 RADIO_PMIC
C3622_RF 0.1UF 20% 6.3V X5R-CERM 01005 RADIO_PMIC
REF_BYP_GND
XW3613_RF SHORT-10L-0.1MM-SM OMIT
R3603_RF 0.00 0% 1/32W MF 01005

VREG_XO — C3630_RF 1UF 20% 10V X5R 0201 RADIO_PMIC — VREG_XO_GND
XW3614_RF SHORT-10L-0.1MM-SM OMIT — XO_GND
VREG_RF_CLK — C3631_RF 1UF 20% 10V X5R 0201 RADIO_PMIC — VREG_RF_CLK_GND
XW3615_RF SHORT-10L-0.1MM-SM OMIT — RF_CLK_GND

PLACE XW CLOSE TO PMU
VIA XW DOWN TO THE GND PLANE

CONFIDENTIAL AND P

RS AND LDOS

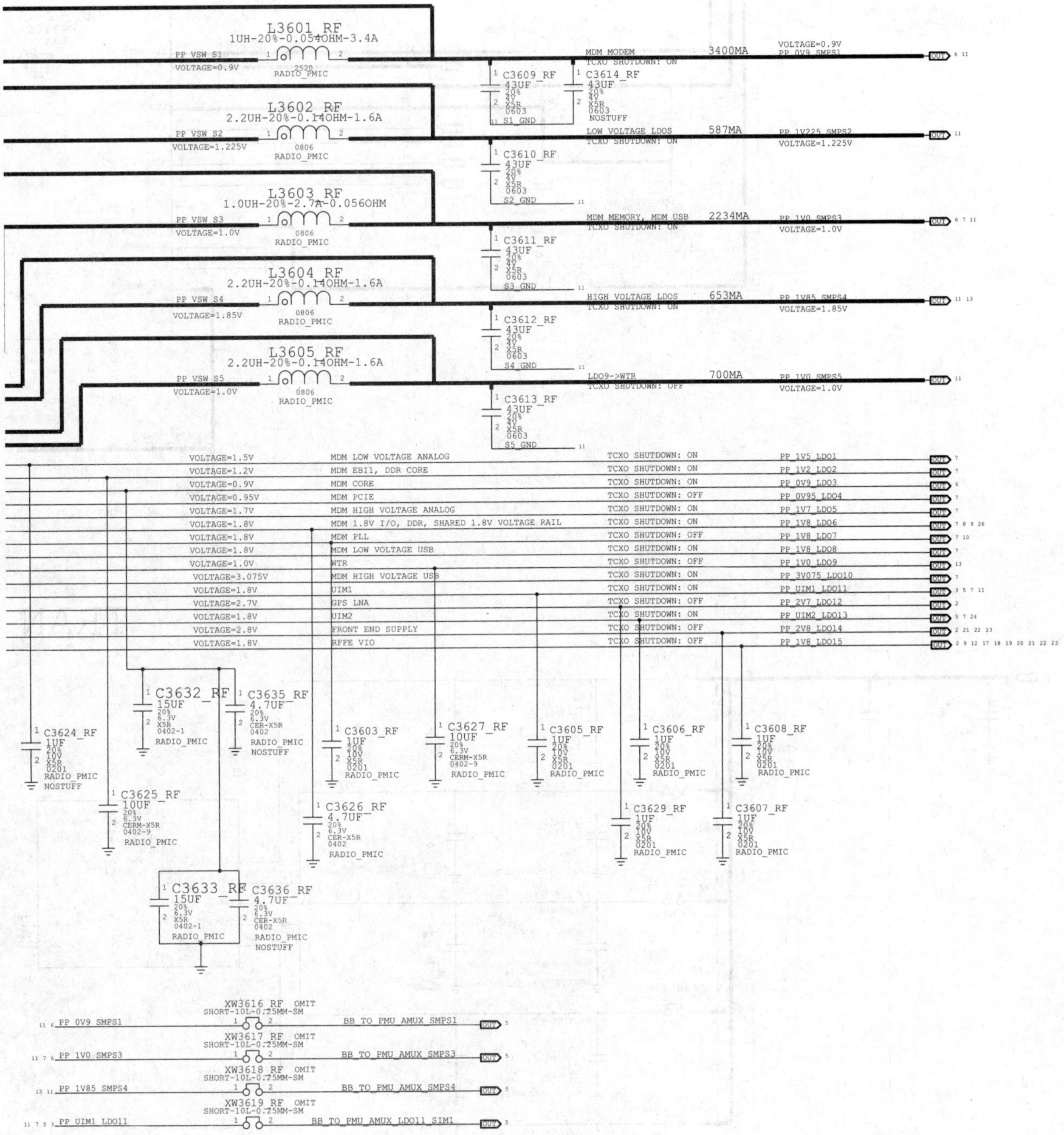

L3601_RF
1UH-20%-0.054OHM-3.4A
PP_VSW_S1
VOLTAGE=0.9V
2520
RADIO_PMIC
MDM MODEM
TCXO SHUTDOWN: ON
3400MA
VOLTAGE=0.9V
PP_0V9_SMPS1
OUT 6 11
C3609_RF 43UF 20% 4V X5R 0603
C3614_RF 43UF 20% 4V X5R 0603 NOSTUFF
S1_GND

L3602_RF
2.2UH-20%-0.14OHM-1.6A
PP_VSW_S2
VOLTAGE=1.225V
0806
RADIO_PMIC
LOW VOLTAGE LDOS
TCXO SHUTDOWN: ON
587MA
PP_1V225_SMPS2
VOLTAGE=1.225V
OUT 11
C3610_RF 43UF 20% 4V X5R 0603
S2_GND

L3603_RF
1.0UH-20%-2.7A-0.056OHM
PP_VSW_S3
VOLTAGE=1.0V
0806
RADIO_PMIC
MDM MEMORY, MDM USB
TCXO SHUTDOWN: ON
2234MA
PP_1V0_SMPS3
VOLTAGE=1.0V
OUT 6 7 11
C3611_RF 43UF 20% 4V X5R 0603
S3_GND

L3604_RF
2.2UH-20%-0.14OHM-1.6A
PP_VSW_S4
VOLTAGE=1.85V
0806
RADIO_PMIC
HIGH VOLTAGE LDOS
TCXO SHUTDOWN: ON
653MA
PP_1V85_SMPS4
VOLTAGE=1.85V
OUT 11 13
C3612_RF 43UF 20% 4V X5R 0603
S4_GND

L3605_RF
2.2UH-20%-0.14OHM-1.6A
PP_VSW_S5
VOLTAGE=1.0V
0806
RADIO_PMIC
LDO9->WTR
TCXO SHUTDOWN: OFF
700MA
PP_1V0_SMPS5
VOLTAGE=1.0V
OUT 11
C3613_RF 43UF 20% 4V X5R 0603
S5_GND

VOLTAGE	Function	TCXO	Net	OUT
VOLTAGE=1.5V	MDM LOW VOLTAGE ANALOG	TCXO SHUTDOWN: ON	PP_1V5_LDO1	7
VOLTAGE=1.2V	MDM EBI1, DDR CORE	TCXO SHUTDOWN: ON	PP_1V2_LDO2	7
VOLTAGE=0.9V	MDM CORE	TCXO SHUTDOWN: ON	PP_0V9_LDO3	6
VOLTAGE=0.95V	MDM PCIE	TCXO SHUTDOWN: OFF	PP_0V95_LDO4	7
VOLTAGE=1.7V	MDM HIGH VOLTAGE ANALOG	TCXO SHUTDOWN: ON	PP_1V7_LDO5	7
VOLTAGE=1.8V	MDM 1.8V I/O, DDR, SHARED 1.8V VOLTAGE RAIL	TCXO SHUTDOWN: ON	PP_1V8_LDO6	7 8 9 26
VOLTAGE=1.8V	MDM PLL	TCXO SHUTDOWN: OFF	PP_1V8_LDO7	7 10
VOLTAGE=1.8V	MDM LOW VOLTAGE USB	TCXO SHUTDOWN: ON	PP_1V8_LDO8	7
VOLTAGE=1.0V	WTR	TCXO SHUTDOWN: OFF	PP_1V0_LDO9	13
VOLTAGE=3.075V	MDM HIGH VOLTAGE USB	TCXO SHUTDOWN: ON	PP_3V075_LDO10	7
VOLTAGE=1.8V	UIM1	TCXO SHUTDOWN: ON	PP_UIM1_LDO11	3 5 7 11
VOLTAGE=2.7V	GPS LNA	TCXO SHUTDOWN: OFF	PP_2V7_LDO12	2
VOLTAGE=1.8V	UIM2	TCXO SHUTDOWN: ON	PP_UIM2_LDO13	5 7 24
VOLTAGE=2.8V	FRONT END SUPPLY	TCXO SHUTDOWN: OFF	PP_2V8_LDO14	2 21 22 23
VOLTAGE=1.8V	RFFE VIO	TCXO SHUTDOWN: OFF	PP_1V8_LDO15	2 9 12 17 18 19 20 21 22 23

C3624_RF 1UF 20% 10V X5R 0201 RADIO_PMIC NOSTUFF
C3625_RF 10UF 20% 6.3V CERM-X5R 0402-9 RADIO_PMIC
C3632_RF 15UF 20% 6.3V X5R 0402-1 RADIO_PMIC
C3635_RF 4.7UF 20% 6.3V CER-X5R 0402 RADIO_PMIC NOSTUFF
C3603_RF 1UF 20% 10V X5R 0201 RADIO_PMIC
C3626_RF 4.7UF 20% 6.3V CER-X5R 0402 RADIO_PMIC
C3627_RF 10UF 20% 6.3V CERM-X5R 0402-9 RADIO_PMIC
C3605_RF 1UF 20% 10V X5R 0201 RADIO_PMIC
C3606_RF 1UF 20% 10V X5R 0201 RADIO_PMIC
C3629_RF 1UF 20% 10V X5R 0201 RADIO_PMIC
C3608_RF 1UF 20% 10V X5R 0201 RADIO_PMIC
C3607_RF 1UF 20% 10V X5R 0201 RADIO_PMIC
C3633_RF 15UF 20% 6.3V X5R 0402-1 RADIO_PMIC
C3636_RF 4.7UF 20% 6.3V CER-X5R 0402 RADIO_PMIC NOSTUFF

XW3616_RF OMIT SHORT-10L-0.25MM-SM
11 6 PP_0V9_SMPS1 — BB_TO_PMU_AMUX_SMPS1 OUT 5
XW3617_RF OMIT SHORT-10L-0.25MM-SM
11 7 6 PP_1V0_SMPS3 — BB_TO_PMU_AMUX_SMPS3 OUT 5
XW3618_RF OMIT SHORT-10L-0.25MM-SM
13 11 PP_1V85_SMPS4 — BB_TO_PMU_AMUX_SMPS4 OUT 5
XW3619_RF OMIT SHORT-10L-0.25MM-SM
11 7 5 3 PP_UIM1_LDO11 — BB_TO_PMU_AMUX_LDO11_SIM1 OUT 5

ROPRIETARY APPLE SYSTEM DESIGN. FOR REFERENCE PURPOSE ONLY - NOT A CHANGE REQUEST

PMU:ET

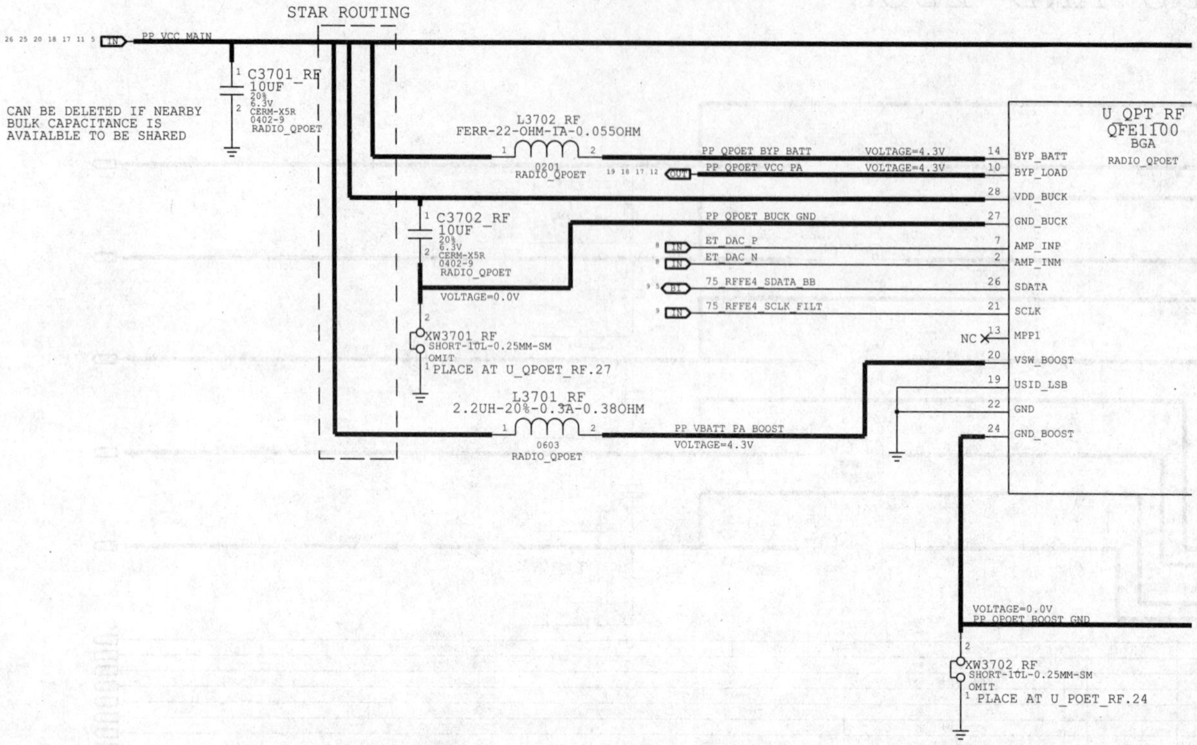

STAR ROUTING

PP_VCC_MAIN

C3701_RF 10UF 20% 6.3V CERM-X5R 0402-9 RADIO_QPOET

CAN BE DELETED IF NEARBY BULK CAPACITANCE IS AVAIALBLE TO BE SHARED

L3702_RF FERR-22-OHM-1A-0.055OHM 0201 RADIO_QPOET

C3702_RF 10UF 20% 6.3V CERM-X5R 0402-9 RADIO_QPOET

VOLTAGE=0.0V

XW3701_RF SHORT-10L-0.25MM-SM OMIT PLACE AT U_QPOET_RF.27

L3701_RF 2.2UH-20%-0.3A-0.38OHM 0603 RADIO_QPOET

PP_VBATT_PA_BOOST VOLTAGE=4.3V

PP_QPOET_BYP_BATT VOLTAGE=4.3V

PP_QPOET_VCC_PA VOLTAGE=4.3V

PP_QPOET_BUCK_GND

ET_DAC_P

ET_DAC_N

75_RFFE4_SDATA_BB

75_RFFE4_SCLK_FILT

NC

U_QPT_RF QFE1100 BGA RADIO_QPOET

14 BYP_BATT
10 BYP_LOAD
28 VDD_BUCK
27 GND_BUCK
7 AMP_INP
2 AMP_INM
26 SDATA
21 SCLK
13 MPP1
20 VSW_BOOST
19 USID_LSB
22 GND
24 GND_BOOST

VOLTAGE=0.0V PP_QPOET_BOOST_GND

XW3702_RF SHORT-10L-0.25MM-SM OMIT PLACE AT U_POET_RF.24

TRAN

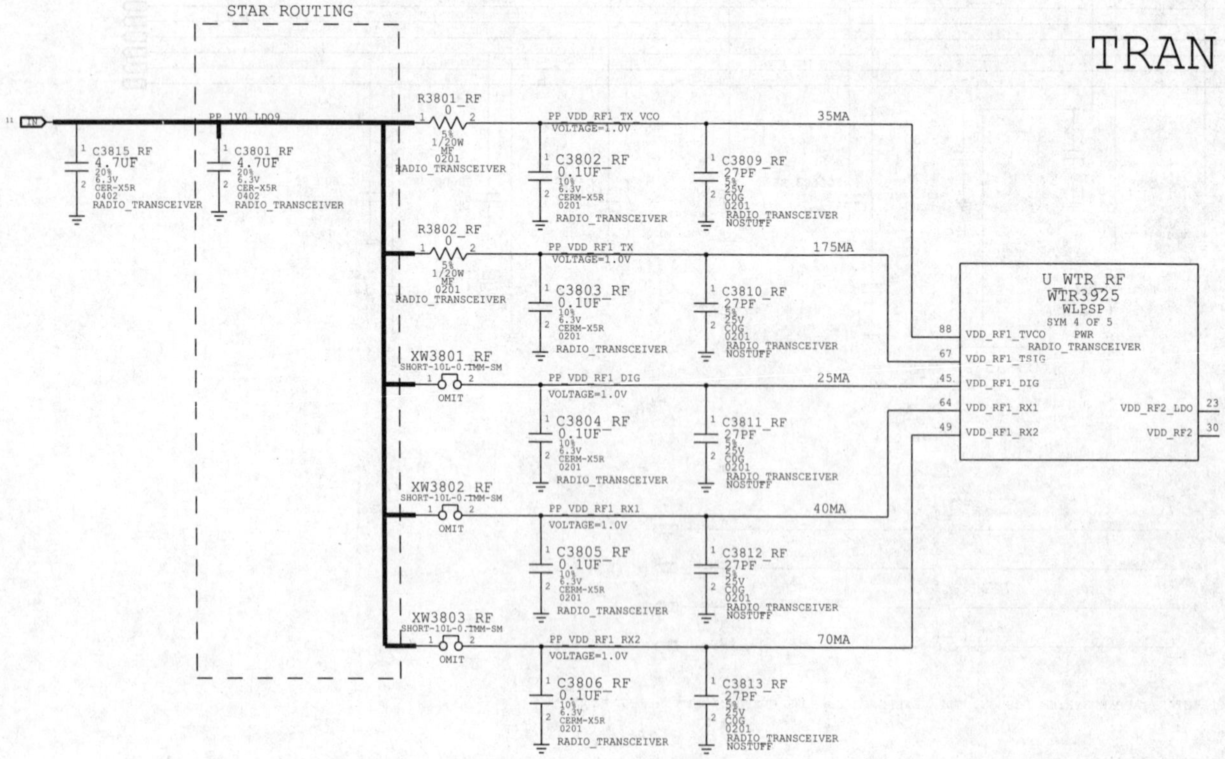

STAR ROUTING

PP_1V0_LDO9

C3815_RF 4.7UF 20% 6.3V CER-X5R 0402 RADIO_TRANSCEIVER

C3801_RF 4.7UF 20% 6.3V CER-X5R 0402 RADIO_TRANSCEIVER

R3801_RF 0 5% 1/20W MF 0201 RADIO_TRANSCEIVER

PP_VDD_RF1_TX_VCO VOLTAGE=1.0V 35MA

C3802_RF 0.1UF 10% 6.3V CERM-X5R 0201 RADIO_TRANSCEIVER

C3809_RF 27PF 5% 25V C0G 0201 RADIO_TRANSCEIVER NOSTUFF

R3802_RF 0 5% 1/20W MF 0201 RADIO_TRANSCEIVER

PP_VDD_RF1_TX VOLTAGE=1.0V 175MA

C3803_RF 0.1UF 10% 6.3V CERM-X5R 0201 RADIO_TRANSCEIVER

C3810_RF 27PF 5% 25V C0G 0201 RADIO_TRANSCEIVER NOSTUFF

XW3801_RF SHORT-10L-0.1MM-SM OMIT

PP_VDD_RF1_DIG VOLTAGE=1.0V 25MA

C3804_RF 0.1UF 10% 6.3V CERM-X5R 0201 RADIO_TRANSCEIVER

C3811_RF 27PF 5% 25V C0G 0201 RADIO_TRANSCEIVER NOSTUFF

XW3802_RF SHORT-10L-0.1MM-SM OMIT

PP_VDD_RF1_RX1 VOLTAGE=1.0V 40MA

C3805_RF 0.1UF 10% 6.3V CERM-X5R 0201 RADIO_TRANSCEIVER

C3812_RF 27PF 5% 6.3V C0G 0201 RADIO_TRANSCEIVER NOSTUFF

XW3803_RF SHORT-10L-0.1MM-SM OMIT

PP_VDD_RF1_RX2 VOLTAGE=1.0V 70MA

C3806_RF 0.1UF 10% 6.3V CERM-X5R 0201 RADIO_TRANSCEIVER

C3813_RF 27PF 5% 25V C0G 0201 RADIO_TRANSCEIVER NOSTUFF

U_WTR_RF WTR3925 WLPSP SYM 4 OF 5 PWR RADIO_TRANSCEIVER

88 VDD_RF1_TVCO
67 VDD_RF1_TSIG
45 VDD_RF1_DIG
64 VDD_RF1_RX1
49 VDD_RF1_RX2
VDD_RF2_LDO 23
VDD_RF2 30

MODULATOR

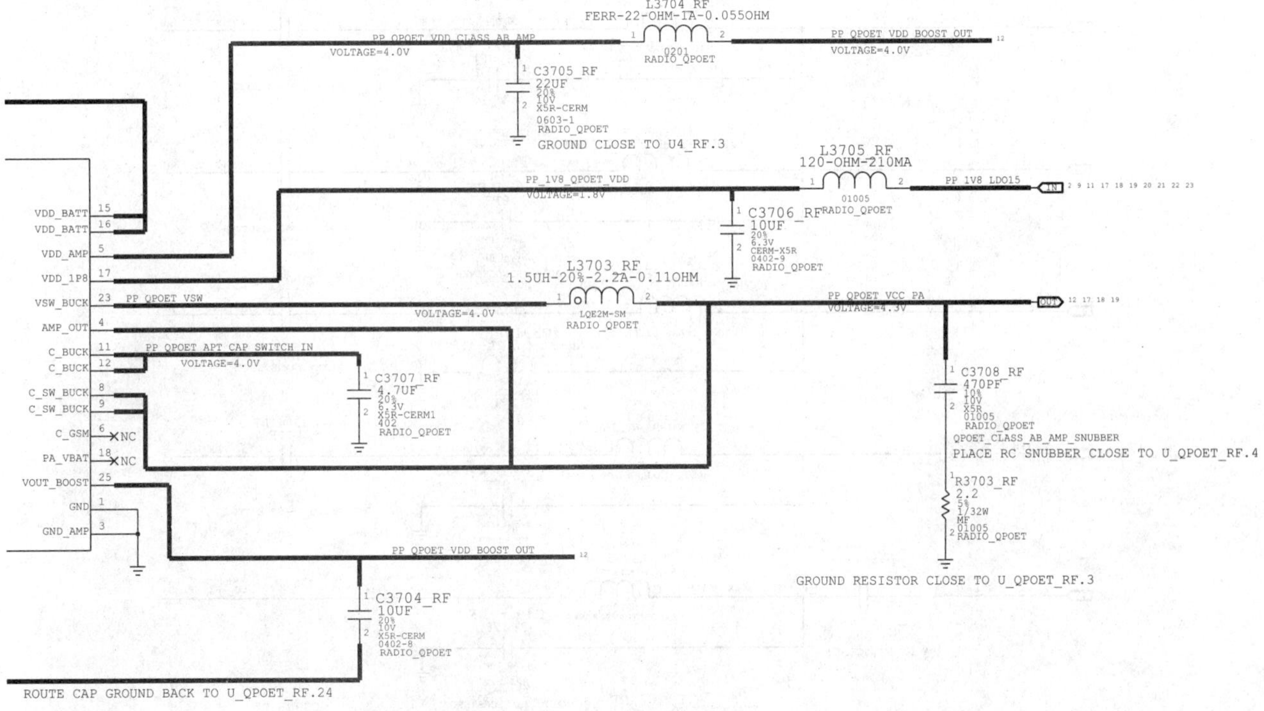

SCEIVER:POWER

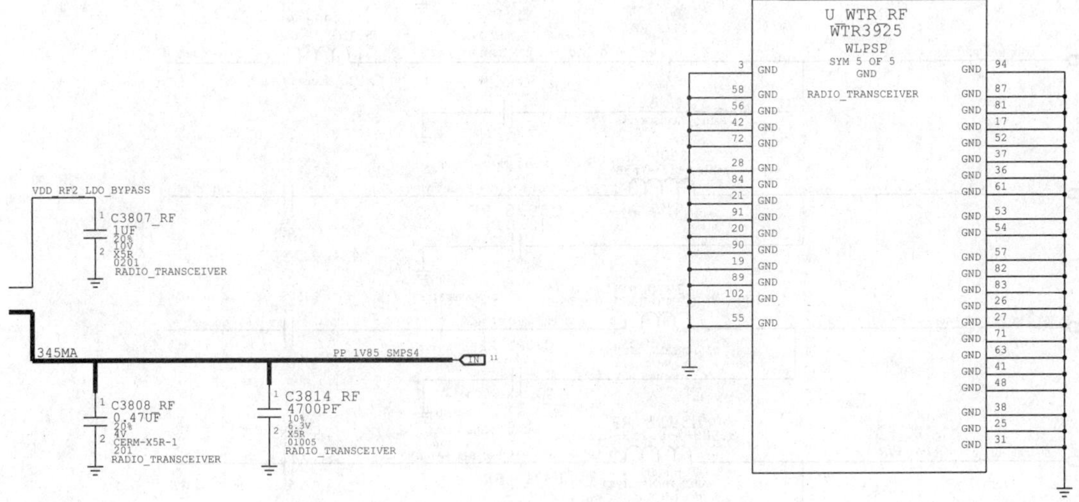

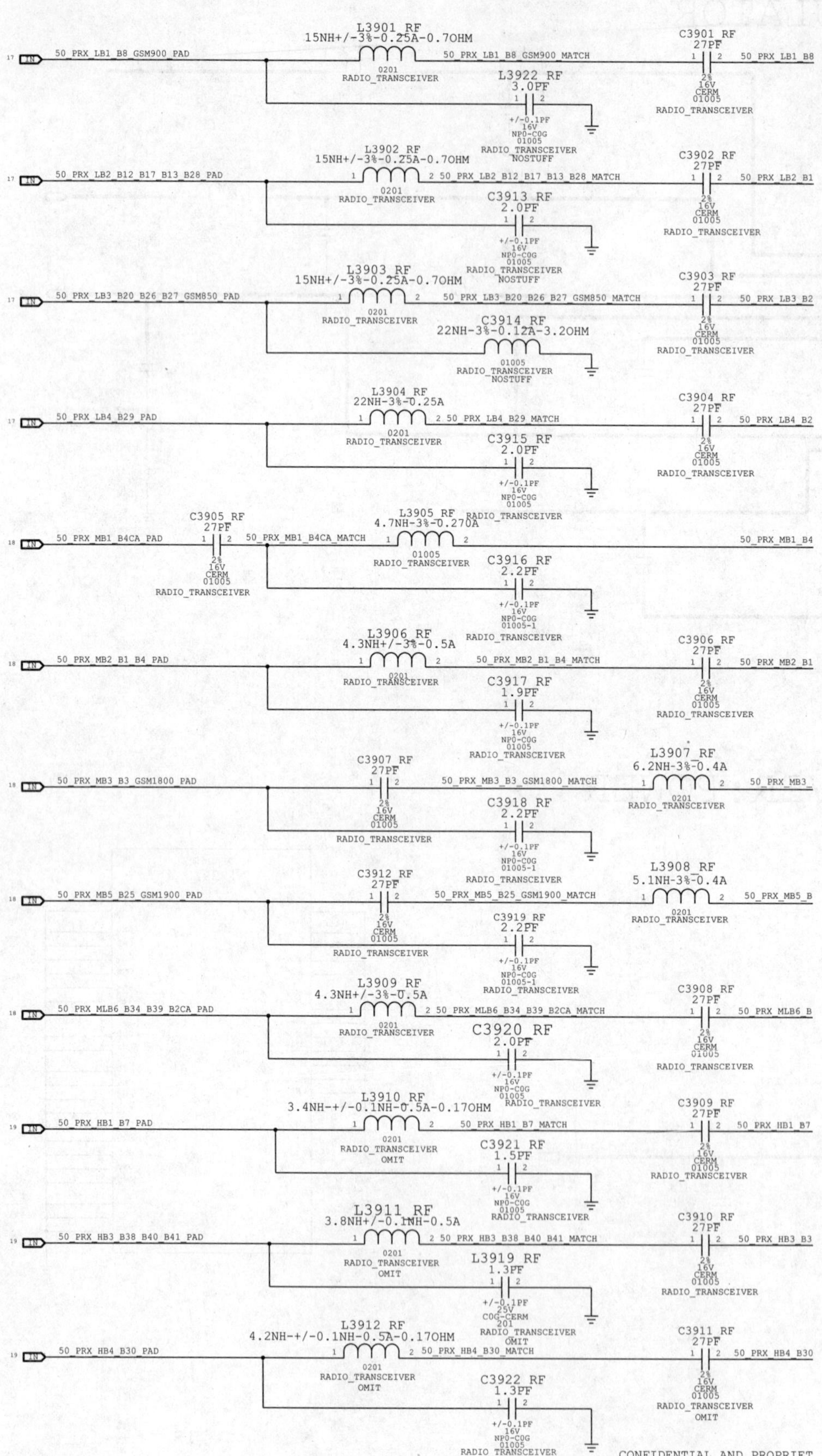
TRANSCEIVER:PRX POR
L3901 RF
15NH+/-3%-0.25A-0.7OHM
50_PRX_LB1_B8_GSM900_PAD
50_PRX_LB1_B8_GSM900_MATCH
L3922 RF
3.0PF
C3901 RF
27PF
50_PRX_LB1_B8
L3902 RF
15NH+/-3%-0.25A-0.7OHM
50_PRX_LB2_B12_B17_B13_B28_PAD
50_PRX_LB2_B12_B17_B13_B28_MATCH
C3913 RF
2.0PF
C3902 RF
27PF
50_PRX_LB2_B1
L3903 RF
15NH+/-3%-0.25A-0.7OHM
50_PRX_LB3_B20_B26_B27_GSM850_PAD
50_PRX_LB3_B20_B26_B27_GSM850_MATCH
C3914 RF
22NH-3%-0.12A-3.2OHM
C3903 RF
27PF
50_PRX_LB3_B2
L3904 RF
22NH-3%-0.25A
50_PRX_LB4_B29_PAD
50_PRX_LB4_B29_MATCH
C3915 RF
2.0PF
C3904 RF
27PF
50_PRX_LB4_B2
C3905 RF
27PF
50_PRX_MB1_B4CA_PAD
50_PRX_MB1_B4CA_MATCH
L3905 RF
4.7NH-3%-0.270A
50_PRX_MB1_B4
C3916 RF
2.2PF
L3906 RF
4.3NH+/-3%-0.5A
50_PRX_MB2_B1_B4_PAD
50_PRX_MB2_B1_B4_MATCH
C3917 RF
1.9PF
C3906 RF
27PF
50_PRX_MB2_B1
C3907 RF
27PF
50_PRX_MB3_B3_GSM1800_PAD
50_PRX_MB3_B3_GSM1800_MATCH
C3918 RF
2.2PF
L3907 RF
6.2NH-3%-0.4A
50_PRX_MB3
C3912 RF
27PF
50_PRX_MB5_B25_GSM1900_PAD
50_PRX_MB5_B25_GSM1900_MATCH
C3919 RF
2.2PF
L3908 RF
5.1NH-3%-0.4A
50_PRX_MB5_B
L3909 RF
4.3NH+/-3%-0.5A
50_PRX_MLB6_B34_B39_B2CA_PAD
50_PRX_MLB6_B34_B39_B2CA_MATCH
C3920 RF
2.0PF
C3908 RF
27PF
50_PRX_MLB6_B
L3910 RF
3.4NH-+/-0.1NH-0.5A-0.17OHM
50_PRX_HB1_B7_PAD
50_PRX_HB1_B7_MATCH
C3921 RF
1.5PF
C3909 RF
27PF
50_PRX_HB1_B7
L3911 RF
3.8NH+/-0.1NH-0.5A
50_PRX_HB3_B38_B40_B41_PAD
50_PRX_HB3_B38_B40_B41_MATCH
L3919 RF
1.3PF
C3910 RF
27PF
50_PRX_HB3_B3
L3912 RF
4.2NH-+/-0.1NH-0.5A-0.17OHM
50_PRX_HB4_B30_PAD
50_PRX_HB4_B30_MATCH
C3922 RF
1.3PF
C3911 RF
27PF
50_PRX_HB4_B30
RADIO_TRANSCEIVER
NOSTUFF
OMIT
CONFIDENTIAL AND PROPRIET

TS

DC BLOCKING CAP VALUES CANNOT BE MORE THAN 33PF

GSM900

2_B17_B13_B28

0_B26_B27_GSM850

9

CA

B4

B3_GSM1800

25_GSM1900

34_B39_B2CA

8_B40_B41

U_WTR_RF
WTR3925
WLPSP
SYM 1 OF 5
PRX
RADIO_TRANSCEIVER

104 PRX_LB1
96 PRX_LB2
103 PRX_LB3
95 PRX_LB4
99 PRX_MB1
92 PRX_MB2
106 PRX_MB3
98 PRX_MB4
105 PRX_MB5
NC 97 PRX_MLB6
73 PRX_HB1
NC 65 PRX_HB2
85 PRX_HB3
79 PRX_HB4

PRX_CA1_IP 69 50_PRX_CA1_I OUT
PRX_CA1_QP 77 50_PRX_CA1_Q OUT
PRX_CA2_IP 39 50_PRX_CA2_I OUT
PRX_CA2_QP 33 50_PRX_CA2_Q OUT

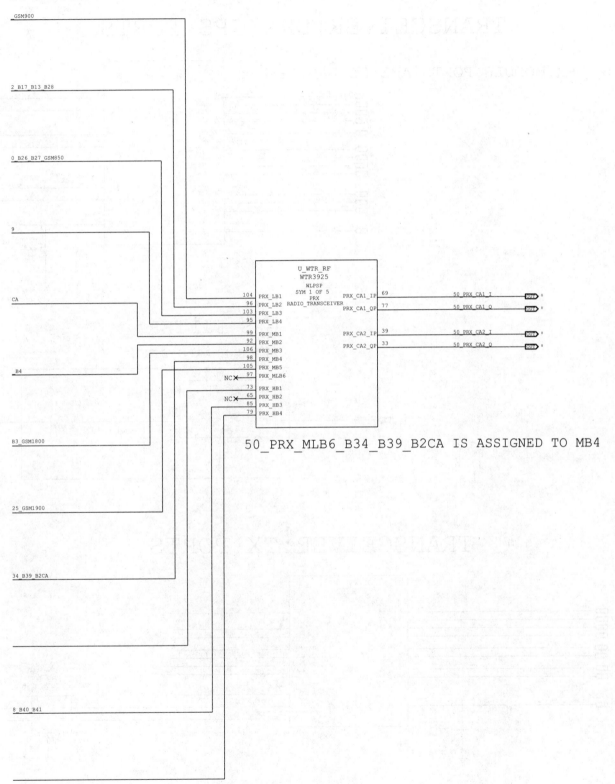

50_PRX_MLB6_B34_B39_B2CA IS ASSIGNED TO MB4

ARY APPLE SYSTEM DESIGN. FOR REFERENCE PURPOSE ONLY - NOT A CHANGE REQUEST

TRANSCEIVER:DRX/GPS PORTS

DRX MODULE PORTS ARE DC BLOCKED

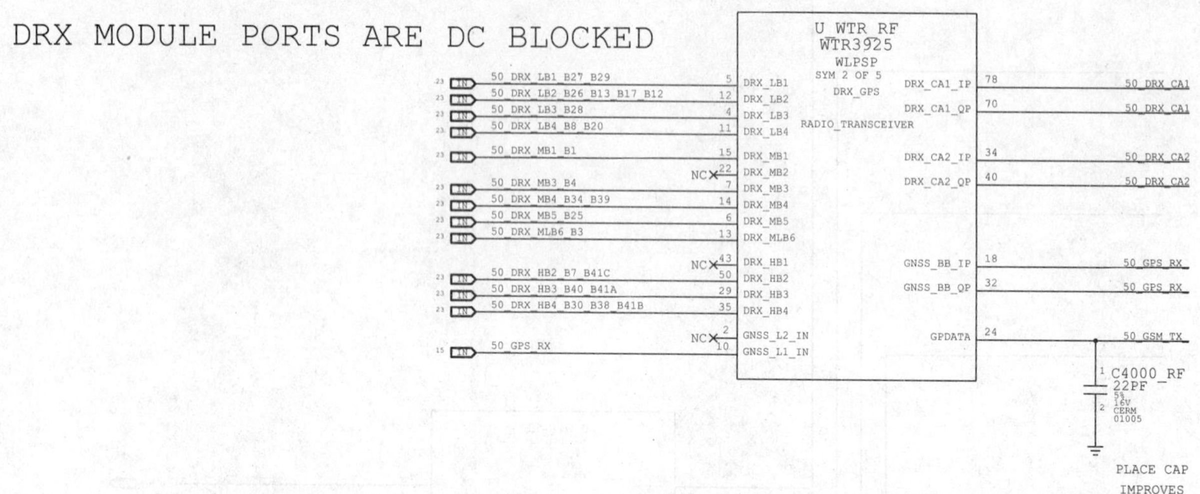

GPS FILTER

PLACE NEAR U_WTR

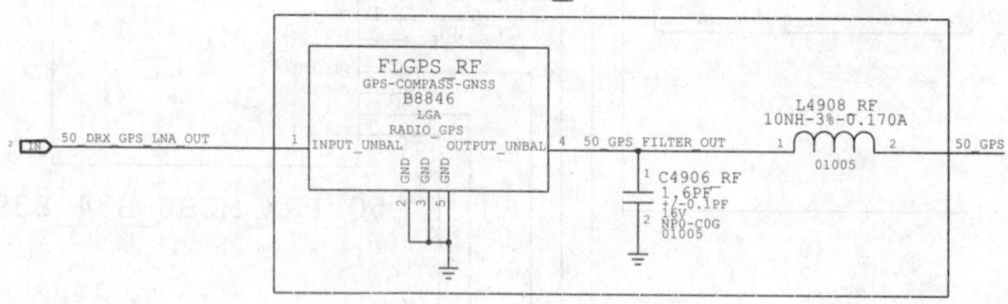

TRANSCEIVER:TX PORTS

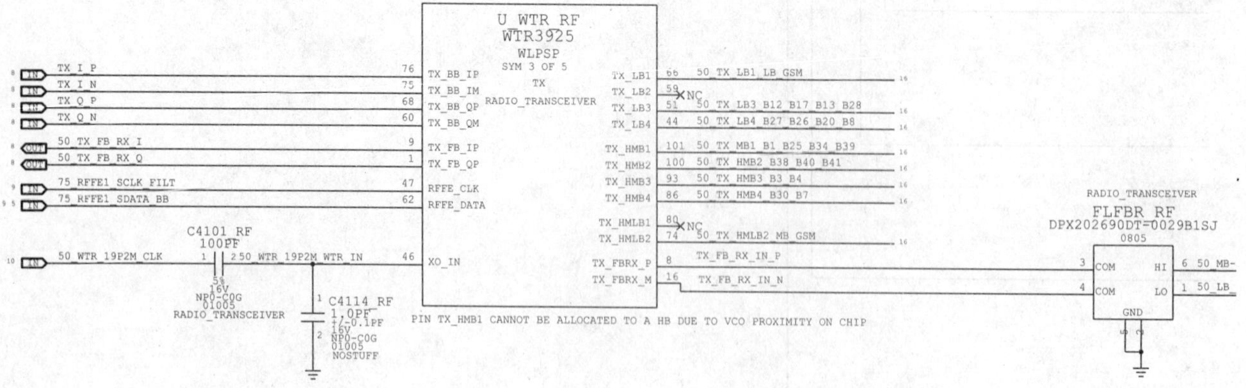

B12/13 TX INTERSTAGE FILTER REMOVED

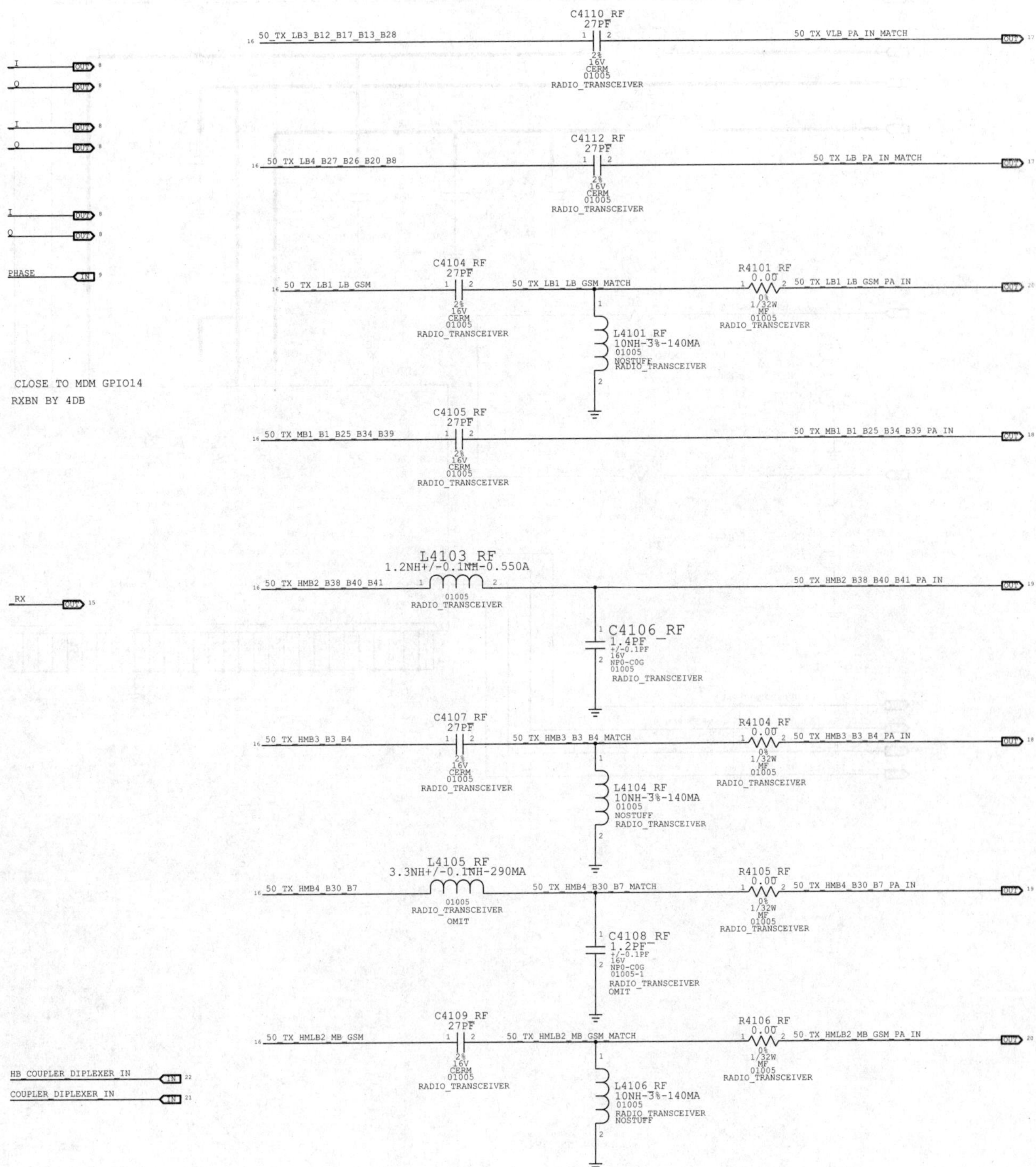

LOW BAND PA+DUPLEXERS

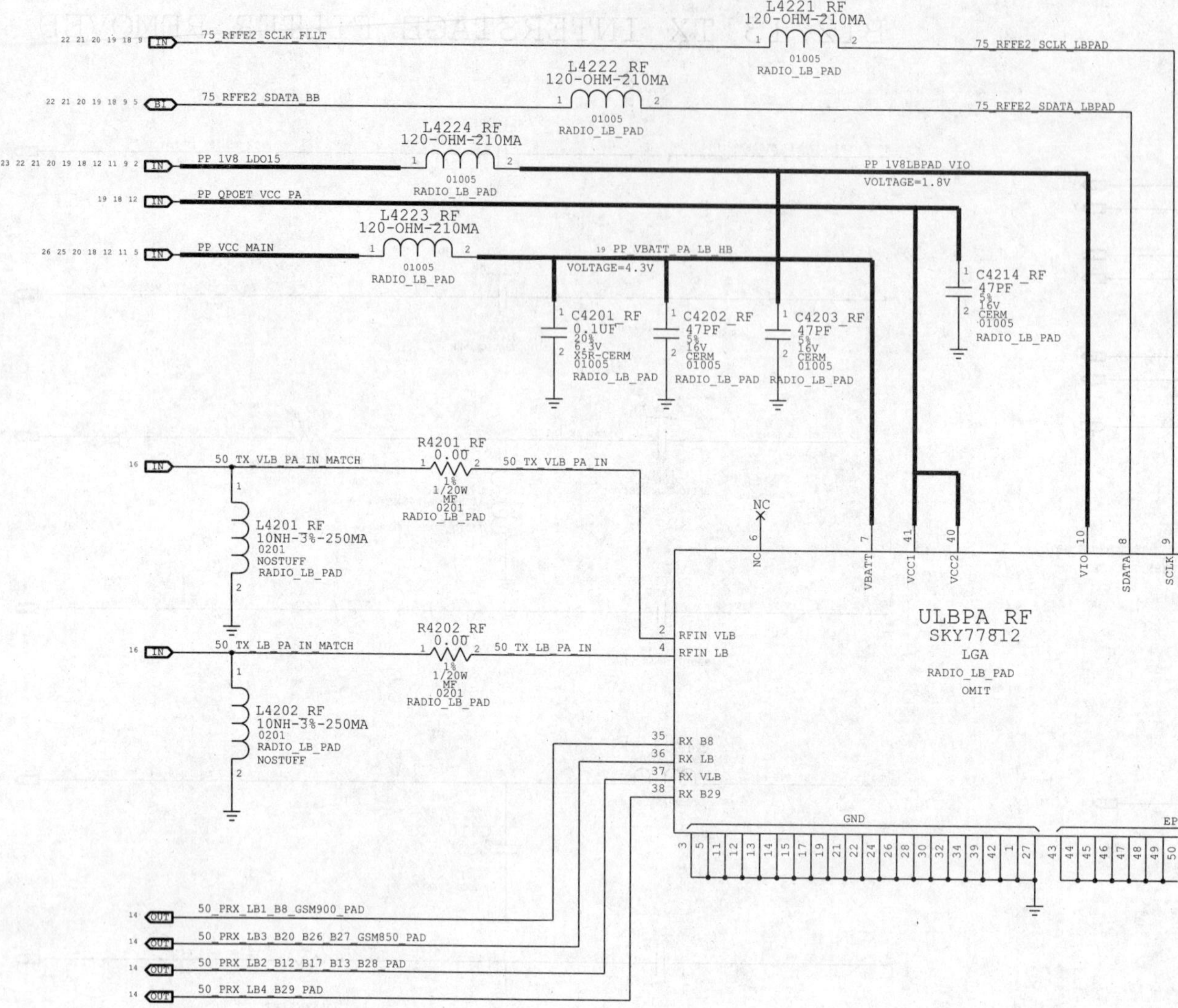

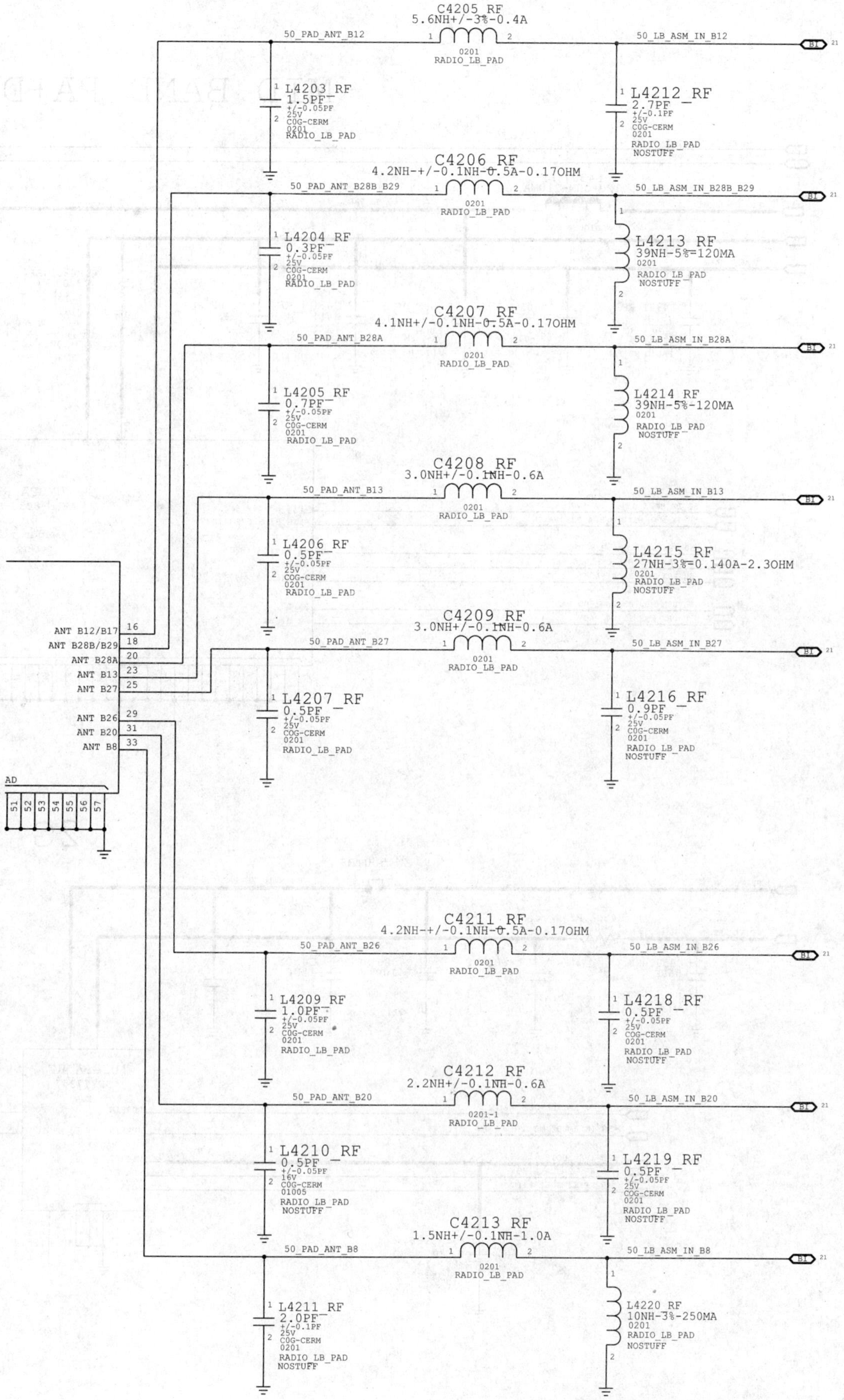

C4205 RF 5.6NH+/-3%-0.4A 0201 RADIO_LB_PAD
50_PAD_ANT_B12 — 50_LB_ASM_IN_B12
L4203 RF 1.5PF +/-0.05PF 25V COG-CERM 0201 RADIO_LB_PAD
L4212 RF 2.7PF +/-0.1PF 25V COG-CERM 0201 RADIO_LB_PAD NOSTUFF

C4206 RF 4.2NH-+/-0.1NH-0.5A-0.17OHM 0201 RADIO_LB_PAD
50_PAD_ANT_B28B_B29 — 50_LB_ASM_IN_B28B_B29
L4204 RF 0.3PF +/-0.05PF 25V COG-CERM 0201 RADIO_LB_PAD
L4213 RF 39NH-5%=120MA 0201 RADIO_LB_PAD NOSTUFF

C4207 RF 4.1NH+/-0.1NH-0.5A-0.17OHM 0201 RADIO_LB_PAD
50_PAD_ANT_B28A — 50_LB_ASM_IN_B28A
L4205 RF 0.7PF +/-0.05PF 25V COG-CERM 0201 RADIO_LB_PAD
L4214 RF 39NH-5%-120MA 0201 RADIO_LB_PAD NOSTUFF

C4208 RF 3.0NH+/-0.1NH-0.6A 0201 RADIO_LB_PAD
50_PAD_ANT_B13 — 50_LB_ASM_IN_B13
L4206 RF 0.5PF +/-0.05PF 25V COG-CERM 0201 RADIO_LB_PAD
L4215 RF 27NH-3%=0.140A-2.3OHM 0201 RADIO_LB_PAD NOSTUFF

C4209 RF 3.0NH+/-0.1NH-0.6A 0201 RADIO_LB_PAD
50_PAD_ANT_B27 — 50_LB_ASM_IN_B27
L4207 RF 0.5PF +/-0.05PF 25V COG-CERM 0201 RADIO_LB_PAD
L4216 RF 0.9PF +/-0.05PF 25V COG-CERM 0201 RADIO_LB_PAD NOSTUFF

ANT B12/B17 16
ANT B28B/B29 18
ANT B28A 20
ANT B13 23
ANT B27 25
ANT B26 29
ANT B20 31
ANT B8 33
AD 51 52 53 54 55 56 57

C4211 RF 4.2NH-+/-0.1NH-0.5A-0.17OHM 0201 RADIO_LB_PAD
50_PAD_ANT_B26 — 50_LB_ASM_IN_B26
L4209 RF 1.0PF +/-0.05PF 25V COG-CERM 0201 RADIO_LB_PAD
L4218 RF 0.5PF +/-0.05PF 25V COG-CERM 0201 RADIO_LB_PAD NOSTUFF

C4212 RF 2.2NH+/-0.1NH-0.6A 0201-1 RADIO_LB_PAD
50_PAD_ANT_B20 — 50_LB_ASM_IN_B20
L4210 RF 0.5PF +/-0.05PF 16V COG-CERM 01005 RADIO_LB_PAD NOSTUFF
L4219 RF 0.5PF +/-0.05PF 25V COG-CERM 0201 RADIO_LB_PAD NOSTUFF

C4213 RF 1.5NH+/-0.1NH-1.0A 0201 RADIO_LB_PAD
50_PAD_ANT_B8 — 50_LB_ASM_IN_B8
L4211 RF 2.0PF +/-0.1PF 25V COG-CERM 0201 RADIO_LB_PAD NOSTUFF
L4220 RF 10NH-3%-250MA 0201 RADIO_LB_PAD NOSTUFF

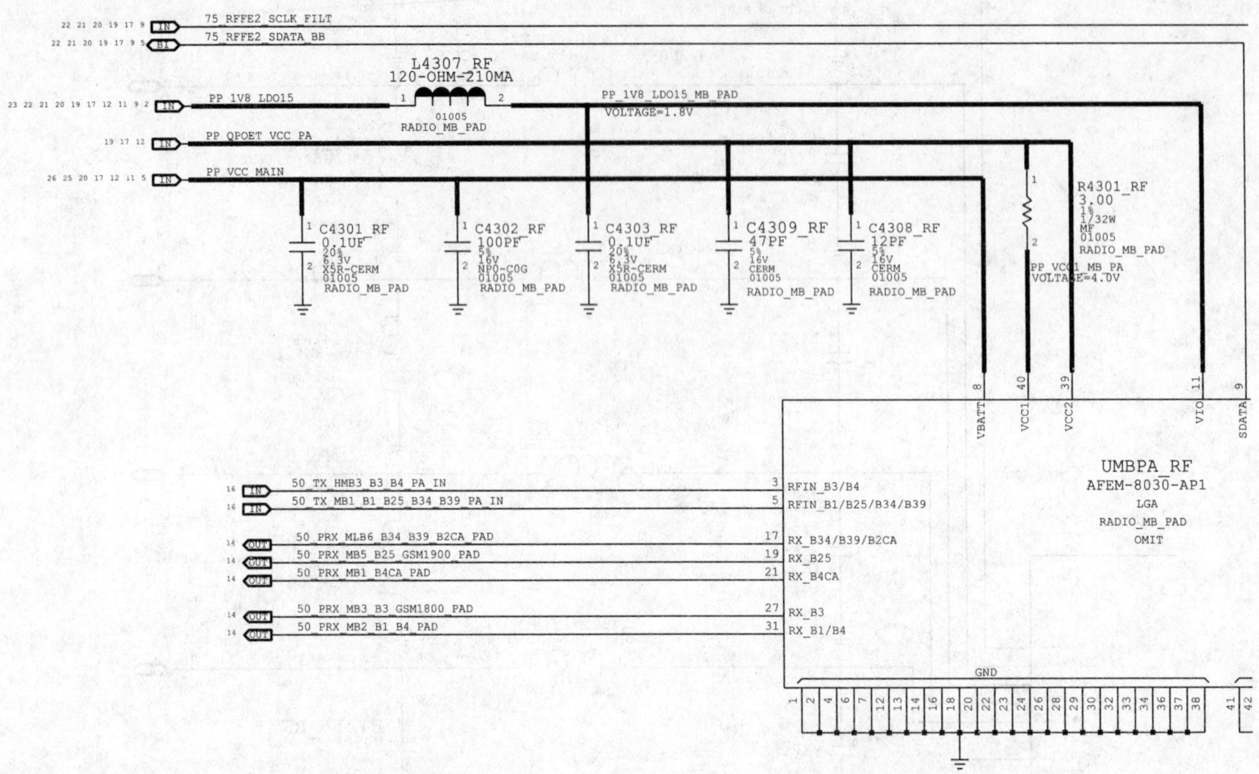

MID BAND PA+DUP
75_RFFE2_SCLK_FILT
75_RFFE2_SDATA_BB
L4307_RF
120-OHM-210MA
PP_1V8_LDO15
PP_1V8_LDO15_MB_PAD
VOLTAGE=1.8V
RADIO_MB_PAD
PP_QPOET_VCC_PA
PP_VCC_MAIN
C4301_RF
C4302_RF
C4303_RF
C4309_RF
C4308_RF
R4301_RF
PP_VCC1_MB_PA
VOLTAGE=4.0V
UMBPA_RF
AFEM-8030-AP1
LGA
RADIO_MB_PAD
OMIT
50_TX_HMB3_B3_B4_PA_IN
50_TX_MB1_B1_B25_B34_B39_PA_IN
50_PRX_MLB6_B34_B39_B2CA_PAD
50_PRX_MB5_B25_GSM1900_PAD
50_PRX_MB1_B4CA_PAD
50_PRX_MB3_B3_GSM1800_PAD
50_PRX_MB2_B1_B4_PAD
RFIN_B3/B4
RFIN_B1/B25/B34/B39
RX_B34/B39/B2CA
RX_B25
RX_B4CA
RX_B3
RX_B1/B4
VBATT
VCC1
VCC2
VIO
SDATA
GND

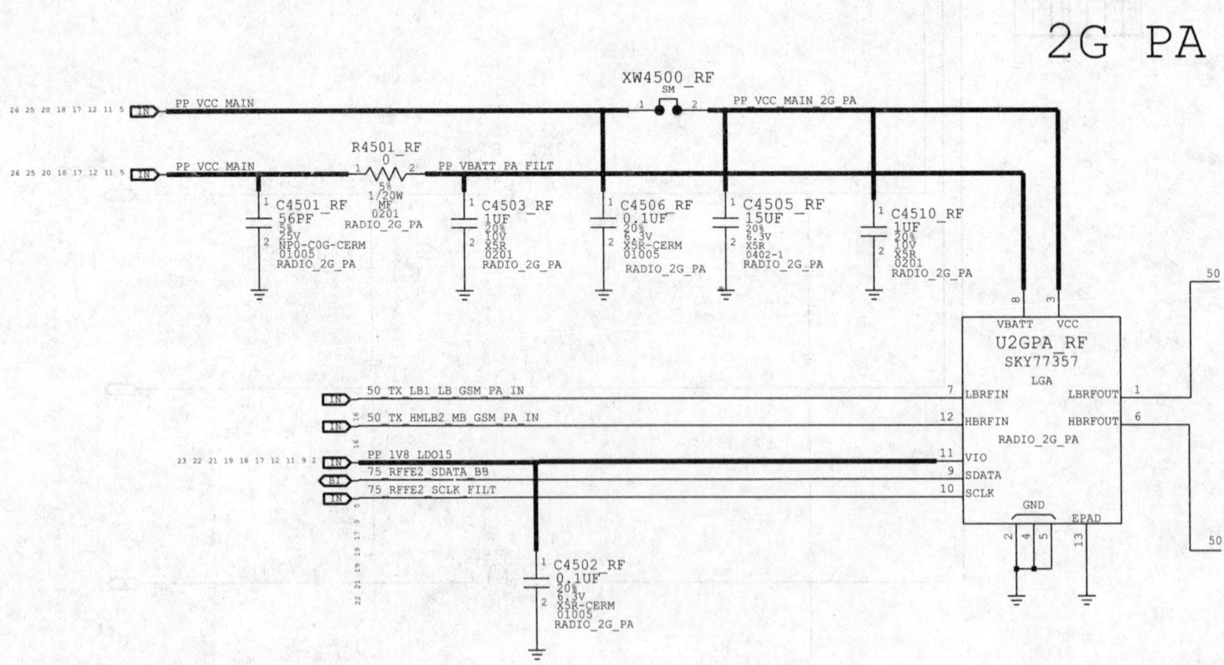

2G PA
XW4500_RF
PP_VCC_MAIN
PP_VCC_MAIN_2G_PA
R4501_RF
PP_VBATT_PA_FILT
C4501_RF
C4503_RF
C4506_RF
C4505_RF
C4510_RF
RADIO_2G_PA
U2GPA_RF
SKY77357
LGA
VBATT
VCC
LBRFIN
HBRFIN
VIO
SDATA
SCLK
LBRFOUT
HBRFOUT
GND
EPAD
50_TX_LB1_LB_GSM_PA_IN
50_TX_HMLB2_MB_GSM_PA_IN
PP_1V8_LDO15
75_RFFE2_SDATA_BB
75_RFFE2_SCLK_FILT
C4502_RF

LEXERS

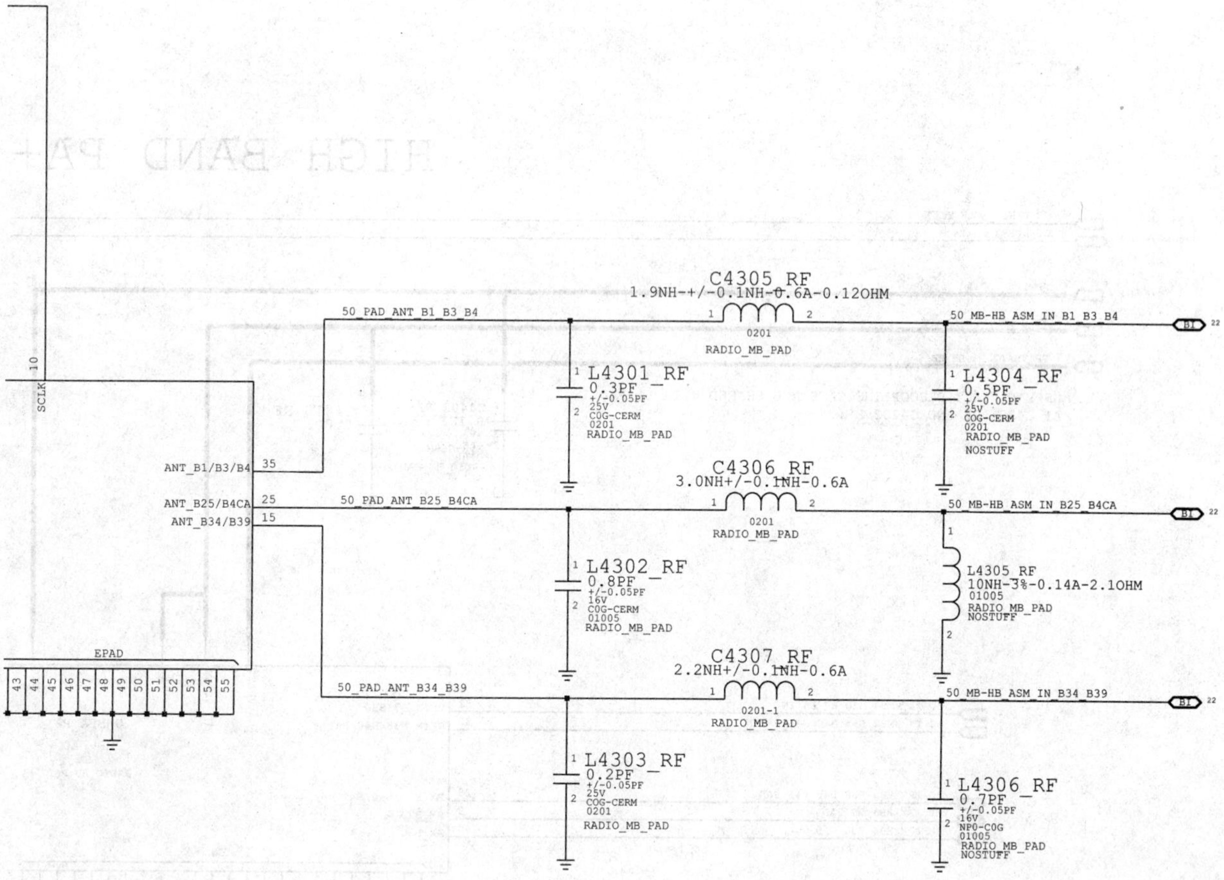

SCLK 10
ANT_B1/B3/B4 35
ANT_B25/B4CA 25
ANT_B34/B39 15
EPAD
43 44 45 46 47 48 49 50 51 52 53 54 55

50_PAD_ANT_B1_B3_B4
C4305_RF
1.9NH-+/-0.1NH-0.6A-0.12OHM
0201
RADIO_MB_PAD
50_MB-HB_ASM_IN_B1_B3_B4
BI 22

L4301_RF
0.3PF
+/-0.05PF
25V
COG-CERM
0201
RADIO_MB_PAD

L4304_RF
0.5PF
+/-0.05PF
25V
COG-CERM
0201
RADIO_MB_PAD
NOSTUFF

50_PAD_ANT_B25_B4CA
C4306_RF
3.0NH+/-0.1NH-0.6A
0201
RADIO_MB_PAD
50_MB-HB_ASM_IN_B25_B4CA
BI 22

L4302_RF
0.8PF
+/-0.05PF
16V
COG-CERM
01005
RADIO_MB_PAD

L4305_RF
10NH-3%-0.14A-2.1OHM
01005
RADIO_MB_PAD
NOSTUFF

50_PAD_ANT_B34_B39
C4307_RF
2.2NH+/-0.1NH-0.6A
0201-1
RADIO_MB_PAD
50_MB-HB_ASM_IN_B34_B39
BI 22

L4303_RF
0.2PF
+/-0.05PF
25V
COG-CERM
0201
RADIO_MB_PAD

L4306_RF
0.7PF
+/-0.05PF
16V
NPO-COG
01005
RADIO_MB_PAD
NOSTUFF

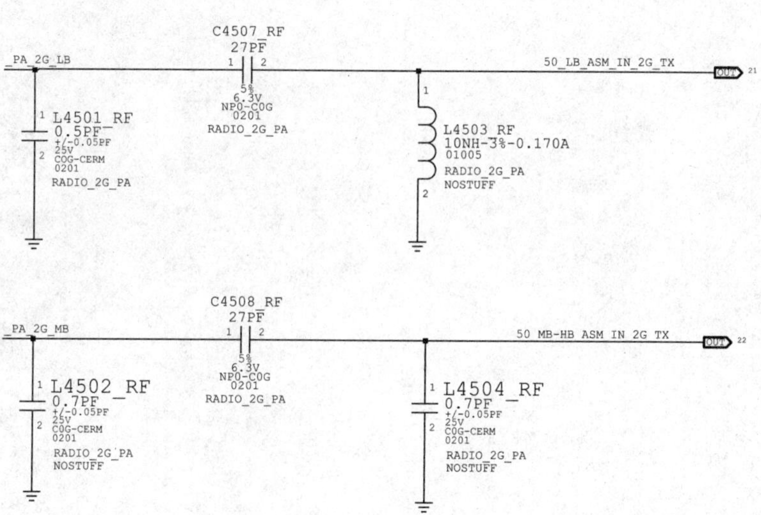

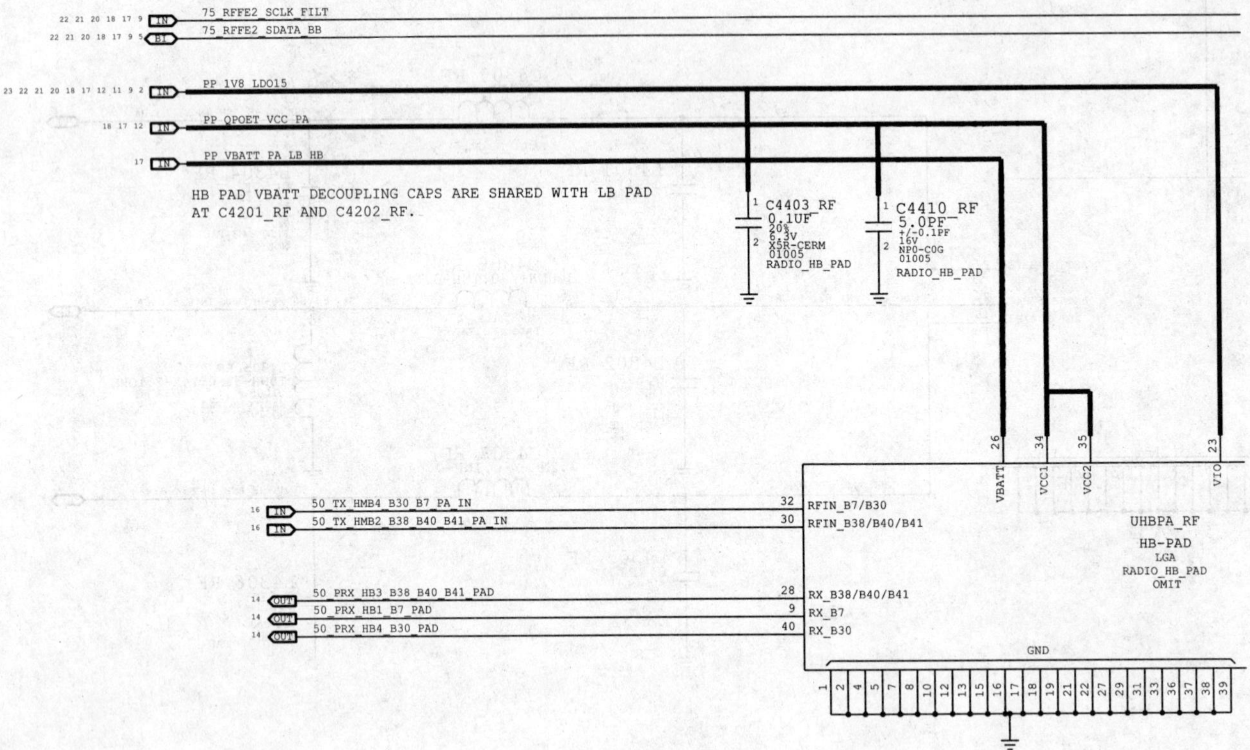

HIGH BAND PA+
75_RFFE2_SCLK_FILT
75_RFFE2_SDATA_BB
PP_1V8_LDO15
PP_QPOET_VCC_PA
PP_VBATT_PA_LB_HB
HB PAD VBATT DECOUPLING CAPS ARE SHARED WITH LB PAD
AT C4201_RF AND C4202_RF.
C4403_RF
0.1UF
20%
6.3V
X5R-CERM
01005
RADIO_HB_PAD
C4410_RF
5.0PF
+/-0.1PF
16V
NP0-C0G
01005
RADIO_HB_PAD
VBATT
VCC1
VCC2
VIO
50_TX_HMB4_B30_B7_PA_IN
50_TX_HMB2_B38_B40_B41_PA_IN
RFIN_B7/B30
RFIN_B38/B40/B41
50_PRX_HB3_B38_B40_B41_PAD
50_PRX_HB1_B7_PAD
50_PRX_HB4_B30_PAD
RX_B38/B40/B41
RX_B7
RX_B30
UHBPA_RF
HB-PAD
LGA
RADIO_HB_PAD
OMIT
GND

DUPLEXERS

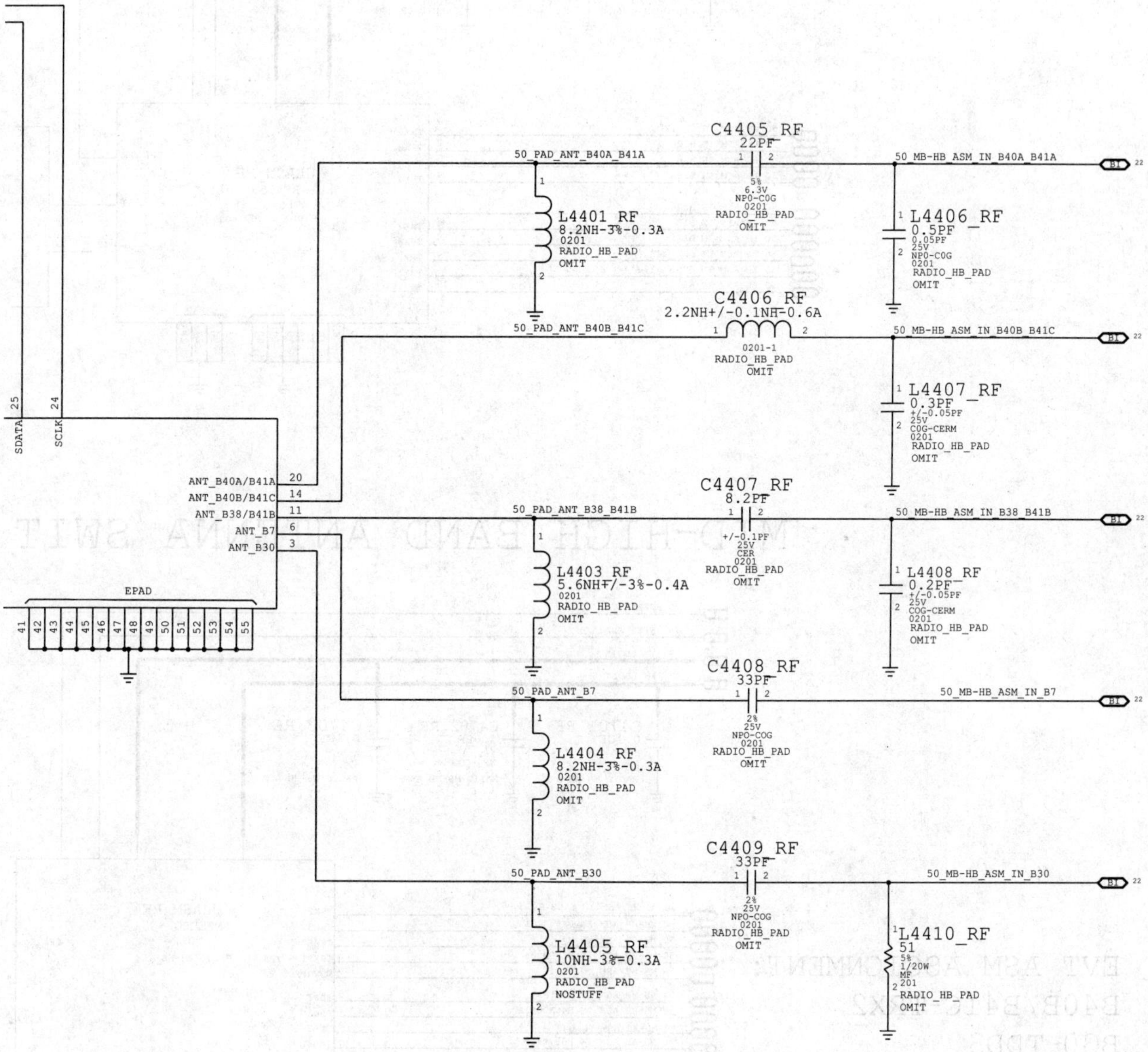

SDATA 25
SCLK 24

ANT_B40A/B41A 20
ANT_B40B/B41C 14
ANT_B38/B41B 11
ANT_B7 6
ANT_B30 3

EPAD
41 42 43 44 45 46 47 48 49 50 51 52 53 54 55

50_PAD_ANT_B40A_B41A

C4405 RF
22PF
1 2
5%
6.3V
NP0-C0G
0201
RADIO_HB_PAD
OMIT

50_MB-HB_ASM_IN_B40A_B41A
BI 22

L4401 RF
8.2NH-3%-0.3A
0201
RADIO_HB_PAD
OMIT

L4406 RF
0.5PF
0.05PF
25V
NP0-C0G
0201
RADIO_HB_PAD
OMIT

C4406 RF
2.2NH+/-0.1NH-0.6A
1 2
0201-1
RADIO_HB_PAD
OMIT

50_PAD_ANT_B40B_B41C

50_MB-HB_ASM_IN_B40B_B41C
BI 22

L4407 RF
0.3PF
+/-0.05PF
25V
C0G-CERM
0201
RADIO_HB_PAD
OMIT

C4407 RF
8.2PF
1 2
+/-0.1PF
25V
CER
0201
RADIO_HB_PAD
OMIT

50_PAD_ANT_B38_B41B

50_MB-HB_ASM_IN_B38_B41B
BI 22

L4403 RF
5.6NH+/-3%-0.4A
0201
RADIO_HB_PAD
OMIT

L4408 RF
0.2PF
+/-0.05PF
25V
C0G-CERM
0201
RADIO_HB_PAD
OMIT

C4408 RF
33PF
1 2
2%
25V
NP0-C0G
0201
RADIO_HB_PAD
OMIT

50_PAD_ANT_B7

50_MB-HB_ASM_IN_B7
BI 22

L4404 RF
8.2NH-3%-0.3A
0201
RADIO_HB_PAD
OMIT

C4409 RF
33PF
1 2
2%
25V
NP0-C0G
0201
RADIO_HB_PAD
OMIT

50_PAD_ANT_B30

50_MB-HB_ASM_IN_B30
BI 22

L4405 RF
10NH-3%-0.3A
0201
RADIO_HB_PAD
NOSTUFF

L4410 RF
51
5%
1/20W
MF
201
RADIO_HB_PAD
OMIT

LOW BAND ANTENNA SWITCH

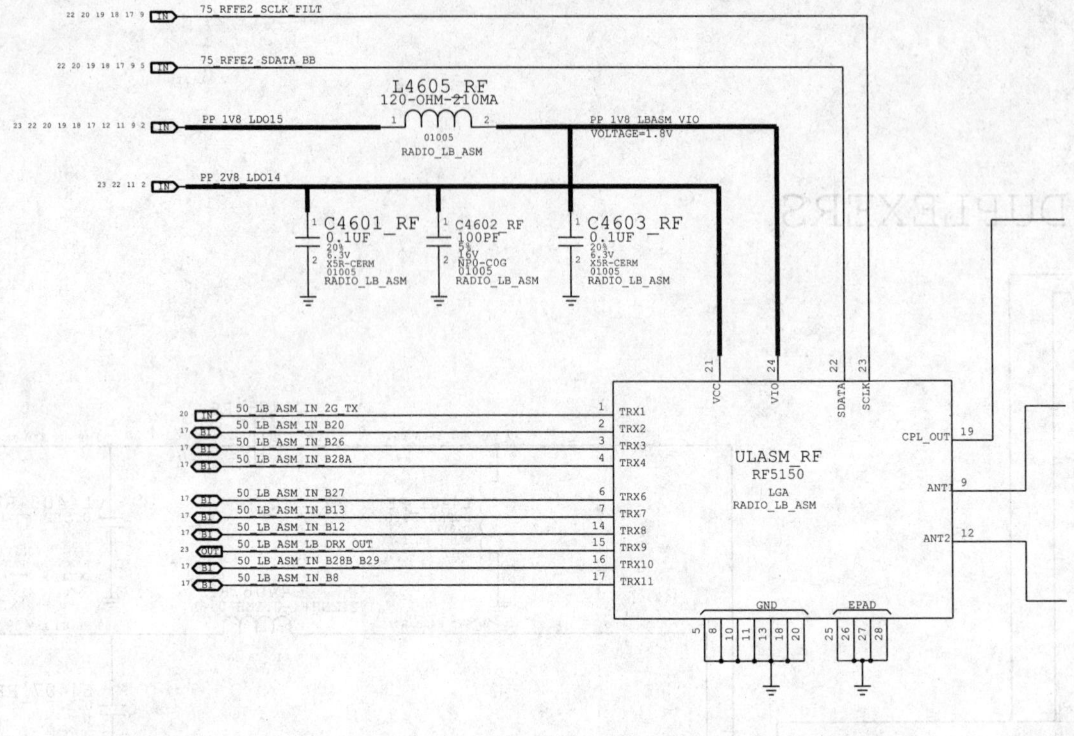

MID-HIGH BAND ANTENNA SWIT

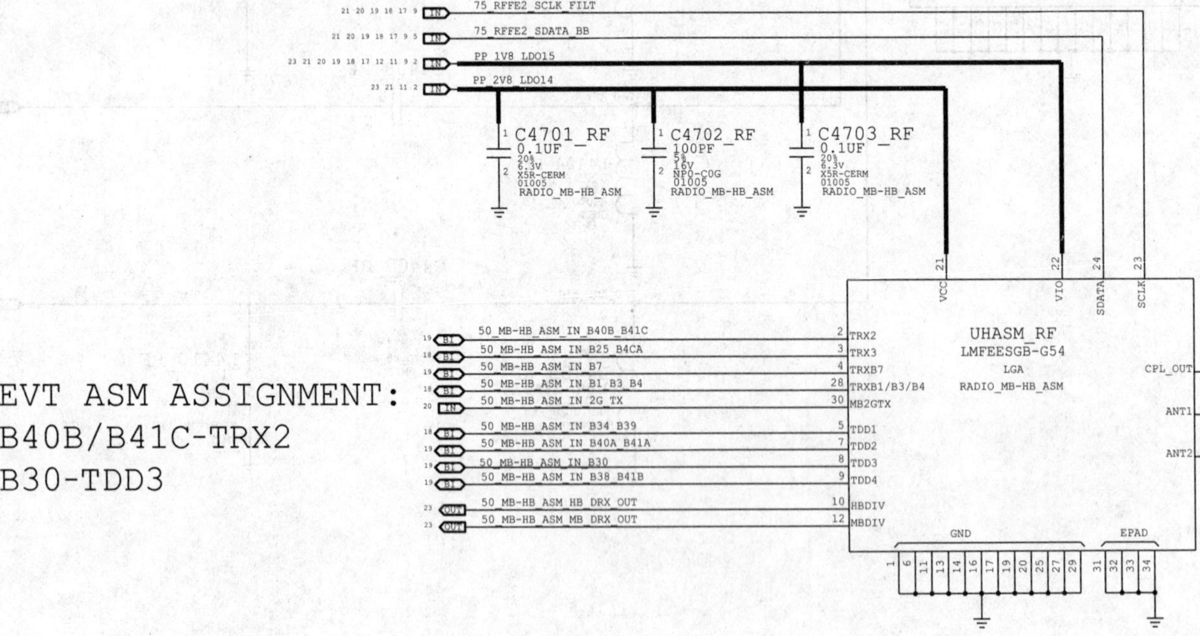

MODULE

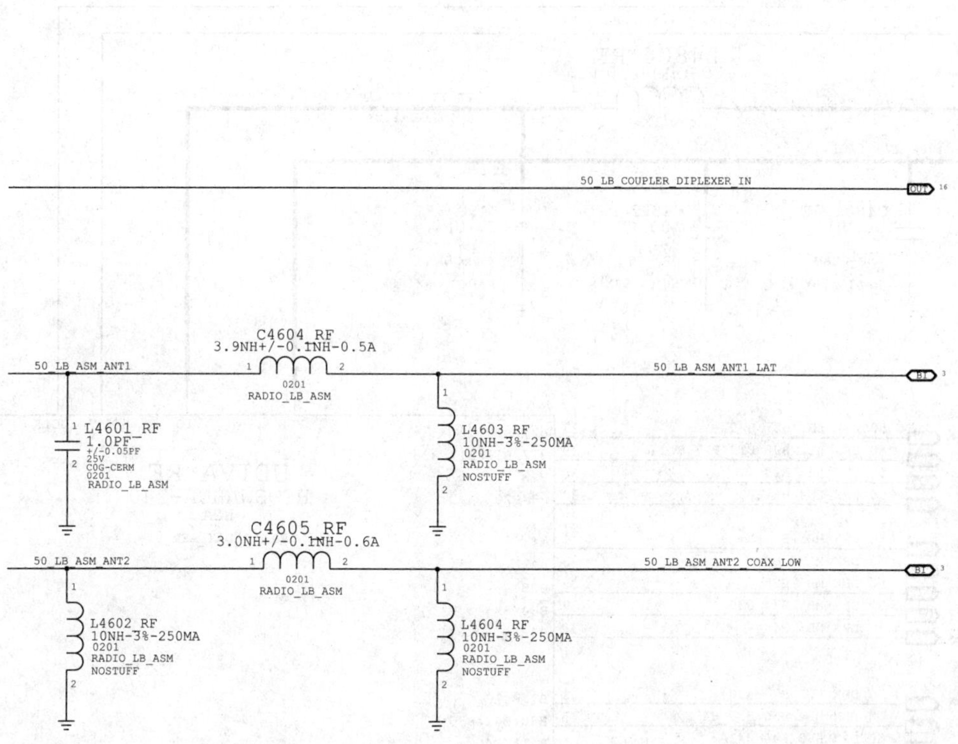

CH MODULE

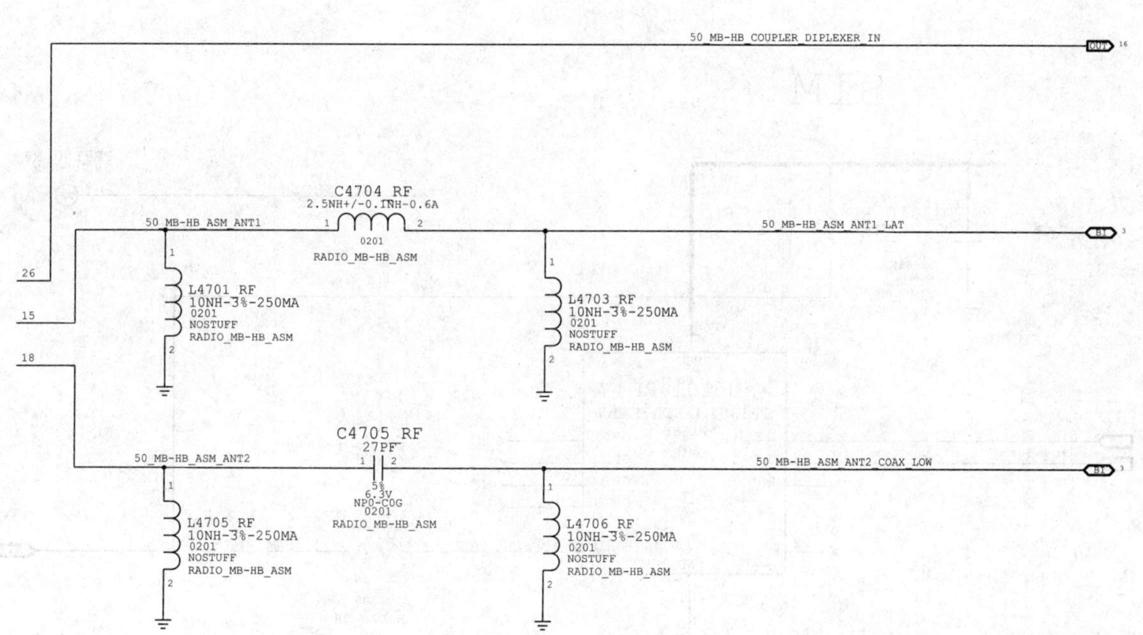

DIVERSITY MODULE

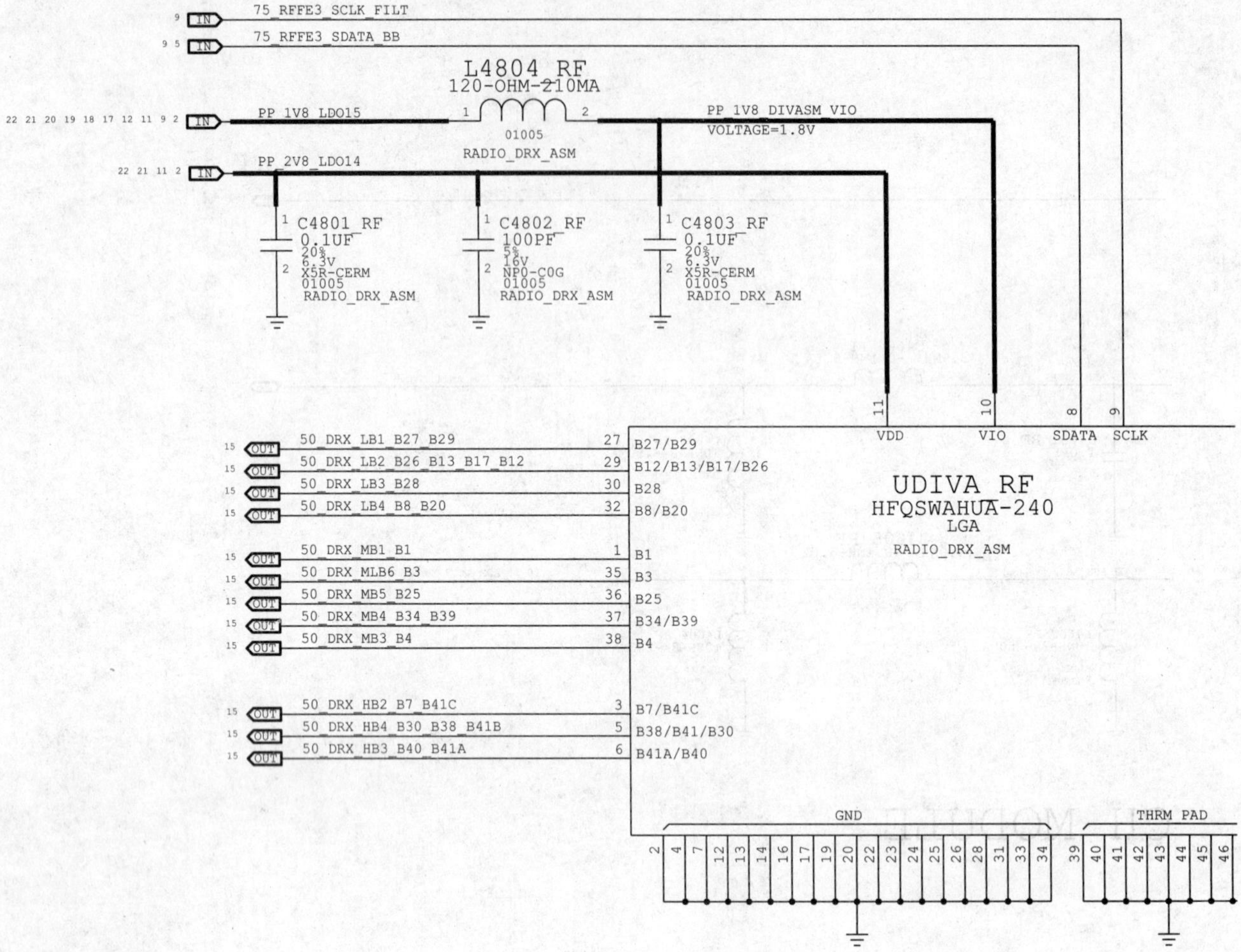

75_RFFE3_SCLK_FILT
75_RFFE3_SDATA_BB
L4804_RF
120-OHM-210MA
01005
RADIO_DRX_ASM
PP_1V8_LDO15
PP_1V8_DIVASM_VIO
VOLTAGE=1.8V
PP_2V8_LDO14
C4801_RF
0.1UF
20%
6.3V
X5R-CERM
01005
RADIO_DRX_ASM
C4802_RF
100PF
5%
16V
NP0-C0G
01005
RADIO_DRX_ASM
C4803_RF
0.1UF
20%
6.3V
X5R-CERM
01005
RADIO_DRX_ASM
VDD VIO SDATA SCLK
UDIVA_RF
HFQSWAHUA-240
LGA
RADIO_DRX_ASM
50_DRX_LB1_B27_B29 27 B27/B29
50_DRX_LB2_B26_B13_B17_B12 29 B12/B13/B17/B26
50_DRX_LB3_B28 30 B28
50_DRX_LB4_B8_B20 32 B8/B20
50_DRX_MB1_B1 1 B1
50_DRX_MLB6_B3 35 B3
50_DRX_MB5_B25 36 B25
50_DRX_MB4_B34_B39 37 B34/B39
50_DRX_MB3_B4 38 B4
50_DRX_HB2_B7_B41C 3 B7/B41C
50_DRX_HB4_B30_B38_B41B 5 B38/B41/B30
50_DRX_HB3_B40_B41A 6 B41A/B40
GND
2 4 7 12 13 14 16 17 19 20 22 23 24 25 26 28 31 33 34
THRM_PAD
39 40 41 42 43 44 45 46

SIM

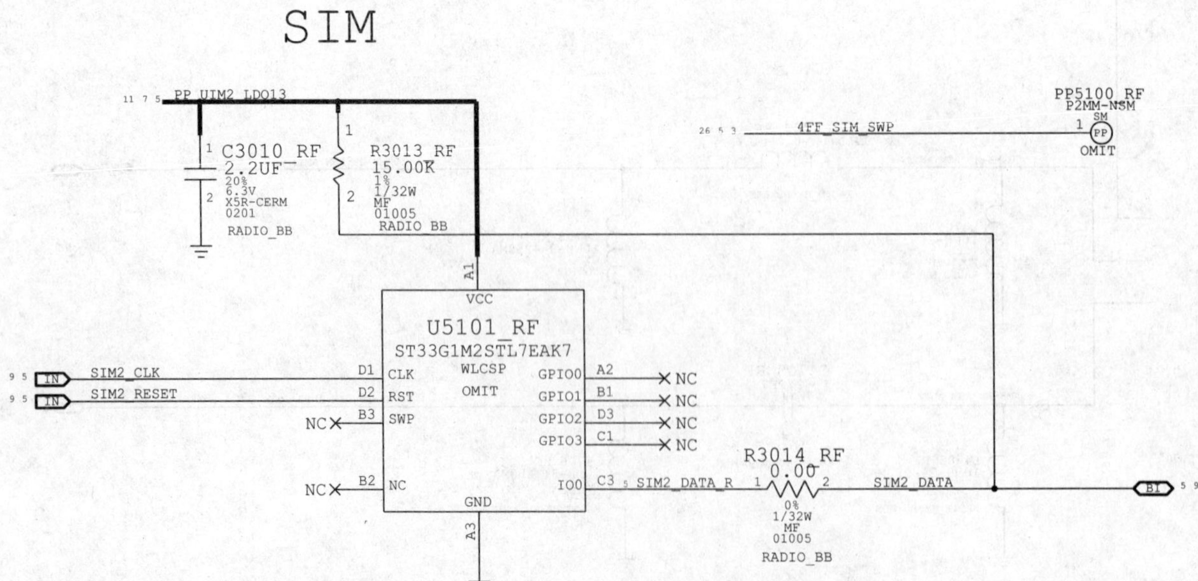

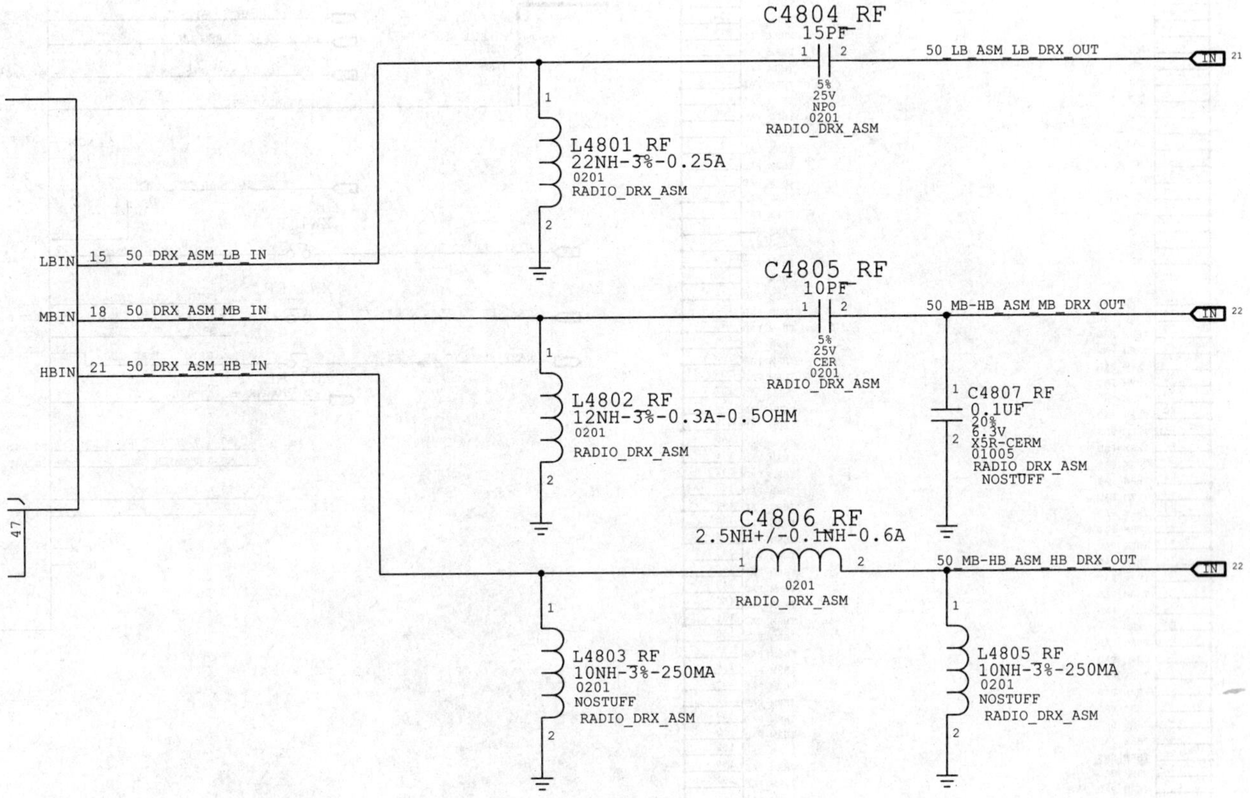

C4804_RF
15PF
1 2
5%
25V
NPO
0201
RADIO_DRX_ASM

50_LB_ASM_LB_DRX_OUT IN 21

L4801_RF
22NH-3%-0.25A
0201
RADIO_DRX_ASM

LBIN 15 50_DRX_ASM_LB_IN
MBIN 18 50_DRX_ASM_MB_IN
HBIN 21 50_DRX_ASM_HB_IN

C4805_RF
10PF
5%
25V
CER
0201
RADIO_DRX_ASM

50_MB-HB_ASM_MB_DRX_OUT IN 22

L4802_RF
12NH-3%-0.3A-0.5OHM
0201
RADIO_DRX_ASM

C4807_RF
0.1UF
20%
6.3V
X5R-CERM
01005
RADIO_DRX_ASM
NOSTUFF

47

C4806_RF
2.5NH+/-0.1NH-0.6A
0201
RADIO_DRX_ASM

50_MB-HB_ASM_HB_DRX_OUT IN 22

L4803_RF
10NH-3%-250MA
0201
NOSTUFF
RADIO_DRX_ASM

L4805_RF
10NH-3%-250MA
0201
NOSTUFF
RADIO_DRX_ASM

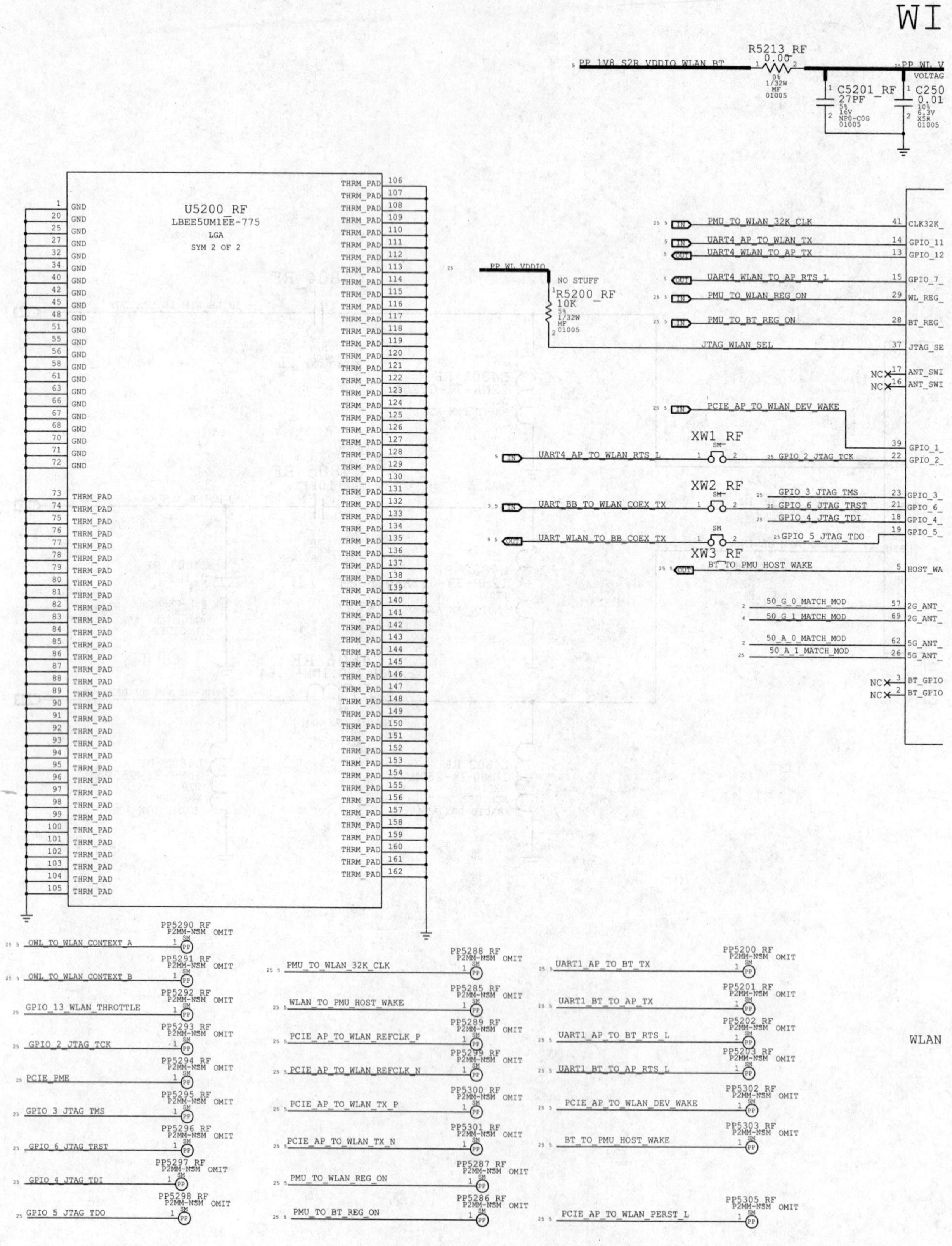

WI

R5213_RF 0.00 — PP_1V8_S2R_VDDIO_WLAN_BT — PP_WL_V VOLTAG

C5201_RF 27PF 5% 16V NP0-C0G 01005; C250 0.01 10% 6.3V X5R 01005

U5200_RF LBEE5UM1EE-775 LGA SYM 2 OF 2

GND: 1, 20, 25, 27, 32, 34, 40, 42, 45, 48, 51, 55, 56, 58, 61, 63, 66, 67, 68, 70, 71, 72

THRM_PAD: 73–105, 106–162

PP_WL_VDDIO — NO STUFF R5200_RF 10K 5% 1/32W MF 01005

PMU_TO_WLAN_32K_CLK 41 CLK32K_
UART4_AP_TO_WLAN_TX 14 GPIO_11
UART4_WLAN_TO_AP_TX 13 GPIO_12
UART4_WLAN_TO_AP_RTS_L 15 GPIO_7_
PMU_TO_WLAN_REG_ON 29 WL_REG_
PMU_TO_BT_REG_ON 28 BT_REG_
JTAG_WLAN_SEL 37 JTAG_SE
NC 17 ANT_SWI
NC 16 ANT_SWI
PCIE_AP_TO_WLAN_DEV_WAKE 39 GPIO_1_
XW1_RF: UART4_AP_TO_WLAN_RTS_L — GPIO_2_JTAG_TCK 22 GPIO_2_
XW2_RF: UART_BB_TO_WLAN_COEX_TX — GPIO_3_JTAG_TMS 23 GPIO_3_; GPIO_6_JTAG_TRST 21 GPIO_6_; GPIO_4_JTAG_TDI 18 GPIO_4_
XW3_RF: UART_WLAN_TO_BB_COEX_TX — GPIO_5_JTAG_TDO 19 GPIO_5_
BT_TO_PMU_HOST_WAKE 5 HOST_WA
50_G_0_MATCH_MOD 57 2G_ANT_
50_G_1_MATCH_MOD 69 2G_ANT_
50_A_0_MATCH_MOD 62 5G_ANT_
50_A_1_MATCH_MOD 26 5G_ANT_
NC 3 BT_GPIO
NC 2 BT_GPIO

PP5290_RF OWL_TO_WLAN_CONTEXT_A
PP5291_RF OWL_TO_WLAN_CONTEXT_B
PP5292_RF GPIO_13_WLAN_THROTTLE
PP5293_RF GPIO_2_JTAG_TCK
PP5294_RF PCIE_PME
PP5295_RF GPIO_3_JTAG_TMS
PP5296_RF GPIO_6_JTAG_TRST
PP5297_RF GPIO_4_JTAG_TDI
PP5298_RF GPIO_5_JTAG_TDO
PP5288_RF PMU_TO_WLAN_32K_CLK
PP5285_RF WLAN_TO_PMU_HOST_WAKE
PP5289_RF PCIE_AP_TO_WLAN_REFCLK_P
PP5299_RF PCIE_AP_TO_WLAN_REFCLK_N
PP5300_RF PCIE_AP_TO_WLAN_TX_P
PP5301_RF PCIE_AP_TO_WLAN_TX_N
PP5287_RF PMU_TO_WLAN_REG_ON
PP5286_RF PMU_TO_BT_REG_ON
PP5200_RF UART1_AP_TO_BT_TX
PP5201_RF UART1_BT_TO_AP_TX
PP5202_RF UART1_AP_TO_BT_RTS_L
PP5203_RF UART1_BT_TO_AP_RTS_L
PP5302_RF PCIE_AP_TO_WLAN_DEV_WAKE
PP5303_RF BT_TO_PMU_HOST_WAKE
PP5305_RF PCIE_AP_TO_WLAN_PERST_L

(All test points: P2MM-NSM OMIT)

WLAN

FI/BT

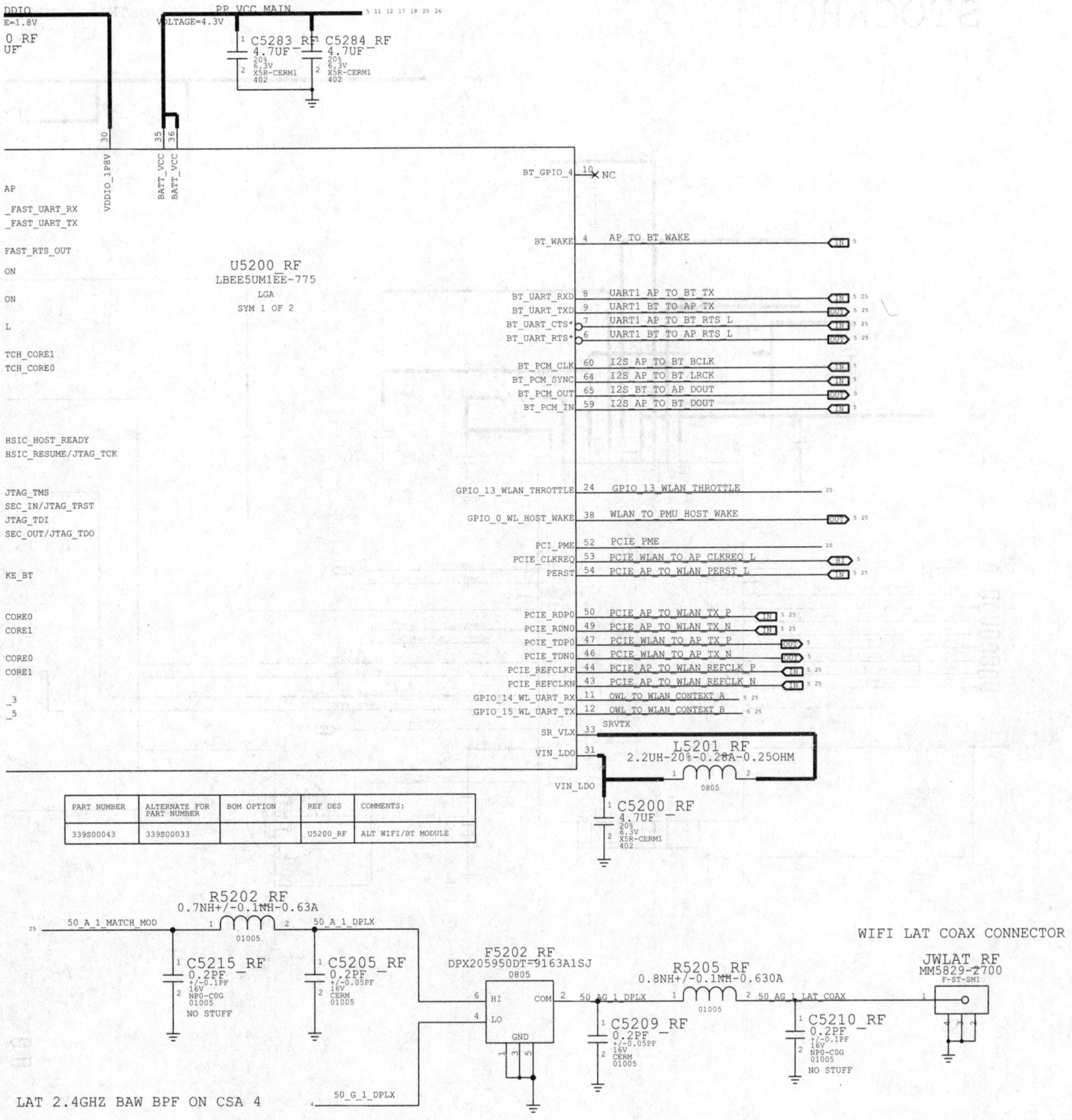

DDIO
E=1.8V
0_RF
UF

PP_VCC_MAIN 5 11 12 17 18 20 26
VOLTAGE=4.3V

C5283_RF 4.7UF 20% 6.3V X5R-CERM1 402
C5284_RF 4.7UF 20% 6.3V X5R-CERM1 402

30 VDDIO_1P8V
35 BATT_VCC
36 BATT_VCC

AP
_FAST_UART_RX
_FAST_UART_TX
FAST_RTS_OUT
ON
ON
L
TCH_CORE1
TCH_CORE0
HSIC_HOST_READY
HSIC_RESUME/JTAG_TCK
JTAG_TMS
SEC_IN/JTAG_TRST
JTAG_TDI
SEC_OUT/JTAG_TDO
KE_BT
CORE0
CORE1
CORE0
CORE1
_3
_5

U5200_RF
LBEE5UM1EE-775
LGA
SYM 1 OF 2

BT_GPIO_4 10 NC
BT_WAKE 4 AP_TO_BT_WAKE IN 5
BT_UART_RXD 8 UART1_AP_TO_BT_TX IN 5 25
BT_UART_TXD 9 UART1_BT_TO_AP_TX OUT 5 25
BT_UART_CTS* 7 UART1_AP_TO_BT_RTS_L IN 5 25
BT_UART_RTS* 6 UART1_BT_TO_AP_RTS_L OUT 5 25
BT_PCM_CLK 60 I2S_AP_TO_BT_BCLK IN 5
BT_PCM_SYNC 64 I2S_AP_TO_BT_LRCK IN 5
BT_PCM_OUT 65 I2S_BT_TO_AP_DOUT OUT 5
BT_PCM_IN 59 I2S_AP_TO_BT_DOUT IN 5
GPIO_13_WLAN_THROTTLE 24 GPIO_13_WLAN_THROTTLE 25
GPIO_0_WL_HOST_WAKE 38 WLAN_TO_PMU_HOST_WAKE OUT 5 25
PCI_PME 52 PCIE_PME 25
PCIE_CLKREQ 53 PCIE_WLAN_TO_AP_CLKREQ_L BI 5
PERST 54 PCIE_AP_TO_WLAN_PERST_L IN 5 25
PCIE_RDP0 50 PCIE_AP_TO_WLAN_TX_P IN 5 25
PCIE_RDN0 49 PCIE_AP_TO_WLAN_TX_N IN 5 25
PCIE_TDP0 47 PCIE_WLAN_TO_AP_TX_P OUT 5
PCIE_TDN0 46 PCIE_WLAN_TO_AP_TX_N OUT 5
PCIE_REFCLKP 44 PCIE_AP_TO_WLAN_REFCLK_P IN 5 25
PCIE_REFCLKN 43 PCIE_AP_TO_WLAN_REFCLK_N IN 5 25
GPIO_14_WL_UART_RX 11 OWL_TO_WLAN_CONTEXT_A 5 25
GPIO_15_WL_UART_TX 12 OWL_TO_WLAN_CONTEXT_B 5 25
SR_VLX 33 SRVTX
VIN_LDO 31
L5201_RF 2.2UH-20%-0.28A-0.25OHM 0805
VIN_LDO
C5200_RF 4.7UF 20% 6.3V X5R-CERM1 402

PART NUMBER	ALTERNATE FOR PART NUMBER	BOM OPTION	REF DES	COMMENTS:
339S00043	339S00033		U5200_RF	ALT WIFI/BT MODULE

R5202_RF
0.7NH+/-0.1NH-0.63A
01005
25 50_A_1_MATCH_MOD
50_A_1_DPLX
C5215_RF 0.2PF +/-0.1PF 16V NP0-C0G 01005 NO STUFF
C5205_RF 0.2PF +/-0.05PF 16V CERM 01005
F5202_RF
DPX205950DT-9163A1SJ
0805
HI LO COM GND
50_AG_1_DPLX
R5205_RF
0.8NH+/-0.1NH-0.630A
01005
50_AG_1_LAT_COAX
C5209_RF 0.2PF +/-0.05PF 16V CERM 01005
C5210_RF 0.2PF +/-0.1PF 16V NP0-C0G 01005 NO STUFF

WIFI LAT COAX CONNECTOR
JWLAT_RF
MM5829-2700
F-ST-SM1

LAT 2.4GHZ BAW BPF ON CSA 4
50_G_1_DPLX

STOCKHOLM

ALL NETNAMES NEED

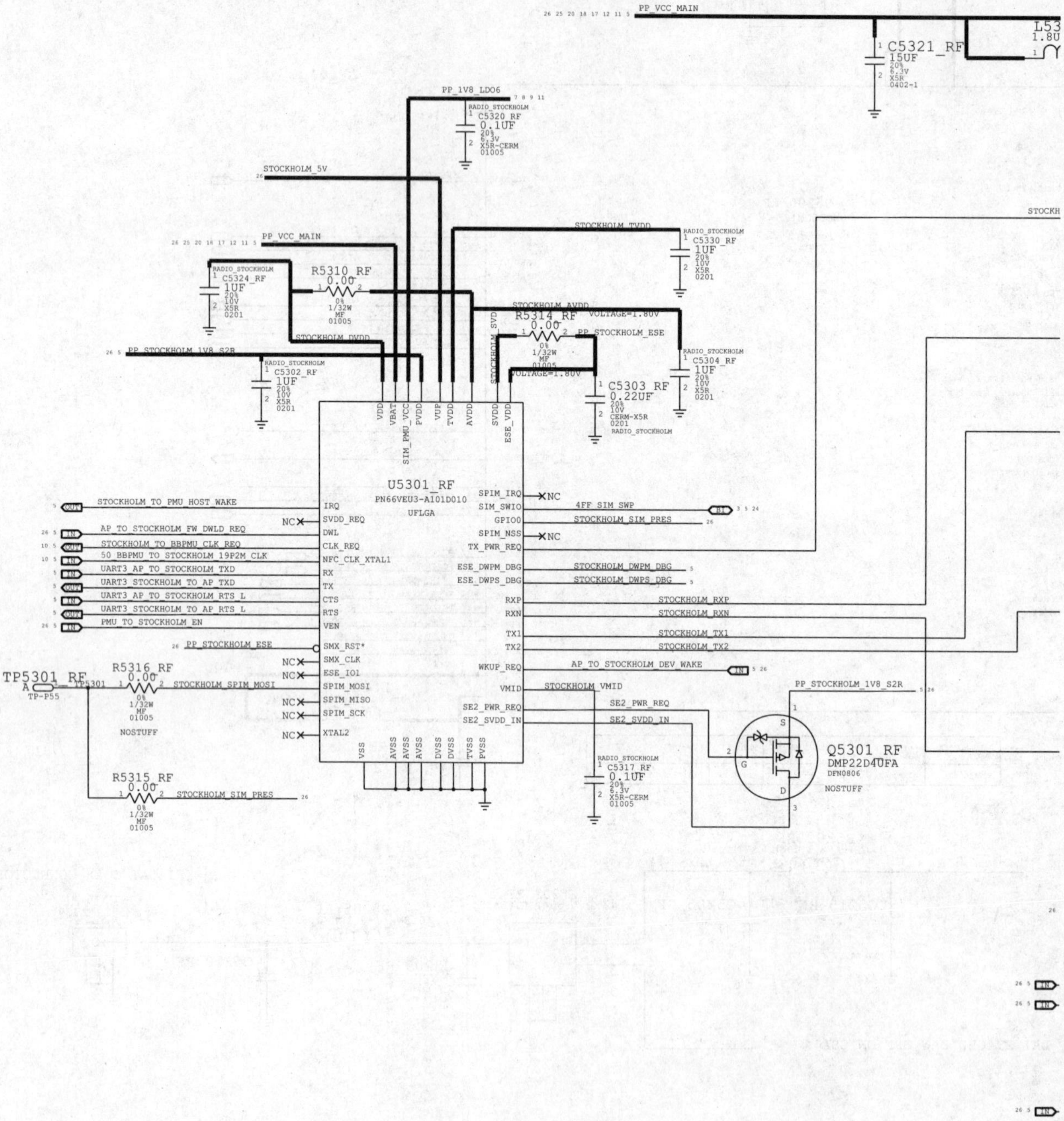

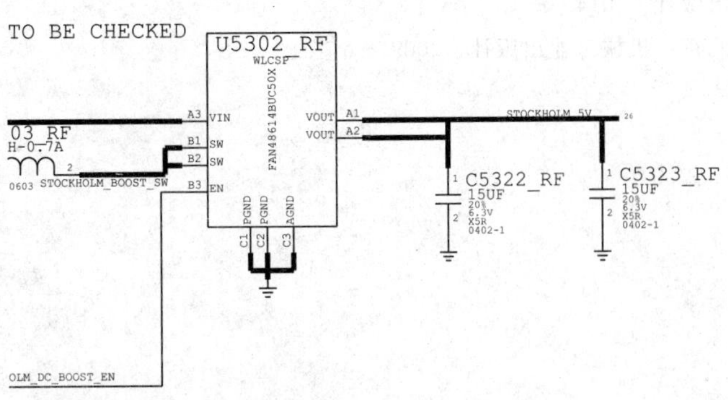
TO BE CHECKED
U5302_RF
WLCSP
FAN48614BUC50X
STOCKHOLM_5V
C5322_RF
15UF
C5323_RF
15UF
STOCKHOLM_BOOST_SW
OLM_DC_BOOST_EN

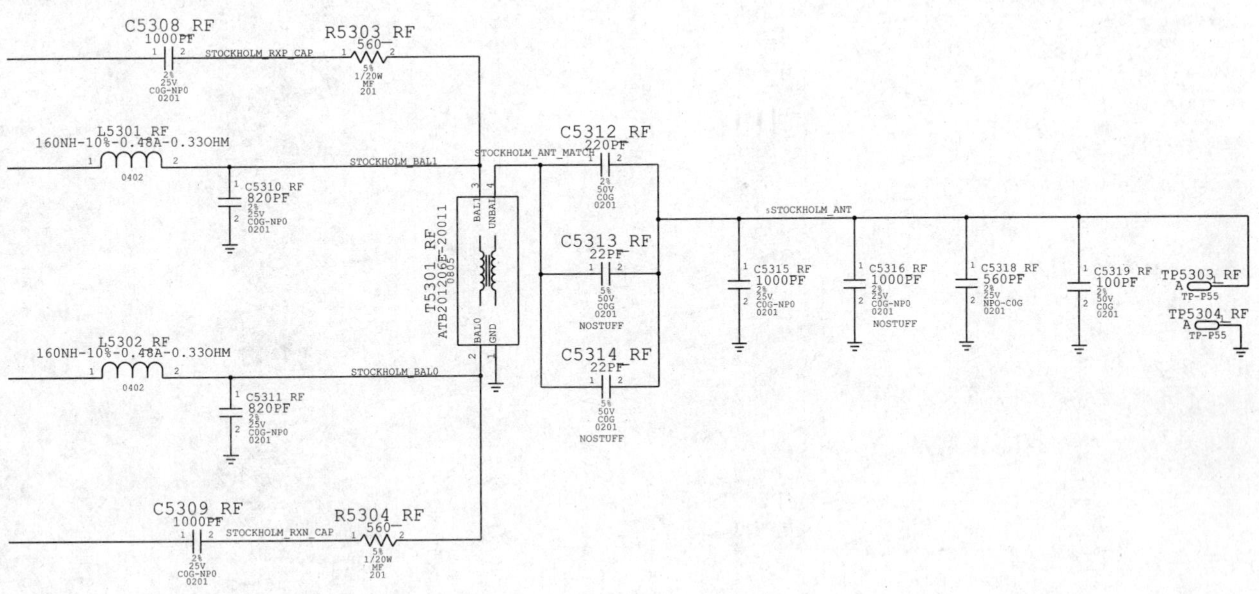
C5308_RF
1000PF
STOCKHOLM_RXP_CAP
R5303_RF
560
L5301_RF
160NH-10%-0.48A-0.33OHM
STOCKHOLM_BAL1
C5310_RF
820PF
STOCKHOLM_ANT_MATCH
C5312_RF
220PF
T5301_RF
ATB201206E-20011
C5313_RF
22PF
STOCKHOLM_ANT
C5315_RF
1000PF
C5316_RF
1000PF
C5318_RF
560PF
C5319_RF
100PF
TP5303_RF
TP5304_RF
L5302_RF
160NH-10%-0.48A-0.33OHM
STOCKHOLM_BAL0
C5311_RF
820PF
C5314_RF
22PF
C5309_RF
1000PF
STOCKHOLM_RXN_CAP
R5304_RF
560

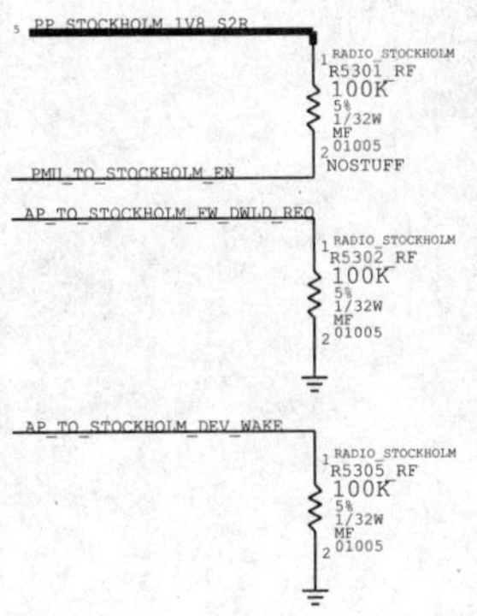
PP_STOCKHOLM_1V8_S2R
R5301_RF
100K
PMU_TO_STOCKHOLM_EN
AP_TO_STOCKHOLM_FW_DWLD_REQ
R5302_RF
100K
AP_TO_STOCKHOLM_DEV_WAKE
R5305_RF
100K

参考文献

[1] 阳鸿钧，等. 3G手机维修从入门到精通［M］. 北京：机械工业出版社，2014.
[2] 阳鸿钧，等. iPhone手机故障排除与维修实战一本通［M］. 北京：机械工业出版社，2015.
[3] 阳鸿钧，等. 维修家电你也行［M］. 北京：机械工业出版社，2014.
[4] 许小菊，等. 图解贴片元器件技能·技巧问答［M］. 北京：机械工业出版社，2009.